SIDE

카북

DK 자동차 대백과사전

THE CAR BOOK

카 북 2판

자일스 채프먼 책임 편집

신동헌, 류청희, 정병선 옮김

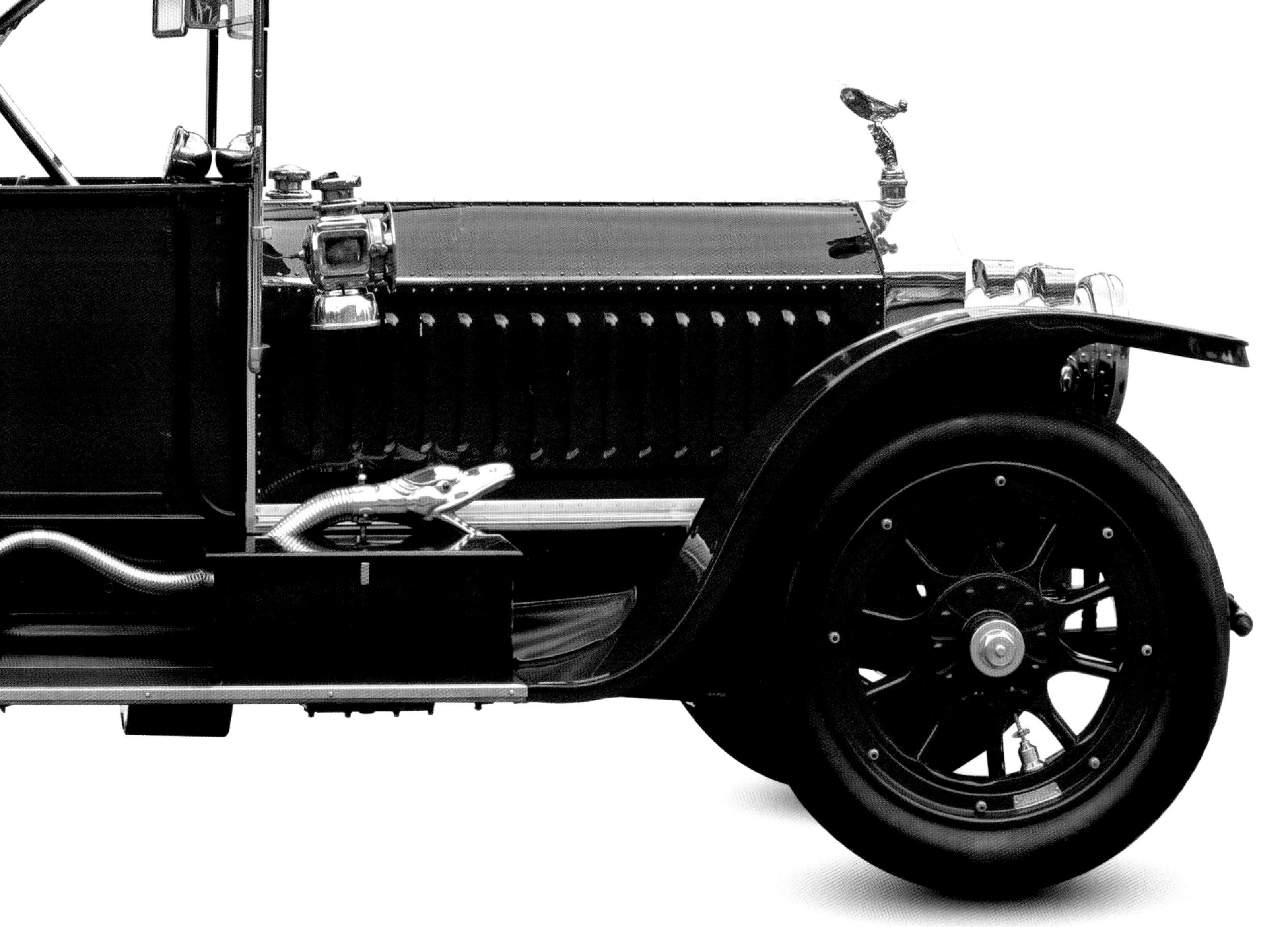

사이언스북스
SCIENCE BOOKS 북스

책임 편집

자일스 채프먼(Giles Chapman) 1985~1991년 세계에서 가장 많이 팔리는 클래식 자동차 잡지 《클래식 앤드 스포츠 카(*Classic & Sports Car*)》의 편집장을 지냈다. 영국 왕립 예술 학교에서 자동차 디자인을 강의했으며 《데일리 텔레그래프(*The Daily Telegraph*)》, 《인디펜던트(*The Independent*)》, 《콘데 나스 트래블러(*Condé Nast Traveller*)》, BBC 텔레비전·라디오 등 다양한 매체에서 자동차 산업, 문화, 역사 관련 저술과 자문 활동을 해 오고 있다. DK의 베스트셀러 시리즈 『클래식 카 북』, 『드라이브』의 책임 편집을 맡았다.

참여 필자

찰스 암스트롱윌슨(Charles Armstrong-Wilson), 리처드 헤셀틴(Richard Heseltine), 키스 하워드(Keith Howard), 필 헌트(Phil Hunt), 맬컴 매케이(Malcolm McKay), 앤드루 녹스(Andrew Noakes), 존 프레스넬(Jon Presnell), 톰 바너드(Tom Banard)

옮긴이

신동헌 모터사이클 전문지 《모터바이크》에서 기자 생활을 시작한 후, 일간지 《스포츠 투데이》의 모터스포츠 담당 기자, 남성지 《에스콰이어》의 피처 에디터, 《레옹》의 편집장을 지냈다. 네이버 블로그 '마른모들의 조이라이드', 유튜브 채널 '박스까남' 등을 운영하고 있다. 저서로 『그 남자의 자동차: 자동차 저널리스트 신동헌의 낭만 자동차 리포트』, 『그 남자의 모터사이클: 모터링 저널리스트 신동헌의 두 바퀴 예찬』 등이 있다.

류청희 1997년부터 자동차 글쓰기를 시작, 자동차 전문 월간지 《비테스》, 《자동차생활》, 《모터매거진》에서 기자로 일한 뒤로 지금까지 프리랜서 자동차 저널리스트 겸 자동차 평론가로 활동하고 있다. 2018~2019년 국제 올해의 엔진 및 파워트레인(International Engine & Powertrain of The Year) 상 심사 위원을 역임하고 현재 자동차 전문 1인 미디어 '제이슨류닷넷(https://jasonryu.net)'을 운영하고 있다. 『알기 쉬운 자동차 용어풀이』를 쓰고 『F1 디자인 사이언스』를 우리말로 옮겼다.

정병선 수학, 사회물리학, 진화생물학, 언어학, 신경 문화 번역학, 나아가 인지와 계산, 정보 처리, 지능의 본질을 연구한다. 『무기 대백과사전』, 『비행기 대백과사전』, 『수소 폭탄 만들기』, 『타고난 반항아』, 『렘브란트와 혁명』, 『주석과 함께 읽는 이상한 나라의 앨리스-앨리스의 놀라운 세상 모험』 등 수십 권의 책을 한국어로 옮기거나 썼다. 영어 읽기와 쓰기를 가르치고 있다.

자동차 대백과사전

카 북

1판 1쇄 펴냄 2013년 2월 15일 2판 1쇄 찍음 2024년 5월 1일
1판 6쇄 펴냄 2020년 11월 20일 2판 1쇄 펴냄 2024년 6월 1일

책임 편집 자일스 채프먼 옮긴이 신동헌·류청희·정병선
펴낸이 박상준 펴낸곳 (주)사이언스북스
출판등록 1997. 3. 24.(제16-1444호)
(06027) 서울시 강남구 도산대로 1길 62
대표전화 515-2000, 팩시밀리 515-2007, 편집부 517-4263, 팩시밀리 514-2329
www.sciencebooks.co.kr

ISBN 979-11-92908-92-2 04400
ISBN 978-89-8371-410-7(세트)

THE CAR BOOK The Definitive Visual History

www.dk.com

이 책은 지속 가능한 미래를 위한 DK의 작은 발걸음의 일환으로 Forest Stewardship Council® 인증을 받은 종이로 제작했습니다. 자세한 내용은 다음을 참조하십시오.
www.dk.com/uk/information/sustainability/

한국어판
책 디자인
황일선

차례

최초의 자동차

1885년 카를 벤츠가 최초의 자동차를 발명하면서 자기 동력으로 움직이는 탈 것이라는 새로운 운송 수단 개념이 확립됐다. 자동차는 언제 어디서나 원하는 곳으로 이동할 수 있는 수단으로 받아들여졌다. 대량 생산에 기반한 본격적 자동차 산업은 헨리 포드가 1908년에 모델 T를 양산하며 태동했다.

1920년대

이 시기는 자동차 산업의 황금기였다. 거대하고 화려한 자동차들은 할리우드 스타들의 상징이 됐고, 마차나 기차 따위와는 비교도 할 수 없는 기동성과 신뢰성으로 당시 자동차를 구입할 수 있는 여건의 사람들을 만족시켰다. 동시에 스포츠카들은 일반 도로와 트랙에서 사람들을 흥분시키기 시작했다.

1930년대

대공황의 영향 때문에 절약형 모델과 '대중용' 자동차가 등장하기 시작했다. 덕분에 자동차는 귀족들이나 부자들의 탈것에서 대량 생산 대량 소비 시대의 새로운 평등의 상징으로 부각됐다. 자동차는 유선형으로 변했고 연비 효율을 따지기 시작했으며, 미디어에서는 기록을 갈아치운 영웅들을 숭배하는 기사를 쏟아내기 시작했다. 스포츠카와 럭셔리 카 모두 힘과 스타일을 추구하기 시작했다.

1940년대

제2차 세계 대전이 자동차 생산을 중단시켰다. 그러나 평화가 돌아오자 공장이 재건되고 전시에 축적된 군사 기술이 유입되면서 놀라운 성능의 새 엔진과 기계 장치가 만들어졌고, 장식적 요소를 덜어내고 꼭 필요한 것들만 갖춘 경제성 높은 자동차들이 등장해 대량으로 팔려 나가기 시작했다.

1950년대

전후 자동차 붐이 일자 미국 자동차 메이커들은 속도와 호화로움, 힘에 집착하기 시작했다. 우주선을 연상케 하는 라인과 크롬 도금된 번쩍거리는 장식이 더해졌으며, 그 결과 숨이 멎을 만큼 아름다운 작품들이 탄생했다. 유럽에서는 환상적인 자태와 성능을 뽐내는 스파이더 같은 스포츠카와 경주용 머신들이 등장했고, 깜찍한 소형차들도 거리를 누비기 시작했다.

1960년대

1960년대는 무엇이든 가능한 시대였다. 재규어 E 타입에서 엘란까지, 그리고 미니 쿠퍼에서 콜벳 스팅 레이까지, 새로운 엔진과 새로운 차체를 뽐내는 역사에 길이 남을 명작들이 은하수의 별처럼 수없이 떠올랐다. 자동차 역사에서 가장 흥분되고 기록해야 할 일이 많은 시대라고 할 수 있을 것이다.

1970년대

1960년대가 광란의 자동차 파티였다면, 1970년대는 숙취의 시기라고 할 수 있을 것이다. 석유 파동이 일어나고, 자동차의 안전성에 대한 문제 의식이 확산되면서 이전까지와 전혀 다른 과제들이 생겨났다. 결과적으로 자동차는 이전보다 운전하기 쉬워지고, 더욱 안전해졌다. 스포츠카는 미드십 엔진으로 운전의 정확성을 추구하고, 터보차저를 이용해 연비와 성능을 동시에 잡는 연구가 시작됐으며 안전 벨트와 에어백이 보험 역할을 하기 시작했다.

1980년대

일본 자동차 산업의 흥기와 함께 각각 북아메리카, 유럽, 일본에서 성장한 3대 자동차 메이커의 대륙 간 전쟁이 계속된 시기였다. 자동차는 점점 더 안전해지고 안락해졌으며, 전자 기술의 발전과 함께 편리한 장치들이 장착되기 시작했다. 이탈리아 디자이너들을 중심으로 자동차 디자인의 혁명이 일어나기 시작해 슈퍼카는 물론이고 중형차까지도 새로운 디자인의 혜택을 받았다.

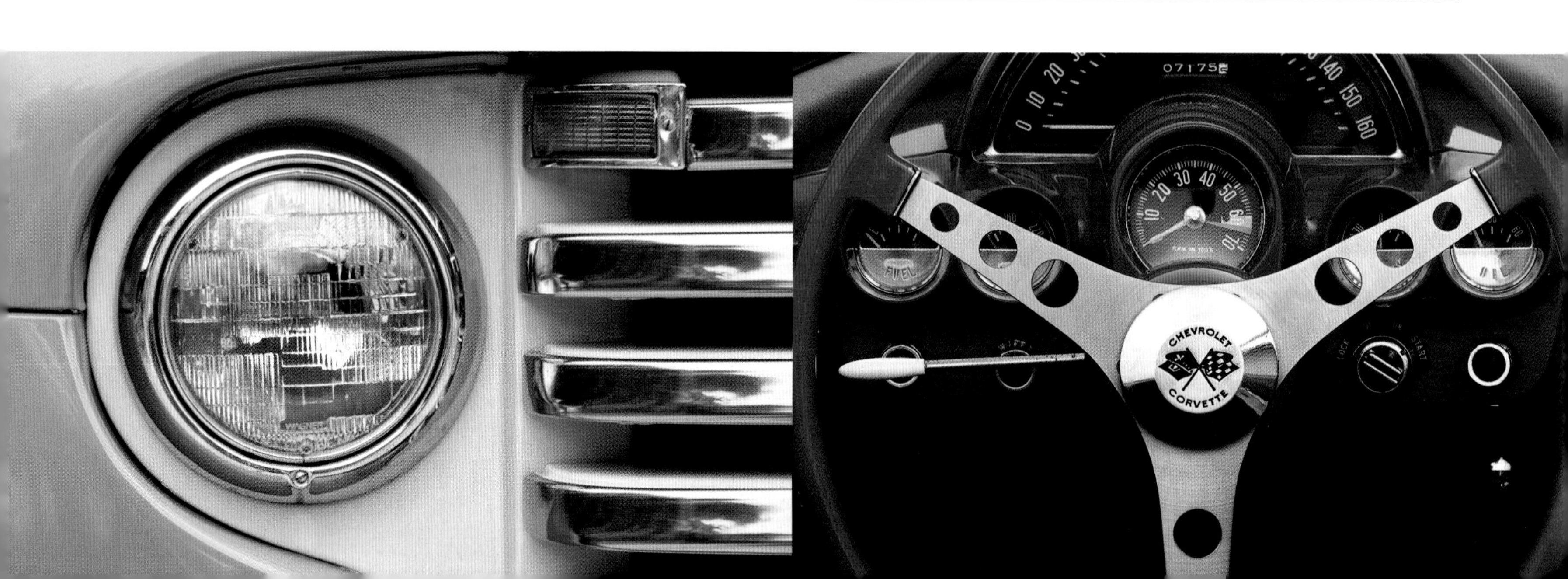

1990년대

소비자 단체들이 안전성, 품위, 성능 등 모든 면에서 좀 더 완벽한 자동차를 요구하기 시작했고, 그 모든 것이 가능해졌다. 훌륭한 자동차들이 소비자들을 더욱 놀라게 했고, 감성적인 디자인이 다양하게 시도됐다. 스포츠카와 고급 세단뿐만 아니라 급격하게 소비자 요구에 맞게 진화하기 시작한 SUV와 MPV도 고급차 시장에 진입하기 시작했다.

2000년대 이후

오프로드 주행 능력에서 안락한 인테리어 요소와 강력한 퍼포먼스에 이르기까지, 이전에는 결코 하나가 될 수 없었던 요소들이 융합된 크로스오버 자동차들이 등장하기 시작했다. 하이브리드 엔진이 등장해 연료를 절약하고 배기 가스를 줄이기 시작했으며 슈퍼카들은 시속 300킬로미터를 아무렇지도 않게 주파하기 시작했다. 다음은 무엇일까? 모든 것이 자동화되고 효율화되는 상황에서 자동차 마니아들은 운전이라는 행위가 앞으로도 재미라는 핵심 요소를 잃지 않기를 기도하고 있다.

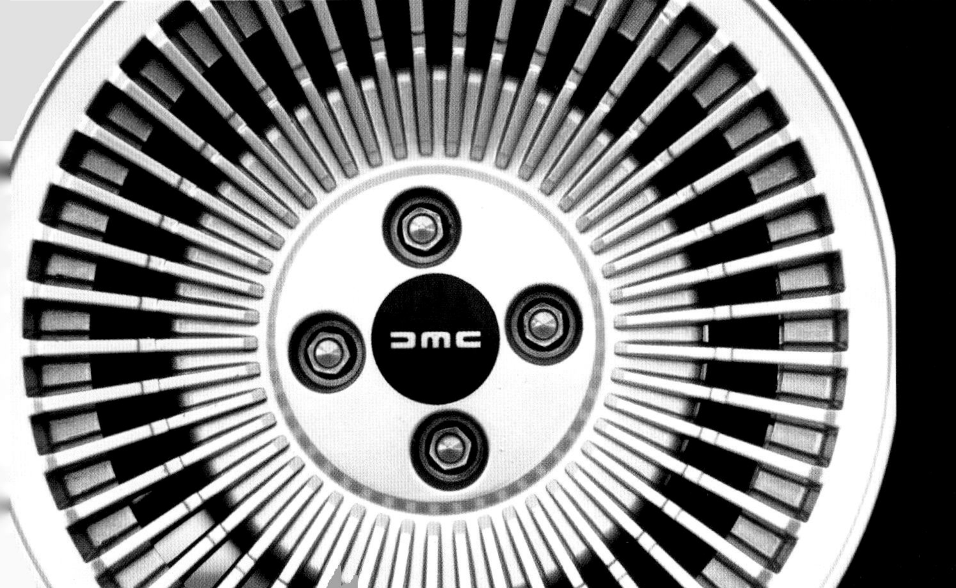

일러두기

출시 연도: 각 카탈로그의 연도는 모델이 첫 출시된 해를 가리킨다. 후기 모델의 사진으로 사진이 대체된 경우에는 나중에 출시된 연도를 설명에 따로 표기했다.

엔진: 단기통 엔진 크기가 각 카탈로그에 표기돼 있다. 엔진이 다양할 경우 경주용 자동차는 가장 강력한 엔진을, 가족용 자동차는 가장 일반적인 엔진을 표기했다. 엔진 크기 단위를 세제곱인치(cu in, cubic inches)로 할 때는 세제곱센티미터(cc, cubic centimeters)에 0.061을 곱해 전환한다.

고유 명사 표기: 자동차 브랜드 이름은 한국 브랜드의 이름을 그대로 사용하고 그 외의 고유 명사는 국립 국어원의 외래어 표기 규정을 따랐다.

최초의 자동차

실험과 발명 | 텅 빈 도로와 거친 레이스 | **수제작과 대량 생산**

NAPIER
NAPIER

자동차 시대의 개척자

19세기에 공작 기계가 보급되면서 자동차 양산이 가능해지고 기술 발전이 엄청난 규모로 이루어졌다. 발명가들은 말보다 더 빠르고 더 멀리 갈 수 있는 탈것들에 관심을 쏟았다. 자동차 발명가들은 동력원으로 증기, 전기, 가스, 휘발유 모두를 실험했고, 초기에는 그중 어떤 것이 주도권을 잡을지 가늠하기 어려웠다. 속도 기록을 먼저 깬 것은 전기를 동력으로 한 전기 자동차였고 그다음은 증기 자동차였다.

◁ **그렌빌 스팀 캐리지 1880년경**
Grenville Steam Carriage c. 1880
생산지 영국
엔진 수직형 증기 보일러
최고 속력 32km/h
영국 글래스턴베리 출신의 철도 기술자 로버트 네빌 그렌빌(Robert Neville Grenville)은 증기 기관으로 작동하는 도로 운송 수단을 만든 빅토리아 시대 발명가 수십 명 중 한 사람이었다. 그렌빌의 증기 자동차는 꽤 오랫동안 생산됐다.

▷ **다임러 1886년**
Daimler 1886
생산지 독일
엔진 462cc, 단기통
최고 속력 16km/h
1886년에 고틀리에프 다임러(Gottlieb Daimler)와 빌헬름 마이바흐(Wilhelm Maybach)는 그들이 만든 엔진을 마차에 얹음으로써 시속 16킬로미터의 속도를 내는 첫 휘발유 엔진 4륜 자동차를 만들었다.

▷ **스탠리 러너바웃 1898년**
Stanley Runabout 1898
생산지 미국
엔진 1,692cc, 직렬 2기통 증기 기관
최고 속력 56km/h
쌍둥이인 프랜시스 스탠리(Francis Stanley)와 프리랜 스탠리(Freelan Stanley)는 1898년부터 1899년까지 이 저렴하고 신뢰할 수 있는 증기 자동차를 200대 이상 만들었다. 1906년에는 시속 205킬로미터 이상으로 달리는 강력한 증기 자동차를 만들어 냈다.

▽ **다임러 칸슈타트 4HP 1898년**
Daimler Cannstatt 4HP 1898
생산지 독일
엔진 1,525cc, V2
최고 속력 26km/h

1887년 6월에 다임러는 엔진을 만들기 위한 공방을 슈투트가르트 시 칸슈타트에 만들어 23명의 종업원을 고용했다. 그는 그 엔진을 개조한 마차에 달았다.

◁ **프랭클린 모델 A 1902년**
Franklin Model A 1902

생산지 미국
엔진 1,760cc, 직렬 4기통
최고 속력 40km/h

존 윌킨슨(John Wilkinson)은 허버트 프랭클린(Herbert Franklin)을 위해 미국 최초의 4기통 엔진 자동차를 설계했다. 오버헤드 밸브(overhead valve, 흡기 밸브와 배기 밸브를 실린더 헤드에 넣은 것)가 쓰인 공랭식 엔진을 목제 차대 위에 가로놓았다.

△ **벤츠(복제품) 1885년**
Benz(replica) 1885

생산지 독일
엔진 954cc, 단기통
최고 속력 10km/h

1885년에 제작돼 1886년에 특허를 얻은 카를 벤츠(Karl Benz)의 모토르바겐(Motorwagen)은 가벼운 차체와 4행정 휘발유 엔진, 랙(rack) 스티어링, 철제 스포크 휠 등 기발한 특징이 많았다.

△ **랜체스터 1897년**
Lanchester 1897

생산지 영국
엔진 3,459cc, 직렬 2기통
최고 속력 32km/h

형제인 프레더릭 랜체스터(Frederick Lanchester), 조지 랜체스터(George Lanchester), 프랭크 랜체스터(Frank Lanchester)는 1896년에 단기통 엔진을 얹은 그들의 첫 자동차를 운행했다. 이듬해에 그들은 이 차에 2기통 엔진을 얹었다.

◁ **컬럼비아 일렉트릭 1899년**
Columbia Electric 1899

생산지 미국
엔진 단일 전기 모터
최고 속력 24km/h

대부분의 휘발유 엔진 자동차 메이커들이 연간 몇 가지 모델만을 만들던 20세기 초반에, 컬럼비아 사는 부드럽고 조용한 전기차를 수백 대씩 만들고 있었다.

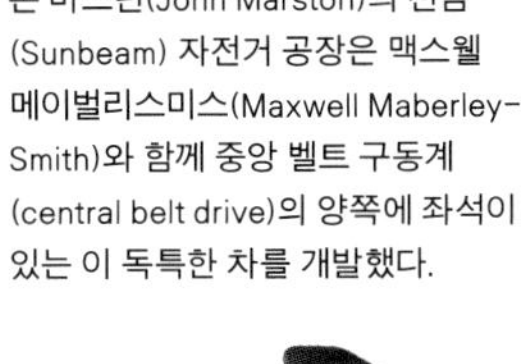

△ **선빔-메이블리 1901년**
Sunbeam-Mabley 1901

생산지 영국
엔진 230cc, 단기통
최고 속력 32km/h

존 마스턴(John Marston)의 선빔(Sunbeam) 자전거 공장은 맥스웰 메이벌리-스미스(Maxwell Maberley-Smith)와 함께 중앙 벨트 구동계(central belt drive)의 양쪽에 좌석이 있는 이 독특한 차를 개발했다.

▷ **클레망-글라디아토르 브와튜렛 1899년** **Clément-Gladiator Voiturette 1899**

생산지 프랑스
엔진 402cc, 단기통
최고 속력 32km/h

자전거계의 거물이었던 아돌프 클레망(Adolphe Clément)은 자동차 산업의 잠재력을 내다보고 몇몇 브랜드에 제안을 했다. 이 단순한 브와튜렛(Voiturette, 초기의 간단한 소형차)에는 좌석 아래에 2.5마력 드 디옹(De Dion) 타입 엔진이 설치됐다.

◁ **가듀 탠덤 1897년**
Goddu Tandem 1897

생산지 미국
엔진 배기량 불명, 2기통
최고 속력 48km/h

발명가인 루이스 가듀(Louis Goddu)는 겨우 몇 대의 차만 만들었지만, 당대에는 이례적으로 빨리 자동차에 오버헤드 캠샤프트(overhead camshaft, 엔진의 흡기판과 배기판을 여닫는 캠축)을 실린더 헤드에 배치하는 방식)와 같은 요소들을 선구적으로 도입했다.

◁ **듀리에 모터 왜건 1893년**
Duryea Motor Wagon 1893

생산지 미국
엔진 1,302cc, 단기통
최고 속력 19km/h

자전거 제작자였던 프랭크 듀리에(Frank Duryea)와 찰스 듀리에(Charles Duryea)는 1893년에 미국에서 처음으로 성공적인 휘발유 엔진 자동차를 만들었다. 1895년에 그들은 미국에서 열린 첫 번째 자동차 경주에서 우승하기도 했다.

▷ **파나르 에 르바소 페이튼 1891년**
Panhard et Levassor Phaeton 1891

생산지 프랑스
엔진 1,060cc, 직렬 2기통
최고 속력 19km/h

르네 파나르(René Panhard)와 에밀 르바소(Émile Levassor)는 1890년에 라이선스를 얻어 만든 다임러 엔진으로 그들의 첫 차를 내놓았다. 그들은 슬라이딩 기어(sliding gear) 변속기와 전방 배치 엔진, 후륜 구동 방식을 비롯한 다른 현대적인 자동차 기술들을 개척했다.

◁ **아놀드 벤츠 1897년**
Arnold Benz 1897

생산지 영국
엔진 1,190cc, 단기통
최고 속력 26km/h

윌리엄 아놀드 앤드 선스(William Arnold & Sons)는 독자적인 1.5마력 엔진으로 벤츠와 유사한 차들을 만들었다. 그중 1대에는 언덕에서 운행 시 엔진을 보조하는 첫 전기식 셀프스타트 다이나모터(self-start dynamotor)를 달았다.

△ **비커스 스팀 카 1907년**
Bikkers Steam Car 1907

생산지 네덜란드
엔진 증기 보일러
최고 속력 16km/h

증기 기관 소방차로 유명했던 비커스(Bikkers)는 이 차와 같은 분뇨 처리용 증기 자동차도 만들었다. 이 자동차는 네덜란드에서 가장 오래된 상용차이기도 하다.

첫 시판차들

실용적인 자동차가 발명된 것도 놀라운 일이었지만, 차를 더 많이 만들고 사람들에게 판매하기 시작한 것 역시 그것에 못지않게 놀라운 일이었다. 처음에는 자동차의 효용을 사람들에게 설득하는 것은 쉽지 않았다. 모험적인 기업가, 기술자, 귀족 모두가 불안정한 자동차 산업 초창기에 나름의 역할을 했다. 이러한 발전의 선봉에 선 것은 독일이었고, 프랑스, 영국, 미국이 뒤를 이었다.

◁ **아들러 3.5HP 브와튜렛 1901년**
Adler 3.5HP Voiturette 1901

생산지 독일
엔진 510cc, 단기통
최고 속력 32km/h

타자기와 자전거 제조사였던 아들러 사는 1900년에 드 디옹 엔진을 얹은 독자적인 차를 만들기 시작했다. 그 전에는 벤츠나 드 디옹의 승용차를 위한 부품을 만들었다.

△ **애롤-존스턴 10HP 독카트 1897년**
Arrol-Johnston 10HP Dogcart 1897

생산지 영국
엔진 3,230cc, 수평 대향 2기통
최고 속력 40km/h

조지 존스턴(George Johnston)은 스코틀랜드 글래스고에서 영국 최초로 자동차를 구상하고, 생산했다. 튼튼하고 단순한 독카트는 차체 아래에 놓인 대향 피스톤(opposed-piston) 엔진으로 움직였고 이후 10년 동안 생산됐다.

◁ **US 롱 디스턴스 7HP 1901년**
US Long Distance 7HP 1901

생산지 미국
엔진 2,245cc, 단기통
최고 속력 40km/h

탈것으로서는 야심찬 이름이 붙은 이 차의 좌석 아래에는 수평 배치 엔진과 2단 유성 기어 변속기가 놓였다. 이 자동차의 이름은 1903년에 스탠더드(Standard)로 바뀌었다.

▷ **클레망 7HP 1901년**
Clément 7HP 1901

생산지 프랑스
엔진 7마력, 단기통
최고 속력 40km/h

아돌프 클레망은 자전거와 공기 주입식 타이어로 거머쥔 부를 자동차 생산에 투자했다. 그의 자동차는 전방 배치 엔진과 드라이브 샤프트를 갖춘 첫 모델들 중 하나였다.

△ **로버 8HP 1904년**
Rover 8HP 1904

생산지 영국
엔진 1,327cc, 단기통
최고 속력 48km/h

이것은 로버 사이클 컴퍼니(Rover Cycle Company)의 첫 4륜차다. 8HP는 튜블러 백본(tublar backbone) 차대, 칼럼 기어 레버(column gearchange), 캠샤프트 브레이크가 돋보였다. 8HP 중 1대는 1906년에 런던에서 출발해 콘스탄티노플까지 완주하는 데 성공했다.

◁ **메르세데스 60HP 1903년**
Mercedes 60HP 1903

생산지 독일
엔진 9,293cc, 직렬 4기통
최고 속력 117km/h

다른 자동차 메이커들이 사람이 달리는 속도보다 그리 빠르지 않은 어설픈 자동차를 만들고 있을 즈음, 메르세데스는 60HP처럼 놀라운 고속 자동차를 생산하고 있었다.

▷ **드 디옹-부통 3.5HP 브와튜렛 1899년**
De Dion-Bouton 3.5HP Voiturette 1899

생산지 프랑스
엔진 510cc, 단기통
최고 속력 40km/h

알베르 드 디옹(Albert de Dion) 백작은 프랑스 자동차 산업의 선구자 중 하나였다. 그가 만든 단기통 수랭식 엔진은 세계 각지의 수십여 초기 자동차 메이커들이 사용했다.

▷ **드 디옹-부통 8HP 타입 O 1902년**
De Dion-Bouton 8HP Type O 1902

생산지 프랑스
엔진 943cc, 단기통
최고 속력 45km/h

1902년에 드 디옹-부통은 타입 O와 같은 대중적이고 가벼운 자동차를 만드는 데 바퀴 모양의 조향 장치와 엔진을 바닥 아래가 아니라 앞쪽에 놓는 방식을 채택했다. 타입 O는 오랫동안 생산됐다.

◁ **르노 브와튜렛 1898년**
Renault Voiturette 1898

생산지 프랑스
엔진 400cc, 단기통
최고 속력 32km/h

루이 르노(Louis Renault)와 그의 형제들은 1897년부터 자동차를 만들기 시작했고, 그들이 만든 브와튜렛은 경주에서 보여 준 인상적인 성능 덕분에 프랑스에서 빠르게 인기를 얻기 시작했다.

◁ **포드 모델 A 1903년**
Ford Model A 1903

생산지 미국
엔진 1,668cc, 수평 대향 2기통
최고 속력 45km/h

헨리 포드(Henry Ford)는 1896년에 그의 첫 번째 차를 만들었지만, 1903년에 엔진이 바닥 아래에 놓인 모델 A를 만들 때까지 상업적 생산을 시작하지 않았다. 이 자동차는 1904년의 모델 C로 발전했다.

▷ **FN 3.5HP 빅토리아 1900년**
FN 3.5HP Victoria 1900

생산지 벨기에
엔진 796cc, 직렬 2기통
최고 속력 37km/h

벨기에의 병기 제조업체인 FN은 19세기에서 20세기로 넘어갈 무렵 모터사이클과 자동차 생산으로 사업을 다각화했다. 빅토리아는 1902년까지 약 280대가 생산됐다.

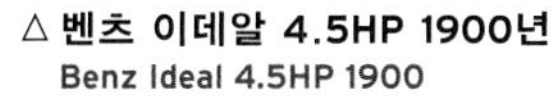

△ **벤츠 이데알 4.5HP 1900년**
Benz Ideal 4.5HP 1900

생산지 독일
엔진 1,140cc, 단기통
최고 속력 35km/h

1885년에 성공적인 첫 자동차를 만들었던 벤츠의 이데알(Ideal)에는 선박의 키를 닮은 조향 장치가 있었다. 1900년에 벤츠는 이 차를 603대나 만들었는데, 당시 자동차 메이커 대부분은 연간 10여 대밖에 만들지 못했다.

△ **피아트 16/24HP 1903년**
Fiat 16/24HP 1903

생산지 이탈리아
엔진 4,180cc, 직렬 4기통
최고 속력 71km/h

4단 변속기를 통해 뒷바퀴를 굴리는 수랭식 4기통 엔진을 앞쪽에 단 16/24HP는 철저하게 현대적인 자동차였다.

△ **맥스웰 모델 A 주니어 러너바웃 1904년**
Maxwell Model A Junior Runabout 1904

생산지 미국
엔진 1,647cc, 수평 대향 2기통
최고 속력 56km/h

뉴저지 주의 조너선 맥스웰(Jonathan Maxwell)과 벤저민 브리스코(Benjamin Briscoe)는 이 단순하고 효과적인 샤프트 드라이브(shaft drive, 엔진의 동력을 구동 축을 통해 바퀴에 전달하는 방식) 방식 자동차를 개발해 750달러에 팔았다. 이 자동차는 경주에서 좋은 성적을 거뒀다.

△ **홀스먼 모델 3 러너바웃 1903년**
Holsman Model 3 Runabout 1903

생산지 미국
엔진 1,000cc, 수평 대향 2기통
최고 속력 32km/h

해리 홀스먼(Harry Holsman)은 시카고에서 로프 구동식 '하이휠러(highwheeler, 험로 주행에 적합한 큰 바퀴를 끼운 자동차)'를 상당수 제작해 중서부의 개척자들에게 판매했다. 커다란 바퀴 덕분에 미개척 평원을 달리기에 적합했다.

△ **렉셋 1905년**
Rexette 1905

생산지 영국
엔진 900cc, 단기통
최고 속력 45km/h

영국의 '자동차 도시' 코번트리에 설립된 많은 브랜드 중 하나인 렉셋은 자사가 만든 모터사이클 중 하나로 3륜차를 만들었고, 1905년에 원형 스티어링 기구를 더했다.

빅토리아에 탄 카를 벤츠와 딸 클라라, 1893년

위대한 브랜드

메르세데스벤츠 이야기

메르세데스벤츠(Mercedes-Benz)의 역사는 자동차 역사의 그 자체이기도 하다. 내연 기관 엔진과 자동차 분야에서 선구자였던 두 독일인 고틀리에프 다임러와 카를 벤츠가 설립한 회사들은 현재 세계에서 가장 앞서고 가장 가치 있는 자동차를 만들고 있는 하나의 브랜드로 합쳐져 있다.

자동차 역사에서 현대적인 자동차를 만드는 데 일조했다고 주장할 수 있는 혁신가들은 많다. 그러나 자동차의 발명자인 카를 벤츠의 공헌에 견줄 수 있는 이는 없다. 벤츠가 그의 모토르바겐의 특허를 낸 것은 1886년 1월이지만, 석탄 가스로 작동하는 단기통 4행정 내연 기관을 얹은 그의 빈약한 3륜차가 칙칙거리며 독일 만하임에서 도로 위의 생을 시작한 것은 그 전해였다.

우연히도 칸슈타트에 근거지를 두었던 기술자인 고틀리에프 다임러는 1883년에 휘발유로 작동하는 내연 기관을 만들었다. 엔진을 시험하기 위해 다임러는 그것을 원시적인 모터사이클에 얹었고, 1885년 11월 10일에 다임러의 아들인 파울 다임러(Paul Daimler)가 타고 달림으로써 중요한 여정의 첫 발을 떼었다. 자동차를 닮은 다임러의 첫 시제품은 1886년에 마차를 바탕으로 만들어졌다.

세계 최초의 모터사이클, 1885년
목제 스포크에 철제 테두리를 두른 앞뒤 바퀴와 안정성 유지를 위해 스프링으로 지지되는 보조 바퀴 한 쌍이 있었다.

다임러의 차는 1882년까지 판매되지 않았지만, 벤츠는 방향 조절용 손잡이가 달린 모토르바겐의 휘발유 엔진 버전을 일반인에게 팔기 위해 많은 노력을 기울였다. 그의 차는 1888년에 파리의 에밀 로제(Emile Roger)에게 처음으로 인도됐다. 벤츠의 차에는 액셀러레이터, 스파크 플러그, 클러치, 냉각수를 식히기 위한 라디에이터를 비롯해 오늘날 모든 자동차에 일반적으로 쓰이는 장치와 요소가 담겨 있었다. 1893년에 벤츠는 조향 기능을 높이기 위해 피봇식 차축을 단 4륜차인 빅토리아를 제작했다. 이듬해에 벨로(Velo)라는 이름으로 알려진 빅토리아의 발전형은 세계 최초의 양산차였다.

메르세데스벤츠 배지
(1926년 도입)

이러한 교통 수단의 혁명은 1900년에 창업자가 세상을 떠난 뒤에도 다임러 사가 이끌었다. 1898년에 나온 칸슈타트-다임러(Cannstadt-Daimler) 레이싱 카처럼 높고 작은 자동차는 선천적으로 불안정하다는 것을 깨달은 기술자인 빌헬름 마이바흐와 파울 다임러는 1901년에 새로운 차를 설계했다. 이 35HP 모델은 이후 수십 년간 대부분의 자동차 메이커들이 따라할 전형이 됐다.

프레스 강판으로 만든 차대는 차에 탄 사람을 감싸는 구조였고, 엔진은 탑승자 아래가 아니라 앞쪽에 있었다. 직렬 알루미늄 크랭크 케이스 방식의 4기통 엔진은 보닛 아래, 벌집 구조 라디에이터 뒤에 놓였다. 또한 게이트식 변속 기어, 풋 스로틀, 원기둥 위에 설치된 스티어링 휠도 갖췄다. 나아가, 이전의 다른 차들보다 무게 중심이 더 낮아 접지성이 훨씬 개선됐다.

이 35마력 다임러 자동차에는 메르세데스라는 새로운 브랜드 이름도 붙었다. 오스트리아-헝가리 제국의 사업가였던 에밀 옐리넥(Emile Jellinek)은 다임러 자동차 36대를 주문하고 일부 지역 독점 판매권을 얻었다. 그는 자신의 11세 딸의 이름을 따라 차들의 이름을 메르세데스로 바꾸었고 그 이름은 순식간에 다임러 자동차의 이름을 대신했다. 1903년에 나온 최상급 60HP 모델은 사이드밸브를 대체하는 오버헤드 밸브(OHV)가 특징이었는데, 이에 힘입어 메르세데스 차의 판매는 치솟았다. 60HP 모델은 당시 가장 앞선 차였고 금세 그 차를 모방한 차들이 나왔다.

크고 고급스러운 차, 그로서
1930년대에 나온 이 거대한 세단은 부유층과 권력층이 애용했으며 주문을 통해서만 제작됐다.

제1차 세계 대전 기간 중에 다임러-메르세데스와 벤츠는 독일 육군의 군용차를 만들었다. 이 시기까지 두 회사는 치열한 경쟁을 벌였고 양질의 기술로 나란히 명성을 쌓았다. 페르디난트 포르셰(Ferdinand Porsche)가 설계를 감독했던 벤츠는 1909년부터 1924년까지 세계 자동차 속도 기록을 보유했던 블리첸-벤츠(Blitzen-Benz) 레이싱 카를 포함해 흥미로운 차를 여럿 만들었다. 그러는 사이 메르세데스는 여러 크기의 다양한 모델을 갖추기 시작했다. 1920년대에 독일을 휩쓴 불황은 물가과 실업률을 높은 수준으로 올려놓았고, 많은 기업들이 어쩔 수 없이 합작을 해야 했다. 숙적 관계에 있던 다임러-메르세데스와 벤츠는 자동차 생산과 마케팅 영역에서 제한적인 협력 관계를 시작하고 미래 전략을 공동으로 세우기 시작했다.

두 회사는 1926년에 합병해 다임러-벤츠 AG가 됐고, 생산된 차는 메르세데스벤츠 브랜드로 판매됐다. 새로운 엠블럼은 벤츠의 월계관 로고가 메르세데스의 세 꼭지별을 둘러싸는 모양으로 만들어졌다. 합병 이후, 만하임 공장은 트럭과 버스 생산에 집중하는 한편, 승용차 생산은 슈투트가르트에 있는 운터튀르크하임(Untertürkheim)과 진델핑엔(Sindelfingen) 공장

> **“그 이름은 분명히 주목받을 만한 개성이 있습니다. 이국적이면서도 매력적이죠.”**
>
> — 에밀 옐리넥이 ‘메르세데스’ 브랜드 이름에 대해 1900년에 한 말

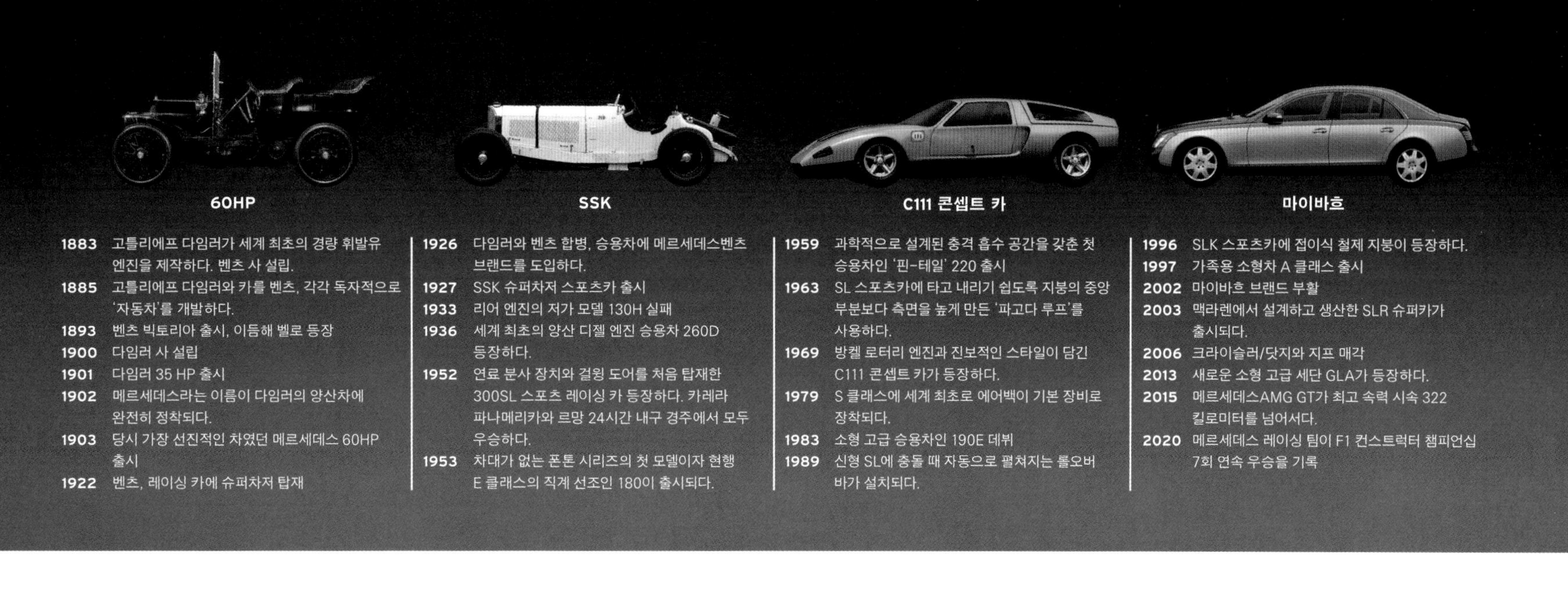

이 중심이 됐다. 카를 벤츠는 이러한 변화들을 모두 볼 때까지 장수하고 1929년에 84세의 나이로 숨을 거두었다.

1930년대에는 메르세데스벤츠 승용차의 고급스러움과 성능에 대한 명성이 확고해졌다. 독일의 제3제국 정권은 거대한 그로서(Grosser) 리무진에 매료됐고, 플레이보이들은 슈퍼차저를 장착한 540K를 즐겼으며, W125 그랑프리 레이싱 카는 유럽 자동차 경주를 석권했다. 다임러-벤츠의 자산이 다시금 군사적 용도로 전용됐던 제2차 세계 대전 기간에는 생산 시설의 약 80퍼센트가 폭격 피해를 입었다. 전쟁이 끝난 후 점령군은 재건 사업에 도움이 되는 상용차를 생산하도록 유도했다. 점차 승용차 생산이 재개되고 1949년에는 전후 첫 새 모델이 등장하며 연간 생산은 1만 7000대를 넘어섰다. 1958년까지 그 수치는 10만 대로 늘어났다.

모터스포츠 분야에서 1955년은 메르세데스벤츠에게 분수령이 됐다. W154가 후안 마누엘 판지오(Juan Manuel Fangio)에게 두 번째 월드 챔피언을 안겨 주었지만, 르망 24시간 경주에서는 피에르 레벡(Pierre Levegh)이 모는 300SLR이 전복되며 관중 속으로 뛰어들어 관중 83명이 사망하는 비극이 벌어지기도 했다. 메르세데스벤츠는 30년 동안 모든 경주 출전을 단념했고, 1990년대 중반 맥라렌(McLaren) 팀의 엔진 공급자로 포뮬러 원(Formula 1, F1) 경주에 겨우 복귀했다. 맥라렌-메르세데스 팀은 1998년과 1999년에 미카 해키넨(Mika Häkkainen)에게, 2008년에 루이스 해밀턴(Lewis Hamilton)에게 우승컵을 선사했다.

전통적으로, 메르세데스벤츠는 사업을 서서히 확장하는 것을 선호했다. 영역 확대를 위한 시도 중 하나로 1958년에 아우토 우니온/아우디를 인수했지만, 1965년에 폭스바겐에 되팔았다. 소형차 시장에 진입하기 위해서는 1994년에 도시형 소형차인 스마트(Smart) 벤처 프로젝트를 지원했고 1997년에는 독자적으로 폭스바겐 골프(Golf)에 대한 고급형 대안인 A 클래스를 출시했다.

메르세데스는 1998년에 인수한 크라이슬러를 2006년에 매각했다. 이후 닛산, 르노와의 공동 프로젝트를 통해 개발 비용을 절감했다. 2018년에는 중국 지리가 다임러 지분 10퍼센트를 인수하면서 새로운 엔진 개발 협력이 이어졌고, 메르세데스벤츠 역시 애스턴 마틴의 지분 일부를 인수했다.

믿음직한 일꾼
중산층을 공략하기 위해 1953년에 출시된 180 폰톤(180 Ponton)은 메르세데스의 첫 중형 세단이었다. 견고하고 신뢰성이 높았던 디젤 엔진을 탑재한 180 모델은 전후 독일에서 택시로 폭넓게 쓰였다.

초창기 양산차

20세기의 첫 10년이 마무리되는 시점에 자동차의 생존은 확실해졌고 자동차 메이커들은 생산을 늘리기 위한 수단을 찾기 시작했다. 프랑스의 드 디옹-부통과 미국의 올즈모빌은 1902년에 판매 대수 2,000대의 고지를 넘어섰지만, 곧 자동차 생산에 이동식 생산 라인을 도입한 헨리 포드가 그들을 능가하게 된다.

◁ **벌컨 10HP 1904년**
Vulcan 10HP 1904
생산지 미국
엔진 1,500cc, 직렬 2기통
최고 속력 56km/h
벌컨 사가 만든 차들은 가격 대비 가치가 탁월했다. 1903년형 단기통 모델은 105파운드, 1904년형 2기통 모델은 200파운드에 불과했다. 1904년부터 1906년까지 판매가 급증한 것은 당연한 결과였다.

△ **울즐리 6HP 1901년**
Wolseley 6HP 1901
생산지 영국
엔진 714cc, 단기통
최고 속력 40km/h
허버트 오스틴(Herbert Austin)은 직접 회사를 세우기 전에 이 브와튜렛을 설계하고 생산할 계획을 세웠다. 효율적인 설계 덕분에 생산은 성공적으로 이루어졌다.

△ **올즈모빌 커브드 대시 1901년**
Oldsmobile Curved Dash 1901
생산지 미국
엔진 1,564cc, 단기통
최고 속력 32km/h
랜섬 엘리 올즈(Ransom Eli Olds)는 세계 첫 양산차를 구상했다. 이 자동차는 가볍고 단순하며 저렴한 것은 물론 신뢰성도 높았다. 1902년에 2,100대가 팔렸고 1904년에는 5,000대 이상 팔렸다.

◁ **스피드웰 6HP 독카트 1904년**
Speedwell 6HP Dogcart 1904
생산지 영국
엔진 700cc, 단기통
최고 속력 40km/h
1900년부터 1907년까지 짧은 기간 동안만 생산된 스피드웰은 6마력에서 50마력까지 폭넓은 제품군을 갖췄다. 이 독카트에는 드 디옹이 설계한 엔진이 사용됐다.

▷ **렐레강트 6HP 1903년**
L'Elegante 6HP 1903
생산지 프랑스
엔진 942cc, 단기통
최고 속력 45km/h
드 디옹-부통과 마찬가지로 렐레강트는 파리에서 만들어졌다. 외형은 드 디옹-부통의 차와 매우 비슷했고 엔진도 드 디옹-부통의 것을 썼다. 렐레강트가 생산된 것은 겨우 4년에 불과했다.

▽ **녹스 8HP 1904년**
Knox 8HP 1904
생산지 미국
엔진 2,253cc, 단기통
최고 속력 45km/h
녹스 사가 판매한 수백 대의 이 단순한 자동차들은 차체 길이만 한 스프링과 냉각 효과를 높이기 위해 냉각 핀을 나사로 고정시켜 덮은 공랭식 단기통 엔진이 눈길을 끌었다.

△ **캐딜락 모델 A 1903년**
Cadillac Model A 1903
생산지 미국
엔진 1,606cc, 단기통
최고 속력 56km/h
헨리 릴런드는 헨리 포드와 결별한 후, 1902년에 캐딜락 사를 세웠다. 1903년에 그는 이 단순하면서 잘 설계된 소형차를 대당 750달러의 가격으로 2,400여 대나 판매했다.

△ **드 디옹-부통 10HP 타입 W 1904년**
De Dion-Bouton 10HP Type W 1904
생산지 프랑스
엔진 1,728cc, 직렬 2기통
최고 속력 64km/h
1902년에만 2,000대의 차를 판매하며 드 디옹-부통은 세계 최대의 자동차 메이커로 올라섰고, 대중적이고 운전이 쉬운 자동차를 다양하게 내놓았다.

◁ **스피케르 12/16HP 더블 페이톤 1905년**
Spyker 12/16HP Double Phaeton 1905

생산지 네덜란드
엔진 2,544cc, 병렬 4기통
최고 속력 72km/h

스피케르(Spijker) 형제는 1900년부터 독자적으로 자동차를 만들기 전까지는 다른 브랜드 차를 판매했다. 1904년부터 그들은 4×4(4륜 구동 자동차, 각 바퀴에 동력이 전달되는 차)를 포함해 크고 기술적으로 앞선 여러 차들을 만들었다.

◁ **포드 모델 T 투어러 1908년**
Ford Model T Tourer 1908

생산지 미국
엔진 2,896cc, 직렬 4기통
최고 속력 68km/h

헨리 포드는 자동차 생활을 더 많은 사람에게 전파하기를 꿈꿨고, 이동식 조립 라인을 활용해 견고하고 신뢰성 높으며 저렴한 모델 T를 만들어 그 꿈을 실현했다.

△ **CID 베이비 1910년**
CID Baby 1910

생산지 프랑스
엔진 단기통
최고 속력 64km/h

디종 지방의 코터로(Cottereau) 사는 1910년에 CID로 이름을 바꾸었다. 부셰(Buchet) 엔진과 4단 마찰식 변속기로 움직이는 가벼운 차인 베이비가 가장 유명했다.

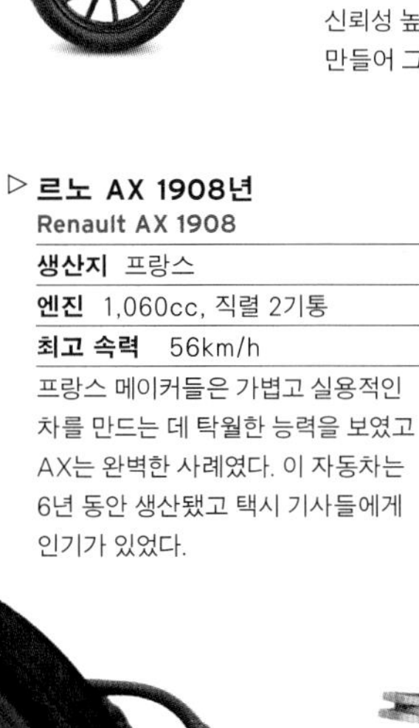

▷ **르노 AX 1908년**
Renault AX 1908

생산지 프랑스
엔진 1,060cc, 직렬 2기통
최고 속력 56km/h

프랑스 메이커들은 가볍고 실용적인 차를 만드는 데 탁월한 능력을 보였고 AX는 완벽한 사례였다. 이 자동차는 6년 동안 생산됐고 택시 기사들에게 인기가 있었다.

△ **험버 험버렛 1913년**
Humber Humberette 1913

생산지 영국
엔진 998cc, V2
최고 속력 40km/h

이 잘 만들어진 경제형 모델에는 공랭식 엔진이 쓰였다. 무게가 320킬로그램도 안 됐기 때문에 세제 혜택을 받을 수 있는 '사이클카(cyclecar)'로 분류됐다.

△ **푸조 베베 1913년**
Peugeot Bebe 1913

생산지 프랑스
엔진 855cc, 직렬 4기통
최고 속력 60km/h

에토레 부가티가 반더러 사를 위해 설계한 이 차는푸조의 모델로 가장 잘 알려졌다. 1913년부터 1916년까지 3,095대가 판매됐다.

◁ **트웜블리 모델 B 1914년**
Twombly Model B 1914

생산지 미국
엔진 1,290cc, 직렬 4기통
최고 속력 80km/h

차축을 차대 위에 놓음으로써 트웜블리는 독특한 낮은 차체를 갖추게 됐다. 매우 좁았고 앞뒤로 나란히 앉는 좌석 배치가 흔치 않은 것이어서 인기를 끌지 못했다.

△ **닷지 모델 30 투어링 카 1914년**
Dodge Model 30 Touring Car 1914

생산지 미국
엔진 3,480cc, 4기통
최고 속력 불명

닷지 형제는 원래 포드의 하청업자였다. 그들이 독자적으로 만든 첫 자동차는 모델 T보다 2배는 강력했다. 차체 전체를 철제 용접해 만들었다.

◁ **스탠더드 $9^{1}/_{2}$ HP 모델 S 1913년**
Standard $9^{1}/_{2}$ HP Model S 1913

생산지 영국
엔진 1,087cc, 직렬 4기통
최고 속력 72km/h

레지널드 모즐리(Reginald Maudsley)가 1903년에 세운 스탠더드 사는 우수한 엔진을 만든다는 평을 얻어 다른 브랜드에서도 그 엔진이 사용됐다. 독자적으로 만든 차들도 판매는 순조로웠다.

▷ **스텔라이트 9HP 1913년**
Stellite 9HP 1913

생산지 영국
엔진 1,098cc, 직렬 4기통
최고 속력 72km/h

울즐리의 자회사였다가 이후에 울즐리를 흡수 합병한 스텔라이트 사의 앞선 기술 중에는 랙앤드피니언 스티어링(rack-and-pinion steering)과 오버헤드 흡기 밸브가 있었다.

포드 모델 T

모델 T는 자동차 제조에 대량 생산 기법을 도입하고 미국을 자동차 사회로 만들면서 미국의 산업 혁명과 사회 혁명을 이끌었다. 1913년에 헨리 포드가 도입한 이동식 조립 라인 덕분에 1914년에는 일일 생산량이 1,000대를 기록했고, 1923년에는 200만 번째의 '틴 리지(Tin Lizzie)'가 만들어지면서 미국 내 모델 T 생산은 절정에 이르렀다. 1908년부터 1927년까지 1500만 대 이상의 모델 T가 생산됐다. 이 기록은 1972년에 폭스바겐 비틀이 추월하기 전까지 깨지지 않았다.

모델 T는 자동차 산업의 역사에서 정말 거대한 혁신을 가져왔다. 우선 일체 주조 방식으로 만들어진 엔진과 변속기가 동력 장치에 직접적으로 연결됐다. 또한 독특한 유성 기어식 변속기 덕분에 거의 자동 변속이나 다름없는 주행이 가능했다. '틴 리지'라는 애정 어린 별칭을 얻은 이 자동차는 극단적인 견고함으로 유명했다.

이 자동차의 투박함은 튼튼한 소재를 사용하고자 하는 헨리 포드의 고집에서 비롯됐다. 그는 가볍지만 튼튼한 바나듐강을 사용하는 데 선구적인 역할을 했다. 비용은 단순한 규격을 유지하고 판매 수수료를 쥐어짜는 방식으로 통제됐다. 1914년부터 1926년까지는 차체 색으로 검은색만 사용됐다. 검은색 페인트는 건조가 더 빨라, 생산 라인의 속도를 유지할 수 있게 해 주었다. 판매가 늘어남에 따라, 모델 T의 생산 대수가 늘어나는 만큼 가격도 계속해서 떨어졌다. 든든하면서도 저렴했던 모델 T는 1918년까지 미국 내 전체 자동차의 절반을 차지했다.

지붕을 덮은 옆모습

유명한 포드의 필기체 로고
상징적인 포드의 필기체 로고는 헨리 포드의 수석 엔지니어였던 차일드 해럴드 윌스(Childe Harold Wills)가 1903년에 만들었다. 윌스는 산업 디자인 교육을 받았고 필기체 로고는 그가 이전에 명함에 썼던 것 중 하나였다. 이 필기체 로고는 지금까지도 쓰이고 있다.

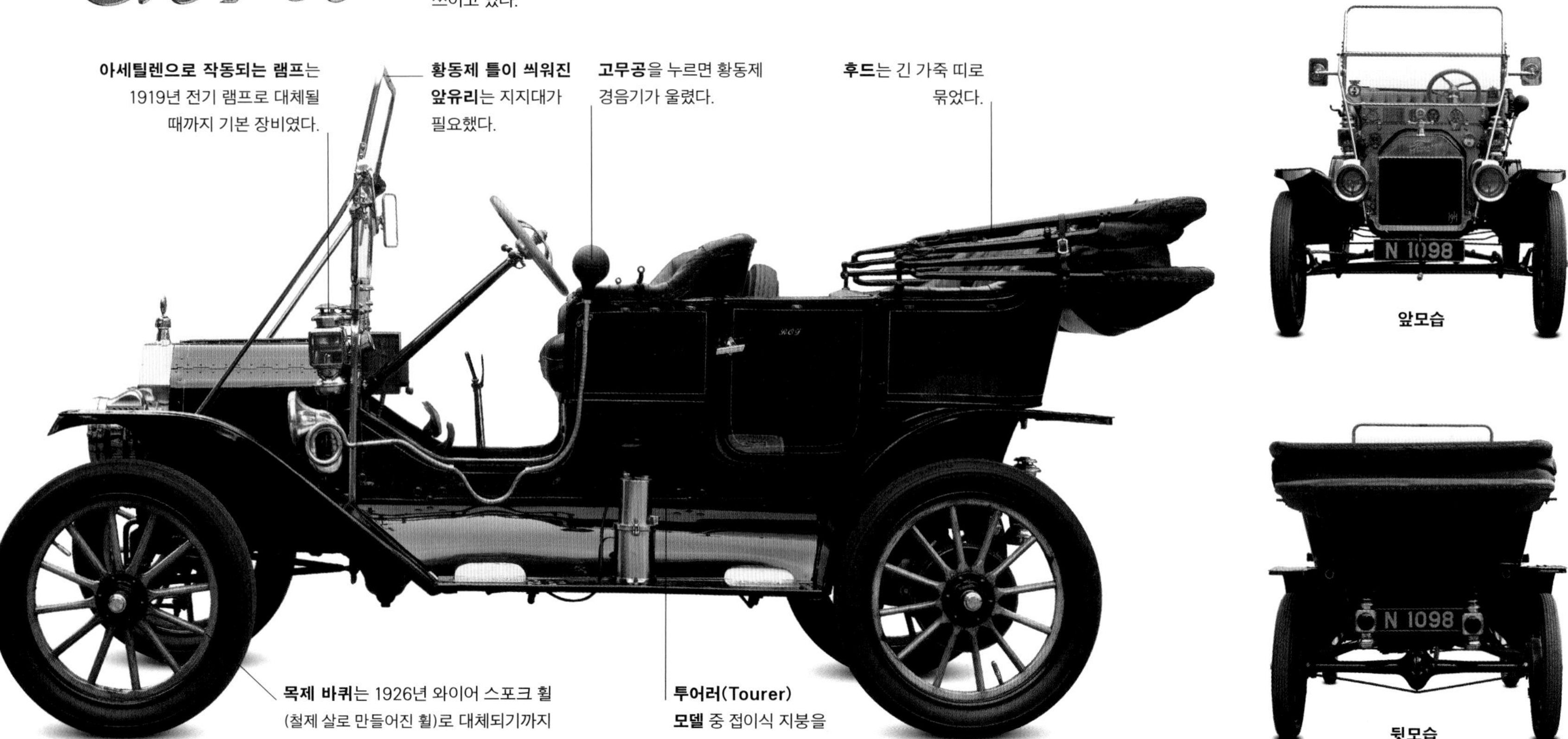

아세틸렌으로 작동되는 램프는 1919년 전기 램프로 대체될 때까지 기본 장비였다.

황동제 틀이 씌워진 앞유리는 지지대가 필요했다.

고무공을 누르면 황동제 경음기가 울렸다.

후드는 긴 가죽 띠로 묶었다.

앞모습

목제 바퀴는 1926년 와이어 스포크 휠(철제 살로 만들어진 휠)로 대체되기까지 기본 장비였다.

투어러(Tourer) 모델 중 접이식 지붕을 갖춘 모델이다.

뒷모습

미국 도로 사정에 최적화된 차

지상고가 높고 간단한 가로 배치 판 스프링 서스펜션을 갖춘 모델 T는 도로 상태가 열악하고 비포장 도로가 많았던 당대의 미국 도로 사정에 맞춰 만들어진 자동차였다. 앞 브레이크도 없고 진동 감쇠 장치인 댐퍼(damper)조차 없었던 것은 결함으로 여겨질 수 있지만, 힘을 쉽게 이끌어낼 수 있는 엔진과 거의 변속할 필요가 없었다는 점, 그리고 리터당 11~13킬로미터라는 연비는 돋보이는 장점이었다.

제원	
모델	포드 모델 T, 1908~1927년
생산지	미국 디트로이트 및 전 세계
제작	1500만 7003대
구조	분리형 차대와 철제 차체
엔진	2,896cc, 직렬 4기통
출력	1,800rpm에서 20~22마력
변속기	2단 유성 기어
서스펜션	일체 차축식, 가로 배치 판 스프링
브레이크	후방 드럼 브레이크 및 변속기 드럼
최고 속력	64~72km/h

외장

모델 T는 세 차례의 근본적인 스타일 변화를 겪었다. 사진의 1911년형 모델에 쓰인 황동 라디에이터 외피는 1917년에 페인트가 칠해진 외피로 교체됐고 흙받이는 평면에서 곡면으로 형태가 바뀌었다. 그리고 1923년에는 보닛의 곡선이 더 두드러지도록 개선되면서 현대적인 모습이 됐다. 마지막으로 1926년에는 차대의 높이가 낮아지는 한편, 와이어 휠 바퀴를 선택할 수 있는 새로운 낮은 차체가 도입됐다.

1. 포드의 필기체 로고 **2.** 라디에이터 그릴 꼭대기에 달린 보이스 모토미터(Boyce Motometer) 제수온계 **3.** 아세틸렌으로 작동하는 헤드램프 **4.** 모델 T가 달리려면 시동 핸들을 돌려야 했다. **5.** 석탄통 위의 보조등 **6.** 바퀴 허브에 달린 톱니바퀴 구동 장치가 속도계를 작동시킨다. **7.** 1926년까지 기본 장비였던 목제 바퀴 **8.** 출입구에 달린 정교한 경적 나팔 **9.** 황동제 문손잡이 **10.** 램프를 켜기 위한 아세틸렌을 저장하는 원통형 탱크 **11.** 로고가 새겨진 승하차용 발판 **12.** 등유로 켜는 테일램프와 사이드 램프

내장

모델 T는 실내가 단순하기 그지없었지만, 페달 배치는 특이했다. 왼쪽 페달을 밟으면 1단 기어가 완전히 연결되고, 페달에서 발을 반쯤 떼면 기어가 중립이 되고, 완전히 발을 떼면 가장 윗단 기어가 연결된다. 가운데 페달을 밟으면 자동차가 후진한다. 오른쪽 페달은 변속기 브레이크 기능을 한다. 핸드 레버는 뒷바퀴 브레이크를 작동시킨다.

13. 대시보드는 빗물이나 도로의 진흙으로부터 탑승자를 보호하는 기능도 있다. **14.** 시속 0마일에서 50마일까지 표시된 속도계에서 모델 T의 무난한 성능을 짐작할 수 있다. **15.** 특이한 페달 배치 **16.** 예비용 바퀴가 운전석 뒤에 있다. **17.** 단추 장식이 있는 가죽 좌석 **18.** 황동제 문턱 장식판

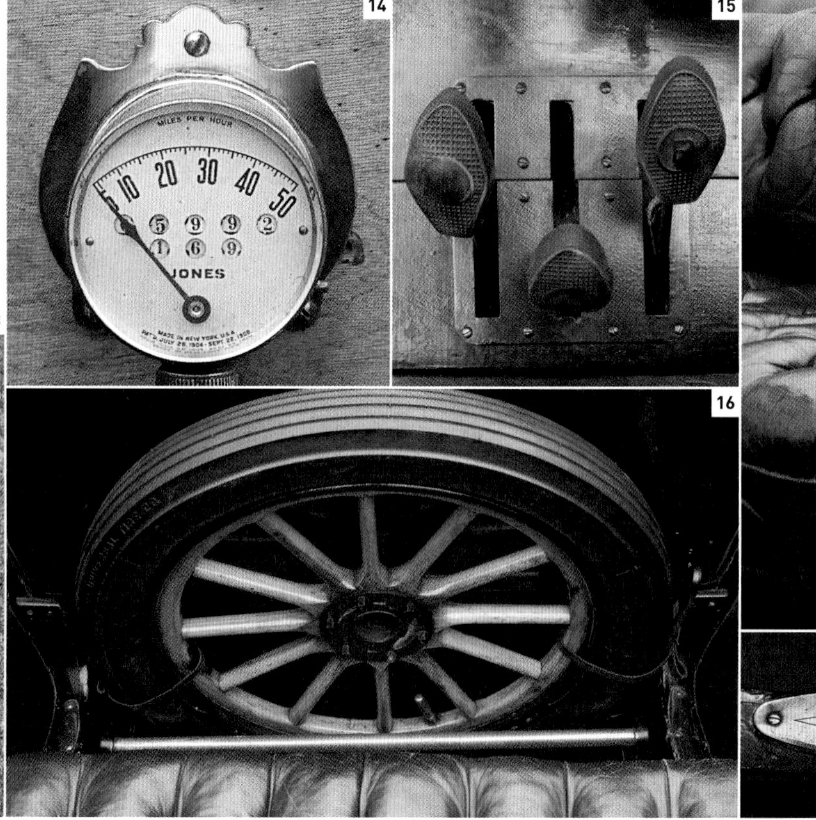

엔진실

모델 T의 2,896시시 사이드밸브 4기통 엔진은 당대에는 매우 앞선 것이었다. 4개의 실린더가 하나의 블록에 담겨 있었다. 윤활유는 펌프가 아니라 중력에 의해 엔진 둘레를 회전했다. 피스톤은 주철로 만들었다. 밸브가 작고 압축비가 매우 낮아서 출력은 겨우 20~22마력이었고 크랭크샤프트의 최대 회전 속도는 1,800아르피엠에 불과했다.

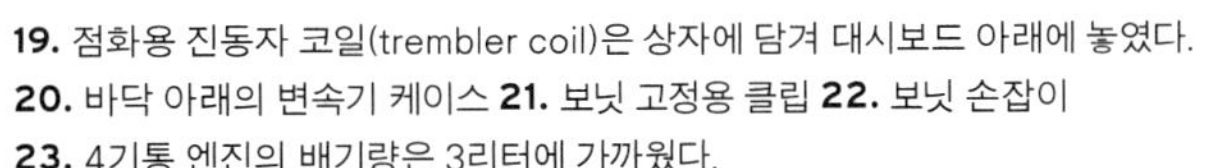

19. 점화용 진동자 코일(trembler coil)은 상자에 담겨 대시보드 아래에 놓였다. **20.** 바닥 아래의 변속기 케이스 **21.** 보닛 고정용 클립 **22.** 보닛 손잡이 **23.** 4기통 엔진의 배기량은 3리터에 가까웠다.

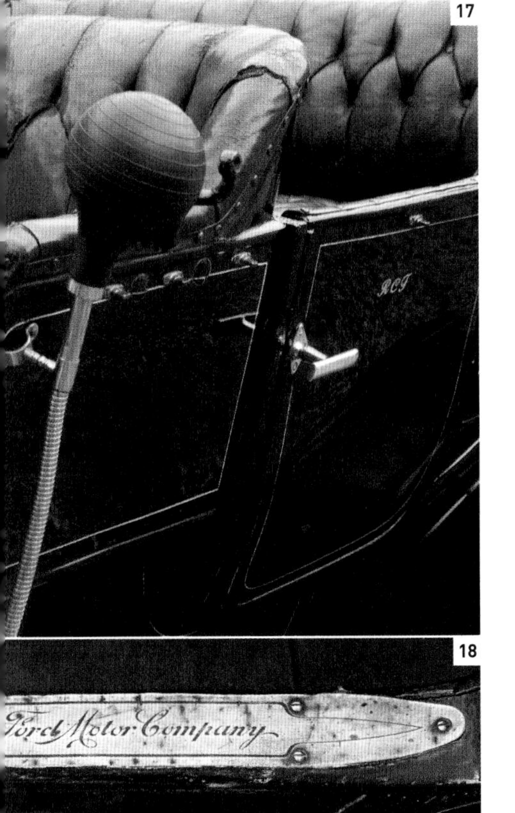

직렬 4기통 엔진

1908년에 출시된 이후 수백만 명의 미국인을 운전자로 만든 헨리 포드의 상징적 자동차인 모델 T는 대량 생산에 적합한 효율적인 생산 방식 외에도 놀라운 점이 많았다. '틴 리지'라는 별명으로 불린 이 자동차는 특히 단순하지만 견고한 엔진과 설계에 참신하고 다양한 기술이 사용된 변속기가 특징이었다.

계속되는 변화
초기 모델의 냉각수 펌프가 서모 사이펀 시스템으로 교체된 후에는 모델 수명이 다할 때까지 엔진의 기본 구성이 그대로 유지됐다. 압축비는 유동적인 연료 품질을 감안해 부분적으로 조정이 이루어졌다. 1917년부터 3.98:1로 안정되기 전까지는 최대 4.5:1까지 높아진 바 있다.

단순함을 유지하라

헨리 포드와 그의 수석 엔지니어였던 차일드 해럴드 윌스는 모델 T를 포장이 되지 않은 미국의 도로에도 견디기에 충분할 만큼 튼튼하면서 작고, 힘이 부족한 엔진으로도 적절한 성능을 낼 수 있도록 가볍게 만드는 방법을 고민했다. 엔진과 변속기의 신뢰성이 필수적이었기 때문에, 두 장치 설계를 가능한 한 단순하게 만들었다. 그러나 포드와 윌스는 수리 편의성을 위해 탈착할 수 있는 일체형 실린더 헤드와 냉각수 펌프를 필요 없게 만든 서모 사이펀(Thermo Syphon, 대기압을 이용해 냉각수가 이동되는 구조) 냉각 시스템과 같은 혁신적 기술을 결합하는 것은 주저하지 않았다. 하지만 모델 T 소유자들 사이에서는 나중에 냉각수 펌프 키트를 구입하는 것이 인기를 끌었다.

엔진 제원	
생산 시기	1908~1941년
실린더	직렬 4기통
구성	세로 방향 전방 장착
배기량	2,896cc
출력	20마력
유형	통상적 4행정 수랭식 휘발유 엔진, 왕복 피스톤, 마그네토 점화, 습식 윤활
헤드	짧은 푸시로드로 작동되는 사이드밸브(side-valve), 실린더당 2밸브
연료 장치	홀리(Holley)제 카뷰레터 1개, 중력 공급식
내경×행정	95.3mm×101.6mm
최고 출력	리터당 6.9마력
압축비	4.5:1, 이후 축소

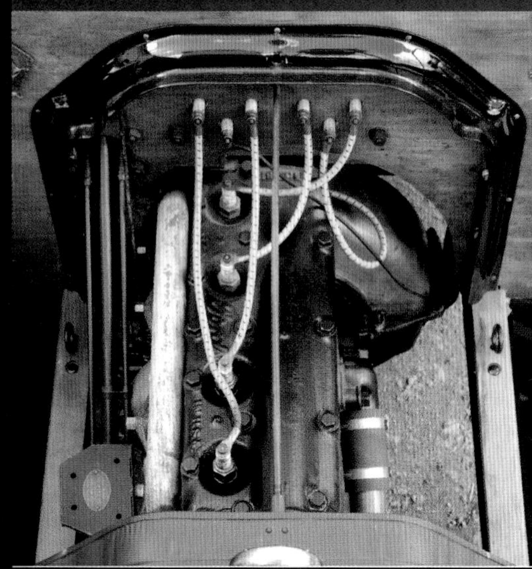

▷ 엔진 작동 원리는 352~353쪽 참고

모델 T의 오르막 주행
단순함을 추구하는 과정에서, 헨리 포드는 모델 T를 연료 펌프 없이 만들면서 카뷰레터로 연료를 공급하는 데 중력에 의존했다. 이러한 설계 때문에 연료 탱크에 담긴 연료가 적을 때에는 종종 언덕을 오를 때에 후진을 해야 했다.

시동 핸들

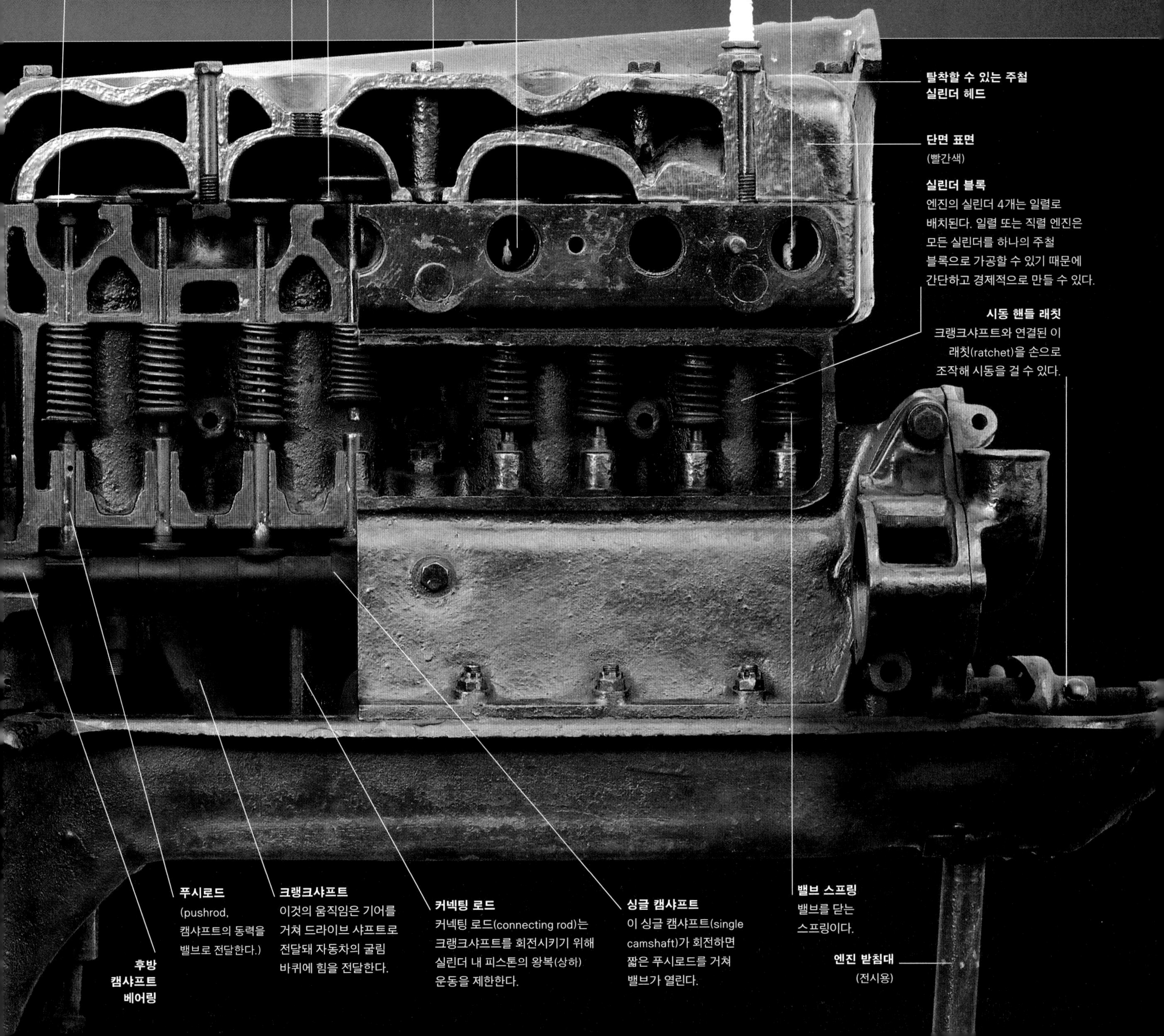

스파크 플러그 구멍
이 구멍을 통해 결합되는 스파크 플러그는 실린더 내에서 연료와 공기의 혼합기를 점화한다.

흡기 밸브
연료와 공기의 혼합기가 이 밸브를 거쳐 실린더로 들어간다.

배기 밸브
배기 가스는 배기 밸브를 거쳐 실린더로부터 빠져나온다.

실린더 헤드 볼트

흡기 포트(연료와 공기의 혼합기가 엔진으로 들어가는 곳)

스파크 플러그

배기 포트
(배기 가스가 엔진에서 빠져나가는 곳)

탈착할 수 있는 주철 실린더 헤드

단면 표면
(빨간색)

실린더 블록
엔진의 실린더 4개는 일렬로 배치된다. 일렬 또는 직렬 엔진은 모든 실린더를 하나의 주철 블록으로 가공할 수 있기 때문에 간단하고 경제적으로 만들 수 있다.

시동 핸들 래칫
크랭크샤프트와 연결된 이 래칫(ratchet)을 손으로 조작해 시동을 걸 수 있다.

후방 캠샤프트 베어링

푸시로드
(pushrod, 캠샤프트의 동력을 밸브로 전달한다.)

크랭크샤프트
이것의 움직임은 기어를 거쳐 드라이브 샤프트로 전달돼 자동차의 굴림 바퀴에 힘을 전달한다.

커넥팅 로드
커넥팅 로드(connecting rod)는 크랭크샤프트를 회전시키기 위해 실린더 내 피스톤의 왕복(상하) 운동을 제한한다.

싱글 캠샤프트
이 싱글 캠샤프트(single camshaft)가 회전하면 짧은 푸시로드를 거쳐 밸브가 열린다.

밸브 스프링
밸브를 닫는 스프링이다.

엔진 받침대
(전시용)

파리로의 드라이브, 1908년

20세기 초 자동차 생활은 로제 드 라 프레네(Roger de la Fresnaye)가 그린 「불로뉴 숲의 아카시아 길」에서처럼 차를 구입하고 운전사를 고용할 수 있었던 부유한 소수를 위한 것이었다.

레이싱 카의 탄생

자동차 역사의 초창기부터 신차의 속도와 내구성을 장거리 경주나 힐 클라임(hill climb, 자동차나 오토바이로 일정 거리의 비탈길을 달려 시간을 재는 속도 경기) 경주나 서킷 경주에 출전시켜 서로 경쟁시킴으로써 입증해 보자는 아이디어가 대두됐다. 20세기의 첫 10년이 끝나 갈 무렵 모터스포츠는 유럽과 미국에서 번성했고, 독일, 프랑스, 이탈리아, 영국, 미국의 자동차들이 그 선두를 다퉜다. 엔진 배기량에 대한 제한이 없었기 때문에, 이 시대의 경주용 자동차에는 거대한 엔진이 올라가는 경우가 많았다.

△ 네이피어 고든 베넷 1902년
Napier Gordon Bennett 1902

생산지 영국
엔진 6,435cc, 직렬 4기통
최고 속력 113km/h

1902년 고든 베넷 경주(Gordon Bennett Trial)에 출전한 유일한 영국 자동차였던 이 네이피어는 셀윈 프랜시스 에지(Selwin Francis Edge)와 세실 에지(Cecil Edge) 형제가 몰아 우승을 차지했다. 이 차의 초록색은 브리티시 레이싱 그린(British Racing Green)이라는 이름으로 유명해졌다.

△ 스피케르 60HP 1903년
Spyker 60HP 1903

생산지 네덜란드
엔진 8,821cc, 직렬 6기통
최고 속력 129km/h

스피케르 가의 야코부스(Jacobus)와 헨드릭얀(Hendrik-Jan) 형제는 대단한 자동차들을 선보였는데, 그중 가장 돋보이는 차가 이 상시 4륜 구동 및 4륜 브레이크를 갖춘 첫 양산 6기통 엔진 자동차였다.

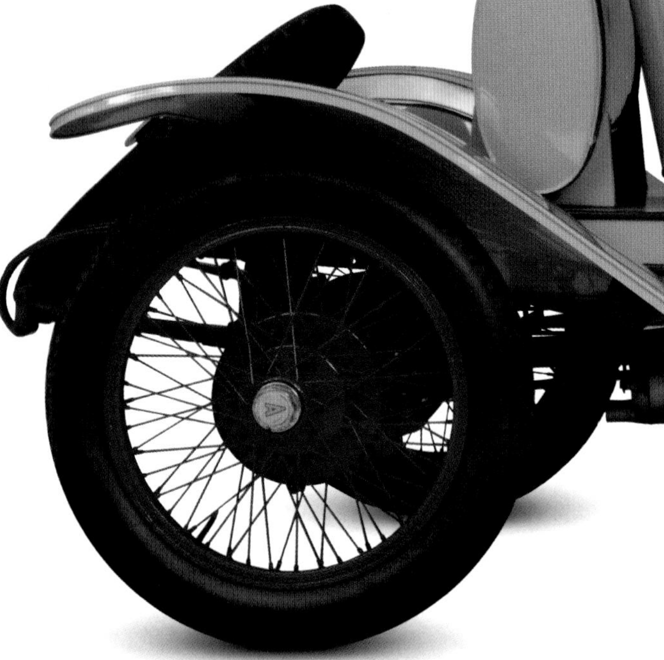

△ 어번 모델 30L 로드스터 1910년
Auburn Model 30L Roadster 1910

생산지 미국
엔진 3,300cc, 직렬 4기통
최고 속력 105km/h

어번은 1912년에 1,623대의 자동차를 만들었다. 30L은 실린더가 개별적으로 주조된 루텐버(Rutenber)의 엔진을 활용해 세단, 투어러, 로드스터(roadster, 개폐식 창이나 지붕이 없는 오픈 카)로 판매됐다. 로드스터는 값이 1,100달러로 가장 저렴했다.

△ 다라크 12HP '주느비에브' 1904년
Darracq 12HP 'Genevieve' 1904

생산지 프랑스
엔진 1,886cc, 직렬 2기통
최고 속력 72km/h

강판 프레스로 만들어진 가벼운 차체를 갖춘 이 다재다능한 자동차는 베테랑 시대(Veteran Era, 현대적 자동차 설계 개념이 등장하기 전인 1905년 이전의 시기) 자동차를 많은 이들에게 알린 1953년의 코미디 영화 「주느비에브(Genevieve)」에서 주역을 맡아 유명해졌다.

△ 다라크 200HP 1905년
Darracq 200HP 1905

생산지 프랑스
엔진 25,400cc, V8
최고 속력 193km/h

남아 있는 것 중 세계에서 가장 오래된 V8 엔진 장착 차량이다. 1905년에 시속 177킬로미터로 세계 속도 기록을 세웠다. 1906년에는 시속 193킬로미터를 돌파했고, 1909년까지 계속해서 기록을 갱신했다.

◁ 복스홀 프린스 헨리 1910년
Vauxhall Prince Henry 1910

생산지 영국
엔진 3,054cc, 직렬 4기통
최고 속력 161km/h

복스홀은 1910년에 독일에서 열린 프린스 헨리 경주(Prince Henry Trial) 출전을 위해 3대의 자동차를 만들었다. 그 자동차들은 러시아 9일 경주 및 스웨덴 윈터 컵(Winter Cup)을 포함해 여러 경주에서 꾸준히 우승을 차지했다.

△ **오스트로-다임러 프린스 헨리 1910년**
Austro-Daimler Prince Henry 1910
생산지 오스트리아
엔진 5,714cc, 직렬 4기통
최고 속력 137km/h
페르디난트 포르셰는 독일 모기업으로부터 오스트로-다임러(Austro-Daimler), 즉 다임러 오스트리아 지사가 분사하는 것을 이끌었다. 이 자동차의 오버헤드 캠샤프트(OHC) 엔진 덕분에 1910년 프린스 헨리 경주에서 1-2-3위를 차지할 수 있었다.

▷ **스터츠 베어캣 1912년**
Stutz Bearcat 1912
생산지 미국
엔진 6,391cc, 직렬 4기통
최고 속력 121km/h
문이 없는 낮은 차체에 1인용 앞유리를 갖춘 도로 주행 경주용 자동차(roadgoing racer)였던 날렵한 베어캣은 참가한 30차례의 경주 가운데 25차례를 우승하며 금세 당대의 상징적 존재가 됐다.

△ **마르켓-뷰익 1909년**
Marquette-Buick 1909
생산지 미국
엔진 4,800cc, 직렬 4기통
최고 속력 145km/h
루이 셰브럴레이(Louis Chevrolet)는 1910년에 인디애나폴리스의 브릭야드(Brickyard, 벽돌 길) 서킷에서 열린 첫 8킬로미터 경주에서 이 자동차들 중 하나를 몰아 우승했다. 그러나 양산차 규정에 맞지 않는다는 이유로 실격됐다.

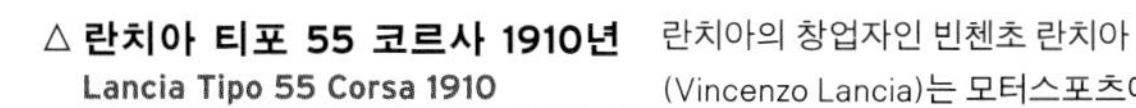

△ **란치아 티포 55 코르사 1910년**
Lancia Tipo 55 Corsa 1910
생산지 이탈리아
엔진 4,700cc, 직렬 4기통
최고 속력 137km/h
란치아의 창업자인 빈첸초 란치아(Vincenzo Lancia)는 모터스포츠에 열정적이었고 1904년 이탈리아에서 열린 코파 플로리오(Coppa Florio) 경주에서 우승했다. 또한 이 자동차는 밴더빌트(Vanderbilt) 가문을 위해 제작돼 미국에서 열린 여러 경주에서도 우승했다.

▷ **파나르 에 르바소 X-19 라부르데 토피도 스키프 1912년**
Panhard et Levassor X-19 Labourdette Torpédo Skiff 1912
생산지 프랑스
엔진 2,100cc, 직렬 4기통
최고 속력 97km/h
코치빌더(coachbuilder, 마차나 자동차 차체를 제조, 장식하는 업자) 앙리 라부르데(Henri Labourdette)는 슈발리에 르네 드 니프(Chevalier Rene de Knyff)를 위해 문이 없는 이 스키프(skiff, 조정용 보트) 형태의 차체를 만들었다. 가볍고 강력한 스타일은 프랑스 레이서들에게 인기를 끌었다. 이 자동차는 1912년의 원형을 복제한 것이다.

△ **부가티 타입 15 1910년**
Bugatti Type 15 1910
생산지 프랑스
엔진 1,327cc, 직렬 4기통
최고 속력 89km/h
에토레 부가티의 첫 양산차 타입 13은 휠베이스(wheelbase, 자동차 앞바퀴와 뒤바퀴 사이의 축간 거리)가 더 긴 타입 15로도 나왔다. 수많은 경주에서 거물급 자동차들을 물리치는 성적을 거두어 판매가 급증했다.

▷ **머서 타입 35R 레이스어바웃 1910년**
Mercer Type 35R Raceabout 1910
생산지 미국
엔진 4,929cc, 직렬 4기통
최고 속력 129km/h
특이하게 낮은 차체에 당대로서는 핸들링이 탁월했던 레이스어바웃은 1911년에 처음 출전한 6차례의 경주에서 5번을 우승했다. 1913년에는 4단 변속기를 탑재하고 훨씬 더 빨라졌다.

◁ **피아트 S61 코르사 1908년**
Fiat S61 Corsa 1908
생산지 이탈리아
엔진 10,087cc, 직렬 4기통
최고 속력 156km/h
그랜드 투어링(Grand Touring) 모델로부터 파생된 매우 성공적인 경주용 자동차였던 S61 코르사는 1912년 미국 그랑프리를 포함해 미국과 유럽의 여러 경주에서 우승했다.

◁ **부가티 타입 18 '갸로스' 1912년**
Bugatti Type 18 'Garros' 1912
생산지 프랑스
엔진 5,027cc, 직렬 4기통
최고 속력 169km/h
에토레 부가티는 이 오버헤드 캠샤프트와 2중 흡기 밸브를 단 101마력 체인 구동 그랑프리 레이싱 카를 직접 몰고 우승을 차지했다. 다른 자동차들은 인디애나폴리스 500 경주에 출전했다.

△ **피아트 S74 1911년**
Fiat S74 1911
생산지 이탈리아
엔진 14,137cc, 직렬 4기통
최고 속력 164km/h
그랑프리 경주에서 엔진 내경과 행정에 대한 제한치가 점점 높아지면서, 이 자동차의 거대한 OHC 엔진은 운전자의 시야를 가릴 정도로 높았다. 데이비드 브루스브라운(David Bruce-Brown)이 이 자동차 중 1대를 몰고 1911년 미국 그랑프리에서 우승했다.

헨리 릴런드와 그가 만든 1906년형 모델 H

위대한 브랜드

캐딜락 이야기

캐딜락은 미국에서 가장 오래된 자동차 메이커 중 하나로, 1902년에 헨리 릴런드(Henry Leland)가 디트로이트에서 회사를 설립한 이래로 높은 품질의 자동차들을 양산해 왔다. 캐딜락은 90년 넘도록 제너럴 모터스(GM)에서 중추적인 역할을 해 왔고, 이미지 변신 중인 제너럴 모터스 내에서도 야심차고 고급스러운 브랜드로서 입지를 굳히고 있다.

헨리 마틴 릴런드는 1843년에 버몬트 주에서 태어났으며 무기 산업 분야에서 일했던 정밀 기계 제작자였다. 그는 1890년에 디트로이트로 이주했고, 영국인 로버트 펄코너(Robert Faulconer)의 후원을 받아 자동차 산업에 필요한 부품들을 만드는 회사를 세워 부품의 정밀성과 표준화에 영향을 미쳤다. 릴런드 앤드 펄코너 사는 올즈모빌의 랜섬 올즈(Ransom E. Olds)를 위한 신형 단기통 엔진을 설계했지만, 올즈는 새 엔진을 만들기 위해 그의 회사 설비를 재정비하는 데 투자하기를 주저했다.

헨리 포드 사에 자문으로 초빙된 후, 릴런드는 그의 엔진을 포드가 설계한 차대와 결합할 것을 제안했다. 이 새로운 설계를 반영한 자동차를 만들기 위해, 18세기에 디트로이트를 발견한 프랑스 인의 이름을 따 캐딜락이라고 명명된 새 회사가 1902년에 설립됐다. 1903년 뉴욕 모터쇼에서 공개된 캐딜락 모델 A가 보여 준 고품질 구성은 캐딜락의 상징이 됐다. 1905년 4기통 30마력 엔진의 모델 D가 라인업에 추가되며 캐딜락은 올즈모빌, 포드의 뒤를 이어 세계에서 세 번째로 큰 자동차 메이커로 성장했다.

캐딜락 배지
(1905년 도입)

릴런드는 캐딜락을 1909년 헨리 윌리엄 듀런트(William Durant)에게 매각했는데, 이것은 당시까지 디트로이트 증권 거래소에서 이루어진 가장 큰 금융 거래였다. 캐딜락은 올즈모빌 및 뷰익 브랜드와 나란히 듀런트가 소유한 GM의 일원이 됐다. "세계 표준(Standard of the World)"이라는 구호 아래, 캐딜락은 자사의 자동차에 보편적으로 셀프스타터(self-starter, 자동 시동 장치)를 달고 양산 V8 엔진을 얹은 첫 브랜드가 됐다. 릴런드는 듀런트와 불화를 겪고 회사를 떠나 링컨 자동차 회사(Lincoln Motor Company)를 설립한 1917년까지 사장 자리를 지켰다.

캐딜락 브랜드는 대중에게 캐딜락이 고품질의 고급 대형 승용차라는 인식을 심어 준 V8 엔진을 단 차폭이 넓은 모델들을 내놓으며 릴런드 없이도 계속해서 번창해 나갔다. 1926년에 더 저렴한 가격의 하위 브랜드인 라살(La Salle)이 나왔다. 곧이어 캐딜락과 라살의 자동차들은 모두 할리 얼(Harley Earl)이라는 젊은 디자이너의 손을 거쳐 출시됐다. 이후로 수십 년 동안 얼은 세계에서 가장 위대한 자동차 디자이너 중 한 사람이었다.

1930년 1월 캐딜락은 놀라운 새 엔진을 선보였다. 7,413시시 V16 엔진은 167마력의 힘과 더불어 비교 불가능한 부드러움과 유연성을 자랑했다. 1930년 후반 뒤이어 나온 V12 엔진으로 캐딜락은 V8, V12, V16이라는 독특한 엔진 구성을 갖추게 되었다. 1930년대를 지나면서 플리트우드(Fleetwood, 펜실베이니아 주의 코치빌더에서

테일 핀
양산차 중 가장 높게 솟았던 1959년형 캐딜락 시리즈 62의 꼬리 날개에는 클래식 캐딜락의 특징인 총알 모양의 테일 램프가 달렸다.

모델 A

- **1902** 헨리 릴런드, 디트로이트에 캐딜락 사를 세우고 첫 번째 자동차인 모델 A 개발을 개시하다.
- **1905** 4기통 엔진을 쓴 모델 D의 생산 개시. 세계에서 세 번째로 큰 자동차 메이커가 될 때까지 캐딜락 생산이 증가하다.
- **1909** 캐딜락 사, 표준화 공로를 인정받아 자동차 산업에서 공헌한 기업에 주는 듀어 트로피(Dewar Trophy)을 수상하다. 1912년에 같은 상을 다시 한번 받는다.
- **1909** 릴런드, 윌리엄 듀런트의 GM에 캐딜락 매각
- **1912** 모델 30이 양산 승용차 중 처음으로 자동 시동 장치를 기본으로 사용하다.

60 스페셜

- **1929** V16 엔진을 선보인 데 이어 1930년에 V12 엔진을 공개하다.
- **1938** 새로운 와이드 앵글 V16 엔진과 캐딜락 60 스페셜을 출시하다.
- **1940** 저가형 캐딜락 시리즈 61로 대체되며 라살(La Salle) 브랜드가 폐지되다.
- **1949** 100만 번째 캐딜락 승용차를 생산하다.
- **1950** 브리그스 커닝엄(Briggs Cunningham)이 캐딜락의 자동차로 르망 레이스에 출전, 10위와 11위를 차지하다. 캐딜락 엔진을 쓴 알라드(Allard)가 3위에 오르다.

엘도라도

- **1967** 올즈모빌 토로네이도(Toronado)와 같은 플랫폼을 쓴 엘도라도(Eldorado) 전륜 구동 모델 출시
- **1972** 미국 대통령 리처드 닉슨(Richard Nixon)이 소련 공산당 서기장 레오니트 브레즈네프(Leonid Brezhnev)에게 검은색 캐딜락 엘도라도를 선물하다.
- **1973** 캐딜락, 500만 번째 승용차를 생산하다.
- **1975** 캐딜락, 고급 중형차 스빌(Seville) 출시하다.
- **1991** 알루미늄 합금제 노스스타(Northstar) V8 엔진이 출시돼 캐딜락 모델 전반에 걸쳐 핵심 엔진이 되다.

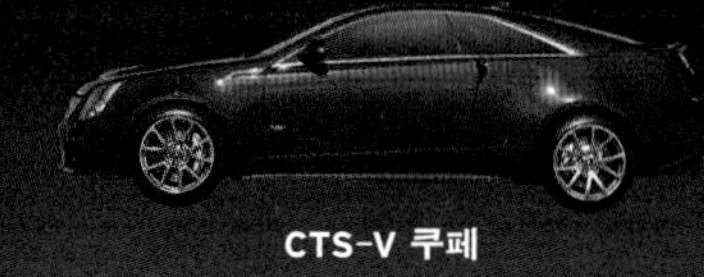

CTS-V 쿠페

- **1996** 마지막 풀 사이즈 승용차 플리트우드가 마지막으로 생산되다.
- **1998** 에스컬레이드 SUV 출시
- **1999** 캐딜락의 콘셉트 카인 이보크(Evoq)를 통해 '예술과 과학의 힘'이라는 새로운 디자인 개념이 제시되다.
- **2004** CTS-V가 세계에서 가장 빠른 V8 엔진 스포츠 세단이 되다.
- **2016** 미국과 중국에서 생산된 CT6로 풀사이즈 후륜 구동 럭셔리 세단 시장에 복귀
- **2019** 럭셔리 크로스오버 XT6가 출시되다.
- **2021** 순수 전기차 캐딜락 리릭 공개

고급스러움과 스타일의 표본
고품질의 플리트우드 스타일은 1930년대 중반부터 후반까지 나온 시리즈 75 모델과 같은 캐딜락의 가장 값비싼 모델들에 반영됐다.

비롯된 이름)가 캐딜락의 최상위 모델 이름으로 쓰이기 시작했다. 뱅크 각(V형 엔진에서 양쪽 실린더 블록이 벌어진 각도)이 넓은 새 V16 엔진이 1938년에 나왔고, 같은 해 후반에는 60 스페셜이 출시됐다. 60 스페셜은 이후 캐딜락 스타일링 스튜디오의 책임자가 되는 또 다른 젊은 자동차 디자이너, 빌 미첼(Bill Mitchell)의 현대적인 스타일이 두드러졌다.

1942년까지 지속된 승용차 생산은 캐딜락이 전차, 군용차, 항공기용 엔진 부품 등 군수 물자를 생산하게 되면서 중단됐다. 민수용 승용차 생산은 1945년에 재개됐지만, 1948년까지는 제품군에는 가벼운 스타일 손질 이상의 어떤 변화도 이루어지지 않았다. 그해에 미첼과 얼이 캐딜락 자동차에 매단 테일 핀(tail fin)은 미국 자동차 산업 전반으로 번지는 유행이 됐다. 테일 핀 열풍은 1959년에 정점에 다다랐는데, 캐딜락의 것은 그중에서도 가장 높았다. 그때까지 미국 메이커들은 에어 서스펜션, 파워 스티어링 및 브레이크, 버튼식 자동 변속기, 에어컨을 포함한 각종 편의 장비들로 그들의 자동차를 가득 채웠다. 그리고 캐딜락은 그런 흐름을 이끌었다.

1960년대의 캐딜락은 고급스러움은 물론이고 스타일에 있어서도 호사스러움의 극치를 달렸다. GM 브랜드들 사이의 부품 공용화는 과거 어느 때보다도 뚜렷했지만, 캐딜락은 고유의 개성적인 모습을 유지했다. 1960년대 말까지 캐딜락은 최대 8.2리터에 이르는 V8 엔진을 사용했지만 다른 미국 자동차 메이커들도 마찬가지였다. 캐딜락은 곧 점차 엄격해지는 새로운 배기가스 규제에 대응하기 위해 엔진의 크기와 출력을 줄여야만 했다. 자동차도 안전 규정을 따르기 위해 에너지 흡수 범퍼를 채택해야 했다.

> **"한 시즌 최고의 연봉은 4만 6000 달러와 캐딜락이었다."**
> — 1947~1964년에 활동한 메이저리그 야구 선수 에드윈 도널드 '듀크' 스나이더(Edwin Donald 'Duke' Snider)의 말

1970년대 말의 석유 파동은 캐딜락의 크고 연료 소비가 많은 고급차 제품군에 악재가 됐다. 캐딜락은 대형 모델들에 대한 소형화 프로그램을 시작함으로써 대응했고, 잠깐 동안이지만 V8 엔진 탑재 모델용으로 혁신적인 'V8-6-4' 엔진 관리 시스템을 내놓았다. 이 시스템은 연료를 절감하기 위해 엔진 실린더를 정지시킬 수 있었다. 그러나 이 시스템은 신뢰성이 떨어져 1년밖에는 사용되지 못했다. 캐딜락은 소형 모델인 시머론(Cimarron)도 출시했지만, 실질적으로 쉐보레 커밸리어(Cavalier)/폰티액 J2000을 약간 더 고급스럽게 꾸민 차일 뿐이었다. 캐딜락은 1990년대 유럽 및 일본 럭셔리 모델과의 치열한 경쟁을 견뎌냈지만, 르네상스가 시작된 것은 1998년의 일이었다. 이때 풀사이즈 세단 플리트우드가 마침내 단종되고 캐딜락은 첫 SUV인 에스컬레이드를 출시했다. 새로운 시대는 "예술과 과학의 힘(power of art and science)"이라는 참신한 디자인 철학이 주도했다. 그러한 철학은 2002년에 파격적인 모습과 더불어 품질 및 성능에 있어 경쟁 브랜드의 차량들과 경쟁할 수 있는 능력을 모두 갖춘 CTS 소형 세단과 전투기 F-22 랩터에서 영감을 얻은 모습의 시엔(Cien) 콘셉트 카(역시 2002년에 등장)에 반영됐다.

2006년에 나온 캐딜락 BLS는 목표로 삼았던 유럽에서는 잘 팔리지 않았지만, 중형 세단 STS (2005년), 풀사이즈 DTS (2006년), 2세대 CTS (2008년) 모델은 모두 미국에서 좋은 성과를 거뒀다. 글로벌 금융 위기 여파로, 2009년에 캐딜락의 모회사인 제너럴모터스(GM)는 미국 파산법 11조에 따른 파산 보호를 신청했다. 그 결과 만들어진 '뉴 GM'은 4개 핵심 브랜드에 집중했고, 캐딜락도 그중 하나였다.

첫 대량 생산 V8 엔진
캐딜락의 1915년형 V8 엔진은 혁신적인 자동 온도 조절 장치를 통해 냉각수의 온도가 조절됐다. 엔진, 클러치, 변속기는 모두 하나의 세트로 결합됐다.

초창기의 고급 자동차

자동차 메이커들은 가장 부유한 소비자들을 위해 그들의 가장 뛰어난 작품들을 만들었다. 그런 소비자들은 신뢰성이 낮은 차를 용납하지 않았고, 전통적인 마차보다 훨씬 더 훌륭한 탈것을 원했다. 또한 20세기 초반의 거친 도로 사정상 편안한 승차감을 주는 장비와 사전 선택형(preselect, 미리 사용할 기어를 선택하고 클러치 조작 없이 동력을 연결하는 변속 방식) 변속기와 파워 스티어링 같은 고급 장비들도 필요로 했다.

◁ **나강 타입 D 14/16HP 타운 카 1909년**
Nagant Type D 14/16HP Town Car 1909

생산지 벨기에
엔진 2,600cc, 직렬 4기통
최고 속력 80km/h

벨기에 동부의 공업 도시 리에주(Liège)를 거점으로 한 브랜드로서 1907년부터 독자적으로 고품질 자동차를 만들었다. 작은 축에 속하는 14/16HP는 엔진 회전수가 3,000아르피엠까지 올라가는 효율적인 사이드밸브 엔진으로 주목받았다.

▷ **HEDAG 일렉트릭 브로엄 1905년**
HEDAG Electric Brougham 1905

생산지 독일
엔진 전기 모터 2개
최고 속력 24km/h

승합 마차를 개조해 양쪽 앞바퀴에 전기 모터를 단 브로엄에는 파워 스티어링, 4륜 브레이크, 전기식 방향 지시등이 달려 있었다. 프랑스 자동차 메이커인 크리에거(Kriéger) 사의 라이선스를 받아 만들어졌다.

▷ **파나르 에 르바소 15HP 타입 X21 1905년** **Panhard & Levassor 15HP Type X21 1905**

생산지 프랑스
엔진 2,614cc, 직렬 6기통
최고 속력 80km/h

1891년에 파나르 에 르바소는 현대적인 자동차의 기틀을 놓았다. 1905년까지 그들은 X21처럼 놀랄 만큼 조용하고 부드럽게 주행하는 자동차들을 생산했다.

◁ **리갈 모델 NC 콜로니얼 쿠페 1912년**
Regal Model NC Colonial Coupé 1912

생산지 미국
엔진 3,200cc, 직렬 4기통
최고 속력 80km/h

차체 위에 차축이 놓인 '현수식(懸垂式)'의 낮은 차체로 유명했던 리갈은 가볍고 스포티한 자동차였지만, 이 차체 디자인은 공기 역학적으로 좋지 않았다.

▷ **롤스로이스 실버 고스트 1906년**
Rolls-Royce Silver Ghost 1906

생산지 영국
엔진 7,036cc, 직렬 6기통
최고 속력 101km/h

찰스 롤스(Charles Rols)와 헨리 로이스(Henry Royce)는 세계에서 가장 훌륭한 자동차를 만들고자 했다. 이 40/50HP 모델은 조용하고 강력하면서 멋진 만듦새를 자랑했다.

△ **캐딜락 모델 51 1914년**
Cadillac Model 51 1914

생산지 미국
엔진 5,157cc, V8
최고 속력 89km/h

릴런드는 미국의 첫 대량 생산 V8 엔진 탑재 승용차인 이 모델 51은 경쟁자의 상승세에 제동을 걸었다. 71마력 엔진을 쓴 이 자동차는 강력하고 신뢰할 수 있었다. 첫해 판매는 1만 3000대가 넘었다.

◁ **브루크 25/30HP 스완 1910년**
Brooke 25/30HP Swan 1910

생산지 영국/인도
엔진 4,788cc, 직렬 6기통
최고 속력 60km/h

인도 캘커타에서 활동한 영국인 엔지니어 로버트 '스코티' 니콜 매튜슨(Robert 'Scotty' Nicholl Matthewson)이 30HP 브루크 세단으로 만든 스완은 붐비는 캘커타 거리를 지날 때 백조 부리에서 물을 뿜었다.

▷ **랜체스터 28HP 랜돌렛 1906년**
Lanchester 28HP Landaulette 1906

생산지 영국
엔진 3,654cc, 직렬 6기통
최고 속력 89km/h

프레더릭 랜체스터(Frederick Lanchester)는 혁신적이고 독창적인 자동차를 만들었던 탁월한 기술자였다. 이 차는 독자적인 컨버터블 차체, 앞뒤 차축 사이에 놓인 엔진, 사전 선택형 변속기를 갖췄다.

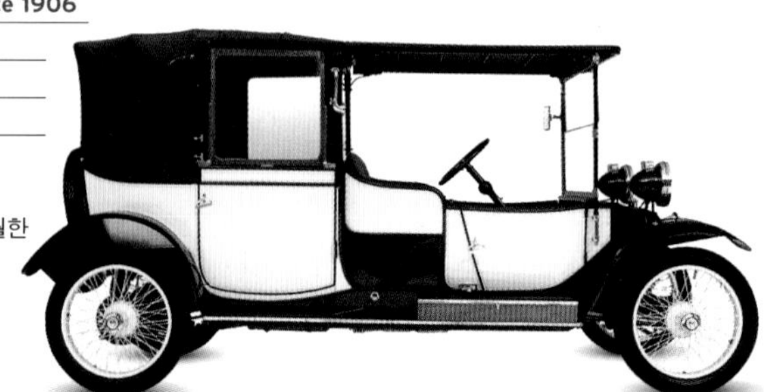

▷ **푸조 타입 126 12/15HP 투어링 1910년**
Peugeot Type 126 12/15HP Touring 1910

생산지 프랑스
엔진 2,200cc, 직렬 4기통
최고 속력 72km/h

철물점으로 시작한 가족 기업인 푸조는 폭넓은 종류의 자동차를 갖추고 20세기 초반에 대단한 성공을 거두었다. 이 모델은 불과 350대만 팔렸다.

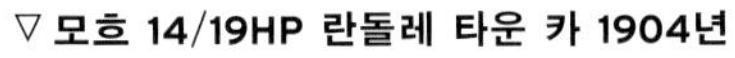

▽ **모흐 14/19HP 란돌레 타운 카 1904년**
Mors 14/19HP Landaulette Town Car 1904

생산지 프랑스
엔진 3,200cc, 직렬 4기통
최고 속력 64km/h

에밀 모흐(Emile Mors)는 1898년에 연간 200대의 자동차를 만들었고, 1904년까지 그의 차대 사업은 성장을 거듭했다. 이 고급 모델은 파리의 코치빌더인 로쉴드(Rothschild)가 주문 제작한 도시형 자동차 차체를 얹었다.

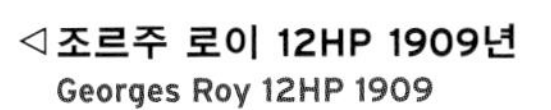

◁ **조르주 로이 12HP 1909년**
Georges Roy 12HP 1909

생산지 프랑스
엔진 2,900cc, 직렬 4기통
최고 속력 72km/h

조르주 로이는 특이하게도 차체를 직접 만들었다. 이 모델은 쓰지 않을 때에는 접을 수 있는 기발한 뒷좌석을 갖춰, 2인승 또는 4인승으로 모두 활용할 수 있었다.

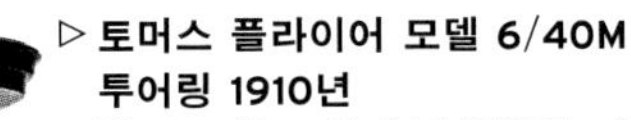

▷ **토머스 플라이어 모델 6/40M 투어링 1910년**
Thomas Flyer Model 6/40M Touring 1910

생산지 미국
엔진 7,679cc, 직렬 6기통
최고 속력 108km/h

E. R. 토머스 자동차 회사(E. R. Thomas Motor Company)는 놀라울 정도로 빠르고 큰 엔진을 얹은 자동차들을 만들어 1908년 뉴욕-파리 자동차 경주에서 우승을 했다. 1910년과 1919년 사이 토머스 사는 플라이어와 같은 더 고급스러운 모델들을 만들었다.

▷ **아가일 15/30 1913년**
Argyll 15/30 1913

생산지 영국
엔진 2,614cc, 직렬 4기통
최고 속력 76km/h

에드워드 시대(1901~1910년, 영국 에드워드 7세 재위기)에 스코틀랜드 최대 자동차 메이커였던 아가일은 이 슬리브밸브 엔진을 쓴 모델처럼 훌륭한 자동차들을 만들었다. 이 자동차들은 스코틀랜드 로크 로먼드 강기슭 알렉산드리아의 거대하고 궁전 같은 공장에서 만들어졌다.

△ **피아트 24/40HP 1906년**
Fiat 24/40HP 1906

생산지 이탈리아
엔진 7,363cc, 직렬 4기통
최고 속력 85km/h

피아트는 이탈리아 엘리트 계층에 걸맞은 대배기량 엔진 승용차를 다양하게 생산했다. 이러한 자동차들에는 무겁고 고급스러운 차체가 올라갔지만, 이 차대에 맞게 만들어진 경량의 경주용 자동차도 있었다.

◁ **데임러 28/36 1905년**
Daimler 28/36 1905

생산지 영국
엔진 5,703cc, 직렬 4기통
최고 속력 80km/h

브리티시 데임러(British Daimler) 사는 독일차의 복제로 사업을 시작했다. 그러나 1905년까지 회사는 28/36처럼 대배기량 엔진과 4단 기어를 갖춘 고품질 자동차들로 시장에서 탄탄한 우위를 차지했다.

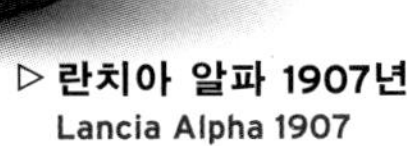

▷ **란치아 알파 1907년**
Lancia Alpha 1907

생산지 이탈리아
엔진 2,543cc, 직렬 4기통
최고 속력 80km/h

빈첸초 란치아는 피아트가 직접 운영하는 레이싱 팀에서 6년간 레이서로 일하고 1906년에 자신의 회사를 세웠다. 4단 변속기를 단 알파는 당시로서는 현대적이고 잘 만들어진 자동차였다.

▷ **피어스-애로 모델 38 파크 페이톤 1913년 Pierce-Arrow Model 38 Park Phaeton 1913**

생산지 미국
엔진 6,796cc, 직렬 6기통
최고 속력 105km/h

피어스-애로 사는 미국에서 가장 훌륭한 차들을 만들었다. 스튜드베이커(Studebaker)가 독점적으로 만든 차체의 이 모델은 압축 공기를 엔진으로 불어넣어 시동을 걸었다.

롤스로이스 실버 고스트

엄밀히 말하자면, 실버 고스트(Silver Ghost)라는 이름이 붙은 롤스로이스는 단 하나뿐이다. 1907년에 2만 4000킬로미터 내구 경주에 쓰인, 은색 차체에 은색 내장재를 갖춘 독특한 40/50HP 오픈 투어러가 그것이다. 그러나 그 이름은 1906년과 1925년 사이에 만들어져, 롤스로이스를 '세계 최고의 자동차 메이커'로 확실히 자리 잡게 한 모든 40/50HP 모델을 회고하는 이름으로 쓰였다. 아름다운 공학의 산물이라 할 만한 그 자동차들은 당대로서는 비교할 수 없는 부드러움과 정교함과 더불어 수월하게 발휘할 수 있는 높은 성능을 보여 주었다.

어느 저명한 실버 고스트 예찬자는 40/50HP를 "디자인을 뛰어넘는 장인 정신의 성취"라고 표현했다. 냉정하지만 완전히 틀리지는 않은 찬사였다. 브랜드의 명성을 다졌던 것은 완벽주의자였던 헨리 로이스가 고집한 세심한 공학적 품질이었다. 로이스가 설계한 배전기와 카뷰레터뿐만 아니라 많은 요소들이 내부적으로 만들어졌다. 1919년에 전기식 시동 장치가 등장했을 때, 로이스 역시 독자적인 시동 장치와 다이나모(dynamo, 초창기 자동차에 사용된 직류 발전기)를 설계했다. 그러나 1924년에야 겨우 앞바퀴 브레이크가 더해진 차대와 마찬가지로 엔진은 보수적인 구조였다. 앞바퀴 브레이크는 대단히 효율적이었던 롤스로이스의 서보 어시스트(servo-assist) 기술의 일부였다.

40/50HP는 제1차 세계 대전 시기는 물론 그 이후에도 장갑차의 바탕이 될 정도로 대단히 견고했다. 40/50HP의 차대는 1925년에 그 후속 모델로 출시된 팬텀 I(Phantom I)으로 이어졌다. 이것은 새로운 오버헤드 밸브 엔진을 갖춘 실버 고스트가 됐다.

앞모습

뒷모습

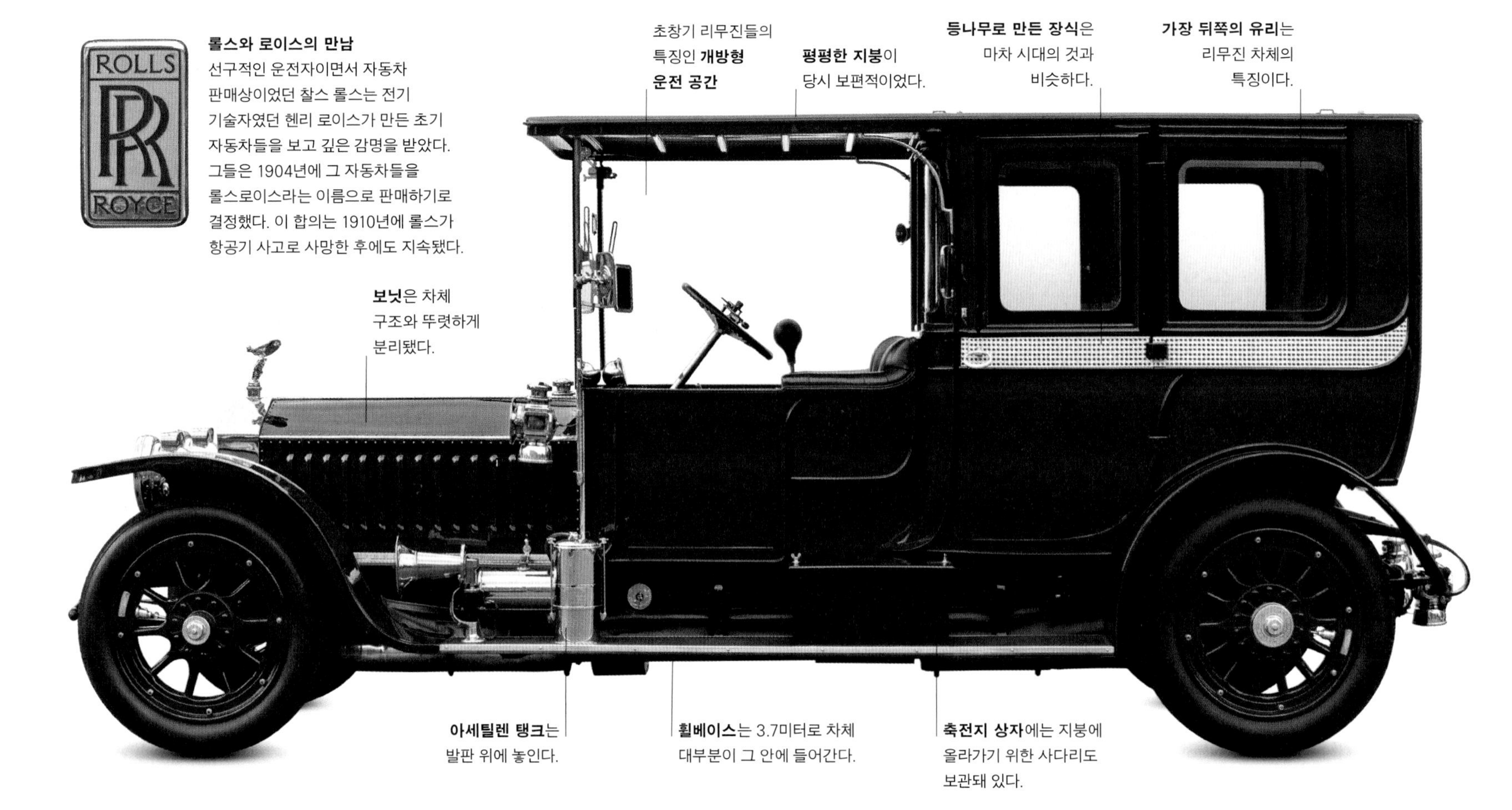

롤스와 로이스의 만남
선구적인 운전자이면서 자동차 판매상이었던 찰스 롤스는 전기 기술자였던 헨리 로이스가 만든 초기 자동차들을 보고 깊은 감명을 받았다. 그들은 1904년에 그 자동차들을 롤스로이스라는 이름으로 판매하기로 결정했다. 이 합의는 1910년에 롤스가 항공기 사고로 사망한 후에도 지속됐다.

제원	
모델	롤스로이스 실버 고스트, 1906~1925년
생산지	주로 영국 맨체스터 및 더비 지역
제작	7,876대
구조	철제 차대, 다양한 차체
엔진	7,410cc, 사이드밸브 직렬 6기통
출력	1,750rpm에서 약 66마력
변속기	4단, 1909년 이후 3단
서스펜션	일체 차축 및 판 스프링
브레이크	드럼. 1924년까지 후륜 브레이크에만 쓰임
최고 속력	80~121km/h

고전적인 우아함을 갖춘 자동차
실버 고스트의 앞부분은 '묘비형' 라디에이터가 독차지하고 있다. 이후에 롤스로이스와 떼려야 뗄 수 없게 된 그리스 건축 양식을 따른 팔라디오풍(Palladian) 수직 판은 아직 쓰이지 않았다. 앞 유리 경첩의 '우편함' 모양 구멍은 열었다 닫았다 할 수 있는데 폭풍우 속에서 시야를 좋게 하도록 도와준다. 높은 지붕은 에드워드 시대에 실크해트를 쓴 신사들과 커다란 모자를 쓴 숙녀들을 태울 수 있는 공간을 만들어 주었다.

외장

40/50HP의 차체는 소비자의 주문에 맞춰 차체 제작자들이 만들었다. 기본 스타일은 따로 없었고 차체는 수수한 오픈 투어러 스타일의 차체에서 여러 외국 통치자들을 위해 만들어진 호화 리무진 스타일의 차체까지 다양했다. 1920년부터 실버 고스트는 미국 메사추세츠 주 스프링필드에서 제작된 차체로도 조립됐다. 제작 시기가 1912년으로 거슬러 올라가는 이 자동차는 차체 제작자 로쉴드가 만든 차체를 바탕으로 14년에 걸쳐 만들어진 정교한 현대적 복제품이다.

1. '스피릿 오브 엑스터시(Spirit of Ecstasy)' 마스코트는 1911년부터 사용됐다. **2.** 목제 '화포용' 바퀴는 림(rim), 즉 외륜을 탈착할 수 있었다. **3.** 아세틸렌 램프는 1919년까지 쓰였다. **4.** 연료 펌프의 설정은 수동으로 조절할 수 있다. **5.** 문 바깥쪽에 달린 손잡이에는 마차 시대의 특징이 남아 있다. **6.** 보아뱀을 형상화한 화려한 경음기 **7.** 주석 세공의 장인 정신을 보여 주는 램프

내장

뒷좌석 공간은 로쉴드의 원형을 훌륭하게 재현한 것이다. 화려한 실내는 40/50HP 차들에서 종종 볼 수 있다. 1921년에는 인도의 토후가 금, 은, 자개로 실내를 꾸미고 연보라색 비단으로 덮은 2대의 자동차를 주문했다. 가격은 대당 6,000파운드였는데, 당시는 보잘것없는 모리스(Morris) 사의 자동차가 299파운드부터 시작하던 시기였다.

8. 웨스트 오브 잉글랜드(West of England) 사의 직물 내장재가 뒷좌석에 쓰였다. **9.** 간이 좌석 **10.** 천장등 **11.** 시계가 달린 화장품 보관함 **12.** 문 안쪽 손잡이 주변의 장식에서는 에드워드 시대의 거실 분위기가 물씬하게 난다. **13.** 운전사 통화 장치 **14.** 연료 혼합비, 점화 시기, 엔진 회전 속도는 스티어링 휠의 장치로 조절한다. **15.** 대시보드는 넓고 기능적이다. **16.** 속도계 **17.** 한데 모여 있는 기어 레버와 핸드브레이크

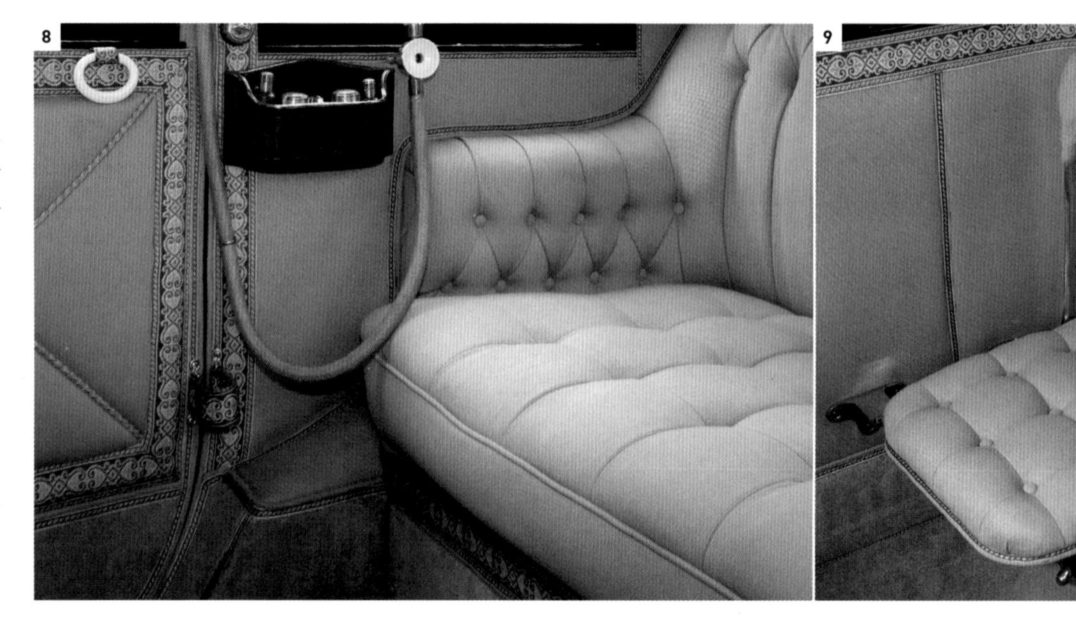

엔진실

40/50HP 엔진은 보수적인 면과 첨단적인 면이 어우러져 있다. 3기통 블록 2개를 쓴 것은 제1차 세계 대전 이후의 기준으로는 구식이었고, 고정식 실린더 헤드와 노출된 밸브 계통도 마찬가지였다. 그러나 7개의 메인 베어링을 갖춘 천공 및 완전 가압 윤활식 크랭크샤프트 덕분에 롤스로이스는 비교 우위를 확보할 수 있었다. 초기에 7,036시시였던 엔진 배기량은 1909년에 7,410시시로 커졌다. 출력은 약 49마력에서 후기 생산 모델의 약 77마력까지 수년에 걸쳐 높아졌다.

18. 배전기 아래에 놓인 거버너(governor)는 엔진 회전 속도를 일정하게 유지한다.
19. 사이드밸브 6기통 엔진에는 고정식 실린더 헤드와 2중 점화 장치가 있었다.

1920년대

고속 주행과 내구성 | 레이싱 카와 로드스터 | **신여성과 화려함** | 니켈과 백테 타이어

TOURS MINUTE
x100
FABRIQUE EN SUISSE

경주용 자동차의 질주

1920년대에는 일반 도로 주행용 자동차로 경주를 치름으로써 기술을 입증하는 기존 방식 대신 레이싱 카를 통해 첨단 기술을 개발 및 시험하고 그것을 일반 도로 주행용 차에 반영하는 쪽으로 바뀌면서 경주용 자동차의 세계에서 빠른 기술적 진전이 이루어졌다. 이 시기에 실린더별 다중 밸브와 스파크 플러그, 더블 오버헤드 캠샤프트, 전륜 구동 방식 등 혁신적인 기술들이 모두 모터스포츠에서 개발·개량되고 입증됐다.

△ **듀센버그 183 1921년**
Duesenberg 183 1921
생산지 미국
엔진 2,977cc, 직렬 8기통
최고 속력 180km/h

이 자동차는 1921년 르망에서 열린 유럽 그랑프리에서 우승했다. 전적으로 미국에서 만들어진 차로는 유일한 기록이며, 운전자는 미국인 지미 머피(Jimmy Murphy)였다. 머피는 1921년 인디애나폴리스 500 경주에서도 우승했다.

▽ **AC 레이싱 스페셜 1921년**
AC Racing Special 1921
생산지 영국
엔진 1,991cc, 직렬 6기통
최고 속력 145km/h

AC는 공동 사주인 존 웰러(John Weller)가 라이트 식스(Light Six) 엔진을 설계할 때까지 일반 도로용 자동차만 만들었다. 체인 구동식 OHC 엔진은 스페셜을 포함한 빠른 스포츠카들의 밑바탕이 됐다.

△ **OM 665 '슈퍼바' 1925년**
OM 665 'Superba' 1925
생산지 이탈리아
엔진 1,990cc, 직렬 6기통
최고 속력 113km/h

1899년에 설립된 OM은 아직까지도 살아 있는 브랜드로, 피아트 그룹 내에서 지게차를 만들고 있다. 665는 1925년과 1926년에 르망 경주의 해당 차급에서 우승했고, 1927년에 열린 첫 밀레 밀리아 경주에서 1-2-3위를 모두 차지했다.

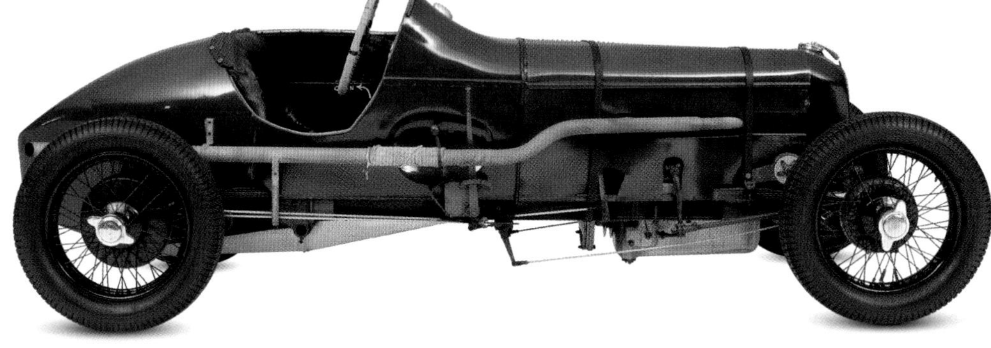

◁ **선빔 3리터 1924년**
Sunbeam 3-litre 1924
생산지 영국
엔진 2,916cc, 직렬 6기통
최고 속력 145km/h

이 커다란 차는 경주용 자동차로서는 길고 좁았지만, 강력한 드라이섬프(dry-sump, 강제 윤활) 방식 DOHC 엔진 덕분에 경쟁력을 갖췄다. 1925년 르망 경주에서 2위에 올랐다.

▷ **메르세데스벤츠 S 36/220 1926년** **Mercedes-Benz Type S 36/220 1926**
생산지 독일
엔진 6,789cc, 직렬 6기통
최고 속력 171km/h

페르디난트 포르셰가 설계한 이 자동차는 이 시대 스포츠카 중 가장 우수하면서 가장 값비싼 차 중 하나였다. 이 자동차에는 액셀러레이터를 깊게 밟으면 출력을 높여 주는 슈퍼차저가 달려 있었다.

▽ **메르세데스벤츠 710 SSK 1929년**
Mercedes-Benz 710 SSK 1929
생산지 독일
엔진 7,065cc, 직렬 6기통
최고 속력 188km/h

페르디난트 포르셰의 설계에 따라 슈퍼차저를 결합하면서 출력이 172마력에서 238마력으로 높아진 SSK는 막강한 레이싱 카로서 힐 클라임, 그랑프리, 로드 레이스(일반 도로 경주)에서 깊은 인상을 남겼다.

△ 알파 로메오 P2 1924년
Alfa Romeo P2 1924
생산지 이탈리아
엔진 1,987cc, 직렬 8기통
최고 속력 198km/h

알파 로메오는 디자이너 비토리오 야노(Vittorio Jano)를 피아트로부터 데려온 뒤 슈퍼차저가 쓰인 P2를 만들었다. 안토니오 아스카리(Antonio Ascari)와 주세페 캄파리(Giuseppe Campari)가 몬 이 자동차는 1925년에 열린 첫 월드 그랑프리에서 우승했다.

△ 들라지 V12 1923년
Delage V12 1923
생산지 프랑스
엔진 10,600cc, V12
최고 속력 230km/h

르네 토마스(Rene Thomas)는 1924년에 이 자동차를 몰고 최고 속력 시속 230.6킬로미터라는 세계 신기록을 수립했다. 브루클랜즈에서는 존 콥(John Cobb), 올리버 버트램(Oliver Bertram), 케이 피터(Kay Petre)가 모두 이 자동차를 타고 트랙 주행 신기록에 도전했다.

◁ 라일리 9 브루클랜즈 1929년
Riley 9 Brooklands 1929
생산지 영국
엔진 1,087cc, 직렬 4기통
최고 속력 129km/h

퍼시 라일리(Percy Riley)가 만든 반구형 연소실을 가진 9HP 엔진 덕분에, 이 스포츠카는 크기에 비해 훌륭한 성능을 냈다. 낮은 차체 역시 뛰어난 핸들링에 기여했다.

◁ 부가티 타입 39 1925년
Bugatti Type 39 1925
생산지 프랑스
엔진 1,493cc, 직렬 8기통
최고 속력 161km/h

부가티는 자사의 타입 35 엔진의 크기를 줄여 1925년 프랑스 1,500시시 투어링 그랑프리에서 승리를 거둔 타입 39를 개발하는 데 사용했다.

▷ 부가티 타입 35C 1926년
Bugatti Type 35C 1926
생산지 프랑스
엔진 1,991cc, 직렬 8기통
최고 속력 201km/h

부가티의 가장 성공적인 레이싱 카였던 타입 35는 현역 시절 1,000번 이상의 경주에서 우승했다. 슈퍼차저가 더해진 35C는 첫 출전한 경주였던 1926년 이탈리아 밀라노 그랑프리(Grand Premio di Milano)에서 승리를 거뒀다.

△ 부가티 타입 35B 1927년
Bugatti Type 35B 1927
생산지 프랑스
엔진 2,262cc, 직렬 8기통
최고 속력 204km/h

35B는 포뮬러 리브르(Formula Libre) 경주에서 우승하기 위해 제작됐다. 볼베어링(ball-bearing) 캠샤프트를 채용한 슈퍼차저 엔진은 회전수를 6,000아르피엠까지 높일 수 있었고 출력이 최대 142마력에 이르렀다.

▷ 벤틀리 $4\frac{1}{2}$ 리터 1927년
Bentley $4\frac{1}{2}$ -litre 1927
생산지 영국
엔진 4,398cc, 직렬 4기통
최고 속력 148km/h

잘 알려진 영국 레이싱 카 중 하나인 이 벤틀리는 상당히 무거웠음에도 불구하고 선구적인 엔진 덕분에 장거리 경주용 자동차로 활약할 수 있었다.

◁ 피아트 메피스토펠레스 1923년
Fiat Mephistopheles 1923
생산지 이탈리아/영국
엔진 21,706cc, 직렬 6기통
최고 속력 235km/h

영국 드라이버 어니스트 엘드리지(Ernest Eldridge)는 제1차 세계 대전 때 쓰인 피아트의 항공기용 엔진을 1908년형 피아트 SB4 섀시에 얹어 전 세계에서 단 1대뿐인 이 자동차를 만들었다. 1924년에 그는 이 자동차로 시속 234.98킬로미터라는 세계 신기록을 세웠다.

▷ 밀러 보일 밸브 스페셜 1930년
Miller Boyle Valve Special 1930
생산지 미국
엔진 4,425cc, 직렬 4기통
최고 속력 225km/h

해리 밀러(Harry Miller)는 탁월한 엔지니어로, 그가 만든 레이싱 카와 엔진은 1920년대와 1930년대 사이 미국의 타원형 트랙 경주에서 당대 최고의 성공작들로 손꼽혔다.

부가티 타입 35B

부가티 타입 35는 1920년대 프랑스가 자동차 경주 분야에서 보여 준 역량의 상징이다. 모터스포츠에서 부가티는 영국 벤틀리의 막강한 경쟁자이기도 했다. 부가티는 예술가 가문에서 태어난 기술자의 손에 의해 만들어졌다. 에토레 부가티(Ettore Bugatti)에게 있어 미적인 완벽함은 기술적인 재능만큼이나 중요했다. 그 결과로 만들어진 자동차는 세밀한 부분까지 전부 탁월한 아름다움을 갖췄고 어떤 점에서는 보수적이기까지 했으나, 경주 서킷에서는 놀라운 성능을 보였다.

부가티 타입 35는 예나 지금이나 아름다운 차다. 그러나 타입 35는 제 역할에도 충실했다. 1924년부터 1931년까지 현역으로 활동하는 동안, 자동차 경주에서 2,000번 승리를 거뒀다. 이들 가운데 상당수는 슈퍼차저가 사용된 2,262시시 35B 엔진의 공로였다. 부가티 타입 35의 가장 큰 외관상 특징은 바퀴살, 즉 스포크(spoke)가 8개 있는 주조 알루미늄 바퀴였다. 가벼우면서 브레이크의 냉각 성능을 높여 주는 이 부품은 양산차에 기본 장비로 쓰인 첫 합금 휠로서 역사에 기록을 남겼다. 슈퍼차저가 없는 1,991시시 엔진의 타입 35와 타입 35A는 정교함이 떨어지는 2리터 엔진과 와이어 휠을 썼다. 타입 35에는 여러 종류의 자동차가 있었는데, 그 가운데에는 완성도 면에서 약간 부족했던 1,493시시 레이싱 카, 슈퍼차저가 더해진 1,100시시 레이싱 카를 비롯해 다양한 하위 차종들이 있었다. 아울러 4기통 엔진을 얹고 290대가 만들어진 자매차, 타입 37도 있었다. 그러나 336대가 생산된 타입 35의 인기가 더 높았다. 이 자동차들 가운데 139대는 이른바 '테클라(Tecla)' 모델이라고 불린 35A로 더 고분고분한 자동차였다. 그러나 뭔가를 찢는 듯한 엔진 소리로 많은 사람들을 흥분시킨 차는 강력한 T35B였다.

제원	
모델	부가티 타입 35B, 1927~1930년
생산지	프랑스 몰자임
제작	38대
구조	분리형 차대, 알루미늄 패널
엔진	2,262cc, OHC 직렬 8기통
출력	5,500rpm에서 125마력
변속기	4단 수동, 비동기식
서스펜션	앞: 반타원형 스프링/뒤: 역배치 4분원 스프링
브레이크	앞뒤 모두 드럼, 케이블 작동식
최고 속력	204km/h

몰자임에서 태어난 예술 작품
1910년 이후로 만들어진 모든 부가티 차에는 에토레 부가티의 머리글자가 담긴 타원형 배지가 달려 있다. 이 배지는 부가티 자동차 생산이 끝나는 1950년대 초반까지 쓰였고, 1990년대에 브랜드가 부활하면서 다시 사용되기 시작했다.

앞모습

뒷모습

라디에이터는 T35B에서 앞쪽으로 이동했다.

방풍 유리는 궂은 날씨에만 쓸모가 있었다.

도어가 없어 차체 강성이 향상됐다.

주유구 뚜껑은 2개였던 후기형 T35B을 제외한 모든 모델에서 1개만 있었다.

뾰족한 차체 뒷부분이 매우 우아하다.

합금제 휠은 T35A의 상징적인 특징이다.

외부 버팀대는 뒤 차축의 위치를 잡는다.

흙받이는 일반 도로를 달릴 때만 썼다.

진정한 우아함
부가티의 우아한 선은 흠을 잡기가 어렵다. 슈퍼차저가 쓰인 35B와 35C에는, 라디에이터가 보다 날씬했던 타입 35, 와이어 휠이 쓰인 일반 도로용 타입 35A, 4기통 엔진을 얹은 타입 37에 비해 상대적으로 더 넓은 라디에이터가 앞쪽으로 옮겨져 놓였다. 스프링이 통과하는 원통형 차축은 부가티의 전형적인 특징이고, 말발굽 모양의 라디에이터 그릴은 승마와 관련된 모든 것을 사랑했던 부가티의 취향을 반영한 것이다.

외장

세부까지 아주 정교하면서도 지나치게 화려하지 않은 타입 35의 차체는 전적으로 기능성을 추구한 결과이지만, 경쟁자였던 벤틀리를 "고속 화물차"라고 했던 에토레 부가티의 말이 떠오를 만큼 우아했다. 4기통 엔진이 쓰인 타입 37의 승차감이 훨씬 편안한 것은 분명하지만 타입 35만큼 강한 힘을 내지 못했다. 자동차의 선에 대한 부가티의 관점은 확고했는데, 이것은 후속 모델을 디자인한 그의 아들 장 부가티(Jean Bugati)에게 이어졌다.

1. 라디에이터 꼭대기의 수온계 **2.** 독립형 전조등은 1920년대 프랑스 자동차들의 일반적인 특징이다. **3.** 보닛의 통풍구들 **4.** 초기형 T35만 수동으로 시동을 걸었다. **5.** 기어 레버는 차체의 구멍을 통해 밖으로 나와 있다. **6.** 손잡이가 달린 주유구 뚜껑 **7.** 통풍구가 있는 차체 뒷부분 **8.** 고정된 배선 **9.** 나중에 추가된 미등 **10.** 예비용 바퀴

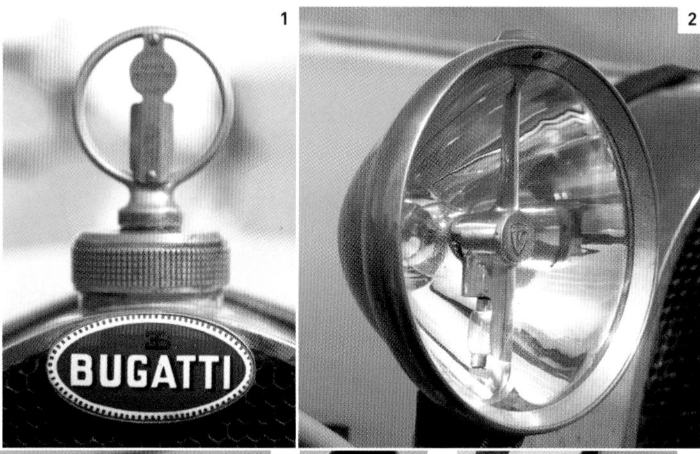

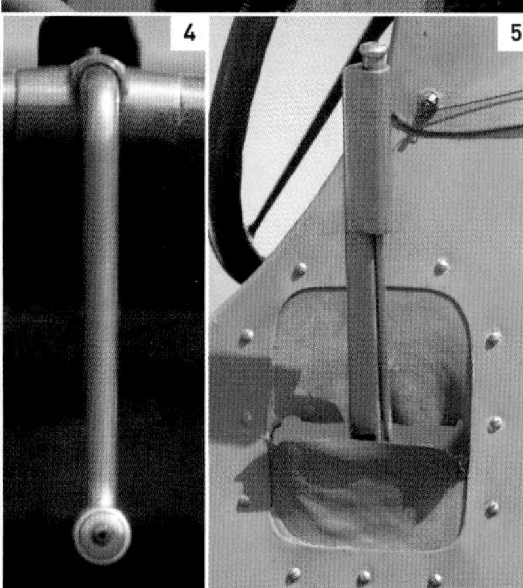

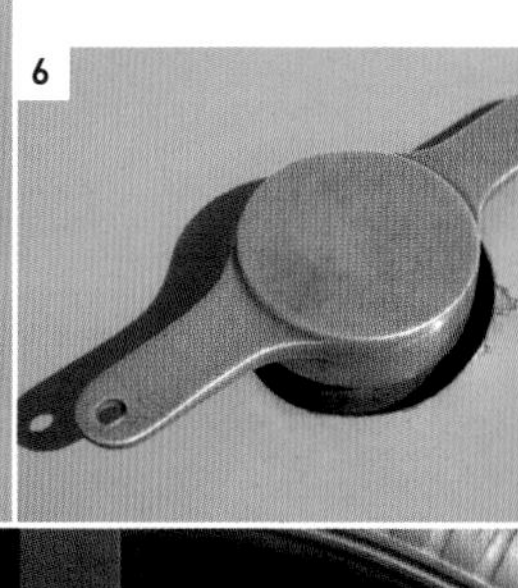

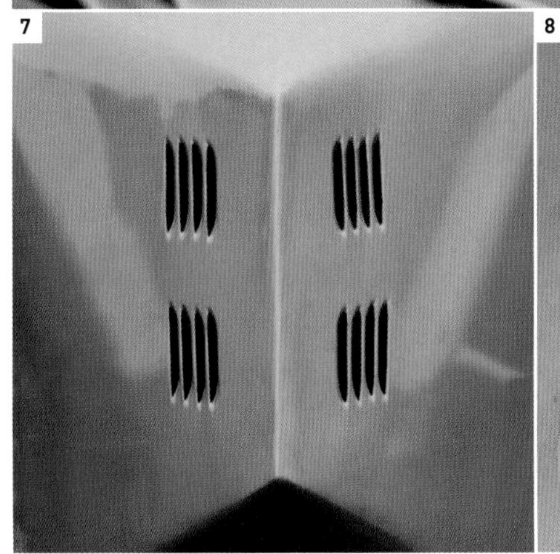

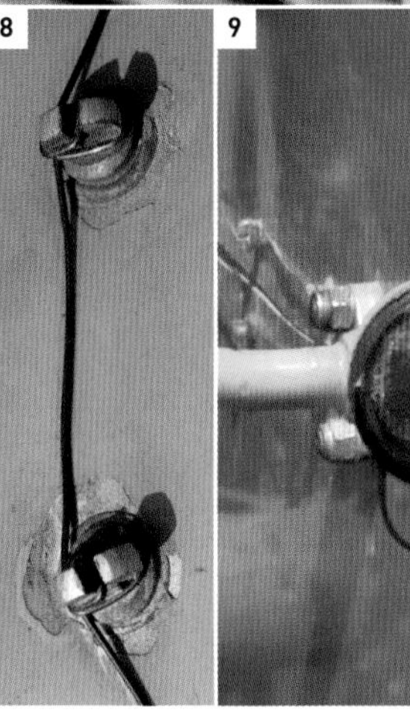

내장

레이싱 카의 운전석인 만큼, 안락함이 있을 공간은 없다. 기계 부품들이 바닥에 노출돼 있고 흘러나온 기름이 보이는 것도 쾌적함보다는 기능과 무게 감량이 더 중요한 레이싱 카로서는 놀랄 일이 아니다. 엔진 터닝(engine turning) 무늬로 처리된 알루미늄 대시보드는 당대의 일반적인 마무리 방법으로, 부가티 덕분에 더욱 유행하게 됐다.

11. 목제 테를 두른 살 4개의 스포크 스티어링 휠은 부가티의 상징이다. **12.** 방풍 유리는 궂은 날씨에만 쓸모가 있었다. **13.** 덮개가 있는 후사경 **14.** 대시보드의 시계는 부가티 자동차의 전형적인 특징이다. **15.** 짙은 황갈색 가죽 시트가 있는 운전석 꾸밈새는 간결하다.

엔진실

슈퍼차저를 쓴 부가티의 자동차는 오늘날의 기준으로도 대단한 성능을 냈다. 이런 성능을 얻을 수 있었던 것은 오버헤드 캠샤프트 구조와 실린더당 3개의 밸브(흡기 밸브 2개와 배기 밸브 1개)를 사용한 덕분이었다. 자연스러운 엔진 회전은 5베어링 크랭크샤프트에 맞물린 주 베어링에 롤러 베어링과 볼 베어링을 주로 사용함으로써 신뢰성을 확보할 수 있었다. 크랭크샤프트 양쪽 끝에도 롤러 베어링이 쓰였다. 동력은 오일에 잠긴 채로 작동하는 다판 클러치(multi-plate clutch)를 거쳐 전달됐다.

16. 조각 같은 직렬 8기통 엔진에는 1개의 오버헤드 캠샤프트가 있다. **17.** 마그네토는 캠샤프트 끝에 연결돼 구동된다. **18.** 슈퍼차저에는 별도의 오일 탱크가 있다. **19.** 엔진 블록은 2개의 4기통 블록을 함께 주조한 것이다. **20.** 견고하기로 유명한 스티어링 기어박스는 웜(worm) 기어와 헬리컬(helical) 기어로 구성돼 있다.

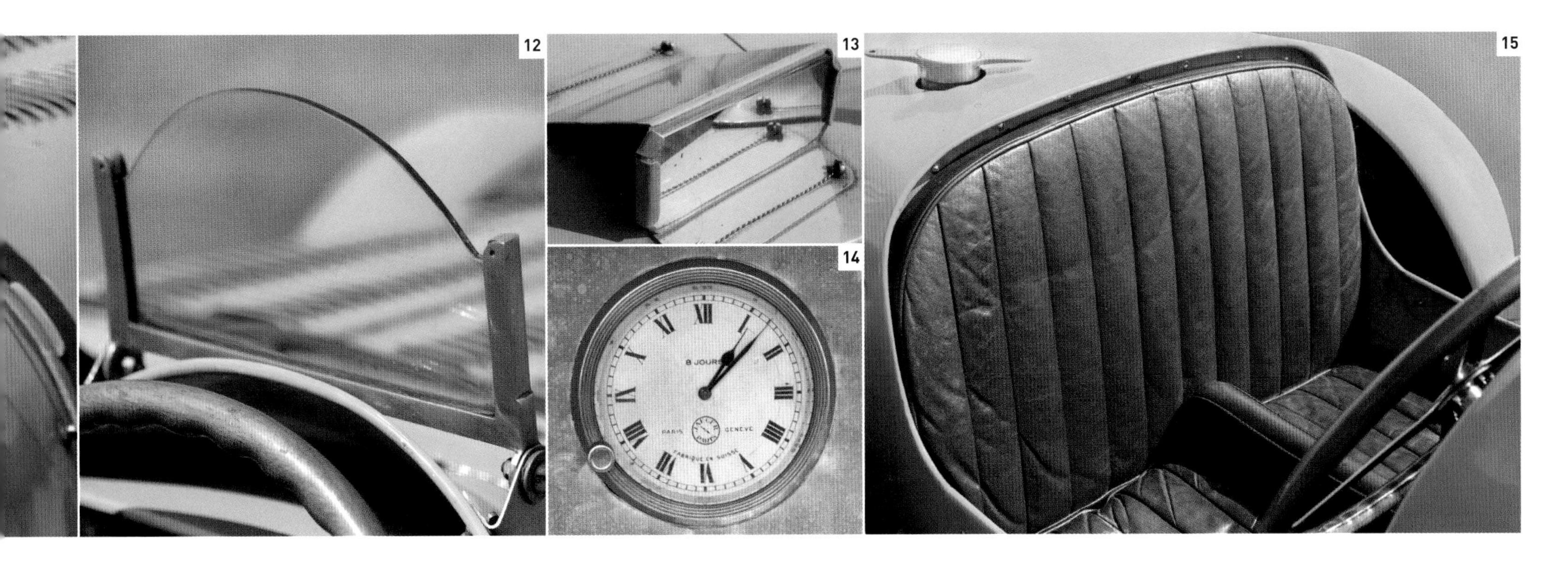

캐 딜 락

캐딜락 V16 엔진

더 강하고 더 정교한 것을 찾는 소비자들을 의식한 미국의 고급 승용차 메이커 캐딜락은 1926년에 다기통 엔진의 새로운 흐름을 만들어 내기 시작했다. 그 결과 캐딜락의 핵심 경쟁자였던 패커드의 V12 엔진을 능가할 놀라운 V16 엔진이 나왔다.

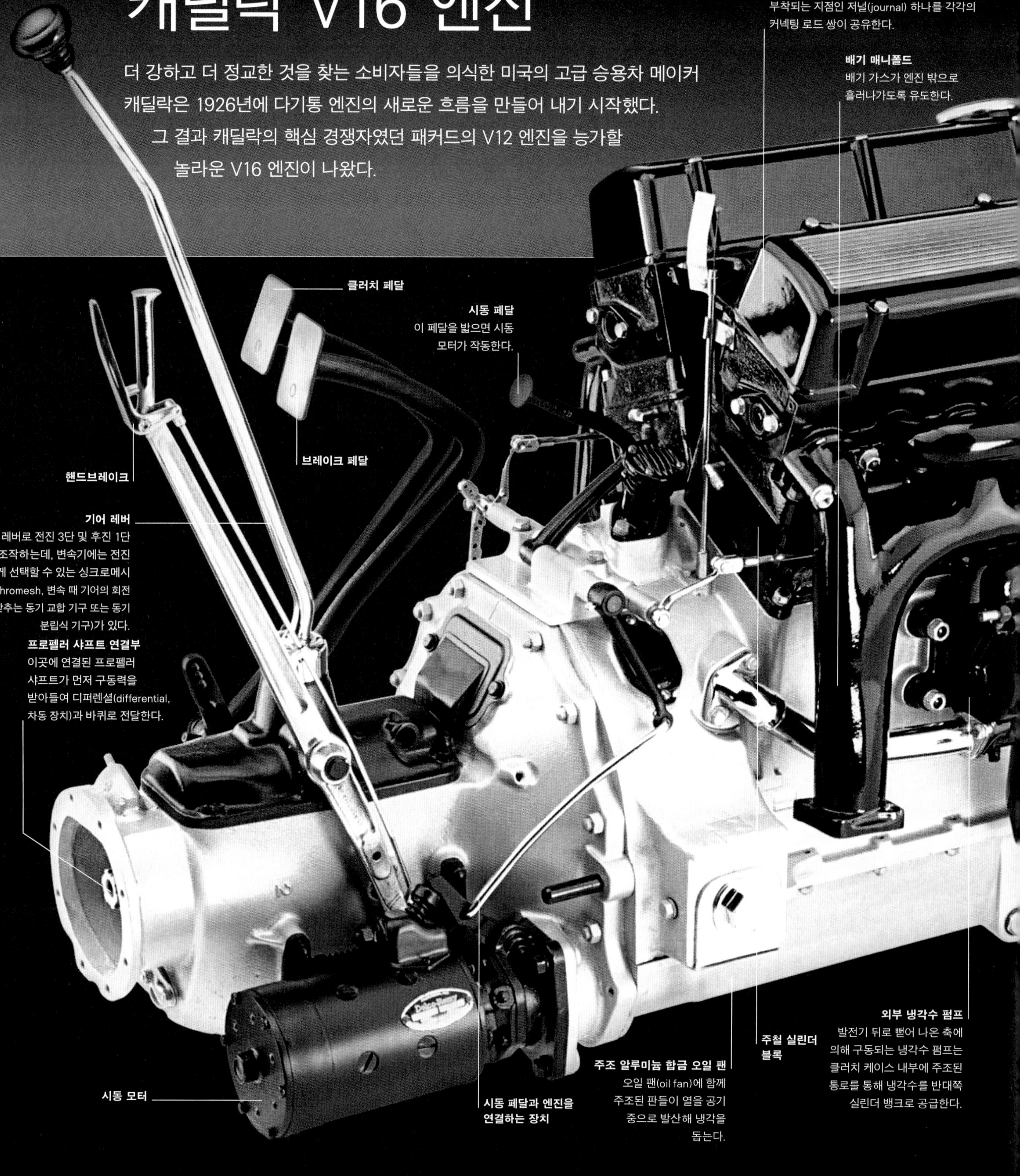

실린더 헤드
가까이에서 살펴보면 실린더의 두 뱅크(bank, 동시에 움직이도록 줄서 있는 단자)가 서로 살짝 엇갈려 있음을 알 수 있다. 이러한 배치로 인해 로어 베어링(빅 엔드)이 크랭크샤프트에 부착되는 지점인 저널(journal) 하나를 각각의 커넥팅 로드 쌍이 공유한다.

배기 매니폴드
배기 가스가 엔진 밖으로 흘러나가도록 유도한다.

클러치 페달

시동 페달
이 페달을 밟으면 시동 모터가 작동한다.

브레이크 페달

핸드브레이크

기어 레버
이 기다란 레버로 전진 3단 및 후진 1단 기어를 조작하는데, 변속기에는 전진 기어를 쉽게 선택할 수 있는 싱크로메시(synchromesh, 변속 때 기어의 회전 속도를 맞추는 동기 교합 기구 또는 동기 분립식 기구)가 있다.

프로펠러 샤프트 연결부
이곳에 연결된 프로펠러 샤프트가 먼저 구동력을 받아들여 디퍼렌셜(differential, 차동 장치)과 바퀴로 전달한다.

시동 모터

시동 페달과 엔진을 연결하는 장치

주조 알루미늄 합금 오일 팬
오일 팬(oil fan)에 함께 주조된 판들이 열을 공기 중으로 발산해 냉각을 돕는다.

주철 실린더 블록

외부 냉각수 펌프
발전기 뒤로 뻗어 나온 축에 의해 구동되는 냉각수 펌프는 클러치 케이스 내부에 주조된 통로를 통해 냉각수를 반대쪽 실린더 뱅크로 공급한다.

실린더 뱅크
16개의 실린더는 V자 형상으로 배열돼 있는데, 45도 각도로 분리돼 있는 2개의 뱅크 각각에 8개의 실린더가 들어 있다.

배전기
배전기 1개가 양쪽 실린더 뱅크의 스파크 플러그를 조절한다. 이 사진에서는 2개의 점화 코일이 보이지 않는데, 점화 코일은 냉각 기능을 하는 라디에이터 헤더 탱크 안에 있다.

라디에이터 냉각 팬

V16의 형제뻘 엔진
캐딜락은 V16 엔진으로 경쟁사들을 뛰어넘었을 뿐만 아니라 이것을 바탕으로 더 작은 V12 엔진도 만들었다. 이것은 실질적으로 V16 엔진에서 4개의 실린더를 제거한 것으로 배기량을 6,033시시로 늘리기 위해 실린더 내경이 3.2밀리미터 더 깊다. V12 엔진 실린더 뱅크의 기본적인 60도 각도가 아니라 V16 엔진의 45도 각도가 유지된 상태라 실린더 발화는 고르지 않았지만 엔진은 상당히 부드럽게 작동했다.

오일 주입구 뚜껑

주조 알루미늄 로커 커버
이 커버 아래에는 실린더 밸브를 작동시키는 로커 암이 있다. 이 엔진의 로커에는 밸브 간극을 자동으로 조절하는 유압 시스템이 처음으로 쓰였다. 덕분에 정비는 더 간편해졌고 밸브에서 나오는 소음도 줄었다.

시대를 잘못 만난 명기

엔진 출력은 배기량이 같을 때 실린더가 많을수록 강해진다. 또한 실린더가 더 많은 엔진은 크랭크샤프트가 한 바퀴 돌 때 점화가 더 자주 일어나기 때문에 토크(회전력) 전달이 더 부드럽게 이루어져 승차감이 좋다. 이러한 이유로 캐딜락은 자사의 신형 고급차에 V16 엔진을 얹었다. 1930년대 후반에는 여기에 슈퍼차저가 더해졌다. 이 엔진은 페르디난트 포르셰가 설계하고 아우토 우니온(Auto Union) 사가 만든 경주용 자동차에 영향을 미쳤다. 캐딜락의 V16 엔진은 기대 이상의 성능을 보여 주었지만, 상업적 성공은 대공황과 제2차 세계 대전의 발발로 한계에 부딪혔다.

엔진 제원	
생산 시기	1930~1940년(두 가지 버전이 있음)
실린더	16기통, 45도 V형(이후 135도 V형으로 변경)
구성	세로 방향 전방 장착
배기량	7,413cc
출력	3,400rpm에서 165마력
유형	통상적 4행정 수랭식 휘발유 엔진, 왕복 피스톤, 배전기 점화 방식, 습식 윤활
헤드	푸시로드 및 로커 암으로 작동되는 OHV, 실린더당 2 밸브, 유압 태핏
연료 장치	뱅크당 카뷰레터 1개
내경×행정	76.2.mm×101.6.mm
비출력(比出力)	리터당 22.3마력
압축비	5.35:1

▷ 엔진 작동 원리는 352~353쪽 참고

발전기

흡기 파이프

상향식 카뷰레터
공기는 기화된 연료와 혼합되는 부분인 2개의 카뷰레터(뱅크당 1개) 안에서 위쪽으로 공급된다. 원래 캐딜락이 독자적으로 설계한 카뷰레터가 설치됐으나, 나중에 디트로이트 루브리케이터(Detroit Lubricator) 사의 모델로 교체됐다. 흡기가 이루어지는 부분이 엔진실의 높은 쪽으로 옮겨짐에 따라 도로상의 먼지 유입도 감소됐다.

주조 알루미늄 크랭크케이스
이 우아한 엔진에서 가장 큰 부품인 크랭크케이스는 크랭크샤프트 회전축 아래로부터 실린더 보어(bore) 위쪽 절반 부분까지 뻗어 있다.

흡기 매니폴드
흡기 매니폴드(inlet manifold)는 연료와 공기의 혼합기를 카뷰레터로부터 실린더로 공급한다. V16 엔진은 V자 모양의 두 뱅크 사이 각도가 작아서 두 실린더 뱅크 사이에 부품을 넣을 수 있는 공간이 좁았다. 따라서 흡기 및 배기 매니폴드는 엔진 측면에 놓였다.

사치와 품위의 상징

제1차 세계 대전이 끝나고 불어닥친 대공황이 세계의 대부분을 휩쓸었지만, 1920년대의 유럽과 미국에는 자신들을 실어 나를 최첨단 초호화 운송 수단을 찾는 부유한 소비자들이 여전히 많았다. 당시의 고급 승용차들은 완벽한 구동 장치를 갖춘 차대 위에 전통적인 차체 제작 장인들이 만들어 낸 예술품과도 같은 차체를 얹은 구조였다.

▷ **이스파노-스이자 H6 1919년**
Hispano-Suiza H6 1919
생산지 프랑스
엔진 6,597cc, 직렬 6기통
최고 속력 137km/h
프랑스에 기반을 둔 스페인 회사인 이스파노-스이자 사는 1920년대에 최고급 자동차들을 만들었다. 스위스 기술자인 마르크 비르키트(Marc Birkigt)가 설계한 자동차들은 최초의 서보 기구(servomechanism, 페달을 밟는 힘을 증폭시켜 주는 장치)를 채택한 브레이크가 장착돼 있었다.

△ **피어스-애로 38HP 모델 51 1919년**
Pierce-Arrow 38HP Model 51 1919
생산지 미국
엔진 8,587cc, 직렬 6기통
최고 속력 121km/h
이 거대하고 강력한 자동차의 엔진에는 실린더 1개당 4개의 밸브가 쓰였다. 미국의 우드로 윌슨(Woodrow Wilson) 대통령은 자신의 관용차인 모델 51을 너무 좋아해, 대통령직에서 물러날 때에도 가져갈 정도였다.

▷ **링컨 L 세단 1922년**
Lincoln L Sedan 1922
생산지 미국
엔진 6,306cc, V8
최고 속력 132km/h
포드는 1922년에 링컨 사의 법정 관리 상태를 해소한 후 이 격조 높은 자동차를 만들었다. 전기로 작동되는 시계, 자동 온도 조절 라디에이터 셔터, 시가 라이터와 같은 고급 장비들이 달려 있었다.

◁ **스피케르 C4 올웨더 쿠페 1921년**
Spyker C4 All-weather Coupé 1921
생산지 네덜란드
엔진 5,741cc, 직렬 6기통
최고 속력 129km/h
왕가의 후원, 그리고 체펠린(Zeppelin, 독일의 유명한 비행선)과 공유하는 엔진에도 불구하고 값비싼 스피케르 자동차들은 극히 소수만 판매됐다. 회사는 1925년에 자동차 생산을 중단했다.

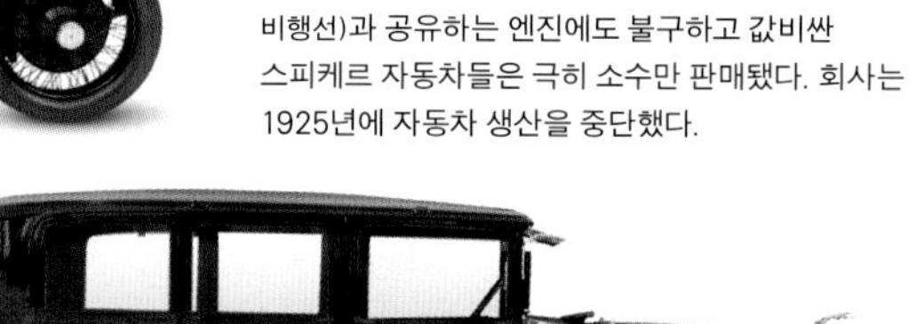

◁ **오치키스 AM 80 베스 쿠페 1929년**
Hotchkiss AM 80 Veth Coupé 1929
생산지 프랑스
엔진 3,015cc, 직렬 6기통
최고 속력 129km/h
오치키스는 고급 스포츠카를 만들었다. 이 자동차는 네덜란드 아른헴의 베스(Veth)가 차체를 제작했다. 이 자동차에서는 오베르만(Overman)이 제작한 시속 40킬로미터 충격 흡수 앞 범퍼가 돋보인다.

▷ **이조타-프라스키니 티포 8A 반 리스윅 듀얼-카울 페이튼 1924년**
Isotta-Fraschini Tipo 8A Van Rijswijk Dual-cowl Phaeton 1924
생산지 이탈리아
엔진 7,372cc, 직렬 8기통
최고 속력 145km/h
1920년대 이탈리아 자동차 메이커 중 최고의 회사로 손꼽히는 이조타-프라스키니는 네덜란드에서 만들어진 이 차처럼 아름다운 차체 만듦새로 유명했다. 이 자동차의 122마력 엔진은 주스티노 카타네오(Giustino Cattaneo)가 설계했다.

△ **라곤다 3리터 1929년**
Lagonda 3-litre 1929
생산지 영국
엔진 2,931cc, 직렬 6기통
최고 속력 134km/h
라곤다 사는 부드럽게 작동하고 수명이 길어진 7 베어링 엔진(크랭크 샤프트를 감싸는 베어링이 7개인 엔진)이 쓰인 스포츠카를 만들었다. 그중 일부만 스포티한 차체의 차였고, 나머지는 세단이나 리무진 차체의 차였다.

△ **롤스로이스 20HP 1922년**
Rolls-Royce 20HP 1922
생산지 영국
엔진 3,128cc, 직렬 6기통
최고 속력 105km/h
롤스로이스의 20HP는 제1차 세계 대전 이후의 내핍(耐乏) 시대에 대응하기 위한 자동차였다. 너무도 쉽게 강력한 힘을 내는 기존의 대형 롤스로이스에 비해 출력이 부족했지만, 판매는 잘 됐다.

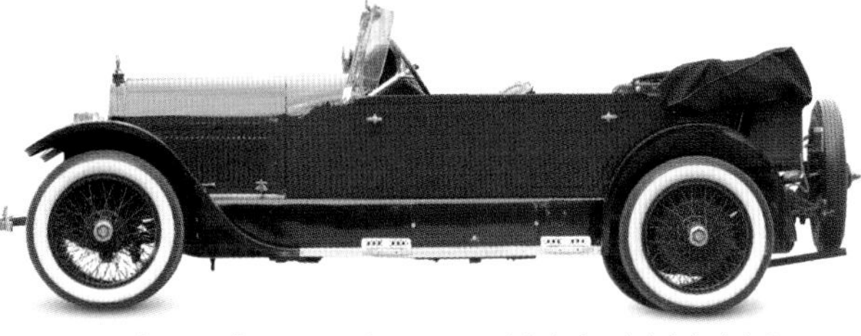

△ **스터츠 모델 K 1921년**
Stutz Model K 1921
생산지 미국
엔진 5,899cc, 직렬 4기통
최고 속력 120km/h

대단히 성공적이었던 베어캣 스포츠카와 함께, 스터츠는 같은 엔진을 쓴 매력적인 투어링 카들을 만들었다. 1921년부터 이 자동차의 엔진들에는 탈착 가능한 실린더 헤드가 쓰였다.

△ **르노 40CV 1921**
Renault 40CV 1921
생산지 프랑스
엔진 9,123cc, 직렬 6기통
최고 속력 145km/h

1920년대 르노의 가장 큰 고급차는 6기통 엔진과 목제 바퀴를 갖췄다. 휠베이스가 3.6미터 또는 3.9미터를 살짝 넘었다. 사진의 르노 40CV는 1925년 몬테카를로 랠리에서 우승했다.

△ **호르히 타입 350 1928년**
Horch Type 350 1928
생산지 독일
엔진 3,950cc, 직렬 8기통
최고 속력 100km/h

호르히는 독일 고급차 시장에서 메르세데스벤츠의 막강한 경쟁자였다. 고틀리에프 다임러의 아들인 파울 다임러가 이 자동차의 DOHC 엔진을 설계하기 위해 고용됐다.

△ **미네르바 32HP AK 란돌렛 1927년** **Minerva 32HP AK Landaulette 1927**
생산지 벨기에
엔진 5,954cc, 직렬 6기통
최고 속력 113km/h

벨기에 최고의 자동차 메이커는 1920년대에 미국의 엔지니어인 찰스 예일 나이트(Charles Yale Knight)가 만든 슬리브밸브 엔진을 얹은 매우 정교한 자동차들을 만들었다. 그 자동차들은 일반 차체 제작자와 그들의 후원자인 왕족들의 사랑을 받았다.

△ **부가티 타입 41 루와얄 1927년**
Bugatti Type 41 Royale 1927
생산지 프랑스
엔진 12,760cc, 직렬 8기통
최고 속력 193km/h

24 밸브 엔진이 304마력의 힘을 냈던 루와얄은 극한을 추구하는 한편, 세계의 왕족들을 겨냥했다. 그러나 이 자동차는 엄두를 낼 수 없을 정도로 비싸, 단 6대만 만들어졌다.

◁ **패커드 443 커스텀 에잇 1928년**
Packard 443 Custom Eight 1928
생산지 미국
엔진 6,318cc, 직렬 8기통
최고 속력 137km/h

1920년대에 미국을 선도하는 고급차 브랜드 중 하나였던 패커드는 인상적으로 긴 차체를 바탕으로 호화로운 자동차들을 만들었다. 이 자동차의 경우 휠베이스가 거의 3.6미터에 이른다.

▽ **롤스로이스 팬텀 I 1925년**
Rolls-Royce Phantom I 1925
생산지 영국
엔진 7,668cc, 직렬 6기통
최고 속력 145km/h

사진의 스포츠 모델을 비롯해 팬텀 I은 세련미 덕분에 지금까지 '세계 최고의 자동차'라는 평판을 이어 왔다. 이 자동차에는 종종 고급스러운 리무진 차체가 쓰이곤 했다.

란치아 람다, 1922년
운전석에 앉은 전설적인 스타 그레타 가르보(Greta Garbo)처럼, 스포티한 란치아 람다는 앞선 구조와 시속 112킬로미터에 이르는 최고 속력으로 화려하고 대담한 '신여성(flapper)' 시대를 상징했다.

할리우드 쿠페와 로드스터

신흥 부유층으로 성장한 영화 배우, 거물급 사업가, 폭력배 들이 전통적인 부유층 가문들을 수적으로 넘어서기 시작했던 '광란의 20년대(Roaring Twenties)'는 위대한 스타일이 만들어지고 데카당스가 상류 사회를 뒤덮은 시대였다. 그들의 풍요롭고 퇴폐적인 생활 양식은 유럽과 미국에서 그들을 위해 만들어진 자동차에 화려한 차체, 번쩍이는 니켈 또는 크롬 도금 장식, 그리고 밝은 차체색으로 반영됐다.

△ 커닝엄 투어링 카 1916년
Cunningham Touring Car 1916
생산지 미국
엔진 7,200cc, V8
최고 속력 153km/h

선보일 당시로서는 예외적으로 현대적인 외관과 최초의 양산 V8 엔진을 갖춘 자동차 중 하나라는 것을 자랑거리로 삼았던 커닝엄의 이 투어링 카는 유명 인사들에게 인기가 있었고 1933년까지 생산됐다.

△ 스탠리 모델 735 1920년
Stanley Model 735 1920
생산지 미국
엔진 2,059cc, 직렬 2기통 증기 기관
최고 속력 97km/h

포드 모델 T보다 4배 비싸면서 출력도 떨어졌던 스탠리 증기차는 1920년대로서는 시대착오적인 것이었다. 그렇지만 이 차는 1924년까지 꾸준히 생산됐다.

▷ 벤틀리 스피드 식스 1928년
Bentley Speed Six 1928
생산지 영국
엔진 6,597cc, 직렬 6기통
최고 속력 161km/h

1924년형 스탠더드 식스로부터 발전된 이 자동차는 르망 경주에서 두 차례 우승을 차지하며 월터 오웬 벤틀리(Walter Owen Bentley, 일명 'O. E.' 벤틀리 자동차 회사의 창업자)의 가장 성공적인 레이싱 카가 됐다. 강력한 성능을 바탕으로 벤틀리는 환상적인 일반 도로 주행용 자동차도 만들었다.

△ 포드 모델 A 1927년
Ford Model A 1927
생산지 미국
엔진 3,285cc, 직렬 4기통
최고 속력 97km/h

모델 A는 미국 중산층을 위한 대량 생산 승용차였지만, 여전히 갱스터 영화 분위기를 물씬 풍겼다. 이 자동차에는 강렬한 차체색과 백테 타이어가 쓰였다.

▽ 코드 L-29 1929년
Cord L-29 1929
생산지 미국
엔진 4,884cc, 직렬 8기통
최고 속력 124km/h

놀라운 자동차였던 코드 사의 L-29는 앞바퀴를 굴리기 위해 라이커밍(Lycoming) 엔진을 사용했다. 에릿 로번 코드가 설계한 길고 낮은 차체는 트랜스미션 터널이 실내를 침범하지 않았다.

△ 포드 모델 T 로드스터 1923년
Ford Model T Roadster 1923
생산지 미국
엔진 2,878cc, 직렬 4기통
최고 속력 72km/h

포드는 도전자 쉐보레에 대응하는 차원에서 1923년에 모델 T를 개선하기 시작했다. 새롭게 손질된 스타일 요소에는 경사진 앞유리와 탈착 가능한 휠 등이 있었다.

△ **우즈 듀얼 파워 1917년**
Woods Dual Power 1917
생산지 미국
엔진 1,560cc, 직렬 4기통과 전기 모터
최고 속력 56km/h
세계 최초의 휘발유/전기 하이브리드 자동차인 이 차는 시속 32킬로미터까지는 축전지의 전력을 이용해 가속한 후 추가로 엔진을 가동했다. 이 자동차에는 변속기가 없었고 축전지를 충전하는 데에는 엔진과 회생 제동 장치(regenerative brake)를 활용했다.

◁ **링컨 V8 1921년**
Lincoln V8 1921
생산지 미국
엔진 5,861cc, V8
최고 속력 142km/h
릴런드는 캐딜락을 떠나 그의 영웅인 에이브러햄 링컨의 이름을 딴 링컨 사를 설립했다. 1922년에 이 회사를 인수한 헨리 포드는 이 고급차로 캐딜락과의 경쟁을 이어 나갔다.

◁ **쉐보레 슈피리어 쿠페 1925년**
Chevrolet Superior Coupé 1925
생산지 미국
엔진 2,804cc, 직렬 4기통
최고 속력 90km/h
윌리엄 듀런트는 이 자동차로 포드 모델 T를 이기고자 했다. 값으로는 경쟁할 수 없었지만 훌륭한 자동차였고, 쉐보레의 판매고를 70퍼센트나 높여 주었다.

▷ **플리머스 모델 U 쿠페 1929년**
Plymouth Model U Coupé 1929
생산지 미국
엔진 2,874cc, 직렬 4기통
최고 속력 97km/h
크라이슬러는 1928년에 염가형 자동차로 플리머스(Plymouth) 시리즈를 선보이면서 유압식 브레이크를 비롯한 특별한 기능들을 내세웠다. 적절한 시기에 나온 이 자동차 덕분에 크라이슬러는 대공황 시기에도 자금 지급 능력을 유지할 수 있었다.

△ **라살 모델 303 1927년**
La Salle Model 303 1927
생산지 미국
엔진 4,965cc, V8
최고 속력 129km/h
제너럴 모터스는 캐딜락의 고급스러움에 손상을 주지 않으면서 캐딜락 스타일의 자동차를 더 많이 팔기 위한 방편으로 1927년에 라살을 내놓았다. 순식간에 성공을 거둔 이 자동차는 그 자체로도 훌륭했다.

◁ **키슬 스트레이트-에잇 스피드스터 1927년**
Kissel straight-eight Speedster 1927
생산지 미국
엔진 4,670cc, 직렬 8기통
최고 속력 125km/h
키슬의 이 모델은 스터츠 베어캣과 머서 레이스어바웃이 참가하는 경주에 출전하도록 설계됐다. 이 자동차는 4년 동안 지속적으로 생산됐다.

▷ **란치아 람다 1922년**
Lancia Lambda 1922
생산지 이탈리아
엔진 2,120cc, V4
최고 속력 113km/h
당대 최신형 차량 중 하나였던 길고 낮은 차체의 란치아 람다는 모노코크(Monocoque, 프레임과 차체가 하나로 된 구조) 차체, 오버헤드 캠샤프트 V4 엔진, 독립식 전방 서스펜션을 자랑했다.

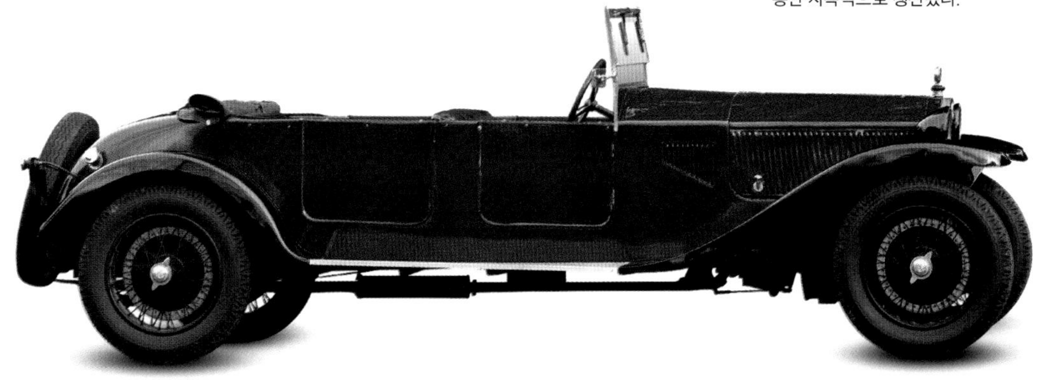

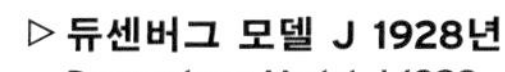

▷ **듀센버그 모델 J 1928년**
Duesenberg Model J 1928
생산지 미국
엔진 6,882cc, 직렬 8기통
최고 속력 185km/h
모델 J는 1920년대 다른 어느 미국 자동차들보다 더 크고 빠르고 정교하고 세련되고 값비싼 차였다. 이 자동차는 DOHC 엔진으로 구동됐다.

듀센버그 모델 J

병들어 가고 있던 듀센버그의 회사는 1926년 에릿 로번 코드(Errett Lobban Cord)에게 인수됐다. 코드는 당시 이미 어번(Auburn) 자동차 회사를 소유하고 있었고, 훗날 그의 이름을 붙인 유명한 자동차 브랜드를 만들게 된다. 코드는 듀센버그 형제에게 고속 주행이 가능한 미국산 최고급 자동차를 설계해 보자고 제안했고, 1928년에 모델 J를 내놓았다. 훌륭한 직렬 8기통 엔진의 힘으로 달린 모델 J는 "듀지(Duesy)"라는 표현이 매우 뛰어나다는 뜻으로 널리 쓰이는 계기가 됐다.

모델 J의 심장에는 코드가 소유했던 항공기용 엔진 제조업체인 라이커밍 사가 만든 강력한 엔진이 올라갔다. 직렬 8기통 엔진을 얹은 모델 J는 큰 차체에도 불구하고 가속력이 뛰어났고 시속 153~161킬로미터로 정속 주행이 가능했다. 1929년부터는 서보 보조 방식의 유압 브레이크와 가벼운 조향 장치가 쓰인 덕분에 운전하기 어렵지 않은 자동차가 됐다. 그러나 미국 최고의 차체 제작자들이 차체를 공급한 모델 J는 값이 비쌌다. 차체가 올라가지 않은 차대의 값은 포드 모델 A의 19배 정도였다. 불황이 깊어지고 있던 1930년대의 미국에서, 듀센버그는 판매에 어려움을 겪었고, 결국 모델 J는 471대만 만들어졌다. 일부 후기형 모델 J에도 달린 감각적인 외부 배기관과 함께 슈퍼차저가 더해진 SJ 모델은 모두 35대 정도 생산됐다. 모델 SJ는 대부분 휠베이스가 짧은 차대로 만들어졌지만, 일부에는 일반적인 길이의 프레임이 쓰였다. 특별히 매우 짧은 차대로 만들어져 SSJ라고 불린 차도 2대가 있었다. 멋진 2인승 차체가 올라간 SSJ는 미국의 배우이면서 듀센버그 브랜드를 매우 좋아했던 클라크 게이블과 개리 쿠퍼에게 넘겨졌다.

제원	
모델	듀센버그 모델 J, 1928~1937년
생산지	미국 인디애나폴리스
제작	471대(모델 SJ 포함)
구조	분리형 섀시
엔진	6,882cc, DOHC 직렬 8기통
출력	4,250rpm에서 265마력
변속기	3단 수동
서스펜션	일체 차축식, 판 스프링
브레이크	4륜 드럼, 유압식
최고 속력	185km/h

독수리 엠블럼
프레드 듀센버그(Fred Duesenburg)와 어거스트 듀센버그(August Duesenburg) 형제는 1913년부터 선박용 엔진과 경주용 자동차를 만들기 시작했고, 1920년에 첫 양산차를 내놓았다. 배지의 독수리 문양은 미국의 자유를 상징한다. 듀센버그 사는 어번-코드-듀센버그 연합의 몰락과 더불어 1937년에 문을 닫았다.

앞모습

뒷모습

범퍼에는 이중 블레이드가 달렸다.

마스코트는 1931년에 처음 등장했다.

점점 좁아지는 냉각용 흡기구는 모델 J의 특징이다.

측면에 달린 한 쌍의 예비용 바퀴는 미국 자동차에서 일반적인 것이었다.

지붕은 최고급 캔버스 천으로 만들어졌다.

와이어 휠은 거의 대부분 크롬 도금 처리가 돼 있었다.

휠베이스의 길이는 3.9미터로 표준적이다.

백테 타이어는 장식 효과가 돋보였다.

절제된 풍요로움
모델 J의 선은 대부분의 당시 고급 자동차들처럼 기본적으로 보수적이었다. 그러나 물결치는 듯한 이중 블레이드 범퍼와 흙받이에 성형된 곡선들 같은 흔치 않은 스타일 처리가 큰 차이를 만들었다. 자동차의 앞부분에서는 커다란 헤드램프와 멋진 라디에이터 그릴의 크롬 도금이 빛났다. 이 1931년형 모델의 앞쪽 펜더 아래로 보이는 크롬 도금된 둥근 물체는 초기형 유압식 충격 흡수 장치로, 회전 운동을 통해 충격을 흡수하는 장치였다.

외장

모델 J의 차체는 항상 회사 외부의 차체 제작자들이 만들었지만, 종종 듀센버그의 스타일링(styling) 책임자인 고든 뷰릭(Gordon Buehrig)의 감독을 받아 만들어지기도 했다. 여러 차체에서 특정한 모습이 공통적으로 엿보이는 것이 이 때문이다. 모델 J의 차체를 가장 많이 만든 곳은 패서디나의 머피(Murphy)였지만, 바로 이 1931년형 모델에는 유명한 펜실베이니아의 더럼(Derham)이 만든 8대의 '투어스터(Tourster)' 차체가 쓰였다.

1. 날개 달린 마스코트 **2.** 시동 핸들용 구멍의 멋진 덮개 **3.** 이중 범퍼 **4.** 헤드램프 **5.** 크게 뚫린 흡기구가 엔진 냉각을 돕는다. **6.** 개폐형 배기구 **7.** 예비용 바퀴 **8.** 발판은 크롬 도금 처리돼 있다. **9.** 크롬 도금 처리된 경첩 **10.** T자 모양의 문손잡이 **11.** 후미등의 '정지' 표시 **12.** 지붕 지지대는 목재로 보강됐다. **13.** 서랍이 달린 트렁크

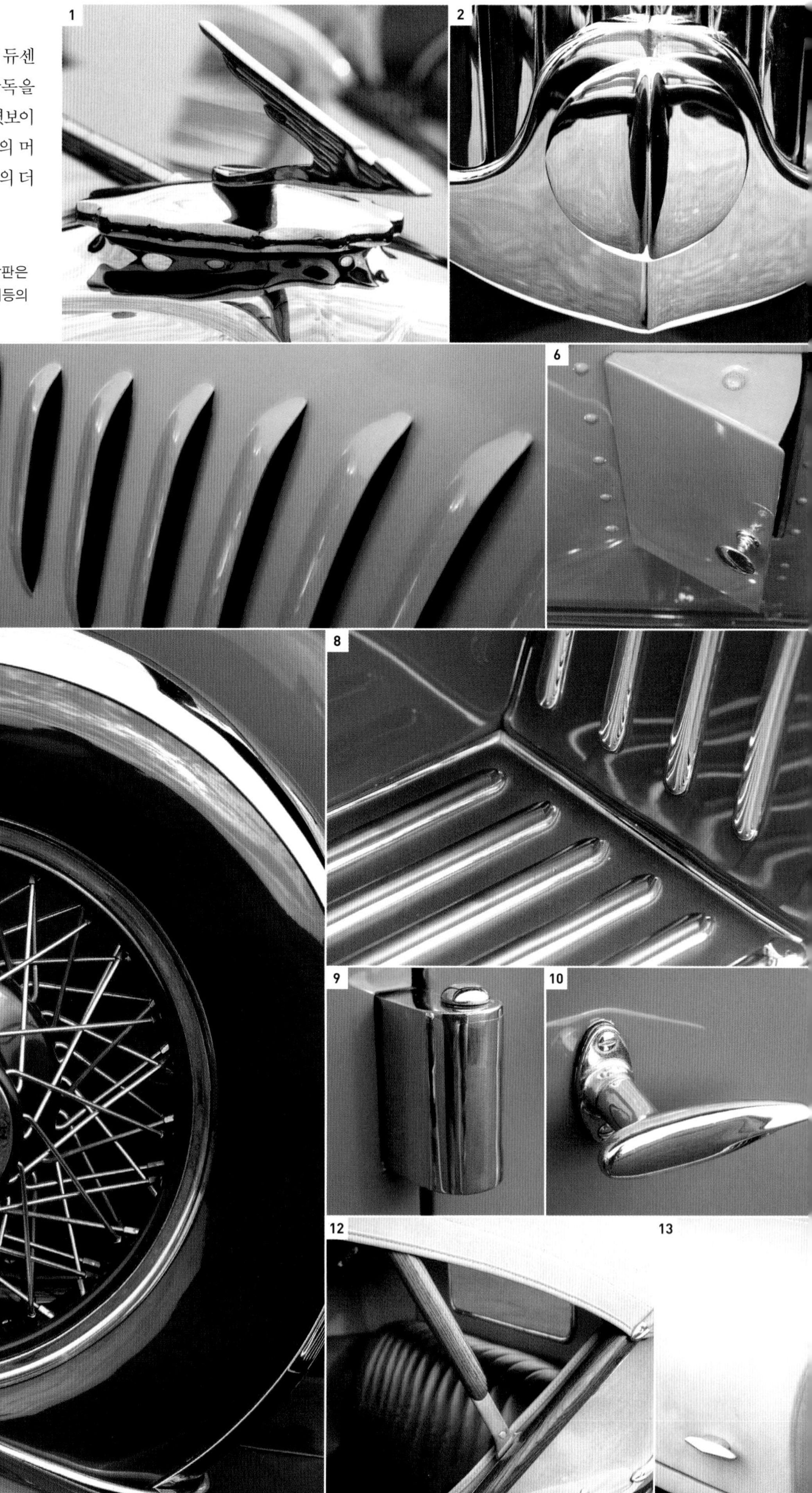

내장

당대의 호화로운 영국 차들과 비교하면, 미국의 고급차들은 놀랄 정도로 수수했다. 모델 J의 실내는 엔진 터닝 처리된 화려한 금속 대시보드 말고는 평범하다. 액셀러레이터 페달을 오른쪽에 둔 것은 당시 차로서는 특이했는데, 당시의 유럽 차 상당수가 이 페달을 중앙에 두었기 때문이다.

14. 커다란 스티어링 휠의 작은 조절 장치들 **15.** 당시에는 일반적이었던 긴 기어 레버. 핸드 브레이크는 변속기에서 작동된다. **16.** 회전 드럼식 엔진 회전계 및 속도계를 갖춘 일반적인 계기판 **17.** 평범한 크롬 도금 장식 **18.** 뒷문의 유리를 작동시키는 크랭크 **19.** 평평하고 수직 주름이 잡힌 가죽 좌석

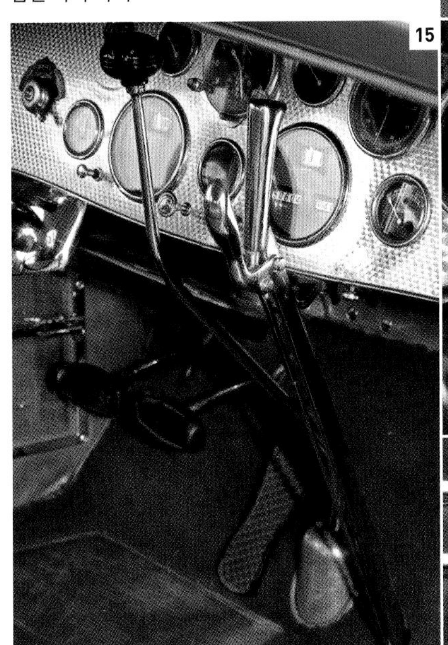

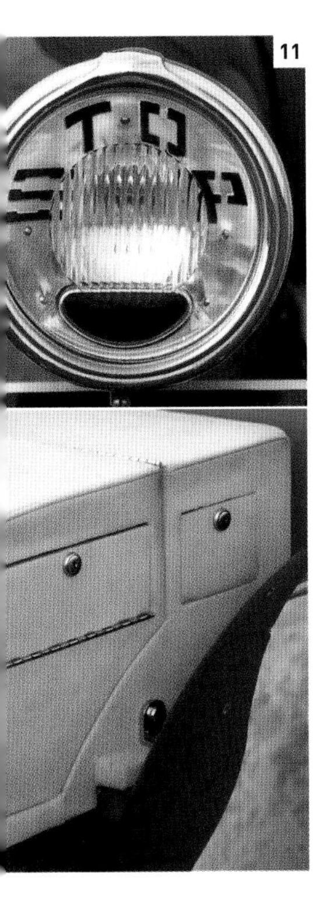

엔진실

느릿느릿한 사이드밸브 엔진이 일반적이었던 시절, 실린더당 4개의 밸브가 있는 모델 J의 직렬 8기통 엔진은 대단히 앞선 것이었다. 이 엔진은 더블 오버헤드 캠샤프트에 의해 작동하는 오버헤드 밸브가 특징이었다. 6,882시시 엔진은 의도적으로 과장된 수치인 265마력의 힘을 낸다고 일컬어졌는데, 정직하게 165마력의 힘을 낸다고 했던 캐딜락의 V16 엔진을 의식한 것이었다. 1932년부터 1935년까지 나온 SJ 슈퍼차저 모델은 320마력이라는 강력한 힘을 과시했다.

20. 1개의 카뷰레터가 엔진으로 혼합기를 공급했다. **21.** 모델 J의 모든 엔진은 초록색 페인트로 도색했다. **22.** 시동 모터도 초록색으로 칠해졌다.

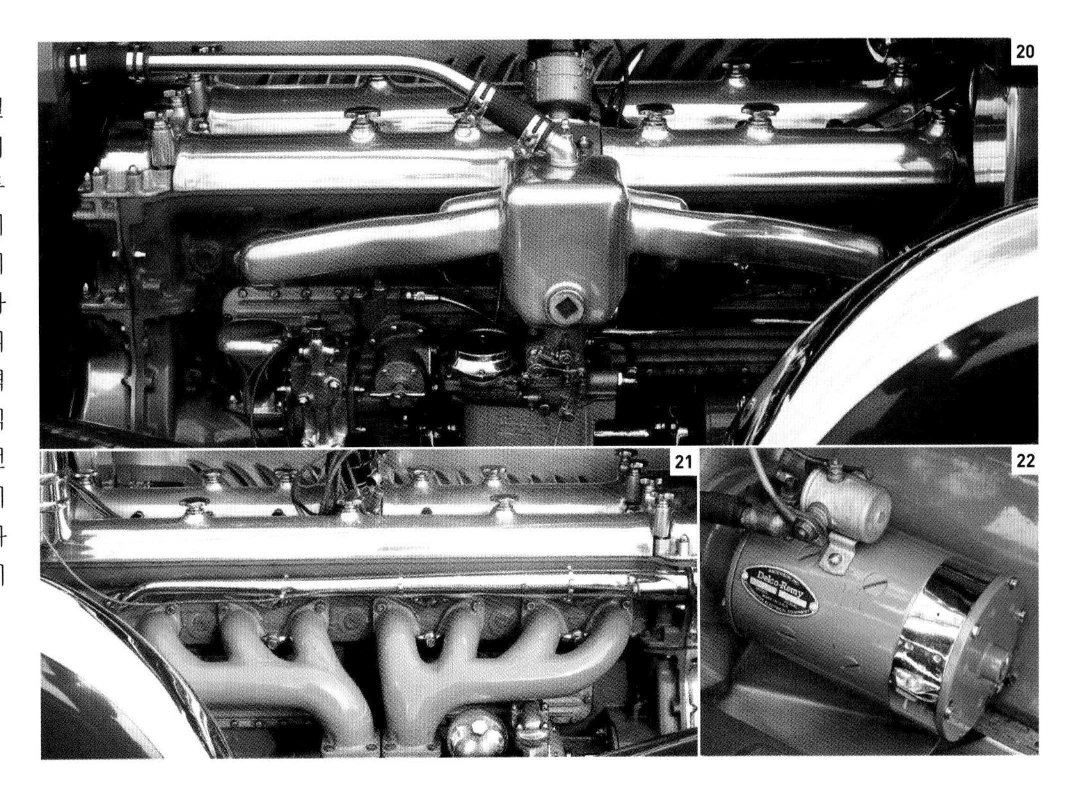

중산층을 위한 자동차

1920년대, 대량 생산으로 인해 자동차 가격이 내려가고, 유럽과 미국에서 중산층의 자동차 소유가 일반화되면서 자동차 업계에 커다란 변화가 일어났다. 특히 유럽의 승용차들은 대부분 1,500시시 안팎의 4기통 엔진을 쓰는 반면, 미국의 자동차들은 훨씬 더 큰 차체에 4,000시시 남짓한 6기통 또는 8기통 엔진을 얹는 등 대서양을 사이에 두고 차이가 생기기 시작했다.

△ **에섹스 A 1919년**
Essex A 1919
생산지 미국
엔진 2,930cc, 직렬 4기통
최고 속력 105km/h
허드슨과 연관이 있었던 에섹스는 중간 정도 가격대의 브랜드로서 금세 성공을 거두었다. 1932년까지 에섹스의 자동차는 113만 대 이상 판매됐고, 그 후에 회사 이름을 테라플레인(Terraplane)으로 바꾸었다.

△ **닷지 4 1914년**
Dodge 4 1914
생산지 미국
엔진 3,479cc, 직렬 4기통
최고 속력 80km/h
1920년대에 닷지의 자동차는 미국 브랜드 중 두 번째로 많이 팔렸는데, 전체가 금속으로 이루어진 차체, 슬라이딩 기어 변속기, 12볼트 전기 장치를 갖춘 견고한 자동차였던 이 모델의 공이 컸다.

△ **시트로엥 타입 A 1919년**
Citroën Type A 1919
생산지 프랑스
엔진 1,327cc, 직렬 4기통
최고 속력 64km/h
앙드레 시트로엥(André Citroën)이 만든 첫 자동차는 하루에 최대 100대까지 생산된 유럽 최초의 대량 생산 모델이기도 했다. 1921년에 생산이 중단될 때까지 모두 2만 4093대의 타입 A가 판매됐다.

▷ **라일리 나인 모나코 1926년**
Riley Nine Monaco 1926
생산지 영국
엔진 1,087cc, 직렬 4기통
최고 속력 97km/h
퍼시 라일리(Percy Riley)와 스탠리 라일리(Stanley Riley) 형제는 1926년에 걸출한 스포츠카를 설계해, 1928년부터 양산했다. 한 쌍의 사이드 캠샤프트 덕분에 이 자동차는 탁월한 성능을 발휘할 수 있었다.

△ **크라이슬러 G70 1924년**
Chrysler G70 1924
생산지 미국
엔진 3,200cc, 직렬 6기통
최고 속력 113km/h
월터 크라이슬러(Walter Chrysler)의 첫 차는 인상적인 성능과 4륜 유압 브레이크를 자랑하는 놀라운 존재였다. 이 자동차는 미국 시장 내 점유율을 빠르게 확대해 나갔다.

△ **모리스 옥스퍼드 1919년**
Morris Oxford 1919
생산지 영국
엔진 1,548cc, 직렬 4기통
최고 속력 97km/h
둥근 라디에이터 때문에 '주먹코(Bullnose)'라는 별명으로 불린, 모리스 사의 옥스퍼드는 깔끔한 선과 고른 성능 덕분에 많은 영국의 운전자들을 팬으로 거느렸다.

▽ **윌리스-나이트 모델 66 1927년**
Willys-Knight Model 66 1927
생산지 미국
엔진 4,179cc, 직렬 6기통
최고 속력 113km/h
윌리스-나이트 사는 1920년대에 연간 5만 대의 자동차를 만들었는데, 모두 슬리브밸브 엔진을 갖추고 있었다. 최상위 모델인 66은 값이 비쌌지만 높은 수준의 안락함, 좋은 생김새, 고품질 기술을 보여 주었다.

△ **모리스 카울리 1927년**
Morris Cowley 1927
생산지 영국
엔진 1,548cc, 직렬 4기통
최고 속력 97km/h
모리스 사의 또 다른 '주먹코' 모델인 카울리는 옥스퍼드의 염가판이었다. '주먹코' 모델들은 1920년대 말에 이르러서는 오래된 차로 인식됐지만, 신뢰성에 대한 좋은 평판 덕분에 꾸준히 팔렸다.

△ **허프모빌 투어링 시리즈 R 1921년**
Hupmobile Touring Series R 1921

생산지 미국
엔진 2,990cc, 직렬 4기통
최고 속력 97km/h

이 단순하고 공간이 넓은 4기통 승용차는 잘 팔렸다. 허프모빌 사는 1920년대 초반에 성공 신화의 주인공 중 하나였지만 결국 1930년대의 대공황 속에서 살아남지 못했다.

△ **뷰익 모델 24 1924년**
Buick Model 24 1924

생산지 미국
엔진 2,786cc, 직렬 4기통
최고 속력 89km/h

뷰익은 1924년를 마지막으로 4기통 엔진 승용차를 만들지 않았다. 그 후로 쓰인 가장 작은 엔진은 직렬 6기통이었다. 뷰익 모델 24는 힘이 약간 부족했지만 튼튼하고 적당했다.

△ **포드 모델 A 투어러 1927년**
Ford Model A Tourer 1927

생산지 미국
엔진 3,294cc, 직렬 4기통
최고 속력 105km/h

포드가 생산한 자동차 중 처음으로 클러치 및 브레이크 페달, 액셀러레이터, 기어 변속 장치로 구성된 통상적인 운전 장치들을 갖춘 것이 바로 이 자동차다. 1927년부터 1931년까지 500만 대에 가까운 모델 A가 생산돼 세계의 도로를 누볐다.

◁ **오펠 4/14 1924년**
Opel 4/14 1924

생산지 독일
엔진 1,018cc, 직렬 4기통
최고 속력 80km/h

오펠 4마력(Opel 4HP) 시리즈 승용차는 조립 라인에서 만들어진 첫 독일 자동차였다. 7년 동안 11만 9484대의 4/12, 4/14, 4/16, 4/18 모델이 만들어졌다.

△ **스탠더드 SL04 1922년**
Standard SL04 1922

생산지 영국
엔진 1,944c, 직렬 4기통
최고 속력 84km/h

SL04와 같은 공간이 넉넉한 4기통 엔진 자동차들 덕분에 스탠더드 사는 1920년대에 연간 1만 대의 자동차를 판매할 수 있었다. 당시에 '스탠더드'는 지금처럼 '평범한'이 아닌 '높은 수준의'라는 뜻으로 여겨졌다.

△ **피아트 509A 1926년**
Fiat 509A 1926

생산지 이탈리아
엔진 990cc, 직렬 4기통
최고 속력 77km/h

활기차지만 경제적인 오버헤드 캠샤프트 엔진과 할부 구매를 선택할 수 있었던 판매 전략 덕분에 509 모델은 인기가 높았고 1925년부터 1929년까지 9만 대가 팔려 나갔다.

◁ **오스틴 트웰브 1927년**
Austin Twelve 1927

생산지 영국
엔진 1,861cc, 직렬 4기통
최고 속력 85km/h

트웰브처럼 경쟁력 있고 신뢰할 수 있는 자동차를 폭넓게 내놓음으로써 허버트 오스틴(Herbert Austin)의 회사는 1920년대 영국에서 가장 성공적인 자동차 메이커가 됐다.

△ **MG 18/80 1928년**
MG 18/80 1928

생산지 영국
엔진 2,468cc, 직렬 6기통
최고 속력 126km/h

세실 킴버(Cecil Kimber)는 모리스 사의 지원을 받아 1922년부터 모리스 자동차의 부품을 바탕으로 스포츠카를 만들었다. 나중에 MG라는 브랜드를 달게 된 그의 자동차는 차체 스타일부터 매력적이었고 뛰어난 성능을 발휘했다.

로이스 10HP, 1904년

위대한 브랜드

롤스로이스 이야기

이 유명한 영국 브랜드는 초창기부터 품질, 세련미, 신뢰성에 초점을 맞춰 자동차를 설계하고 생산했다. 그 결과, 롤스로이스의 자동차는 오랫동안 세계 최고의 자동차로 평가받았고, 롤스로이스라는 이름은 여러 분야에서 '최고 중의 최고'를 뜻하는 표현으로 사용됐다.

프레더릭 헨리 로이스(Frederick Henry Royce)는 맨체스터에서 전기 공업을 시작한 사람 중 하나로 1904년에 그의 첫 차를 만들었다. 비슷한 시기에 찰스 스튜어트 롤스(Charles Stewart Rolls)는 클로드 존슨(Claude Johnson)과 함께 런던에 자동차 판매점 및 수리점을 세웠다. 롤스의 친구이자 로이스의 회사 관리자였던 헨리 에드먼즈(Henry Edmunds)는 롤스를 설득해 로이스를 만나게 했고, 그의 새 자동차를 몰아 보도록 했다. 롤스는 금세 로이스가 만든 자동차의 탁월한 품질과 세련됨을 알아보았다. 두 사람은 로이스가 만들 자동차들을 롤스가 '롤스로이스(Rolls-Royce)'라는 이름으로 판매하기로 합의했다.

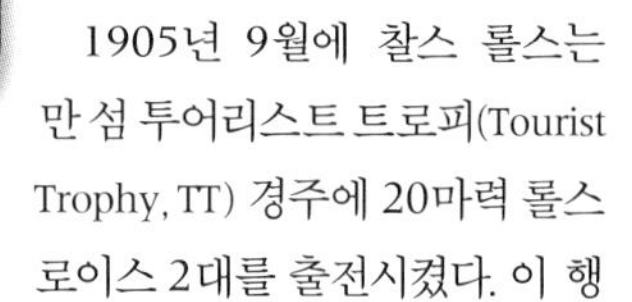

롤스로이스 배지
(1930년 도입)

처음 생산된 모델들에는, 차대에 2기통 10마력 엔진을 얹고 395파운드에 팔던 자동차에서 3기통 15마력 엔진이나 4기통 20마력 엔진을 얹은 자동차를 비롯해 1905년에 890파운드로 판매가 시작된 최상급 6기통 30마력 승용차까지 있었다. 당시의 다른 고급 브랜드들처럼 차체는 차체 제작자들로부터 별도로 구입했는데, 최대 500파운드의 추가 비용이 들었다.

1905년 9월에 찰스 롤스는 만 섬 투어리스트 트로피(Tourist Trophy, TT) 경주에 20마력 롤스로이스 2대를 출전시켰다. 이 행사는 가장 빠른 경주용 자동차를 가리는 경주라기보다는 가장 우수한 투어링 카를 정하는 경주로 규정에는 차체가 4인승이어야 한다고 명시돼 있었고 차에 사용할 수 있는 연료의 양에는 제한이 있었다. TT에 출전한 롤스로이스의 차는 가벼운 차대와 최고단 기어를 오버드라이브(overdrive, 고속 주행 때 연비 향상을 위해 크랭크샤프트보다 빨리 회전하는 기어)로 만든 4단 변속기를 갖춰, 뛰어난 연비로 고속 정속 주행이 가능했다. 롤스가 몬 1대는 초반에 변속기가 파손됐다. 다른 자동차는 퍼시 노디(Percy Northey)가 몰고 2위로 완주해, 신출내기 브랜드로서는 소중한 관심을 얻을 수 있었다.

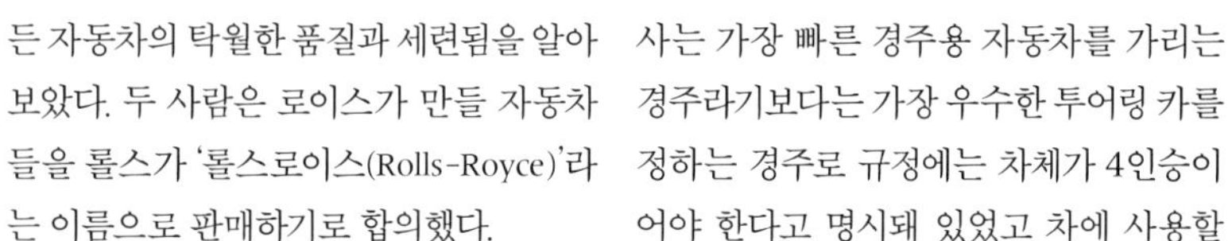

최고의 자동차를 팝니다
귀족적인 분위기로 연출된 "세계 최고의 자동차", 1917년 롤스로이스 광고

더 큰 6기통 엔진과 개선된 차대를 갖춘 40/50HP 모델은 1906년 런던 모터쇼에서 공개됐다. 이듬해에 '롤스-로이스의 하이픈(-) 같은 존재'라고 불린 클로드 존슨은 영국 자동차 클럽(Royal Automobile Club, RAC)의 감독하에 이 자동차를 몰고 2만 4000킬로미터를 완주해 금메달을 받았다. 존슨이 몬 40/50HP 모델에는 당시로서는 특별했던 차체색에서 유래한 실버 고스트라는 이름이 주어졌다. 이러한 성능은 1925년에 출시된 팬텀 시리즈와 함께 롤스로이스에 대한 평판을 더욱 좋게 만들었다. 1930년에 롤스로이스는 벤틀리를 인수하고 롤스로이스의 생산 기지를 더비 지역으로 옮겼다. 이후로 롤스로이스의 차대와 벤틀리의 엔진을 활용해 새로운 '더비 벤틀리(Derby Bentley)' 시리즈가 개발됐다.

롤스로이스 멀린 엔진의 조립
제2차 세계 대전 때 가장 성공적인 항공기용 엔진 중 하나인 멀린(Merlin) 엔진은 전투기 슈퍼마린 스핏파이어(Supermarine Spitfire)와 호커 허리케인(Hawker Hurricane)에 사용됐다.

롤스로이스는 제1차 세계 대전 중에 처음으로 항공기 엔진을 만들기 시작해서 제2차 세계 대전 때까지도 영국 공군의 중요한 전투기 엔진 공급 업체로 남았다. 롤스로이스 항공기 엔진의 생산량을 늘리기 위해 더비에서 80킬로미터 떨어진 크루에 새로운 공장을 세웠고, 전쟁이 끝난 후에는 모든 자동차 생산이 그곳에서 이루어졌다. 전후 생산은 1946년에 마크 VI 벤틀리와 롤스로이스 실버 레이스(Silver Wraith)부터 시작됐다. 두 자동차는 똑같은 신규 차대와 오버헤드 흡기 밸브를 갖춘 'F-헤드(F-head)' 엔진을 썼다. 벤틀리에 이어 롤스로이스도 사내에서 제작한 표준화된 차체를 쓰기 시작했지만, 소비자들은 여전히 차체 제작자가 만든 차체를 올릴 수 있는 기본 차대를 주문할 수 있었다. 벤틀리는 벤틀리 라디에이터 그릴을 단 롤스로이스 정도로 위상이 축소됐다.

> **"최고를 사는 사람들은 모두 롤스로이스 차만 구입한다."**
>
> — 1912년, 영국의 신문왕 노스클리프 경 앨프리드 함스워스(Lord Northcliffe Alfred Harmsworth)가 클로드 존슨에게 보낸 편지에서

1959년 롤스로이스는 실버 클라우드 II(Silver Cloud II)와 새로운 초대형 세단인 팬텀 V를 통해 6,230시시 V8 엔진을 선보였다. 1960년대의 핵심적인 발전은 1965년에 나온 실버 섀도(Silver Shadow) 세단과 형제차인 벤틀리 T 시리즈였다. 최대한 넓은 차체에 4도어 디자인, 모노코크 구조를 갖춘 현대적인 승용차인 섀도는 이전까지의 어느 롤스로이스 차보다 많이 판매됐

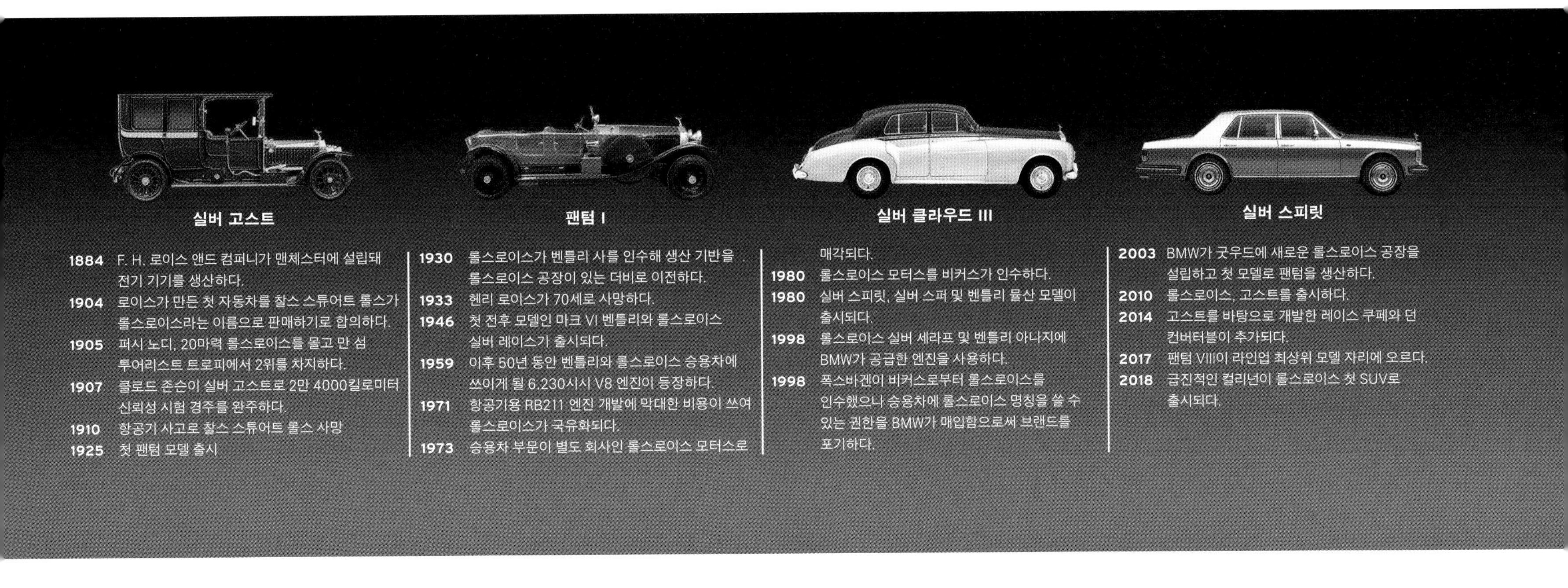

다. 섀도에서 파생된 모델에는 2도어인 코니시(Corniche) 쿠페와 컨버터블, 휠베이스가 긴 실버 레이스, 피닌파리나(1930년 바티스타 '피닌' 파리나(Battista 'Pinin' Farina)가 설립한 카로체리아 피닌파리나를 전신으로 하는 이탈리아 자동차 디자인 그룹)가 디자인한 카마그(Camargue)가 있었다. 1970년에 엔진이 6,750시시로 커지고 1977년에는 세부적인 개선이 이루어진 실버 섀도는 후속 모델 실버 스피릿(Silver Spirit)과 롱 휠베이스 모델인 실버 스퍼(Silver Spur), 그리고 벤틀리 뮬산(Mulsanne)에게 자리를 넘긴 1980년까지 계속 생산됐다.

항공기용 RB211 엔진 개발에 소요된 막대한 비용으로 심각한 타격을 입은 롤스로이스는 1971년에 국유화됐다. 승용차 부문은 1973년에 롤스로이스 모터스라는 별도 자산으로 매각됐다. 롤스로이스라는 이름에 대한 권리는 항공기 엔진 회사에 남아 있었지만, 자동차 메이커에게 사용 승인을 내주었다. 1980년에 영국의 엔지니어링 그룹인 비커스(Vickers)가 롤스로이스 모터스를 인수했다. 벤틀리는 뮬산 터보를 출시하면서 롤스로이스의 그늘에서 벗어나기 시작했다. 1998년에 나온 롤스로이스 실버 세라프(Silver Seraph)와 벤틀리 아나지(Arnage)는 처음으로 외부에서 구입한 엔진을 썼다. 이 엔진은 BMW가 공급했다.

1998년에 폭스바겐은 비커스로부터 롤스로이스와 벤틀리를 인수하면서 자동차 디자인, 공장, 브랜드 이름과 롤스로이스의 두 가지 상징인 '스피릿 오브 엑스터시'와 그리스식 라디에이터 그릴에 대해 43억 파운드를 지불했다. 하지만 폭스바겐은 여전히 항공기 엔진 회사가 소유하고 있던 롤스로이스라는 이름의 사용권을 인수하는 데 소홀했다. BMW는 그 이름의 사용권을 불과 4000만 파운드의 비용을 들여 손에 넣었고, 폭스바겐은 선택의 여지없이 롤스로이스 브랜드를 포기하고 벤틀리에 집중할 수밖에 없었다. 2003년에 BMW는 서섹스 주 굿우드의 새 공장에서 신형 팬텀을 생산하기 시작했다. 2010년에는 더 작은 모델인 고스트(Ghost)를 시장에 내놓았다. 슈퍼 럭셔리에 대한 취향이 변화하는 가운데, 롤스로이스는 2018년에 마침내 사륜 구동 모델 컬리넌(Cullinan)을 내놓아 호화로운 SUV 대열에 합류했다. 큰 덩치를 비웃은 이들도 있었지만, 귀한 다이아몬드의 이름을 딴 이 차는 의심할 여지 없이 존재감을 뽐냈다.

록의 황제와 롤스로이스
롤스로이스는 오랫동안 화려한 로큰롤 음악과 함께해 왔다. 이 사진은 엘비스 프레슬리(Elvis Presley)가 테네시 주 멤피스에 있는 자신의 별장인 그레이스랜즈 입구에서 실버 클라우드에 기대어 포즈를 취하고 있는 모습이다.

소형차의 맹아들

1920년대 자동차 메이커들은 중산층이 구입할 수 있는 중저가의 실용적인 자동차를 생산하기 위해 경쟁했고, 마침내 부유한 엘리트 이외의 사람들까지 자동차를 소유할 수 있게 됐다. 이런 차들 중 일부는 대단히 원시적이었고, 또 어떤 차들은 실용적으로 쓰기에는 너무 작았다. 그러나 그러한 차들 중에는 4기통 엔진, 4개의 바퀴, 그리고 모든 바퀴에 달린 브레이크처럼 소형차가 발전해 나갈 방향을 제시한 것들도 있었다.

◁ **탬플린 1919년**
Tamplin 1919
생산지 영국
엔진 980cc V2
최고 속력 68km/h
에드워드 탬플린(Edward Tamplin)은 카든(Carden) 사이클카의 생산권을 매입해 그의 고유 명칭을 붙여 생산했다. 기름을 먹인 섬유판으로 만든 차체 측면에는 JAP 엔진이 놓였고, 2명이 앞뒤로 앉는 좌석을 갖췄다.

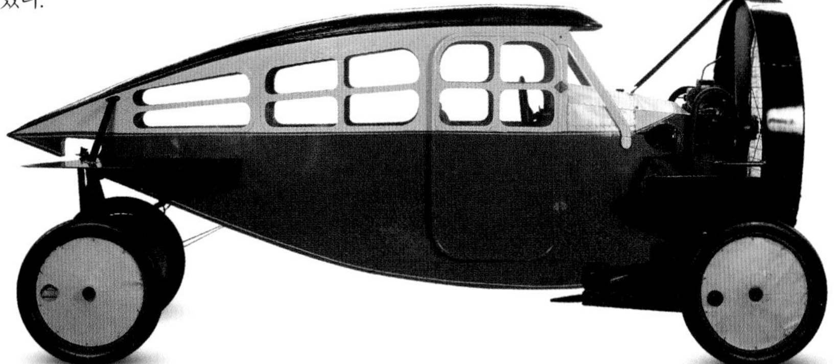

◁ **레야 엘리카(복제품) 1919년**
Leyat Hélica (replica) 1919
생산지 프랑스
엔진 1,203cc, 3엽 프로펠러
최고 속력 97km/h
엔진을 단 도로 교통 수단에 대한 마르셀 레야(Marcel Leyat)의 이상형은 프로펠러로 구동되는 '날개 없는 비행기'였다. 이 자동차는 가벼운 차체, 앞뒤로 앉는 좌석, 후륜 조향 구조를 갖췄다. 판매된 것은 고작 30대에 그쳤다.

△ **SIMA-비올레 1924년**
SIMA-Violet 1924
생산지 프랑스
엔진 496cc, 수평 대향 2기통
최고 속력 109km/h
이 좁은 2인승 사이클카에는 합판 차체를 씌운 철제 파이프 프레임 구조가 쓰였다. 성능은 좋았는데 특히 경주용으로 2행정 엔진을 750시시 또는 1,500시시로 업그레이드한 자동차들이 탁월했다.

▷ **시트로엥 타입 C 5CV 1922년**
Citroën Type C 5CV 1922
생산지 프랑스
엔진 856cc, 직렬 4기통
최고 속력 61km/h
2인승(후에는 3인승) 소형차인 타입 C는 여성 운전자에게 이상적인 차로 홍보됐다. 수동 크랭크가 아니라 전기식 자동 시동 장치를 달고 있었기 때문이다. 이 영업 전략은 효과를 거두었고, 4년 동안 8만 1000여 대가 팔렸다.

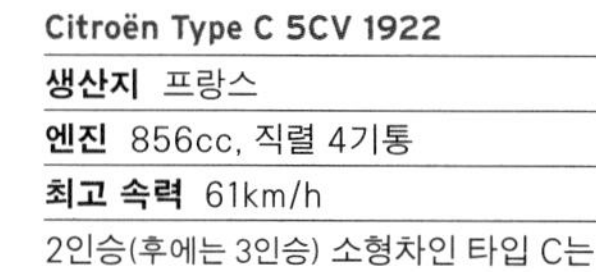

◁ **트로전 10HP PB 1922년**
Trojan 10HP PB 1922
생산지 영국
엔진 1,488cc, 병렬 4기통
최고 속력 66km/h
1913년의 시제품을 바탕으로 만들어진 매우 저렴한 트로전은 극도로 단순한 엔진이 실내 바닥 아래에 놓였고, 2단 유성 기어 변속기와 경질 타이어를 달았다. 생산은 1930년까지 이루어졌다.

◁ **하노마크 2/10PS 1925년**
Hanomag 2/10PS 1925
생산지 독일
엔진 503cc, 단기통
최고 속력 64km/h
하노마크 사는 1835년부터 증기 기관을 만들기 시작한 회사이다. 1920년대에 휘발유 엔진 자동차 생산 업체로 전환했다. 이 모델은 특이한 모습 때문에 군용 식빵의 이름을 따른 '콤미스브로트(Kommisbrot)'라는 별명을 얻었고, 판매도 별로였다.

오스틴 세븐

허버트 오스틴은 그가 꿈꾸던 대중을 위한 자동차를 18세의 제도공이었던 스탠리 에지(Stanley Edge)와 오스틴의 집에서 비밀리에 설계해 냈다. '제대로 된 승용차'를 축소한 그들의 차는 실용적이면서 신뢰할 수 있고, 바퀴 4개를 갖추고, 차체 앞에 놓인 4기통 엔진이 뒷바퀴를 굴리고, 네 바퀴마다 브레이크가 달린 구조였다. 크기는 작지만, 오스틴 세븐은 1922년부터 1939년까지 29만 924대가 팔리며 영국 시장을 휩쓸었다.

▷ **오스틴 세븐 1922년**
Austin Seven 1922
생산지 영국
엔진 696cc, 직렬 4기통
최고 속력 84km/h
오스틴 세븐은 나중에 엄청난 성공을 거두게 되지만, 처음 등장했을 때에는 사실 너무 작았다. 모델이 출시된 지 채 1년도 되지 않아 차체 길이와 너비, 엔진 크기가 모두 커졌다.

▽ **모건-JAP 에어로 1929년**
Morgan-JAP Aero 1929
생산지 영국
엔진 1,096cc, V2
최고 속력 113km/h

차체 앞쪽에 놓인 V형 2기통 엔진과 후륜 구동 장치를 갖춘 스포티한 자동차였던 에어로는 1910년부터 시작돼 오랫동안 이어져 온 모건의 여러 탁월한 3륜차 중 가장 최신의 것이었다.

◁ **딕시 3/15PS 1927년**
Dixi 3/15PS 1927
생산지 독일
엔진 747cc, 직렬 4기통
최고 속력 77km/h
독일 아이제나흐 지방에 있었던 딕시 사는 오스틴 세븐의 라이선스를 얻어 3/15PS라는 이름으로 만들었다. BMW가 1928년에 딕시 사를 인수 하면서 3/15PS는 BMW의 첫 자동차가 됐다. 생산은 1932년까지 이어졌다.

▷ **오펠 4/12 1924년**
Opel 4/12 1924
생산지 독일
엔진 951cc, 직렬 4기통
최고 속력 72km/h

라우프로시(Laubfrosch, 청개구리)라는 이름이 붙은 이 작은 2인승 자동차는 포드의 영향을 받은 생산 라인에서 만들어졌다. 1924년에는 3인승, 1925년에는 4인승 모델이 잇따라 나왔다.

◁ **트라이엄프 슈퍼 세븐 1927년**
Triumph Super Seven 1927
생산지 영국
엔진 832cc, 직렬 4기통
최고 속력 80km/h
트라이엄프 사가 오스틴 세븐에 대항하기 위해 만든 자동차는 약간 더 크고 더 강력한 슈퍼 세븐이었다. 자동차 경주에 출전하기도 한 이 자동차는 1930년 몬테카를로 랠리에서 7위를 차지했다.

▽ **모리스 마이너 1928년**
Morris Minor 1928
생산지 영국
엔진 847cc, 직렬 4기통
최고 속력 80km/h
오스틴 세븐에 비해 더 크고 사용하기 편리한 것은 물론이고, 현대적인 오버헤드 캠샤프트 엔진도 쓰인 마이너는 모리스의 저가차로는 처음으로 성공을 거두었다.

△ **오스틴 세븐 1926년**
Austin Seven 1926
생산지 영국
엔진 747cc, 직렬 4기통
최고 속력 80km/h

오스틴 세븐이 커지면서, 마침내 영국 하위 중산층이 구입하기에 알맞은 자동차가 만들어졌다. 오스틴은 차대, 차체, 브레이크를 개선함으로써 이 자동차의 인기를 지켜 나갔다.

△ **오스틴 세븐 1928년**
Austin Seven 1928
생산지 영국
엔진 747cc, 직렬 4기통
최고 속력 80km/h

1928년에도 앞쪽에 달린 헤드라이트, 니켈 도금 라디에이터, 코일 점화 장치, 4륜 쇼크 업소버와 같은 개선이 계속됐다.

△ **오스틴 세븐 1930년**
Austin Seven 1930
생산지 영국
엔진 747cc, 직렬 4기통
최고 속력 84km/h

이 익숙한 오픈 투어러의 섀시가 무거워지고 크로스멤버(crossember, 가로 지지대)가 추가되면서 늘어난 무게에 대응하도록 엔진이 개선됐다.

자신이 만든 1899년형 타입 A 브와튜렛에 탄 루이 르노

위 대 한 브 랜 드

르노 이야기

프랑스적 스타일 감각으로 무장하고 세계 시장을 내다보았던 르노는 아직까지 세계에서 가장 성공적인 자동차 메이커 중 하나로 남아 있다. 100년이 넘는 세월 동안 르노는 아름다운 디자인으로 높은 명성을 쌓아 왔고, 그것에 못지않은 성과를 랠리에서부터 포뮬러 원(F1)과 르망 24시간 경주까지 모든 주요 모터스포츠 분야에서 이룩해 왔다.

루이 르노(Louis Renault)가 가업인 단추 공장을 물려받았다면, 프랑스 자동차 산업의 역사는 지금과는 매우 달라졌을 것이다. 1877년에 5형제 중 막내로 태어난 루이 르노의 야심은 다른 데 있었다. 1898년에 21세였던 루이 르노는 가족과 함께 살던 파리 빌랑쿠르의 집에 있던 작은 작업실에서 '네 바퀴 모터사이클'을 만들었다. 처음 그는 자신을 위한 자동차 1대만 만들려고 했지만, 1년 뒤에는 두 형제들의 투자에 힘입어 전업 자동차 생산업자가 됐다. 그 정도로 복제 차에 대한 수요가 많았다. 소시에테 르노 프레르(Société Renault Fréres)는 1899년 말까지 71대의 자동차를 만들었고, 1902년에는 독자적인 엔진을 만들기 시작했다. 르노의 자동차들은 1903년에 마르셀 르노(Marcel Renault)가 파리-빈 경주에서 3.8리터 타입 K 모델을 몰고 우승한 것을 비롯해, 도시 간 경주에서 큰 성공을 거두었다.

르노 배지
(1992년 도입)

1907년까지 루이 르노는 회사의 지분 대부분을 매입했고 승용차 생산을 더 큰 규모로 키웠다. 1913년에 르노는 연간 1만 대가 넘는 승용차와 상용차를 생산하면서 프랑스에서 가장 큰 자동차 메이커가 됐다. 르노의 자동차 중 상당수는 작은 2기통 승용차로, 그중 많은 수가 택시로 팔렸다. 당시 르노 택시는 파리의 거리 위에 굴러다니는 것만 3,000대가 넘었다.

현대와 조화를 이루다
1913년에 나온 이 르노의 광고 포스터는 컨버터블에 앉은 운전자가 지나가는 비행기를 바라보고 있는 모습을 통해 20세기 초반 기술 분야가 가지고 있던 개척 정신을 잘 보여 준다.

제1차 세계 대전을 거치며 프랑스 육군용 화물차와 탱크를 생산한 덕분에 르노는 자산 규모 면에서 크게 성장했지만 민수용 자동차 시장에서는 경쟁자들에게 밀리기 시작했다. 1920년대 중반까지 르노의 모델들은 낡은 느낌을 주었고, 상당수는 전쟁 이전의 모습이 뚜렷하게 남아 있었다. 특히 시트로엥은 지속적으로 훌륭한 자동차들을 생산했다. 르노는 일련의 멋진 6기통 승용차들과 매력적인 8기통 레나스텔라(Reinastella) 모델을 1929년에 내놓음으로써 응수했다. 레나스텔라를 더 작게 만든 자매차인 넬바스텔라(Nervastella)는 1930년 모로코 랠리에서 승리를 거뒀고, 넬바스텔라를 더 민첩하게 만든 넬바스포르(Nervasport)는 1935년 몬테카를로 랠리에서 우승했다.

르노의 대형차 생산은 1939년 9월에 제2차 세계 대전이 발발하면서 중단됐지만, 작은 4기통 모델인 주바카트르(Juvaquattre), 노바카트르(Novaquattre), 프리마카트르(Primaquattre)의 생산은 1940년 5월에 프랑스가 독일에 점령될 때까지 이어졌다. 전쟁이 오래지 않아 끝나리라고 믿었던 루이 르노는 종업원들의 고용을 유지하기 위해 공장을 계속 가동했다. 그것은 비극적인 결정이었고, 독일군은 그의 공장을 접수했다. 1944년 8월에 파리가 해방된 후, 르노는 독일에 협력한 죄로 체포돼 투옥됐다. 옥중에서의 홀대와 건강 악화로 그는 겨우 3개월 뒤에 숨을 거두었다.

"가장 뛰어난 차를 만들어 가장 싸게 내놓아 프랑스의 모든 가족이 자신들만의 차를 갖게 하는 것이 내 목표다."

— **루이 르노, 1928년경**

1945년에 르노는 국유화됐고 대중용 승용차 생산으로 다시금 방향을 잡았다. 새 모델들 가운데 중심이 된 차는 4CV로, 1946년 9월에 출시됐을 때에는 당시까지 나온 4도어 세단 중 가장 작았다. 차체 뒤쪽에 얹힌 760시시 4기통 엔진으로 움직였던 그 자동차는 휠베이스가 겨우 210센티미터였다. 4CV는 순식간에 성공을 거두었고, 1961년에 생산이 중단될 때까지 100만 대 이상 만들어졌다. 경주용 자동차로는 어울리지 않았음에도, 4CV는 1952년부터 1957년까지 이탈리아의 가혹한 밀레 밀리아 로드 레이스를 석권했다. 르노는 4CV의 뒤를 이어 845시시 엔진의 도핀(Dauphine, 프랑스 어로 '황태자비')을 내놓았는데, 이 자동차는 열악한 핸들링과 심한 부식으로 평이 좋지 않았음에도 큰 인기를 얻었다. 1960년까지 미국에서만 약 20만 대의 도핀이 팔렸고, 이탈리아와 브라질에서도 라이선스 생산이 이루어졌다.

1961년에 R4가 나오면서 르노 승용차에는 전륜 구동 방식이 전면적으로 도입됐다. 이것과 매우 흡사한 R16이 1964년에

르노 6CV 택시, 1926년
외관은 단순했지만, 튼튼하면서도 대단히 경제적이었던 6CV는 큰 인기를 얻었다.

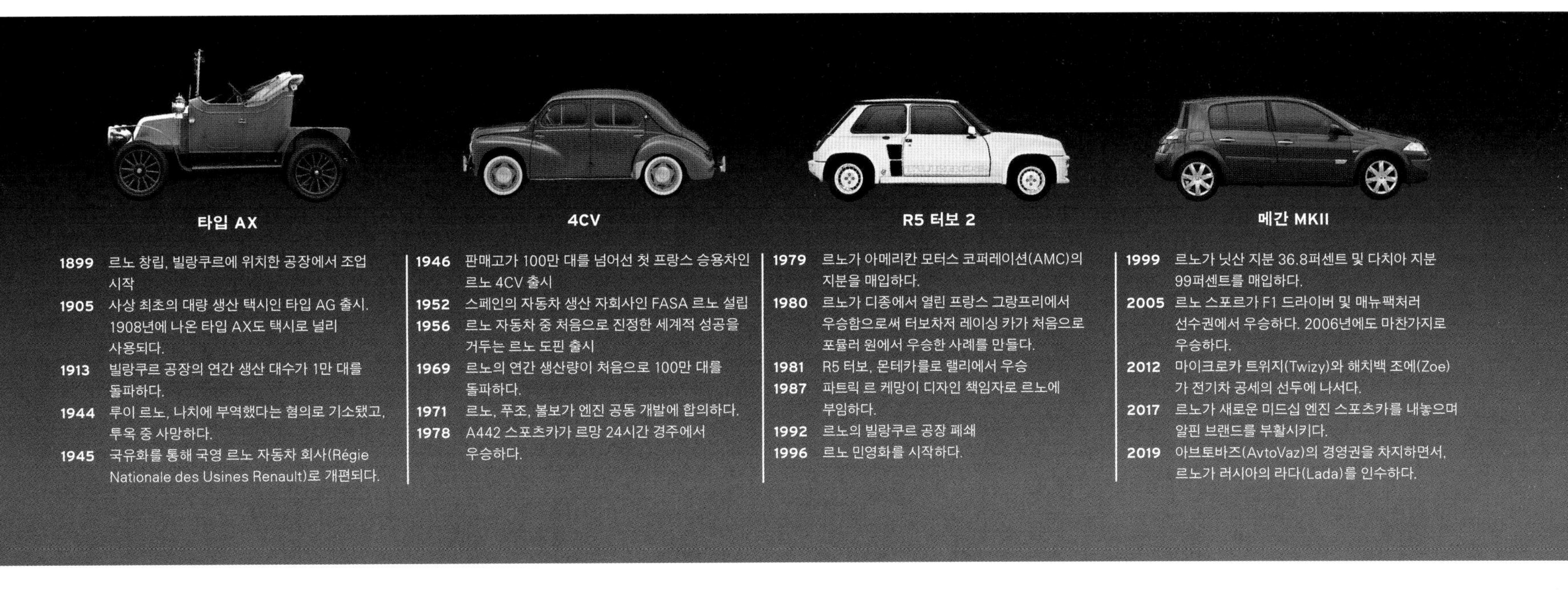

나왔는데, 이 자동차는 이후 5도어 해치백의 기준이 됐다. 그리고 1972년에 나온 초소형차 R5는 중가 소형차 시장에 비슷한 영향을 미쳤다. 각각의 모델들이 르노와 같은 방식을 따른 경쟁자들에 적절하게 대응하는 데에는 실패했지만, 이 모든 모델들은 엄청난 판매고를 올렸다.

1980년대의 10년은 르노에게 있어 격동의 시기였다. 르노는 그랑프리 무대에 복귀했고 1980년에 프랑스 디종에서 열린 포뮬러 원에서 처음으로 우승을 차지했는데, 이것은 터보차저 엔진 레이싱 카로 거둔 첫 우승이기도 했다. 이듬해에 R5 터보는 몬테카를로 랠리에서 데뷔와 함께 승리를 거뒀다. 그러나 화려한 모터스포츠 세계와는 별개로 또 다른 격변이 있었다. 1979년에 르노는 1960년대 이후 거의 방치해 두다시피 했던 미국 시장을 공략하기 위해 전면적인 판촉에 나섰다. 르노는 나중에 아메리칸 모터스 코퍼레이션(American Motors Corporation, AMC)의 지분을 상당 부분 매입했는데, 이 거래는 1987년에 크라이슬러가 르노의 AMC 지분을 매입하기 전까지 잠깐 동안 유효했다. 비용 절감을 주도한 조르주 베스(Georges Besse)가 1986년에 암살당한 후에 일어난 내부 혼란과 판매 감소가 맞물리면서 르노는 엄청난 손실을 입게 됐다. 흑자 전환을 위한 노력 끝에, 르노는 1996년에 민영화됐다. 르노는 1999년에 닛산과 자본 제휴를 맺는 한편 루마니아의 메이커인 다치아(Dacia) 지분도 다량 인수했다.

1980년대 초반 르노는 새로운 에스파스 MPV(Espace MPV)를 선봉으로 내세워 다시금 스타일의 선도자가 됐다. 디자인 책임자 파트릭 르 케망(Patrick le Quément)의 지휘 아래, 르노의 디자인 르네상스는 1990년대에도 계속됐다. 세련된 도시형 자동차인 트윙고(Twingo, 1992년)는 유럽 전역에서 팬을 확보하는 데 성공했고, 메간 세닉(Mégane Scénic, 1996년)은 소형 MPV라는 새로운 승용차 등급을 개척했다. 르노는 파트너인 닛산과 함께 2011년에 초소형 전기차 트위지, 조에 해치백, 플루언스 Z.E.(Fluence Z.E., SM3) 세단을 내놓으며 일찌감치 전기차에 전념했다. 프랑스 정부는 르노를 국가 자산으로 유지하기 위해 지분 15퍼센트를 보유하고 있다.

르노 도핀
우아하고, 저렴하고, 복잡한 도심에서 몰기 편리할 만큼 작은 1956년형 도핀은 대중에게 어울리는 자동차였다. 이 자동차는 전 세계적으로 200만 대 이상 판매됐다.

스포츠카의 출발점

제1차 세계 대전이 끝날 무렵 향후 50년을 좌우할 스포츠카의 공식이 뚜렷하게 확립됐다. 그것은 운전자의 앞쪽에 놓인 직렬 엔진이 뒷바퀴를 굴리는 것이었다. 성능을 최고로 높이는 방법은 매우 다양했다. 일부 메이커는 복잡하고 앞선 기술을 선호했고, 다른 메이커들은 무게를 최소화하거나 낮은 유선형 차체를 통해 바람의 저항을 줄이는 데에 집중했다.

▷ **아밀카 CGS 1924년**
Amilcar CGS 1924
생산지 프랑스
엔진 1,047cc, 직렬 4기통
최고 속력 121km/h
빠른 엔진 회전 속도를 유지할 수 있게 해주는 완전 가압 엔진 윤활 장치를 갖춘 C 그랑 스포르(C Grand Sport, CGS1)는 빠른 소형 스포츠카였다. 대부분 두 바퀴에만 브레이크가 쓰이던 당시의 다른 차들과 달리, 이 차에는 네 바퀴에 브레이크가 달렸다.

◁ **메르세데스 28/95 1924년**
Mercedes 28/95 1924
생산지 독일
엔진 7,280cc, 직렬 6기통
최고 속력 153km/h
벤츠와 합병하기 이전에 만들어진 마지막 메르세데스 차 중 하나인 이 모델은 제1차 세계 대전 때 개발된 항공기 엔진에서 파생된 올알루미늄 오버헤드 캠샤프트 엔진을 썼다.

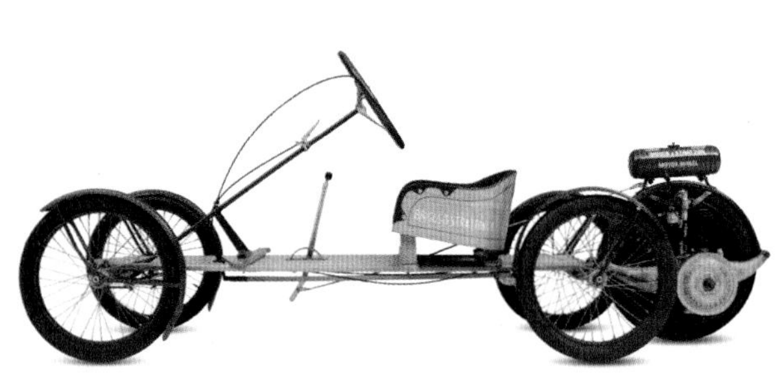

△ **브리그스 앤드 스트래턴 플라이어 1919년**
Briggs & Stratton Flyer 1919
생산지 미국
엔진 201cc, 단기통
최고 속력 40km/h
잔디 깎는 기계용 엔진 제조사였던 브리그스 앤드 스트래턴은 플라이어를 1925년까지 판매했다. 값이 125달러였던 이 차는 당시까지 가장 저렴한 신차였다. 엔진이 달린 다섯 번째 바퀴를 아래로 내리면 유연한 목제 차대가 달려 나갔다.

▷ **복스홀 벨록스 30/98 1922년**
Vauxhall Velox 30/98 1922
생산지 영국
엔진 4,224cc, 직렬 4기통
최고 속력 137km/h
대부분 제1차 세계 대전 이전의 설계를 따랐지만, 강력한 오버헤드 캠샤프트 엔진을 얹은 30/98은 탁월한 스포츠카였다. 지금은 많은 사람들에게 인기가 있다.

▷ **애스턴 마틴 $1^1/_2$리터 1921년**
Aston Martin $1^1/_2$ -litre 1921
생산지 영국
엔진 1,486cc, 직렬 4기통
최고 속력 129km/h
라이어넬 마틴(Lionel Martin)은 1913년에 코번트리심플렉스(Coventry-Simplex) 엔진을 사용해 스페셜(Special)이라는 자동차를 만들었고 1921년에 한정 생산을 시작했다. 1925년 AC 베르텔리가 인수하면서 생산량이 늘었다.

△ **알비스 FWD 1928년**
Alvis FWD 1928
생산지 영국
엔진 1,482cc, 직렬 4기통
최고 속력 137km/h
앞바퀴 굴림 장치와 4륜 독립 스프링을 갖춘 첫 스포츠카는 당대에 잘 팔리기에는 지나치게 독특했다. 그렇지만 경주 트랙에서는 커다란 성공을 거두었다.

▽ **부가티 타입 43 1927년**
Bugatti Type 43 1927
생산지 프랑스
엔진 2,262cc, 직렬 8기통
최고 속력 177km/h
그랑프리 경주에서 우승을 차지했던 타입 35의 슈퍼차저 엔진을 그대로 가져다 얹은 가볍고 스포티한 차체의 부가티 타입 43은 실제로 매우 빠른 투어링 카였다.

◁ **선빔 16HP 1927년**
Sunbeam 16HP 1927
생산지 영국
엔진 2,035cc, 직렬 6기통
최고 속력 97km/h
선빔은 품질 높은 차들을 만들었지만 작은 엔진을 얹은 이 모델은 성능을 떨어뜨리는 무거운 차대 때문에 어려움을 겪었다. 이 자동차는 1933년까지 만들어졌다.

▷ **선빔 20/60HP 1924년**
Sunbeam 20/60HP 1924
생산지 영국
엔진 3,181cc, 직렬 6기통
최고 속력 129km/h
선빔의 이 모델은 4륜 브레이크와 같은 세련되고 앞선 기능들 덕분에 대단한 찬사를 받았다. 더블 오버헤드 캠샤프트 엔진을 얹은 선빔의 3리터 모델은 이 자동차에서 파생됐다.

△ **벤틀리 3리터 1921년**
Bentley 3-litre 1921
생산지 영국
엔진 2,996cc, 직렬 4기통
최고 속력 137km/h
16밸브 오버헤드 캠 엔진을 얹은 첫 벤틀리는 만듦새가 탁월했고 5년간의 섀시 보증과 함께 판매됐다. 4륜 브레이크는 1924년에 추가됐다.

▷ **벤틀리 4 1/2리터 1927년**
Bentley 4 1/2 -litre 1927
생산지 영국
엔진 4,398cc, 직렬 4기통
최고 속력 153km/h
오버헤드 캠샤프트, 2중 플러그, 실린더당 4밸브를 갖춘 월터 오웬 벤틀리의 훌륭한 엔진이 이 무거운 스포츠카를 잘 달리게 했다. 그러나 에토레 부가티는 이 자동차를 "화물차"라고 불렀다.

▷ **이조타-프라스키니 티포 8A 1924년**
Isotta-Fraschini Tipo 8A 1924
생산지 이탈리아
엔진 7,372cc, 직렬 8기통
최고 속력 156km/h
듀센버그 차보다 더 값이 비쌌던 이탈리아의 첫 직렬 8기통 차에는 종종 무거운 리무진 차체가 씌워졌다. 이 스포티한 모델은 성능의 잠재력을 보여 주었다.

▽ **리-프랜시스 하이퍼 1927년**
Lea-Francis Hyper 1927
생산지 영국
엔진 1,496cc, 직렬 4기통
최고 속력 137km/h
하이퍼는 슈퍼차저가 더해진 메도스(Meadows) 엔진, 가벼운 차체, 뛰어난 접지력 덕분에 투어리스트 트로피(TT) 경주에서 우승한 매우 성공적인 스포츠카였다.

▷ **알파 로메오 6C 1750 그란 스포르트 1929년**
Alfa Romeo 6C 1750 Gran Sport 1929
생산지 이탈리아
엔진 1,752cc, 직렬 6기통
최고 속력 145km/h
알파 로메오는 1929년에 1,500시시였던 스포츠카 엔진의 배기량을 1,750시시로 키웠는데, 슈퍼차저를 더한 것과 더불어 이탈리아의 명문 카로체리아(carrozzeria, 디자인 능력을 갖춘 소량 주문 제작 자동차 회사) 중 하나인 자가토(Zagato)가 만든 이 멋진 차체 덕분에 이후로 수년 동안 판매가 늘었다.

알파 로메오 6C 1750

알파 로메오가 만든 자동차 가운데 가장 멋진 모델 중 하나인 6C 1750은 최초의 진정한 그랜드 투어러(Grand Tourer)로 여겨진다. 일반 도로는 물론 경주용 트랙에서도 능수능란하게 달렸던 6C는 주행 가능한 차대 상태로 출고돼, 영국의 제임스 영(James Young)부터 이탈리아의 자가토 스튜디오에 이르기까지 수많은 차체 제작 전문가들이 만든 차체가 장착됐다. 여기에 슈퍼차저 엔진을 더해 1929년부터 1931년까지 경쟁자들을 완파함으로써 알파 로메오에게 중요한 성공을 거두게 됐다.

1923년 피아트로부터 디자이너인 비토리오 야노를 데려온 것은 알파 로메오에게 곧바로 큰 수확을 안겨주었다. 그의 천재성은 놀라운 알파 P2로 결실을 맺어, 1925년 그랑프리 세계 선수권에서 사상 처음으로 우승하게 됐다. 같은 해 그는 경주용 모델의 부품을 이용해 6C 1500을 개발했다. 야노는 가벼운 프레임에 작지만 빠르게 회전하는 엔진을 결합함으로써 탁월한 민첩함을 지닌 자동차를 만들어 냈다. 4년 뒤, 6기통 엔진을 더 키운 6C 1750이 만들어져 로마 모터쇼에서 공개됐다. 오리지널 6C와 함께 선별된 전문 차체 제작자들이 섀시에 차체를 씌웠고, 특히 자가토가 가장 인기 있는 디자인을 창조해 냈다. 기본형인 투리스모 및 그란 투리스모 버전과 더불어, 신뢰성이 대단히 높은 슈퍼차저 엔진을 얹어 내구 경주에 이상적인 수페르 스포르트 및 그란 스포르트 모델들이 나왔다. 1929년과 1930년에 이탈리아에서 열린 밀레 밀리아 경주에서 우승함으로써 클래식 알파 레이싱 카로서 6C 1750의 족적을 확고히 다졌다. 더 큰 엔진을 얹은 6C 모델들이 모습을 드러내면서 알파 로메오의 영광스러운 우승 기록은 1930년대까지 꾸준히 이어졌다.

제원	
모델	알파 로메오 6C 1750, 1929~1933년
생산지	이탈리아 밀라노
제작	2,579대
구조	사다리꼴 프레임에 알루미늄 차체 결합
엔진	1,752cc, 직렬 6기통
출력	4,000~4,600rpm에서 46~102마력
변속기	4단 수동
서스펜션	활축(live axle, 차축 현가 장치), 반타원형 판 스프링
브레이크	앞뒤 모두 드럼
최고 속력	110~170km/h

알파 로메오라는 이름의 유래
1920년에 처음으로 쓰인 '알파 로메오'라는 이름은 원래의 ALFA(Anonima Lombarda Fabbrica Automobil, 롬바르드 자동차 공장)라는 회사명에, 1915년부터 1928년까지 신출내기 브랜드의 경영을 맡았던 기업가 니콜라 로메오(Nicola Romeo)의 성을 조합한 것이다.

앞모습

뒷모습

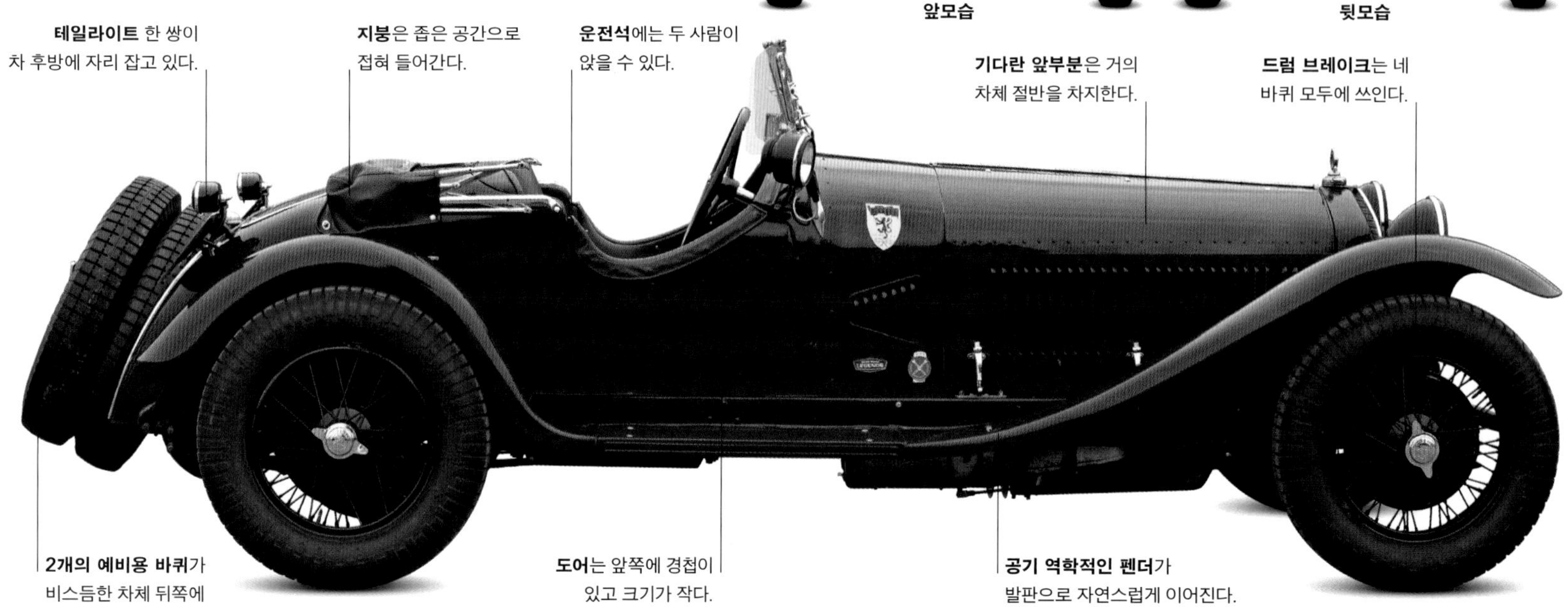

테일라이트 한 쌍이 차 후방에 자리 잡고 있다.

지붕은 좁은 공간으로 접혀 들어간다.

운전석에는 두 사람이 앉을 수 있다.

기다란 앞부분은 거의 차체 절반을 차지한다.

드럼 브레이크는 네 바퀴 모두에 쓰인다.

2개의 예비용 바퀴가 비스듬한 차체 뒤쪽에 걸려 있다.

도어는 앞쪽에 경첩이 있고 크기가 작다.

공기 역학적인 펜더가 발판으로 자연스럽게 이어진다.

새로운 차대, 새로운 차체
부드럽게 작동하는 6기통 엔진을 냉각시켜 줄 공기를 유입시키는 커다란 그릴, 크롬 버팀대 위에 놓인 대형 헤드램프, 유체 역학적으로 저항을 줄이는 작은 방풍 유리를 갖춘 6C는 생김새부터 매우 기능적이었다. 앞서 선보인 1500 모델에서 완전히 새롭게 선보인 낮은 차대는 매우 탁월해서 더욱 커진 이 1750 모델에서도 거의 변하지 않은 채 그대로 유지됐다.

외장

차체 중량 감소와 공기 역학적 디자인은 자가토의 장기였다. 밀라노에 기반을 둔 차체 제작사인 자가토는 경주용 자동차의 것을 약간 줄인 견고한 사다리꼴 프레임 차대 위에 알루미늄 차체를 얹어, 가볍지만 강력한 6C 1750의 경주용 버전을 만들었다. 대부분의 6C 1750 모델은 사진의 자동차처럼 레이싱 레드(racing red)나 진홍색으로 칠해졌지만, 몇몇 구매자들은 화려함이 덜한 흰색을 선택했다. 검은색 와이어 스포크 휠의 바퀴는 기본 장비였다.

1. 후드에는 경주에서 이룬 알파 로메오의 성공을 표현하는 초록색 승리의 월계관이 장식돼 있다. **2.** 커다란 헤드램프는 내구 경주의 야간 주행에 필수적인 장비이다. **3.** 앞쪽에 설치된 판 스프링 서스펜션 장치는 차대에 직접 부착됐다. **4.** 바퀴의 지름은 45센티미터에 이른다. **5.** 엔진 덮개 잠금 장치 **6.** 방풍 유리 옆에 놓인 보조 전등 **7.** 이 특별한 모델을 만든 이탈리아 차체 제작자의 배지 **8.** 테일라이트 **9.** 운전석 쪽 트렁크 옆에 놓인 연료 주입구 뚜껑 **10.** 2개의 예비용 바퀴가 차체 뒤쪽에 포개져 있다.

내장

6C의 단출한 내장은 본질적으로 경주용 자동차였던 이 모델의 성격을 잘 보여 준다. 계기와 스위치들은 보닛 아래 엔진실에서 벌어지고 있는 일들을 곧바로 운전자에게 알려 준다. 몇몇 차체 제작자들은 작은 실내를 채우기 위해 가죽과 나무를 썼지만, 호화로움은 최소한으로 유지됐다. 작은 방풍 유리와 측면 유리는 실내 구성 요소들을 거의 보호하지 못했다.

11. 비좁은 실내는 커다란 4스포크 스티어링 휠이 가득 채우고 있다. **12.** 운전에 필요한 2개의 페달 양쪽에는 제조사의 이름이 나뉘어 새겨져 있다. **13.** 도어에 달린 수납용 가죽 주머니

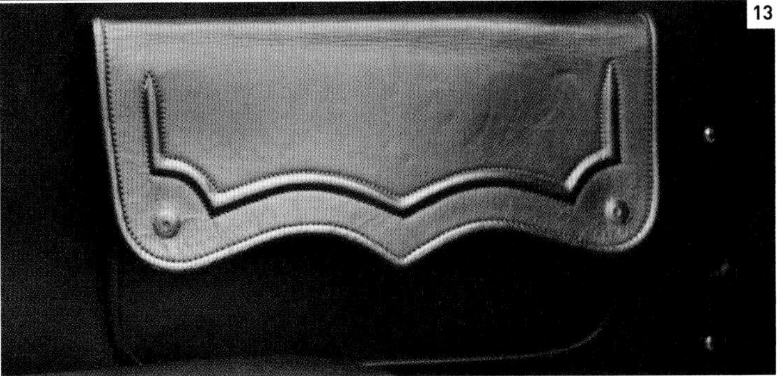

엔진실

기본 모델에는 싱글 오버헤드 캠샤프트 구성의 직렬 6기통 엔진이 쓰였지만, 한층 고성능을 지향한 모델에는 더블 오버헤드 캠샤프트 구성을 결합했다. 소수의 순수한 경주용 자동차들에는 실린더 헤드가 고정된 테스타 피사(Testa Fissa) 블록이 쓰였다. 대형 밸브와 높은 압축비를 겸비하고 슈퍼차저가 최대한 가동하면, 엔진의 출력은 100마력 또는 그 이상을 넘볼 수 있었다.

14. 크랭크케이스, 실린더 헤드, 6개의 실린더에서 모두 뻗어 나오는 배기 매니폴드가 눈길을 끈다. **15.** 2개가 맞물려 있는 수직형 카뷰레터 **16.** 냉각판이 달린 루츠(Roots) 슈퍼차저는 크랭크샤프트 앞에 놓인다. **17.** 엔진 부품에는 철, 알루미늄 합금, 황동이 고루 쓰였다.

크라이슬러, 1929년
1929년 월가의 붕괴는 여러 자동차 브랜드와 고가의 모델을 사라지게 만든 자동차 산업의 재앙이었다. 그 결과, 사진의 크라이슬러 같은 고급 중고차들이 팔리는 새로운 중고차 시장이 형성됐다.

$100 WILL
BUY THIS CAR
MUST HAVE CASH
LOST ALL ON THE
STOCK MARKET

160
140
120
100
80
60
4500
4000

1930년대

대공황과 디트로이트 | 유선형 차체와 슈퍼차저 | **더욱 낮고 더욱 긴 차**

대공황 이후의 중저가 모델

1929년에 미국을 강타하고 전 세계로 확산된 대공황은 자동차 판매에 심각한 타격을 입혔다. 여전히 승용차를 원하는 사람들도 있었지만, 이전만큼 절실하지 않았다. 고급차 메이커들은 새로운 10년을 대비해 더 작고 더 저렴한 자동차들을 내놓았고, 소형차 메이커들은 모델 개선에 나섰다. 새로 나온 중저가 모델들은 대부분 매우 실용적인 4인승 세단이었는데 이전의 저가차들에 비해 훨씬 나은 장비를 갖추고 있었다.

△ **싱어 주니어 8HP 1927년**
Singer Junior 8HP 1927
생산지 영국
엔진 848cc, 직렬 4기통
최고 속력 89km/h

활기차게 돌면서도 경제적인 오버헤드 캠샤프트 엔진을 얹은 이런 자동차들 덕분에, 싱어 사는 1920년대 영국 자동차 메이커 가운데 가장 많은 판매고를 올린 회사 중 하나가 됐다. 그러나 1930년대에는 개발 부진 탓에 판매가 감소했다.

△ **DKW FA 1931년**
DKW FA 1931
생산지 독일
엔진 490cc, 직렬 2기통
최고 속력 76km/h

DKW는 전륜 구동의 소형 2행정 엔진을 옆으로 돌려 가로 배치 변속기 아래에 놓았다. 이렇게 해서 훨씬 가볍고 더 작은 구동 장치를 실현할 수 있었다.

▷ **골리앗 피오니어 1931년**
Goliath Pionier 1931
생산지 독일
엔진 198cc, 단기통
최고 속력 45km/h

카를 보르크바르트(Carl Borgward)는 1924년부터 소형 상용차를 만들었다. 경제 공황기에 그는 자신이 만들던 자동차의 설계를 변경해 이 작은 직물 차체 자동차를 만들고 4,000대를 판매했다.

▷ **포드 모델 Y 1932년**
Ford Model Y 1932
생산지 영국
엔진 933cc, 직렬 4기통
최고 속력 92km/h

영국, 프랑스, 독일에서 생산된 모델 Y는 유럽 시장에 완벽하게 부합했고 값이 상당히 저렴했던 덕분에 포드는 10여 년 동안 시장에서 선도적인 위치를 차지할 수 있었다.

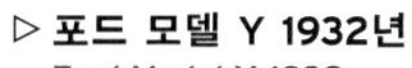

△ **아들러 트룸프 유니어 1934년**
Adler Trumpf Junior 1934
생산지 독일
엔진 995cc, 직렬 4기통
최고 속력 92km/h

이 전륜 구동 방식 '국민차'는 제2차 세계 대전 이전까지 10만 대 이상 판매됐다. 2인승 스포츠 모델은 1937년 르망 경주에서 동급 2위를 차지한 것을 포함해 많은 성과를 거두었다.

△ **오스틴 세븐 루비 1934년**
Austin Seven Ruby 1934
생산지 영국
엔진 747cc, 직렬 4기통
최고 속력 80km/h

오스틴은 상위 3단 기어를 위한 싱크로메시, 효과적인 4륜 브레이크, 쇼크 업소버, 튼튼한 차체를 갖춤으로써 대공황기에도 오스틴 세븐이 여전히 현대적인 자동차로 인정받게 했다. 그러나 무게가 늘어나면서 속도는 느려졌다.

△ **한자 500 1934년**
Hansa 500 1934
생산지 독일
엔진 465cc, 직렬 2기통
최고 속력 64km/h
카를 보르크바르트는 소형차를 선호했다. 그는 골리앗의 뒤를 이어 4인승 한자 400과 한자 500을 설계했다. 그동안 경제 공황이 지속되면서 큰 자동차의 수요는 줄어들고 있었다.

△ **피아트 토폴리노 500 1936년**
Fiat Topolino 500 1936
생산지 이탈리아
엔진 569cc, 직렬 4기통
최고 속력 85km/h
단테 지아코사(Dante Giacosa)는 딱 맞는 수랭식 엔진을 차체 앞쪽에 얹은 '대중을 위한 피아트'를 설계했다. 좌석은 2개였지만 종종 더 많은 사람들이 타고는 했다.

△ **힐먼 밍크스 매그니피슨트 1936년**
Hillman Minx Magnificent 1936
생산지 영국
엔진 1,185cc, 직렬 4기통
최고 속력 100km/h
힐먼 자동차 회사가 만든 저렴한 세단인 밍크스 시리즈는 1932년부터 생산되기 시작했다. 1936년에 힐먼은 경쟁차인 10HP 세단에 비해 실내 공간을 훨씬 개선한 고급형 모델을 내놓았다.

△ **오펠 P4 1936년**
Opel P4 1936
생산지 독일
엔진 1,074cc, 직렬 4기통
최고 속력 89km/h
P4는 오펠 사가 이전에 만들었던 '라우프로시(Laubfrosch)'에서 발전된 자동차이다. 디자인과 기술 모두 평범했던 이 자동차는 탄탄한 구조와 신뢰성에 힘입어 인기를 얻었다.

△ **모리스 에잇 1936년**
Morris Eight 1936
생산지 영국
엔진 918cc, 직렬 4기통
최고 속력 93km/h
오스틴과 포드에 밀려 영국 시장에서 3위로 내려앉은 모리스를 구원한 자동차가 에잇이었다. 구조, 크기, 기계적인 수치 면에서 포드 에잇(Ford Eight, 포드 모델 Y를 개량한 베스트셀러 모델)을 흉내 냈지만, 판매는 잘 됐다.

△ **아메리칸 밴텀 60 1937년**
American Bantam 60 1937
생산지 미국
엔진 747cc, 직렬 4기통
최고 속력 89km/h
오스틴 세븐이 미국에서 라이선스 생산되기 시작한 역사는 1929년으로 거슬러 올라간다. 알렉시스 드 사크노프스키(Alexis de Sakhnoffsky)가 미국식으로 스타일을 손질한 이 자동차는 아메리카 대륙에서 쓰기에는 너무 작아 판매가 신통치 않았다.

△ **슈코다 포풀라르 1938년**
Škoda Popular 1938
생산지 체코슬로바키아
엔진 995cc, 직렬 4기통
최고 속력 100km/h
슈코다(Škoda) 사는 1930년대에 혁신적인 소형차를 생산했다. 이 모델은 습식 라이너 엔진(엔진 실린더의 라이너가 냉각수에 직접 닿는 엔진), 원통형 백본 섀시, 스윙액슬(swing-axle) 방식 후방 독립 서스펜션이 돋보였다.

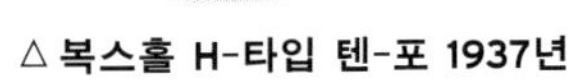

△ **복스홀 H-타입 텐-포 1937년**
Vauxhall H-type Ten-Four 1937
생산지 영국
엔진 1,203cc, 직렬 4기통
최고 속력 97km/h
복스홀 사의 최하위 모델이었던 이 차는 경쟁차들에 비해 조금 더 컸고, 모노코크 차체, 전방 독립 서스펜션, 유압식 브레이크가 자랑거리였다. 판매량은 4만 2245대에 달했다.

▷ **란치아 아프릴리아 1937년**
Lancia Aprilia 1937
생산지 이탈리아
엔진 1,352cc, V4
최고 속력 129km/h
제2차 세계 대전 이전까지 가장 앞선 세단으로 여겨지는 모노코크 구조의 아프릴리아에는 네 바퀴 독립 서스펜션, 오버헤드 캠샤프트를 갖춘 협각 V4 엔진, 유압식 브레이크, 필러리스 도어(pillarless door, 도어 사이의 기둥이 없는 구조)가 특징이었다.

레이싱 카와 1인승 모델

1930년대에 이탈리아 브랜드들은 프랑스와 영국의 경쟁자들이 약화된 사이에 유럽 자동차 경주를 석권했다. 그러나 독일 정부의 투자로 매우 빠르고 강력한 경주용 자동차들이 만들어지면서 이탈리아의 우세는 오래 지속되지 않았다. 이러한 독일 자동차들 때문에 다른 나라 메이커들은 같은 조건에서 경쟁할 수 있는 하위 등급의 경주를 노리게 됐다. 이탈리아 메이커들만이 이따금 그랑프리 우승을 차지하기 위한 경쟁을 계속했다.

◁ **라일리 브룩랜즈 1929년**
Riley Brooklands 1929
생산지 영국
엔진 1,087cc, 직렬 4기통
최고 속력 142km/h
라일리 사의 자동차들은 원래 가볍고 스포티하게 만들어졌기 때문에 스포츠 경주용으로 만들기에 이상적이었다. 브룩랜즈는 1932년 투어리스트 트로피 경주에서 우승을 차지하는 등 자동차 경주에서 대단한 성과를 거두었다.

△ **허드슨 에잇 인디애나폴리스 1933년**
Hudson Eight Indianapolis 1933
생산지 미국
엔진 3,851cc, 직렬 8기통
최고 속력 209km/h
대공황기에 경주 출전자 감소를 극복하기 위해, 인디애나폴리스 경주 주최 측은 이 허드슨 사의 자동차처럼 양산차 차대로 만든 특별한 자동차들이 출전할 수 있는 '정크 포뮬러(Junk Formula)' 경주를 시작했다.

△ **부가티 타입 51 1931년**
Bugatti Type 51 1931
생산지 프랑스
엔진 2,262cc, 직렬 8기통
최고 속력 225km/h
장 부가티는 타입 35를 바탕으로 타입 51을 개발해 새로운 트윈캠(twin-cam) 엔진을 올렸다. 이 자동차는 1931년 프랑스 그랑프리에서 우승했지만, 이후에는 독일 및 이탈리아 레이싱 카와 치열하게 경쟁해야 했다.

△ **아우토 우니온 타입 D 1938년**
Auto Union Type D 1938
생산지 독일
엔진 2,990cc, V12
최고 속력 330km/h
아우토 우니온의 디자이너 에베란 폰 에버홀스트(Eberan von Eberhorst)는 1938년에 새로운 3리터 그랑프리 부문에 맞춰 이 정교한 자동차를 만들었다. 차체 중앙에 얹힌 3 캠샤프트 V12 엔진은 416마력의 최고 출력을 냈다.

▷ **아우토 우니온 타입 A 1934년**
Auto Union Type A 1934
생산지 독일
엔진 4,360cc, V16
최고 속력 275km/h
페르디난트 포르셰가 설계한 이 혁신적인 그랑프리 출전차는 매우 정교한 엔진을 뒷바퀴 앞쪽에 얹은, 당대 다른 어떤 자동차들보다 더 현대적인 레이싱 카였다.

알파 로메오

1930년대 모터스포츠계를 석권하며 압도적인 위세를 떨치던 독일 레이싱 카들에 성공적으로 도전장을 내민 브랜드는 이탈리아의 알파 로메오가 유일했다. 무솔리니 정부가 소유하고 부분적으로 자금을 지원한 알파 로메오는 비토리오 야노를 디자이너로, 엔초 페라리를 팀 책임자로, 타치오 누볼라리(Tazio Nuvolari), 아킬레 바르치(Achille Varzi), 루돌프 카라치올라(Rudolf Caracciola) 등을 드라이버로 기용해 도전의 발판을 마련했지만 독일의 벽을 넘지는 못했다.

▷ **알파 로메오 8C 2300 1931년**
Alfa Romeo 8C 2300 1931
생산지 이탈리아
엔진 2,336cc, 직렬 8기통
최고 속력 217km/h
1920년대 초반까지 레이싱 카에는 기술자들이 함께 탔고, 이 차는 심지어 좌석이 4개였다. 르망 경주를 위해 제작된 이 모델은 4년 연속으로 우승했다.

◁ **알파 로메오 티포 B 1932년**
Alfa Romeo Tipo B 1932
생산지 이탈리아
엔진 2,650cc, 직렬 8기통
최고 속력 225km/h
기술자가 동승하지 않게 된 이후, 차체 중앙에 1인승 좌석만 두고 처음으로 성과를 거둔 것이 이 자동차였다. 이 자동차는 첫 출전한 이탈리아 그랑프리에서 우승해 독일의 자존심을 꺾었다.

◁ 마세라티 8C 3000 1932년
Maserati 8C 3000 1932

생산지 이탈리아
엔진 2,991cc, 직렬 8기통
최고 속력 240km/h

마세라티가 1933년 시즌을 위해 새로 만든 그랑프리 출전차에는 초경량 합금 엔진이 쓰였다. 이 자동차는 알파 로메오의 여러 차들을 제치고 1933년 프랑스 그랑프리에서 우승했다.

△ 마세라티 8CTF 1938년
Maserati 8CTF 1938

생산지 이탈리아
엔진 2,991cc, 직렬 8기통
최고 속력 290km/h

더블 오버헤드 캠샤프트, 2중 슈퍼차저 엔진을 얹은 8CTF는 유럽 그랑프리 경주에서 독일의 독주에 맞서기 위해 만들어졌다. 그러나 이 자동차가 더 큰 성공을 거둔 곳은 미국이었다.

▷ 모건 4/4 르망 1935년
Morgan 4/4 Le Mans 1935

생산지 영국
엔진 1,098cc, 직렬 4기통
최고 속력 129km/h

모건의 첫 4륜 자동차는 코번트리 클라이맥스(Coventry Climax) 엔진을 얹어 뛰어난 성능을 보였다. 경주에 출전한 여러 대 가운데 여성 레이서인 프루던스 포셋(Prudence Fawcett)이 몬 이 자동차는 1938년 프랑스 르망 경주에서 13위를 차지했다.

◁ 메르세데스벤츠 W25 1934년
Mercedes-Benz W25 1934

생산지 독일
엔진 3,360cc, 직렬 8기통
최고 속력 290km/h

독일 정부의 자동차 산업 진흥 정책에 힘입어, 메르세데스벤츠는 새로 마련된 최대 중량 750킬로그램 규정에 맞춰 이 깔끔하고 경쟁력 높은 레이싱 카를 만드는 데 대대적인 투자를 할 수 있었다.

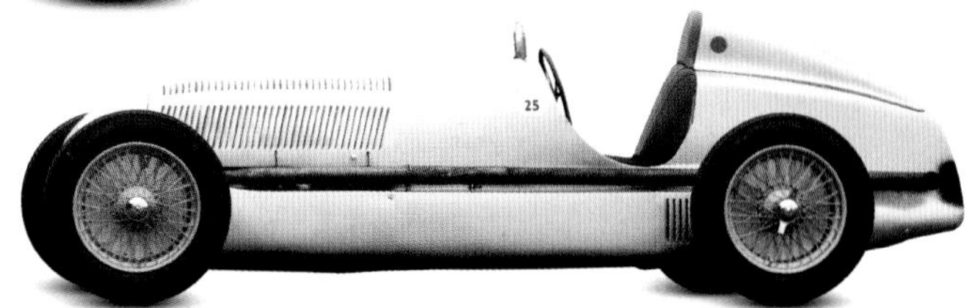

△ 메르세데스벤츠 W125 1937년
Mercedes-Benz W125 1937

생산지 독일
엔진 5,660cc, 직렬 8기통
최고 속력 330km/h

1937년 그랑프리 시즌의 유일한 규제는 최대 중량이 750킬로그램을 넘어서는 안 된다는 것이었다. 메르세데스벤츠의 기술자였던 루돌프 울렌하우트(Rudolf Uhlenhaut)는 사상 최강의 그랑프리 출전차 중 하나를 만들기 위해 최고의 능력을 발휘했다.

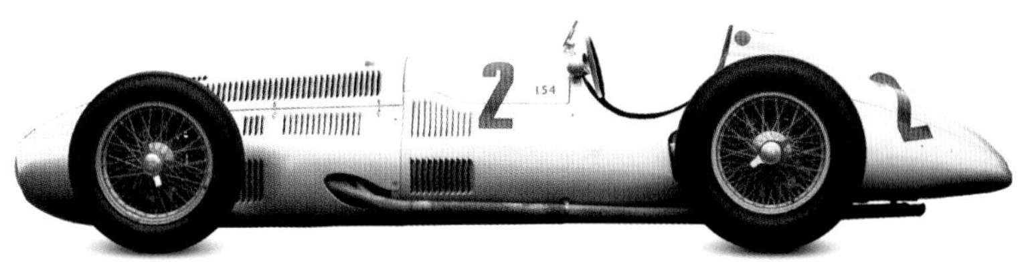

△ 이시고니스 라이트웨이트 스페셜 1938년
Issigonis Lightweight Special 1938

생산지 영국
엔진 750cc, 직렬 4기통
최고 속력 145km/h

모리스 마이너와 미니를 설계한 인물인 알렉 이시고니스가 설계한 이 자동차에는 4륜 독립 서스펜션 중 후방 서스펜션에 고무 벨트를 결합한 초경량 세미 모노코크 섀시가 쓰였다.

△ 메르세데스벤츠 W154 1938년
Mercedes-Benz W154 1938

생산지 독일
엔진 2,962cc, V12
최고 속력 309km/h

1938년 경주에서 엔진 배기량은 슈퍼차저 엔진의 경우에는 3.0리터, 슈퍼차저를 쓰지 않은 엔진의 경우에는 4.5리터로 제한됐다. 메르세데스벤츠는 그 제한에도 불구하고 이 슈퍼차저 4캠 V12 레이싱 카의 출력을 430마력으로 간신히 맞추는 데 성공했다.

▽ 알파 로메오 12C-37 1937년
Alfa Romeo 12C-37 1937

생산지 이탈리아
엔진 4,475cc, V12
최고 속력 311km/h

알파 로메오는 1930년대 말에 독일 브랜드들의 패권에 맞서 용감히 싸웠다. 야노의 대응책이 이 430마력 V12 엔진을 단 레이싱 카였지만, 다루기는 쉽지 않았다.

△ 알파 로메오 8C 2300 몬차 1933년
Alfa Romeo 8C 2300 Monza 1933

생산지 이탈리아
엔진 2,556cc, 직렬 8기통
최고 속력 217km/h

스쿠데리아 페라리(Scuderia Ferrari, 페라리의 자동차 경주 부문)는 알파 로메오의 경주 팀을 운영하며 1930년대에 대단한 성공을 거두었다. 이 자동차는 마치 일반 도로 주행용 스포츠카처럼 생겼지만, 여러 그랑프리를 석권했다.

1915년형 코넬리언의 운전석에 앉아 있는 루이 셰브럴레이(오른쪽)

위대한 브랜드

쉐보레 이야기

콜벳, 카마로, 블레이저와 같은 자동차들에는 제1차 세계 대전 이전에 활약한 카리스마가 넘쳤던 레이스 드라이버 중 1명의 이름이 담겨 있다. 루이조제프 셰브럴레이(Louis-Joseph Chevrolet)는 1000만 대 이상 판매된 상품들에 작지만 중요한 역할을 했다. 그의 마음은 디트로이트의 역동적인 자동차 산업이 아니라 언제나 경주 트랙에 남아 있었다.

루이 조제프 셰브럴레이는 1878년 크리스마스에 스위스에서 시계공의 아들로 태어났다. 이후 프랑스 부르고뉴로 이주한 셰브럴레이 가문은 부유함과는 거리가 멀었다. 루이 셰브럴레이는 아직 소년이었을 때, 포도원에서 일을 찾아야 했고, 이내 아버지로부터 배운 기계공적 재능을 발휘했다. 포도주를 한 통에서 다른 통으로 옮기는 디캔팅 과정의 속도를 높여 주는 펌프를 설계해 낸 것이다. 펌프는 멋지게 작동했다. 루이가 당시로서는 갓 발명된 기계였던 자동차와 관련된 일을 시작했을 때 그는 120년 후 생산되는 자동차 16대 중 1대에 자신의 성이 쓰이리라고 짐작 못했을 것이다.

10대 소년이 된 루이 셰브럴레이는 자전거 수리점의 견습공이 됐다. 일은 그와 잘 맞았고, 그는 곧 자전거의 기어 구조를 개선하는 데에 몰두하게 됐다. 18세가 된 그는 파리의 모흐(Mors) 자동차 회사에서 잠시 일을 한 후, 1900년 운전사 겸 기술자로 미래를 찾아 캐나다로 떠났다. 그는 당시 세계에서 가장 큰 자동차 회사였던 프랑스 드 디옹-부통의 기술자로 고용돼 뉴욕으로 다시 자리를 옮겼다. 이어서 1905년 피아트에서도 비슷한 일을 하게 됐다. 루이 셰브럴레이는 항상 자전거 경주를 좋아했고, 그즈음부터 모터스포츠에도 자신의 이름을 남기기 시작했다. 그는 1.6킬로미터 구간을 52.8초로 주파하는 기록을 세움으로써 국제 기록을 갈아치우고 지상에서 가장 빠른 사람의 대열에 합류하면서 서킷에서 명사가 됐다. 오래지 않아 그는 뷰익의 레이싱 카 드라이버로 고용됐고, 1908년에 제너럴 모터스(GM)를 설립한 윌리엄 듀런트를 만났다. 과도한 야심 때문에 1910년에 주주들에 의해 GM에서 축출된 듀런트는 루이 셰브럴레이에게서 모든 것을 다시 시작하는 데 필요한 모험가적 동반자의 자질을 발견했다. 거물이 되고 싶었던 루이 셰브럴레이는 단번에 승낙을 했다. 두 사람은 1911년에 쉐보레 자동차 회사(Chevrolet Motor Car Company)를 공동 창립했고, 1년 뒤에 4.9리터 6기통 엔진을 얹은 5인승 투어링 카를 선보였다. '클래식 식스(Classic Six)'라고 불린 그 차는 도로 사정이 허락하면 최대 시속 105킬로미터의 속도를 낼 수 있었다. 2,510달러 가격표가 붙은 그 차는 괄목할 만한 판매량을 기록했다.

그러나 두 사람 사이의 협력 관계는 곧 쓰라린 결말을 맞았다. 루이 셰브럴레이는 모터스포츠에서 활약할 고품질의 자동차를 만들고 싶었지만, 듀런트는 미국의 대중차 시장을 휩쓸 수 있는 저가차를 원했다. 1913년에 듀런트는 루이 셰브럴레이의 지분을 인수했다. 쉐보레는 이후 듀런트가 GM과 인수 협상을 벌여 경영권을 다시금 찾을 수 있을 정도로 매우 빠르게 성장했다.

쉐보레는 더욱 강력해져, 1927년에는 처음으로 100만 대 이상의 승용차를 판매하며 포드를 2위로 밀어내고 미국 최다 판매 자동차 메이커이자 세계에서 가장 큰 자동차 메이커로 성장했다. 1936년부터 1976년까지 쉐보레는 미국에서 가장 많은 판매고를 올린 브랜드 자리를 지키는 놀라운 성과를 거두었다.

쉐보레는 이러한 실적을 다지고 유지하기 위해 줄곧 공격적인 판매 전략을 유지해야만 했다. 이러한 전략은 1918년에 강력한 V8 모델인 모델 D를 내놓으면서 시작됐고, 소비자들의 마음과 정신을 사로잡기 위한 노력은 번쩍이는 디스크 휠과 셀룰로오스 페인트를 불과 625달러

CHEVROLET

쉐보레 배지
(1913년 도입)

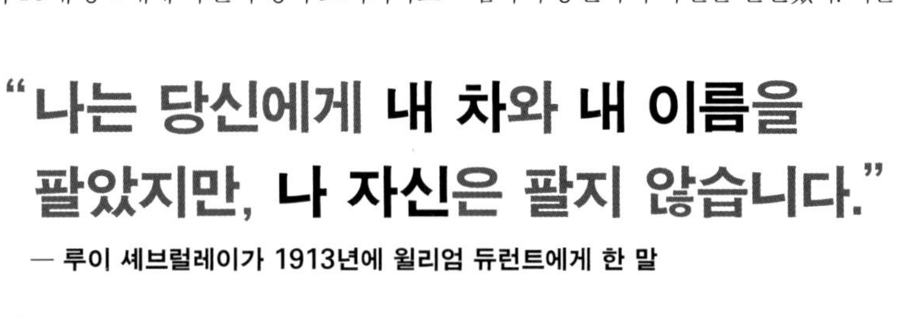

"나는 당신에게 내 차와 내 이름을 팔았지만, 나 자신은 팔지 않습니다."

— 루이 셰브럴레이가 1913년에 윌리엄 듀런트에게 한 말

경주용 콜벳
엔진이 직렬 6기통에서 스몰블록 V8로 바뀌면서 콜벳은 탁월한 경주용 자동차가 됐다. 레드 패리스(Red Faris, 11번 차)가 선두를 달리고 있는 사진 속의 콜벳 3대는 1962년에 미국의 서킷에서 경쟁을 펼쳤다.

시리즈 C 클래식 식스

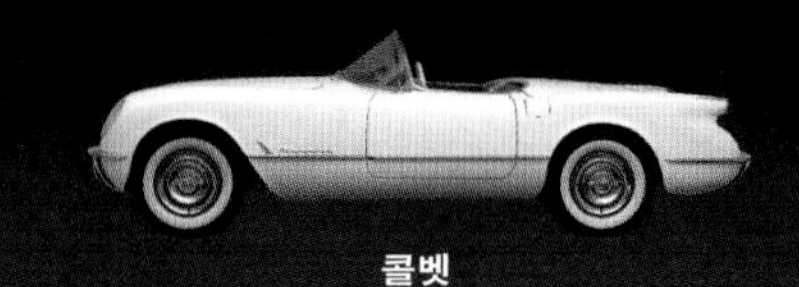

콜벳

벨 에어

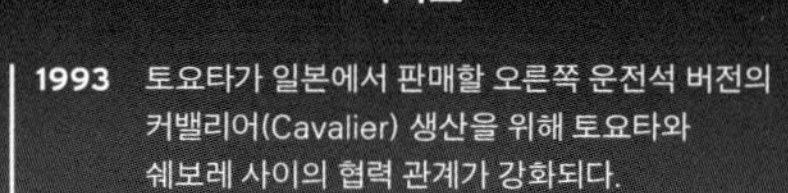

카마로

1911 프랑스 계 스위스 인 레이스 드라이버 루이 셰브럴레이와 GM을 설립한 미국인 윌리엄 듀런트가 쉐보레를 설립
1912 쉐보레가 만든 첫 자동차 시리즈 C 클래식 식스의 판매 개시
1913 쉐보레 로고가 처음 쓰이다.
1918 쉐보레가 GM에 합병됨. 모델 D가 4인승 로드스터와 5인승 투어러 모델로 출시되다.
1927 쉐보레가 포드를 추월해 미국에서 가장 많은 판매고를 올리는 브랜드가 되다.

1929 스토브볼트 식스(Stovebolt Six) 엔진 등장. 이후 30년 동안 쉐보레의 핵심 엔진이 되다.
1941 쉐보레가 연간 160만 대의 승용차와 트럭을 판매하는 기록을 세우다.
1950 최초의 완전 자동 변속기인 파워글라이드(Powerglide)가 쉐보레 차에 쓰이다.
1953 "모든 것이 미국에서 만들어진 첫 스포츠카"로 홍보된 콜벳이 등장하다.
1955 오늘날까지 쓰이며 같은 종류의 것 중 가장 큰 성공을 거둔 스몰블록 V8 엔진을 선보이다.

1957 미국 자동차 메이커 중 처음으로 쉐보레가 벨 에어(Bel Air)를 포함한 일부 모델에 연료 분사식 엔진을 얹다.
1967 카마로(Camaro) 출시
1969 콜베어 모델 생산 중단. 사회 운동가 랠프 네이더(Ralph Nader)가 1965년에 쓴 『어느 속도에서도 안전하지 않다(*Unsafe at Any Speed*)』의 영향을 받은 언론 혹평이 부분적 원인이었다.
1975 쉐벳(Chevette) 출시
1983 새로운 쉐비(Chevy) 소형 모델을 생산하기 위해 GM과 토요타가 협력을 시작하다.

1993 토요타가 일본에서 판매할 오른쪽 운전석 버전의 커밸리어(Cavalier) 생산을 위해 토요타와 쉐보레 사이의 협력 관계가 강화되다.
2001 1930년대 이후 일본에서 생산된 첫 GM 모델인 쉐보레 크루즈(Cruz)가 스즈키와의 협력 프로젝트로 만들어지다.
2008 GM의 파산과 재편 속에서 살아남다.
2019 쉐보레가 190만 대를 판매함으로써 미국에서 포드와 토요타에 이어 3위 브랜드에 오르다.
2020 8세대 모델에 이르러 첫 미드십 엔진 콜벳이 등장하다.

미국적 젊음의 상징
1954년 광고로, "젊음을 두 번 누릴 수 있다."라고 말하고 있다. 차를 동경하기 시작한 학창 시절에 한 번, 그리고 새로 나온 쉐보레를 몰고 달릴 때 다시 한번 누릴 수 있다는 것이다.

에 선택할 수 있었던 1925년형 슈피리어(Superior)를 통해 확고해졌다. 미국 이외 지역에서 조립된 첫 GM의 차도 쉐보레였는데, 1924년 1월에 코펜하겐에 있는 공장에서 만들어진 트럭이 바로 그것이다. 이 차는 GM이 세계적인 규모로 성장하는 데 선도적인 역할을 했다. 1930년대를 거치면서 쉐보레는 과거 어느 때보다 많은 종류의 차를 내놓음으로써 시장에서 선두 위치를 공고히 했고, 1941년까지 스테이션 왜건에서 컨버터블에 이르기까지 풍부한 라인업을 갖추게 됐다. 1950년에는 자동 변속기가 쉐보레 자동차를 통해 첫 선을 보였다.

다음으로 중요한 이정표를 세운 것은 1955년에 쉐보레가 선보인 스몰블록 V8 엔진이었다. 스몰블록 V8 엔진은 역대 V8 엔진 가운데 가장 성공적인 것으로 수백만 기가 만들어졌다. 작은 V8 엔진은 스포츠카 콜벳(Corvette)을 빈약한 성능을 내는 자동차에서 도로 위의 로켓으로 바꾸며 회사에 막대한 부를 안겼다. 1953년에 나온 이 독창적인 로드스터는 양산차에 유리 섬유 차체를 도입한 것은 물론 V8 엔진을 이식해, 현재 6세대 모델까지 이어지며 사랑받는 미국 대표 자동차로 자리 잡았다.

미국 자동차 소비자들에게 절대 잘못될 리가 없는 회사로 여겨지던 바로 그때, 1960년형 콜베어(Corvair)라는 재앙이 쉐보레에 밀어닥쳤다. 폭스바겐 비틀을 흉내 내 차체 뒤쪽에 얹은 콜베어의 엔진 때문에 차 뒤쪽이 무거워져, 사고로 이어진 것은 물론 소비자 단체로부터 쉐보레가 결함을 알고도 자동차를 출시했다는 이유로 소송을 당하기도 했다. 소비자들의 격분을 접한 미국의 자동차 메이커들은 결국 안전 벨트, 충격 흡수 차체 구조, 에어백과 같은 안전 장비들을 의무적으로 채택하기 시작했다.

1960년대와 1970년대에 걸쳐 쉐보레는 풀 사이즈 임팔라(Impala, 1958년 출시), 소형차 쉐벨(Chevelle), 스타일이 돋보이는 몬테 카를로 쿠페, 엘 카미노(El Camino) 픽업, 우람한 오프로더 블레이저(Blazer) 등을 통해 미국 자동차의 전형을 확립했다. 다른 미국 브랜드들과 마찬가지로 쉐보레는 1970년대 말과 1980년대 초의 경제 위기 때문에 고통을 겪었다. 1980년대에 고연비 자동차를 내놓기 위해, 쉐보레는 이스즈, 토요타, 스즈키 등의 소형차를 수입하거나 합작 투자를 통해 생산하는 데에 앞장섰다. 이러한 전략은 2001년에 GM이 한국 대우자동차의 지배 지분을 인수하고 대우의 수출용 소형차 모델에 쉐보레 브랜드를 사용하는 결과로 이어졌다.

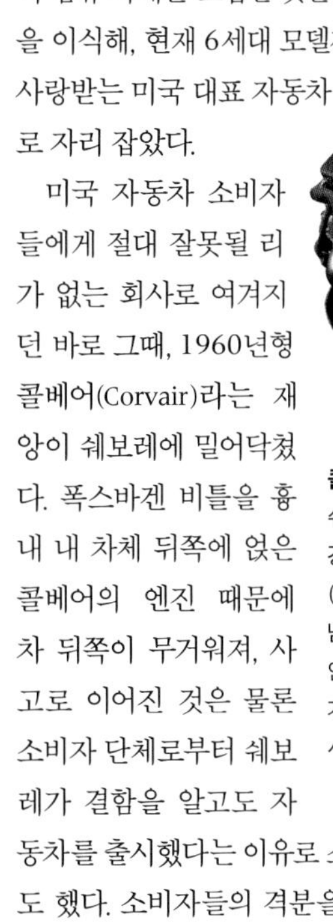

콜벳의 스몰블록 V8 엔진
쉐보레와 다른 GM 브랜드에 쓰인 이 강력하고 작은 V8 엔진은 미국 '핫로드(hot-rod, 1930년대 후반 캘리포니아 남부에서 쓰이기 시작한 용어로 구형차의 엔진을 개조해 속도를 향상시킨 차를 가리킨다.)' 문화의 바탕이 되며 한 시대를 풍미했다.

쉐보레는 새로운 세기에 접어든 이후에도 다양한 내연 기관 라인업을 꾸준히 내놓고 있지만, 2010년에는 볼트 플러그인 하이브리드를 출시해 호평을 받았고 2019년에는 순수 전기차 볼트 EV가 그 자리를 넘겨 받았다. 루이 셰브럴레이는 경쟁력 있는 레이싱카를 만들겠다는 그의 꿈을 실현했지만, 1941년 6월 6일에 가난으로 고생하다 죽었고 인디애나폴리스 모터 스피드웨이에서 멀지 않은 곳에 묻혔다.

공황기의 고급차

1930년대의 10년 동안 세계는 불황에 시달렸지만, 부유한 소비자들의 부는 미국과 유럽의 고급 승용차 메이커들을 먹여 살리기에 충분했다. 이들이 생산해 낸 우아하고 편안하면서도 종종 빠르기까지 했던 고급 승용차들에는 대개 파워 브레이크, 변속이 쉬워진 싱크로메시 기어, 유압식 브레이크와 같은 새로운 기술이 처음으로 적용됐다.

▷ **롤스로이스 20/25 1930년**
Rolls-Royce 20/25 1930
생산지 영국
엔진 3,699cc, 직렬 6기통
최고 속력 121km/h
고급화를 추구하면서 차체의 무게가 늘어났고, 이에 따라 자동차의 속도가 느려지자 롤스로이스는 20HP 모델의 엔진 성능을 높인 20/25를 만들었다. 사진은 세단이다.

△ **롤스로이스 팬텀 II 1930년**
Rolls-Royce Phantom II 1930
생산지 영국
엔진 7,668cc, 직렬 6기통
최고 속력 145km/h
기술적, 공학적으로 앞선 자동차라고 하기에는 어려웠지만, 롤스로이스 팬텀은 훌륭한 기술력, 풍부한 힘, 궁극적인 우아함이 돋보였다.

◁ **롤스로이스 20/25 1930년**
Rolls-Royce 20/25 1930
생산지 영국
엔진 3,699cc, 직렬 6기통
최고 속력 121km/h
7년 동안 생산된 20/25는 꾸준히 개선됐지만, '세계 최고의 승용차'라는 평판을 유지하는 데에는 어려움을 겪었다.

△ **캐딜락 60 스페셜 1938년**
Cadillac 60 Special 1938
생산지 미국
엔진 5,676cc, V8
최고 속력 148km/h
캐딜락은 대형 V8 엔진은 물론이고 V12와 V16 엔진도 사용해 1930년대에 가장 명성을 떨친 승용차들을 여럿 만들었다. 1938년에 나온 60 스페셜은 전후에 등장할 새로운 스타일을 예고했다.

패커드

미국의 고급 승용차 서열의 맨 꼭대기에는 패커드(Packard)가 있었다. 패커드는 1915년에 세계 최초의 양산 V12 엔진을 선보였고 1920년대 내내 최고의 지위를 유지했다. 대공황으로 인해 상품성이 변화해 제품군과 매력의 확대가 절실해졌지만, 패커드는 1930년대 말로 접어들면서 시장을 읽는 데에 실패하면서 캐딜락에게 왕좌를 넘겨줄 수밖에 없었다.

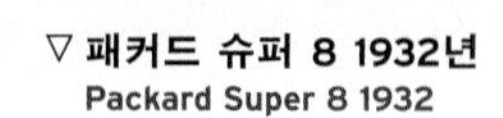

▽ **패커드 슈퍼 8 1932년**
Packard Super 8 1932
생산지 미국
엔진 6,318cc, 직렬 8기통
최고 속력 161km/h
패커드는 차대를 새롭게 설계해 차체 스타일을 한층 낮게 만들면서 유압식 댐퍼를 도입해 승차감을 개선했다. 살짝 밟아도 강력한 제동력을 발휘하는 파워 브레이크는 1933년부터 쓰이기 시작했다.

△ **패커드 슈퍼 8 1930년**
Packard Super 8 1930
생산지 미국
엔진 6,318cc, V8
최고 속력 161km/h
호화롭고 아름다운 외관을 자랑하는 패커드 슈퍼 8은 1930년대가 시작될 무렵 가장 뛰어난 고급 승용차 중 하나였다. 소비자들은 엄청난 연료 소비량을 신경 쓰지 않았다.

◁ **뷰익 NA 8/90 1934년**
Buick NA 8/90 1934

생산지 미국
엔진 5,644cc, 직렬 8기통
최고 속력 137km/h

뷰익은 공간이 넓었고, 싱크로메시 변속기를 오버헤드 밸브 엔진에 결합해 운전하기가 대단히 편했다. 두 가지 모두 당시로서는 앞선 기술이었다.

◁ **뷰익 마스터 시리즈 60 1930년**
Buick Master Series 60 1930

생산지 미국
엔진 5,420cc, 직렬 6기통
최고 속력 121km/h

뷰익은 오래되고 연료를 많이 소비하는 6기통 엔진으로 1930년대를 맞이했지만, 뷰익 자동차를 기대하는 소비자들에게는 여전히 놀라운 투어링 카였다.

△ **뷰익 센추리 시리즈 60 1936년**
Buick Century Series 60 1936

생산지 미국
엔진 5,247cc, 직렬 8기통
최고 속력 153km/h

120마력 엔진에 힘입어 놀랄 만큼 빠른 가속력을 자랑한 고급스러운 가족용 자동차인 뷰익 시리즈 60은 가격 대비 가치가 뛰어나 세계적으로 인기를 얻었다.

△ **탈보 65 1932년**
Talbot 65 1932

생산지 영국
엔진 1,665cc, 직렬 6기통
최고 속력 105km/h

1926년에 탈보 사의 기술 책임자 조르주 로시(Georges Roesch)는, 자동차 역사상 가장 부드럽게 작동하는 6기통 엔진 중 하나를 설계해, 이 영국 세단을 세련되고 매력적인 차로 만들었다.

△ **링컨 K V12 1934년**
Lincoln K V12 1934

생산지 미국
엔진 6,735cc, V12
최고 속력 161km/h

링컨의 고급스러운 V12 모델은 모든 부분이 최상품으로 꾸며졌고, 경사진 일체형 헤드램프와 공기 역학적인 차체 같은 선구적인 디자인 변화가 이루어졌다.

◁ **라살 V8 1931년**
La Salle V8 1931

생산지 미국
엔진 5,840cc, V8
최고 속력 129km/h

제너럴 모터스는 캐딜락 브랜드의 약간 저렴한 대안으로 라살을 내놓았다. 낮은 가격에 비슷한 구동계를 갖춘 이 우아하고 인상적인 자동차는 잘 팔렸다.

△ **패커드 슈퍼 8 1936년**
Packard Super 8 1936

생산지 미국
엔진 5,342cc, 직렬 8기통
최고 속력 145km/h

새로운 차대 설계와 유압식 브레이크 같은 세련된 기술 덕분에 패커드는 고급차 시장의 선두 자리를 유지했다. 그러나 경쟁이 심해지면서 판매에 영향이 미치기 시작했다.

△ **패커드 슈퍼 8 1938년**
Packard Super 8 1938

생산지 미국
엔진 5,342cc, 직렬 8기통
최고 속력 153km/h

패커드의 최고급 모델인 슈퍼 8 시리즈는 1938년에 만들어진 이 모델과 더불어 마침표를 찍었다. 이 자동차의 특징은 V스크린(V-screen)과 굴곡이 더 강조된 독특한 차체였다.

라이트크래프트 스쿠터카, 1937년경
런던의 거리에서 미국산 세단과 나란히 서 있으니 난쟁이처럼 보이는 이 2인승 초소형차는 250시시 빌리어스(Villiers) 엔진을 얹어 시속 60킬로미터까지 속도를 낼 수 있었다.

CPJ 359

스포츠카의 열기

이탈리아의 밀레 밀리아, 프랑스의 르망 24시간 경주처럼 1920년대에 새로 생긴 이벤트들은 1930년대까지 번창하면서 치열한 자동차 경주의 열기가 공황기에도 식지 않았음을 보여 주었다. 많은 메이커들은 일반 도로와 경주용 트랙에서 모두 사용할 수 있는 모델들을 개발했는데, 알파 로메오와 애스턴 마틴 등은 새로 설계한 고속 승용차들을 내놓으면서 소비자를 유혹하기 위한 극한의 경쟁을 벌여 나갔다.

△ **살름송 S4 1929년**
Salmson S4 1929
생산지 프랑스
엔진 1,296cc, 직렬 4기통
최고 속력 90km/h

프랑스의 자동차 메이커인 살름송(Salmson, 현재는 펌프 시스템 제조 설계 회사)은 현대적인 더블 오버헤드 캠 엔진을 얹은 S4를 여러 차체 스타일로 내놓았다.

△ **오스틴 세븐 얼스터 1930년**
Austin Seven Ulster 1930
생산지 영국
엔진 747cc, 직렬 4기통
최고 속력 129km/h

오스틴 세븐에 알루미늄 차체를 얹은 레이싱 카 버전인 이 자동차는 1922년에 첫 선을 보여, 대중적인 인기를 얻었다. 레이싱 카로서도 큰 성공을 거둔 모델이다.

△ **애스턴 마틴 르망 1932**
Aston Martin Le Mans 1932
생산지 영국
엔진 1,495cc, 직렬 4기통
최고 속력 137km/h

애스턴 마틴은 1928년부터 르망 24시간 경주라는 유명한 프랑스 내구 경주에 출전했는데, 이를 기념해 자신들의 2인승 스포츠 모델에 르망이라는 이름을 붙였다.

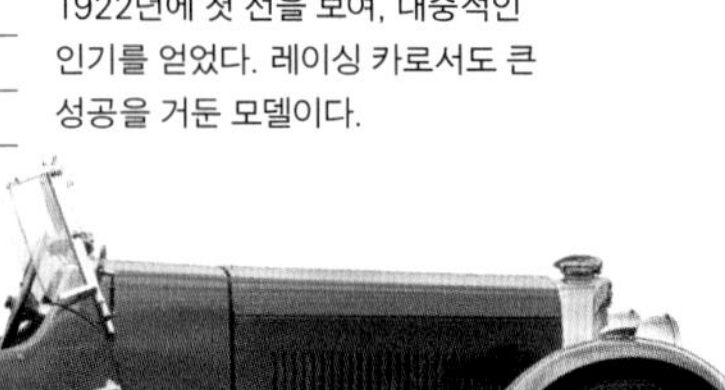

◁ **애스턴 마틴 MkII 1932년**
Aston Martin MkII 1932
생산지 영국
엔진 1,495cc, 4기통
최고 속력 129km/h

당대 영국 소형 스포츠카의 전형이었던 MkII는 설계가 변경된 차대 덕분에 이전 모델보다 차체가 낮았다.

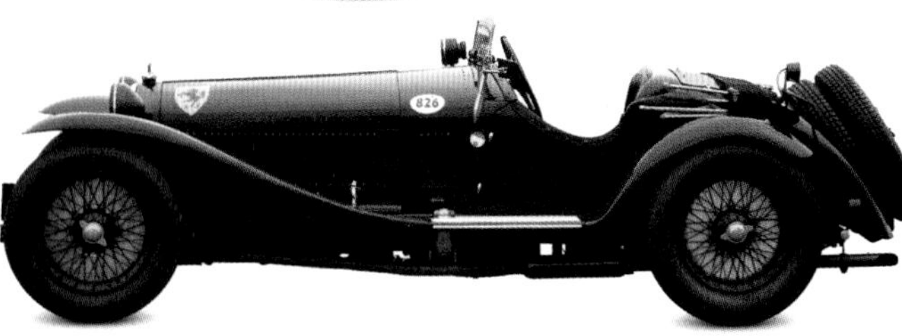

▷ **알파 로메오 8C 2600 1933년**
Alfa Romeo 8C 2600 1933
생산지 이탈리아
엔진 2,556cc, 직렬 8기통
최고 속력 169km/h

유명한 알파 로메오 8C의 후기형인 이 자동차는 이전 모델에 비해 더 큰 엔진을 장착하고 알파 로메오의 공식 경주 팀에게 더 많은 승리를 안겨다 주었다.

△ **알파 로메오 8C 1934년**
Alfa Romeo 8C 1934
생산지 이탈리아
엔진 2,336cc, 직렬 8기통
최고 속력 169km/h

비토리오 야노의 대표작 중 하나인 8C 모델의 차체를 만든 여러 이탈리아 차체 제작자 가운데에는 아름다운 차체를 만들어 낸 것으로 유명한 전설적인 카로체리아인 피닌 파리나가 있었다. 이 자동차는 피닌 파리나에서 만든 것이다.

▽ **알파 로메오 8C 2300 1931년**
Alfa Romeo 8C 2300 1931
생산지 이탈리아
엔진 2,336cc, 직렬 8기통
최고 속력 169km/h

천재적인 자동차 설계자인 비토리오 야노가 1931년에 설계한 알파 로메오 8C는 1930년대 초에 이탈리아에서 열린 밀레 밀리아는 물론이고 블루 리밴드(Blue Riband, 비정규 포뮬러 원) 경주를 석권했다.

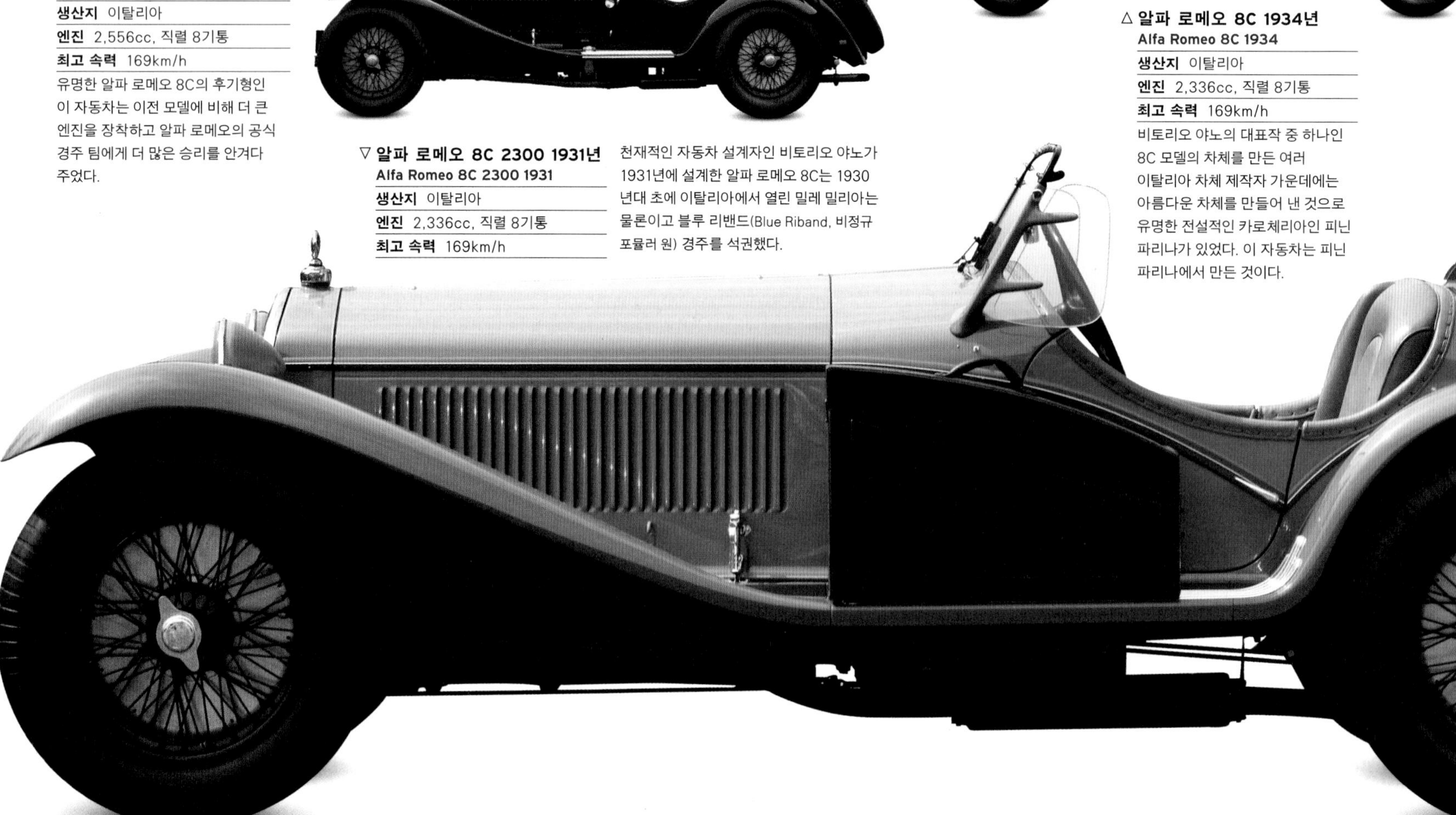

▷ **MG PB 1935년**
MG PB 1935
생산지 영국
엔진 939cc, 직렬 4기통
최고 속력 122km/h
1934년형 MG PA를 손질해 1년 뒤에 더 큰 엔진을 얹은 것이 MG PB 1935년형이다. 이 모델은 쿠페와 컨버터블 차체로도 나왔다.

◁ **MG TA 미젯 1936년**
MG TA Midget 1936
생산지 영국
엔진 1,292cc, 직렬 4기통
최고 속력 127km/h
PB의 대체 모델로 출시된 TA 미젯은 한층 스포티한 차로 MG 최초의 유압식 브레이크가 특징이었고, 후기 모델에는 싱크로메시 변속기가 쓰였다.

▷ **피아트 발릴라 508S 1933년**
Fiat Balilla 508S 1933
생산지 이탈리아
엔진 995cc, 직렬 4기통
최고 속력 113km/h
1932년에 피아트의 신차 발릴라(Balilla)가 출시되고 1년이 흐른 뒤, 엔진 출력이 높아진 스포츠(S) 버전이 형제 모델로 추가됐다.

△ **재규어 SS100 1936년**
Jaguar SS100 1936
생산지 영국
엔진 2,663cc, 직렬 6기통
최고 속력 153km/h
200대 미만이 만들어진 SS100 스포츠 모델은 'SS'가 회사 이름에서 사라지기 이전에 마지막으로 만들어진 차 중 하나다.

▷ **모건 슈퍼 스포트 3-휠러 1936년**
Morgan Super Sport 3-wheeler 1936
생산지 영국
엔진 1,096cc, V 트윈형 2기통
최고 속력 113km/h
1930년대에 모건은 소비자들이 2단 변속기가 아니라 3단 변속기를 갖춘 모델을 선택할 수 있도록 3륜차로 3단 변속기 기술을 확대 적용했다.

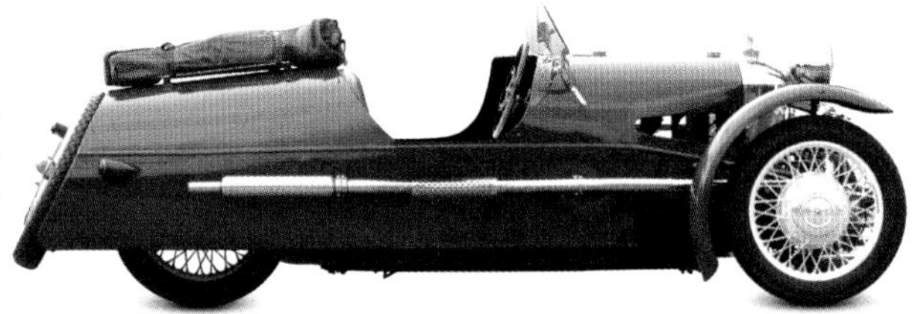

▽ **모건 4/4 1936년**
Morgan 4/4 1936
생산지 영국
엔진 1,122cc, 직렬 4기통
최고 속력 129km/h
3륜차를 생산한 지 27년 만인 1936년에 모건은 첫 번째 4륜 승용차로 진한 초록색의 4/4 모델을 출시했다.

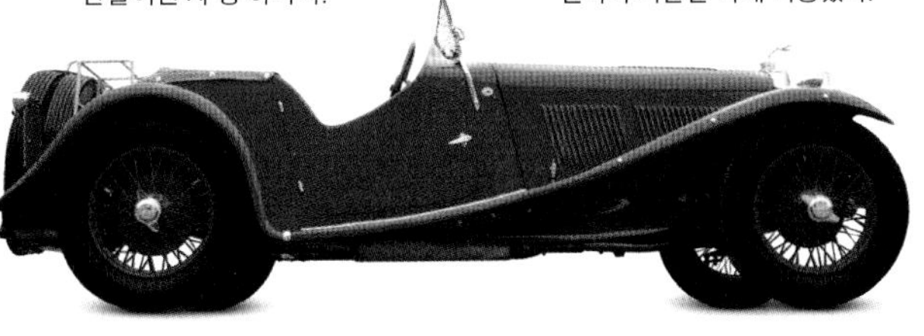

△ **AC 16/80 1936년**
AC 16/80 1936
생산지 영국
엔진 1,991cc, 직렬 6기통
최고 속력 129km/h
우아한 외관의 16/80 모델에 쓰인 6기통 엔진은 1919년에 첫 선을 보였고, 1960년대 초반까지 줄곧 AC 자동차들의 동력원으로 사용됐다.

▽ **BSA 스카웃 1935년**
BSA Scout 1935
생산지 영국
엔진 1,075cc, 직렬 4기통
최고 속력 97km/h
자동차, 모터사이클, 3륜차의 제조사로 알려진 BSA는 현대적인 모습을 갖춘 최초의 스포츠 투어러(sports tourer)인 스카웃을 1935년에 출시했다.

△ **BMW 328 1936년**
BMW 328 1936
생산지 독일
엔진 1,971cc, 직렬 6기통
최고 속력 150km/h
르망과 밀레 밀리아 경주에서 우승한 바 있는 유선형 차체의 328은 1930년대 말에 나온 가장 멋진 스포츠카 중 하나였다.

▷ **반더러 W25K 1936년**
Wanderer W25K 1936
생산지 독일
엔진 1,963cc, 직렬 6기통
최고 속력 145km/h
날렵한 외관의 W25K는 아우디를 포함한 아우토 우니온 자동차 생산 그룹의 일원이었던 독일의 반더러 사가 만들었다.

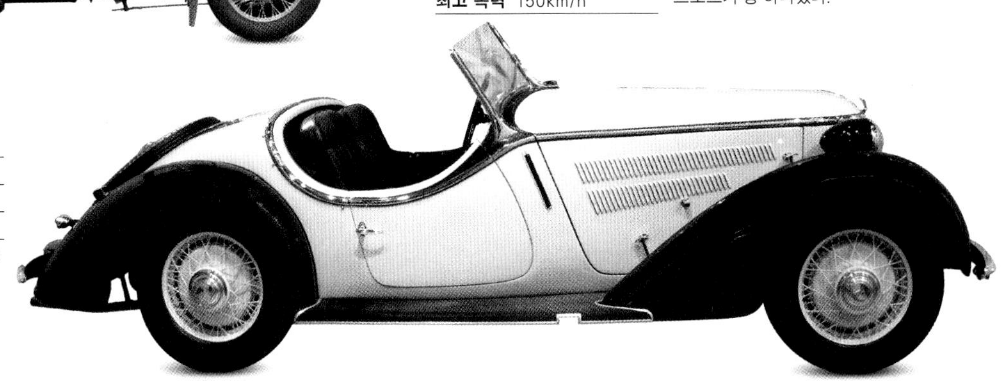

대량 판매용 모델

1930년대에 유럽과 미국의 중산층 사이에서 자동차 생활이 대중화됐다. 대중 시장의 안목 있는 소비자들은 신뢰성과 출력, 넉넉한 공간과 가격을 기준으로 자동차를 골랐다. 미국에서는 대중 시장을 겨냥한 폰티액과 같은 새로운 브랜드와 주행감을 부드럽게 하는 자동 변속기처럼 안락함과 관련된 혁신적인 기술이 탄생했다. 유럽에서는 시트로엥이 전륜 구동 방식과 모노코크 차체 구조를 대중화했다.

△ **시트로엥 11 라지 1935년**
Citroën 11 Large 1935
생산지 프랑스
엔진 1,911cc, 직렬 4기통
최고 속력 122km/h

앙드레 시트로엥은 모노코크 차체 구조와 전륜 구동 방식을 쓴 트락숑 아방 시리즈로 평범함을 거부한 자동차를 선보였다. 새로운 기술은 제 구실을 했고, 이 모델은 1957년까지 생산됐다.

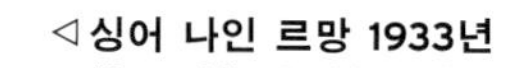

◁ **싱어 나인 르망 1933년**
Singer Nine Le Mans 1933
생산지 영국
엔진 972cc, 직렬 4기통
최고 속력 113km/h

싱어의 강력한 오버헤드 캠샤프트 엔진은 이 자동차의 가장 강력한 장점이었다. 이 탁월한 소형 스포츠카는 영국 시장에서 MG와 치열한 경쟁을 벌였다.

▷ **오스틴 10/4 1935년**
Austin 10/4 1935
생산지 영국
엔진 1,125cc, 직렬 4기통
최고 속력 89km/h

10/4는 1932년부터 1940년까지 오스틴이 만든 자동차 가운데 가장 많이 팔린 모델로, 소비자들은 약간 더 넉넉한 공간과 더 빠른 속도를 위해 1920년대의 작은 오스틴 세븐을 이 자동차로 바꾸었다.

△ **폰티액 식스 1935년**
Pontiac Six 1935
생산지 미국
엔진 3,408cc, 직렬 6기통
최고 속력 121km/h

폰티액은 강력한 6기통 엔진과 펜싱 마스크를 닮은 라디에이터 그릴과 성탑 모양의 선이 돋보이는 세련된 차체를 내세웠다. 식스 덕분에 폰티액은 1939년에 미국 판매 순위 5위에 올랐다.

◁ **포드 V8-81 1938년**
Ford V8-81 1938
생산지 미국
엔진 3,622cc, V8
최고 속력 137km/h

포드의 V8 엔진은 다른 모든 경쟁자들을 뛰어넘는 가격 대비 성능을 보여 주었다. 이 엔진 덕분에 이 자동차는 모델 A와 모델 T의 뒤를 이어 세계적인 베스트셀러가 될 수 있었다.

△ **로버 14 1934년**
Rover 14 1934
생산지 영국
엔진 1,577cc, 직렬 6기통
최고 속력 111km/h

세련되고 견고한 중형차에 6기통 엔진의 매력이 더해진 로버 14HP는 영국 시장에서 1930년대 내내 꾸준히 판매됐다.

▷ **르노 주바카르트 1938년**
Renault Juvaquatre 1938
생산지 프랑스
엔진 1,003cc, 직렬 4기통
최고 속력 97km/h

르노가 내놓은 첫 일체형 차체 구조 모델(unitary construction model)의 왜건 버전은 1960년까지 생산됐다.
이 자동차에는 기계식 브레이크와 3단 변속기가 더해진 평범한 구동계가 쓰였다.

△ **쉐보레 EA 마스터 1935년**
Chevrolet EA Master 1935
생산지 미국
엔진 3,358cc, 직렬 6기통
최고 속력 137km/h

미국의 자동차 보유 대수가 폭발적으로 증가하면서 쉐보레는 1935년에 50만 대가 넘는 E 시리즈 승용차를 판매했다. 반응성이 뛰어나고 디자인이 세련되면서 현대적이었던 E 시리즈는 매력적인 자동차였다.

◁ **허드슨 에잇 1936년**
Hudson Eight 1936

생산지 미국
엔진 4,168cc, 직렬 8기통
최고 속력 145km/h

허드슨 사는 1930년대에 고급차 시장으로 진출하면서 일부 시장을 잃었지만, 튼튼하고 강력한 직렬 8기통 엔진을 단 이 자동차는 컸음에도 불구하고 잘 팔았다.

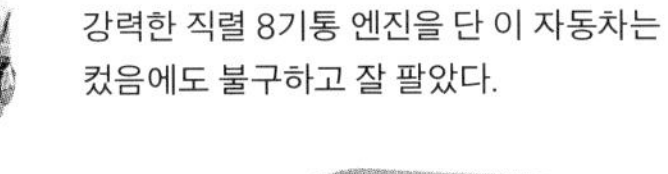

△ **하노마크 가란트 1936년**
Hanomag Garant 1936

생산지 독일
엔진 1,097cc, 직렬 4기통
최고 속력 84km/h

1920년대의 콤미스브로트(하노마크 2/10PS의 별명)보다 더 평범한 자동차였던 가란트는 매우 인기가 높았다. 하노마크는 1951년에 가능성이 엿보이는 시제차를 만들기는 했지만, 제2차 세계 대전 이후로 더 이상 자동차를 만들지 않게 됐다.

▷ **플리머스 P3 1937년**
Plymouth P3 1937

생산지 미국
엔진 3,300cc, 직렬 6기통
최고 속력 121km/h

크라이슬러의 염가형 대중차 브랜드인 플리머스는 단순하고 튼튼한 자동차를 탁월한 값에 내놓음으로서 미국에서 경이적인 판매고를 올렸다. 플리머스의 이 자동차는 1937년에만 56만 6128대나 팔렸다.

▷ **닷지 D5 1937년**
Dodge D5 1937

생산지 미국
엔진 3,570cc, 직렬 6기통
최고 속력 137km/h

차체 디자인은 크라이슬러 그룹의 다른 자동차들과 매우 닮았지만, 1937년에 29만 5000대의 닷지 D5가 팔리는 데에 걸림돌이 되지는 못했다. 미국 시장에서 중형차에 대한 수요가 매우 컸던 덕분이었다.

△ **올즈모빌 식스 1935년**
Oldsmobile Six 1935

생산지 미국
엔진 3,530cc, 직렬 6기통
최고 속력 129km/h

올즈모빌은 제너럴 모터스의 중추적인 브랜드로, 유압식 브레이크와 싱크로메시 변속기 또는 선택 사항이었던 자동 변속기와 같은 선구적인 특징들을 내세워 판매를 이어 나갔다.

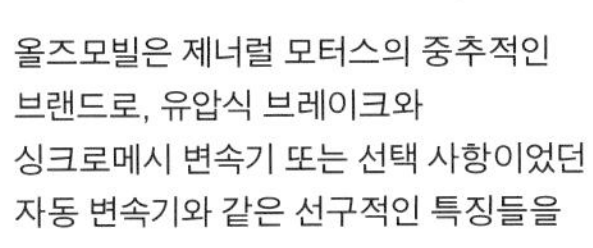

◁ **닷지 D11 1939년**
Dodge D11 1939

생산지 미국
엔진 3,570cc, 직렬 6기통
최고 속력 137km/h

1928년에 크라이슬러에 흡수된 닷지는 전후의 디자인을 점칠 수 있는 현대적인 V 스크린과 덮개가 씌워진 헤드램프를 단 이 모델로 탄생 25주년을 기념했다.

◁ **메르세데스벤츠 260D 1936년**
Mercedes-Benz 260D 1936

생산지 독일
엔진 2,545cc, 직렬 4기통
최고 속력 97km/h

디젤 엔진을 얹은 최초의 양산차로 일컬어지는 메스세데스벤츠의 260D는 내구성이 우수했지만 다소 느리고 시끄러웠다. 어쨌든 이 디젤 엔진은 자동차 산업의 미래를 보여 주는 것이었다.

▽ **메르세데스벤츠 170H 1936년**
Mercedes-Benz 170H 1936

생산지 독일
엔진 1,697cc, 직렬 4기통
최고 속력 109km/h

독일 전국에 자동차를 보급하고자 한 아돌프 히틀러(Adolf Hitler)가 '국민차'를 요구했을 때, 메르세데스벤츠는 차체 뒤에 엔진을 얹은 130H와 170H를 내놓았다. 170H는 측면 보호 설계가 된 오픈카였다.

폭스바겐

수평 대향 4기통 엔진

히틀러로부터 국민차(독일어로 Volks Wagen)를 만들라는 지시를 받은 페르디난트 포르셰는 물이 아닌 공기로 냉각되는 엔진을 설계했다. 이것으로 라디에이터, 냉각수 펌프와 호스의 무게와 복잡함을 덜 수 있었다. 제2차 세계 대전이 끝난 뒤 자동차 생산이 재개되면서, 이 단순하고 튼튼한 엔진은 2003년에 생산이 중단될 때까지 세계적으로 엄청난 수가 판매됐다.

권투 선수를 연상시키는 엔진

엔진 설계의 핵심은 4개의 실린더가 수평 방향으로 마주보는 구조로서 '수평 대향 4기통(flat-four)' 또는 '복서(boxer)'라고 부른다. 오늘날에는 직렬 4기통 엔진이 주로 쓰이지만 수평 대향 4기통 엔진은 두 가지 큰 장점이 있다. 하나는 무게 중심이 낮다는 것(접지력 향상을 돕는다.)이고, 다른 하나는 진동이 적다는 것(자동차의 승차감을 높여준다.)이다. 두 쌍의 실린더가 가운데에 놓인 크랭크샤프트의 양쪽에서 서로 마주보고 있고, 실린더 안의 피스톤은 마치 권투 선수들이 펀치를 주고받는 것처럼 서로 반대 방향으로 움직인다. 그래서 엔진 내 부품의 불균형 작동 때문에 생기는 2차 진동이 획기적으로 줄어든다.

엔진 제원	
생산 시기	1936~2003년
실린더	4기통, 수평 대향
구성	세로 방향 후방 장착
배기량	1,131cc(추후 2.0리터로 확대됨)
출력	3,300rpm에서 24마력, 최고 70마력
유형	통상적 4행정 공랭식 휘발유 엔진
헤드	푸시로드 및 로커로 작동되는 OHV, 실린더당 밸브 2개
연료 장치	카뷰레터 1개
내경×행정	75mm×64mm
최고 출력	리터당 21.2마력
압축비	5.8:1

▷ 엔진 작동 원리는 352~353쪽 참고

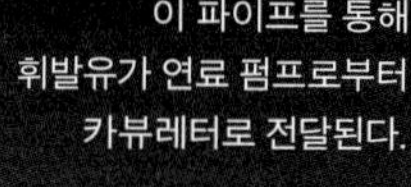

연료 파이프
이 파이프를 통해 휘발유가 연료 펌프로부터 카뷰레터로 전달된다.

점화 코일
변압기와 같은 기능을 하는 점화 코일은 배터리의 전기를 스파크 플러그로 전달하기 전에 고압 전류로 변환한다.

배전기

진공식 진각 장치
이 장치는 엔진 부하에 따라 점화 시기를 조절한다.

엔진의 형상
피스톤이 마주보는 구조 덕분에 엔진이 낮고 넓어 무게 중심이 낮다.

기계식 연료 펌프

실린더 헤드
실린더 헤드에는 실린더마다 크랭크케이스 안에 있는 캠샤프트, 푸시로드와 로커 암을 통해 작동하는 1개의 흡기 밸브와 1개의 배기 밸브가 있다.

소음기
소음기(silencer, 머플러)를 통해 배기 가스의 진동이 순화돼 엔진 소음이 줄어든다.

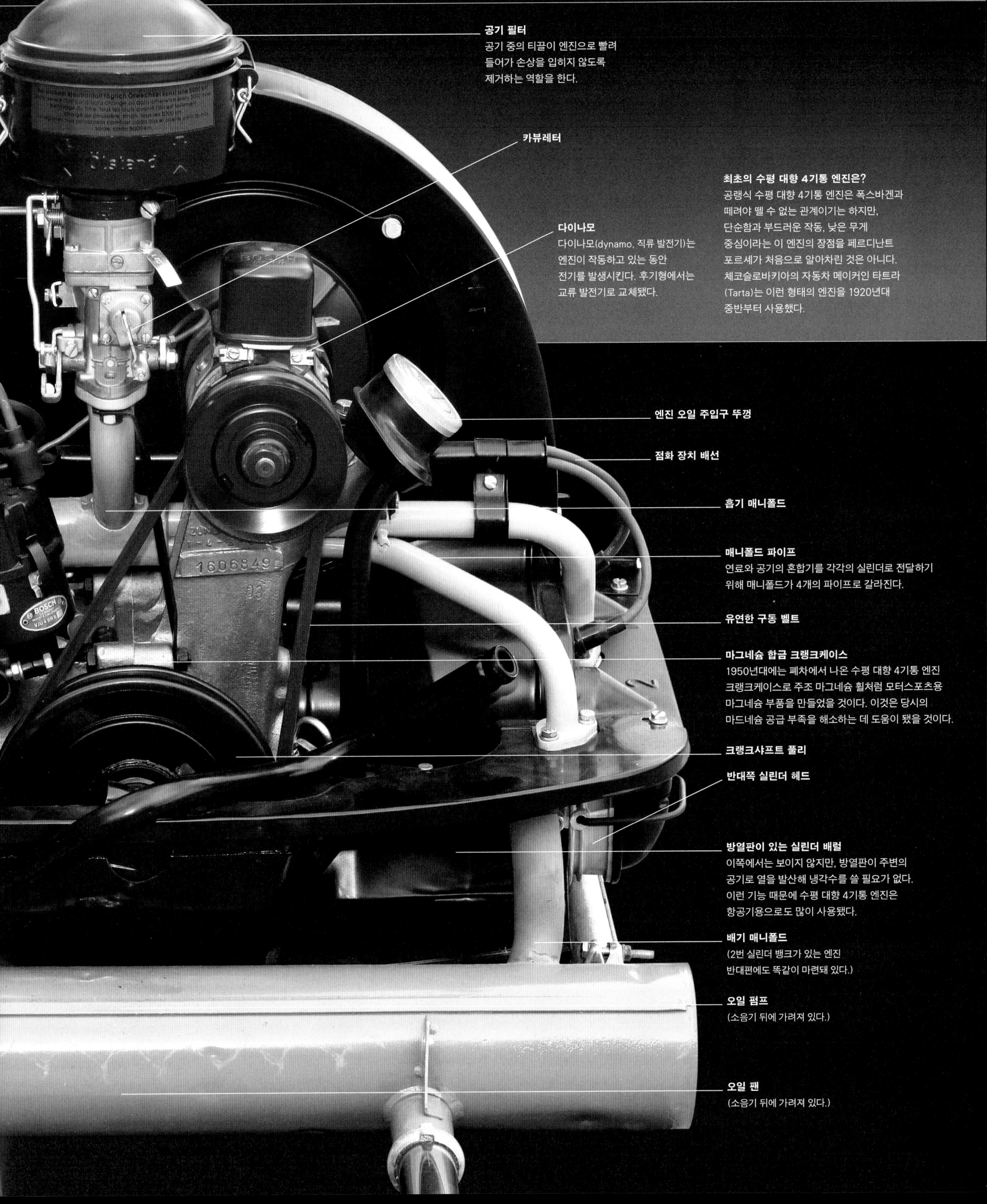

공기 필터
공기 중의 티끌이 엔진으로 빨려 들어가 손상을 입히지 않도록 제거하는 역할을 한다.

카뷰레터

최초의 수평 대향 4기통 엔진은?
공랭식 수평 대향 4기통 엔진은 폭스바겐과 떼려야 뗄 수 없는 관계이기는 하지만, 단순함과 부드러운 작동, 낮은 무게 중심이라는 이 엔진의 장점을 페르디난트 포르셰가 처음으로 알아차린 것은 아니다. 체코슬로바키아의 자동차 메이커인 타트라(Tarta)는 이런 형태의 엔진을 1920년대 중반부터 사용했다.

다이나모
다이나모(dynamo, 직류 발전기)는 엔진이 작동하고 있는 동안 전기를 발생시킨다. 후기형에서는 교류 발전기로 교체됐다.

엔진 오일 주입구 뚜껑

점화 장치 배선

흡기 매니폴드

매니폴드 파이프
연료와 공기의 혼합기를 각각의 실린더로 전달하기 위해 매니폴드가 4개의 파이프로 갈라진다.

유연한 구동 벨트

마그네슘 합금 크랭크케이스
1950년대에는 폐차에서 나온 수평 대향 4기통 엔진 크랭크케이스로 주조 마그네슘 휠처럼 모터스포츠용 마그네슘 부품을 만들었을 것이다. 이것은 당시의 마드네슘 공급 부족을 해소하는 데 도움이 됐을 것이다.

크랭크샤프트 풀리

반대쪽 실린더 헤드

방열판이 있는 실린더 배럴
이쪽에서는 보이지 않지만, 방열판이 주변의 공기로 열을 발산해 냉각수를 쓸 필요가 없다. 이런 기능 때문에 수평 대향 4기통 엔진은 항공기용으로도 많이 사용됐다.

배기 매니폴드
(2번 실린더 뱅크가 있는 엔진 반대편에도 똑같이 마련돼 있다.)

오일 펌프
(소음기 뒤에 가려져 있다.)

오일 팬
(소음기 뒤에 가려져 있다.)

선빔 실버 불릿, 데이토나 비치, 1930년
영국의 선빔 실버 불릿(Sunbeam Silver Bullet)은 1930년 세계 속도 기록에 도전했다. 항공기용 4,000마력 엔진과 충격적인 유선형 차체를 지녔음에도, 예상 최고 속력 시속 402킬로미터를 기록하는 데 실패했다.

ROLAND
DAVIES

유선형 자동차

1930년대의 운전자들은 대부분 실내가 넉넉하고 타고 내리기 쉬우면서 차체가 높고 앞쪽이 평평한 차에 대단히 만족했다. 그러나 이즈음 자동차가 시속 129킬로미터를 가볍게 넘어설 수 있게 되면서, 유럽과 미국의 몇몇 디자이너와 기술자 들은 최고 속력을 획기적으로 높이고 안정성을 키우기 위해 공기 역학에 주목하고 그 잠재력을 탐구하기 시작했다.

△ **피어스 실버 애로 1933년**
Pierce Silver Arrow 1933
생산지 미국
엔진 7,566cc, V12
최고 속력 185km/h

제임스 휴즈(James R. Hughes)가 디자인한 콘셉트 카인 실버 애로는 이 모습으로 겨우 5대만 만들어졌다. 이 자동차는 1933년 뉴욕 모터쇼에서 돌풍을 일으켰지만, 너무 비쌌다.

▽ **부가티 타입 50 1931년**
Bugatti Type 50 1931
생산지 프랑스
엔진 4,972cc, 직렬 8기통
최고 속력 177km/h

장 부가티가 디자인한 이 프로필레(Profilée) 쿠페는 앞유리가 매우 완만하게 기울어져 있었는데, 이것은 당시까지 일반 도로용 자동차에서 볼 수 없던 것이었다. 고급스러운 도로 주행용 섀시에 더블 오버헤드 캠샤프트 엔진을 겸비했다.

△ **푸조 402 1935년**
Peugeot 402 1935
생산지 프랑스
엔진 1,991cc, 직렬 4기통
최고 속력 121km/h

저렴한 값이 주된 이유로 작용해, 푸조 402는 7만 5000대가 팔려 나갔다. 결국 1930년대의 대다수 유선형 승용차들에 비해 훨씬 더 큰 성공을 거두었다. 분리형 차대를 고수한 덕분에 푸조는 차체 스타일이 다른 모델들을 16가지나 내놓을 수 있었다.

▷ **코드 810 1936년**
Cord 810 1936
생산지 미국
엔진 4,730cc, V8
최고 속력 150km/h

코드 사는 현명하게도 수납식 헤드램프를 갖춘 공기 역학적 디자인만을 내세우지 않았다. 이 자동차에는 트레일링 암 서스펜션(trailing arm suspension)을 결합한 전륜 구동 장치와 전동 변속기도 있었기 때문이다.

△ **르노 비바 그랑 스포르 1936년**
Renault Viva Gran Sport 1936
생산지 프랑스
엔진 4,085cc, 직렬 6기통
최고 속력 143km/h

기울어진 V자형 라디에이터 그릴은 수직으로 서 있지 않고, 뒤쪽으로 살짝 기울어져 있고 커다란 헤드램프가 앞 펜더(fender)와 결합돼 있는 이 자동차는 당대로서는 앞선 자동차였다.

▽ **코드 팬텀 콜세어 1938년**
Cord Phantom Corsair 1938
생산지 미국
엔진 4,730cc, V8
최고 속력 185km/h

백만장자 러스트 하인츠(Rust Heinz)가 디자인하고 캘리포니아의 차체 제작자인 보먼 앤드 슈워츠(Bohmann & Schwartz)가 코드 810을 바탕으로 1대만 제작된 이 드림 카는 영화 「더 영 인 하트(The Young in Heart)」(1938년)에 등장하기도 했다.

▷ **알파 로메오 6C 2300 아이로디나미카 1935년**
Alfa Romeo 6C 2300 Aerodinamica 1935
생산지 이탈리아
엔진 2,309cc, 직렬 6기통
최고 속력 193km/h

베니토 무솔리니의 요청에 따라 비토리오 야노와 지노 얀코비츠(Gino Jankovits), 오스카 얀코비츠(Oscar Jankovits) 형제가 비밀리에 개발한 이 자동차는 원래 V12 엔진을 얹게 돼 있었지만 6기통 엔진이 올라갔다.

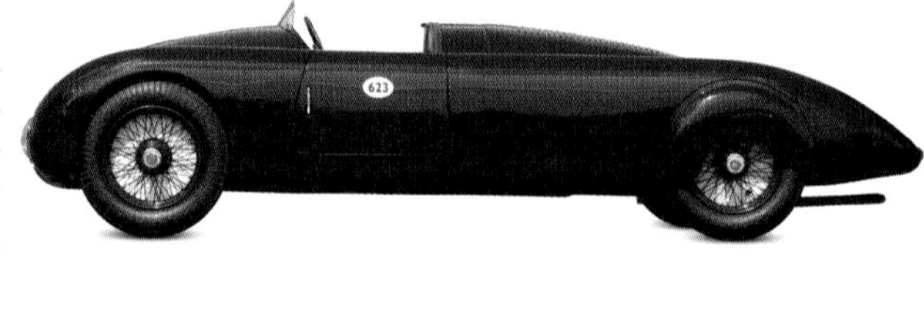

▷ **알파 로메오 8C 2900B 르망 쿠페 1938년**
Alfa Romeo 8C 2900B Le Mans Coupé 1938
생산지 이탈리아
엔진 2,905cc, 직렬 8기통
최고 속력 225km/h

프랑스 인 레이서 레이몽 솜메르(Raymond Sommer)와 이탈리아 인 드라이버 클레멘테 비온데티(Clemente Biondetti)가 몬 이 혁신적인 공기 역학적 쿠페는 1938년 르망 경주에서 시속 156킬로미터의 최고속 1주 기록을 세운 것은 물론, 타이어가 터지기 전까지 219바퀴를 선두로 달렸다.

△ **슈타이어 50 1936년**
Steyr 50 1936
생산지 오스트리아
엔진 978cc, 직렬 4기통
최고 속력 85km/h
이 물방울 형상의 오스트리아산 국민차는 다른 자동차보다 강력한 힘으로 가파른 알프스 고갯길을 오를 수 있었다. 1940년까지 1만 2000여 대의 슈타이어 50이 판매됐다.

△ **메르세데스벤츠 150H 스포르트 로드스터 1934년**
Mercedes-Benz 150H Sport Roadster 1934
생산지 독일
엔진 1,498cc, 직렬 4기통
최고 속력 125km/h
메르세데스벤츠의 디자이너 한스 니벨(Hans Nibel)과 막스 바그너(Max Wagner)가 만든 이 미드엔진(mid-engine, 중앙 탑재식 엔진) 스포츠카 시제품은 단 20대만 만들어졌다. 이 자동차는 핸들링이 탁월했고, 코일 스프링, 스윙 액슬 후방 서스펜션, 디스크 휠과 같은 혁신적인 기술이 쓰였다.

▷ **타트라 T87 1936년**
Tatra T87 1936
생산지 체코슬로바키아
엔진 2,968cc, V8
최고 속력 159km/h
파울 야라이(Paul Jaray)와 한스 레드빙카(Hans Ledwinka)가 만든 공기 역학적 차체에 후방 탑재 엔진을 결합한 이 타트라는 독특한 만큼 효율적이었다.

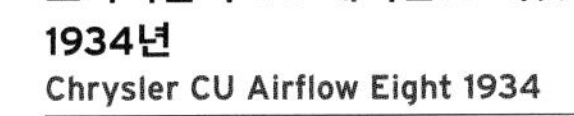

◁ **크라이슬러 CU 에어플로 에잇 1934년**
Chrysler CU Airflow Eight 1934
생산지 미국
엔진 5,301cc, 직렬 8기통
최고 속력 145km/h
풍동 시험을 통해 개발된 모노코크 구조의 낮은 차체에 핸들링이 탁월했던 에어플로(Airflow)는 시대를 훌쩍 앞선 자동차였다. 그러나 이 자동차는 품질 문제로 진통을 겪었고 판매는 부진했다.

◁ **링컨-제퍼 1936년**
Lincoln-Zephyr 1936
생산지 미국
엔진 4,378cc, V12
최고 속력 145km/h
앞 펜더 일체형 헤드램프와 공기 역학적 스타일 덕분에 모노코크 구조로 만든 링컨-제퍼의 외관은 대단히 현대적이었지만, 여전히 사이드밸브 엔진과 기계식 브레이크가 쓰였다.

△ **라곤다 V12 랜스필드 르망 쿠페 1939년** **Lagonda V12 Lancefield Le Mans Coupé 1939**
생산지 영국
엔진 4,479cc, V12
최고 속력 206km/h
라곤다는 1939년 르망 24시간 경주에서 V12 엔진을 실은 2대의 로드스터로 3위와 4위를 기록했다. 그러나 이 쿠페는 그 자동차들보다 한참 뒤처져 결승선을 통과했다.

▷ **파나르 에 르바소 X77 디나믹 1936년**
Panhard et Levassor X77 Dynamic 1936
생산지 프랑스
엔진 2,863cc, 직렬 6기통
최고 속력 145km/h
첨단 모노코크 구조, 토션바(torsion-bar) 방식의 전방 독립 서스펜션, 거의 중앙에 위치한 운전석을 갖췄음에도 '아르데코(Art Deco)' 스타일의 디나믹(Dynamic)은 인기를 얻지 못했다.

링컨-제퍼

전통적으로 고가의 고급차를 만들어 온 포드 산하의 링컨 브랜드가 당시까지 만든 차들 중 가장 저렴한 모델로 내놓은 것이 1936년형 제퍼(Zephyr)였다. 링컨의 자동차들 중 처음으로 철제 일체형 차체 구조를 갖추고 새로운 V12 엔진을 얹은 것이 특징이었던 제퍼는 대담하고 날렵한 디자인으로 소비자들을 흥분시켰다. 1936년 뉴욕 오토쇼에서 선보인 제퍼는 1930년대에 가장 많이 팔린 링컨 모델 중 하나가 됐고 유선형 디자인이 미래의 대세임을 입증했다.

공기 역학적인 디자인은 1934년에 급진적인 모습의 에어플로(Airflow) 시리즈를 내놓은 크라이슬러에게 큰 성과를 가져다주지 못했지만, 포드가 2년 뒤에 날렵한 모습의 독자적인 모델을 내놓는 것을 막지도 못했다. 위험 부담이 있는 모험이기는 했지만, 링컨-제퍼는 다른 정상급 자동차 메이커들이 벽에 부딪히고 있던 시기에 저렴한 값의 고급차를 내놓는 영리한 판촉 활동으로 기반을 다졌다. 처음에는 2도어 패스트백 세단과 4도어 세단 쿠페로 나온 이 유리창이 3개인 쿠페와 컨버터블 쿠페는 1937년에 제품군에 추가됐다. 제2차 세계 대전 때문에 승용차의 생산은 1942년까지 중단됐다. 이 모델이 1946년에 다시 시장에 복귀했을 때, 제퍼라는 이름은 사라졌지만 여전히 링컨 브랜드의 차로 2년 더 생산되며 영광을 누렸다.

제퍼의 부드러운 곡선을 그리는 물방울 형상의 차체는 캐딜락이나 패커드 같은 동시대의 다른 고급차 메이커들이 내놓은 자동차들과는 뚜렷한 대조를 이루었고, 이후 링컨 브랜드를 통해 나올 자동차들의 디자인에 영향을 주게 된다. 링컨 브랜드 내에서 이 모델은 미국에서 가장 중요한 자동차들 중 하나로 손꼽히는, 1939년부터 1948년까지 만들어진 1세대 콘티넨털(Continental)을 위한 청사진을 제공했다.

제원	
모델	링컨-제퍼 1936년
생산지	미국 디트로이트
제작	2만 9997대(1937년)
구조	철제 일체형(모노코크)
엔진	4,378cc, V12
출력	110마력
변속기	3단 수동
서스펜션	앞뒤 가로 배치 판 스프링
브레이크	앞뒤 모두 드럼
최고 속력	145km/h

철로에서 도로로
제퍼라는 모델명은 파이오니어 제퍼(Pioneer Zephyr)라는 이름이 쓰였던 미래적인 모습의 철제 차체 디젤 기관차에서 따온 것이다. 파이오니어 제퍼는 1934년부터 운행을 시작했고 미국에서 철도 여행을 홍보하기 위해 사용되는 동안 여러 개의 속도 기록을 세운 기관차였다.

앞모습

뒷모습

당당한 존재감
독특한 라디에이터 그릴, 화려하고 유연한 곡선으로 가득한 링컨-제퍼의 앞부분은 아르데코 스타일의 위풍당당함이 배어 있다. 이 모델은 원래 수년 동안 포드 등 자동차 메이커에 차체를 공급했던 브리그스 공업 회사(Briggs Manufacturing Company)의 존 자르다(John Tjaarda)가 구상한 것이었다. 제퍼의 앞모습은 헨리 포드의 아들인 에드셀 브라이언트 포드(Edsel Bryant Ford)와 포드 사 소속 디자이너였던 유진 '밥' 그레고리(Eugene 'Bob' Gregorie)가 다시 다듬었다.

외장

링컨-제퍼는 세부적인 곳까지 주의를 기울여 만들었지만, 홍보물은 "똑같은 안전성과 편안함을 줄 수 있는 다른 차는 없다."라며 차체와 차체를 하나로 결합한 구조의 장점도 강조했다. 날씬한 옆모습은 1942년부터 점점 더 직선화되기 시작했지만, 이때까지 제퍼는 미국의 공기 역학적 디자인을 선도하는 자동차로 이름을 떨쳤다.

1. 보닛 장식은 보닛을 여는 장치로서의 기능도 갖췄다. **2.** 그릴에 달린 배지 **3.** 아르데코 스타일의 물방울 모양 헤드램프 **4.** 라디에이커 그릴은 1938년에 크기가 작아지면서 차체 앞쪽 아래로 옮겨졌다. **5.** 냉각용 통풍구의 모양은 라디에이터 그릴의 스타일과 닮았다. **6.** 문의 외부 경첩 **7.** 우아한 문 손잡이 **8.** 17인치 휠의 백테 타이어 **9.** 가동식 방향 지시판 **10.** '날개' 측면 유리와 도어 미러 **11.** 테일램프에도 물 흐르는 듯한 스타일이 이어진다. **12.** 트렁크 개폐 손잡이

내장

당시까지 나온 가장 저렴한 링컨 자동차였지만, 제퍼의 실내에서 부실한 부분은 찾아볼 수 없었다. 컨버터블을 위시한 일부 모델은 빨간색, 갈색 또는 회색 가죽으로 치장됐고 목제 대시보드가 돋보였다. 제퍼에는 1937년부터 1940년까지 대시보드 중앙에 중요한 계기들이 놓이는 독특한 계기 배치 방식이 쓰였다. 1940년부터는 속도계가 운전석 앞쪽으로 이동했다. 대시보드는 차체 외부에 쓰인 페인트와 같은 색으로 칠해졌다.

13. 속도계는 시속 100마일(시속 약 160킬로미터)까지 표시됐다. **14.** 보조적인 조절 손잡이들 **15.** 분할돼 있는 연료계 및 오일 압력계 **16.** 벤치 시트에는 3명이 앉을 수 있다. **17.** 유리창 개폐용 손잡이 **18.** 주차 브레이크 레버

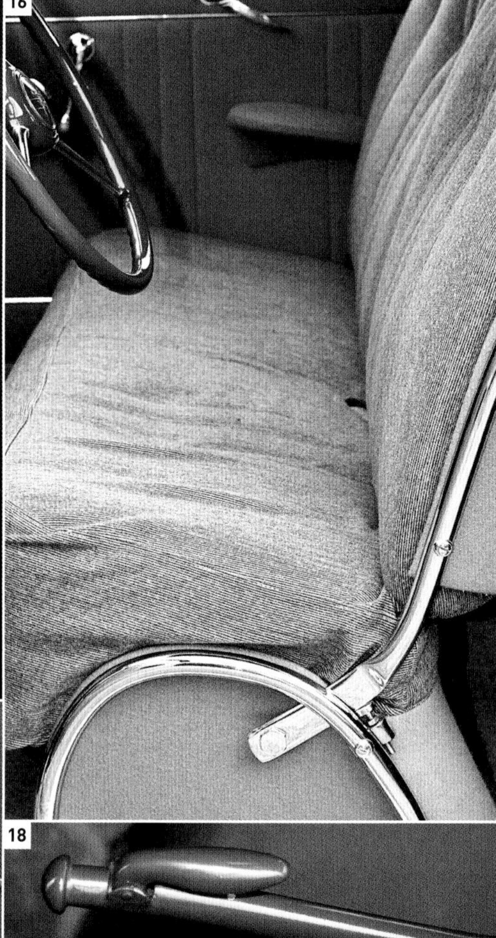

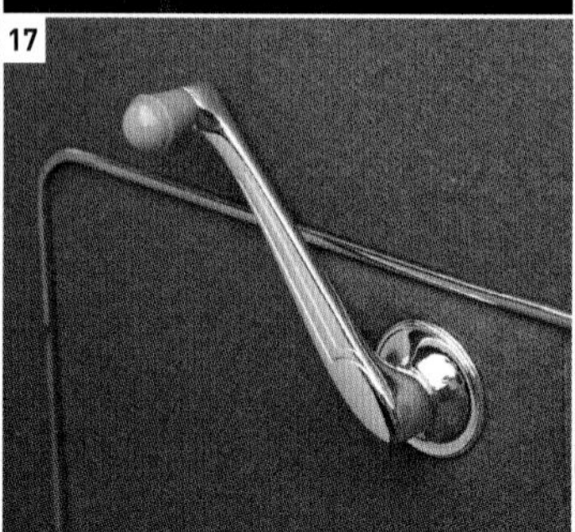

18

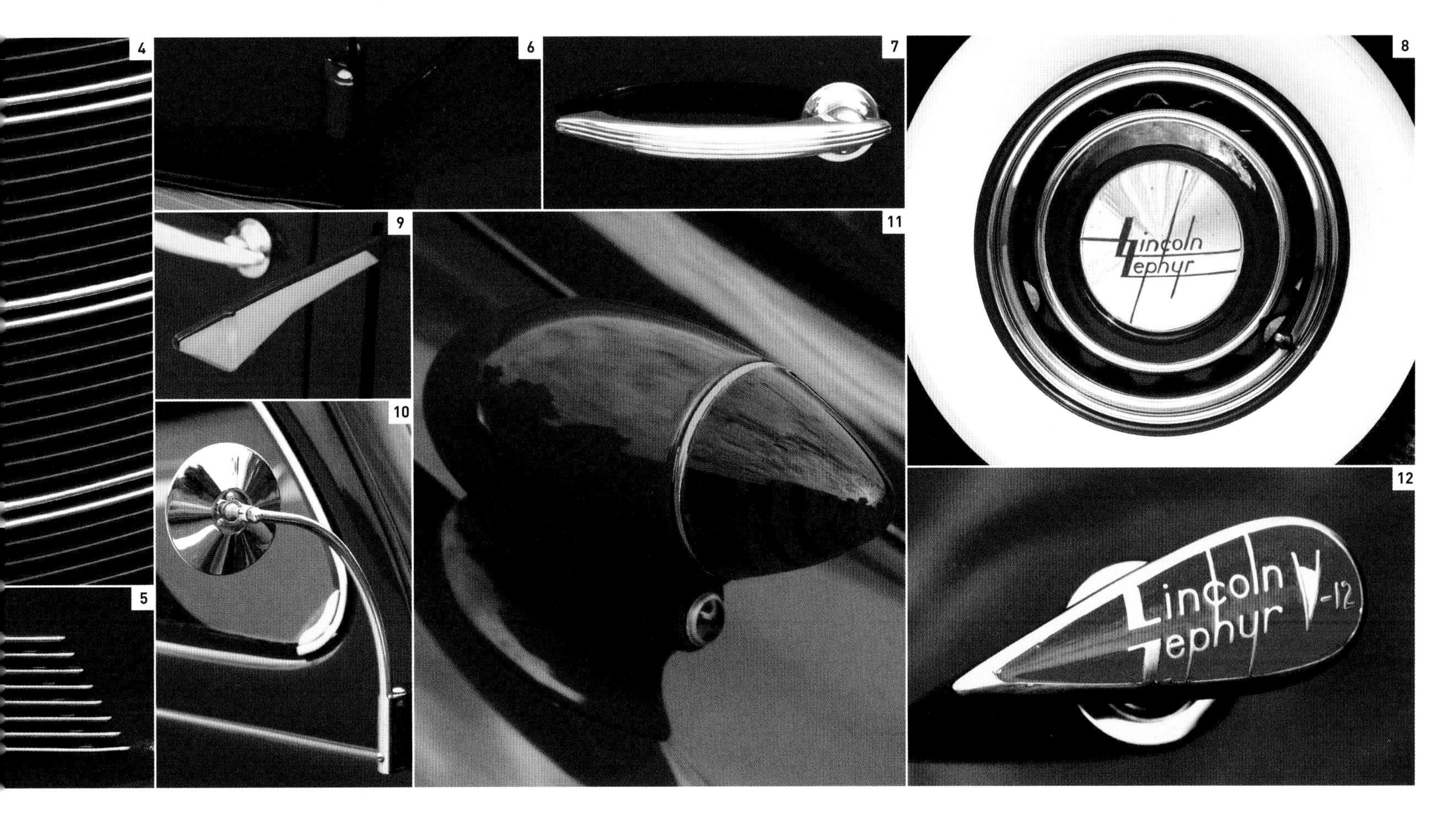

엔진실

링컨이 "조용하고 빈틈 없는 동력원"이라고 광고한 제퍼의 V12 엔진은 포드의 플랫헤드(flathead, 평평한 형태의 실린더 헤드) V8 엔진을 바탕으로 만들어졌다. 이 엔진은 당시 동급에서 유일한 이런 형태의 것이었다. 리터당 6.8킬로미터의 괄목할 만한 연비를 자랑하는 110마력 엔진은 1940년에 4,785시시로 배기량이 커지면서 출력도 10마력 높아졌다. 1942년에는 마지막으로 엔진 배기량이 4,949시시로 커졌다.

19. 경음기 **20.** 스트롬버그(Stromberg) 사의 2배럴 카뷰레터 **21.** 원래 알루미늄으로 만들었던 실린더 헤드는 이후 주철 소재로 바뀌었다. **22.** 트렁크에 있는 예비용 바퀴와 고정대

웅장하고 이국적인 차체 스타일

1930년대는 차체 제작자들의 예술이 가장 화려하게 꽃을 피운 시기였다. 최첨단 경주용에서 일반 도로 주행용으로 개조된 차대는 세련되고 유선형이 돋보이며 고급스럽고 심지어 당시까지 세상이 접하지 못했던 육감적인 차체로 치장됐다. 스타일에 민감한 프랑스 메이커들이 이 시기에 많은 공헌을 한 것은 당연하다. 프랑스에서는 심지어 일반인을 위한 중형차조차도 차체가 매우 아름다웠다.

△ **캐딜락 V16 2인승 로드스터 1930년**
Cadillac V16 Two-seater Roadster 1930
생산지 미국
엔진 7,413cc, V16
최고 속력 153km/h
미국에서 지위를 상징하는 최고의 자동차였던 캐딜락 V16은 강력한 성능을 수월하게 발휘하는 초대형 승용차였다. 이 희귀한 2인승 모델은《로스앤젤레스 타임스》의 발행인인 오티스 챈들러(Otis Chandler)가 소유했던 것이다.

▷ **알파 로메오 8C 2900B 쿠페 1938년**
Alfa Romeo 8C 2900B Coupé 1938
생산지 이탈리아
엔진 2,905cc, 직렬 8기통
최고 속력 161km/h
8C 35 그랑프리 레이싱 카의 차체를 바탕으로 만든 2900B는 알파 로메오가 만든 가장 훌륭한 일반 도로 주행용 슈퍼카였다. 이탈리아 차체 제작사인 카로체리아 토우링(Touring)이 만든 이 우아한 차는 소수만이 판매됐다.

◁ **이스파노-스이자 K6 1934년**
Hispano-Suiza K6 1934
생산지 프랑스
엔진 5,184cc, 직렬 6기통
최고 속력 145km/h
파리에 기반을 둔 걸출한 자동차 메이커가 마지막으로 내놓은 모델인 이 자동차에는 멋진 차체가 올라갔다. 이 클로 커플드 세단(close-coupled saloon, 앞뒤 좌석이 매우 가까이 놓인 세단)에는 독특하게 오버래핑 도어(overlapping door)가 쓰였다. 이 도어는 70년 뒤에 부활하게 된다.

▷ **란치아 아스투라 1931년**
Lancia Astura 1931
생산지 이탈리아
엔진 2,973cc, V8
최고 속력 127km/h
협각 오버헤드 캠 V8 엔진을 얹은 아스투라는 제2차 세계 대전 이전에 이탈리아에서 만들어진 것들 중 가장 뛰어난 차대가 쓰인 자동차였다. 이 자동차는 피닌 파리나가 차체를 만든 네 번째 카브리올레 모델의 차량이다.

▷ **어번 스피드스터 1935년**
Auburn Speedster 1935
생산지 미국
엔진 4,596cc, 직렬 8기통
최고 속력 167km/h
1935년부터 1936년까지 단 500대만 만들어진 스피드스터는 대단한 인기를 끌었다. 슈퍼차저를 더해 148마력의 최고 출력을 내는 엔진 덕분에 고속 주행이 가능했고, 모든 스피드스터는 시속 160킬로미터 테스트를 거쳐 출시됐다.

◁ **부가티 타입 57SC 아탈란트 1935년**
Bugatti Type 57SC Atalante 1935
생산지 프랑스
엔진 3,257cc, 직렬 8기통
최고 속력 193km/h
낮은 서스펜션을 갖춘 이 대단히 우아한 자동차는 불과 17대만 만들어졌다. 장 부가티가 디자인한 이 자동차에는 트윈캠 엔진과 전방 독립 서스펜션이 쓰였다.

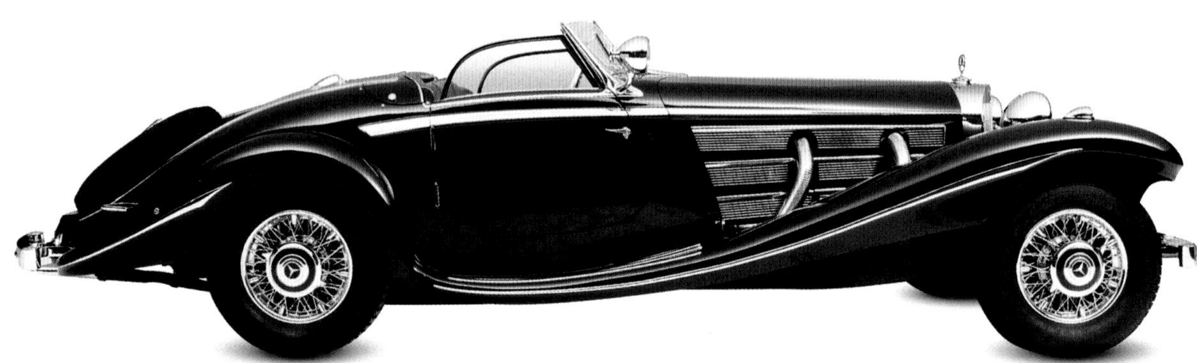

◁ **메르세데스벤츠 500K 스페셜 로드스터 1934년**
Mercedes-Benz 500K Special Roadster 1934
생산지 독일
엔진 5,018cc, 직렬 8기통
최고 속력 164km/h
세계 최초로 코일 스프링과 쇼크 업소버를 갖춘 4륜 독립 서스펜션이 쓰인 500K는 비교할 수 없는 편안한 승차감과 독보적인 성능을 보여 주었다.

◁ **푸조 401 이클립스 1934년**
Peugeot 401 Éclipse 1934
생산지 프랑스
엔진 1,720cc, 직렬 4기통
최고 속력 109km/h

프랑스의 치과 의사이자 자동차 디자이너였던 조르주 폴랭(Georges Paulin)은 동력으로 작동하는 접이식 하드톱(retractable hardtop)의 특허를 냈다. 1930년대에 생산된 몇몇 푸조 자동차에 이 장치가 쓰였고, 그중에는 79대의 401도 포함된다. 이 시스템은 70년 후에 보편화됐다.

◁ **시트로엥 11 노르말 로드스터 1935년**
Citroën 11 Normale Roadster 1935
생산지 프랑스
엔진 1,911cc, 직렬 4기통
최고 속력 109km/h

시트로엥 11은 1930년대에 가장 혁명적인 자동차 중 하나였다. 이 자동차에는 모노코크 구조, 전륜 구동 시스템, 습식 라이너 엔진, 싱크로메시 변속기가 쓰였다.

△ **푸조 402 다를맛 1938년**
Peugeot 402 Darl'Mat 1938
생산지 프랑스
엔진 1,991cc, 직렬 4기통
최고 속력 153km/h

폴랭이 만든 이국적이고 고급스러운 차체를 가진 이 자동차는 각도 조절식 방풍 유리나 둥근 지붕으로 마무리돼 이 자동차를 가장 매력적인 푸조 자동차 중 하나로 평가받는다. 1938년 르망 경주에서 5위에 올랐다.

▽ **들라이에 135M 피고니 에 팔라스키 1936년**
Delahaye 135M Figoni et Falaschi 1936
생산지 프랑스
엔진 3,557cc, 직렬 6기통
최고 속력 169km/h

배기량이 큰 엔진을 얹었던 135M에게는 화려한 차체들이 매우 잘 어울렸다. 이 로드스터는 프랑스의 가장 모험적인 차체 제작자였던 피고니 에 팔라스키(Figoni et Falaschi)가 만들었다.

△ **마몬 식스틴 1932년**
Marmon Sixteen 1932
생산지 미국
엔진 8,049cc, V16
최고 속력 171km/h

캐딜락 V16보다 더 빨랐던 마몬 식스틴은 주조 알루미늄 엔진에 힘입어 "세계에서 가장 선진적 자동차"라고 광고했다. 이 컨버터블 차체는 차체 제작자 르 배런(Le Baron)이 만든 것이다.

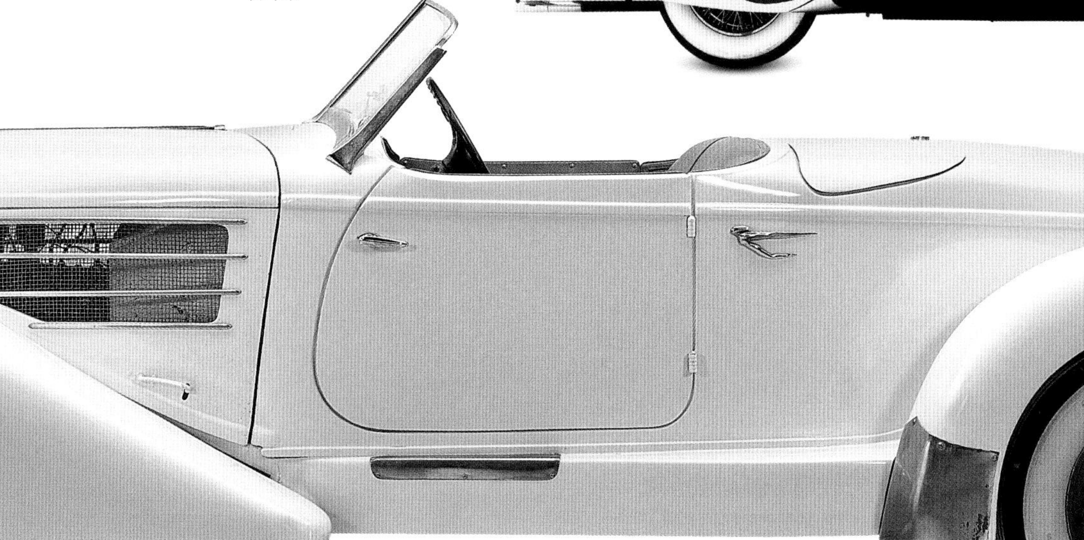

△ **링컨 콘티넨털 1939년**
Lincoln Continental 1939
생산지 미국
엔진 4,378cc, V12
최고 속력 145km/h

원래 수작업으로 만들어진 콘티넨털(Continental)은 링컨의 최고급 모델이었다. 콘티넨털은 원래 에드셀 포드를 위해 1대만 제작됐지만, 사람들의 많은 관심을 받자 에드셀 포드는 양산화를 결정했다.

△ **탈보 T150C SS 1937년**
Talbot T150C SS 1937
생산지 프랑스
엔진 3,994cc, 직렬 6기통
최고 속력 185km/h

이탈리아 출신의 엔지니어이자 기업가인 안토니 라고(Anthony Lago)는 탈보를 현대적인 엔진과 서스펜션을 갖춘 자동차로 부활시켰다. 피고니 에 팔리시가 디자인한 '물방울' 모델은 프랑스의 지중해 쪽 해안인 리비에라 해안을 달리듯 자연스럽게 르망 서킷도 달렸다.

BMW 319, 1937년

위 대 한 브 랜 드

BMW 이야기

BMW는 항공기 엔진 제조사로 시작해 모터사이클, 그리고 자동차의 순으로 사업을 다각화해 나갔다. 1950년대에 거의 파산 지경까지 이르렀던 BMW는 1960년대에 노이에 클라세(Neue Klasse) 모델을 기점으로 되살아났다. 이후로 BMW는 가장 존경받는 유럽 자동차 브랜드로, 그리고 스포츠 세단 분야를 선도하는 메이커 중 하나로 성장했다.

BMW는 항공 산업이 호황을 누리던 시대에 탄생했다. 1911년에 구스타프 오토(Gustav Otto, 휘발유 엔진의 선구자인 니콜라우스 오토의 아들)는 독일 뮌헨 근교에 비행기 공장을 세웠고, 카를 랍(Karl Rapp)은 1913년에 그 근처에서 항공기용 엔진 제작을 시작했다. 랍이 회사를 떠난 후, 회사는 바이에른 엔진 공장(Bayerische Motoren Werke), 즉 BMW로 재편됐다. 오토가 건강 악화로 은퇴한 이듬해인 1917년에 BMW는 항공기 회사와 합병했다.

BMW 배지
(1917년 도입)

BMW는 아이제나흐의 공장에서 오스틴 세븐을 라이선스 생산하고 있던 딕시(Dixi) 사를 인수한 1929년부터 자동차 생산에 뛰어들었다. 1932년에 BMW는 3/20 AM-1을 시작으로 독자적으로 자동차를 만들기 시작했다. 1934년에 나온 303에는 6기통 엔진이 쓰였고, 지금까지도 BMW 자동차에서 볼 수 있는 2개의 콩팥 모양 그릴을 처음으로 달았다. 두 세계 대전 사이에 나온 가장 훌륭한 BMW 차는 1936년에 나온 328 스포츠카로, 1930년대 후반에 유럽 스포츠카 경주를 독식했다. 제2차 세계 대전 중 독일 정부를 위해 자동차, 모터사이클, 항공기용 엔진을 만들던 BMW 공장은 연합군의 폭격으로 심각한 손상을 입었다. 전후 독일이 분할되면서, 동부에 있던 아이제나흐 공장은 소련군에 점령됐다. 이곳에서는 EMW(Eisenach Motoren Werke)라는 엠블럼을 단 모터사이클 및 자동차의 생산이 재개됐다. 이후 이 공장은 오랫동안 바르트부르크(Wartburg) 브랜드의 본거지로 1991년까지 유지됐다. BMW의 설계에 바탕을 둔 승용차는 브리스톨(Bristol) 사에 의해 영국에서도 생산됐다.

연합군이 점령한 서부 지역에 있던 뮌헨 공장은 1948년에 모터사이클 생산을 재개했다. 이후 BMW는 1951년의 501을 시작으로 여러 고급차들을 내놓았다. 그러나 501의 값은 독일인 평균 급여의 4배나 됐고, 차를 살 수 있는 여력이 있는 사람들은 더 확고한 자리를 잡은 메르세데스벤츠 모델을 즐겨 찾았다. 빠른 속도를 낸 507 스포츠카를 포함한 BMW의 V8 엔진 모델들은 모두 깊은 인상을 심어 주었지만 수익을 내지 못했다. 뚜렷한 성공을 거둔 모델은 1953년에 이탈리아에서 출시됐던 소형 이세타(Isetta) '버블카(bubble car)'였다. BMW는 생산권을 사 독자적인 엔진을 얹고 1955년에 다시 내놓았다. 8년 동안 16만 대 이상이 만들어졌고, BMW는 점차 경제적으로 여유로워지고 있던 소비자들을 겨냥한 후속 모델로 조금 더 큰 차들을 내놓았다. 그럼에도 여전히 재정난을 겪었고, 1959년에는 파산 직전에 이른 BMW가 회생한 것은 새로운 경영진을 투입한 콴트(Quandt) 가문의 투자 덕분이었다.

> **"그들에게는 강력하면서도 신뢰할 수 있는 엔진을 만들 수 있는 놀라운 능력이 있다."**
>
> **— BMW 엔진을 얹은 맥라렌 F1의 설계자 고든 머리가 1994년에 한 말**

BMW 이세타 '버블 카'
이 작은 2인승차를 움직인 것은 단기통 4행정 모터사이클 엔진이었다.

이 성공적인 경영진 교체가 맺은 첫 결실은 1961년에 출시된 1500 모델로부터 시작된 노이에 클라세 시리즈로, 이 자동차들 덕분에 마침내 BMW는 재정적으로 안정된 길을 걷게 됐다. 산뜻하고 네모나게 각진 스타일과 새로운 오버헤드 캠 엔진은 이 자동차들에 대단한 매력을 부여했다. 노이에 클라세 시리즈의 수요가 늘어나자 생산력을 늘려야 했던 BMW는 경영난을 겪고 있던 딩골핑의 자동차 메이커 글라스(Glas)를 인수했다.

3세대 BMW 5 시리즈, 1995년
구조 변화로 무거워진 만큼의 경량화를 위해 서스펜션과 스티어링에 알루미늄을 사용했다.

1960년대 말에 6기통 엔진을 얹고 나온 신형 6 시리즈 고급 쿠페는 BMW의 제품군을 넓혔고, 1972년부터 나오기 시작한 5 시리즈는 효율적인 엔진, 단정한 스타일, 동급 최고 수준의 안전성을 통해 고급 중형차의 기준을 새롭게 정의했다. 한편 BMW의 신형 6 시리즈 쿠페를 경량화한 3.0CSL은 유럽 투어링 카 선수권에서 포드의 RS 카프리(RS Capri)를 제쳤다. 그러나 1973년에 일어난 석유 파동 때문에 일반 도로 주행용 CSL은 물론 그해에 선보인 소형차 2002 터보 모델도 대단한 성공을 거두지는 못했다. 1979년에 한정 생산을 시작한 M1 슈퍼카 프로젝트도 생산을 맡은 람보르기니가 생산 도중에 경영 문제로 포기하는 등 순조롭게 진행되지 않았다.

하지만 BMW는 1975년에 소형 3 시리즈, 1976년에 6 시리즈 쿠페, 1977년에 대형 7 시리즈를 선보이며 잘 다져진 제품군

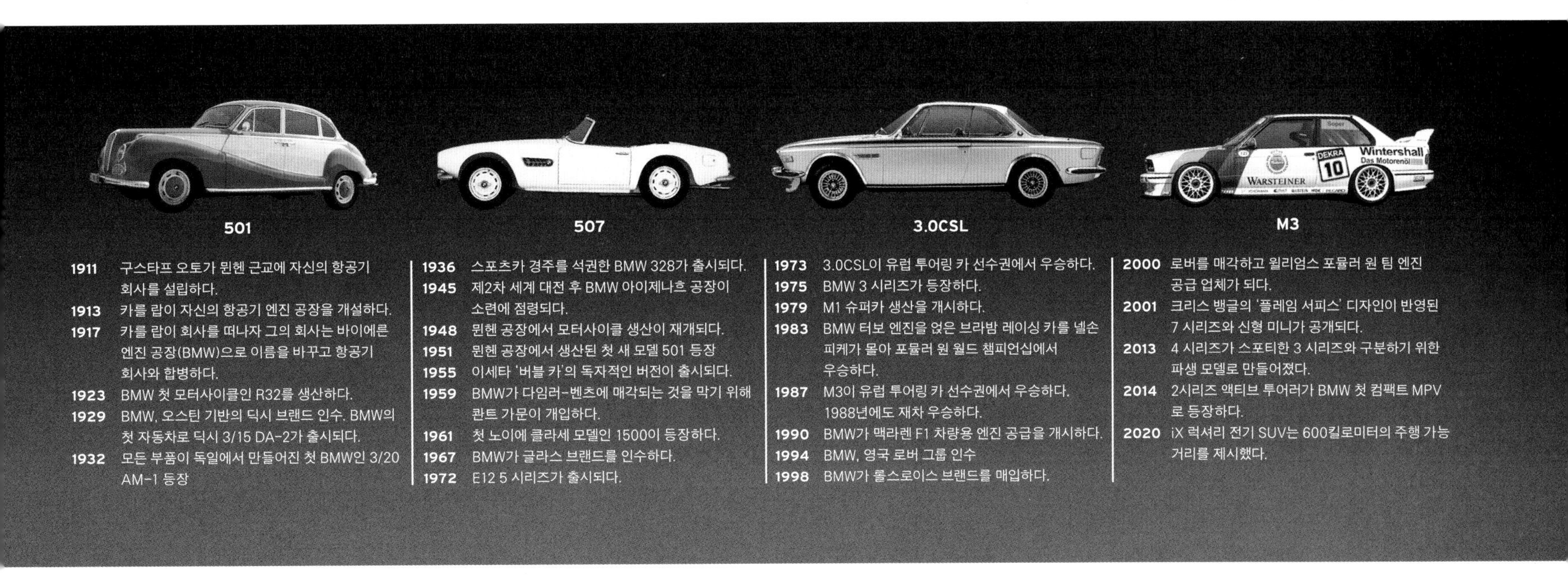

을 갖췄다. 뒤이어 1981년에 2세대 5 시리즈를 내놓았고, 같은 해에 BMW는 브라밤(Brabham) 포뮬러 원 팀에 강력한 1.5리터 터보 엔진을 공급하는 엔진 공급자가 됐다. 1961년의 노이에 클라세 엔진을 기반으로 한 터보 엔진은 브라질 출신 드라이버 넬손 피케(Nelson Piquet)가 1983년 월드 챔피언에 오르는 원동력이 됐다.

1980년대 중반에 BMW는 M1의 24밸브 엔진을 5 시리즈와 6 시리즈에 얹어 빠르면서도 세련된 M 시리즈를 만들었다. 같은 엔진을 3시리즈에 얹으려는 시도도 있었지만, 무게 때문에 핸들링이 나빠져 포기했다. 그 대신, BMW의 엔진 책임자 폴 로셰(Paul Rosche)는 1988년에 M3용 16밸브 4기통 엔진을 개발했다. 이 엔진 덕분에 M3은 25년 전에 328이 그랬듯이 투어링 카 경주의 선수권을 석권할 수 있었다. 1990년에 BMW는 맥라렌 F1 차량용 엔진을 공급했고, 1999년에 맥라렌 F1은 윌리엄스 팀을 위해 르망 24시간 경주에서 우승했다. 이듬해에 BMW는 윌리엄스 팀용으로 V10 포뮬러 원 엔진을 개발했고, 2005년까지 엔진 공급을 지속했다. 윌리엄스 팀과 갈라선 이후, BMW는 2006년부터 2009년까지 자우버(Sauber) 그랑프리 팀을 소유했다.

BMW는 2000년부터 계속해서 신세대 3, 5, 7 시리즈 승용차들과 Z 시리즈 스포츠카, 그리고 X 시리즈 SUV를 내놓으며 제품군을 확대했다. 2001년에 디자인 책임자인 크리스 뱅글(Chris Bangle)은 타오르는 불꽃의 특징을 자동차의 곡선과 각에 반영한 '플레임 서피싱(flame surfacing)' 개념으로 BMW의 디자인을 바꾸었다.

1990년대에 BMW는 1994년에 영국의 로버 그룹을, 그리고 1998년에 롤스로이스 브랜드를 매입하면서 사업을 확장했다. BMW는 2000년에 로버를 매각했지만 미니 브랜드는 팔지 않았고, 완전히 새로운 미니를 2001년에 출시한 후 엄청난 성공을 거뒀다.

BMW는 전 세계의 여러 공장에서 스포츠카와 럭셔리 세단뿐 아니라 다양한 SUV를 생산하면서 라인업을 차츰 확장해 나갔다. 전기차 분야에서는 2014년에 i3 시티카와 i8 플러그인 하이브리드 스포츠카로 획기적인 시작을 하면서, 2020년에는 순수 전기 럭셔리 SUV인 iX를 선보였다.

BMW 328
1936년부터 1940년까지 생산된 328은 당대에 가장 훌륭한 스포츠카 중 하나였다. 이 자동차에는 아름다운 디자인의 유선형 차체, 가벼운 파이프 용접 프레임, 반구형 연소실을 갖춘 1,971시시 6기통 엔진이 쓰였다.

강력한 스포츠 투어러

1929년의 월가 붕괴가 세계적인 불황을 촉발했지만, 1930년대에는 소수의 메이커들이 세계 경제의 회복에 따라 과거 어느 때보다 뛰어난 세련미를 자랑하는 대배기량 엔진의 스포츠 투어러를 꾸준히 만들었다. 포장이 잘 된 도로들이 빠르게 늘어나면서 부유한 운전자들이 그때까지 상상하지 못했던 속도로 정속 주행하며 수백 킬로미터의 거리를 몇 시간 만에 달릴 수 있게 됐다. 이로써 파리에서 몬테카를로, 또는 런던에서 에딘버러까지 가는 장거리 차량 여행이 현실화됐다.

△ 벤틀리 4리터 1931년
Bentley 4-litre 1931
생산지 영국
엔진 3,915cc, 직렬 6기통
최고 속력 129km/h

엄청난 배기량의 8리터 엔진과 강렬함이 부족한 4리터 엔진을 단 모델이 독자적으로 운영되던 벤틀리의 마지막 역작이었다. 벤틀리는 곧 롤스로이스에 인수·합병됐다.

△ 레일턴 에잇 1933년
Railton Eight 1933
생산지 영국
엔진 4,010cc, 직렬 8기통
최고 속력 145km/h

영국의 엔지니어 레이드 레일턴(Reid Railton)은 미국 테라플레인(Terraplane)에서 만든 강력한 차대에 스포티한 영국산 차체를 얹으려는 생각을 갖고 있었다. 그 결과물이 경쟁력 있는 가격의 빠른 스포츠카인 레일턴 에잇(Railton Eight)이었다.

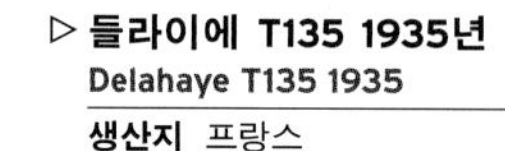

▷ 들라이에 T135 1935년
Delahaye T135 1935
생산지 프랑스
엔진 3,227cc, 직렬 6기통
최고 속력 161km/h

알프스 랠리에 도전해서 거둔 성공 이후 '알프스 쿠페(Coupé des Alpes)'라는 별명이 붙은 T135에는 트럭용을 개조한 엔진이 쓰였지만, 일반 도로와 경주 트랙에서 뛰어난 성능을 발휘한 것은 물론 스타일도 멋있었다.

△ SS I 1933년
SS I 1933
생산지 영국
엔진 2,552cc, 직렬 6기통
최고 속력 121km/h

윌리엄 라이언스는 처음에 모터사이클용 사이드카를, 그 후에는 오스틴 세븐용 차체를 만들었다. 그가 만든 첫 완성차는 1931년에 나온 SS 1 쿠페였고, 1933년에는 투어러 모델도 나왔다.

◁ 데임러 LQ20 스페셜 1934년
Daimler LQ20 Special 1934
생산지 영국
엔진 2,700cc, 직렬 6기통
최고 속력 121km/h

데임러의 자가 운전자용 모델에는 랜체스터의 것을 개량한 엔진, 유체 플라이휠 변속기, 서보 브레이크가 쓰였다. 사진에 나온 경량 스페셜 투어러 모델과 달리, 대부분의 차는 무거운 차체가 올라간 세단이었다.

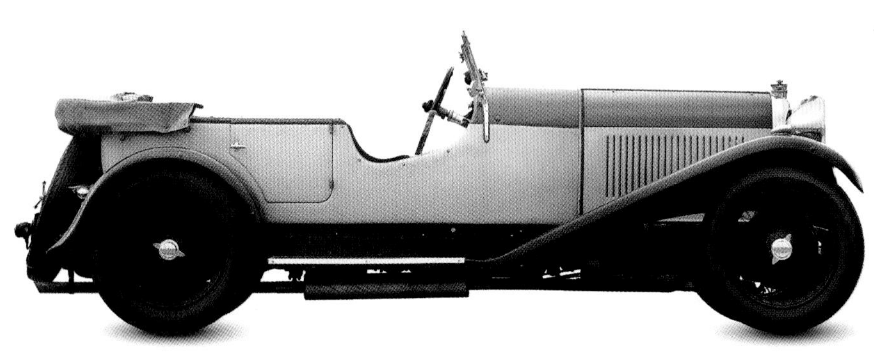

◁ 라곤다 3리터 1933년
Lagonda 3-litre 1933
생산지 영국
엔진 3,181cc, 직렬 6기통
최고 속력 132km/h

라곤다는 불황을 겪으면서 고급 투어러 모델의 판매에 어려움을 겪었지만, 3리터 모델은 여전히 뛰어난 성능을 발휘하는 멋진 스포츠카였다. 이 자동차에는 사전 선택형 변속기가 선택 사항으로 마련돼 있었다.

△ 메르세데스벤츠 540K 1936년
Mercedes-Benz 540K 1936
생산지 독일
엔진 5,401cc, 직렬 8기통
최고 속력 171km/h

캐딜락 V16보다 2배 비쌌던 메르세데스벤츠 540K는 4륜 독립 서스펜션, 파워 브레이크, 180마력을 발휘하는 슈퍼차저 엔진을 갖춘 웅장한 그랜드 투어러였다.

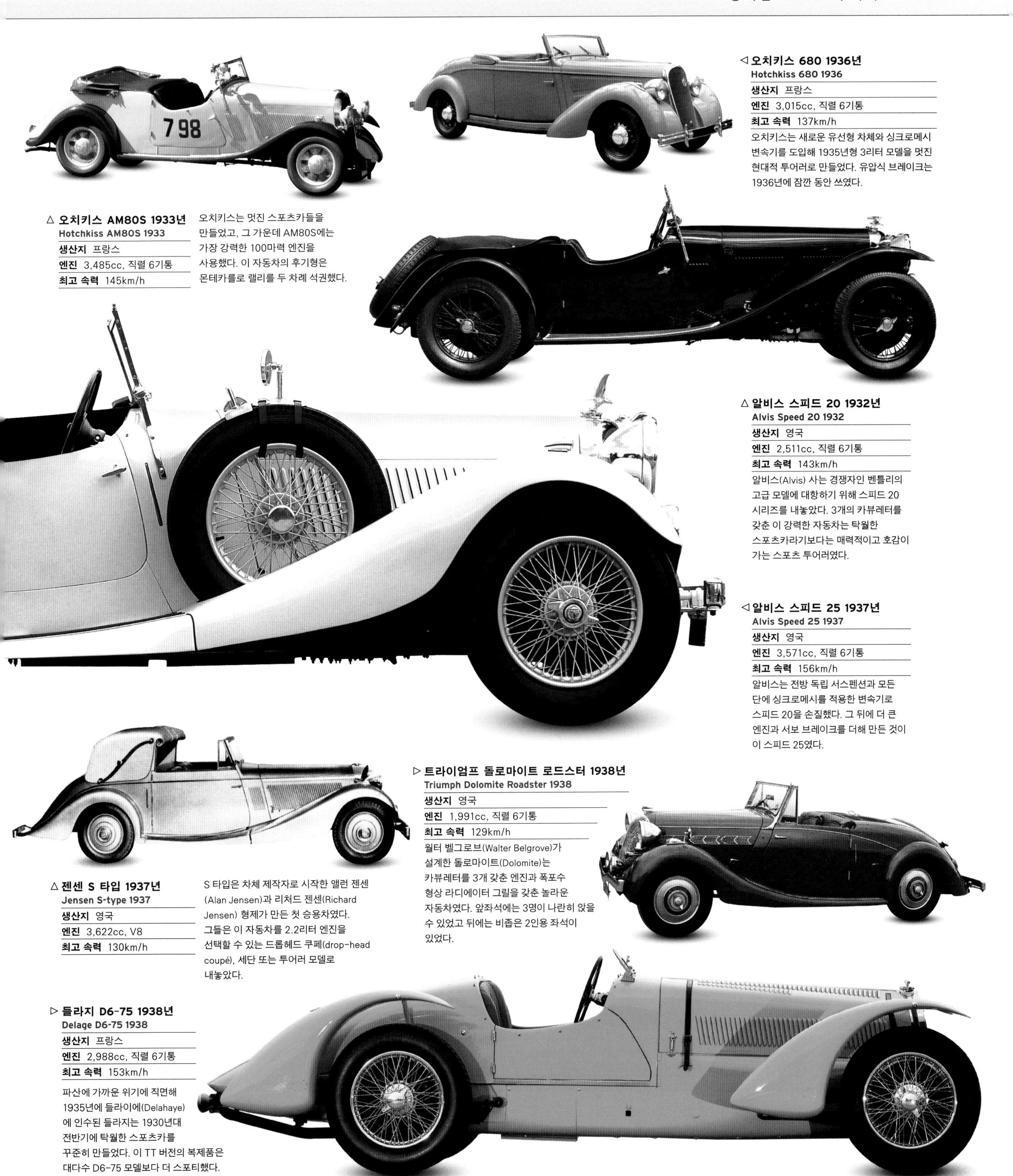

◁ **오치키스 680 1936년**
Hotchkiss 680 1936
생산지 프랑스
엔진 3,015cc, 직렬 6기통
최고 속력 137km/h
오치키스는 새로운 유선형 차체와 싱크로메시 변속기를 도입해 1935년형 3리터 모델을 멋진 현대적 투어러로 만들었다. 유압식 브레이크는 1936년에 잠깐 동안 쓰였다.

△ **오치키스 AM80S 1933년**
Hotchkiss AM80S 1933
생산지 프랑스
엔진 3,485cc, 직렬 6기통
최고 속력 145km/h
오치키스는 멋진 스포츠카들을 만들었고, 그 가운데 AM80S에는 가장 강력한 100마력 엔진을 사용했다. 이 자동차의 후기형은 몬테카를로 랠리를 두 차례 석권했다.

△ **알비스 스피드 20 1932년**
Alvis Speed 20 1932
생산지 영국
엔진 2,511cc, 직렬 6기통
최고 속력 143km/h
알비스(Alvis) 사는 경쟁자인 벤틀리의 고급 모델에 대항하기 위해 스피드 20 시리즈를 내놓았다. 3개의 카뷰레터를 갖춘 이 강력한 자동차는 탁월한 스포츠카라기보다는 매력적이고 호감이 가는 스포츠 투어러였다.

◁ **알비스 스피드 25 1937년**
Alvis Speed 25 1937
생산지 영국
엔진 3,571cc, 직렬 6기통
최고 속력 156km/h
알비스는 전방 독립 서스펜션과 모든 단에 싱크로메시를 적용한 변속기로 스피드 20을 손질했다. 그 뒤에 더 큰 엔진과 서보 브레이크를 더해 만든 것이 이 스피드 25였다.

▷ **트라이엄프 돌로마이트 로드스터 1938년**
Triumph Dolomite Roadster 1938
생산지 영국
엔진 1,991cc, 직렬 6기통
최고 속력 129km/h
월터 벨그로브(Walter Belgrove)가 설계한 돌로마이트(Dolomite)는 카뷰레터를 3개 갖춘 엔진과 폭포수 형상 라디에이터 그릴을 갖춘 놀라운 자동차였다. 앞좌석에는 3명이 나란히 앉을 수 있었고 뒤에는 비좁은 2인용 좌석이 있었다.

△ **젠센 S 타입 1937년**
Jensen S-type 1937
생산지 영국
엔진 3,622cc, V8
최고 속력 130km/h
S 타입은 차체 제작자로 시작한 앨런 젠센(Alan Jensen)과 리처드 젠센(Richard Jensen) 형제가 만든 첫 승용차였다. 그들은 이 자동차를 2.2리터 엔진을 선택할 수 있는 드롭헤드 쿠페(drop-head coupé), 세단 또는 투어러 모델로 내놓았다.

▷ **들라지 D6-75 1938년**
Delage D6-75 1938
생산지 프랑스
엔진 2,988cc, 직렬 6기통
최고 속력 153km/h
파산에 가까운 위기에 직면해 1935년에 들라이에(Delahaye)에 인수된 들라지는 1930년대 전반기에 탁월한 스포츠카를 꾸준히 만들었다. 이 TT 버전의 복제품은 대다수 D6-75 모델보다 더 스포티했다.

1940년대

절제미와 현실성 | 픽업 트럭과 스테이션 왜건 | 패스트백과 고속 스포츠카

전후의 대형 승용차

제2차 세계 대전 이후 유럽에서는 소수의 사람들만이 고급스러운 대형 세단을 살 수 있었다. 정부 각료, 대사, 혹은 의사 같은 사람들만이 업무용으로 쓸 크고 강력한 자동차를 떳떳하게 구입할 수 있었다. 때문에 디자인은 보수적이었다. 대부분의 대형 승용차들은 전쟁 전의 무겁고 육중한 엔진을 얹고 있었고 많은 자동차들에 여전히 사이드밸브 엔진과 3단 변속기가 쓰였다.

▷ **이조타-프라스키니 8C 몬테로사 1947년**
Isotta-Fraschini 8C Monterosa 1947
생산지 이탈리아
엔진 3,400cc, V8
최고 속력 161km/h
타트라에서 영감을 얻은 기술자 파비오 라피(Fabio Rapi)는 차체 후방에 얹은 V8 엔진, 고무 스프링, 공기 역학적인 모노코크 차체를 갖춘 첨단 고급차를 구상했다. 이 자동차는 겨우 5대만 만들어졌다.

▷ **데임러 DE36 1946년**
Daimler DE36 1946
생산지 영국
엔진 5,460cc, 직렬 8기통
최고 속력 134km/h
전후에 나온 이 거대한 데임러 자동차는 윈저 왕가를 포함해 전 세계의 일곱 왕가에 전해졌다. 이 자동차에는 영국 최후의 양산형 직렬 8기통 엔진이 쓰였다.

◁ **벤틀리 Mk VI 1946년**
Bentley Mk VI 1946
생산지 영국
엔진 4,257cc, 직렬 6기통
최고 속력 161km/h
전후의 벤틀리 차는 롤스로이스의 동급 모델보다 약간 낮은 가격이 매겨졌다. 80퍼센트는 공장에서 만들어진 '기본형 철제' 차체가 쓰였는데, 이것은 차체를 별도로 제작하는 것보다 저렴했다.

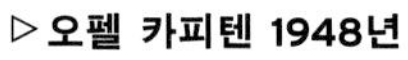

▷ **오펠 카피텐 1948년**
Opel Kapitän 1948
생산지 독일
엔진 2,473cc, 직렬 6기통
최고 속력 126km/h
1948년에 다시 선보인 모노코크 구조의 카피탠(Kapitän)은 전쟁이 끝난 후 오펠에게 재기의 발판을 마련해 주었다. 실용적이고 대중적이었던 이 자동차는 1951년까지 3만 431대가 팔렸다.

△ **울즐리 6/80 1948년**
Wolseley 6/80 1948
생산지 영국
엔진 2,215cc, 직렬 6기통
최고 속력 127km/h
신뢰성이 높았던 이 세단은 1940년대에 영국의 표준 경찰차가 돼 거리 순찰과 추적 임무에 모두 사용됐다. 이 자동차에는 공장에서 직접 공급된 내구성 높은 장비가 갖춰져 있었다.

▷ **험버 풀먼 II 1948년**
Humber Pullman II 1948
생산지 영국
엔진 4,086cc, 직렬 6기통
최고 속력 126km/h
이 인상적인 리무진은 영국 정부 관료들이 즐겨 찾았다. 섀시는 슈퍼 스나이프(Super Snipe)의 것을 연장했기 때문에, 프로펠러 샤프트 2개를 연결해 써야 했다.

◁ **험버 슈퍼 스나이프 II 1948년**
Humber Super Snipe II 1948
생산지 영국
엔진 4,086cc, 직렬 6기통
최고 속력 132km/h
은행 지점장들과 정부 관료들이 선호했던 슈퍼 스나이프는 보수적인 취향의 전형을 보여 주었다. 엔진은 전쟁 중 영국 육군 지휘용 차량에서 쓰던 것을 이어받았다.

▽ **롤스로이스 실버 레이스 1946년**
Rolls-Royce Silver Wraith 1946

생산지 영국
엔진 4,257cc, 직렬 6기통
최고 속력 137km/h

전후 영국에서 가장 고급스러웠던 이 자동차에는 대부분 알루미늄 패널을 사용한 주문 제작 차체가 쓰였다. 차체 길이와 엔진 크기는 1959년까지 꾸준히 커졌다.

△ **포드 V8 파일럿 1947년**
Ford V8 Pilot 1947

생산지 영국
엔진 3,622cc, V8
최고 속력 127km/h

극히 견고한 자동차인 파일럿의 플랫헤드 V8 엔진은 1930년대까지 그 기원이 거슬러 올라간다. 대단한 힘을 자랑했지만, 전후 영국의 내핍 분위기와는 거리가 있었다.

▷ **라곤다 2.6리터 1948년**
Lagonda 2.6-litre 1948

생산지 영국
엔진 2,580cc, 직렬 6기통
최고 속력 145km/h

위대한 월터 오웬 벤틀리가 설계한 고급 컨버터블과 세단이었던 라곤다에는 4륜 독립 서스펜션이 쓰인 것은 물론, 애스턴 마틴에도 함께 쓰였던 2.6리터 더블 캠샤프트 엔진이 올라갔다.

△ **들라이에 235 1951년**
Delahaye 235 1951

생산지 프랑스
엔진 3,557cc, 직렬 6기통
최고 속력 177km/h

전쟁 전의 모델인 135를 개선한 버전인 들라이에 235는 1951년부터 1954년까지 85대가 만들어졌다. 별도로 주문 제작된 차체는 값이 너무 비싸, 공장에서 제작된 것으로 교체됐다.

▷ **오스틴 A135 프린세스 1947년**
Austin A135 Princess 1947

생산지 영국
엔진 3,995cc, 직렬 6기통
최고 속력 142km/h

이 자동차는 3개의 카뷰레터와 차체 제작사인 반덴 플라(Vanden Plas)가 만든 더 현대적인 모습의 알루미늄 차체 덕분에 뛰어난 성능을 발휘했다. 사진의 자동차는 휠베이스가 긴 후기형 리무진이다.

◁ **오스틴 A125 시어라인 1947년**
Austin A125 Sheerline 1947

생산지 영국
엔진 3,995cc, 직렬 6기통
최고 속력 130km/h

날카로운 디자인과 커다란 헤드램프 덕분에 이 대형 오스틴 모델은 현대적인 벤틀리와 비슷해 보였지만, 트럭용을 손질해 얹은 엔진 때문에 성능에는 한계가 있었다.

미국 스타일의 정립

전후 미국에서는 신차에 대한 수요가 매우 커서, 메이커들은 근본적으로 전쟁 전의 차체 스타일에 바탕을 둔 자동차들을 쏟아냈다. 하지만 미국은 전쟁에 훨씬 늦게 뛰어들었기 때문에 이때 생산된 미국 자동차들의 스타일에는 유럽 자동차들에 비하면 3년은 더 발전된 모습이 담겨 있었다. 1949년이 되자 수요 정체가 해소됐고 메이커들은 공기 역학적인 새로운 스타일과 테일 핀과 크롬 같은 장식을 앞세워 경쟁을 벌이기 시작했다.

△ **링컨 1946년**
Lincoln 1946
생산지 미국
엔진 4,998cc, V12
최고 속력 148km/h

포드 사의 고급 브랜드인 링컨은 1946년에도 여전히 전전의 모습을 한 자동차들을 생산했다. 이 자동차들은 훌륭했지만, 소비자들은 이것보다 더 현대적인 것을 원하고 있었다.

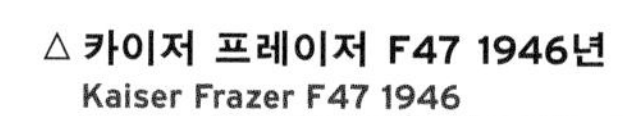

△ **카이저 프레이저 F47 1946년**
Kaiser Frazer F47 1946
생산지 미국
엔진 3,707cc, 직렬 6기통
최고 속력 132km/h

너비 전체를 차지하는 차체에 앞 또는 뒤에 튀어나온 펜더 몰딩이 없는, 진정한 전후 스타일을 보여 주는 첫 미국산 자동차였던 프레이저는 하워드 '더치' 다린(Howard 'Dutch' Darrin)이 디자인했다.

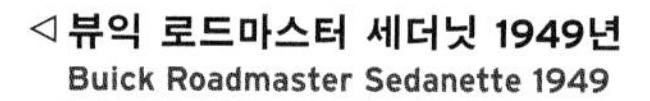

◁ **뷰익 로드마스터 세더닛 1949년**
Buick Roadmaster Sedanette 1949
생산지 미국
엔진 5,247cc, 직렬 8기통
최고 속력 140km/h

1949년형 뷰익 세더닛의 외관은 탁월한 균형감을 갖춘 스타일을 보여 준다. 지붕에서 차체 후미까지 완만하게 기울어진 이 자동차의 패스트백(fastback) 스타일은 뒤로 갈수록 가늘어지는 크롬 사이드바와 뒷바퀴 위쪽의 전투기 스타일 장식으로 완성돼 있다.

△ **크라이슬러 윈저 클럽 쿠페 1946년**
Chrysler Windsor Club Coupé 1946
생산지 미국
엔진 4,107cc, 6기통
최고 속력 132km/h

크라이슬러 윈저는 두 가지 색조로 누벼진 모직 시트를 포함해 실내를 더 좋게 꾸민 크라이슬러 로열(Royal)이었다. 이 쿠페는 아직 펜더가 불룩했지만 차체 뒤쪽에서 전후의 디자인 경향을 확인할 수 있다.

▷ **뷰익 슈퍼 1946년**
Buick Super 1946
생산지 미국
엔진 4,064cc, 직렬 8기통
최고 속력 140km/h

뷰익의 전후 스타일은 1942년형 모델의 것을 살짝 개선한 정도였지만, 여전히 대부분의 경쟁차들보다 현대적이었다. 우아하고 매력적인 컨버터블은 특히 인기가 좋았다.

△ **쉐보레 스타일마스터 1946년**
Chevrolet Stylemaster 1946
생산지 미국
엔진 3,548cc, 직렬 6기통
최고 속력 132km/h

경쟁력 있는 가격에 1937년으로 뿌리가 거슬러 올라가는 스토브볼트 식스 엔진을 얹었고 전전 스타일을 지닌 이 자동차는 미국에서 가장 많이 판매됐다.

◁ **터커 48 1948년**
Tucker 48 1948
생산지 미국
엔진 5,475cc, 수평 대향 6기통
최고 속력 211km/h

변덕스러운 후원자였던 프레스턴 터커(Preston Tucker)의 개성은 별개로 하더라도, 이 자동차는 차체 뒤쪽에 놓인 헬리콥터 엔진과 폭발적인 성능으로 화제가 될 만했다.

▽ **폰티액 치프틴 컨버터블 1949년**
Pontiac Chieftain Convertible 1949
생산지 미국
엔진 4,079cc, 직렬 8기통
최고 속력 137km/h
1949년에는 폰티액에 낮고 날렵하며 너비를 가득 채운 차체가 도입됐다. 이런 점이 따분한 구형 6기통 및 8기통 엔진의 단점을 어느 정도 상쇄시켰다.

◁ **포드 커스텀 V8 1949년**
Ford Custom V8 1949
생산지 미국
엔진 3,917cc, V8
최고 속력 137km/h
포드 자동차의 스타일은 1949년에 새로워졌다. 이 자동차의 단정하고 낮고 현대적인 상자형 차체 디자인은 유럽산 포드 자동차에도 곧 반영됐다. 새 모델을 구입하려 많은 사람들이 몰려들었다.

▽ **닷지 코로넷 1949년**
Dodge Coronet 1949
생산지 미국
엔진 3,769cc, 직렬 6기통
최고 속력 129km/h
닷지의 새로운 상자형 스타일은 1949년에 등장했다. 크롬 장식을 제외하면 미국 자동차들의 옆모습은 이 시기의 유럽 자동차들과 큰 차이가 없었지만, 이런 모습은 오래지 않아 달라졌다.

△ **캐딜락 플리트우드 60 스페셜 1947년**
Cadillac Fleetwood 60 Special 1947
생산지 미국
엔진 5,670cc, V8
최고 속력 145km/h

1947년형 캐딜락은 과거 어느 때보다도 많은 크롬 도금으로 장식되고 여전히 전전의 스타일로 만들어졌다. 고급형 플리트우드 모델에는 약간 더 넓은 도어가 달렸다.

◁ **허드슨 슈퍼 식스 1948년**
Hudson Super Six 1948
생산지 미국
엔진 4,293cc, 직렬 6기통
최고 속력 145km/h
전후 미국에서 자동차를 생산한 소수의 작은 메이커 중 하나였던 허드슨 사는 높이를 낮춘 차체와 새롭고 강력한 슈퍼 식스 엔진을 갖춘 탁월한 차량을 선보였다.

△ **캐딜락 시리즈 62 클럽 쿠페 1949년**
Cadillac Series 62 Club Coupé 1949
생산지 미국
엔진 5,424cc, V8
최고 속력 148km/h
1948년형 제너럴 모터스 자동차의 차체 디자인은 록히드(Lockheed) P38 전투기의 영향을 받은 테일 핀이 특징이었다. 1949년에는 새로운 OHV 엔진 탑재 모델이 나왔다.

▽ **쉐보레 플리트라인 디럭스 1949년**
Chevrolet Fleetline Deluxe 1949
생산지 미국
엔진 3,548cc, 직렬 6기통
최고 속력 129km/h
쉐보레는 1949년에 차체와 완전히 조화를 이루는 앞 펜더를 도입했다. 펜더의 스타일은 여전히 보수적이었지만, 쉐보레는 여전히 시장을 주도했다.

▽ **패커드 슈퍼 에잇 컨버터블 1948년**
Packard Super Eight convertible 1948
생산지 미국
엔진 5,359cc, 직렬 8기통
최고 속력 158km/h

단정하고 현대적인 '욕조형(bathtub)' 스타일이 소비자들에게 인기를 끌면서, 1948년은 패커드에게 전후 가장 좋은 실적을 올린 한 해가 됐다. 그러나 작은 메이커에게는 경쟁사들처럼 매년 스타일을 바꿀 수 있는 여력이 없었다.

△ **올즈모빌 88 클럽 세단 1949년**
Oldsmobile 88 Club Sedan 1949
생산지 미국
엔진 4,977cc, V8
최고 속력 161km/h
미래적인 스타일에 고성능 로켓(Rocket) V8 엔진과 효율이 뛰어난 하이드라매틱(Hydramatic) 자동 변속기가 가세한 1949년형 올즈모빌은 대단히 매력적이었다.

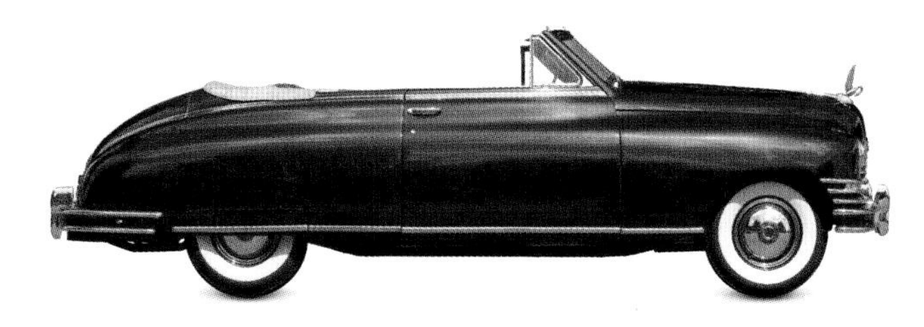

◁ **스튜드베이커 챔피언 1950년**
Studebaker Champion 1950
생산지 미국
엔진 2,779cc, 직렬 6기통
최고 속력 132km/h
1947년에 스튜드베이커 사는 전후 스타일을 선보이며 자동차 역사에 큰 획을 남겼다. 1950년형 챔피언에는 차체 앞부분이 더 길어지고 공기 역학적인 선이 도입되며 첫 번째 대대적 개선이 이루어졌다.

전장의 택시 지프, 1942년
테네시에 주둔했던 이 미군 병사들은 자신들이 탄 포드와 윌리스의 GPV(General Purpose Vehicle, 다목적 차량)가 평화기에 SUV 열풍을 일으킬 것이라고는 거의 생각지도 못했을 것이다.

실용적인 운송 수단

제2차 세계 대전의 격화에 따른 수요 증가와 공급 부족 때문에, 1940년대의 운송 수단은 장식이나 화려함이 아니라 실용성에 집중해야 했다. 군량을 운반하고 필요한 곳에 공급하는 데에는 밴과 픽업 트럭이 필수적이었고, 험한 지형을 넘어 병력을 수송하기 위해서는 오프로드용 자동차가 필요했다. 전쟁이 끝난 후에는 세계 경제가 회복되기 시작하면서 단순하고 튼튼한 자동차의 수요가 크게 늘어났다.

▽ **험버 슈퍼 스나이프 지휘차 1938년**
Humber Super Snipe staff car 1938
생산지 영국
엔진 4,086cc, 직렬 6기통
최고 속력 126km/h
제2차 세계 대전기에 영국군 장교를 수송하는 데에는 이 험버 자동차만 한 것이 없었다. 크고 둔중했지만 빠르면서 매우 강력했다.

△ **포드 F1 1948년**
Ford F1 1948
생산지 미국
엔진 3,703cc, V8
최고 속력 112km/h
매력적이고 균형 잡힌 외관을 가지고 적당히 강력한 V8 엔진을 탑재한 이 1948년형 트럭은 1939년형 포드 모델들의 선을 따라 포드 사의 디자이너인 유진 '밥' 그레고리(Eugene 'Bob' Gregorie)가 디자인했고 오랫동안 인기를 얻었다.

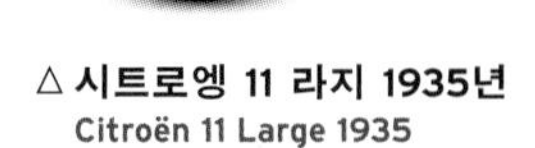

△ **시트로엥 11 라지 1935년**
Citroën 11 Large 1935
생산지 프랑스
엔진 1,911cc, 직렬 4기통
최고 속력 105km/h
혁신적인 전륜 구동 방식의 시트로엥 자동차 중 가장 길었던 이 모델은 길이가 4.5미터를 넘었고 회전 반경이 매우 컸다. 대가족용이나 택시로서 이상적이었던 이 자동차는 3열 좌석 구성을 갖추고 있었다.

▽ **인터내셔널 하비스터 K 시리즈 픽업 1941년**
International Harvester K-series pick-up 1941
생산지 미국
엔진 3,507cc, 직렬 6기통
최고 속력 105km/h
픽업 트럭(pick-up truck)은 1940년대 미국 농촌 지역의 기본적인 운송 수단이 됐다. 농기계 제조사인 인터내셔널 하비스터 사는 1909년부터 경트럭을 만들기 시작했다.

△ **폭스바겐 퀴벨바겐 1940년**
Volkswagen Kübelwagen 1940
생산지 독일
엔진 985cc, 수평 대향 4기통
최고 속력 80km/h
페르디난트 포르셰가 비틀을 바탕으로 만든 이 군용 수송차는 2륜 구동 모델만 있었지만 모든 전장을 누볐다. 1940년부터 1945년까지 5만 435대라는 엄청난 수의 차량이 만들어졌다.

△ **폭스바겐 슈빔바겐 타입 166 1941년**
Volkswagen Schwimmwagen Type 166 1941
생산지 독일
엔진 1,131cc, 수평 대향 4기통
최고 속력 76km/h
대단히 효율적인 수륙 양용차로 1만 5584대가 생산된 슈빔바겐에는 수중 추진용 프로펠러가 달려 있었다. 이 차량은 1단 기어에서만 4륜 구동 장치가 작동했고 2개의 차동 장치가 쓰였다.

▷ **쉐보레 스타일마스터 밴 1946년**
Chevrolet Stylemaster Van 1946
생산지 미국
엔진 3,548cc, 직렬 6기통
최고 속력 140km/h
이 널찍한 밴은 농촌 지역에서 화물을 실어 나르기에 제격이었다. 1937년에 발표된 내구성 있는 '스토브볼트 식스(Stovebolt Six)' 엔진의 가치 덕분에 이 자동차는 베스트셀러가 됐다.

◁ **스탠더드 뱅가드 1948년**
Standard Vanguard 1948

생산지 영국
엔진 2,088cc, 직렬 4기통
최고 속력 124km/h

스탠더드 사의 상무 이사였던 존 블랙(John Black) 경은 전후에 전 세계로 수출할 수 있는 자동차를 꿈꾸었다. 하지만 정작 판매가 이루어진 곳은 영연방 국가들로 한정됐다.

▽ **랜드 로버 시리즈 I 1948년**
Land-Rover Series I 1948

생산지 영국
엔진 1,595cc, 직렬 4기통
최고 속력 89km/h

로버 사의 이사였던 모리스 윌크스(Maurice Wilks)는 들판 어디든 갈 수 있고 아이들을 학교에 데려다 줄 수 있는 농가용 4륜 구동 다목적차라는 훌륭한 구상을 시판차로 연결하는 데 성공했다.

▷ **랜드 로버 시리즈 I 스테이션 왜건 1948년**
Land-Rover Series I Station Wagon 1948

생산지 영국
엔진 1,595cc, 직렬 4기통
최고 속력 89km/h

개발에 영향을 준 지프보다 훨씬 더 다재다능했던 랜드 로버의 폭넓은 매력 덕분에 더 현대화된 차에 대한 수요가 생겨났다. 이 7인승 스테이션 왜건이 잠깐 동안 그런 수요를 충족시켰다.

◁ **윌리스 MB '지프' 1941년**
Willys MB 'Jeep' 1941

생산지 미국
엔진 2,199cc, 직렬 4기통
최고 속력 97km/h

경량 4륜 구동 정찰용 차량을 필요로 한 미국 육군의 계약을 따내기 위해 윌리스(Willys), 포드, 밴텀(Bantam)이 경합에 나섰다. 윌리스는 MB 모델로 이 계약을 따냈고 포드는 이 자동차를 포드 GPW라는 이름으로 만들었다.

▽ **윌리스 지프 지프스터 1948년**
Willys Jeep Jeepster 1948

생산지 미국
엔진 2,199cc, 직렬 4기통
최고 속력 97km/h

브룩스 스티븐스(Brooks Stevens)가 디자인한 지프스터는 전시의 기본형 지프를 바탕으로 재미있는 스포츠카를 만들려는 시도의 산물이었다. 이 자동차는 후륜 구동 모델만 있었고 크롬 장식을 과하게 했다.

△ **조윗 브랫포드 1946년**
Jowett Bradford 1946

생산지 영국
엔진 1,005cc, 수평 대향 2기통
최고 속력 85km/h

조윗(Jowett)의 수평 대향 2기통 엔진은 그 역사가 1910년으로 거슬러 올라가지만, 이 넉넉한 가족용 왜건을 달리게 하기에는 충분했다. 요크셔에서 만들어진 이 자동차는 전형적인 다목적 운송 수단이었다.

◁ **힐먼 밍크스 페이스 III 에스테이트 1949년**
Hillman Minx Phase III estate 1949

생산지 영국
엔진 1,185cc, 직렬 4기통
최고 속력 95km/h

왜건은 실용적인 업무용 차량이었고 힐먼은 모노코크 구조로 만든 커머 밴(Commer Van)의 차체를 활용해 왜건 차체를 만든 첫 영국 브랜드 중 하나였다.

포드 F 시리즈

픽업 트럭은 거의 한 세기 동안 미국의 사회 구조를 이루는 요소였고 포드의 F 시리즈 이상으로 그런 역할을 훌륭하게 해낸 차는 없었다. 포드가 전후 민수용 자동차 생산을 재개하면서 처음으로 내놓은 완전히 새로운 자동차였던 F 시리즈는 "더 오래 견딜 수 있도록 더 튼튼하게" 만들었다고 선전됐다. 이 모델은 20년 이상 미국에서 가장 많이 팔린 차로 군림했고 시리즈를 거듭하면서 그 성공을 입증했다. 1948년에 출시된 이래 60여 년이 지난 지금까지도 계속해서 후속 모델이 생산되고 있다.

1920년대부터 줄곧 픽업 트럭을 생산해 온 포드의 경험은 제2차 세계 대전 이후에 전혀 새로운 다용도 트럭을 만들기에 충분할 정도로 탄탄했다. 1948년부터 나온 F 시리즈는 적재 중량에 따라서 2분의 1톤(F-1), 4분의 3톤(F-2), 1톤(F-1)으로 구성됐고 여기에 적재 능력이 훨씬 더 뛰어난 대형 트럭인 F-5 같은 모델이 추가됐다. F 시리즈는 이전의 픽업 트럭과는 전혀 다르게 생겼는데, 전전에 생산된 승용차 개조 모델과는 달리 별도로 설계된 탑승 공간이 적재함과 분리된 구조로 돼 있었다. 포드는 "찬란할 만큼 새롭고 흥미진진할 만큼 현대적이며 놀랄 만큼 색다른 트럭!"과 같은 광고 문구로 자사 트럭의 독창성을 자랑스럽게 홍보했다. 세련된 겉모습 안에는 이전의 다른 어느 픽업 트럭보다도 강력하고 경제적인 새 엔진이 담겨 있었다. 이 자동차에는 미국 소비자들이 금세 매료될 정도로 뛰어난 장점들이 어우러져 있었다. 1948년은 F-1이 11만 대를 살짝 밑돌 만큼 많이 팔리면서 거의 20년 사이에 포드 트럭이 가장 많이 팔린 해로 기록됐다. 오리지널 모델이 보여 준 그처럼 막강한 모습은 60년이 넘는 세월이 흐르는 동안 F 시리즈의 후손들에게도 착실하게 이어지고 있다.

제원	
모델	포드 F-1(1세대, 1948~1952년)
생산지	미국
제작	62만 8318대
구조	사다리꼴 프레임 섀시
엔진	3,523~3,703cc(직렬 6기통), 3,916cc(V8)
출력	3,300~3,800rpm에서 95~106마력
변속기	3단 또는 4단 수동
서스펜션	앞뒤 모두 판 스프링
브레이크	앞뒤 모두 드럼
최고 속력	113km/h

픽업 트럭의 혈통
포드 사의 유명한 필기체 로고는 1900년대 초반의 몇 년 동안 다양한 모습으로 쓰인 뒤인 1909년에 정식으로 특허 등록이 됐다. 몇 년 뒤에는 그 디자인에 타원형 바탕이 추가됐지만 F-1에는 짐칸 뒤쪽 문의 철판에 필기체 로고만 프레스 성형됐다.

쾌적한 트럭

F 시리즈에서 큰 호평을 얻은 "100만 달러의 가치를 지닌 탑승 공간"은 운전자와 함께 최대 2명의 동승자에게 이전의 다른 픽업 트럭에서 볼 수 없었던 편안함과 넉넉한 공간, 그리고 시야를 제공했는데 이것은 포드 사의 트럭 개발 프로그램이 낳은 탁월한 성과였다. 또 이 프로그램은, 이 1948년형 F-1에서도 볼 수 있듯이, 앞에서 볼 때 콧수염을 닮은 배기구가 있는 높은 보닛, 5개의 가로 막대가 있는 크롬 라디에이터 그릴, 양쪽에 자리 잡은 헤드램프로 구성된 대담한 디자인을 낳았다.

외장

탑승 공간을 뒤쪽의 작업 공간과 분리해 구성함으로써, 포드는 139가지가 넘는 차체와 차대 조합을 만들 수 있었다. 이 덕분에 포드는 패널 밴과 픽업 트럭은 물론이고, 차체 중량을 포함한 총 적재 중량이 최대 10톤에 이르는 플랫폼 트럭을 포함해 매우 다양한 스타일의 F 시리즈 차량을 생산해낼 수 있었다. 포드가 기능과 목적을 형태와 결합하기 위해 이 시리즈에 쏟아 부은 광범위한 연구와 개발 노력 덕택에, 앞선 개념의 다용도 트럭들이 나오게 됐다.

1. F-1이라는 이름은 1953년에 F-150으로 바뀌었다. **2.** 보닛의 배기구 **3.** 헤드램프와 라디에이터 그릴은 1951년형 모델에서 급진적인 디자인으로 바뀌었다. **4.** 또 다른 사각형 포드 로고 **5.** 바깥쪽 문손잡이 **6.** 탑승 공간 실내에 설치된 64리터 용량 연료 탱크의 연료 주입구 뚜껑 **7.** 포드 허브캡(hubcap)은 추가 선택 사항이었다. **8.** 적재함 뒷문용 체인 **9.** 후미등과 방향 지시등 **10.** 접이식 적재함 뒷문 **11.** 목제 적재함 바닥

내장

승용차에 가까운 수준의 핸들링과 접지력을 가능하게 하는 패드와 고무 부싱(bushing, 충격을 흡수하는 보호 장치)을 추가하면서, 뛰어난 승차감은 포드가 내놓은 신형 픽업 트럭의 타고난 장점이 됐다. 오로지 기능적인 측면만 추구했던 이전의 검소한 실내는 승용차형 벤치 시트, 3방향 실내 공기 조절 장치, 시야가 뛰어난 앞유리 등으로 이루어진 고급스러운 실내 디자인에 밀려났다. 조수석 쪽 햇빛 가리개와 앞유리 와이퍼, 추가 경음기와 같은 부가 장비들도 있었다.

12. 도색된 철판이 그대로 드러난 실내는 철저하게 실용주의적인 성격을 드러낸다. **13.** 측면 창문 조절용 크랭크와 실내 도어 핸들 **14.** 통풍구 슬롯 **15.** 대시보드에 있는 작은 재떨이 **16.** 대시보드의 대형 수납 공간과 덮개 **17.** 코일 스프링이 든 벤치 시트에는 3명이 앉을 수 있었다. **18.** 히터 **19.** 브레이크와 클러치 페달

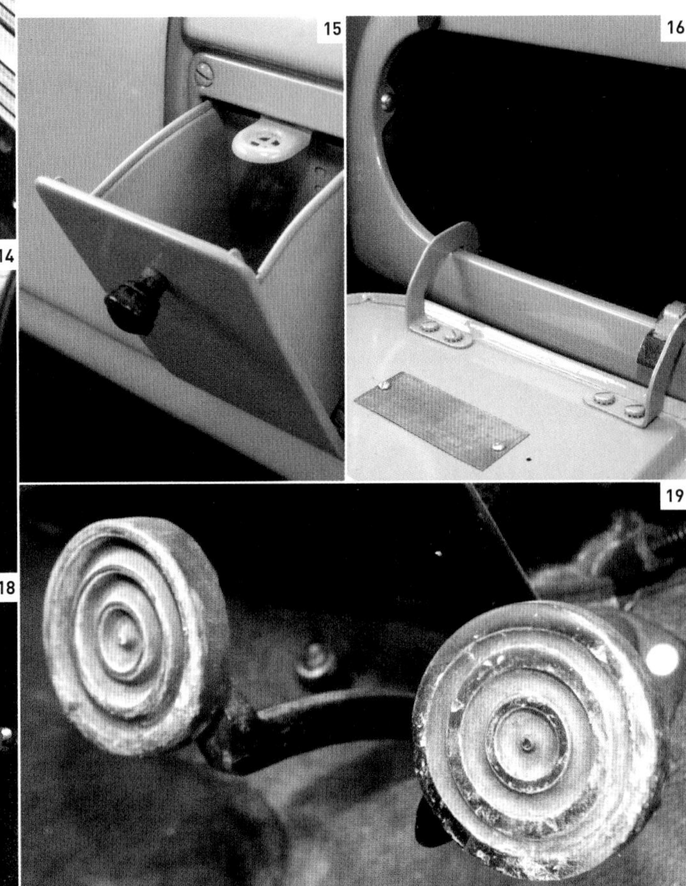

엔진실

전후 경제 여건은 적절한 경제성을 지닌 차량에 대한 수요를 불러일으켰다. 이런 수요에 대응하기 위해 F-1에는 3,703시시 직렬 6기통 엔진이나 사진에 나온 3,916시시 V8 엔진 같은 새로운 엔진이 장착됐다. 3,703시시 직렬 6기통 엔진은 1세대 모델이 마지막으로 만들어진 1952년에 V8 엔진과 거의 맞먹는 성능을 낸 3,523시시 오버헤드 밸브 6기통 엔진으로 대체됐다. 강력하고 신뢰성이 우수하면서도 특히 연료 소비가 적었던 이 엔진들은 연료비와 정비 비용이 많이 들지 않아 유지비 면에서 매력적이었다.

20. F 시리즈의 엔진은 "트럭 세계에서 가장 현대적인 엔진 제품군"으로 홍보됐다.

로드스터와 스포츠카

제2차 세계 대전 이후 엄청난 타격을 입은 영국의 무역 수지 회복을 위해 노력하라는 정부의 지침을 하달받은 영국 자동차 메이커들은 수익성이 좋은 미국 시장에서 판매할 스포츠카를 만드는 일을 서둘렀다. 당시의 미국 스포츠카들은 구불구불한 도로에서 민첩하게 달릴 수 있는 유럽산 자동차들과 비교해 너무 덩치가 컸기 때문에 충분한 경쟁력이 있었다. 그러나 영국산 스포츠카 중 재규어 XK120을 제외하면 양산된 것은 소수에 그쳤고 유럽 본토에서도 값비싼 스포츠카는 아주 적은 수만 만들어졌다.

△ **브리스톨 400 1947년**
Bristol 400 1947
생산지 영국
엔진 1,971cc, 직렬 6기통
최고 속력 151km/h

브리스톨 에어로플레인스(Bristol Aeroplanes)는 전쟁 배상금 명목으로 영국으로 가져온 전전의 BMW 설계를 다른 모습으로 바꾸어 자동차 시장에 진입했다. 이 뛰어난 스포츠카는 판매 실적이 좋았다.

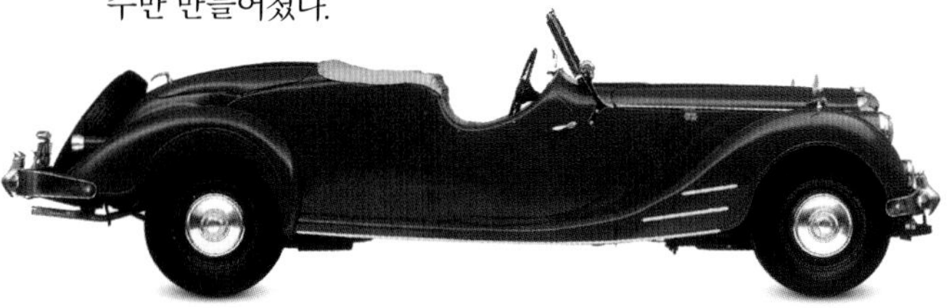

△ **라일리 RMC 로드스터 1948년**
Riley RMC Roadster 1948
생산지 영국
엔진 2,443cc, 직렬 4기통
최고 속력 161km/h

4도어 스포츠 세단을 가지고 스포츠카를 만들어 보겠다는 다소 성의 없는 시도의 결과물이었던 이 로드스터는 좌석이 세 줄로 배치됐고 뒷부분이 매우 길었다. 모두 507대가 만들어졌다.

▷ **브리스톨 402 1948년**
Bristol 402 1948
생산지 영국
엔진 1,971cc, 직렬 6기통
최고 속력 158km/h

401 세단은 물론 밀폐된 보닛과 위아래로 움직이는 옆유리를 갖춘 이 희귀한 4인승 컨버터블에 반영된 매력적인 전후 스타일은 이탈리아의 차체 제작사인 토우링이 만든 것이다.

◁ **재규어 XK120 1948년**
Jaguar XK120 1948
생산지 영국
엔진 3,442cc, 직렬 6기통
최고 속력 201km/h

윌리엄 라이언스는 단순히 새로운 트윈캠 XK 엔진을 시험하기 위해 이 120 모델을 설계했다. 하지만 수요가 엄청나게 몰려들면서 그는 이 자동차를 양산하기에 이른다.

△ **페라리 166 MM 바르케타 1949년**
Ferrari 166 MM Barchetta 1949
생산지 이탈리아
엔진 1,995cc, V12
최고 속력 201km/h

토우링이 만든 유명한 바르케타(Barchetta, '작은 보트'라는 뜻의 이탈리아 어로 이탈리아 풍의 2인승 오픈 카를 가리킨다.) 차체가 쓰였던 페라리의 진정한 첫 양산 스포츠카인 이 자동차는 1949년 밀레 밀리아, 스파, 르망 경주에서 우승을 차지했다.

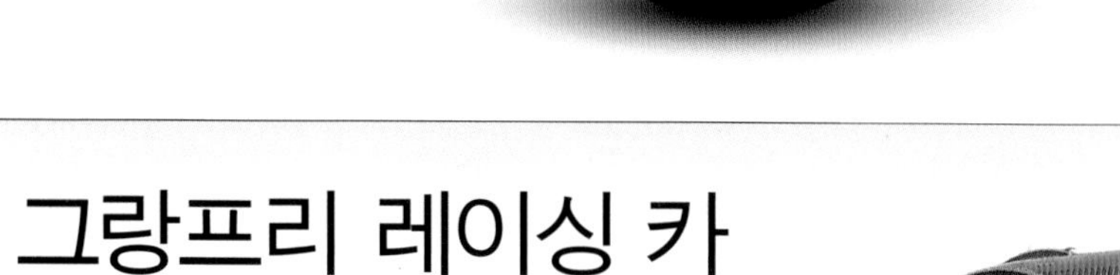

그랑프리 레이싱 카

제2차 세계 대전이 끝나고 그랑프리 경주가 1946년에 재개됐을 때, 1930년대 말에 거의 무적이나 마찬가지였던 독일의 '실버 애로' 레이싱 카들은 모두 사라지고 없었다. 1.5리터 슈퍼차저 또는 4.5리터 비(非)슈퍼차저 엔진을 허용하는 새로운 기준에 따라 알파 로메오와 마세라티가 만든 이탈리아제 소형 슈퍼차저 레이싱 카들이 압도적인 우세를 차지했다. 1940년대에 그들을 능가할 수 있는 차는 덩치가 큰 프랑스제 탈보-라고뿐이었다.

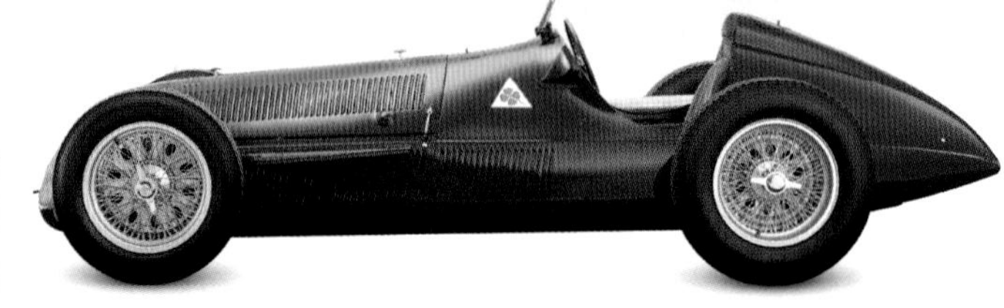

△ **알파 로메오 158 알페타 1948년**
Alfa Romeo 158 Alfetta 1948
생산지 이탈리아
엔진 1,479cc, 직렬 8기통
최고 속력 290km/h

역대 가장 성공적인 그랑프리 레이싱 카 중 하나였던 슈퍼차저 엔진의 158/159는 출전한 54번의 그랑프리에서 47번 우승을 차지했다. 조아키노 콜롬보(Gioacchino Colombo)가 설계한 엔진은 350마력의 힘을 냈다.

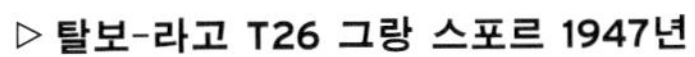

▷ **탈보-라고 T26 그랑 스포르 1947년**
Talbot-Lago T26 Grand Sport 1947

생산지 프랑스
엔진 4,482cc, 직렬 6기통
최고 속력 193km/h

1940년대 최강의 그랜드 투어러에는 대단히 멋진 주문 제작 차체들이 폭넓게 쓰였지만, 그중에서도 차체 제작자 소치크(Saoutchik)가 만든 이 모델이 가장 뛰어났다. 더 가벼운 버전은 1950년 르망 경주에서 우승했다.

◁ **MG TC 1945년**
MG TC 1945

생산지 영국
엔진 1,250cc, 직렬 4기통
최고 속력 121km/h

설계는 매우 구식이었지만 매력적이고 가볍고 운전의 재미를 줬던 TC는 전후 초기 수년 동안 만드는 즉시 팔려 나갔다.

▽ **MG YT 1948년**
MG YT 1948

생산지 영국
엔진 1,250cc, 직렬 4기통
최고 속력 114km/h

가족이 쓰기에 알맞게 만들어진 MG의 스포츠카였던 YT는 다재다능했고 수출용으로만 만들어졌다. 1948년부터 1950년까지 불과 877대만 판매됐다.

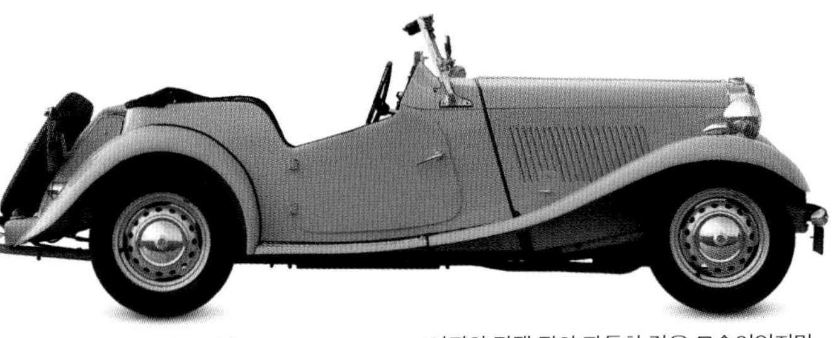

△ **MG TD 1949년**
MG TD 1949

생산지 영국
엔진 1,250cc, 직렬 4기통
최고 속력 129km/h

여전히 전쟁 전의 자동차 같은 모습이었지만, TD는 곡선이 매력적인 차체에 뛰어난 코너링 능력을 지녔다. 운전석이 왼쪽에 있는 버전도 나왔다. 1950년부터 1953년까지 전 세계에 2만 9664대가 판매됐다.

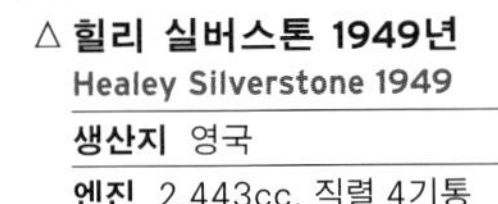

◁ **오스틴 A90 애틀랜틱 1949년**
Austin A90 Atlantic 1949

생산지 영국
엔진 2,660cc, 직렬 4기통
최고 속력 146km/h

인디애나폴리스 스피드웨이에서 세운 기록들 덕분에 대단한 홍보 효과를 얻기는 했지만, 미국 소비자들의 관심을 끌 수 있는 자동차를 만들고자 한 레너드 퍼시 로드(Leonard Percy Lord)의 시도는 인기를 얻기에는 너무 작고 비쌌다.

△ **힐리 실버스톤 1949년**
Healey Silverstone 1949

생산지 영국
엔진 2,443cc, 직렬 4기통
최고 속력 172km/h

자동차 엔지니어이자 속도 기록을 가진 드라이버이기도 했던 도널드 힐리(Donald Healey)는 자신이 직접 만든 핸들링 감각이 탁월한 강력한 트윈 캠샤프트 라일리 엔진을 얹었다. 그 결과로 이상적인 클럽 경주용 승용차가 만들어졌다.

◁ **알라드 P1 1949년**
Allard P1 1949

생산지 영국
엔진 3,622cc, V8
최고 속력 137km/h

시드니 허버트 알라드(Sydney Herbert Allard)는 이미 만들어진 '플랫헤드' 포드 V8 엔진을 가벼운 차체와 스포티한 차대에 얹어 P1을 만들었다. 그는 이 자동차를 몰고 1952년 몬테카를로 랠리에서 우승했다.

◁ **마세라티 4CLT/48 1948년**
Maserati 4CLT/48 1948

생산지 이탈리아
엔진 1,491cc, 직렬 4기통
최고 속력 270km/h

1948년에 새로운 튜블러 섀시와 2개의 슈퍼차저로 무장한 16밸브 엔진을 얹은 4CLT는 경쟁력이 더 높아져, 1948년과 1949년의 수많은 그랑프리에서 우승을 차지했다.

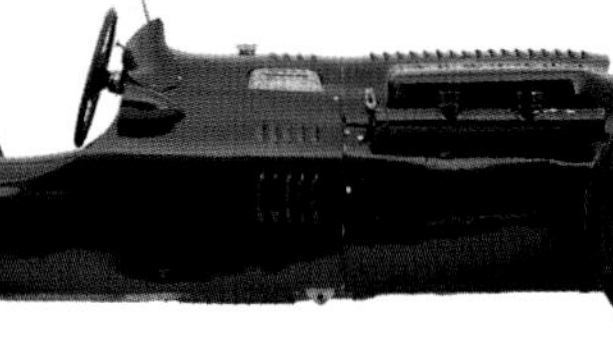

△ **탈보-라고 T26C 1948년**
Talbot-Lago T26C 1948

생산지 프랑스
엔진 4,482cc, 직렬 6기통
최고 속력 270km/h

차체가 무겁고(심지어 사전 선택형 변속기까지 무게를 더했다.) 슈퍼차저도 없었지만, T26C는 뛰어난 내구성과 신뢰성 덕분에 1949년에 두 차례의 그랑프리를 승리로 장식했다.

재규어 XK
직렬 6기통 엔진

자동차 역사에서 가장 상징적인 엔진 중 하나인 재규어의 XK 직렬 6기통 엔진은 가볍고 강력하면서 신뢰성이 높았고 기본적인 부분에 변화가 이루어지지 않은 채 거의 40년 동안 유지됐다. 이 엔진은 오리지널 XK120 모델에 장착된 것은 물론이고 XK140, XK150, E 타입 스포츠카, C 타입 및 D 타입 경주용 자동차를 비롯해 여러 세단들에도 쓰였다.

스포츠카의 심장

제2차 세계 대전이 벌어지기 전, 'SS 카스(SS Cars)'라는 이름으로 알려지던 시절의 재규어는 엔진을 경쟁 회사인 스탠더드로부터 구입해 썼다. 독자적인 엔진을 만들어야 한다는 생각은 전쟁 중에 시작됐다. 창업자인 윌리엄 라이언스의 주도로, 윌리엄 헤인스(William Heynes), 월터 하산(Walter Hassan), 클로드 베일리(Claude Baily) 등의 기술진은 재규어의 코번트리 공장 지붕에서 함께 화재 감시 임무를 수행하는 도중에 엔진에 대한 매우 상세한 계획을 세웠다. 해리 웨슬레이크(Harry Weslake)는 알루미늄 실린더 헤드 설계를 위해 초빙됐다. XK 엔진은 '재규어 카스(Jaguar Cars)'로 이름을 바꾼 회사에 독자적인 엔진 시대를 열어 주었다.

엔진 제원	
생산 시기	1949~1986년
실린더	직렬 6기통
구성	세로 방향 전방 장착
배기량	2.4리터, 2.8리터, 3.4리터, 3.8리터, 4.2리터
출력	133마력(2.4리터)~265마력(3.8리터 및 4.2리터)
유형	통상적 4행정 수랭식 휘발유 엔진, 왕복 피스톤, 배전기 점화 방식, 습식 및 건식 강제윤활
헤드	버킷 태핏이 쓰인 DOHC, 실린더당 2 밸브
연료 장치	HD.8 SU 카뷰레터 3개
내경×행정	87mm×106mm
최고 출력	4,000rpm에서 260마력
압축비	9.0:1

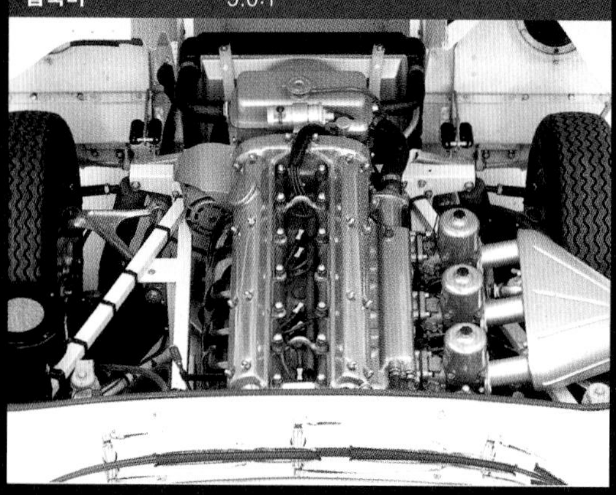

▷ 엔진 작동 원리는 352~353쪽 참고

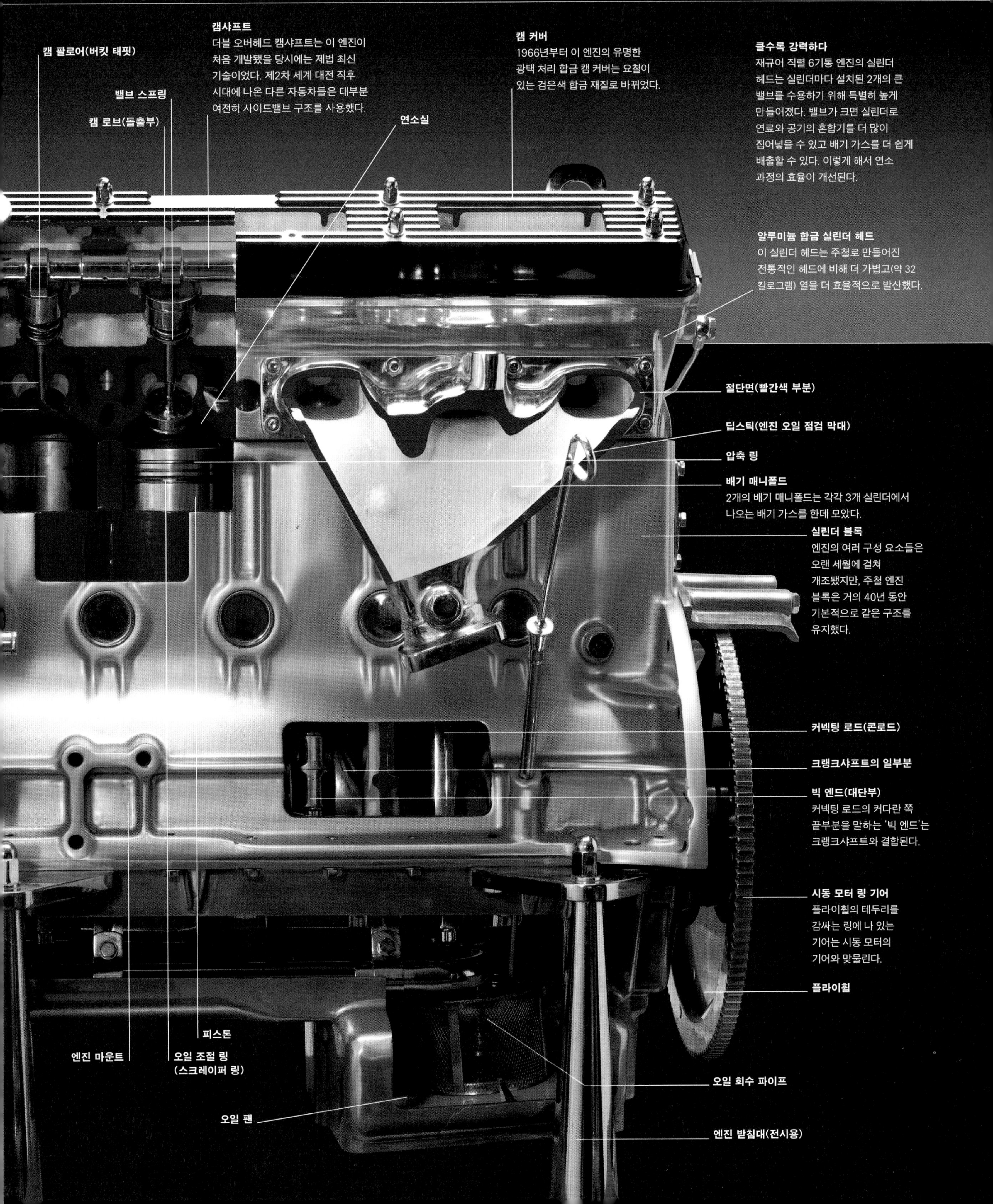

캠 팔로어(버킷 태핏)

캠샤프트
더블 오버헤드 캠샤프트는 이 엔진이 처음 개발됐을 당시에는 제법 최신 기술이었다. 제2차 세계 대전 직후 시대에 나온 다른 자동차들은 대부분 여전히 사이드밸브 구조를 사용했다.

밸브 스프링

캠 로브(돌출부)

연소실

캠 커버
1966년부터 이 엔진의 유명한 광택 처리 합금 캠 커버는 요철이 있는 검은색 합금 재질로 바뀌었다.

클수록 강력하다
재규어 직렬 6기통 엔진의 실린더 헤드는 실린더마다 설치된 2개의 큰 밸브를 수용하기 위해 특별히 높게 만들어졌다. 밸브가 크면 실린더로 연료와 공기의 혼합기를 더 많이 집어넣을 수 있고 배기 가스를 더 쉽게 배출할 수 있다. 이렇게 해서 연소 과정의 효율이 개선된다.

알루미늄 합금 실린더 헤드
이 실린더 헤드는 주철로 만들어진 전통적인 헤드에 비해 더 가볍고(약 32 킬로그램) 열을 더 효율적으로 발산했다.

절단면(빨간색 부분)

딥스틱(엔진 오일 점검 막대)

압축 링

배기 매니폴드
2개의 배기 매니폴드는 각각 3개 실린더에서 나오는 배기 가스를 한데 모았다.

실린더 블록
엔진의 여러 구성 요소들은 오랜 세월에 걸쳐 개조됐지만, 주철 엔진 블록은 거의 40년 동안 기본적으로 같은 구조를 유지했다.

커넥팅 로드(콘로드)

크랭크샤프트의 일부분

빅 엔드(대단부)
커넥팅 로드의 커다란 쪽 끝부분을 말하는 '빅 엔드'는 크랭크샤프트와 결합된다.

시동 모터 링 기어
플라이휠의 테두리를 감싸는 링에 나 있는 기어는 시동 모터의 기어와 맞물린다.

플라이휠

피스톤

엔진 마운트

오일 조절 링 (스크레이퍼 링)

오일 회수 파이프

오일 팬

엔진 받침대(전시용)

르망 경주에 출전한 재규어 D 타입, 1957년

위대한 브랜드

재규어 이야기

영국 북서부의 해변 마을에 있던 작은 작업장에서 모터사이클용 사이드카를 만드는 것으로 시작된 윌리엄 라이언스의 회사는 품질이 뛰어난 스포츠카와 세단을 만드는 회사로 발전했다. 수십 년에 걸쳐 재규어는 빠르고 세련된 자동차를 만드는 브랜드로 명성을 쌓았고 오늘날까지도 그 명성을 이어가고 있다.

모터사이클의 광팬이었던 윌리엄 라이언스와 윌리엄 웜슬리(William Walmsley)는 1922년에 랭커셔 지방의 블랙풀에서 스왈로 사이드카 컴퍼니(Swallow Sidecar Company)를 운영하기 시작했다. 스왈로 사의 사이드카는 뛰어난 품질과 세련된 모습으로 금세 잘 알려졌다. 스왈로는 1927년 오스틴 세븐용 차체를 주문 제작하기 시작했다. 라이언스가 설계한 차체는 세븐에 화려한 감각과 개성을 더해 1920년대의 운전자들을 사로잡았다.

재규어 배지
(1935년 도입)

스왈로는 1928년에 코번트리의 미들랜즈 시로 자리를 옮겼고 라이언스는 차체 종류를 점차 다양화해 나갔다. 1931년에 스왈로는 독자적인 모델인 SS1과 SS2를 내놓으며 자동차 생산에 뛰어들었다. 두 자동차 모두 또 다른 코번트리 기반의 회사인 스탠더드가 만든 차대 위에 라이언스가 디자인한 화려한 차체를 얹었다. 스왈로는 웜슬리가 회사를 떠난 1934년에 회사 이름을 'SS 카스'로 바꾸었다. 1935년에 첫 스포츠카인 SS 재규어 90을 선보인 이듬해에 이 차의 뒤를 이은 것이 라이언스의 초기 자동차들 중 가장 유명한 SS 재규어 100으로, 시속 약 160킬로미터의 최고 속력을 내는 스포츠카였다.

제2차 세계 대전 이후 회사 이름에서 나치를 연상시키는 SS가 사라졌고 모든 자동차에 재규어라는 이름이 쓰였다. 전쟁 기간 중에 엔지니어들은 향후 40년 동안 재규어에 붙박이처럼 쓰이게 되는 새로운 3.4리터 트윈캠 엔진의 개발을 시작했다. 이 엔진은 1948년 런던 모터쇼에서 신형 XK120 스포츠카를 통해 모습을 드러냈다. XK120은 값이 1,000파운드가 안 되는 저렴한 자동차였지만 뛰어난 성능을 발휘했다. XK120의 엔진을 쓰고 디스크 브레이크와 저항이 낮은 공기 역학적 차체와 같은 혁신적인 기술로 무장한 레이싱 카였던 C 타입과 D 타입은 1950년대에 르망 24시간 경주에서 재규어에 다섯 차례 우승을 안겨 주며 유명해졌다.

"이 자동차의 탁월한 인상은 화려한 성능과 조용하고 편리한 기능성의 조화에서 비롯된다."

— 1951년 XK120에 대해, 《모터 스포트 매거진》에 실린 윌리엄 보디의 평

1950년대 말에 XK140과 XK150을 거치며 발전한 XK 시리즈 스포츠카와 함께, 재규어는 빠르고 세련된 세단들을 내놓았다. 날렵하고 멋진 모습에 XK 엔진의 강력함과 정교한 섀시를 결합한 이 시기 최고의 재규어 세단 MkⅦ는 핸들링이 탁월하면서 승차감이 나긋했다. 당시(그리고 그 후 수년 동안) 쓰인 표어인 '우아함, 공간감, 속도감(Grace, Space, Pace)'은 재규어의 제품군을 완벽하게 요약한 것이었다.

1961년에 라이언스가 만든 E 타입은 뛰어난 성능, 충격적인 디자인, 그리고 가격 면에서 1948년에 XK120이 그랬던 것처럼 자동차 세계에 깊은 인상을 남겼다. 이번에는 3.8리터 버전으로 바뀐 XK 엔진의 힘을 다시 한번 빌린 E 타입은 르망 경주에서 우승한 D 타입과 같은 종류의 모노코크 차체 구조를 바탕으로 만들어졌다. 이 자동차는 D 타입의 날렵하고 바람을 가르는 듯한 차체 형상 같은 측면도 활용했다. 지붕이 고정된 쿠페와 오픈 로드스터 버전이 있었던 E 타입은 대서양을 사이에 두고 미국과 유럽에서 모두 인기를 끌며 대형차 MkX와 소형차 MkⅡ 같은 1960년대 재규어 세단들처럼 잘 팔렸다.

재규어는 1960년대 중반에 두 가지 문제에 직면했다. 첫 번째는 라이언스의 은퇴가 가까워지고 있는 상황에서 회사 내에 뚜렷한 후임자가 없었다는 것이었다. 두 번째는 재규어의 차체를 생산하던 프레스드 스틸 컴퍼니(Pressed Steel Company)가 경쟁 자동차 메이커인 BMC에게 인수된 것이었다. 그 두 문제는 모두 BMC와 재규어가 합병해 브리티시 모터 홀딩스(British Motor Holdings)를 만들면서 해결됐고 회사는 다시 2년 뒤에 레일랜드(Leyland) 그룹과 합병해 브리티시 레일랜드(British Leyland)가 됐다. 라이언스는 재규어가 가능한 한 독립성을 유지할 수 있도록 갖은 노력을 기울였다.

1968년에 나온 XJ 세단과 1971년에 E 타입을 통해 등장한 V12 엔진은 대단한 기술적 성과물이었지만, 1970년대에는 디자인에 대한 논란이 불거진 XJ-S와 성공적이지 못했던 XJ 쿠페 경주 프로그램도 나왔다. 당시 국유화된 상태였던 브리티시 레일랜드라는 광대한 복합 기업 내에 있으면서 재규어의 품질은 곤두박질했다. 너무 늦기 직전인 1984년에 민영화가 이루어졌고 존 이건(John Egan) 경의 지도력에 힘입

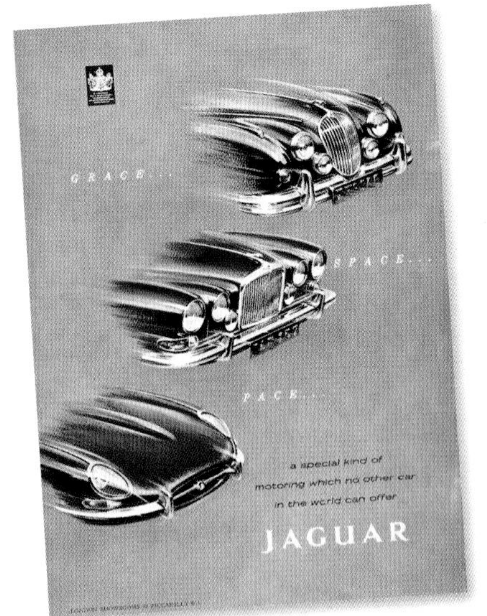

"우아함, 공간감, 속도감"
차의 앞모습만으로 모든 것을 표현한 이 1960년대 초의 광고는 MkⅡ, MkX, E 타입(위에서 아래로)이 "세상 다른 모든 차들이 줄 수 없는 특별한 종류의 자동차 생활"을 제공한다고 역설하고 있다.

재규어 V12 엔진
1971년에 나온 시리즈 3 E 타입에 처음 쓰인 이후 1996년에 AJ-V8 엔진으로 대체될 때까지 재규어 승용차의 동력원으로 쓰였다. 르망 프로토타입 레이싱 카로 계획됐지만 경주에 출전하지 못했던 XJ13의 설계에 기반한 엔진이다.

1922 윌리엄 라이언스와 윌리엄 웜슬리가 스왈로 사이드카 컴퍼니를 설립하다.
1927 스왈로가 오스틴 세븐의 차체를 제작하다.
1931 스왈로의 첫 승용차인 SS1를 출시하다.
1933 회사 이름을 SS 카스 리미티드로 변경하다.
1935 SS90 및 SS100 출시.
1945 SS 카스가 재규어 카스로 변경되다.
1948 재규어가 XK120 스포츠카와 XK 엔진을 출시하다.
1951 피터 워커와 피터 화이트헤드가 재규어 C 타입으로 르망 경주에서 우승하다.
1953 토니 롤트(Tony Rolt)와 던컨 해밀턴(Duncan Hamilton)이 재규어 C 타입으로 르망 경주에서 우승하다.
1955 재규어 D 타입 르망 우승, 1956년과 1957년에도 재차 우승하다.
1956 모노코크 차체 구조가 쓰인 첫 재규어인 2.4 리터가 출시되다.
1960 재규어가 BSA로부터 데임러를 인수하다.
1961 E 타입과 MkX 세단 출시. 재규어가 트럭 제조사인 가이 모터스(Guy Motors)를 인수하다.
1962 재규어와 데임러의 기술이 결합된 첫 모델인 데임러 2.5리터를 출시하다.
1966 재규어가 브리티시 모터 코퍼레이션(BMC)과 합병해 브리티시 모터 홀딩스(BMH)가 되다.
1968 BMH와 레일랜드 합병으로 브리티시 레일랜드 탄생
1988 조니 덤프리스(Johnny Dunfries), 앤디 월리스(Andy Wallace), 얀 라머스(Jan Lammers)가 XJR-9를 몰고 르망 경주에서 우승하다.
1988 마틴 브런들(Martin Brundle)이 재규어를 몰고 세계 스포츠카 선수권에서 우승하다.
1989 포드가 재규어를 16억 파운드에 인수하다.
1990 존 닐슨(John Nielson), 프라이스 콥(Price Cobb), 마틴 브런들이 재규어 XJR-12를 몰고 르망 24시간 경주에서 우승하다.
1998 최신형 S 타입 모델이 성공을 거두다.
1999 재규어가 포드 프리미어 오토모티브 그룹의 일원이 되다.
2001 소형 고급 세단인 신형 X 타입의 정체성이 비판을 받다.
2008 포드가 타타에게 재규어를 매각하다.
2013 재규어의 신형 스포츠카 F타입이 선보였다.
2015 새로운 컴팩트 XE 스포츠 세단이 출시되다.
2016 F페이스에 이어 E페이스로 SUV 시장을 공략하다.
2018 I페이스가 대담하고 차별화된 새로운 스타일의 순수 전기 SUV로 등장하다.

어 재규어는 다시 번창했다. 재규어는 투어링 카 경주에서 톰 워킨쇼 레이싱(Tom Walkinshaw Racing) 팀이 XJ-S로 거둔 성공을 바탕으로 1988년에 워크스 팀(works team, 자동차 메이커가 직접 운영하는 경주 팀)을 구성해 르망 경주에 복귀했다. 재규어 승용차에 쓰인 것을 바탕으로 만든 V12 엔진을 활용한 XJR-9와 XJR-12 스포츠카는 각각 1988년과 1990년에 르망에서 우승을 차지했다.

1989년에 제너럴 모터스, 다임러-벤츠, 포드가 모두 재규어 입찰에 참여하리라는 소문이 있었지만, 포드는 16억 파운드 규모의 인수 계획으로 재규어를 손에 넣었다. 포드는 한 임원이 공산주의 시대 러시아를 연상시킨다고 표현했던 재규어 공장의 분위기를 재정비했다. 활기를 되찾은 재규어는 신형 XJ 세단과 V8 엔진을 얹은 XK 쿠페를 개발하는 한편, 동시에 비용을 절감하고 품질을 개선했다. 1999년에 재규어는 애스턴 마틴, 랜드 로버, 링컨, 볼보 브랜드를 포함하는 포드의 프리미어 오토모티브 그룹(Premier Automotive Group)의 일원이 됐다. 포드는 또한 영국의 유명한 자동차 경주 선수 재키 스튜어트(Jackie Stewart)의 포뮬러 원 팀을 인수해 재규어로 이름을 바꾸었지만, 이 도전은 성공적이지 못했다.

새천년을 맞아 시장 점유율이 떨어지면서 핵심 사업에 집중해야 하는 압박을 받은 포드는 2008년 재규어와 랜드 로버를 11억 5000만 파운드에 인도 타타(Tata) 그룹에 매각했다. 타타는 이미 상당히 진척돼 있던 신차 계획을 이어받았다. 이 계획에는 중형 XF 세단과 신형 XJ가 포함돼 있었는데, 두 차는 대대적인 찬사 속에 출시됐다. 2010년에 재규어는 흑자로 돌아섰고, 랜드로버와 공유하는 접착식 알루미늄 구조가 2018년 등장한 혁신적인 I 페이스 전기 SUV를 포함한 신모델의 밑바탕이 됐다.

재규어 XK140, 1954년
대단한 성공을 거둔 XK120의 뒤를 이어 나온 재규어 XK140에는 더 강력한 엔진이 쓰였다. 다른 개선점들로는 강화된 브레이크와 서스펜션 등이 있었다.

소형차 혁명

제2차 세계 대전이 끝난 후 자동차 생활에 새로운 혁명이 일어났다. 해외 파병된 군인들 대부분은 전선에서 처음으로 장거리 자동차 주행을 경험했다. 고향으로 돌아온 그들은 편리하게 이동하기를 바랐고 가족을 더 멀리 데리고 가고 싶었다. 이런 수요에 부응하기 위해, 전 세계의 자동차 메이커들은 대중을 위한 자동차 개발에 힘을 기울였고 그중 몇몇 회사들은 100만 대 단위의 판매고를 올렸다.

◁ **모리스 에잇 시리즈 E 1938년**
Morris Eight Series E 1938

생산지 영국
엔진 918cc, 직렬 4기통
최고 속력 93km/h

전쟁이 끝난 후에도 생산이 계속되기에 충분할 만큼 현대적인, 전전 모델이었던 모리스 시리즈 E는 신형 모리스 마이너가 뒤를 이을 준비를 마칠 때까지 순조롭게 팔렸다.

▷ **모리스 마이너 1948년**
Morris Minor 1948

생산지 영국
엔진 918cc, 직렬 4기통
최고 속력 100km/h

알렉 이시고니스가 만든 영특한 영국의 국민차는 모노코크 차체 구조, 토션바 방식의 전방 서스펜션, 4단 기어와 현대적인 모습의 차체를 갖췄지만, 이시고니스가 원했던 수평 대향 4기통 엔진은 쓰이지 않았다.

△ **폭스바겐 1945년**
Volkswagen 1945

생산지 독일
엔진 1,131cc, 수평 대향 4기통
최고 속력 101km/h

전전에 페르디난트 포르셰가 설계한 '비틀'은 전후 자동차 시장에서 신뢰성 높은 엔진, 효율적인 실내 공간과 저렴한 값에 힘입어 결국 역대 가장 많이 판매된 자동차가 됐다.

▷ **포드 토너스 G93A 1948년**
Ford Taunus G93A 1948

생산지 독일
엔진 1,172cc, 직렬 4기통
최고 속력 97km/h

영국에서 만든 E93A 포드 프리펙트(Ford Prefect)의 독일판인 이 자동차는 프리펙트보다 디자인이 훨씬 더 현대적이었지만, 보닛 아래의 기계적인 부분은 완전히 똑같았다.

△ **토요타 모델 SA 1947년**
Toyota Model SA 1947

생산지 일본
엔진 995cc, 직렬 4기통
최고 속력 93km/h

전후 일본에서 나온 첫 번째 신차 모델인 SA는 폭스바겐 비틀의 많은 특징들을 흉내 냈다. 그러나 포드 것과 비슷한 엔진은 차체 뒤쪽이 아니라 앞쪽에 얹혔다.

◁ **스탠더드 8HP 1945년**
Standard 8HP 1945

생산지 영국
엔진 1,009cc, 직렬 4기통
최고 속력 97km/h

스탠더드 사는 전전에 개발한 에잇의 변속기를 4단으로 개선하고 1945년에 서둘러 생산을 재개했다. 운전 재미는 없지만 괜찮은 차여서, 3년 동안 5만 3099대가 팔렸다.

◁ **닷선 DB 1948년**
Datsun DB 1948

생산지 일본
엔진 722cc, 직렬 4기통
최고 속력 80km/h

미국에서 만든 크로슬리의 디자인을 복제한 이 자동차는 현대적인 모습을 한 첫 일본 자동차였다. DB에는 전전에 쓰이던 닷선 트럭의 차대와 승용차용 사이드밸브 엔진이 쓰였다.

▷ **크로슬리 1948년**
Crosley 1948

생산지 미국
엔진 721cc, 직렬 4기통
최고 속력 113km/h

차체 측면이 평평한 크로슬리는 독특한 차체 강판과 오버헤드 캠샤프트 엔진으로 큰 가능성을 보여 주었지만, 미국 자동차 소비자들을 사로잡는 데에는 실패했다.

▽ **피아트 500C 1949년**
Fiat 500C 1949

생산지 이탈리아
엔진 569cc, 직렬 4기통
최고 속력 97km/h

이 소형차는 이탈리아의 자동차 엔지니어이자 디자이너인 단테 지아코사(Dante Giacosa)가 만든 멋진 1937년형 '토폴리노(Topolino, 생쥐)'의 최종 버전으로, 잘 꾸며진 전통적인 구성으로 자동차 보급에 기여했다.

△ **시트로엥 2CV 1948년**
Citroën 2CV 1948

생산지 프랑스
엔진 375cc, 수평 대향 2기통
최고 속력 63km/h

1930년대에 프랑스 농촌에서 말과 수레를 대신할 수 있는 차를 개발하려던 계획에서 파생된 2CV는 도시와 시골에서 모두 사랑받았다. 2CV의 투박한 모습 속에는 혁신적인 고급 기술이 숨겨져 있었다.

◁ **르노 4CV 1946년**
Renault 4CV 1946

생산지 프랑스
엔진 760cc, 직렬 4기통
최고 속력 92km/h

4CV는 영국산 경쟁차였던 모리스 마이너와 닮은꼴이었지만, 4륜 독립 서스펜션이 쓰였고 엔진이 자동차 후미에 있었다. 또한 100만 대 판매 기록도 더 빨리 달성했다.

◁ **MG Y 타입 1947년**
MG Y-type 1947

생산지 영국
엔진 1,250cc, 직렬 4기통
최고 속력 114km/h

MG는 작은 TC 스포츠카의 차대를 연장하고 전전에 쓰인 모리스 에잇의 차체 패널을 붙여 고풍스럽지만 매력적인 이 소형차를 만들었다. 이 자동차는 1947년부터 1951년까지 6,158대가 팔렸다.

▷ **파나르 디나 110 1948년**
Panhard Dyna 110 1948

생산지 프랑스
엔진 610cc, 수평 대향 2기통
최고 속력 109km/h

장 알베르 그레고와(Jean Albert Grégoire)가 설계한 디나 110은 알루미늄 차체 구조, 공랭식 알루미늄 엔진, 전륜 구동 방식의 구동계, 그리고 독립 서스펜션이 쓰였다.

△ **오스틴 A40 데번 1947년**
Austin A40 Devon 1947

생산지 영국
엔진 1,200cc, 직렬 4기통
최고 속력 108km/h

전전의 쉐보레를 본보기로 삼아 만든 오스틴의 전후 첫 디자인은 약간 어색하고 보기 흉한 곡선을 지녔지만, 새로운 오버헤드 엔진에 힘입어 이 차는 잘 판매됐다.

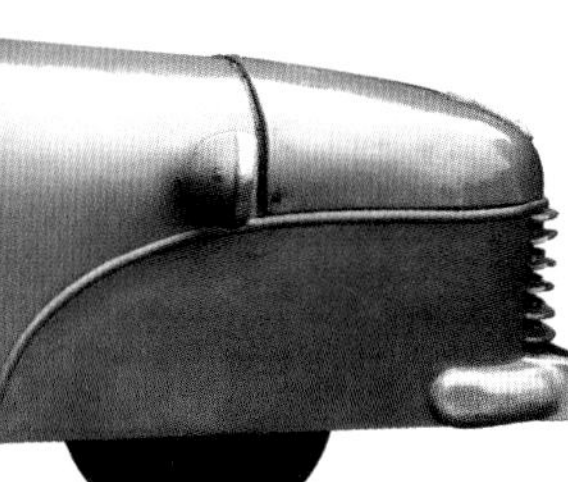

◁ **본드 미니카 1948년**
Bond Minicar 1948

생산지 영국
엔진 122cc, 단기통
최고 속력 61km/h

전후 영국의 내핍 체제 속에서 휘발유 배급 정책과 3륜차에 매겨진 낮은 세금은 이 2인승 자동차를 이상적인 존재로 만들었다. 이 초소형차의 2행정 엔진은 앞바퀴에 연결돼 있었다.

▷ **사브 92 1949년**
Saab 92 1949

생산지 스웨덴
엔진 764cc, 직렬 2기통
최고 속력 105km/h

스웨덴의 항공기 제조사였던 사브 사는 전륜 구동 방식 구동계 및 2행정 엔진과 함께 당대 가장 공기 역학적인 디자인을 92에 담았다. 92는 랠리 경주용 자동차로도 대단한 성공을 거두었다.

폭스바겐 비틀

자동차 역사상 가장 각별한 성공 신화의 주인공임에 틀림없는 비틀은 히틀러가 독일 국민들을 위한 저렴한 자동차를 설계하도록 페르디난트 포르셰에게 권한을 주면서 시작됐다. 그러나 비틀의 대량 생산은 제2차 세계 대전이 끝난 후, 당시 독일의 상당 부분을 점령한 영국군의 관리하에 시작됐다. 이 자동차의 생산은 독일에서 1978년에 끝났지만(카브리오 모델은 1980년), 멕시코에서는 2003년까지 계속해서 만들어졌다. 비틀은 모두 2100만 대 이상이 생산돼, 단일 모델로는 전무후무한 생산·판매 기록을 세웠다.

비틀은 생산 비용이 저렴하고 1930년대 말 독일의 도로 환경에 알맞으면서 숙련되지 않은 운전자들도 몰 수 있도록 설계됐다. 기계적으로 단순했던 공랭식 엔진 덕분에 이 자동차는 냉각수가 과열될 일이 없었고 출력이 낮아 신뢰성이 보장됐다. 엔진이 차 후미에 놓이면서 일반적인 후륜구동 차량의 무거운 차축과 프로펠러 샤프트가 필요 없어져 무게가 가벼웠고 합금 소재로 만든 엔진도 경량이었다. 엔진의 크기는 작았지만 우수한 공기 역학적 특성에 힘입어 히틀러가 새롭게 만든 아우토반을 정속 주행하기에는 편리했다. 탄력 있는 토션바 서스펜션과 커다란 바퀴는 비틀이 독일 농촌의 거친 도로와 돌로 포장된 마을 거리에서도 끄떡없이 달릴 수 있게 해주었다. 비동기식 변속기와 케이블 브레이크를 써서 생산비를 낮게 유지했고 그러한 기술들은 1980년대 초반까지 기본형 모델에 계속해서 쓰였다.

앞모습 뒷모습

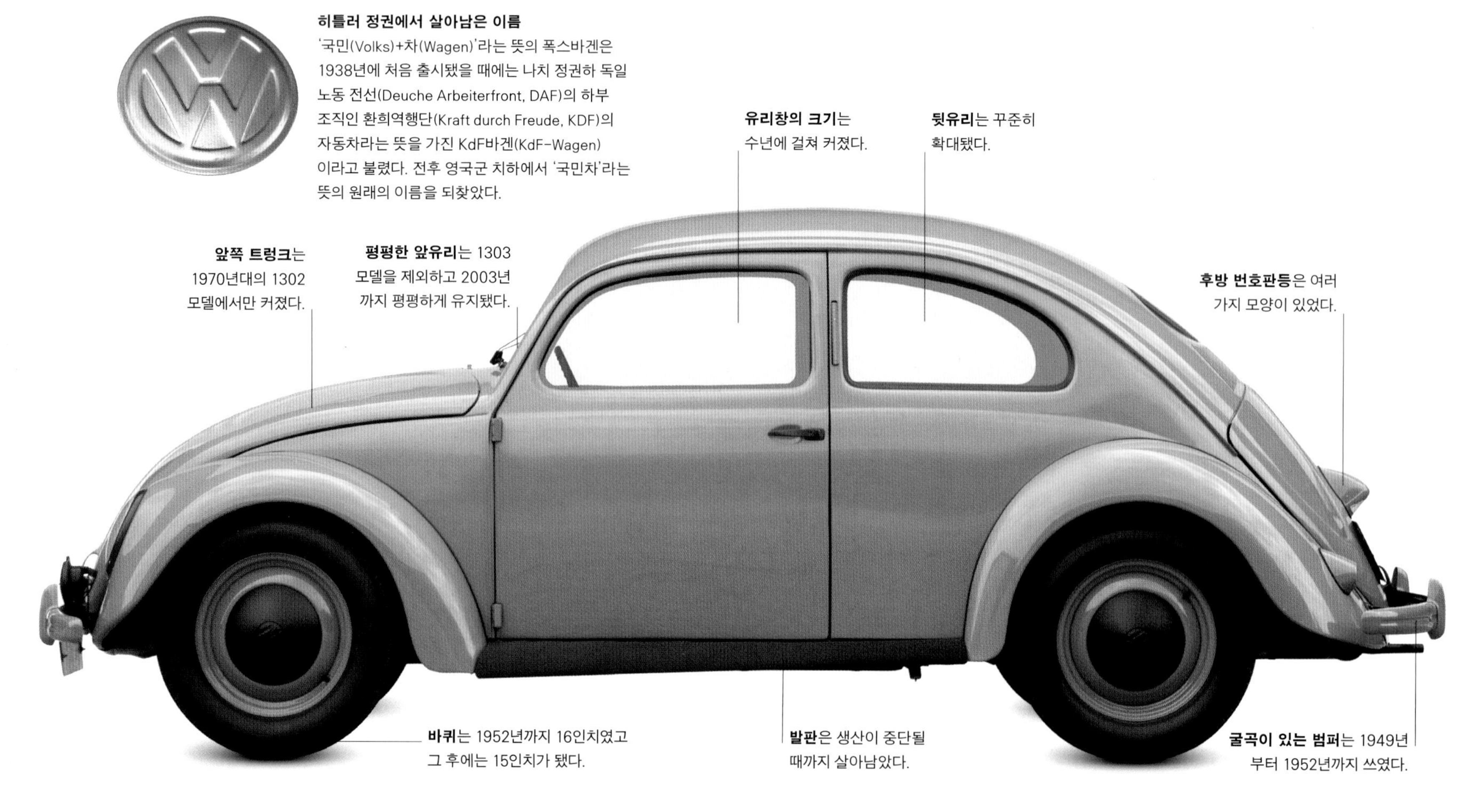

히틀러 정권에서 살아남은 이름
'국민(Volks)+차(Wagen)'라는 뜻의 폭스바겐은 1938년에 처음 출시됐을 때에는 나치 정권하 독일 노동 전선(Deuche Arbeiterfront, DAF)의 하부 조직인 환희역행단(Kraft durch Freude, KDF)의 자동차라는 뜻을 가진 KdF바겐(KdF-Wagen)이라고 불렸다. 전후 영국군 치하에서 '국민차'라는 뜻의 원래의 이름을 되찾았다.

유리창의 크기는 수년에 걸쳐 커졌다.

뒷유리는 꾸준히 확대됐다.

앞쪽 트렁크는 1970년대의 1302 모델에서만 커졌다.

평평한 앞유리는 1303 모델을 제외하고 2003년까지 평평하게 유지됐다.

후방 번호판등은 여러 가지 모양이 있었다.

바퀴는 1952년까지 16인치였고 그 후에는 15인치가 됐다.

발판은 생산이 중단될 때까지 살아남았다.

굴곡이 있는 범퍼는 1949년부터 1952년까지 쓰였다.

제원	
모델	폭스바겐 비틀, 1945~2003년
생산지	주로 독일 볼프스부르크
제작	2152만 9464대
구조	플랫폼 차대, 철체 차체
엔진	1,131cc, 공랭식 수평 대향 4기통
출력	3,300rpm에서 24마력
변속기	4단 수동
서스펜션	앞뒤 모두 토션바를 사용한 독립식
브레이크	드럼
최고 속력	113km/h

혁명적이지 않은 진화
이 1948년형 비틀은 1949년부터 생산된 더 잘 꾸며지고 훨씬 더 일반적인 수출용 모델이 아니라 거의 아무것도 갖추지 않은 기본형 모델이다. 비틀의 기본 스타일은 생산이 끝날 때까지 이어졌는데, 기울어진 헤드램프만 1968년에 이루어진 디자인 부분 변경 때 더 곧추선 것으로 바뀌었다.

외장

1930년대의 유선형 유행을 받아들인 페르디난트 포르셰의 설계로 매끄러운 모양이 된 비틀은 연비가 높았고 막 건설된 아우토반을 편안하게 정속 주행할 수 있었다. 한때 구식처럼 보였던 비틀은 결국 유행을 타지 않는 차가 됐다. 1968년과 1972년 단 두 차례의 대대적 변화로 앞부분이 넓어졌고, 1302 모델에 곡면 앞유리가 쓰이면서 1303 모델이 됐다.

1. 기본 모델에는 크롬 장식이 없었다. **2.** 외부 잠금 장치가 없는 보닛 손잡이 **3.** 초기형 기본 모델은 경음기가 차체 외부에 달렸다. **4.** 유럽 모델에는 1960년까지 수납식 방향 지시기가 쓰였다. **5.** 1952년까지 쓰인 '교황의 코' 트렁크등 **6.** 원형 테일램프는 1953년에 타원형으로 바뀌었다. **7.** 분리형 뒷유리는 1953년 3월까지 모든 차에 쓰였다.

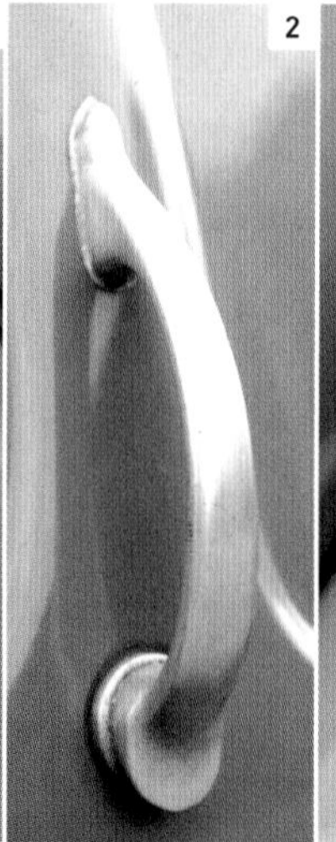

내장

비틀은 적재 용량이 85퍼센트라는 놀라운 수치만큼 확장된 1302 모델이 나올 때까지는 실내가 좁았고 트렁크 공간이 특히 넉넉하지도 않았다. 그래서 등받이를 앞쪽으로 접을 수 있었던 뒷좌석 너머의 움푹 파인 공간이 유용했다. 대시보드는 보잘것없었고 1303 모델에만 현대적인 플라스틱 성형 대시보드가 쓰였다.

8. 최후의 '분리형 유리' 모델을 제외한 모든 비틀에는 원래 쓰였던 원형 계기가 대시보드 중앙에 놓였다. **9.** 기본형 모델에는 스포크가 가는 검은색 스티어링 휠이 쓰였다. **10.** 바닥의 초크 손잡이(choke knob, 공기 흡입 조절 장치) **11.** 방향 지시기 스위치는 대시보드 위에 통합됐다. **12.** 버들가지로 만든 대시보드 아래의 소화물 선반은 특정 시기에만 설치된 액세서리였다. **13.** 직물 좌석 커버는 1940년대 유럽 자동차에 일반적으로 쓰인 것이다. **14.** 뒷좌석 탑승을 쉽게 해 주는 앞좌석의 접이식 등받이

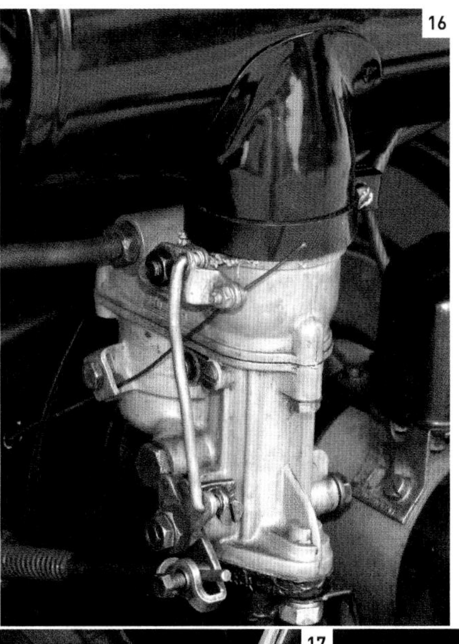

엔진실

원래 985시시였던 공랭식 수평 대향4기통 엔진은 제2차 세계 대전이 끝난 후 배기량 1,131시시, 최고 출력 24마력 엔진으로 바뀌어 양산됐다. 1954년에는 배기량이 1,192시시로 커졌다. 1966년에 신형 1300 모델이 출시됐고 1967년에는 변형 모델인 1500이 추가됐다. 1970년에 나온 1,584시시 엔진의 1302S가 이 모델을 대체했다. 새 엔진은 출력이 50마력이었는데, 폭스바겐의 철학에 충실한 적절한 수치였다.

15. 단순한 엔진실은 후기형에서 더 복잡해졌다. **16.** 솔렉스(Solex)사가 공급한 하향식 카뷰레터 **17.** 예비용 바퀴는 항상 차체 앞쪽에 수납됐다. **18.** 연료 주입구는 1968년형 모델까지 보닛 아래에 남아 있었다.

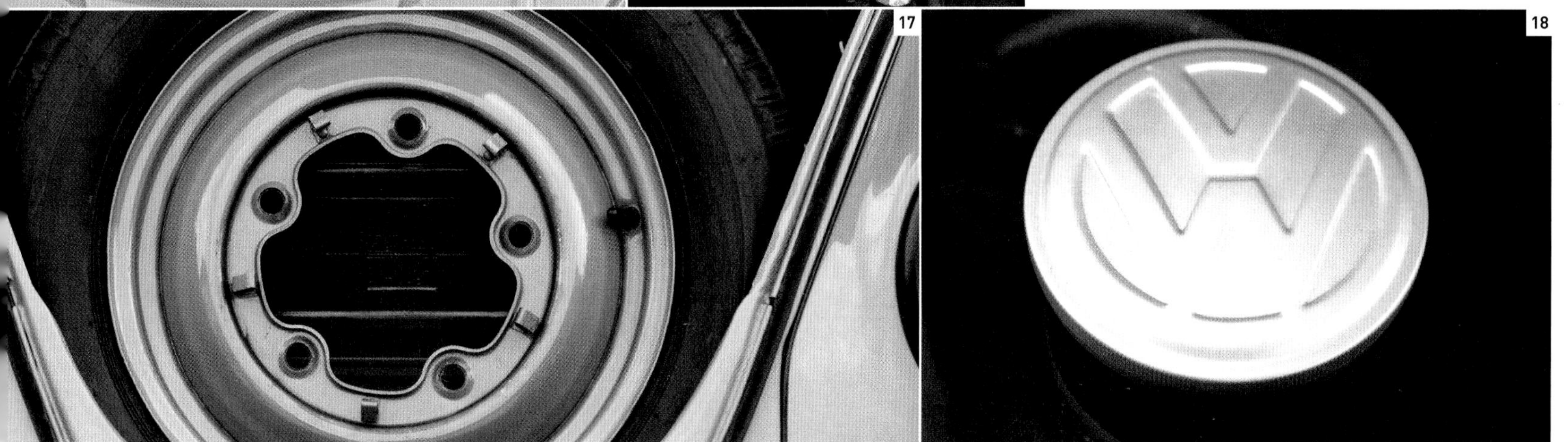

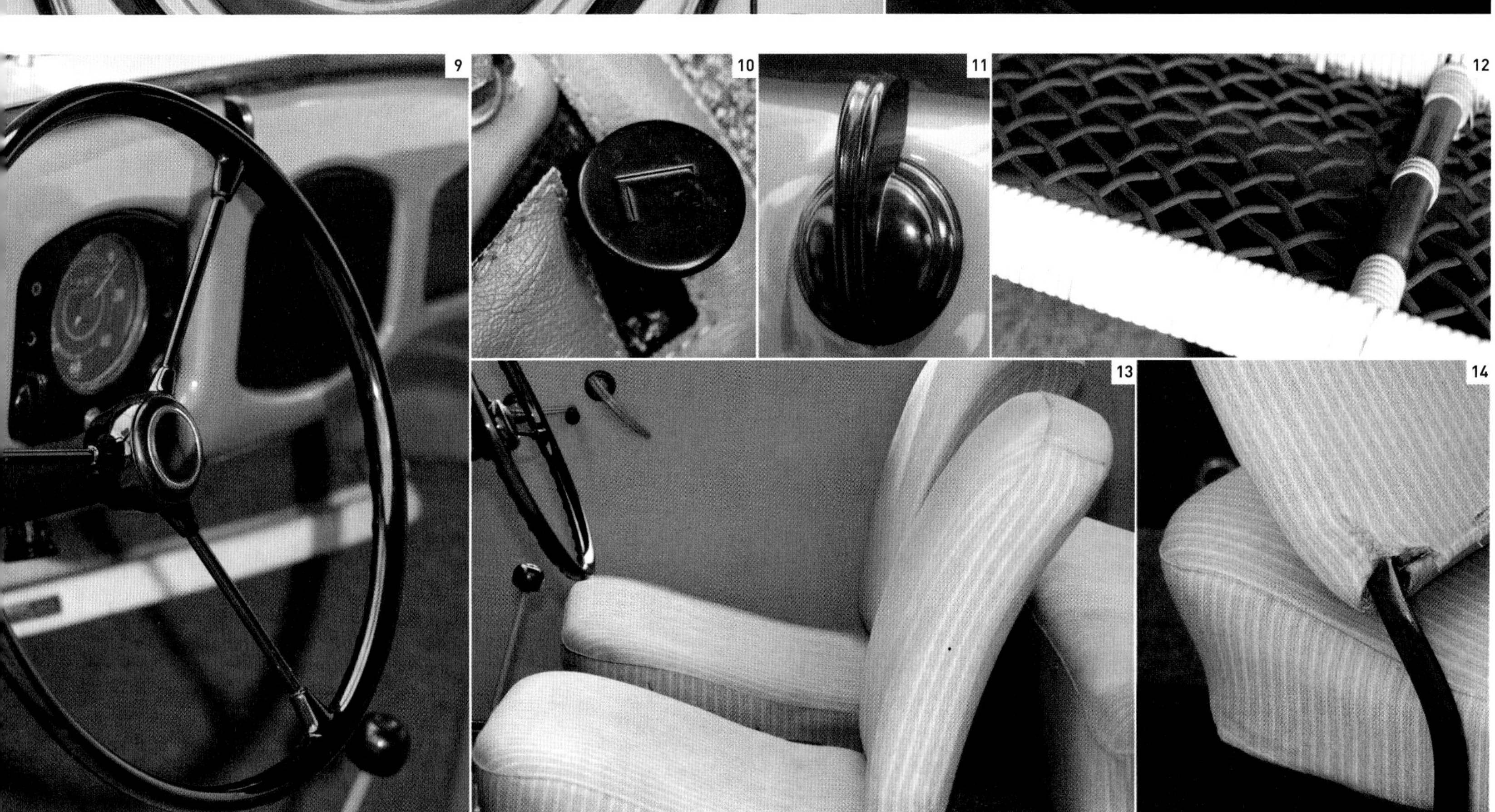

시트로엥 5CV, 1920년대

위대한 브랜드

시트로엥 이야기

앙드레 시트로엥(André Citroën)은 초창기 자동차 산업의 선구자 중 한 사람이다. 시작은 초라했지만, 시트로엥 브랜드는 점차 독창적이면서 대담한 자동차 디자인을 구현해 나갔다. 시트로엥은 프랑스 특유의 감각으로 지성과 감성 모든 면에서 매력적인 여러 기념비적인 자동차들을 만들었다.

1878년에 파리에서 태어난 앙드레 시트로엥의 기술에 대한 관심은 더블헬리컬(double-helical) 톱니가 있는 기어 장치의 특허를 갖고 있던 삼촌의 폴란드 집을 방문하면서 시작됐다. 이 기어의 모습은 이후 시트로엥의 유명한 로고에 반영된다. 앙드레 시트로엥은 돌아오는 길에 프랑스 파리에 작은 공장을 세워 기어를 만들기 시작했고, 슈코다를 비롯한 다른 회사들에 라이선스를 주고 생산할 수 있도록 하기도 했다.

1914년에 제2차 세계 대전이 발발하자, 영리한 시트로엥은 병기를 생산하기 위해 자금 조달에 힘을 기울였다. 1918년에 전쟁이 끝날 때까지 그의 회사는 프랑스 육군에 2300만 개 이상의 포탄을 공급했다. 부를 축적한 시트로엥은 전쟁이 끝나고 1년 뒤에 자동차를 만들기 시작했다. 그가 만든 첫 자동차인 타입 A 10CV 시제품이 1919년 5월에 모습을 드러냈을 때, 이미 자리를 잡은 경쟁자들보다 훨씬 싼 값 때문에 소동이 벌어졌다. 당시에는 자동차 메이커에게는 차대만 주문하고 차체는 차체 제작자가 만드는 것이 일반적이었지만, 타입 A 10CV는 훨씬 더 비싼 자동차에서만 볼 수 있었던 여러 품목들을 갖춘 완제품으로 출시됐다. 시트로엥은 겨우 2주 만에 1만 6000건의 주문을 받았다.

시트로엥 배지
(2009년 도입)

이러한 성공에 자극을 받은 앙드레 시트로엥은 그 후 전체적인 제품군을 확충하기로 결정한다. 그는 재빨리 마케팅의 가치를 인식하고 대중들을 설득할 수 있는 새롭고 창의적인 방법들을 고안해 냈다. 856시시 엔진을 얹고 1922년에 출시된 작은 3인승차인 5CV는 자동차를 처음 구입하는 사람을 위한 자동차가 분명했다. 시트로엥은 자동차의 소비자로 여성을 겨냥하는 절묘함을 보여 주기도 했다. 전기식 자동 시동 장치를 단 이 차의 광고는 자동차를 시동하기 위해 시동 핸들을 돌리지 않아도 되기 때문에 여성 운전자들에게 이상적이라는 내용을 담고 있었다. 여성들은 이 다재다능한 소형차를 사기 위해 몰려들었다.

앙드레 시트로엥은 다음 성공작을 찾아내기 위한 투자의 고삐를 절대 늦추지 않았다. 1934년 초에 시트로엥의 제품군은 76가지 모델로 구성됐고 셀 수 없이 많은 종류의 차대와 차체 조합으로 이뤄졌다. 더욱이 각기 다른 모델들 사이에 교환해서 쓸 수 있는 부품은 소수였고 새로운 모델을 만들 때마다 공장의 설비를 재편하는데 드는 비용은 회사의 재정을 잠식했다. 그런데도 앙드레 시트로엥은 계속해서 영역을 넓혀 나갔다. 1934년 4월에 선보인 혁신적인 자동차인 7CV에는 4륜 구동 장치와 일체형 차대 및 차체가 쓰였다. 시트로엥이 7CV의 디자이너를 선택한 방법도 탁월했다. 그는 당대 차체 제작자 중에서 가장 뛰어난 곳을 마음대로 고를 수 있었지만, 대신 이탈리아의 조각가인 플라미니오 베르토니(Flaminio Bertoni)를 선택했다. 그러나 베르토니는 자동차에 대한 경험이 부족했다.

7CV는 '트락숑 아방(Traction Avant)'이라는 이름으로 통합될 새로운 전륜 구동 자동차 시리즈의 첫 모델이었다. 이 모델들은 이후 세대에게는 자동차의 고전으로서 제대로 평가됐지만, 시판 초창기의 소비자들은 종종 파손되는 변속기와 차체 균열 등으로 고생을 해야 했다. 이런 문제점들은 대부분 빨리 고쳐졌지만, 회사에 대한 평판은 퇴색됐다. 경쟁자인 르노를 능가하기 위해 엄청난 속도로 새 모델들을 출시한 것을 비롯해 갖은 노력을 기울인 앙드레 시트로엥의 집착은 채권자들이 강제로 회사를 파산시킨 1934년 12월에 정점에 이르렀다. 가장 큰 채권자였던 타이어 메이커 미쉐린(Michelin)이 경영권을 인수했다.

앙드레 시트로엥은 파산 후 불과 6개월 만에 숨을 거두었지만, 시트로엥 사는 특히 2CV와 같은 그의 선구적 정신을 환기시키는 자동차들로 그의 정신을 이어 나갔다. 1948년에 선보인 이 2기통 엔진 4도어 자동차는 처음에는 조롱거리가 됐지만, 저렴하면서 튼튼했기 때문에 42년이라는 믿기 어려운 기간 동안 생산되며 장수했다.

> **"아기가 배워야 할 첫 단어는 엄마, 아빠, 그리고 시트로엥이다."**
>
> **— 앙드레 시트로엥, 1927년**

그와 대조적으로, DS19는 지나치게 단순했던 2CV만큼이나 대담했다. 1955년에 첫 선을 보인 이 차는 자동 높이 조절 서스펜션과 다시 플라미니오 베르토니가 디자인한 유선형 차체가 특징이었다.

1963년에 시트로엥은 부실화된 파나르 브랜드를 인수하고 피아트와 공동 프로젝트를 진행하며 긴밀하게 협력하고 있었다. 하지만 시트로엥은 이탈리아 스포츠카 메이커 마세라티를 인수한 후 긴급 구제 신청을 해야 했다. 마세라티 인수는 주목을 모으기는 했지만, 큰 대가를 치러야 한 실수였고 마세라티 엔진을 장착한 SM 슈퍼카는 별로 인기를 모으지 못했다.

시트로엥은 계속해서 손실을 입기 시작했다. 1971년 '유럽 올해의 차'로 선정된 GS 소형 세단과 같은 새 모델이 시트로엥의 재정 상황을 일시적으로 호전시키는 했지만, 이 독특한 브

높이 솟은 광고판
앙드레 시트로엥의 홍보 수단 중 가장 유명한 것은 1925년부터 1934년까지 에펠탑을 전구로 쓴 자신의 이름으로 화려하게 장식한 것이었다.

보편적인 매력
단순하고 투박하게 생긴 2CV는 울퉁불퉁한 농촌 도로에서도 운전하기 쉽고 정비가 거의 필요 없도록 설계됐다. 작은 크기와 경제성은 사진에서처럼 도시 주행에도 적합한 장점이었다.

타입 A 10CV

2CV

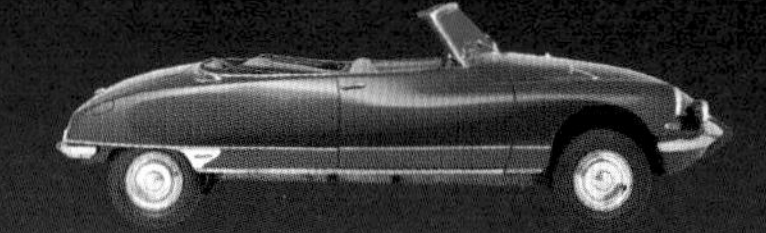

DS 드카포타블

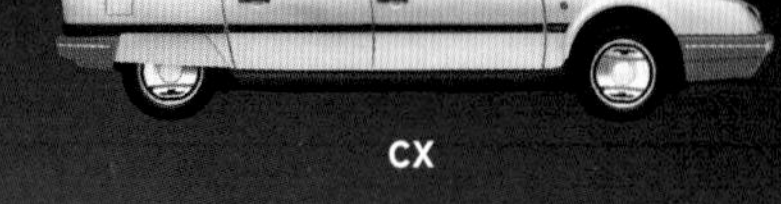

CX

1919 앙드레 시트로엥이 그의 첫 차인 타입 A 10CV를 출시하다.
1922 856시시 엔진의 작은 차인 5CV를 공개하다.
1923 시트로엥-케그레스(Citroën-Kegresse)가 사하라 사막 횡단에 성공하다.
1924 시트로엥이 유럽 처음으로 차체 전체를 철제로 만든 B10을 출시하다.
1925 시트로엥, 에펠탑에 9년간 지속된 광고 시작
1933 디젤 엔진을 얹은 세계 최초의 양산차인 로잘리(Rosalie) 모델이 등장하다.
1934 전륜 구동 트락숑 아방 시리즈가 7CV 모델을 시작으로 출시되다.
1934 시트로엥이 파산을 선언, 타이어 제조업체인 미쉐린이 경영권을 인수하다.
1935 앙드레 시트로엥 사망하다.
1948 저가차인 2CV가 파리 모터쇼에서 데뷔하다.
1955 유선형 차체의 DS19 세단을 파리 모터쇼에서 선보이다.
1963 시트로엥이 이전의 경쟁사 파나르를 인수, 1967년에 파나르 승용차 생산을 중단하다.
1967 시트로엥, 로터리 엔진 개발을 위해 NSU와 합작 투자를 개시하다.
1968 시트로엥이 마세라티를 인수하다.
1971 GS 모델이 '유럽 올해의 차'로 선정되다.
1974 푸조가 시트로엥의 지분 38.2퍼센트를 인수하다.
1975 CS 세단이 '유럽 올해의 차'로 선정되다.
1976 푸조가 시트로엥의 지분 비율을 90퍼센트로 높이다.
1986 시트로엥 스포르가 BX 4TC 모델로 월드 랠리 챔피언십(WRC) 우승에 실패하다.
1993 2CV 양산 중단
1993 시트로엥 팩토리 팀이 첫 랠리 레이드(Rally Raid)에서 처음 우승을 차지하다.
2004 세바스티앙 로브가 시트로엥을 몰고 월드 랠리 챔피언십 6년 연속 우승의 첫해를 장식하다.
2009 시트로엥이 '반복고(anti-retro)' 스타일의 DS3 해치백을 출시하다.
2014 새로운 C4 칵투스(Cactus)가 실용성, 최신 유행, 넉넉한 공간이라는 브랜드 특징을 대표하는 모델이 되다.
2020 구매나 렌트가 가능한 저가형 2인승 도시형 전기차 아미(Ami)를 선보이다.

랜드는 최대의 라이벌인 푸조가 지분 38.2퍼센트를 매입하면서 1974년에 독립성을 잃게 된다. 2년 뒤에 푸조는 지분 비율을 90퍼센트로 높이면서 인수 절차를 마쳤다. 일부 사람들은 시트로엥이 푸조의 영향권 아래에서 꾸준히 기풍을 바꾸었기 때문에, 1975년 '유럽 올해의 차'로 선정된 GS를 모방한 CX를 '진정한' 마지막 시트로엥으로 여긴다. 더 큰 시장을 공략하기 위해 나온 1986년형 AX 초소형 해치백과 같은 1980년대의 시트로엥 제품들은 점점 더 평범해지기 시작했다. 이러한 흐름은 1995년에 나와 꾸준히 잘 팔린 삭소(Saxo)와 1997년에 나온 사라(Xsara)를 포함해 다른 시트로엥 모델들과 더불어 1990년대에도 이어졌다. 그 결과 시트로엥 브랜드는 이미지 문제 때문에 어려움을 겪었지만, 2003년에는 여전히 140만 대에 가까운 자동차 판매고를 유지했다.

최근 시트로엥은 랠리 경주를 통해 엄청난 명성을 얻었다. 프랑스의 랠리 스타인 세바스티앙 로브(Sébastien Loeb)는 시트로엥을 타고 2004년 이후로 8연속 월드 랠리 챔피언십 우승을 기록했다. 린다 잭슨(Linda Jackson)이 업계에서 몇 되지 않는 여성 CEO 중 한 명으로 임명된 지 1년 뒤인 2015년에는 DS 오토모빌(DS Automobiles)이 유럽과 중국 모두에서 프리미엄 브랜드로 독립했다.

사라 피카소
1998년에 시트로엥은 르노의 메간 세닉 소형 MPV에 맞서기 위해 사라 피카소를 내놓았다. 이 투시도는 사라의 일반 모델 부품들이 소형 MPV 구성에 통합되는 방식을 보여 준다.

중형 세단

종전 후, 공장 소유주들은 자동차 생산을 재개하기 위해 군수 물자 공급 계약을 통해 모은 돈으로 공장의 생산력 확충에 서둘렀다. 그러나 특히 철과 같은 원자재가 부족했던 탓에 우선 목제 차체 프레임, 알루미늄 차체 패널, 직물을 씌운 지붕과 같은 구식 구조 기술을 고수할 수밖에 없었다. 일부 메이커들은 서둘러 전쟁 전 모델을 다시 생산하거나 시간을 들여 완전히 새로운 모델들을 개발했다.

△ **로버 10 1945년**
Rover 10 1945
생산지 영국
엔진 1,389cc, 직렬 4기통
최고 속력 105km/h
로버의 10HP는 사치스럽게 치장했지만 힘이 부족한 1930년대의 세단이었다. 이 자동차는 전후에도 계속 생산됐고, 그 뒤를 이어 1948년부터 1949년까지 생산된 더 강력한 모델인 P3도 10HP와 외관은 똑같았다.

▷ **라일리 RMB 1946년**
Riley RMB 1946
생산지 영국
엔진 2,443cc, 직렬 4기통
최고 속력 153km/h
외관은 전전의 모습이었지만, RM은 영국에서 전후 처음으로 나온 새 모델 중 하나였다. 그중 2.5리터 모델은 높은 수준으로 만들어진 역동적인 스포츠 세단이었다.

▷ **데임러 DB18 1945년**
Daimler DB18 1945
생산지 영국
엔진 2,522cc, 직렬 6기통
최고 속력 116km/h
전쟁 바로 직전에 데임러가 내놓은 가장 작은 승용차는 전후에도 다시 나올 수밖에 없었다. 우수한 기술과 실용성을 갖춘 이 자동차는 품질이 뛰어났지만 화려하지는 않았다.

▷ **알비스 TA14 1946년**
Alvis TA14 1946
생산지 영국
엔진 1,892cc, 직렬 4기통
최고 속력 119km/h
알비스는 차체를 별도로 제작한 품질 높은 세단으로 시장에 재진입했다. 빔 액슬 서스펜션과 기계식 브레이크를 지닌 이 자동차의 디자인과 차대는 1930년대에 뿌리를 두고 있다.

◁ **메르세데스벤츠 170V 1946년**
Mercedes-Benz 170V 1946
생산지 독일
엔진 1,697cc, 직렬 4기통
최고 속력 108km/h
1936년에 선보여 고품질 차체 구조, 부드러운 주행 감각, 네 바퀴 독립 서스펜션을 바탕으로 대단한 성공을 거둔 170V는 전후에도 다시 출시됐다.

△ **AC 2리터 1947년**
AC 2-litre 1947
생산지 영국
엔진 1,991cc, 직렬 6기통
최고 속력 129km/h
AC는 빔 액슬 서스펜션이 쓰인 전전의 섀시가 쓰였지만 매력적인 전후 스타일로 치장한 고품질 승용차를 재빨리 출시했다. 이 자동차의 강력한 엔진은 1919년에 설계됐다.

▽ **푸조 203 1948년**
Peugeot 203 1948
생산지 프랑스
엔진 1,290cc, 직렬 4기통
최고 속력 114km/h
전후의 푸조 자동차들은 강인하게 만들어졌다. 특히 203에는 넉넉하고 현대적인 차체, 크기에 비해 강력한 엔진, 내구성이 뛰어난 구동계가 쓰였다. 이 자동차는 1960년까지 만들어졌다.

◁ **트라이엄프 1800 1946년**
Triumph 1800 1946
생산지 영국
엔진 1,776cc, 직렬 4기통
최고 속력 121km/h
스탠더드 사는 1945년에 트라이엄프(Triumph) 사를 인수해 이 회사의 차를 날카로운 디자인의 고급 브랜드로 다시 출시했다. 1800의 엔진은 1949년에 배기량이 커져 1954년까지 유지됐다.

△ **조윗 재블린 1947년**
Jowett Javelin 1947
생산지 영국
엔진 1,486cc, 수평 대향 4기통
최고 속력 126km/h

전혀 새로운 전후 시대의 자동차를 만들기 위해 요크셔 지방의 작은 회사가 용감하게 시도한 결과로 나온 자동차가 재블린이다. 이 자동차에는 공기 역학적인 디자인과 현대적인 엔진이 쓰였고 조향 성능이 뛰어났다.

△ **볼보 PV144 1947년**
Volvo PV444 1947
생산지 스웨덴
엔진 1,414cc, 직렬 4기통
최고 속력 122km/h

모노코크 차체 구조와 더불어, 나중에 출력이 2배로 높아지고 최고 속력을 시속 153킬로미터까지 높인 신형 오버헤드 밸브 엔진을 갖췄던 새로운 볼보 PV144는 시대를 앞선 자동차였다.

▽ **선빔-탈보 90 1948년**
Sunbeam-Talbot 90 1948
생산지 영국
엔진 1,944cc, 직렬 4기통
최고 속력 124km/h

품질 좋은 4도어 세단 또는 2도어 드롭헤드(drophead, 컨버터블의 다른 표현)로 만들어진 선빔-탈보 90에는 매력적인 전후 디자인이 쓰였지만 전방 서스펜션은 여전히 빔 액슬 방식이 사용됐다.

△ **복스홀 벨록스 1948년**
Vauxhall Velox 1948
생산지 영국
엔진 2,275cc, 직렬 6기통
최고 속력 119km/h

전전의 디자인을 최소한으로 개선한 벨록스는 강력한 6기통 엔진을 탑재하고 가격에 비해 뛰어난 가치와 신뢰성을 내세워 판매됐다. 완전한 전후 스타일로 탈바꿈한 것은 1951년의 일이다.

△ **타트라 T600 타트라플란 1948년**
Tatra T600 Tatraplan 1948
생산지 체코슬로바키아
엔진 1,952cc, 수평 대향 4기통
최고 속력 129km/h

공기 저항 계수가 0.32에 불과했던 걸출한 자동차인 T600은 공기 역학을 극한으로 추구했다. 공랭식 엔진이 차체 뒤쪽에 놓인 덕분에 실내 공간은 6명이 탈 수 있을 만큼 넉넉했다.

△ **험버 호크 III 1948년**
Humber Hawk III 1948
생산지 영국
엔진 1,944cc, 직렬 4기통
최고 속력 114km/h

현대적인 차체에 앞유리가 곡면인 첫 영국산 자동차 중 하나로 전전의 사이드밸브 엔진과 차대가 쓰였지만, 전방 서스펜션은 독립식으로 바뀌었다.

△ **홀덴 48-215 'FX' 1948년**
Holden 48-215 'FX' 1948
생산지 오스트레일리아
엔진 2,171cc, 직렬 6기통
최고 속력 129km/h

제너럴 모터스는 1931년에 오스트레일리아의 홀덴을 인수했지만, 홀덴은 전후 고유의 정체성을 이 모노코크 구조 자동차에 불어 넣었다. 처음에는 쉐보레 모델로 계획됐지만 미국 시장에서 팔기에는 너무 작았다.

△ **모리스 옥스퍼드 MO 1948년**
Morris Oxford MO 1948
생산지 영국
엔진 1,476cc, 직렬 4기통
최고 속력 114km/h

옥스퍼드 MO는 모리스 마이너와 똑같은 토션바 방식 전방 서스펜션과 랙앤드피니언 스티어링, 유압식 브레이크를 쓰면서 대형화시킨 모델이었다. 성능은 그리 좋지 않았지만 6년 동안 15만 9960대가 판매됐다.

△ **피아트 1500 1949년**
Fiat 1500 1949
생산지 이탈리아
엔진 1,493cc, 직렬 6기통
최고 속력 121km/h

1935년에 처음 출시된 이 모델의 마지막 버전이 이 자동차다. 공기 역학적인 디자인이 매우 선진적이었던 이 승용차에는 백본 섀시, 독립식 전방 서스펜션, 오버헤드 밸브 엔진이 쓰였다.

△ **한자 1500 1949년**
Hansa 1500 1949
생산지 독일
엔진 1,498cc, 직렬 4기통
최고 속력 121km/h

당대에는 눈에 띄게 현대적이었던 한자의 이 차량은 백본 섀시와 4륜 독립 서스펜션은 물론 선구적인 방향 지시등까지 갖춰져 있었다. 이 자동차에는 6명이 탈 수 있었다.

1950년대

곡선과 테일 핀 | 컨버터블과 크롬 | **핑크와 파스텔** | 버블 카와 스파이더

20 30 40 50 60 70 80 90 100 110
DEFROST
ON START
GASOLINE

경제적인 자동차

1950년대 유럽에서는 경제성을 이유로 준중형차가 많이 생산됐다. 실용적이면서도 멋진 차량들이 생산됐고, 그 차들은 전쟁 전보다 공간이 훨씬 커졌고 속도도 빨라졌으며 매우 안락해졌다. 하지만 포드 같은 일부 메이커는 이런 현대화 추세를 거부했다. 1950년대 내내 전쟁 전 모델을 최저 가격으로 팔며 더 진일보한 모델들에 맞선 것이다.

◁ **울즐리 1500 1957년**
Wolseley 1500 1957
생산지 영국
엔진 1,489cc, 직렬 4기통
최고 속력 126km/h
모리스는 마이너의 골격에 더 큰 엔진을 달아 고가의 울즐리를 만들었다. (라일리(Riley)라는 명칭으로도 출시) 이 자동차는 14만 대 이상 팔린 인기 차종이었다.

△ **포드 프리펙트 E493A 1949년**
Ford Prefect E493A 1949
생산지 영국
엔진 1,172cc, 직렬 4기통
최고 속력 97km/h
포드가 전조등을 펜더에 일체화시키고 고급 실내 부품을 추가하자, 구매자들은 이 자동차가 전쟁 전 모델이라는 것을 깜박 잊거나 속아 넘어갔다. 전후의 영국인들은 자동차에 굶주려 있었고 프리펙트는 상당히 잘 팔렸다.

△ **포드 포퓰러 103E 1953년**
Ford Popular 103E 1953
생산지 영국
엔진 1,172cc, 직렬 4기통
최고 속력 97km/h
막대 브레이크, 사이드밸브 엔진, 3단 기어, 전전 스타일을 보면 103E는 1930년대의 유물이라 할 만했다. 그러나 기본 모델로 값이 저렴해 1959년까지 생산됐다.

▷ **포드 앵글리아 100E 1953년**
Ford Anglia 100E 1953
생산지 영국
엔진 1,172cc, 직렬 4기통
최고 속력 113km/h
포드는 1950년대에도 전쟁 전 모델을 생산했다. 하지만 이 현대적 세단 덕택에 포드의 소형차들이 덩달아 최신식으로 인식됐다. 사이드밸브 엔진에 3단 기어였음에도 불구하고 판매는 호조를 보였다.

△ **포드 앵글리아 105E 1959년**
Ford Anglia 105E 1959
생산지 영국
엔진 997cc, 직렬 4기통
최고 속력 122km/h
105E는 앵글리아 시리즈의 마지막 모델이다. 미국의 영향을 받아 대단히 현대적인 스타일이었고 신형 엔진은 성능이 탁월했으며 4단 변속기는 멋들어졌다.

◁ **르노 도핀 1956년**
Renault Dauphine 1956
생산지 프랑스
엔진 845cc, 직렬 4기통
최고 속력 106km/h
도핀은 전후에 출시된 최신식의 후륜구동 자동차였다. 기존 모델에 비해 엔진이 약간 더 크고 내부 공간이 더 넓으며, 매력적인 신형 차체를 발판 삼아 12년간 200만 대 이상 팔렸다.

△ **DKW 존더클라세 1953년**
DKW Sonderklasse 1953
생산지 독일
엔진 896cc, 직렬 3기통
최고 속력 121km/h
DKW 존더클라세는 가벼운 공랭식 2행정 엔진과 공기 역학적 차체가 돋보였다. 엔진이 작아서 느릴 거라 염려됐지만 생각보다 빨랐다. 후속 모델들의 경우 최고 속력이 시속 142킬로미터에 이르렀다.

▷ **모리스 마이너 트래블러 1953년**
Morris Minor Traveller 1953
생산지 영국
엔진 1,098cc, 직렬 4기통
최고 속력 100km/h
모리스 마이너 시리즈는 엄청난 성공을 거뒀다. 나무를 덧댄 트래블러도 매력적이고 실용적이어서 인기가 대단했다. 뒷문은 경첩이 측면으로 달렸고 뒷좌석을 접으면 공간이 늘어났다.

◁ **생카 아롱드 플렝 시엘 1957년**
Simca Aronde Plein Ciel 1957

생산지 프랑스
엔진 1,290cc, 직렬 4기통
최고 속력 132km/h

생카는 피아트 자동차를 라이선스 생산하는 것에서부터 시작했다. 아롱드(Aronde, 프랑스 어로 제비)는 생카가 신형 설계를 도입해 양산한 첫 번째 차종이다. 보기는 좋지만 값이 비쌌던 이 쿠페의 차체는 차체 제작자 파셀(Facel)이 제작했다.

◁ **내시 메트로폴리탄 1954년**
Nash Metropolitan 1954

생산지 영국/미국
엔진 1,489cc, 직렬 4기통
최고 속력 121km/h

영국에서 제조된 이 소형 쿠페는 주로 북아메리카 시장의 여성 운전자를 겨냥했다. 부유한 주부들은 이 자동차를 타고 도시를 누볐다.

△ **피아트 600 1955년**
Fiat 600 1955

생산지 이탈리아
엔진 633cc, 직렬 4기통
최고 속력 100km/h

600은 피아트 최초의 후륜 구동차로, 독립 현가 장치와 모노코크 구조가 채택됐다. 4명이 탑승해도 공간이 충분할 만큼 탁월한 소형차였다.

△ **피아트 600 물티플라 1956년**
Fiat 600 Multipla 1956

생산지 이탈리아
엔진 633cc, 직렬 4기통
최고 속력 89km/h

물티플라는 짜임새가 좋아서 성인 6명까지 탑승할 수 있으면서도 길이가 3.5미터에 불과했다. 이 자동차에서 다목적 차량(Multi-Purpose Vehicle, MPV) 개념이 시작됐고 이 개념은 1990년대에 큰 인기를 모았다.

△ **오스틴 A40 1958년**
Austin A40 1958

생산지 영국
엔진 948cc, 직렬 4기통
최고 속력 116km/h

영국의 필립 공(영국 여왕 엘리자베스 2세의 남편)이 오스틴 자동차들은 왜 그렇게 땅딸막하고 우울하냐고 투덜대자 이탈리아의 자동차 디자이너 피닌 파리나가 긴급 호출됐다. 파리나는 재미없고 고루한 A40을 사진처럼 멋진 세단으로 바꿔냈다.

△ **슈코다 옥타비아 1959년**
Škoda Octavia 1959

생산지 체코슬로바키아
엔진 1,089cc, 직렬 4기통
최고 속력 121km/h

체코의 국민차였다. 1954년에 440으로 출시됐고 가격 대비 품질이 좋았다. 하지만 지금은 쓰이지 않는 스윙 액슬 방식의 서스펜션을 채택했기 때문에 부주의한 운전자가 급격하게 코너링할 때 문제가 발생할 수도 있었다.

Phillips 66
Sale
Phillips 66
10,000 LAKES
ME 8902
19 MINNESOTA 58

데 소토, 1950년대 중반

미국의 전후 호황으로 자동차 보유자 수가 가파르게 상승했다. 고속 도로가 새로 뚫렸고 주유소 겸 휴게소가 급증했다. 데 소토(De Soto)의 운전자가 필립스 66 주유소에서 휘발유를 넣고 있다.

디트로이트 핀과 크롬

미국은 전후에 번영을 구가했다. 차량에도 온갖 대담한 시도를 마음껏 해 가면서 유례없이 화려한 디자인을 선보였다. 각급 자동차 메이커의 양산차는 크롬 도금 부분이 늘어났고 스타일도 지나치다 싶을 정도로 과격해졌다. 테일 핀, 탄환 모양 장식, 항공기에서 영감을 얻은 세부 요소들이 대표적이다. 또 엔진을 포함해 자동차가 엄청나게 커졌다. 이런 추세는 1959년에 절정을 이루었고 이윽고 1960년에 조금 진정됐다.

▷ **쉐보레 벨 에어 1953년**
Chevrolet Bel Air 1953
생산지 미국
엔진 3,859cc, 직렬 6기통
최고 속력 140km/h
벨 에어 세단은 쉐보레의 호화 사양 모델로, 1953년에만 25만 대가 제작됐다. 크롬 도금을 많이 해 스타일이 멋졌고 가격도 경쟁력이 있었다.

△ **플리머스 퓨리 1959년**
Plymouth Fury 1959
생산지 미국
엔진 5,205cc, V8
최고 속력 167km/h
플리머스의 자동차들은 1955년부터 꾸준히 인기를 모았다. 디자이너 버질 엑스너(Virgil Exner)의 극적이라 할 만큼 새로운 스타일과 V8 엔진의 경쾌함이 플리머스의 특장점으로 작용했다. 퓨리의 2도어 쿠페는 플리머스의 가장 맵시 있는 모델 가운데 하나였다.

◁ **쉐보레 벨 에어 1957년**
Chevrolet Bel Air 1957
생산지 미국
엔진 4,343cc, V8
최고 속력 171km/h
특유의 꼬리 날개와 최신형 V8 엔진을 선택적으로 달 수 있어, 자그마한 캐딜락처럼 보였다. 1957년형 쉐보레는 오늘날까지도 이 브랜드 차량들 중에서 인기가 가장 많은 클래식 차량이다.

△ **크라이슬러 뉴요커 1957년**
Chrysler New Yorker 1957
생산지 미국
엔진 6,424cc, V8
최고 속력 187km/h
버질 엑스너의 새로운 '포워드 룩(forward look, 꼬리 날개, 낮은 지붕선, 날렵함이 특징인 자동차 스타일)'과 앞 차축의 신형 토션바 현가 장치가 눈에 띄는 승용차이다. 《모터 트렌드》 1957년 '올해의 차'로 선정된 이 차를 통해 크라이슬러는 기울던 사세를 만회했다.

▷ **링컨 콘티넨털 마크 II 1956년**
Lincoln Continental Mark II 1956
생산지 미국
엔진 6,030cc, V8
최고 속력 174km/h
링컨이 1956년에 선보인 신형 콘티넨털은 2도어 쿠페 스타일치고는 차체가 컸지만 예외적이라고 할 만큼 균형이 잘 잡혔고 비율이 좋았다. 가격은 거의 1만 달러였다.

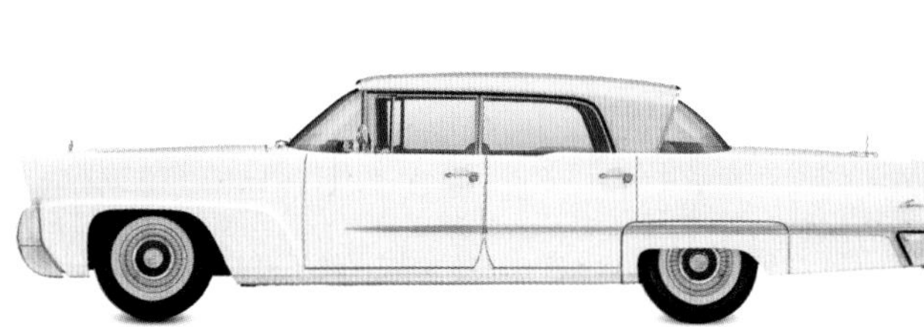

◁ **링컨 카프리 1958년**
Lincoln Capri 1958
생산지 미국
엔진 7,046cc, V8
최고 속력 177km/h
포드의 고급 브랜드 링컨은 "가장 큰 것이 가장 좋은 것"이라는 기치 아래 전후 최대의 승용차를 제작했다. 그렇게 탄생한 카프리는 길이가 5.8미터가 넘었고 375마력을 발휘하는 V8 엔진이 장착됐다.

▷ **폰티액 본빌 커스텀 1959년**
Pontiac Bonneville Custom 1959
생산지 미국
엔진 6,375cc, V8
최고 속력 183km/h
폰티액은 1950년대 말에 빠르고 날렵한 차종을 생산하는 브랜드로 거듭났다. 지면에 바짝 붙는 낮은 스타일과 최신형 V8 엔진을 장착한 결과, 1959년에 여러 스톡카 경주(stock-car race, 일반 승용차를 개조한 차량이 참가하는 자동차 경주)에서 승리를 거머쥐었다.

▽ **에드셀 콜세어 1959년**
Edsel Corsair 1959
생산지 미국
엔진 5,440cc, V8
최고 속력 192km/h
포드가 1957년 미국의 중형차 시장을 겨냥해 출시한 에드셀 시리즈는 성공 못한 채 1959년 생산 중지됐다. 이 매력적이고 강력한 콜세어도 1,343대 제작되는 데 그쳤다.

▷ **포드 페어레인 500 클럽 빅토리아 1959년**
Ford Fairlane 500 Club Victoria 1959

생산지 미국
엔진 4,785cc, V8
최고 속력 158km/h

포드의 1959년형 모델은 브뤼셀 월드 페어에서 뛰어난 스타일링으로 금메달을 받았고 판매도 호조를 보였다. 문이 둘 달린 이 클럽 빅토리아는 2만 3892대만 팔린 상대적으로 희귀한 모델이다.

△ **스튜드베이커 실버 호크 1957년**
Studebaker Silver Hawk 1957

생산지 미국
엔진 4,736cc, V8
최고 속력 185km/h

스튜드베이커 사는 세계에서 역사가 가장 긴 도로용 운송 수단 생산업체 가운데 하나로, 19세기 중반부터 마차 등을 만들어 왔다. 실버 호크는 전후의 독특한 스타일을 보여 준다. 문이 2개인 차체 양식은 1953년에 도입됐고 꼬리 날개는 꾸준히 커져서 이 1957년형 실버 호크에서 정점을 이루었다.

▷ **뷰익 로드마스터 리비에라 1957년**
Buick Roadmaster Riviera 1957

생산지 미국
엔진 5,965cc, V8
최고 속력 188km/h

뷰익의 하드톱 리비에라는 1954년에 출시됐다. 1957년에는 크롬 도금 장식물과 커다란 테일 핀이 채택됐다. 하지만 250/300마력 엔진에도 불구하고 이 뷰익 로드스터의 인기는 별로였다.

▽ **뷰익 리미티드 리비에라 1958년**
Buick Limited Riviera 1958

생산지 미국
엔진 5,965cc, V8
최고 속력 185km/h

뷰익은 그렇잖아도 육중한 테일 핀을 1958년에 더욱 강화하는 방향으로 내달렸다. 300마력 엔진을 장착한 한정 생산 모델은 가장 호화롭고 길이도 가장 길었다. 하지만 판매는 역시 별로였다.

▽ **캐딜락 시리즈 62 클럽 쿠페 1952년** **Cadillac Series 62 Club Coupé 1952**

생산지 미국
엔진 5,424cc, V8
최고 속력 158km/h

캐딜락은 미국의 최고급차 시장에서 스타일을 선도했다. 이 호화로운 190마력 쿠페의 뒤쪽 차체에서 볼 수 있는 것처럼 큼직한 테일 핀도 캐딜락이 도입한 것이다.

▷ **캐딜락 시리즈 62 컨버터블 쿠페 1958년**
Cadillac Series 62 Convertible Coupé 1958

생산지 미국
엔진 5,981cc, V8
최고 속력 187km/h

캐딜락의 시리즈 62는 1957년 완전히 새로운 디자인을 통해 최첨단 자동차로 거듭났다. 1958년에는 테일 핀이 훨씬 커졌다. 엔진도 더욱 커져 이제는 표준형이 310마력을 뽐내게 된다.

▷ **캐딜락 시리즈 62 세단 1959년** **Cadillac Series 62 Sedan 1959**

생산지 미국
엔진 6,391cc, V8
최고 속력 183km/h

1959년형 캐딜락의 큼직한 테일 핀에는 탄환 모양의 미등이 1개씩 달렸다. 당시의 엔진은 325마력을 발휘했다. 1950년대에 미국에서 시도된 자동차 디자인 가운데서 가장 화려할 것이다.

호화로움과 고성능

제2차 세계 대전이 끝나고 1950년대에 들어서면서 느리기는 했지만 다시 사회가 번영하기 시작했다. 이와 함께 호화로운 자동차들에 대한 수요도 늘었다. 도로가 개선되고 사람들의 시야도 넓어지면서 당연히 최고의 성능도 추구됐다. 최고의 차라면 하루 종일 시속 161킬로미터로 달릴 수 있어야 했으며, '스포츠카'로 불리려면 그 이상의 성능을 과시해야 했다. 그리고 많은 자동차들은 머잖아 그 일을 해냈다.

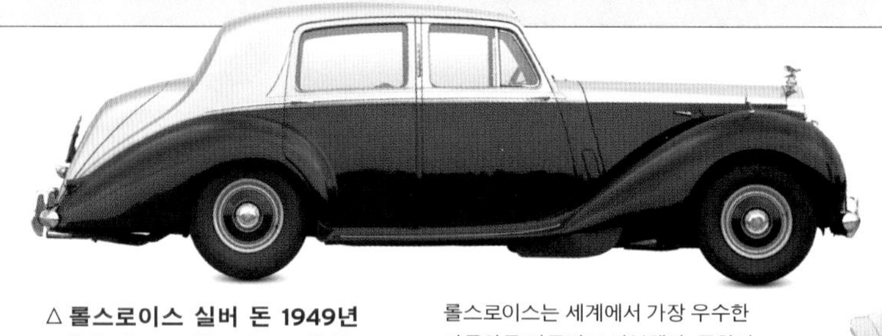

△ **롤스로이스 실버 돈 1949년**
Rolls-Royce Silver Dawn 1949
생산지 영국
엔진 4,566cc, 직렬 6기통
최고 속력 140km/h

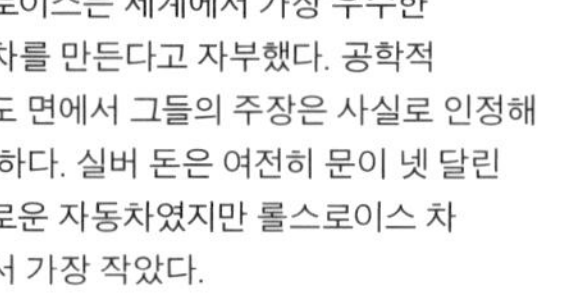

롤스로이스는 세계에서 가장 우수한 자동차를 만든다고 자부했다. 공학적 완성도 면에서 그들의 주장은 사실로 인정해 줄 만하다. 실버 돈은 여전히 문이 넷 달린 호화로운 자동차였지만 롤스로이스 차 중에서 가장 작았다.

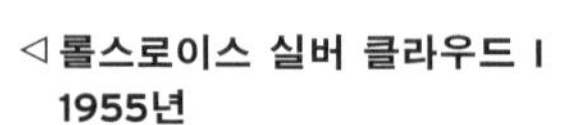

◁ **롤스로이스 실버 클라우드 I 1955년**
Rolls-Royce Silver Cloud I 1955
생산지 영국
엔진 4,887cc, 직렬 6기통
최고 속력 171km/h

롤스로이스는 여전히 차대 위에 차체를 얹는 방식으로 조립했고 이것은 차체 제작자가 만든 별도의 호화로운 차체를 쉽게 탑재할 수 있다는 의미였다. 후퍼 앤드 컴퍼니(Hooper & Co.)가 제작한 이 실버 클라우드의 차체도 매우 우아하다.

▽ **브리스톨 403 1953년**
Bristol 403 1953
생산지 영국
엔진 1,971cc, 직렬 6기통
최고 속력 167km/h

브리스톨 403(Bristol 403)은 전전에 이목을 끈 BMW를 참조했지만 나름대로 100마력을 자랑했다. 공기 역학적으로 설계된 이 고급 4인승 승용차는 매우 인상적이었다.

▷ **재규어 마크 VII 1951년**
Jaguar Mk VII 1951
생산지 영국
엔진 3,442cc, 직렬 6기통
최고 속력 164km/h

윌리엄 라이언스는 놀라운 자동차인 XK120을 생산하면서 마크 Ⅶ도 함께 준비했다. 빠르고 멋지며 호화로운 근사한 세단이다.

◁ **재규어 XK140 FHC 1955년**
Jaguar XK140 FHC 1955
생산지 영국
엔진 3,442cc, 직렬 6기통
최고 속력 200km/h

XK 스포츠카에 대한 수요가 안정적이라고 판단한 재규어는 이 쿠페를 포함해 여러 종류의 스포츠카를 생산했다. XK140 FHC의 실내는 목재와 가죽으로 치장됐다.

△ **재규어 XK150 FHC 1957년**
Jaguar XK150 FHC 1957
생산지 영국
엔진 3,781cc, 직렬 6기통
최고 속력 212km/h

성능이 좀 떨어지는 3.4리터 엔진을 달고도, 가장 많이 팔린 XK150 FHC는 조작이 아주 쉬운 2+2 스포츠카였다. 하루 종일 시속 161킬로미터로 달릴 수 있었고 비교적 조용하고 즐겁게 주행할 수 있었다.

▽ **재규어 마크 IX 1959년**
Jaguar MkIX 1959
생산지 영국
엔진 3,781cc, 직렬 6기통
최고 속력 183km/h

재규어가 생산한 마지막 차대-차체 분리형 자동차이다. 220마력, 파워 스티어링, 디스크 브레이크를 채택했다. 무게가 많이 나갔지만 조작이 아주 쉬운, 신사들의 특급 열차였다.

△ **메르세데스벤츠 300 1951년**
Mercedes-Benz 300 1951
생산지 독일
엔진 2,996cc, 직렬 6기통
최고 속력 166km/h

독일이 전후에 제작한 첫 번째 고급차라 할 수 있다. 품질과 내구성이 탁월했고 (메르세데스벤츠가 이 자동차에서 추구한 최우선 과제이기도 했다.) 10년에 걸쳐 매년 약 1,000대씩 생산됐다.

△ **파셀 베가 FVS 1954년**
Facel Vega FVS 1954
생산지 프랑스
엔진 5,801cc, V8
최고 속력 216km/h

파셀의 베가 FVS는 미국에서 개발된 V8 엔진을 사용한 유럽 최초의 자동차 가운데 하나다. (1954년형 FVS는 크라이슬러 엔진을 도입했다.) FVS는 대단히 현대적인 느낌을 자아내는 굉장한 GT였다.

◁ **란치아 아우렐리아 B20 GT 1953년**
Lancia Aurelia B20 GT 1953
생산지 이탈리아
엔진 2,451cc, V6
최고 속력 185km/h

란치아는 이 자동차에 세계 최초로 양산된 V6 엔진과 세미트레일링 암(semi-trailing arm) 서스펜션을 채택했다. 아우렐리아는 비용에 구애받지 않고 완벽을 추구한 자동차였다.

△ **메르세데스벤츠 300SL 1954년**
Mercedes-Benz 300SL 1954
생산지 독일
엔진 2,996cc, 직렬 6기통
최고 속력 208km/h

1950년대를 상징하는 자동차 중의 하나다. 갈매기 날개처럼 위로 열리는 걸윙 도어(gullwing door)와 250마력의 연료 분사식 드라이섬프 방식 엔진을 갖춘 300SL은 이목을 잡아끄는 스포츠 쿠페였다.

▷ **타트라 603 1956년**
Tatra 603 1956
생산지 체코슬로바키아
엔진 2,474~2,545cc, V8
최고 속력 161km/h

유선형의 이 최고 품질 세단은 주로 체코 외교관들이 탔다. 603의 공랭식 소형 V8 엔진은 뒤쪽에 장착됐다.

△ **페라리 250GT 1956년**
Ferrari 250GT 1956
생산지 이탈리아
엔진 2,953cc, V12
최고 속력 233km/h

페라리가 처음으로 대량 생산한 GT(Grand Touring Car, Gran Turismo라고도 한다. 장거리 고속 주행용의 고성능 자동차를 말한다.)이다. 3중 웨버 카뷰레터(Weber caburetter)를 채택한 V12 엔진은 엄청난 성능을 자랑했다. 피닌 파리나가 디자인한 호화로운 2+2 쿠페이다.

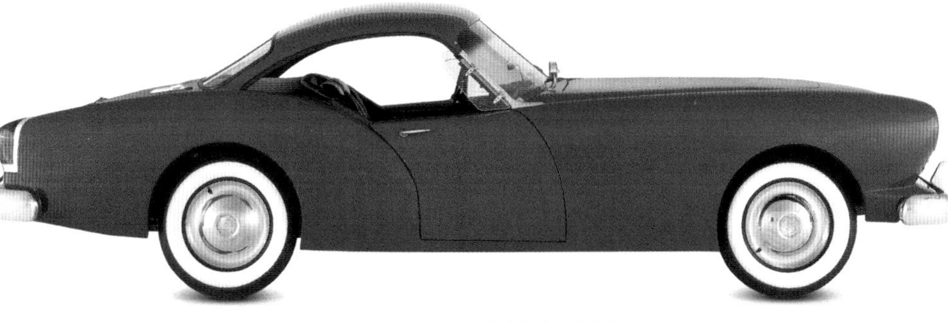

△ **카이저 다린 1954년**
Kaiser Darrin 1954
생산지 미국
엔진 2,641cc, 직렬 6기통
최고 속력 154km/h

조선업자 헨리 카이저(Henry Kaiser)는 제2차 세계 대전이 끝난 후 자동차 제작에 뛰어들었다. 유리 섬유 차체와 앞으로 밀어 넣는 문은 디자이너 하워드 '더치' 다린(Howard 'Dutch' Darin)의 발상이었다.

△ **벤틀리 R 타입 콘티넨털 1952년** **Bentley R-type Continental 1952**
생산지 영국
엔진 4,566cc, 직렬 6기통
최고 속력 193km/h

롤스로이스도 자회사 벤틀리의 스포츠카 제작 경험을 활용해 마침내 큰돈을 벌었다. 멋진 차체를 얹은 이 GT 세단은 호화로움과 속도 측면에서 고급차의 완벽한 본보기였다.

◁ **벤틀리 S2 1959년**
Bentley S2 1959
생산지 영국
엔진 6,230cc, V8
최고 속력 182km/h

롤스로이스와 벤틀리는 미국에서 6기통 엔진이 싸구려로 인식되는 바람에 입장이 불리했다. 하지만 V8 엔진을 장착한 화려한 S2를 출시하면서 그런 상황을 타개할 수 있었다.

△ **애스턴 마틴 DB2/4 1953년**
Aston Martin DB2/4 1953
생산지 영국
엔진 2,580cc, 직렬 6기통
최고 속력 187km/h

W. O. 벤틀리가 개발한 DOHC 엔진이 튜블러 차대에 들어가는 독보적인 방식 때문에 값이 비쌌다. 이 자동차로 애스턴 마틴은 스포츠카 전문 메이커의 대명사가 된다.

△ **애스턴 마틴 DB4 1958년**
Aston Martin DB4 1958
생산지 영국
엔진 3,670cc, 직렬 6기통
최고 속력 227km/h

애스턴 마틴 자동차는 1950년대 말 진정 호사스러운 초고성능 자동차로 인식되기에 이른다. 카로체리아 토우링의 디자인은 이국적이었고 신형 DOHC 엔진은 240 마력의 출력을 자랑했다.

1896년에 제작된 '말 없는 마차'에 앉아 있는 헨리 포드(1946년 촬영)

위대한 브랜드

포드 이야기

헨리 포드는 대량 생산 기술을 도입한 최초의 자동차 생산업자였다. 그가 개발한 모델 T는 수백만 대가 팔렸다. 포드 자동차 회사는 이 성공을 발판 삼아 세계적 기업으로 도약했다. 새천년의 첫 10년에 불어닥친 경기 침체 속에서도 정부 지원을 받지 않고 살아남은 미국 유일의 대형 자동차 메이커가 바로 포드다.

헨리 포드는 1863년 미시간 주 디어본 인근의 농촌에서 태어났다. 그는 16세 때 인근 도시 디트로이트로 건너가, 직업 훈련을 받고 기계공이 됐다. 1891년부터는 디트로이트 에디슨 사에서 근무하며 여가를 활용해 엔진을 연구하고 실험했다. 1896년 포드는 직접 제작한 최초의 '말 없는 마차(horseless carriage)', 즉 자동차를 선보였다. 그는 1898년 두 번째 자동차를 완성했고 윌리엄 머피(William H. Murphy)라는 사업가가 자동차 제조업에 자금을 대기에 이른다. (포드는 기술 부문을 책임졌다.) 포드는 시제품을 양산하기 위해 분투했지만 디트로이트 자동차 회사(Detroit Automobile Company)는 큰 손실을 입는다. 포드는 회사를 구조 조정해 가며 새로운 발상들을 시험해 나갔다. 그렇게 해서 나온 경주용 자동차가 1901년 10월 개최된 한 10마일 경주에서 명성이 자자하던 윈턴(Winton) 사의 자동차를 꺾었다. 그러나 디트로이트 자동차 회사에는 수익을 내주는 차종이 여전히 단 하나도 없었고 결국 그해 말 폐업하고 말았다. 새로 설립한 헨리 포드 자동차 회사(Henry Ford Motor Company)는 도로 합승차 개발에 주력했으나 다시 한번 완성차를 양산하는 데 실패했다. 이사들이 헨리 릴런드를 영입하자, 포드는 회사를 떠났다. (이 회사가 나중에 캐딜락이 된다.)

포드 배지
(1927년 도입)

포드는 결국 1903년 6월 따로 자동차 회사를 설립했고 포드 자동차 회사(Ford Motor Company)는 큰 성공을 거둔다. 포드의 첫 번째 양산차는 2기통의 모델 A였다. 포드는 1904년 초창기의 또 다른 경주용 자동차인 '999'를 제작해, 시속 147킬로미터라는 지상 최고의 신기록을 수립한다. 포드와 협력해 사업을 한 알렉산더 맬컴슨(Alexander Malcomson)은 고급 소비자를 지향했다. 4기통의 모델 B와 6기통의 모델 K가 고급차 시장을 형성했다. 하지만 포드 자신은 저렴한 자동차를 개발하고 싶어 했다. 결국 그는 1906년 맬컴슨의 지분을 사 버렸고 회사는 구조 조정을 단행해 더 작고 값싼 모델들에 집중하게 된다. 1908년에 시판된 모델 T는 이중에서도 가장 큰 성공을 거두었다. 모델 T는 신형 4기통 엔진에, 조작이 간편한 변속기를

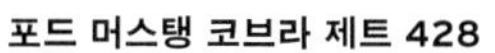
포드 머스탱 코브라 제트 428

1964년에 머스탱이 출시되면서 '포니 카(pony car)'라는 개념이 각광을 받았다. 이 용어는 소형 차체에 대형 엔진을 장착해 빠르고 날렵한 느낌을 강조하면서도, 적당한 가격에 살 수 있는 신개념 승용차를 가리킨다. 1968년형 코브라 제트 428(Cobra Jet 428)은 당대의 양산차 가운데서도 가장 빠른 축에 속했다.

모델 A

선더버드 랜도

카프리

시에라 코스워스 RS500

1896 헨리 포드, 첫 자동차를 만들다.
1903 포드 자동차 회사 설립. 첫 번째 양산차인 모델 A가 발표되다.
1908 모델 T 출시
1922 포드, 링컨을 인수하다.
1927 1500만 대 이상 제작된 모델 T 생산 중지. 신형 모델 A가 모델 T를 대체하다.
1932 포드, V8 엔진을 장착한 최초의 보급형 자동차 '모델 18'을 선보이다.
1943 에드셀 포드(헨리 포드의 아들), 49세를 일기로 암으로 사망

1945 헨리 포드 2세, 포드 자동차 회사 회장으로 취임
1947 헨리 포드, 83세를 일기로 사망
1954 스포츠카와 GT의 중간쯤에 해당하는 선더버드가 출시돼, 새로운 부류의 자동차로 떠오르다. 실용성보다는 이미지가 강조된 '퍼스널 카(personal car)'라는 개념이 탄생한 것이다.
1963 포드 영국 법인, 코티나 패밀리 세단을 발표하다. 1980년대까지 유럽 전역에서 베스트셀러로 군림하는 일련의 차종이 이때 출범했다.

1964 머스탱 출시. 소형 차체에 고성능 엔진을 장착한 새로운 유형의 자동차를 '포니 카'라고 한다.
1967 포드, 코스워스 사의 DFV V8 엔진 제작에 자금을 대다. DFV V8은 F1의 역사에서 가장 성공적인 엔진의 계보로 자리를 잡는다.
1969 포드, 유럽에서 카프리 쿠페를 출시하다. 카프리 쿠페는 1980년대까지 판매된다.
1978 미국에서 안전성을 개선하기 위해 핀토 리콜
1982 공기 역학적 스타일의 시에라 출시
1987 포드, 애스턴 마틴을 인수하다.

1989 포드, 재규어를 인수하다.
1990 익스플로러 출시. 미국에서 가장 인기 있는 SUV로 자리 잡다.
1998 포커스, 안락함·현가 장치·탁월한 성능으로 격찬을 받다.
1999 포드, 스튜어트 F1 팀을 인수하다.
2002 피에스타가 포드의 마지막 영국산 승용차가 되다.
2015 6세대 머스탱 출시
2020 순수 전기 구동계를 갖춘 머스탱 마하 E 등장
2021 포드 브롱코가 복고풍 오프로더로 25년 만에 부활하다.

포드의 콘술 코티나 장난감
포드가 1962년 영국에서 콘술 코티나(Consul Cortina)라는 이름으로 출시한 코티나는 인기 만점의 중형 가족용 승용차였다. 실내를 넓힌 스테이션 왜건이 최고의 인기를 구가했다.

채택했고 스타일까지 현대적이었다. 850달러를 주고 구매할 수 있는 다른 어떤 차보다 더 뛰어난 차였던 셈이다. 입소문과 함께 판매가 늘어났고 제조 공정까지 개선돼 가격은 더욱 떨어졌다. 포드는 1913년에 컨베이어벨트에서 자동차를 생산하는 최초의 제조업체가 됐다. 이에 따라 모델 T 1대를 제작하는 데 소요되는 시간이 14시간에서 93분으로 단축됐다. 제1차 세계 대전 때 전장에 투입된 연합군의 무수한 군용 차량은 모델 T를 발판으로 했다. 야전 구급차가 대표적이다.

헨리 포드는 1919년 아들 에드셀 포드를 회사 대표로 임명했다. 포드는 1922년 재정적 어려움에 봉착한 링컨을 매입하는데, 릴런드가 링컨을 세웠음을 떠올리면 참으로 얄궂은 인수·합병이었다. 포드는 릴런드 때문에 1902년 자기 이름이 들어간 회사를 그만둔 바 있다. 포드는 향후 5년 동안 새 차종을 전혀 출시하지 않고 모델 T를 개량하기만 했다. 결국 1927년에 포드는 모델 T의 시대가 끝났음을 인정해야 했다. 모델 T를 대체할 차량이 전혀 없다는 게 문제였다. 완전 신형의 모델 A가 탄생할 때까지 무려 6개월 동안 공장 가동이 중단됐다. 1930년대에는 여러 차종이 잇달아 개발·생산됐다. 가령 1932년의 모델 Y는 유럽 시장을 염두에 둔 최초의 포드 차종이었다. 제2차 세계 대전이 발발했고 포드는 그간 섬세하게 다듬어 놓은 대량 생산 기술을 적극 활용해 지프, 전차 엔진, 항공기, 기타 물자를 제작·납품했고 연합군 전력에 큰 보탬이 됐다. 에드셀 포드가 1943년 암으로 사망하면서 헨리 포드가 다시 경영을 책임져야 했다. 2년 후 에드셀 포드의 아들 헨리 포드 2세가 회장으로 취임해 1947년 할아버지가 사망한 후 단독으로 경영하게 된다.

포드는 전후 대량 판매 시장에 내놓을 양질의 자동차 생산에 주력했다. 이것은 미국 본사와 유럽 자회사 모두에 공히 적용되는 방침이었다. 포드의 영리한 제품 생산 계획은 위력을 발휘했고 큰 성공을 거두었다. 빠르고 날렵하면서도 호화로운 1954년의 선더버드(Thunderbird)와 소형이면서도 디자인이 멋진 1964년의 머스탱(Mustang)이 대표적이다. 포드는 유럽에서도 매출을 선도했다. 앵글리아, 타우누스, 코티나, 에스코트가 대표 차종이었다. 포드는 1960년대에 '토털 퍼포먼스(Total Performance)' 캠페인을 벌였고 모터스포츠를 선도했다. GT40이 르망 전통의 24시간 연속 경주를 제패한 것과 코스워스가 설계한 V8 엔진으로 F1을 지배하기 시작한 것이 대표적인 예다. 포드는 1970년대에도 RS 에스코트(RS Escort)를 발판으로 유럽 지역 경주에서 선두를 지켰다.

포드는 1970년대에 기업의 명성에 큰 타격을 입었다. 미국 시장에서 핀토(Pinto)를 대규모로 리콜해야 했기 때문이다. 또 포드 미국 법인은 1980년대 초의 에너지 위기 사태를 헤쳐 나가야만 했다. 1979년 이란 혁명으로 원유 공급에 차질이 빚어지기 시작하면서 포드가 생산한 기름 먹는 하마들은 일본에서 수입된 더 경제적인 차종들과의 경쟁에서 나가떨어지고 말았다. 포드는 유럽 자회사 제품들이 내는 수익으로 근근이 버텼다. 1980년대에 토러스(Taurus)와 시에라(Sierra)가 출시됐고 공기 역학적 차체는 대서양 양안에서 포드의 대세로 자리를 잡았다. (젤리처럼 생겼다고 비웃는 사람들도 있었다.) 포드는 1990년대 말부터 혁신적인 디자인과 동급 최강의 조작 성능을 바탕으로 옛 명성을 되찾았다. 제이 메이스(J Mays)가 디자인을 총괄 지휘했고 기술 담당 리처드 패리존스(Richard Parry-Jones)가 제품 개선에 혁혁한 공을 세웠다.

포드는 2006년 이후 상당한 손실을 입었다. 이런 사정은 미국의 다른 자동차 메이커도 마찬가지였다. 하지만 포드는 세계 경제의 침체 속에서 살아남기 위해 정부 지원에 의존하지 않는 쪽을 택했다. 대신 과거에 인수했던 헤르츠, 애스턴 마틴, 재규어, 랜드 로버, 볼보를 매각하고 공장, 지적 재산, 기타 자산을 저당 잡히고 영업 자본을 확보했다. 변화는 효과가 있었다. 2018년에 포드는 2015년에 글로벌 모델로 재출시한 머스탱을 제외하고 SUV와 트럭에만 집중하겠다고 발표했다.

"차 가격을 1달러 내릴 때마다 새로운 고객이 1,000명씩 더 생긴다."

— 헨리 포드가 모델 T에 대해 1913년에 한 말

포드의 에코부스트 1.6리터 엔진, 2010년
에코부스트 엔진(Ecoboost engine)은 트윈 터보와 연료 직분사 방식을 채택해 더 큰 엔진과 동일한 출력을 생성한다. 연비가 좋고 배기 가스도 적다.

레이싱 카의 진화

1950년대에는 엔진을 앞에 설치한 경주용 자동차들이 대세였다. 일반 도로 주행용 스포츠카를 개조한 유럽의 차량들이 경기를 제패했지만, 개조 과정에서 많은 것이 바뀌어 일반 차종들과는 점점 더 멀어졌다. 디스크 브레이크의 효능이 드러나면서 많은 제조사들이 급속도로 채택하게 된다. 브레이크와 연료 분사 방식 등의 노하우는 서서히 일반 차량에도 도입돼, 도로 주행 차량들도 성능이 나아진다.

▷ **탈보-라고 T26 그랑 스포르 1951년**
Talbot-Lago T26 Grand Sport 1951
생산지 프랑스
엔진 4,483cc, 직렬 6기통
최고 속력 201km/h
그랑프리에서 우승한 경주용 자동차의 차대와 엔진을 채택한 그랑 스포르는 전후 초기의 스포츠 레이싱 카였다. 1950년 르망 경주에서 우승을 차지했다.

△ **페라리 375 MM 1953년**
Ferrari 375 MM 1953
생산지 이탈리아
엔진 4,522cc, V12
최고 속력 241km/h
경주용 자동차인 375 밀레 밀리아(375 Mille Miglia)는 스파 24시간 경주, 페스카라(Pescara) 12시간 경주, 부에노스아이레스 1,000킬로미터 경주를 석권하며 빛나는 업적을 쌓아 나갔다.

△ **커티스-크라이슬러 500S 1953년**
Kurtis-Chrysler 500S 1953
생산지 미국
엔진 6,424cc, V8
최고 속력 233km/h
카레라 파나메리카나(Carrera Panamericana, 멕시코에서 열린다.)와 미국 각지에서 거행되던 여러 내구 경주 도전을 목표로 효율성을 제고해 제작한 미국제 자동차의 전형이다. 크라이슬러의 헤미 V8(Hemi V8) 엔진이 장착됐고 차체는 알루미늄으로 만들어져 무척 가벼웠다.

◁ **페라리 250GT SWB 1959년**
Ferrari 250GT SWB 1959
생산지 이탈리아
엔진 2,953cc, V12
최고 속력 257km/h
피닌 파리나가 디자인한 미려하기 그지없는 SWB는 많은 경주에서 우승하며 배기량 2~3리터의 레이싱 카로 펼쳐지는 그룹 III를 지배했다. 이 차는 도로에서도 흔히 볼 수 있었다.

△ **아바르트 205 1950년**
Abarth 205 1950
생산지 이탈리아
엔진 1,089cc, 직렬 4기통
최고 속력 174km/h
카를로 아바르트(Carlo Abarth)는 전설적인 엔진 튜닝 기술자다. 그가 완성한 첫 번째 차인 205는 조반니 미켈로티(Giovanni Michelotti)가 디자인한 차체에 피아트 엔진을 개량해 집어넣었다. 내구 경주용 자동차로 큰 성공을 거두었다.

▽ **로터스 일레븐 1956년**
Lotus Eleven 1956
생산지 영국
엔진 1,098cc, 직렬 4기통
최고 속력 180km/h
로터스의 뛰어난 성능이 더욱더 진일보한 차량이 바로 로터스 일레븐이다. 이 우아한 차는 엄청난 성공을 거두었다. 1956년 르망에서 전체 7위를 차지한 것은 더 큰 엔진을 장착한 차량들과의 경쟁에서 거둔 성과라는 사실을 고려할 때 대단한 결과였다.

△ **퍼펄리디-포르쉐 스페셜 1954년**
Pupulidy-Porsche Special 1954
생산지 미국
엔진 1,582cc, 수평 대향 4기통
최고 속력 209km/h
미국인 레이서 에밀 퍼펄리디(Emil Pupulidy)는 메르세데스의 실버 애로에 영감을 받아 만든 차체를 폭스바겐 차대에 붙여, 경주에 참가했다. 그는 바하마 제도의 나소 스피드 위크(Nassau Speed Week)에서 첫 출전한 이 차로 우승을 거머쥐었다.

▷ **포르쉐 550/1500RS 1953년**
Porsche 550/1500RS 1953
생산지 독일
엔진 1,498cc, 수평 대향 4기통
최고 속력 219km/h
포르쉐는 엔진 양쪽에 더블 오버헤드 캠샤프트가 달린 새로운 엔진을 설계했고 이 엔진을 차체 한가운데 장착한 550은 경주에서 위세를 떨쳤다. 배우 제임스 딘(James Dean)이 타다가 충돌 사고로 사망한 차로도 유명하다.

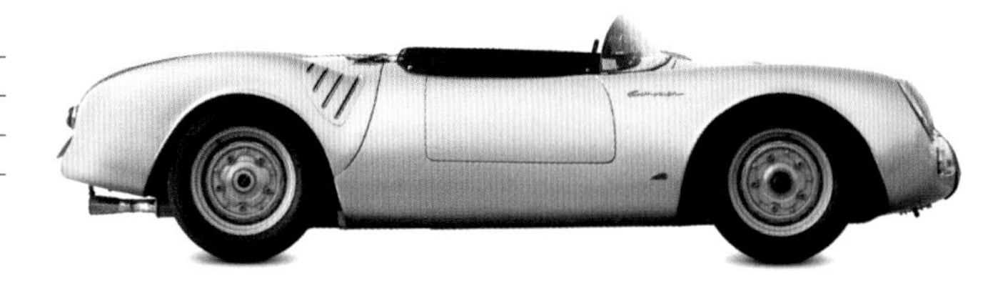

◁ **포르쉐 550 쿠페 1953년**
Porsche 550 Coupé 1953
생산지 독일
엔진 1,488cc, 수평 대향 4기통
최고 속력 200km/h
포르쉐가 경주용으로 특별 제작한 첫 번째 자동차다. 미드십 엔진의 550들은 르망부터 카레라 파나메리카나까지 1953년의 각종 대회를 석권했다.

△ **애스턴 마틴 DBR1 1956년**
Aston Martin DBR1 1956
생산지 영국
엔진 2,922cc, 직렬 6기통
최고 속력 249km/h

DBR1은 2010년까지 애스턴 마틴에서 가장 혁혁한 성공을 거둔 경주용 자동차였다. 국제 무대의 주요 6개 대회에서 승리를 거머쥔 것만 봐도 이것을 알 수 있다. 르망, 뉘르부르크링(Nürburgring), 굿우드(Goodwood), 스파 등의 경주를 여러 차례 제패했다.

△ **오스카 MT4 1953년**
OSCA MT4 1953
생산지 이탈리아
엔진 1,490cc, 직렬 4기통
최고 속력 193km/h

MT4는 마세라티 형제의 탁월한 디자인과 DOHC, 복수 점화 플러그 엔진이 채택됐고 보기보다 훨씬 뛰어났다. 1954년 미국의 세브링(Sebring) 12시간 경주에서 우승을 차지했다.

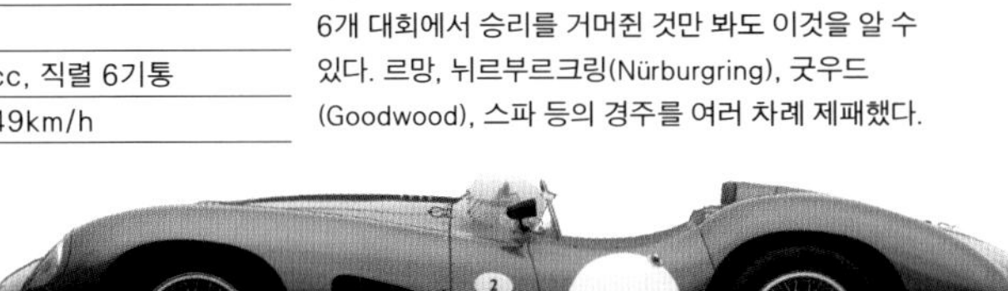

△ **애스턴 마틴 DBR2 1957년**
Aston Martin DBR2 1957
생산지 영국
엔진 3,670cc, 직렬 6기통
최고 속력 257km/h

애스턴 마틴은 신형 3.7리터 엔진을 시험하기 위해 두 종류의 자동차를 제작했다. DBR1과 세미백본 프레임을 실은 DBR2가 그 두 가지였다. 이 자동차들은 후에 미국에서 4.2리터 엔진을 장착하고 경주에 나섰다.

△ **마세라티 250F 1954년**
Maserati 250F 1954
생산지 이탈리아
엔진 2,494cc, 직렬 6기통
최고 속력 290km/h

250F는 2.5리터 이하 F1에 7년 연속 참가했고 그랑프리를 8번 차지했다. 후안 마누엘 판지오는 250F를 타고 1957년 세계 챔피언으로 등극했다.

◁ **파나르 750 스파이더 1954년**
Panhard 750 Spider 1954
생산지 프랑스/이탈리아
엔진 745cc, 수평 대향 2기통
최고 속력 145km/h
티노 비앙키가 1950년형 파나르 디나(Panhard Dyna)의 미완성 차대에 질코의 프레임과 콜리의 차체를 붙여 만들었다. 이 단 1대뿐인 이 자동차는 1955년 이탈리아 밀레 밀리아에 출전했다.

▷ **메르세데스벤츠 W196 1954년**
Mercedes-Benz W196 1954
생산지 독일
엔진 2,496cc, 직렬 6기통
최고 속력 299km/h
메르세데스벤츠는 복잡한 입체 구조 차대, 데스모드로믹 밸브(desmodromic valve, 흡기 및 배기 밸브를 스프링에 의존하지 않고 캠으로 여닫는 구조로 안정적인 고회전이 가능하다.), 연료 분사 장치로 무장을 하고 F1에 복귀했다. 후안 판지오는 W196을 몰고 세계 대회 타이틀을 두 차례 거머쥐었다.

△ **알파 로메오 1900SSZ 1954년**
Alfa Romeo 1900SSZ 1954
생산지 이탈리아
엔진 1,975cc, 직렬 4기통
최고 속력 188km/h

알파 로메오 1900은 "자동차 경주에서 우승할 수 있는 가족용 차"로 선전됐다. 카로체리아 자가토가 차체를 경량으로 특수하게 제작한 이 자동차는 알파 로메오 1900을 바탕으로 한다. 1900SSZ는 장거리 경주에서 좋은 성적을 냈다.

◁ **재규어 C 타입 1951년**
Jaguar C-type 1951
생산지 영국
엔진 3,442cc, 직렬 6기통
최고 속력 232km/h
이 레이싱 카는 르망을 제패하기 위해 제작됐고 1951년과 1953년에 실제로 우승했다. (1953년에 디스크 브레이크가 도입됐다.) XK120에 기원을 두고 있으며 경량의 튜블러 섀시(tubular chassis)를 썼다.

▽ **재규어 D 타입 1956년**
Jaguar D-type 1956
생산지 영국
엔진 3,781cc, 직렬 6기통
최고 속력 269km/h

재규어가 XK에 기원을 둔 C 타입 이후 개발한 이 경량의 레이싱 카는 르망을 제패하기 위해 모노코크 구조를 채택했다. D 타입은 1955년, 1956년, 1957년 르망에서 우승했다.

스포츠카의 황금기

제2차 세계 대전이 끝나고 미국은 번영했고 스포츠카 수요가 엄청나게 늘어났다. 미국과 유럽에서 스포츠카 디자인이 급격하게 발달한 이유다. 1950년대는 스포츠카의 황금기였다. 옆에서 바라본 차체의 실루엣은 점점 더 낮아졌다. 디자이너들은 유려하게 흐르는 선을 강조했고 그 과정에서 수많은 매력적인 자동차들이 탄생했다.

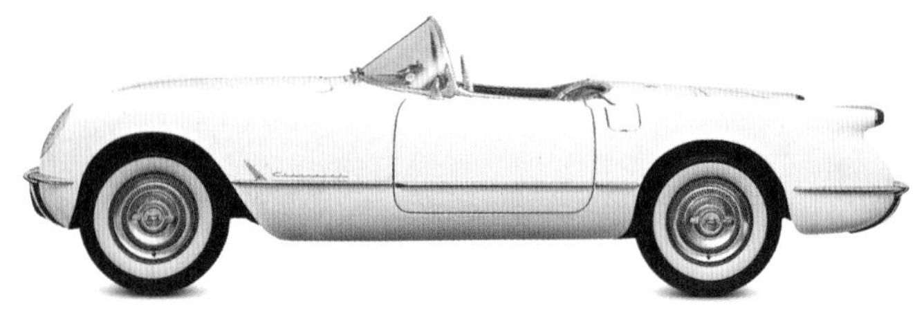

△ **쉐보레 콜벳 1953년**
Chevrolet Corvette 1953
생산지 미국
엔진 3,859cc, 직렬 6기통
최고 속력 172km/h

제너럴 모터스의 신차 전시회인 모토라마(Motorama)에 전시된 드림 카가 양산된 것이 바로 이 자동차이다. 콜벳은 차체가 플라스틱인 최초의 차량이다. 쉐보레의 일견 무모한 선택은 올바른 판단이었음이 드러났다.

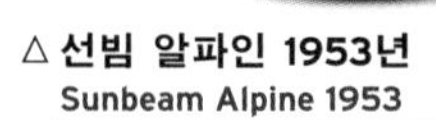

△ **선빔 알파인 1953년**
Sunbeam Alpine 1953
생산지 영국
엔진 2,267cc, 직렬 4기통
최고 속력 153km/h

알파인이 지나치게 무거웠던 것은 좌석 4개짜리 선빔-탈보 90 차대를 그대로 썼기 때문이다. 유럽 대륙의 알파인 랠리에서 여러 차례 우승했고 시속 193킬로미터의 속도를 자랑한다는 사실은 좋은 홍보거리였다. 하지만 그런 선전이 판매고 상승으로 이어지지는 못했다.

△ **알파 로메오 줄리에타 스파이더 1955년**
Alfa Romeo Giulietta Spider 1955
생산지 이탈리아
엔진 1,290cc, 직렬 4기통
최고 속력 180km/h

작지만 아름다운 이 스포츠카는 1.3리터 엔진에서 기대할 수 있는 것보다 훨씬 뛰어난 성능을 발휘할 수 있도록 제작됐다. 이런 고사양은 DOHC 엔진 덕택에 가능했다.

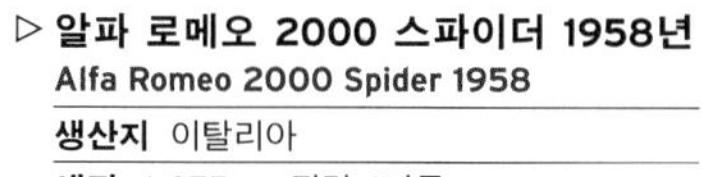

▷ **알파 로메오 2000 스파이더 1958년**
Alfa Romeo 2000 Spider 1958
생산지 이탈리아
엔진 1,975cc, 직렬 4기통
최고 속력 179km/h

이 준수한 2+2 알파 로메오는 드럼 브레이크를 제외하면 당대의 영국 및 미국 표준을 앞선 구조를 갖추고 있었다. 모노코크 섀시, 5단 기어, DOHC 엔진이 돋보였다.

△ **조윗 주피터 1950년**
Jowett Jupiter 1950
생산지 영국
엔진 1,486cc, 수평 대향 4기통
최고 속력 135km/h

주피터는 혁신적이었지만 묵직한 차량이었다. 낮게 설치된 수평 대향 엔진 덕택에 조향성이 탁월했다. 그러나 조윗은 주문이 너무 적어서 대량으로 생산할 수가 없었다. 총판매 대수는 899대였다.

◁ **트라이엄프 TR2 1953년**
Triumph TR2 1953
생산지 영국
엔진 1,991cc, 직렬 4기통
최고 속력 172km/h

변변찮은 예산으로 개발된 이 스포츠카는 빠르고 유쾌했다. 출시되자마자 시장에서 성공을 거두었고 아마 경주 우승 횟수도 가장 많을 것이다.

▷ **재규어 XK140 1955년**
Jaguar XK140 1955
생산지 영국
엔진 3,442cc, 직렬 6기통
최고 속력 200km/h

XK120은 XK140으로 진화했다. 현대적인 랙앤드피니언 스티어링 기어가 채택됐고 출력이 높아졌으며 실내 공간도 더 넓어졌다. 로드스터, 컨버터블, 쿠페 중에 선택할 수 있었다.

△ **아놀트 브리스톨 1953년**
Arnolt Bristol 1953
생산지 미국/이탈리아/영국
엔진 1,971cc, 직렬 6기통
최고 속력 175km/h

미국 인디애나 주의 사업가 스탠리 '웨키' 아놀트(Stanley H. 'Wacky' Arnolt)가 영국의 브리스톨에 차대 제작을 의뢰했고 이 미완성 차대에 이탈리아의 베르토네(Bertone)가 차체를 얹었다. 정확히 142대 제작됐다.

▽ **BMW 507 1956년**
BMW 507 1956
생산지 독일
엔진 3,168cc, V8
최고 속력 217km/h

BMW는 이 아름다운 고성능 스포츠카를 딱 250대 만들었다. 모터사이클 세계 챔피언 존 서티스(John Surtees)는 이 스포츠카가 나오자마자 1대 구매했다.

△ **MGA 1955년**
MGA 1955
생산지 영국
엔진 1,489cc, 직렬 4기통
최고 속력 161km/h

아름다운 선, 최고 속력 시속 161킬로미터, MGA의 분리형 차대는 구형이었지만, 아름다웠다. 특히 미국에서 잘 나갔다.

◁ **메르세데스벤츠 190SL 1955년**
Mercedes-Benz 190SL 1955
생산지 독일
엔진 1,897cc, 직렬 4기통
최고 속력 172km/h

190은 모양이 비슷하지만 속도는 훨씬 빠른 300SL 걸윙 직후에 출시된 2인승의 호화 GT이다. 메르세데스벤츠의 전통적 품질 기준에 따라 제작됐다.

△ **데임러 SP250 1959년**
Daimler SP250 1959
생산지 영국
엔진 2,548cc, V8
최고 속력 193km/h

데임러는 재미없고 고루한 고급 세단 메이커였다. 그러나 그들도 알루미늄 소재의 신형 V8 엔진을 쓰고 싶었다. 트라이엄프에서 프레임을 가져왔고 차체는 유리 섬유인 스포츠카가 그렇게 해서 탄생했다.

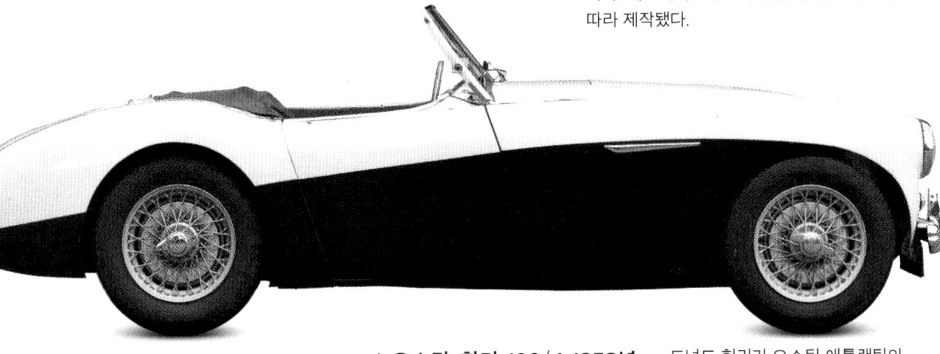

△ **오스틴-힐리 100/4 1952년**
Austin-Healey 100/4 1952
생산지 영국
엔진 2,660cc, 직렬 4기통
최고 속력 166km/h

도널드 힐리가 오스틴 애틀랜틱의 부품을 사용해 저렴한 스포츠카를 만들자는 생각을 했고, 게리 코커(Gerry Coker)가 가세해 놀라운 차체를 디자인했으며, 오스틴이 생산 권리를 구매해 탄생한 자동차가 바로 이것이다.

△ **오스틴-힐리 스프라이트 1958년**
Austin-Healey Sprite 1958
생산지 영국
엔진 948cc, 직렬 4기통
최고 속력 138km/h

조립식 자동차는 자동차 판매 시장에서 최저가 시장을 형성했다. '개구리 눈(Frogeye)'이라는 별명으로 불린 스프라이트(미국에서는 '벌레 눈(Bugeye)'이라고 불렸다.)는 이 시장을 겨냥했고 스포츠카가 운전의 재미를 주기 위해 꼭 빨라야 할 필요는 없음을 보여 줬다.

△ **포르쉐 356A 1955년**
Porsche 356A 1955
생산지 독일
엔진 1,582cc, 수평 대향 4기통
최고 속력 161km/h

이 경쾌한 356은 1950년 출시됐고 폭스바겐 비틀에 뿌리를 두고 있다. 1950년대 말에는 최고 속력이 시속 177킬로미터에 육박했고 DOHC를 채택한 카레라는 시속 201킬로미터를 넘었다.

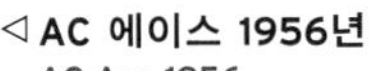

◁ **AC 에이스 1956년**
AC Ace 1956
생산지 영국
엔진 1,971cc, 직렬 6기통
최고 속력 188km/h

페라리로부터 영감을 받은 AC는 자체 엔진을 단 에이스를 1954년에 출시했다. 1956년형 에이스는 차대가 완전 독자적이었고 120마력 브리스톨 엔진은 활기가 넘쳤다. 여기서 나중에 코브라(Cobra)가 나왔다.

△ **로터스 엘리트 1957년**
Lotus Elite 1957
생산지 영국
엔진 1,216cc, 직렬 4기통
최고 속력 190km/h

세계 최초로 유리 섬유를 소재로 한 모노코크 구조를 갖춘 자동차이다. 공기 역학적으로 탁월했고 코번트리 클라이맥스제 엔진은 강력했으며 서스펜션은 부드럽고 탄력이 좋았다. 매우 복잡하고 정교한 차량이었다.

△ **로터스 7 1957년**
Lotus 7 1957
생산지 영국
엔진 1,172cc, 직렬 4기통
최고 속력 137km/h

로터스 7은 매우 단순해서 대부분 조립식으로 판매됐다. 엔진도 선택할 수 있었다. 7은 경량에 서스펜션 설계까지 우수해서, 보기보다 빨랐고 자동차 경주 동호회에서 인기가 많았다.

쉐보레 콜벳

콜벳은 1953년에 출시됐다. 유리 섬유 소재를 쓴 2인승 컨버터블이었고 스타일은 당대의 유럽 모델들을 경쟁자로 삼았다. 콜벳은 미국에서 최초로 양산된 스포츠카이기도 하다. 처음에는 6기통 엔진이 장착됐지만 V8 엔진이 탑재되고부터 진정한 매력을 뽐내기 시작했다. 콜벳은 여러 차례 디자인이 바뀌었고 계속해서 신선한 감각을 유지했다. 1963년형 스팅 레이 쿠페(Sting Ray Coupé)는 뒤쪽 창문을 분할했고 1968년형 스팅 레이는 '청상아리(Mako Shark)'라는 별명으로 불렸다. 콜벳은 오늘날까지 약 150만 대 제작됐고 여전히 생산되는 미국에서 가장 오래된 스포츠카다.

콜벳은 제너럴 모터스(GM)의 수석 디자이너 할리 얼의 발상으로 탄생했고 GM의 1953년 모토라마에서 격찬을 받았다. 하지만 첫해에 300대밖에 못 파는 등, 시작은 그리 좋지 못했다. 디자인은 짜릿했지만 탑재된 6기통 엔진이 출력에 굶주린 미국 구매자들에게는 불충분해 보였던 것이다. 콜벳은 시장에서 퇴출될 운명에 처했지만 바로 그때 행운의 여신이 미소를 지었다. 1955년 수동 변속기를 채택한 4,342시시 V8 엔진이 장착되면서 콜벳은 탄탄대로를 달리기 시작했다. 1956년 차체 디자인이 개선됐고 여러 해에 걸쳐 엔진 업그레이드가 이루어졌다. 이것이 초대 콜벳이 미국에서 가장 인기 있는 자동차 중 하나로 자리 잡게 된 경위다. 1980년대까지 콜벳은 화려한 장식을 강조한 2세대와 근육질의 3세대를 거치면서 시대를 풍미했다. 현재 6세대인 콜벳은 유럽의 영향을 받았던 초기 스타일로 복귀하고 있다.

앞모습　　뒷모습

휘날리는 깃발
로버트 바솔로뮤(Robert Bartholomew)가 1953년에 처음 도안한 콜벳의 이 로고는 깃발이 2개다. 체크무늬 깃발은 콜벳의 질주 본능을 나타내고 백합 문장은 회사 설립자 루이 셰브럴레이의 프랑스 선조에게 경의를 표한다는 의미다.

지붕을 덮은 옆모습

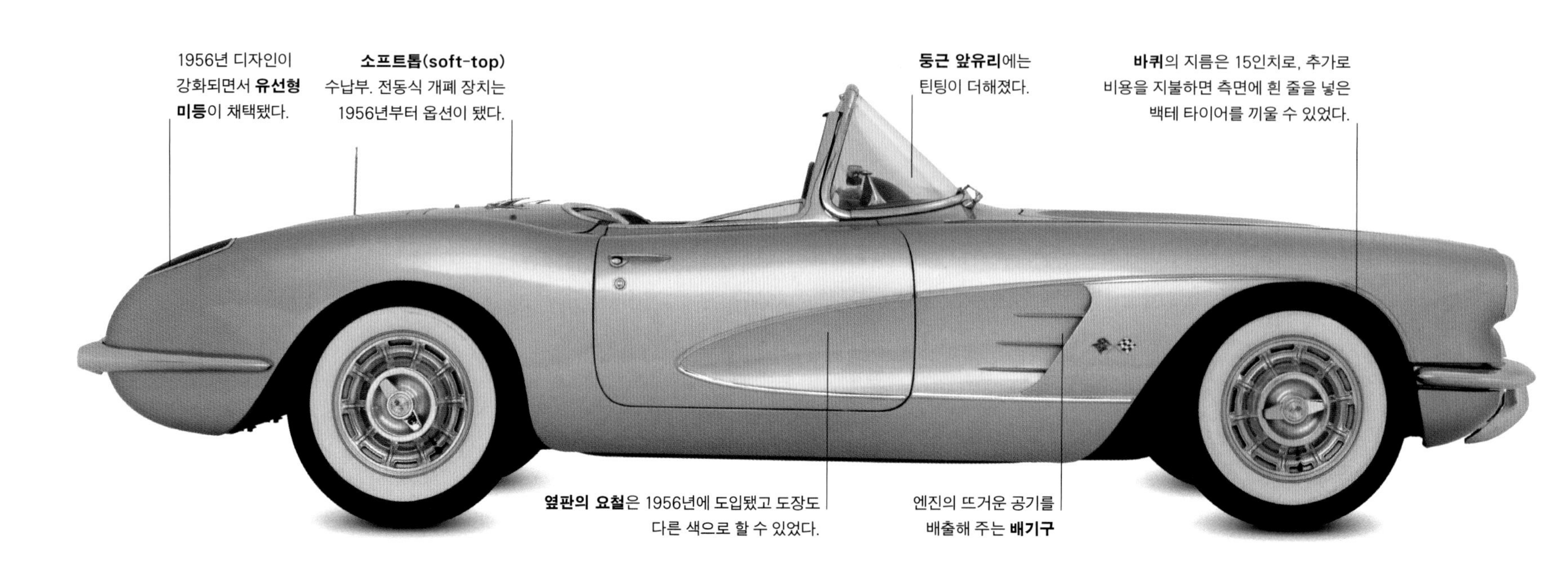

제원	
모델	쉐보레 콜벳 마크 I, 1953~1962년
생산지	미국 미시간 주, 미주리 주
제작	6만 8915대
구조	강판을 용접으로 조립
엔진	4,291cc, V8
출력	4,200~6,200rpm에서 150~360마력
변속기	파워글라이드 2단 자동 변속기
서스펜션	앞바퀴: 독립 서스펜션, 뒷바퀴: 일체 차축식 (rigid axle)
브레이크	앞뒤 모두 드럼 브레이크
최고 속력	229km/h

미국풍 스타일의 결정판
할리 얼은 전면부 그릴의 이빨을 드러낸 듯한 양식이 당대의 페라리 모델을 베낀 것임을 인정했다. 초기 모델들은 전조등이 2개였지만 1958년부터 헤드램프가 4개로 바뀌었고 여기에 요철형 보닛이 추가됐다. 사진에서 보듯 1959년형 콜벳은 앞모습이 상당히 공격적인 인상이다. 콜벳은 후속 모델로 갈수록 앞모습이 사나워진다.

외장

콜벳의 독특한 유리 섬유 차체는 경쟁 차종들과 확연히 구별됐다. 1959년의 한 광고는 이렇게 시작될 정도였다. "주형이 아예 다릅니다." 콜벳은 이 차체 덕분에 무게를 상당히 줄일 수 있었다. 1956년에 디자인이 강화되면서 차체에 요철을 가미했고 미등도 바꾸었다. 사진의 차량에 도색된 잉카 실버(Inca Silver) 색상은 1959년에 선택할 수 있었던 일곱 가지 차체 색 가운데 하나였다.

1. 냉각용 배기구 위의 깃발 로고 **2.** 공들여 만든 휠 캡 **3.** 1958년부터 좌우 양쪽으로 전조등이 2개씩 달렸다. **4.** 그릴의 '이빨'은 1961년 디자인에서 사라진다. **5.** 미등은 1961년 디자인에서 고전적인 덕테일(duck-tail) 모양으로 바뀌어 꾸준히 유지된다. **6.** 배기관 2개는 뒷범퍼에 일체화됐다.

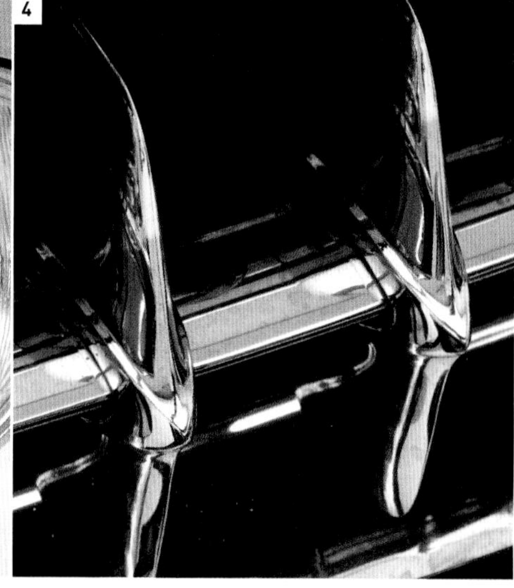

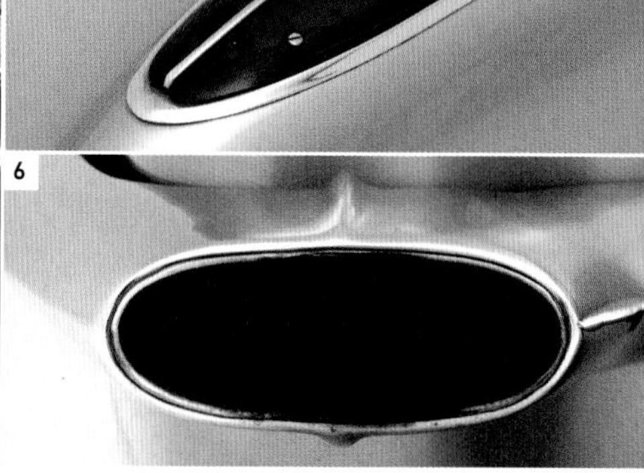

내장

원래의 1953년형 콜벳에서 불편하게도 운전대 오른쪽에 있던 계기들은 1958년형부터 운전자 앞으로 옮겨진다. 빨간색, 검정색, 청록색 등의 실내 색상, 파워 윈도와 실내등 등 여러 사양을 선택할 수 있었다. 하지만 가장 중요한 것은 성능이었다. 쉐보레는 1959년에 콜벳을 이렇게 광고했다. "운전의 묘미만을 지향해 엄격하게 설계된 세련된 장비."

7. 자동차 경주용 스티어링 휠이 장착된 운전석, 플라스틱이 덧대인 계기반, 조수석 승객이 붙잡을 수 있는 손잡이 **8.** 시속 257킬로미터까지 표시됨 속도계. 아래가 회전계다. 배터리 충전 상태 지시기도 보인다. **9.** 라디오, 실내 냉난방 제어기, 전자 시계 **10.** 1959년형에 새로 도입된 T-시프트 수동 기어 **11.** 콜벳이란 이름은 소형 호위함에서 따왔다. **12.** 소프트톱 탈착부 **13.** 출입문 개폐 해제 장치와 수동식 창문 개폐 회전 레버 **14.** 크롬 도금된 팔걸이는 1959년형부터 부착됐다.

엔진실

직렬 6기통 엔진은 1956년형에서 퇴출됐고 1957년형부터는 4,637시시 V8 엔진이 장착됐다. 선택 사양이었던 신형 연료 분사 방식을 추가할 경우, 콜벳은 '1세제곱인치당 1마력'을 달성한 최초의 자동차였다. 속도와 마력이 가장 중요한 시절이었고 콜벳의 판매와 인기는 이런 출력을 바탕으로 하늘로 치솟았다.

15. 보닛 앞쪽의 걸쇠 **16.** 케이블 작동식 방출 시스템의 경첩 부위 **17.** 1959년에는 4,637시시 V8 엔진에 장착되는 흡기 장치를 트윈 카뷰레터식(사진)이나 연료 분사식 중에서 고를 수 있었다.

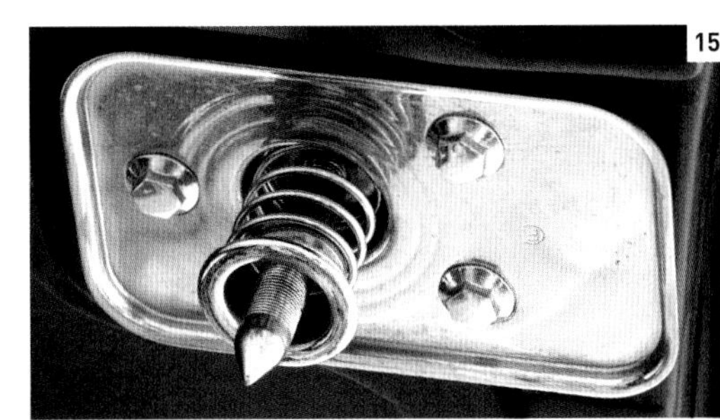

쉐보레

스몰블록 V8 엔진

무려 55년 동안 생산된 쉐비의 스몰블록 V8(small-block V8) 엔진은 '대를 물려' 탄다고 하는 신뢰성 높은 미국 엔진의 완벽한 예다. 주철로 제작된 스몰블록은 푸시로드로 밸브를 작동시키는 OHV 방식의 90도 V형 8기통 엔진이다. 스몰블록은 드래그레이스(drag-race, 400미터 직선 주로에서 가속력을 겨루는 자동차 경주)용 엔진으로 순식간에 인기를 얻었다. 1950년대를 상징하는 스포츠카들과 포니 카들은 스몰블록 엔진을 장착했다.

쇼트 스트로크 스몰블록

스몰블록 엔진을 단 쉐비는 인기 만화 캐릭터 '마이티 마우스'라는 별명으로도 불렸다. 별명처럼 탁월한 성능을 발휘한 것은 실린더의 지름이 피스톤의 행정 거리보다 더 큰 쇼트 스트로크(short stroke) 엔진이기 때문이었다. 피스톤이 움직이는 행정 거리가 짧으면 짧을수록 회전 상승이 빨라지고 가속도 빨라진다. 요컨대, 피스톤에 작용하는 관성력이 줄어들고 엔진의 분당 회전수가 커져 출력이 증대하는 것이다. 저출력 스몰블록 엔진은 가족용 차량에 장착됐고 해양 운송 수단에도 스몰블록 엔진이 사용됐다. 스몰블록 엔진은 개발 이후 9000만 개 이상 제작됐다.

엔진 제원	
생산 연도	1955년~현재
실린더	90도 V형 8기통
배치	세로 방향 전방 장착
배기량	4,291cc(최종적으로 6,570cc)
출력	4,400rpm에서 162마력, 최종적으로 375마력
유형	4행정 수랭식 휘발유 엔진. 피스톤 왕복, 배전기 점화 방식, 습식 윤활. OHV는 푸시로드와 로커 암이 작동시킨다. 밸브는 실린더당 2개
연료 장치	기화기, 후반기에는 연료 분사 방식
내경×행정	안지름과 행정 길이 95.3mm×76.2mm
비출력(比出力)	리터당 37.8마력
압축비	8.0:1

▷ 엔진 작동 원리는 352~353쪽 참고

쉐보레의 두 번째 V8
쉐보레의 V8 엔진이 큰 성공을 거두었다는 사실을 생각하면 사진에서 보는 엔진이 불과 두 번째 개발품이었다는 것은 놀랍기 그지없다. (쉐보레의 첫 번째 V8 엔진은 1917년에 나왔다.) 쉐보레는 V8 제작 경험이 일천했지만 기본적인 설계 방향을 잘 잡았다. 엔진을 최대한 작고 단순하며 가볍게 만들면서도 출력은 높이자는 게 그들의 설계 철학이었다.

배전기

진공식 진각 장치

플라이휠
플라이휠(flywheel)은 엔진이 회전하면서 발생하는 편차를 제거한다.

클러치 하우징

시동 링 기어
엔진에 시동을 걸면 링 기어가 기동 전동기의 피니언 기어와 엇물리면서 토크를 플라이휠에 전달한다. 그렇게 해서 엔진이 회전한다.

기동 전동기 솔레노이드
솔레노이드는 고전압 전류를 통해 기동 전동기와 배터리를 연결해 준다.

시동 모터

엔진 받침대

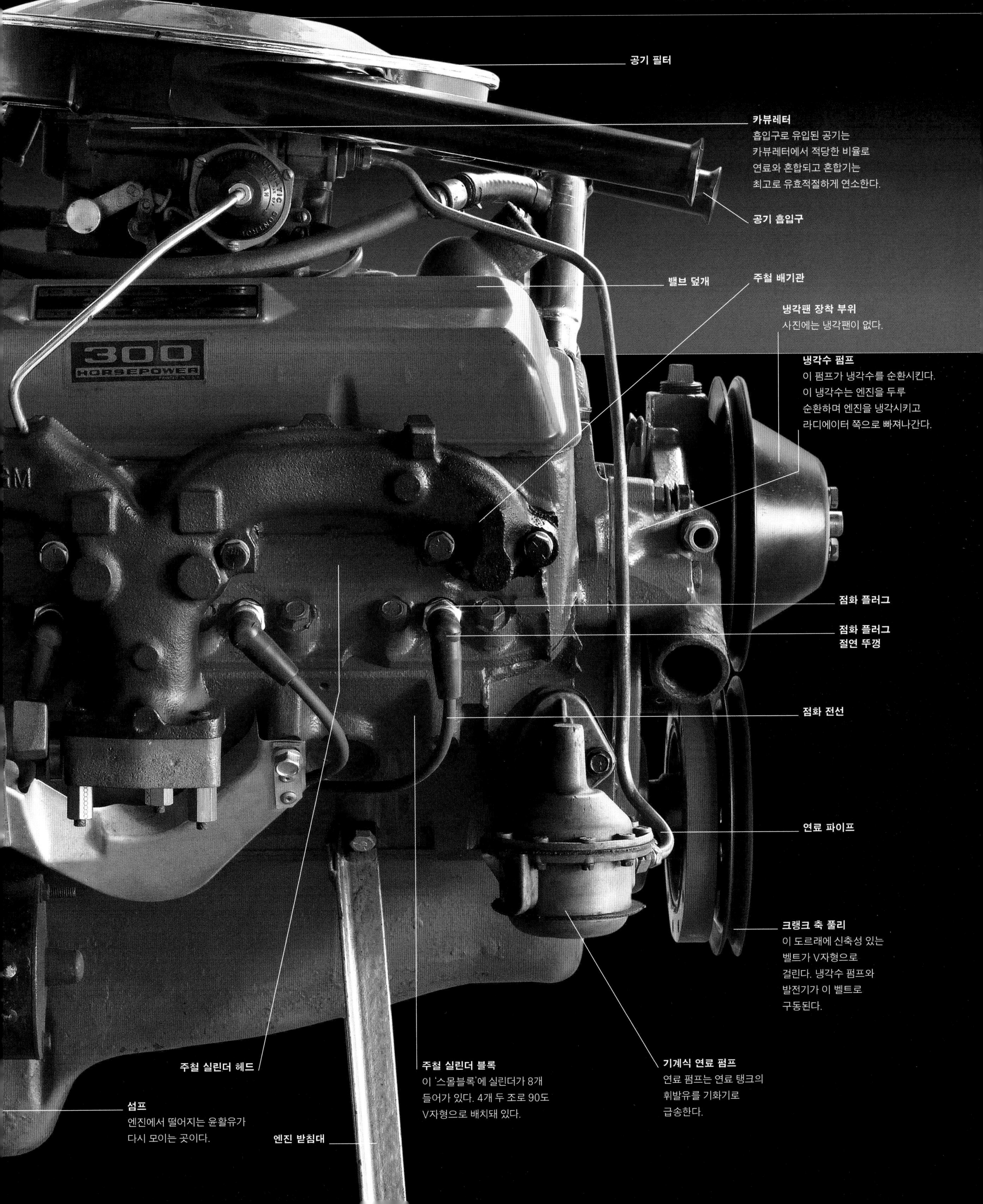

공기 필터

카뷰레터
흡입구로 유입된 공기는 카뷰레터에서 적당한 비율로 연료와 혼합되고 혼합기는 최고로 유효적절하게 연소한다.

공기 흡입구

밸브 덮개

주철 배기관

냉각팬 장착 부위
사진에는 냉각팬이 없다.

냉각수 펌프
이 펌프가 냉각수를 순환시킨다. 이 냉각수는 엔진을 두루 순환하며 엔진을 냉각시키고 라디에이터 쪽으로 빠져나간다.

점화 플러그

점화 플러그 절연 뚜껑

점화 전선

연료 파이프

크랭크 축 풀리
이 도르래에 신축성 있는 벨트가 V자형으로 걸린다. 냉각수 펌프와 발전기가 이 벨트로 구동된다.

주철 실린더 헤드

주철 실린더 블록
이 '스몰블록'에 실린더가 8개 들어가 있다. 4개 두 조로 90도 V자형으로 배치돼 있다.

기계식 연료 펌프
연료 펌프는 연료 탱크의 휘발유를 기화기로 급송한다.

섬프
엔진에서 떨어지는 윤활유가 다시 모이는 곳이다.

엔진 받침대

마이크로 자동차와 버블 카

발명가들은 언제나 작고 경제적인 승용차를 만들려고 했지만 소비자들은 외면했다. 1956년 수에즈 위기(제2차 중동 전쟁)가 일어나고 휘발유 배급제가 시행되면서 상황이 바뀌었다. 연료 절약이 최우선으로 부각되며 기존 마이크로 자동차들이 각광 받고 새로운 모델들이 무더기로 나왔다. 피아트 500이나 미니 같은 전통의 소형차들도 등장한다.(버블 카(bubble car)는 초소형차의 일종으로 차체에 비해 운전석이 커 거품처럼 보인다 해서 유래한 이름이다.)

△ **앵테르 175 베를린 1953년**
Inter 175 Berline 1953

생산지 프랑스
엔진 175cc, 1기통
최고 속력 80km/h

앞뒤 2인승의 앵테르는 프랑스의 항공기 회사가 제작했고 앞바퀴를 안으로 접을 수도 있었다. 그렇게 해서 출입구나 비좁은 통로를 통과해 적당한 장소에 보관하는 게 가능했다.

△ **하인켈 카빈 크루이저 1957년**
Heinkel Cabin Cruiser 1957

생산지 독일
엔진 204cc, 1기통
최고 속력 80km/h

하인켈 사의 자동차인 이 카빈 크루이저는 항공기 회사 특유의 경량 구조와 탁월한 수용력 덕택에 성인 2명과 아이 2명이 타고도 BMW 이세타만큼 빨리 달릴 수 있었다.

△ **베스파 400 1957년**
Vespa 400 1957

생산지 이탈리아/프랑스
엔진 393cc, 직렬 2기통
최고 속력 84km/h

피아지오가 디자인했지만 프랑스에서 만든 이 2인승 차량은 당시로서는 상당히 정교했다. 뒤에 장착된 엔진에는 냉각 팬까지 달렸고 서스펜션도 전부 독립식이었다.

△ **오스틴 미니 세븐 1959년**
Austin Mini Seven 1959

생산지 영국
엔진 848cc, 직렬 4기통
최고 속력 116km/h

탁월한 적재성의 미니는 이시고니스가 설계했다. 엔진을 가로로 장착했고 엔진과 변속기를 일체화시켜 부피를 줄임으로서 4명까지 넉넉하게 탈 수 있는 공간을 확보했다. 가격 경쟁력이 뛰어나 '버블 카'로 불리던 초소형차 시장을 석권했다.

△ **프리스키 패밀리 스리 1958년**
Frisky Family Three 1958

생산지 영국
엔진 197cc, 1기통
최고 속력 71km/h

엔진 제조업체 헨리 메도스는 1957년부터 바퀴 4개짜리 프리스키를 만들었다. 미켈로티(Michelotti)의 시제품 디자인이 바탕이 됐다. 세 바퀴 모델은 영국에서 자동차 세금이 더 쌌다.

△ **피아트 누오바 500 1957년**
Fiat Nuova 500 1957

생산지 이탈리아
엔진 479cc, 직렬 2기통
최고 속력 82km/h

단테 지아코사(Dante Giacosa)가 디자인한 신형 500은 스타일이 탁월했지만, 처음에는 속도가 느린 2인승 승용차에 불과했다. 이후 내부 공간을 재단장하고 출력을 보강해 출시한 누오바 500(Nuova 500)은 340만 대가 팔렸다.

▷ **버클리 SE492 1958년**
Berkeley SE492 1958

생산지 영국
엔진 492cc, 직렬 3기통
최고 속력 129km/h

이 독특한 스포츠카는 유리 섬유와 알루미늄 소재의 모노코크 섀시, 가로 배치 엔진, 전륜 구동, 4륜 독립 서스펜션 같은 초호화 장비를 갖췄다. 하지만 믿을 수 없는 오토바이 엔진 때문에 성능은 무척 실망스러웠다.

▷ **고고모빌 다르트 1959년**
Goggomobil Dart 1959

생산지 독일/오스트레일리아
엔진 392cc, 직렬 2기통
최고 속력 105km/h

오스트레일리아 인 빌 버클(Bill Buckle)이 디자인한 날렵한 차체를 독일 고고모빌(Goggomobil)의 차대와 구동 장치 위에 얹은 것이 이 자동차이다. 300시시와 400시시 엔진을 단 다르트 모델은 700대 판매됐다.

◁ **스바루 360 1958년**
Subaru 360 1958

생산지 일본
엔진 356cc, 직렬 2기통
최고 속력 97km/h

일본 이외 지역 사람들은 거의 모르지만 스바루 360은 1960년대 일본의 국민차였다. 4인승 모노코크 구조로, 공랭식 엔진을 뒤에 달았고 39만 2000대나 팔렸다.

△ **췬다프 야누스 1957년**
Züundapp Janus 1957

생산지 독일
엔진 250cc, 1기통
최고 속력 80km/h

엔진을 가운데 장착하고 좌석을 마주보게 배치해 성인 4명을 수용할 수 있었으며, 탁월한 품질로 제작됐다. 췬다프 야누스는 기발한 차량이기는 했지만 많이 팔리기에는 지나치게 독특했다.

△ **BMW 이세타 300 1955년**
BMW Isetta 300 1955

생산지 독일
엔진 298cc, 1기통
최고 속력 80km/h

이소(Iso)의 라이선스를 받아 BMW가 제작한 이세타 300은 버블 카의 전형이었다. 이세타 300은 좌석 둘에 뒷바퀴가 하나 또는 바짝 붙은 2개 형태의 믿을 만한 차로 발전했다.

▷ **BMW 600 1957년**
BMW 600 1957

생산지 독일
엔진 582cc, 수평 대향 2기통
최고 속력 100km/h

이세타 구매자들은 4인승 승용차를 원했고 BMW는 600을 출시했다. 옆문을 하나 내 그쪽으로 2명이 더 탈 수 있게 했다. 미켈로티가 1959년에 600 모델을 더 큰 700으로 바꾸었다.

△ **메서슈미트 KR200 1956년**
Messerschmitt KR200 1956

생산지 독일
엔진 191cc, 1기통
최고 속력 97km/h

프리츠 펜트(Fritz Fend)는 퇴역 상이 군인들이 탈 수 있는 자동차를 구상했고 앞뒤 2인승의 버블 카로 실현됐다. KR200은 비행기처럼 투명한 덮개를 달았고 조종도 비행기 조종간으로 했다.

△ **메서슈미트 TG500 1958년**
Messerschmitt TG500 1958

생산지 독일
엔진 490cc, 직렬 2기통
최고 속력 129km/h

'네 바퀴 호랑이'라는 별명을 얻은 이 자동차는 KR200보다 출력이 2배 이상 셌다. 무게 중심이 낮고 크기가 작아서 소배기량 자동차 경주와 각종 차량 테스트에서 뛰어난 성능을 과시했다.

△ **스쿠터카 1958년**
Scootacar 1958

생산지 영국
엔진 197cc, 1기통
최고 속력 72km/h

앞뒤로 2명이 타는 이 영국산 초소형차는 비교적 늦게 시장에 나왔지만 상이한 세 모델이 1,500대가량 제작됐다. 운전자와 동승객은 스쿠터처럼 엔진 양쪽으로 두 다리를 벌리고 앉았다.

△ **밤비노 200 1955년**
Bambino 200 1955

생산지 네덜란드
엔진 191cc, 1기통
최고 속력 85km/h

엔진이 뒤쪽에 있는 이 독일제 풀다모빌(Fuldamobil)은 네덜란드에서 라이선스 생산됐다. 남아메리카, 영국, 스웨덴, 그리스, 인도, 남아프리카공화국에서도 여러 형태로 제작됐다.

▷ **필 P50 1963년**
Peel P50 1963

생산지 영국
엔진 49cc, 1기통
최고 속력 61km/h

필 엔지니어링 컴퍼니(Peel Engineering Company)가 만든 P50은 세계에서 가장 작은 양산차로, 1950년대의 소형화 추세가 절정에 이른 자동차라고 할 수 있다. 한 사람이 타고 장바구니나 여행 가방을 집어넣고 도시를 마음껏 쏘다닐 수 있는 초소형 자동차였다.

오스틴 미니 세븐

1956년 수에즈 위기가 발생하면서 '버블 카'가 인기를 끌었고 '미니'가 고안되면서 소형차의 디자인이 혁명적으로 바뀌었다. 미니가 전륜 구동 방식과 가로 배치 엔진을 채택하면서 현대식 승용차의 양상이 확립됐고 제조업체 BMC(British Motor Corporation)는 기술을 선도했다. 미니는 자유분방한 1960년대를 상징했고 쿠퍼(Cooper) 버전이 자동차 경주를 휩쓸면서 미니의 거칠고 반항적인 느낌이 매력으로 자리 잡았다. 미니는 여러 국가에서 조립됐고 생산이 중단된 2000년까지 500만 대 이상 제작됐다.

미니는 작고 예쁘고 기능적이라는 이유만으로 환호를 받은 게 아니었다. 미니는 무엇보다도 적재 능력이 탁월했다. 차체 길이가 당시로서는 긴 편인 3미터나 됐고 4기통 엔진은 강력했으며 성인 네 사람과 짐이 너끈히 들어갈 수 있었다. 미니는 접지력과 조종성도 탁월했다. 미니가 순식간에 스포츠 주행을 즐기는 운전자들의 애마로 부상한 이유이다. 더 빠르고 날렵한 쿠퍼, 더 호화로운 울즐리 호넷(Wolseley Hornet)이나 라일리 엘프(Riley Elf), 지프와 비슷한 모크(Moke)는 미니를 변형한 차종들이다. 1969년에는 고급 시장을 겨냥해 클럽맨(Clubman)이 출시됐다. 클럽맨에는 더 부드러운 승차감을 제공하는 하이드로래스틱 독립 서스펜션이 장착됐다.(이 서스펜션은 1964년 채택됐다가, 1971년에 배제됐다.) 클럽맨은 후에 더 크고 더 쾌적한 '슈퍼미니(Supermini)' 등급의 소형차들이 대두하면서 판매가 추락했다.

앞모습
뒷모습

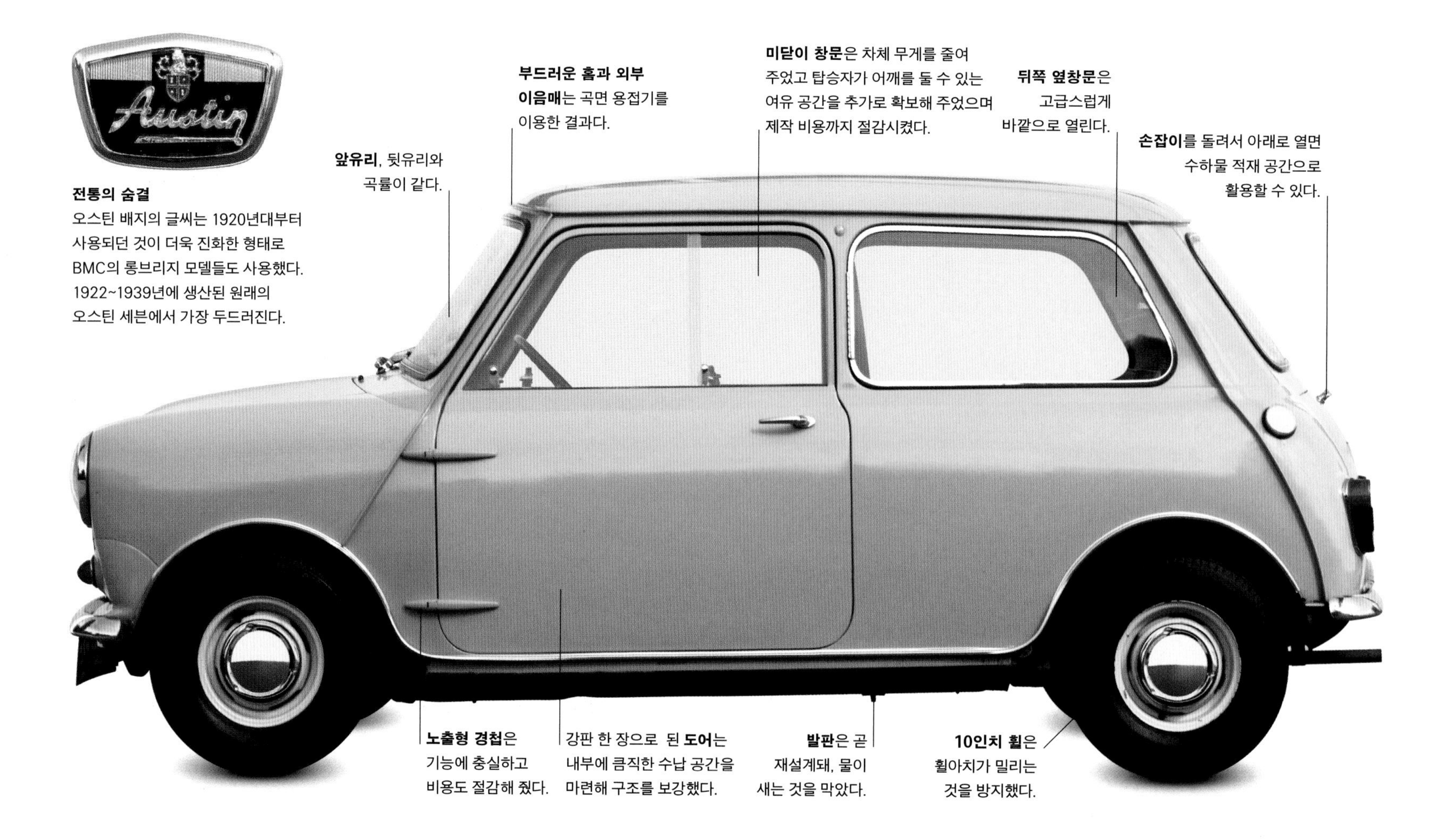

전통의 숨결
오스틴 배지의 글씨는 1920년대부터 사용되던 것이 더욱 진화한 형태로 BMC의 롱브리지 모델들도 사용했다. 1922~1939년에 생산된 원래의 오스틴 세븐에서 가장 두드러진다.

앞유리, 뒷유리와 곡률이 같다.

부드러운 홈과 외부 이음매는 곡면 용접기를 이용한 결과다.

미닫이 창문은 차체 무게를 줄여 주었고 탑승자가 어깨를 둘 수 있는 여유 공간을 추가로 확보해 주었으며 제작 비용까지 절감시켰다.

뒤쪽 옆창문은 고급스럽게 바깥으로 열린다.

손잡이를 돌려서 아래로 열면 수하물 적재 공간으로 활용할 수 있다.

노출형 경첩은 기능에 충실하고 비용도 절감해 줬다.

강판 한 장으로 된 **도어**는 내부에 큼직한 수납 공간을 마련해 구조를 보강했다.

발판은 곧 재설계돼, 물이 새는 것을 막았다.

10인치 휠은 휠아치가 밀리는 것을 방지했다.

형태는 기능을 따른다

미니는 겉모습이 소박하다. 누가 보더라도 장식이 없다는 것을 금방 알 수 있다. 미니를 창조한 알렉 이시고니스 경은 멋 부리는 것을 싫어했다. 하지만 그에게는 선에 대한 심미안이 있었다. 제도사가 다듬고 BMC의 수석 디자이너가 약간 관여하기는 했지만 미니의 원형은 모든 부분에서 그의 손이 닿은 작품이다. 미니는 기능을 우선시해 단순함을 택했지만 거꾸로 그 때문에 패션 아이콘이 되는 역설적인 운명을 겪는다.

제원			
모델	오스틴 미니 마크 I, 1959~1967년	**출력**	5,500rpm에서 34마력
생산지	대부분 영국 롱브리지	**변속기**	4단 수동
제작	43만 5000대	**서스펜션**	러버콘(rubber cone) 또는 하이드로래스틱
구조	강철 모노코크	**브레이크**	앞뒤 모두 드럼 브레이크
엔진	848cc, 오버헤드 밸브 직렬 4기통	**최고 속력**	117km/h

외장

시제품 미니를 타 본 이탈리아의 한 자동차 엔지니어는 감탄하면서도 이렇게 불평했다. "디자인만 괜찮으면 끝내 줄 텐데." 하지만 최고의 디자이너 '피닌' 파리나는 미니가 이보다 더 좋을 수 없다며, 더 이상 그 외장을 바꾸기는 어려우리라 판단했다. 미니에 대해서는 항상 조금 더 위풍당당했으면 하는 바람과, 기능 우위 원칙과 버릇없고 무례한 개성을 환영하는 두 가지 관점이 대립했다.

1. 1962년에 폐기된 '세븐'이라는 명칭 **2.** 보닛 걸쇠가 보인다. **3.** 단순하게 마감된 앞부분 **4.** 어뢰 모양 경첩 **5.** 손잡이는 보행자 안전을 위해 나중에 안쪽으로 넣었다. **6.** 고급 전폭 휠 캡 **7.** 미닫이창은 1969년까지 사용됐다. **8.** 뒤쪽 옆창문의 걸쇠 **9.** 마크 II에서 새로 디자인된 미등 **10.** 마크 I과 마크 II의 약간 굽은 트렁크 손잡이

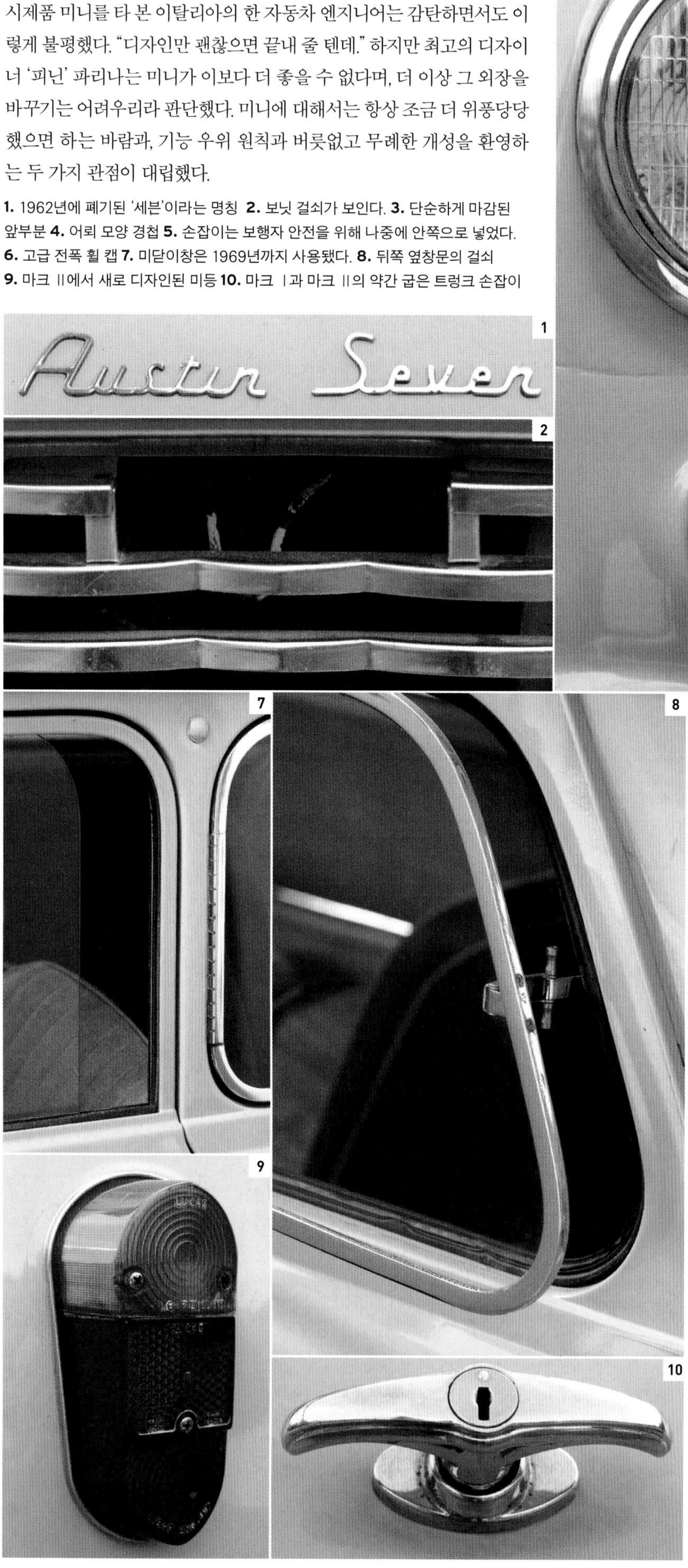

내장

초기의 미니는 공간 확보를 위해 수단과 방법을 총동원했다. (1969년에 폐기됐지만) 유명한 문쪽 공간 외에도 뒷좌석 양쪽으로 비슷한 공간이 또 있고 뒷좌석 아래에도 저장 공간이 있었다. 눈금판만 달랑 하나 있었던 황량한 계기판 덕에 넉넉한 적재 공간이 확보됐고 널찍하다는 느낌까지 안겨 줬다. 꼿꼿하고 얇은 좌석도 마찬가지 효과를 냈지만 불편한 것은 어쩔 수 없었다.

11. 경음기 버튼에는 계속해서 오스틴 문장이 새겨졌다. **12.** 계기판의 스위치들 **13.** 속도계를 중앙에 설치해, 왼손잡이 운전자와 오른손잡이 운전자 모두를 배려했다. **14.** 일명 '요술 지팡이(Magic wand)' 변속 레버는 그리 정밀하지 않았다. **15.** 윈도 와셔는 기본 장비는 아니었다. **16.** 좌석 등받이가 수직으로 배치돼, 길이가 3미터에 불과한 차에 4명까지 탈 수 있었다. **17.** 등받이가 얇아서 내부 공간이 더 넓어 보였다. **18.** 금속제 창문 걸쇠(1963년에 플라스틱 소재로 바뀐다.) **19.** 출입문 개폐 장치(사진의 레버는 기본 장비는 아니었다.) 통상은 케이블을 사용했다.

엔진실

미니의 공간이 효율적으로 설계될 수 있었던 비밀은 엔진실에 있다. 우선 엔진을 가로 방향으로 배치했다. 변속기를 엔진 속에 집어넣은 것도 주효했다. 4단 기어는 호리호리한 막대형 레버로 조작했는데, 이 레버는 발막음판을 뚫고 운전석으로 비어져 나왔다. 쿠퍼에는 조작하기가 더 용이한 원격 조종 레버가 장착됐다.

20. 보닛 개폐 걸쇠 **21.** A 시리즈의 가로 배치 엔진 **22.** 유압식 클러치 **23.** 축전지와 예비용 타이어가 들어 있는 트렁크

피아트의 누오바 500, 1957년
누오바 500(친퀘첸토)은 소형 오토바이 대신 구입할 수 있을 만큼 싸고 실용적인 도시형 자동차였다. 운전이 재미있고 연비가 좋은 누오바 500은 이탈리아 전후 경제 부흥을 상징하는 존재였다.

TERIA
CERIA
Profumeria

대형 세단

1950년대 미국에서 출시되는 세단은 모두 대형이었고 판매량도 무척 많았다. 매년 성능을 개선하고 디자인을 바꾸는 것이 당연하게 받아들여졌다. 반면 유럽은 미국보다 경제 상황이 좋지 않았다. 전후의 내핍 시기에 대형 세단의 수요는 보잘것없었다. 그 결과 유럽에서는 1950년대 내내 전쟁 전의 차량을 약간 고쳐서 생산하는 데 그쳤다. 게다가 소규모 메이커들은 모노코크 구조 기술이나 공학상의 중요한 변화를 도입할 만한 자금이 없었다.

▷ **데임러 콘퀘스트 센추리 1954년**
Daimler Conquest Century 1954

생산지 영국
엔진 2,433cc, 직렬 6기통
최고 속력 145km/h

데임러가 제작하는 자동차들은 품질이 좋았다. 하지만 데임러도 1950년대에는 제품을 갱신하지 않을 수 없었다. 센추리도 그렇게 성능이 개선됐고 기본형 콘퀘스트(Conquest)에 비해 훨씬 강력해졌다.

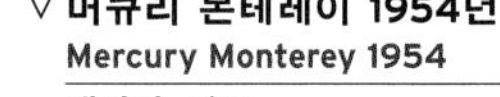

▽ **머큐리 몬테레이 1954년**
Mercury Monterey 1954

생산지 미국
엔진 4,195cc, V8
최고 속력 161km/h

에드셀 포드가 1939년에 머큐리를 선보인 이래 처음으로 완전히 새로운 엔진을 단 몬테레이는 깔끔하고 현대적인 스타일로, 심지어 시대를 50년이나 앞선 초록빛 도는 플렉시 유리 지붕 패널도 있었다.

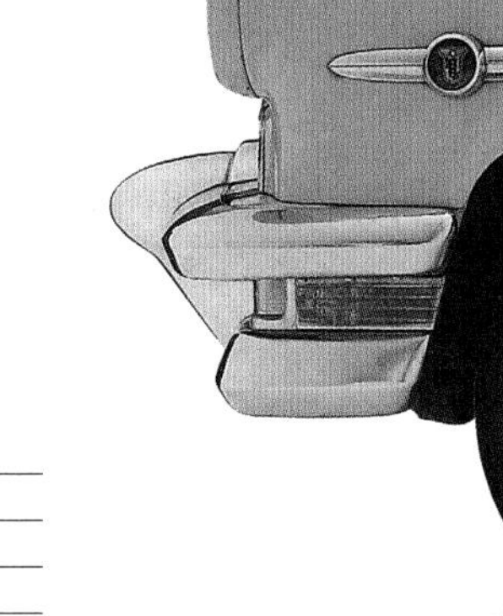

△ **허드슨 호넷 1954년**
Hudson Hornet 1954

생산지 미국
엔진 5,047cc, 직렬 6기통
최고 속력 171km/h

허드슨은 1948년에 '슈퍼 식스(Super Six)' 엔진을 장착한 시리즈를 내놓았고 1954년형 호넷은 그 마지막 출고품이다. 호넷은 1951년 나스카에서 우승하기도 했다.

△ **올즈모빌 슈퍼 88 1955년**
Oldsmobile Super 88 1955

생산지 미국
엔진 5,309cc, V8
최고 속력 163km/h

올즈모빌은 '로켓 V8' 엔진을 장착한 미래주의적 스타일을 무기로 1950년대 초반 나스카(NASCAR, National Association for Stock Car Auto Racing, 전미 개조 자동차 경기 연맹)를 석권했다.

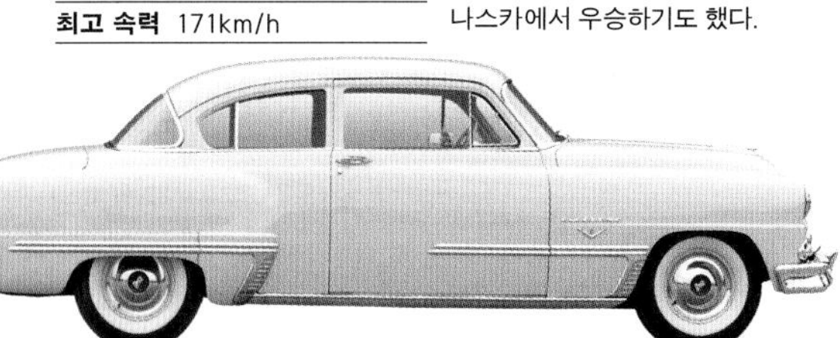

△ **데 소토 파이어돔 1953년**
De Soto Firedome 1953

생산지 미국
엔진 4,524cc, V8
최고 속력 148km/h

데 소토가 1952년에 출시한 최고급 모델이 이 파이어돔이다. 파이어돔이란 이름은 160마력을 내는 신형 V8 엔진의 특징인 반구형 연소실을 가리킨다.

△ **앨비스 TC21/100 그레이 레이디 1954년**
Alvis TC21/100 Grey Lady 1954

생산지 영국
엔진 2,993cc, 직렬 6기통
최고 속력 161km/h

앨비스는 엔진의 출력을 100마력으로 강화하고 광폭 타이어를 달고 엔진 덮개를 개량해 전후 시장에서도 시장성을 잃지 않았다. 1956년에는 차체 제작사인 그라버(Graber)의 현대적 디자인이 앨비스에 새롭게 가미됐다.

◁ **오스틴 A99 웨스트민스터 1959년**
Austin A99 Westminster 1959

생산지 영국
엔진 2,912cc, 직렬 6기통
최고 속력 158km/h

오스틴의 A99 웨스트민스터는 피닌파리나가 설계한 1960년대 스타일의 대형 세단이었다. 가볍게 밟아도 강력한 힘을 발휘하는 서보 브레이크와, 연비를 절감해 주는 오버드라이브 기어가 포함된 자동 변속기를 탑재하고도 가격 경쟁력이 있었다.

◁ **르노 프레가트 1951년**
Renault Frégate 1951

생산지 프랑스
엔진 1,997cc, 직렬 4기통
최고 속력 126km/h

전후 국유화된 르노에는 고급 시장에 내놓을 세단이 필요했다. 하지만 프레가트는 양산이 더뎠고 이내 시트로엥 DS에 압도당했다.

▷ **복스홀 크레스타 1955년**
Vauxhall Cresta 1955

생산지 영국
엔진 2,262cc, 직렬 6기통
최고 속력 129km/h

크롬 도금이 화려하게 장식된 크레스타를 보면 복스홀이 GM 계열임을 누구나 알 수 있었다. 1949년형 쉐보레와 판박이 스타일이었지만 영국에서는 꽤 많이 팔렸다.

▷ **램블러 앰배서더 1958년**
Rambler Ambassador 1958

생산지 미국
엔진 5,359cc, V8
최고 속력 153km/h

1954년 내시와 허드슨이 합병돼, AMC가 탄생했다. 1958년의 경기 후퇴 속에서도 매출이 신장한 미국의 주요 자동차 메이커는 AMC뿐이었다. 신형 램블러 모델들이 매출 증진에 기여했다.

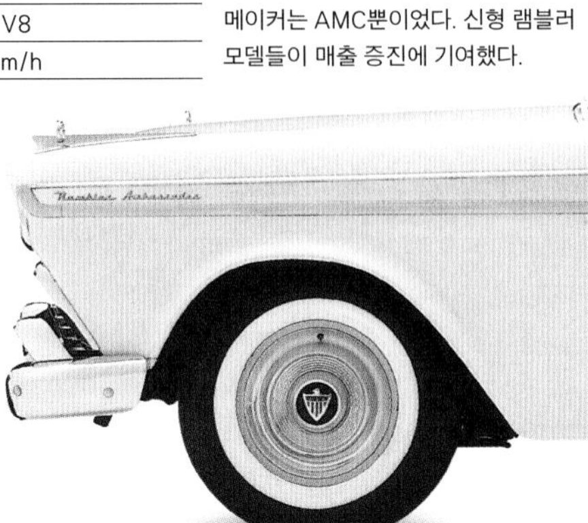

◁ **쉐보레 벨 에어 노마드 1956년**
Chevrolet Bel Air Nomad 1956
생산지 미국
엔진 4,343cc, V8
최고 속력 174km/h
1950년대 중반의 쉐보레 자동차들은 스타일이 날렵했으며 차체가 낮았다. 이 스테이션 왜건 모델도 강력한 V8 엔진 덕택에 매우 흥미진진한 주행성을 선보였다. 그러나 1956년에 생산된 160만 대의 쉐보레 차량 가운데 노마드는 7,886대뿐이었다.

△ **란치아 플라미니아 1957년**
Lancia Flaminia 1957
생산지 이탈리아
엔진 2,458cc, V6
최고 속력 164km/h
란치아의 플라미니아는 피닌파리나가 디자인했기 때문에 오스틴의 웨스트민스터와 비슷했다. 하지만 속을 보면 훨씬 정교한 자동차였다. 드디옹 방식의 서스펜션이 채택됐고 조종 성능이 우수했다.

▽ **암스트롱 시들리 사파이어 1953년**
Armstrong Siddeley Sapphire 1953
생산지 영국
엔진 3,435cc, 직렬 6기통
최고 속력 161km/h
재규어가 너무 현대적이라 생각하는 전통적인 고객들은 고급차로 사파이어를 선택했다. 사파이어에는 사전 선택식 변속기나 하이드러매틱 변속기가 장착됐다.

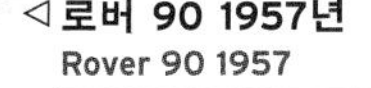

◁ **로버 90 1957년**
Rover 90 1957
생산지 영국
엔진 2,639cc, 직렬 6기통
최고 속력 146km/h
로버의 P4 시리즈는 1950년 처음 출시됐을 때 스타일이 상당히 급진적이었고 1960년대까지 신선한 느낌을 주었다. 독립 차대 구조를 채택한 로버 90은 고품질 부품을 장착한 믿을 수 있는 알찬 자동차였다.

▷ **BMW 502 1955년**
BMW 502 1955
생산지 독일
엔진 3,168cc, V8
최고 속력 169km/h
BMW는 1954년에 배기량 2,580시시의 알루미늄 V8 엔진을 개발했다. 대형 세단 502에 이 엔진이 장착되는 것은 자연스러운 수순이었다. 502는 위압감을 안겨 주었고 고품질 사양이었으니 엔진도 좋아야 했다.

△ **푸조 403 1955년**
Peugeot 403 1955
생산지 프랑스
엔진 1,468cc, 직렬 4기통
최고 속력 122km/h
403은 튼튼하고 공학적으로도 우수한 자동차였다. 후속의 404 모델을 아프리카와 남아메리카에서 아직도 볼 수 있으며 100만 대 이상 팔렸다. 미국의 텔레비전 연속극 「형사 콜롬보」에서 주인공이 403 컨버터블을 탔다.

◁ **험버 호크 VI 1954년**
Humber Hawk VI 1954
생산지 영국
엔진 2,267cc, 직렬 4기통
최고 속력 134km/h
분리 차대를 채택한 호크로는 마지막 차종이다. 잘 만들어져 튼튼하고 편안한 세단이었다. 오버드라이브 변속기 덕택에 주행 성능이 탁월했지만 가속 능력은 부실했다.

△ **험버 슈퍼 스나이프 1959년**
Humber Super Snipe 1959
생산지 영국
엔진 2,651cc, 직렬 6기통
최고 속력 148km/h
험버도 결국은 모노코크 구조를 채택했지만 이 슈퍼 스나이프에 6기통 엔진은 너무 작은 감이 있었다. 후속 모델들은 3리터 엔진을 달았고 성능이 향상됐다.

준중형차와 중형차

널찍한 공간, 안락함, 연비를 우선시한다는 점에서는 1950년대의 준중형차와 중형차도 오늘날과 다르지 않았다. 스타일, 안전성, 성능, 고속 주행 시 발생하는 소음 면에서는 물론 차이가 크다. 여기 소개된 차 중 어느 것을 몰더라도 런던에서 에든버러로, 칼레에서 니스로 단 하루 만에 편안히 갈 수 있었다. 1930년대의 느려 터진 준중형·중형차와 비교한다면 이것은 엄청난 진보였다.

△ **볼보 아마존 1956년**
Volvo Amazon 1956
생산지 스웨덴
엔진 1,583cc, 직렬 4기통
최고 속력 145km/h

강력하고 가벼운 아마존은 1956년 4도어에 60마력을 제원으로 한 121로 출발했고 이후 꾸준히 개량됐다. 2도어 아마존은 1970년까지 판매됐다.

△ **알파 로메오 1900 1950년**
Alfa Romeo 1900 1950
생산지 이탈리아
엔진 1,884cc, 직렬 4기통
최고 속력 166km/h

오라치오 사타(Orazio Satta)가 지휘해 내놓은 알파 로메오 1900은 전후에 큰 성공을 거두었다. 모노코크 구조에 DOHC 엔진을 장착한 이 놀랍도록 현대적인 세단은 공기 역학적 스타일이 돋보였다.

◁ **볼보 PV444 1957년**
Volvo PV444 1957
생산지 스웨덴
엔진 1,583cc, 직렬 4기통
최고 속력 153km/h

튼튼하고 활기찬 PV444는 1950년대에 많은 인기를 누렸다. 4단 싱크로메시 트랜스미션은 대단히 요긴했다. 1958년부터 후속 모델 PV544로 대체됐다.

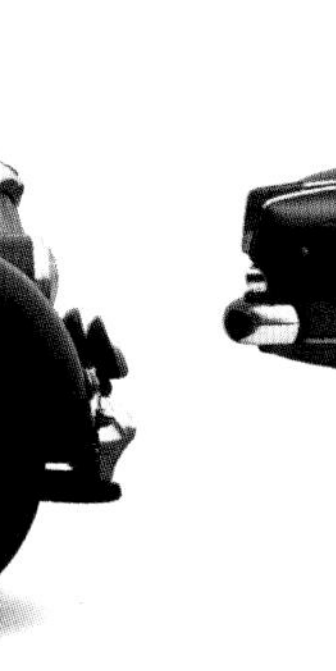

△ **보르크바르트 이자벨라 TS 1954년**
Borgward Isabella TS 1954
생산지 독일
엔진 1,493cc, 직렬 4기통
최고 속력 150km/h

문이 둘 달린 빠르고 날렵하며 튼튼한 세단인 이자벨라는 7년 동안 20만 대 이상 판매됐다. 하지만 가족 기업 보르크바르트는 1961년에 도산하고 말았다.

△ **라일리 RME 1952년**
Riley RME 1952
생산지 영국
엔진 1,496cc, 직렬 4기통
최고 속력 126km/h

반응성이 더 좋은 2.5리터 엔진을 장착한 차량도 제작됐다. 라일리의 외관은 구식이었지만 상류층 소비자들에게는 여전히 품질 좋고 늘씬한 세단으로 인식됐다.

△ **포드 콘술 마크 II 1956년**
Ford Consul Mk II 1956
생산지 영국
엔진 1,703cc, 직렬 4기통
최고 속력 130km/h

영국에서는 포드의 소형차들이 전쟁 이전 시기의 특성을 고수했다. 그러나 중산층을 겨냥한 중형차에는 현대적인 미국 스타일이 도입됐다. 콘술은 기본적인 차체 외관이 제퍼와 동일했다.

△ **포드 제퍼 마크 II 1956년**
Ford Zephyr Mk II 1956
생산지 영국
엔진 2,553cc, 직렬 6기통
최고 속력 145km/h

제퍼 마크 II는 경량에 6기통 엔진이 장착됐고 탁월한 성능을 발휘했다. 오버드라이브 모델의 경우에는 6단 기어를 선택할 수 있었다.

▷ **피아트 1200 그란루체 1957년**
Fiat 1200 Granluce 1957
생산지 이탈리아
엔진 1,221cc, 직렬 4기통
최고 속력 137km/h

작지만 활기찬 세단으로 접지성도 좋았던 그란루체는 3년간 40만 대 이상 팔렸다. 2인승의 매력적인 컨버터블 모델도 있었다.

◁ **MG 마그네트 ZA 1954년**
MG Magnette ZA 1954
생산지 영국
엔진 1,489cc, 직렬 4기통
최고 속력 129km/h

엔진은 오스틴의 것을, 차체는 울즐리 것을 가져왔다. 트윈 카뷰레터, 현대적인 랙앤드피니언 방식 스티어링, 가죽과 목제 장식도 MG가 만든 이세단의 자랑거리였다.

△ **오스틴 A40 서머셋 1952년**
Austin A40 Somerset 1952
생산지 영국
엔진 1,200cc, 직렬 4기통
최고 속력 113km/h

서머셋은 엔진이 작다는 것을 감안하면 편안하고 널찍하며 민첩하기까지 했다. 견고하게 제작된 이 승용차는 2년 동안 17만 3306대나 팔린 오스틴의 효자 차종이었다.

▷ **헨리 J 1951년**
Henry J 1951
생산지 미국
엔진 2,641cc, 직렬 6기통
최고 속력 132km/h
카이저-프레이저(Kaiser-Frazer) 사는 정체된 판매를 늘리기 위해 부심했고 윌리스(Willys)의 4기통 또는 6기통 엔진을 단 이 저가형 세단을 들고 나왔다. 헨리 J는 1954년까지 생산됐다.

△ **오스틴 A50/A55 케임브리지 1955년**
Austin A50/A55 Cambridge 1955
생산지 영국
엔진 1,489cc, 직렬 4기통
최고 속력 121km/h
오스틴은 서머셋의 후속 차종으로 모노코크 구조를 채택해, 차고도 낮아지고 무게도 가벼워졌다. 엔진은 더 큰 게 장착돼, 1950년대에 쓸 만한 중형차로 자리매김했다.

△ **메르세데스벤츠 220 1954년**
Mercedes-Benz 220 1954
생산지 독일
엔진 2,195cc, 직렬 6기통
최고 속력 163km/h

메르세데스벤츠가 모노코크 구조를 채택한 첫 번째 세단은 1953년의 4기통 모델이었다. 더 강력한 6기통 모델은 1954년에 출고됐다. 두 차종 모두 마무리가 좋았고 튼튼해서 많이 팔렸다.

△ **복스홀 PA 벨록스 1957년**
Vauxhall PA Velox 1957
생산지 영국
엔진 2,262cc, 직렬 6기통
최고 속력 140km/h

복스홀이 미국의 브랜드라는 것은 이 벨록스의 스타일만 봐도 바로 알 수 있다. 끝부분이 휘어진 널찍한 앞유리를 보라. 그러나 보수적인 영국의 구매자들은 이런 외관을 싫어했다.

▷ **힌두스탄 앰배서더 1958년**
Hindustan Ambassador 1958
생산지 인도
엔진 1,489cc, 직렬 4기통
최고 속력 117km/h
이 차는 인도에서 가장 유명한 자동차로 오늘날에도 여전히 생산된다. 힌두스탄 앰배서더는 모리스 옥스퍼드 시리즈 II(Morris Oxford Series II)를 현지 생산한 차종이다. 여러 해에 걸쳐 비교적 느린 속도로 성능이 개선됐고 1992년부터는 일본 이스즈의 엔진을 쓰고 있다.

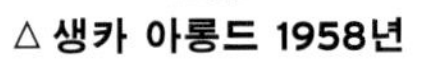

◁ **폭스바겐 콤비 1950년**
Volkswagen Kombi 1950
생산지 독일
엔진 1,131cc, 수평 대향 4기통
최고 속력 93km/h
폭스바겐이 만든 비틀의 기본 플랫폼과 낮은 무게 중심의 수평 대향 엔진은 콤비의 밴, 픽업 트럭, 캠핑용 자동차, 미니버스 따위를 생산하는 데 활용됐다.

△ **생카 아롱드 1958년**
Simca Aronde 1958
생산지 프랑스
엔진 1,290cc, 직렬 4기통
최고 속력 132km/h
아롱드는 성능이 꾸준히 개선됐고 세단, 스테이션 왜건, 컨버터블, 쿠페가 1950년대에 100만 대 이상 팔렸다. 사진의 세단은 실내가 널찍하고 성능도 괜찮았다.

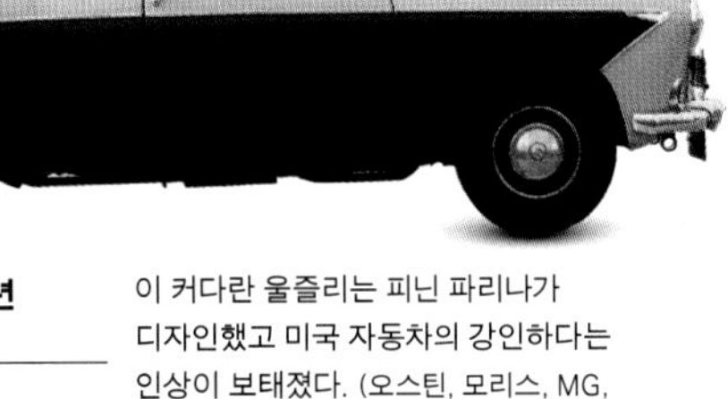

△ **울즐리 15/60 1959년**
Wolseley 15/60 1959
생산지 영국
엔진 1,489cc, 직렬 4기통
최고 속력 124km/h

이 커다란 울즐리는 피닌 파리나가 디자인했고 미국 자동차의 강인하다는 인상이 보태졌다. (오스틴, 모리스, MG, 라일리도 곧 피닌 파리나의 손을 거치게 된다.) 울즐리는 편안하고 내구성이 좋은 자동차였다.

월터 크라이슬러와 크라이슬러 식스 (1924년)

위대한 브랜드

크라이슬러 이야기

월터 크라이슬러(Water P. Chrysler)가 업계의 거인들인 포드 및 제너럴 모터스와 겨루기로 마음먹으면서 그의 회사도 세계 최대의 자동차 메이커 가운데 하나로 성장했다. 크라이슬러의 닷지, 플리머스, 데 소토는 미국을 상징하는 가장 혁신적인 자동차 브랜드들이었다.

월터 크라이슬러는 캔자스 출신으로 철도 사업에서 경력을 쌓다 자동차 업계에 발탁됐다. 1911년 제너럴 모터스의 뷰익 생산 책임자로 고용됐고 1916년부터 1919년까지 사장으로 재직했다. 그 재직 시기에 뷰익이 제너럴 모터스에서 가장 수익성이 높은 차종으로 탈바꿈했다.

뷰익을 떠난 다음 크라이슬러는 윌리스-오버랜드(Willys-Overland), 맥스웰 자동차 회사(Maxwell Motor Corporation) 등에 영입돼 수완을 발휘했으며 사세를 돌려 놨다. 크라이슬러는 자기 모델을 개발하려는 야망이 있었고 그렇게 탄생한 첫 번째 차가 크라이슬러 식스(Chrysler Six)이다. 이 차는 1924년 뉴욕 모터쇼에서 발표됐다. 대중의 긍정적인 반응에 고무된 크라이슬러는 1925년 크라이슬러 자동차 회사(Chrysler Motor Corporation)를 세우고 1928년 승용차와 트럭 제조업체인 닷지 브라더스 주식 회사(Dodge Brothers Inc.)를 인수했다. 그로 인해 미국 자동차 업계의 지형이 바뀌었다. 크라이슬러가 3대 자동차 회사 중 하나로 포드 및 제너럴 모터스와 어깨를 나란히 하게 된 것이다. 크라이슬러는 같은 해에 2개의 자회사를 설립했다. 플리머스는 저가 시장을 공략하기 위한 브랜드였고 데 소토는 중급 시장을 겨냥했다. 크라이슬러는 1930년대에 혁신적인 플리머스 모델을 여럿 선보였다. 1931년에 출시된 PA는 강철 차체, 현대적 스타일, 상대적으로 저렴한 가격을 바탕으로 10만 대 이상 팔렸다. 같은 해에는 뉴욕에 신사옥 크라이슬러 빌딩이 완공돼 세인의 이목이 집중되기도 했다. 월터 크라이슬러는 솜씨 있게 경영을 했고 PA는 1930년대 초반의 세계적 경제 불황을 돌파할 수 있었다. 크라이슬러는 전위적인 모델도 여럿 개발했다. 1934년형 크라이슬러들에 처음 채택된 공기 역학적 디자인을 통해 대중은 새로운 유선형 자동차 디자인을 처음 접했다. 하지만 풍동 실험을 통해 개발된 이 날렵한 자동차들은 품질에 약간 문제가 있었고 미국의 대다수 소비자는 더 전통적인 플리머스와 데 소토를 선택했다.

크라이슬러 배지
(1962년 도입)

"만드는 것, 뭔가를 하는 것이 좋다. 거기서 엄청난 재미를 느낀다."
— 월터 크라이슬러, 1928년

크라이슬러 빌딩, 뉴욕
높이 319미터로 한때 세계에서 가장 높은 건물이었다. 은빛 석재, 크라이슬러의 세련된 차축 및 라디에이터 뚜껑, 보닛 장식품으로 치장됐다.

제2차 세계 대전이 발발할 즈음 플리머스는 자그마치 300만 대 이상 팔렸다. 그러나 월터 크라이슬러가 1940년 사망하면서 회사에 암운이 드리웠다. 미국이 전쟁에 뛰어든 1941년 12월 이전부터 크라이슬러는 생산 능력의 일부를 전환해 연합군이 사용할 전차를 제작하고 있었다. 자동차 생산은 1942년 초에 중단됐고 전후 재개됐을 때는 고풍스러운 모델 일색이었다.

크라이슬러는 1951년 세계 최초로 파워 스티어링 시스템과 5.4리터 '파이어파워 V8' 신형 엔진을 도입했다. V8은 반구형 연소실 때문에 '헤미(Hemi)'라고 불렸고 1930년대 이래 사용돼 온 직렬 8기통 엔진을 대체했다. 헤미는 처음에는 새러토가(Saratoga) 같은 최고급 차량들에 장착됐지만 나중에는 배기량을 줄여 데 소토와 닷지 차량에도 장착된다.

제너럴 모터스와 스튜드베이커에서 일한 디자이너 버질 엑스너가 1949년 볼품없고 촌스럽다는 전후의 오명에서 벗어나려는 크라이슬러에 합류했다. '포워드 룩' 스타일을 도입한 엑스너의 맵시 있는 창조물들이 1957년부터 빛을 보기 시작했다. 멋진 선들, 테일 핀, 크롬 도금 장식이 가미된 새로운 모델들은 놀랄 만큼 멋졌다. 1957년에 디자인 상을 받은 뉴요커(New Yorker)는 이 새로운 미래주의의 완벽한 본보기였다. 1959년형 플리머스 퓨리(Fury) 또한 그 대담한 크기로 엑스너의 또 다른 클래식으로 자리매김했다.

포워드 룩, 1957년
크라이슬러의 여러 브랜드를 광고하는 이 잡지에서 엑스너의 포워드 룩이 구현된 대담하고 화려한 테일 핀과 크롬 도금 장식을 볼 수 있다.

엑스너는 1961년에 크라이슬러를 떠났고 크라이슬러는 같은 해 데 소토 생산을 중단했다. 하지만 엑스너가 없어도 크라이슬러의 혁신은 계속됐다. 1960년대에 '빅 3' 중에서 모노코크 구조를 채택한 유일한 회사가 바로 크라이슬러였다. 1964년 출시된 플리머스 바라쿠다는 세계 최초의 '포니 카'였다. 포니 카는 소형 차체에 고성능 엔진을 장착한 새로운 유형의 차다. 하지만 또 다른 포니 카인 포드의 머스탱이 문제였다. 머스탱에서 포니 카라는 이름이 유래했고 온갖 갈채 속에 상업적으로 성공한 것이 머스탱이었기 때문이다. 크라이슬러는 분했지만 단념하지 않았다. 차체를 키우고 성능을 강화한 '머슬 카(muscle car)' 모델을 출시했고 그중 주목할 만한 모델로 1966년의 닷지 차저가 있다. 크라이슬러

는 해외로도 사세를 넓혀 브리티시 루티스 그룹(Rootes Group), 프랑스의 생카, 스페인의 바레이로스스의 지분을 사들였다.

1970년대 중반에는 에너지 위기가 전 세계를 덮쳤고 대형 엔진을 단 크라이슬러의 자동차들은 인기가 추락했다. 크라이슬러는 1978년 경영난에 봉착했고 포드를 이끌었던 리 아이아코카(Lee Iacocca)를 영입했다. 구원 투수 아이아코카는 즉시로 미국 정부에 긴급 구제를 요청했고 직원 수천 명을 해고했으며 크라이슬러의 해외 자산을 매각했다. 그의 지휘 하에 개발된 몇몇 차종이 성공을 거두기도 했다. 다양한 소형차와, 1983년에 출시된 세계 최초의 미니밴(Minivan) 닷지 캐러밴(Dodge Caravan)이 대표적이다.

리 아이아코카의 조치는 효과가 있었다. 크라이슬러는 경영이 정상 궤도에 오른 1987년에 AMC를 인수했다. 크라이슬러는 그렇게 얻은 지프 브랜드를 폭넓게 개발했다. 1990년대 초에 불경기가 미국을 강타했지만 크라이슬러는 이 위기를 성공적으로 헤쳐 나갔다. 1990년대 중반 닷지 바이퍼 같은 2인승 스포츠카 모델들을 바탕으로 미국에서 가장 수익성이 좋은 자동차 메이커 가운데 하나로 우뚝 섰다.

다임러-벤츠가 1998년 크라이슬러를 인수, 다임러크라이슬러(DaimlerChrysler)가 탄생했다. 새천년에 접어들어서는 고급차 300과 소형차 네온(Neon) 같은 모델들이 전 세계적 성공을 거두었다. 그렇지만 2007년 한 벤처 캐피탈 회사에 인수되면서 크라이슬러는 결국 2008년 자동차 업계를 강타한 불경기에 무릎을 꿇고 만다. 피아트가 개입함으로써 새로운 다국적 자동차 제조업체인 피아트 크라이슬러 오토모빌, 즉 FCA가 탄생했다. 2020년까지 크라이슬러의 고급 자동차 제품군은 300, 퍼시피카, 보이저로 구성됐다.

플리머스 로드 킹
저렴한 플리머스 시리즈는 미국의 많은 가정에서 첫 차로 적당했다. 내구성도 훌륭해서 사진의 로드 킹(Road King) 세단은 1940년경에 출시된 것으로 1953년에 촬영됐다.

컨버터블 스타일

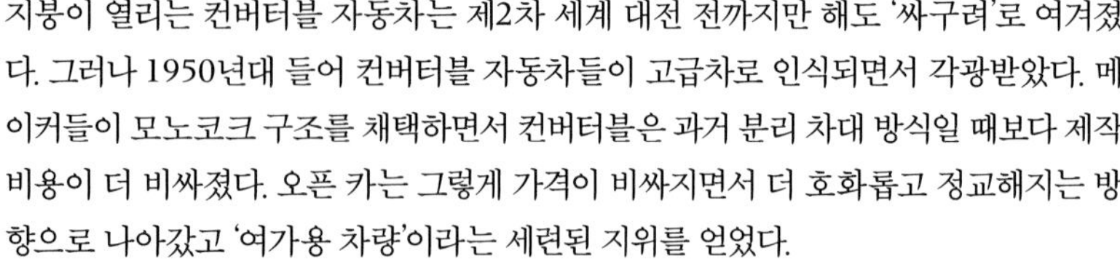

지붕이 열리는 컨버터블 자동차는 제2차 세계 대전 전까지만 해도 '싸구려'로 여겨졌다. 그러나 1950년대 들어 컨버터블 자동차들이 고급차로 인식되면서 각광받았다. 메이커들이 모노코크 구조를 채택하면서 컨버터블은 과거 분리 차대 방식일 때보다 제작 비용이 더 비싸졌다. 오픈 카는 그렇게 가격이 비싸지면서 더 호화롭고 정교해지는 방향으로 나아갔고 '여가용 차량'이라는 세련된 지위를 얻었다.

△ **뷰익 로드마스터 1951년**
Buick Roadmaster 1951
생산지 미국
엔진 5,247cc, 직렬 8기통
최고 속력 137km/h
주택의 주차장 진입로에 로드마스터를 세워 둘 수 있다는 것은 전후 미국에서 상류층을 상징했다. 로드마스터는 뷰익의 최상위 모델이었고 자동 변속기가 장착됐다. 1년 후부터 테일 핀을 단 차량의 시대가 시작된다.

◁ **힐리 G 타입 1951년**
Healey G-type 1951
생산지 영국
엔진 2,993cc, 직렬 6기통
최고 속력 161km/h
영국 회사인 힐리가 미국 시장을 겨냥해 제작한 자동차이다. 힐리는 앨비스 엔진을 단 G 타입을 25대만 만들었는데, 이 자동차들은 대부분 영국에서 판매됐다.

△ **오스틴-힐리 3000 마크 I 1959년**
Austin-Healey 3000 Mk I 1959
생산지 영국
엔진 2,912cc, 직렬 6기통
최고 속력 183km/h
오스틴 웨스트민스터에서 가져온 엔진을 단 3000은 매끈하고 멋지며 강력했다. 2인승 또는 2+2 컨버터블로 출시됐고 특히 미국에서 잘 팔렸다.

△ **포드 선더버드 1954년**
Ford Thunderbird 1954
생산지 미국
엔진 4,785cc, V8
최고 속력 185km/h
선더버드는 쉐보레의 콜벳과 유럽 산 스포츠카들에 맞서기 위한 포드의 대응책이었다. 198마력의 V8 엔진이 장착됐고 하드톱은 유리 섬유 재질이었다. 소프트톱은 선택 사양이었다.

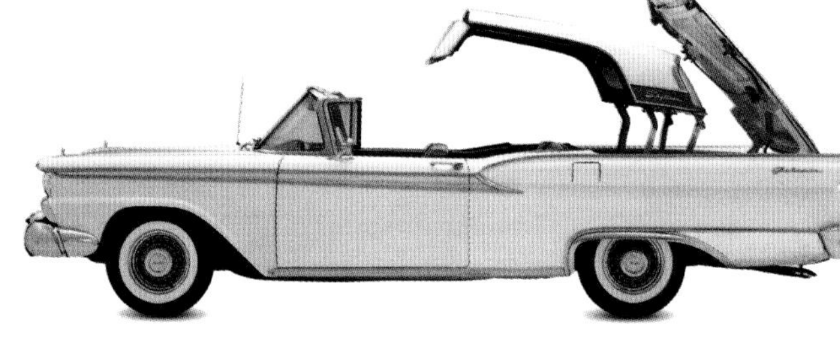

◁ **포드 페어레인 500 스카이라이너 1958년**
Ford Fairlane 500 Skyliner 1958
생산지 미국
엔진 5,440cc, V8
최고 속력 193km/h
1959년에 생산된 포드의 페어레인 500 시리즈는 가장 우아한 자동차 모델로 간주된다. 하드톱을 접을 수 있는 스카이라이너는 시리즈의 마지막 차량이었다. 이 놀라운 사양은 시대를 무려 50년 앞선 시도였다.

△ **쉐보레 벨 에어 1955년**
Chevrolet Bel Air 1955
생산지 미국
엔진 4,343cc, V8
최고 속력 161km/h
1955년은 쉐보레의 르네상스라고 할 만한 해였다. 새로 도입한 차체의 스타일은 맵시가 있었고 무엇보다 신형 V8 엔진은 인기 만점이었다. 쉐보레는 이것을 바탕으로 162/180마력의 벨 에어를 출시했다.

▷ **모리스 마이너 1000 투어러 1956년**
Morris Minor 1000 Tourer 1956
생산지 영국
엔진 948cc, 직렬 4기통
최고 속력 117km/h
모리스 마이너는 애초 1948년에 출시됐다. 실용적이고 널찍하며 경제적인 자동차로 눈부신 성공을 거두었다. 수백만 명이 모리스 마이너로 매일 출퇴근을 했다. 4~5인승 투어러는 오늘날에도 여전히 인기가 높다.

▷ **쉐보레 벨 에어 컨버터블 1957년**
Chevrolet Bel Air Convertible 1957
생산지 미국
엔진 4,638cc, V8
최고 속력 193km/h
283마력을 자랑하는 램제트(Ramjet) 연료 분사식 엔진을 탑재한 벨 에어는 쉐보레 최고의 인기 차종이었다. 디자인도 성능에 필적했다.

◁ **내시 메트로폴리탄 1500 1954년**
Nash Metropolitan 1500 1954
생산지 영국
엔진 1,489cc, 직렬 4기통
최고 속력 121km/h
영국의 오스틴은 작지만 재미있는 이 자동차를 북아메리카 시장에서 무려 9만 5000대 팔았다. 현지에서는 내시 또는 허드슨(Hudson)이라는 상표를 달았다. 이 자동차는 그 외 시장에서도 거의 1만 대 가까이 팔렸다.

◁ **메르세데스벤츠 300SL 로드스터 1957년**
Mercedes-Benz 300SL Roadster 1957
생산지 독일
엔진 2,996cc, 직렬 6기통
최고 속력 208km/h
전설적인 걸윙 도어 모델을 참조한 300SL은 빠르고 이국적이었다. 연료 분사식 엔진이 장착됐고 제조 품질도 흠잡을 데가 없었다. 1,858대만 생산됐을 정도로 호화롭고 값도 비쌌다.

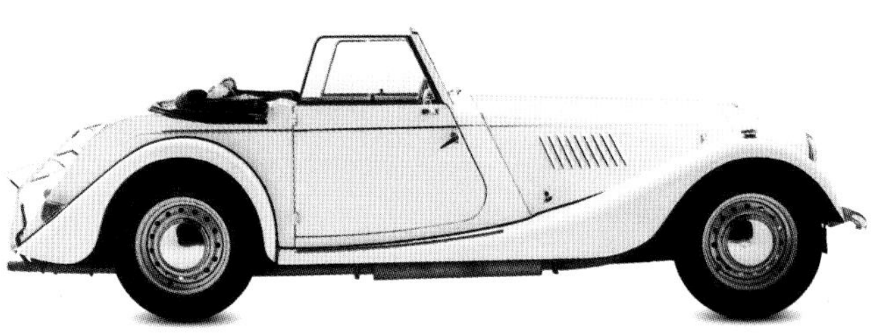

△ **모건 플러스 포 TR 1954년**
Morgan Plus Four TR 1954
생산지 영국
엔진 1,991cc, 직렬 4기통
최고 속력 154km/h
자동차의 형태 중 가장 오래 유지된 것 가운데 하나는 로드스터다. 이 모델은 개폐식 포장 지붕 쿠페로, 건장하고 재미있는 본연의 스포츠카였다.

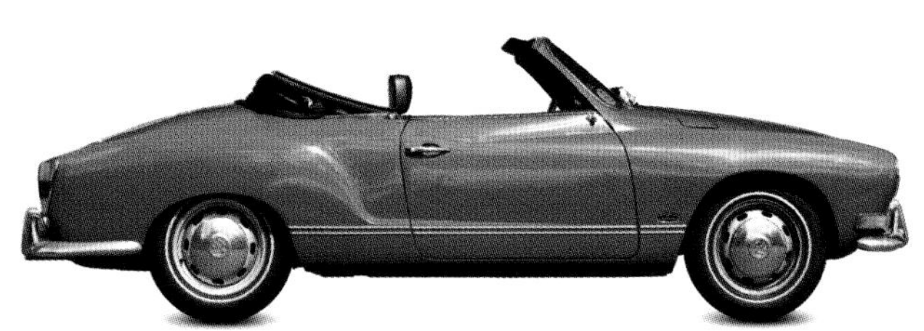

▷ **폭스바겐 카르만 기아 1957년**
Volkswagen Karmann Ghia 1957
생산지 독일
엔진 1,192cc, 수평 대향 4기통
최고 속력 124km/h
카르만은 폭스바겐 비틀의 기본 구조에 이탈리아의 카로체리아인 기아(Ghia)가 깜찍하게 디자인한 쿠페 및 컨버터블 차체를 더해 틈새 시장을 파고들었다. 1,300시시 및 1,500시시 엔진이 장착되는 등 성능이 꾸준히 개선됐다.

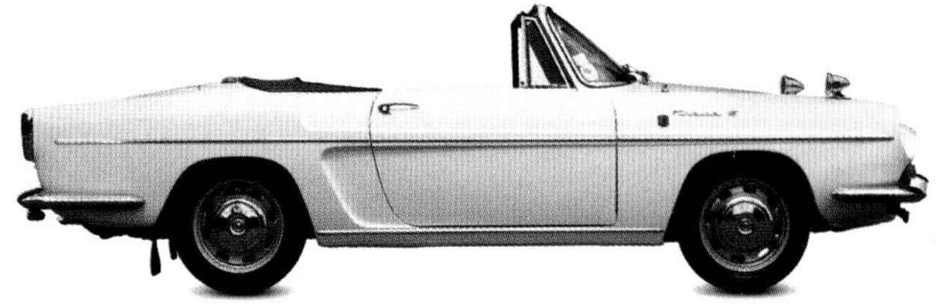

△ **르노 플로리드/카라벨 1958년**
Renault Floride/Caravelle 1958
생산지 프랑스
엔진 845cc, 직렬 4기통
최고 속력 122km/h
플로리드는 처음에 르노의 4CV 엔진을 달았고 동력이 부족했다. 개선된 카라벨에는 956/1,108시시 엔진이 장착됐고 더 활기찬 성능을 보여 줬다. 최고 속력이 시속 143킬로미터로 빨라졌다.

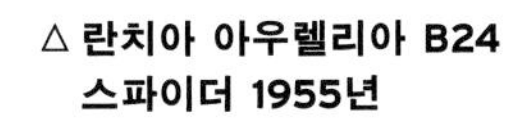

△ **란치아 아우렐리아 B24 스파이더 1955년**
Lancia Aurelia B24 Spider 1955
생산지 이탈리아
엔진 2,451cc, V6
최고 속력 185km/h
란치아의 1950년형 아우렐리아 세단에는 세계 최초로 양산된 V6 엔진과 세미트레일링 암 방식의 독립 현가 장치가 채택됐다. B24 스파이더도 마찬가지였다. 란치아의 기술적 개가가 적용된 아주 멋지지만 값이 비싼 2인승 컨버터블이다.

△ **시트로엥 DS 1961년**
Citroën DS 1961
생산지 프랑스
엔진 1,911cc, 직렬 4기통
최고 속력 138km/h
1955년 출시된 DS는 고압 유체 브레이크, 스티어링, 서스펜션 등이 탁월해 엄청난 성공을 거두었다. 사진은 5년 후에 출고된 호화로운 컨버터블이다.

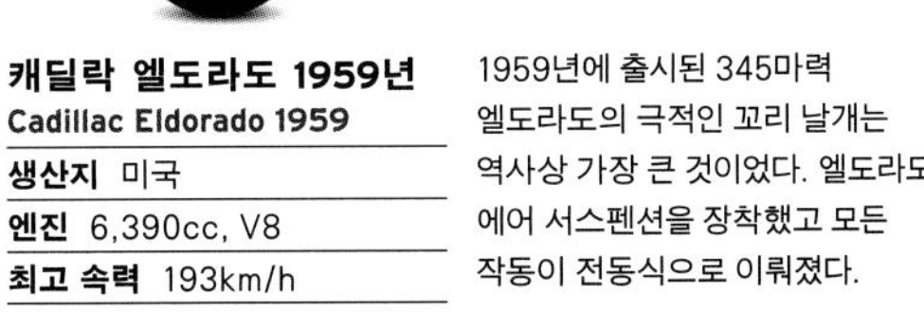

◁ **슈코다 펠리시아 슈퍼 1959년**
Škoda Felicia Super 1959
생산지 체코슬로바키아
엔진 1,221cc, 직렬 4기통
최고 속력 140km/h
섀시가 튜블러 프레임으로 튼튼하게 제작된 슈코다의 이 자동차는 운전이 재미있는 차였다. 그러나 스윙 액슬 서스펜션에는 다소 문제가 있었다.

▽ **캐딜락 엘도라도 1959년**
Cadillac Eldorado 1959
생산지 미국
엔진 6,390cc, V8
최고 속력 193km/h
1959년에 출시된 345마력 엘도라도의 극적인 꼬리 날개는 역사상 가장 큰 것이었다. 엘도라도는 에어 서스펜션을 장착했고 모든 작동이 전동식으로 이뤄졌다.

시트로엥 DS

1955년에 출시된 시트로엥의 DS는 당대 최고의 자동차였다. 맵시 있는 차체 안을 들여다보면 엔진으로부터 동력을 얻는 복잡한 하이드로뉴매틱(hydropnewmetic) 시스템을 볼 수 있었다. 하이드로뉴매틱 서스펜션에는 차체 높이를 자가 조정하는 기능이 더해졌고 브레이크와 조향 장치, 클러치의 작동 역시 하이드로뉴매틱 시스템으로 구동됐다. DS 계열은 150만 대 가까이 제작됐고 1975년까지 생산됐다. 편안하게 운전할 수 있다는 점이 매력으로 작용했고 새롭게 부활하는 프랑스의 첨단 기술을 상징하는 자동차였다.

DS는 공기 역학적 차체에서 독특한 구조(내부의 기본 골격에 외부 판재를 볼트로 고정하는 조립 방식을 썼다.)에 이르기까지 모든 설계가 혁신적이었다. 복잡한 공기 역학적 조절 장치인 하이드로뉴매틱 시스템이 DS의 핵심 기술이었지만 다른 신기술도 많았다. 가령 바퀴가 아니라 차체에 고정된 인보드 디스크 브레이크(inboard disc brake) 덕분에 스프링 아래 하중이 경감됐고 그에 따라 바퀴의 노면 추종성이 높아졌다. 안정감 향상을 노리며 채택된 앞바퀴의 특수 서스펜션, 상이한 재질의 플라스틱을 폭넓게 사용한 점도 이미지를 높이는 데 도움이 됐다. 1934년의 트락숑 아방 이후 제작된 모든 시트로엥 자동차들처럼 DS도 전륜 구동차였다. 엔진은 세로 방향으로 장착됐고 변속기는 엔진 앞에 설치됐다. 앞바퀴에는 독특한 트윈 리딩 암 방식 서스펜션이, 뒷바퀴에는 트레일링 암 방식 서스펜션이 사용됐다. 1956년 출시된 ID 모델은 하이드로뉴매틱 시스템이 간략화됐고 전통적인 클러치가 채택됐으며 변속기도 수동이었다. 하지만 해를 거듭하면서 점점 더 DS 사양에 근접해 갔다.

앞모습

뒷모습

시트로엥의 갈매기 모양 엠블럼
1919년에 출고된 첫 차에서부터 사용된 시트로엥 엠블럼은 뒤집힌 V자형 문양(chevron)이 2개 겹친 모양새로 V자 모양의 헬리컬 기어를 상징하는데, 시트로엥의 설립자 앙드레 시트로엥은 이런 형태의 톱니바퀴를 대량 생산할 수 있는 방법을 창안한 후 엄청난 명성과 더불어 큰돈을 벌었다.

소프트톱을 닫은 옆모습

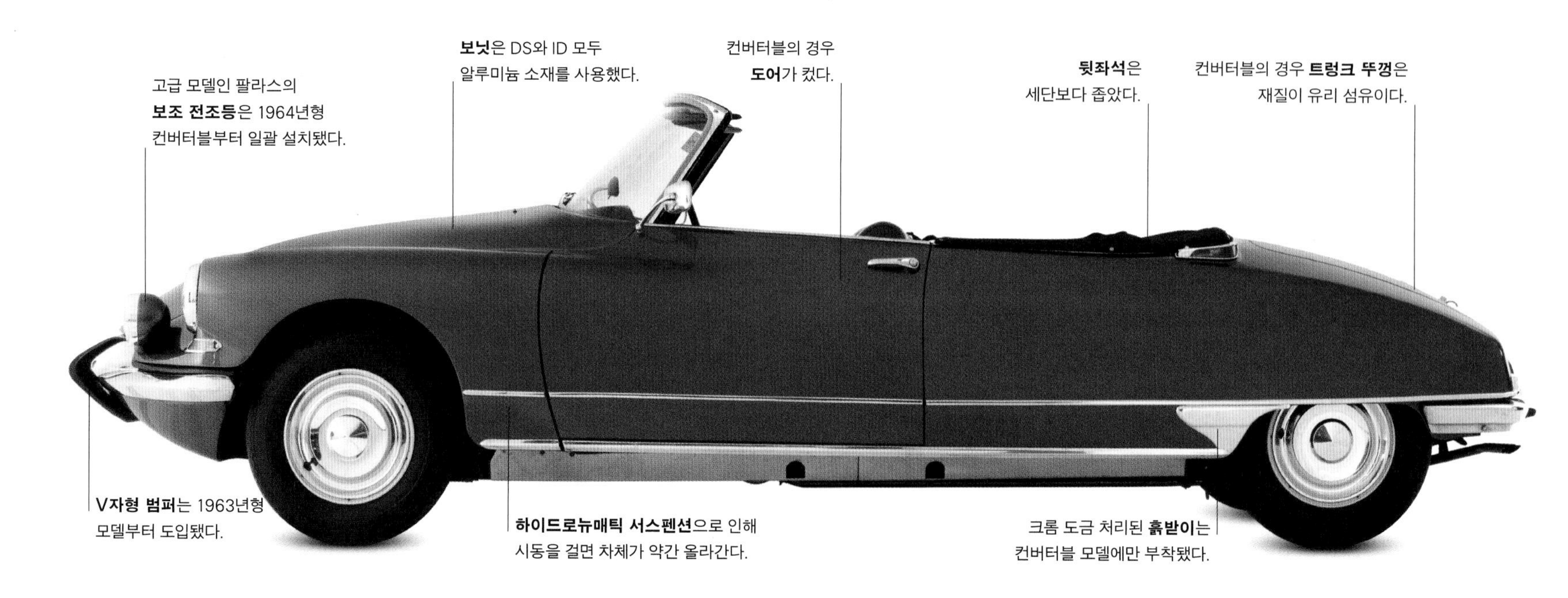

고급 모델인 팔라스의 **보조 전조등**은 1964년형 컨버터블부터 일괄 설치됐다.

보닛은 DS와 ID 모두 알루미늄 소재를 사용했다.

컨버터블의 경우 **도어**가 컸다.

뒷좌석은 세단보다 좁았다.

컨버터블의 경우 **트렁크 뚜껑**은 재질이 유리 섬유이다.

V자형 범퍼는 1963년형 모델부터 도입됐다.

하이드로뉴매틱 서스펜션으로 인해 시동을 걸면 차체가 약간 올라간다.

크롬 도금 처리된 **흙받이**는 컨버터블 모델에만 부착됐다.

제원	
모델	시트로엥 DS/ID, 1955~1975년
생산지	대부분 프랑스 파리
제작	145만 5746대
구조	강철 차체-차대 골격
엔진	2,175cc, OHV 직렬 4기통(DS21)
출력	5,500rpm에서 109마력(DS21)
변속기	4단 기어, 유압식
서스펜션	독립 현가 장치, 하이드로뉴매틱
브레이크	앞: 인보드 디스크 브레이크, 뒷바퀴: 드럼
최고 속력	171km/h

'돌묵상어'와 '고양이 눈'
DS21은 흡기구가 기존의 그릴보다 낮게 설치돼 있다. 1963년에 자동차의 전면부가 개조되면서 V자형 범퍼와 3개의 공기 흡입구가 하부 범퍼에 수용됐다. 1968년에 디자인이 바뀌면서 '돌묵상어(basking shark)'라는 별명이 붙었고 고깔 모양의 플라스틱 소재 갓 앞으로 '고양이 눈(cat's eye)' 전조등이 2개씩 설치됐다. 모델에 따라서 중앙선 쪽 전조등은 방향을 돌릴 수 있었고 바깥쪽 전조등은 높이가 자동 조정됐다.

외장

이 1963년형 DS21 컨버터블은 차체 제작사인 샤프롱(Chapron)이 시트로엥과 계약을 맺고 1960년부터 1971년까지 생산한 1,365대 중 하나다. 뒤쪽 옆판은 패널 2개로 만들었고 역시 표준 도어를 바탕으로 크기를 키웠다. 1965년까지는 수동 변속기를 단 ID 모델도 구입할 수 있었다. 이후 DS21에 장착된 엔진이, 이전의 팔라스 전용 사양들과 더불어 표준화됐다.

1. DS 모델에는 금색 V자 로고가, ID 모델에는 은색 로고가 붙었다. **2.** DS21은 1965년부터 1972년까지 최고급 모델로 군림했다. **3.** 고급 모델 팔라스의 보조 전조등은 1964년형 부터 부착됐다. 크롬 도금 처리된 방향 지시등도 보인다. **4.** 원래의 문손잡이는 1971년형 부터 오목하게 파서 설치했다. **5.** 풀 휠 커버 **6.** 컨버터블의 미등은 시종일관 둥글었다. **7.** 부메랑 모양의 뒤쪽 방향 지시등

내장

시트로엥 컨버터블은 값비싼 최고급 모델이라는 인식을 주도록 장식과 마감이 항상 미려했다. ID와 DS 모델 공히 좌석은 가죽 재질이었다. 앞좌석의 경우 처음에는 소박했지만 1965년형부터는 주름을 잡은 팔라스 사양을 적용했다. 대시보드의 아래쪽 부분은 1968년까지는 외장과 똑같은 색으로 칠했다. 내부에는 4명까지 편안하게 앉을 수 있었다. 소프트톱은 재질이 좋았고 접어서 수납함에 집어넣으면 감쪽같이 사라졌다.

8. DS 계기판의 두 번째 변형. 원래의 플라스틱 재질보다 덜 화려하다. **9.** 스포크가 하나인 스티어링 휠 **10.** 팔라스 세단의 캔트 레일(cant rail) 형태 조명은 하단에 설치된 실내등으로 대체됐다. **11.** 팔라스 모델들에서 볼 수 있던 중앙의 팔걸이는 1972년형부터 설치됐다. **12.** DS는 출입문에 항상 크롬 도금 장식을 달았다. 반면 대다수의 ID 시리즈는 장식에 플라스틱을 사용했다. **13.** 시트로엥 자체 브랜드의 카 라디오인 '라디오엥(radioën)' **14.** 팔라스 타입 좌석은 1966년형 모델에 도입됐다.

엔진실

실린더 헤드를 합금으로 만들어 무게 중심을 낮춘 크로스플로(crossflow) 엔진은 연소실이 반구형이었고 1934년에 처음 제작된 트락숑 아방의 엔진에 그 기원을 두고 있다. 1966년형 엔진은 완전히 뜯어고친 형태로, 내경이 더 커졌고 행정의 길이는 짧아졌다. 최종 형태라 할 수 있는 DS23의 연료 분사 방식 엔진은 130마력을 냈다. 1963년부터는 수동 변속기를 단 DS 모델도 구입할 수 있었다. 수동 변속기는 1970년부터 5단 변속이 가능했다. 1971년부터는 기존의 자동 변속기가 선택 사양이었다.

15. 토크가 개선된 DS21의 엔진은 109마력을 냈다. **16.** 서스펜션용 하이드로뉴매틱 시스템 **17.** 엔진실에 예비용 타이어를 보관했다.

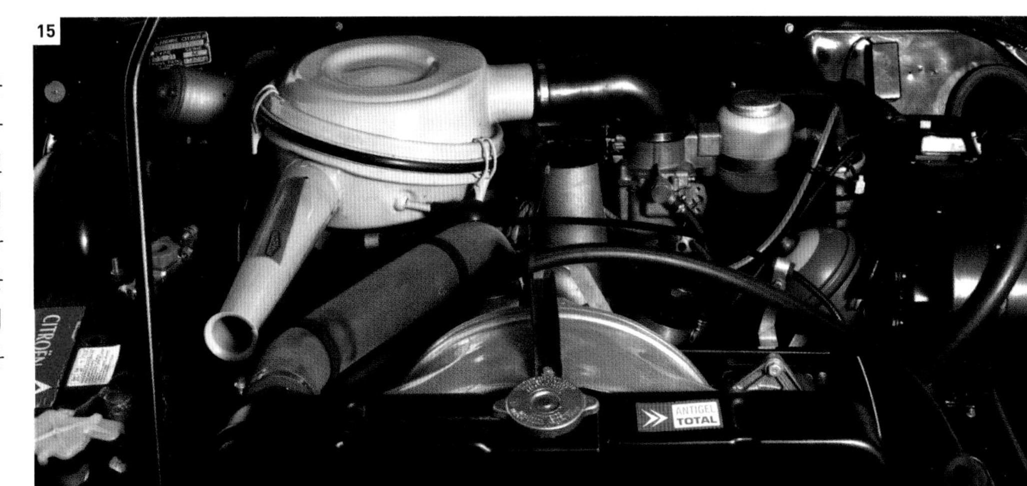

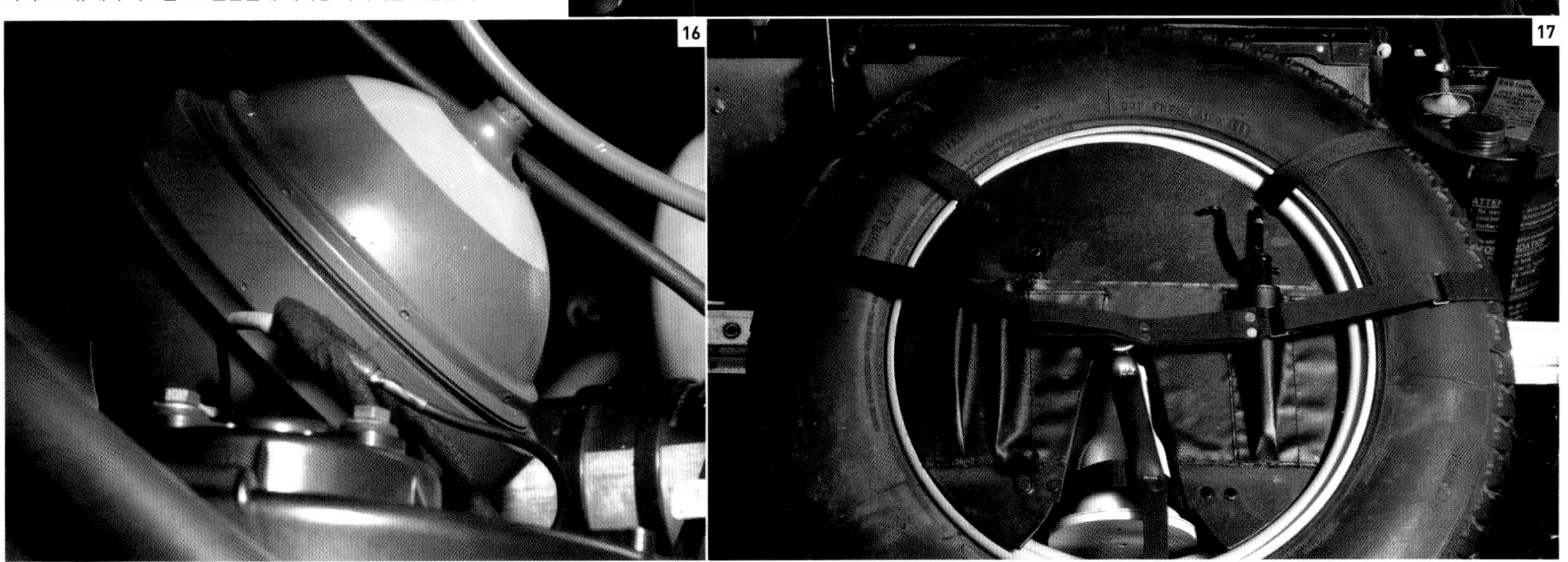

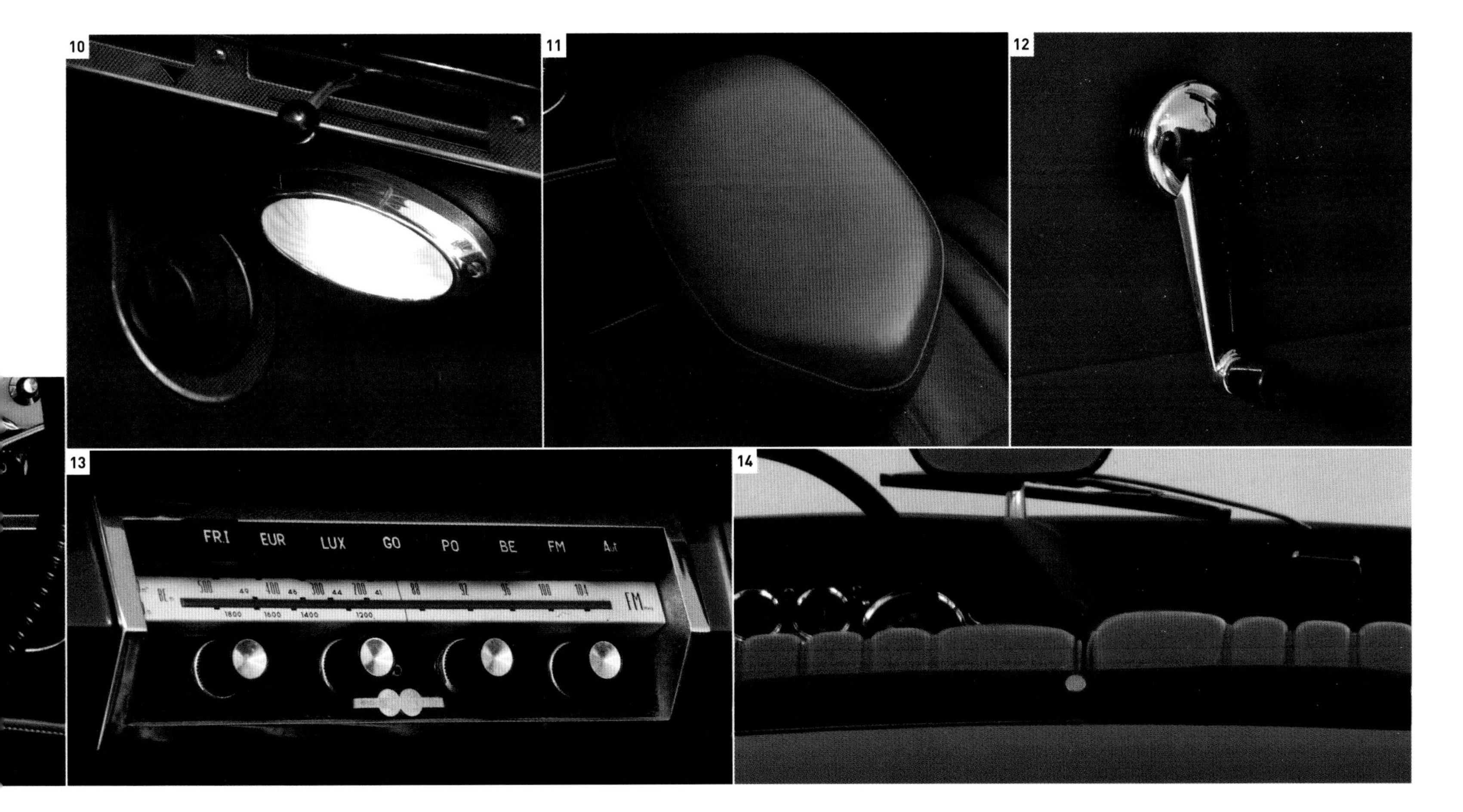

FUEL
10 20 30 40 50 60 70 80 90 100 110 120
TURN SIGNAL
FORD
MUSTANG
BRAKE

1960년대

머스탱과 포니 카 | 빅블록과 베이비붐 세대 | **미니와 머슬 카**

가정용 자동차의 성공 시대

1960년대에 유럽과 일본의 엔지니어들은 가정용 소형·준중형·중형차의 호황기를 맞아 상당히 자유롭게 제품을 기획할 수 있었다. 메이커들은 프런트 엔진 프런트 드라이브(front engin front drive, FF 방식), 프런트 엔진 리어 드라이브(front engine rear drive, FR 방식), 리어 엔진 리어 드라이브(rear engine rear drive, RR 방식) 등 여러 방식을 선택했다. 디자인에도 융통성이 많아 메이커마다 정체성도 분명했던 시기이다.

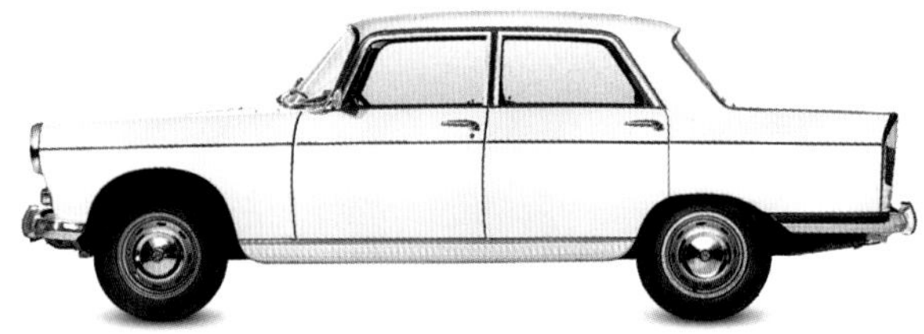

△ **푸조 404 1960년**
Peugeot 404 1960
생산지 프랑스
엔진 1,618cc, 직렬 4기통
최고 속력 135km/h

이 뛰어난 가정용 자동차는 300만 대 가까이 생산됐다. 잘 만들어졌을 뿐만 아니라 내구성이 탁월해 전 세계로 팔려 나갔다. 일부 지역에서는 여전히 운행 중이다.

◁ **울즐리 호넷 1961년**
Wolseley Hornet 1961
생산지 영국
엔진 848cc, 직렬 4기통
최고 속력 114km/h

BMC는 미니에 울즐리의 그릴을 달았고 트렁크를 키웠으며 마감과 장식을 개선해 시장을 넓혔다. 호넷은 1963년부터 998시시 엔진을 달았고 1964년부터는 하이드로래스틱 서스펜션을 채택했다.

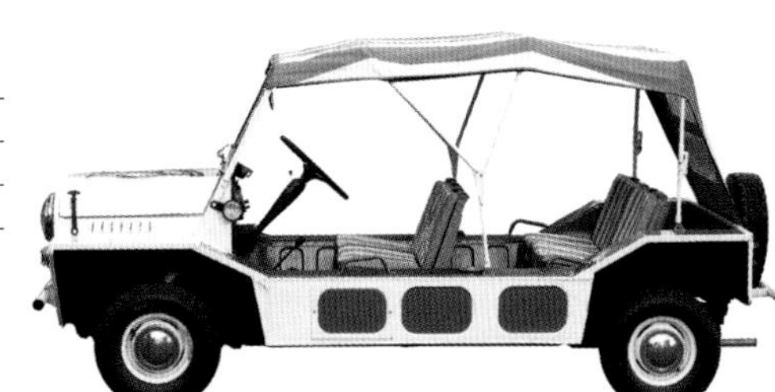

△ **미니 모크 1964년**
Mini Moke 1964
생산지 영국
엔진 848cc, 직렬 4기통
최고 속력 135km/h

미니를 재미있게 변형한 차인 모크는 애초 영국 육군이 정찰용으로 설계한 오프로드용 경자동차였다. 하지만 해변용 차량으로 더 큰 인기를 모았다.

△ **트라이엄프 헤럴드 1200 1961년**
Triumph Herald 1200 1961
생산지 영국
엔진 1,147cc, 직렬 4기통
최고 속력 124km/h

트라이엄프는 부족한 재원을 탈탈 털어 이 분리형 차대의 소형차를 제작했다. 헤럴드는 4륜 독립 서스펜션을 채택했고 최소 회전 반경이 작았으며 장식과 마감이 고급스러웠다.

△ **란치아 플라비아 1961년**
Lancia Flavia 1961
생산지 이탈리아
엔진 1,488cc, 수평 대향 4기통
최고 속력 150km/h

플라비아는 알루미늄 복서 엔진과 듀얼서킷(dual-circuit) 서보 디스크 브레이크를 채택했다. 1963년에는 엔진이 1.8리터로 배기량이 커지며 출력이 향상됐고 1965년에는 연료 분사 방식이 보태졌다.

△ **포드 코티나 마크 I GT 1963년**
Ford Cortina Mk I GT 1963
생산지 영국
엔진 1,498cc, 직렬 4기통
최고 속력 151km/h

1965년부터 탑재된 에어컨을 제외하면 별다른 개선이 이루어지지 않았다. 그럼에도 불구하고 마찰 저항이 작은 쇼트 스트로크 엔진, 싱크로메시 변속기, 널찍한 실내 공간 덕분에 많은 인기를 누렸다.

△ **MG 1100 1962년**
MG 1100 1962
생산지 영국
엔진 1,098cc, 직렬 4기통
최고 속력 137km/h

BMC의 1100/1300 시리즈는 잘 팔렸다. 가로 배치 엔진과 전륜 구동 방식을 채택해 내부 공간이 넓어졌다. 하이드로래스틱 서스펜션(Hydrolastic, 액체로 채워진 고무 변위 기구를 갖춘 현가 장치의 하나)으로 승차감이 향상됐음은 물론이다.

◁ **힐먼 밍크스/헌터 1966년**
Hillman Minx/Hunter 1966
생산지 영국
엔진 1,725cc, 직렬 4기통
최고 속력 148km/h
크라이슬러의 루티스 그룹이 생산한 이 실용적인 중형 세단은 성능이 뛰어났다. 영국에서 10년 동안 제작됐고 이후로 수십 년 동안 이란에서도 만들어졌다.

△ **선빔 레이피어 IV 1963년**
Sunbeam Rapier IV 1963
생산지 영국
엔진 1,592cc, 직렬 4기통
최고 속력 148km/h
문이 둘인 이 세단은 힐먼 밍크스에 토대를 두었다. 경주에서 여러 차례 우승한 덕분에 선빔이라는 명칭이 계속 유지됐다. 1955년에 1,390시시 차량이 출시됐다.

▷ **힐먼 임프 1963년**
Hillman Imp 1963
생산지 영국
엔진 875cc, 직렬 4기통
최고 속력 126km/h
루티스 그룹의 이 소형차는 뒤쪽에 대단히 훌륭한 알루미늄 엔진이 장착됐다. 임프는 13년 동안 약 50만 대가 팔렸다. 하지만 미니는 훨씬 더 많이 팔렸다.

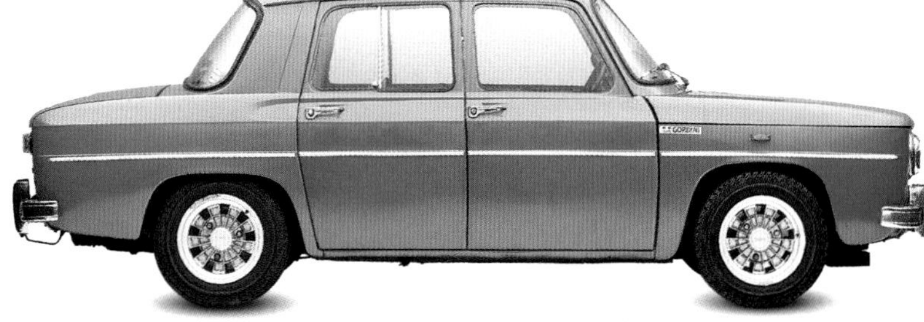

△ **르노 8 고르디니 1964년**
Renault 8 Gordini 1964
생산지 프랑스
엔진 1,108cc, 직렬 4기통
최고 속력 171km/h
엔진이 뒤에 장착된 8 고르디니는 전 모델에 디스크 브레이크와 5단 기어가 장착됐다. 배기량이 작은 데도 불구하고 정말 빠른 차였다.

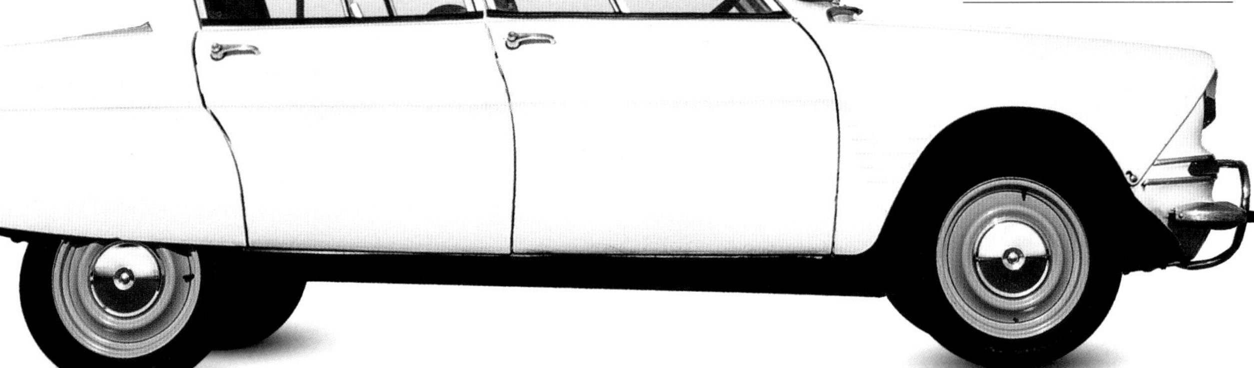

◁ **시트로엥 아미 6 1961년**
Citroën Ami 6 1961
생산지 프랑스
엔진 602cc, 수평 대향 2기통
최고 속력 109km/h
아미는 2CV에 특이한 차체를 얹은 차이다. 시트로엥은 1961년부터 1978년까지 이 소형차를 180만 대 더 팔아치웠다. 세단 스타일의 뒤쪽 창문은 1969년에 사라졌다.

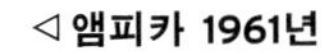

◁ **앰피카 1961년**
Amphicar 1961
생산지 독일
엔진 1,147cc, 직렬 4기통
최고 속력 113km/h
한스 트리펠(Hans Trippel)이 연구 개발에 엄청난 자금을 투자해 탄생한 것이 바로 이 수륙 양용 자동차이다. 트라이엄프 헤럴드 엔진이 후방에 장착됐고 앞바퀴를 조종했다.

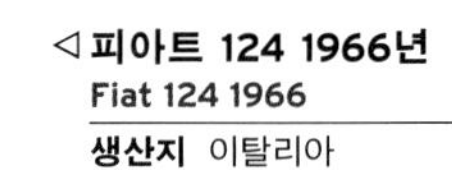

◁ **피아트 124 1966년**
Fiat 124 1966
생산지 이탈리아
엔진 1,197cc, 직렬 4기통
최고 속력 137km/h
피아트가 1960년대에 성공한 것은 124 같은 자동차 덕택이었다. 124는 적재 능력이 탁월했고 조종성이 좋았으며 성능이 우수했다. 러시아 제 라다(Lada)처럼 수십 년을 더 살아남았다.

◁ **폭스바겐 1600 패스트백 1966년**
Volkswagen 1600 Fastback 1966
생산지 독일
엔진 1,584cc, 수평 대향 4기통
최고 속력 134km/h
1600은 비틀보다 빨랐고 앞바퀴에는 디스크 브레이크가 장착됐다. 1968년에 몇몇 개선 조치가 이루어졌다. 12볼트 전기 장치, 연료 분사 방식, 앞바퀴의 맥퍼슨 스트럿 서스펜션(MacPherson strut suspension)이 그것들이다.

▷ **혼다 N360 1967년**
Honda N360 1967
생산지 일본
엔진 354cc, 직렬 2기통
최고 속력 116km/h
360의 OHC 기관은 27마력을 냈고 일본에서 경차 등급을 받은 이 소형차는 해외 시장에서도 통할 만큼 성능이 좋았다.

◁ **토요타 코롤라 1966년**
Toyota Corolla 1966
생산지 일본
엔진 1,077cc, 직렬 4기통
최고 속력 137km/h
믿기 힘들 정도로 큰 성공을 거둔 코롤라는 어디를 봐도 특출 난 데가 없었다. 하지만 만듦새가 좋았고 신뢰할 수 있었기 때문에 매우 이상적인 가정용 자동차로 자리매김했다.

리어 / 미드 엔진 레이싱 카

1960년대에 많은 레이싱 카 제작자들은 엔진의 위치를 바꾸면 유익하다는 것을 깨달았다. 전통적으로 차량 앞부분에 달던 것을 중간이나 뒤에 장착한 것이다. 중량 배분 개선은 이런 배치가 낳은 혜택 가운데 하나였을 뿐이고, 이 배치에서 생긴 탁월한 조종성과 접지력은 경주에서 맹활약할 수 있는 기반이 돼 주었다.

△ **후파커-오펜하우저 스페셜 1964년**
Huffaker-Offenhauser Special 1964

생산지 미국
엔진 4,179cc, 직렬 4기통
최고 속력 290km/h

후파커-오펜하우저 스페셜은 인디 카 레이싱(Indy Car Racing) 경주용으로 딱 3대만 제작됐다. 유압 서스펜션 시스템을 채택했고 엔진을 뒤에 장착했다.

△ **생카 아바르트 GT 1962년**
Simca Abarth GT 1962

생산지 프랑스/이탈리아
엔진 1,288cc, 직렬 4기통
최고 속력 230km/h

이탈리아의 튜닝 업체인 아바르트가 프랑스 제 생카 1000에 신형 1,300시시 엔진을 달았다. 이 결과 생카 1000은 1962년과 1963년 경주의 우승차로 거듭났다.

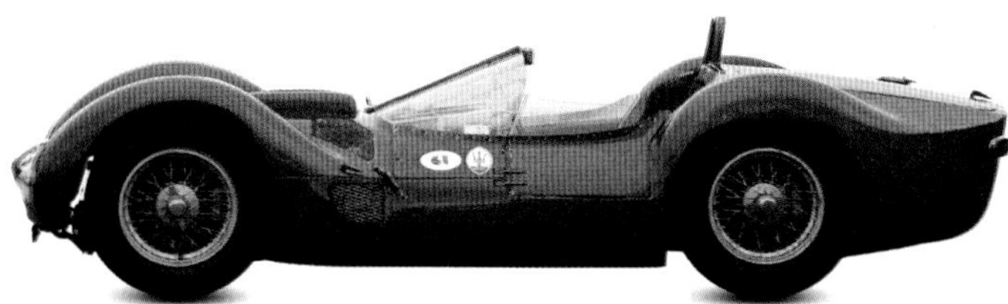

△ **마세라티 티포 61 '버드케이지' 1959년**
Maserati Tipo 61 'Birdcage' 1959

생산지 이탈리아
엔진 2,890cc, 직렬 4기통
최고 속력 285km/h

파이프가 복잡하게 얽힌 튜블러 프레임(tubular frame) 때문에 '버드케이지(Birdcage, 새장)'라는 별명으로 불린 61은 1959년부터 1961년까지 르망 경주와 여러 내구성 시험 경주들에서 막강한 위력을 뽐냈다.

▷ **롤라 T70 1965년**
Lola T70 1965

생산지 영국
엔진 4,736~5,735cc, V8
최고 속력 322km/h

T70에는 포드나 쉐보레의 V8 엔진이 얹혔다. 대서양 너머는 물론이고 고향 영국에서도 뛰어난 경주 성적을 뽐냈다.

◁ **포드 GT40 마크 II 1966년**
Ford GT40 Mk II 1966

생산지 미국
엔진 6,997cc, V8
최고 속력 322km/h

전설적인 GT40은 1964년에 출고되고 나서 2년 후 다시 한번 마크 II로 업그레이드됐다. 1966년 프랑스에서 열린 르망 24시간 경주의 승자가 마크 II였다.

▷ **재규어 XJ13 1966년**
Jaguar XJ13 1966

생산지 영국
엔진 4,994cc, V12
최고 속력 282km/h

재규어가 단 1대만 제작한 XJ13 모델은 눈이 번쩍 뜨일 만큼 놀라운 성능을 보였다. 하지만 이 차에 장착된 502마력의 신형 V12 엔진도 르망에서 경쟁력 있는 레이스를 펼치기에는 부족한 것으로 여겨졌다.

▷ **이저트 인디 레이서 1964년**
Eisert Indy racer 1964

생산지 미국
엔진 4,949cc, V8
최고 속력 290km/h

이저트는 당대의 로터스 F1 레이싱 카의 영향을 받았다. 1960년대 중반의 미국 인디 카 레이싱에 출전하기 위해 특별 제작된 자동차이기도 하다.

△ **알파 로메오 티포 33.2 1967년**
Alfa Romeo Tipo 33.2 1967

생산지 이탈리아
엔진 1,995cc, V8
최고 속력 261km/h

새로운 스포츠카의 시제품을 개발하겠다는 알파 로메오 측의 결정은 1960년대에 티포 33.2로 결실을 맺었다. 티포 33.2는 1967년 데뷔 경주에서 우승을 차지했다.

△ **하우멧 TX 1968년**
Howmet TX 1968

생산지 미국
엔진 2,958cc, 가스 터빈
최고 속력 290km/h

하우멧은 놀랍게도 가스 터빈을 새로운 동력원으로 채택했다. 1968년 시즌의 내구 경주들에서 두각을 나타냈다.

△ **로터스 49 1967년**
Lotus 49 1967
생산지 영국
엔진 2,993cc, V8
최고 속력 290km/h

로터스 49는 로터스, 포드, 코스워스가 협력해 내놓은 물건이다. 1960년대 말의 탁월한 그랑프리 레이서들이 타면서 전설로 군림했다.

△ **마트라 코스워스 MS10 1968년**
Matra Cosworth MS10 1968
생산지 프랑스
엔진 2,993cc, V8
최고 속력 290km/h

마트라의 시작은 1967년 포뮬러 원(F1)이었다. MS10에도 로터스 49와 같은 코스워스 엔진이 얹혔다.

△ **페라리 312/68 1968년**
Ferrari 312/68 1968
생산지 이탈리아
엔진 2,989cc, V12
최고 속력 310km/h

페라리의 F1 레이싱 카 312가 처음 공개된 것은 1966년이었고 그때까지만 해도 아직 완벽하지 않았다. 마침내 자크 '재키' 익스(Jacques 'Jacky' Ickx)가 1968년 버전을 타고 그해 프랑스 그랑프리에서 우승을 차지했다.

▽ **페라리 312P 1969년**
Ferrari 312P 1969
생산지 이탈리아
엔진 2,990cc, V12
최고 속력 320km/h

페라리의 312P 시제품은 1969년에 처음 경주에 참가했고 스파 1,000킬로미터 경주와 르망 24시간 경주 같은 고난이도 내구성 시험 대회들에서 탁월한 경쟁력을 뽐냈다.

△ **마치 707 1970년**
March 707 1970
생산지 영국
엔진 8,226cc, V8
최고 속력 322km/h

마치의 707 모델은 1960년대 말에 설계·제작됐고 북아메리카 캔암 경주 시리즈(North American CanAm racing series)에서 강자로 군림했다. 쉐보레의 강력한 V8 엔진을 동력원으로 사용했다.

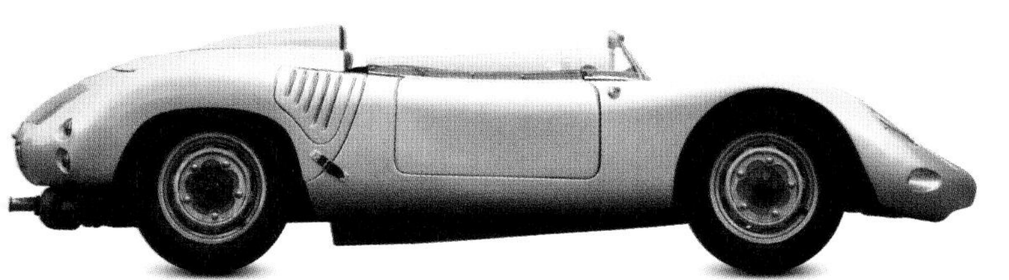

△ **포르쉐 718 RS 1957년**
Porsche 718 RS 1957
생산지 독일
엔진 1,587cc, 수평 대향 4기통
최고 속력 225km/h

포르쉐의 718 내구 경주용 자동차는 컨버터블이었다. 718은 수많은 경주에서 입상권 성적으로 결승선을 끊었다. 1958년 르망 24시간 경주에서 3등을 차지한 것이 대표적이다. 718은 1960년대 초반까지 계속해서 승리의 역사를 써 나갔다.

△ **포르쉐 906 1966년**
Porsche 906 1966
생산지 독일
엔진 1,991cc, 수평 6기통
최고 속력 280km/h

걸윙 도어를 채택한 첫 번째 포르쉐 차량이다. 906은 출고 첫해부터 탁월한 성능을 바탕으로 참가 대회를 휩쓸면서 성공 가도를 달렸다.

◁ **포르쉐 917K 1970년**
Porsche 917K 1970
생산지 독일
엔진 4,494cc, 수평 12기통
최고 속력 320km/h

917은 애초 1970년 르망 24시간 경주 우승을 목표로 1960년대부터 구상·고안된 차로, 소기의 목적을 달성했을 뿐만 아니라 1971년에도 우승하면서 새로운 전설을 만들었다.

고급 스포츠 세단

이 페이지에서 볼 수 있는 자동차들은 활달하고 정열적인 사업가들을 겨냥했다는 점에서 새로운 유형의 세단이라고 할 수 있었다. 이 자동차들은 급가속 추월과 느긋한 고속 주행을 능히 뒷받침할 수 있었다는 점에서, 운전자는 녹초가 되고 엔진은 과열되기 일쑤였던 이전의 세단들과 확연히 달랐다. 이런 자동차를 만들 수 있었던 노하우는 대부분 자동차 경주에서 비롯했다. 자동차 경주의 노하우들은 세단을 개선할 발상을 찾던 엔지니어들을 고무시켰다.

△ 복스홀 크레스타 PB 1962년
Vauxhall Cresta PB 1962

생산지 영국
엔진 3,294cc, 6기통
최고 속력 150km/h

크레스타는 제너럴 모터스 영국 법인이 내놓은 크고 안락한 자동차였다. 자동 변속기가 도입된 것은 1965년이다.

▷ 오스틴/모리스 미니 쿠퍼 1961년
Austin/Morris Mini Cooper 1961

생산지 영국
엔진 1,275cc, 4기통
최고 속력 161km/h

미니는 성능 좋은 세단으로 기획된 적이 단 한 번도 없다. 그러나 F1의 대표 레이서 중 한 사람인 존 쿠퍼(John Cooper)는 미니의 잠재력을 알아보았다. 엔진을 튜닝하고 디스크 브레이크를 단 미니 쿠퍼는 환상적인 노면 추종 성능을 보여 줬다.

△ 포드 제퍼 마크 III 1962년
Ford Zephyr Mk III 1962

생산지 영국
엔진 2,553cc, 6기통
최고 속력 153km/h

포드는 영국에 출시된 자사의 가장 큰 세단에 4기통 또는 6기통 엔진을 얹었다. 제퍼 마크 III의 경우 전륜 디스크 브레이크와 싱크로메시 기어박스가 채택됐고 자동 변속기는 선택 사양이었다.

△ 볼보 122S 1961년
Volvo 122S 1961

생산지 스웨덴
엔진 1,778cc, 4기통
최고 속력 161km/h

다부지면서도 성능이 탁월한 이 스포츠 세단의 핵심 요소는 100마력 엔진이었다. 122S는 스웨덴에서 아마존(Amazon)이라고 불렸고 선택 사양인 오버 드라이브(톱 기어는 가속 대신 순항을 중시하는 세팅) 차량의 경우 특히나 기백이 넘쳤다.

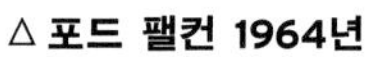

△ 포드 팰컨 1964년
Ford Falcon 1964

생산지 오스트레일리아
엔진 3,277cc, 6기통
최고 속력 169km/h

팰컨은 오스트레일리아 인을 위해, 오스트레일리아에서 설계된 최초의 차다. 이 자동차의 매우 엄격한 사양을 토대로 해서, 빠르고 날렵한 팰컨 모델들이 나올 수 있었다.

▷ 울즐리 6/110 1961년
Wolseley 6/110 1961

생산지 영국
엔진 2,912cc, 6기통
최고 속력 163km/h

6/110은 무거운 자동차였다. 120마력 엔진이 장착됐어도 진정한 활기를 보여 주지 못한 것도 이 때문이다. 출시 초기부터 이미 호화 사양이었지만 선택 사양으로 에어컨과 파워 스티어링도 장착할 수 있었다.

▽ 로버 P6 2000 TC 1963년
Rover P6 2000 TC 1963

생산지 영국
엔진 1,978cc, 4기통
최고 속력 174km/h

1963년 P6이 출시되면서 세단의 안전성과 스포츠카적 특성에 새 지평이 열렸다. 트윈 카뷰레터(twin carburettor, TC)가 장착되면서 이 자동차는 더 큰 활력을 과시했다. 후속 버전인 P6 3500에는 V8 엔진이 장착됐다.

▽ **재규어 XJ6 1968년**
Jaguar XJ6 1968
생산지 영국
엔진 4,235cc, 6기통
최고 속력 200km/h

아름다운 XJ6은 세계에서 가장 좋은 세단으로 널리 칭송받았다. 성능, 승차감, 접지성을 최상으로 절충한 승용차였다.

◁ **데임러 2.5리터 V8 250 1962년**
Daimler 2.5-litre V8-250 1962
생산지 영국
엔진 2,548cc, V8
최고 속력 180km/h

1960년 데임러를 인수한 재규어는 아담하면서도 호화로운 이 모델을 만들었다. SP250의 탁월한 V8 엔진과 재규어의 마크 II 차체가 결합됐다. 생산된 차는 거의 모두 자동 변속기 모델이었다.

▷ **트라이엄프 2000 1963년**
Triumph 2000 1963
생산지 영국
엔진 1,998cc, 6기통
최고 속력 150km/h

1960년대의 기업 임원들은 이 자동차를 무척이나 좋아했다. 2000은 네 바퀴 모두 독립식 서스펜션을 채택했고 앞바퀴에는 디스크 브레이크가 장착됐으며 이탈리아 인 조반니 미켈로티의 세련된 디자인도 빼놓을 수 없었다.

△ **재규어 마크 II 1959년**
Jaguar Mk II 1959
생산지 영국
엔진 3,781cc, 6기통
최고 속력 201km/h

많은 사람들에게는 이 미려한 재규어가 1960년대를 상징하는 스포츠 세단이다. 도로에서는 3.4리터 버전을 더 많이 볼 수 있었지만 3.8리터 버전 쪽의 주행 성능이 더 훌륭했다.

▷ **험버 호크 마크 IV 1964년**
Humber Hawk Mk IV 1964
생산지 영국
엔진 2,267cc, 4기통
최고 속력 134km/h

험버의 가장 큰 고급차들은 양산되던 마지막 3년 동안 뒷창문의 디자인이 수정됐다. 사진에서 보는 마크 IV가 대표적이다. 그래도 변속기는 여전히 스티어링 휠 주변에 달린 칼럼 시프트였다.

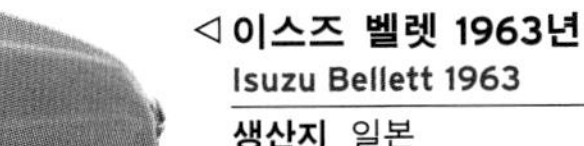

◁ **이스즈 벨렛 1963년**
Isuzu Bellett 1963
생산지 일본
엔진 1,991cc, 4기통
최고 속력 190km/h

단정하고 깔끔한 벨렛은 서구에는 거의 알려지지 않았지만, 일본 최초의 스포츠 세단 가운데 하나였다. 일본의 자동차 경주를 석권했고 총 17만 대 이상 제작됐다.

▷ **홀덴 모나로 1968년**
Holden Monaro 1968
생산지 오스트레일리아
엔진 5,736cc, V8
최고 속력 185km/h

HK 시리즈 킹스우드/브루엄(Kingswood/Brougham) 세단에서 유래한 모나로는 빠르고 날렵한 4인승 쿠페였다. 모나로의 최상위 버전은 5.7리터 GTS 327 배서스트(Bathurst)였다.

△ **닛산 스카이라인 GT-R 1969년**
Nissan Skyline GT-R 1969
생산지 일본
엔진 1,998cc, 6기통
최고 속력 200km/h

단조롭고 따분했던 세단 스카이라인은 GT-R 버전의 경우 DOHC 엔진이 달리면서 만만찮은 레이싱 카로 변모했다. 출시되고 처음 3년 동안 일본 내 경주에서 50차례 가까이 우승했다.

애스턴 마틴 1.5리터, 1922년

위대한 브랜드

애스턴 마틴 이야기

운전의 짜릿함을 선사하는 명가의 자존심으로 전 세계에 그 명성이 자자한 (제임스 본드가 가장 좋아하는 차도 애스턴 마틴이다.) 애스턴 마틴은 상업성 따위는 아랑곳하지 않고 고성능 스포츠카를 꾸준히 만드는 소규모 영국 기업의 전형적인 보기이다. 애스턴 마틴은 이런 방침을 고수하면서도 소유주들의 헌신과 한결같은 후원자들 덕택에 수십 년을 버텨 올 수 있었다.

애스턴 마틴은 1913년에 런던에 있던 로버트 뱀포드(Robert Bamford)와 라이오넬 마틴(Lionel Martin)의 차량 정비소에서 시작됐다. 운전광인 두 사람은 낡은 이조타 프라스키니 차대와 코번트리-심플렉스 1.4리터 엔진으로 그들만의 스포츠카를 조립해 타임트라이얼(time-trial, 일정 거리를 개별적으로 달려 걸린 시간으로 승부를 겨루는 방식) 경주들에 출전했다. 버킹엄셔의 애스턴 클린턴에서 1914년 열린 힐 클라임 대회에서 탁월한 성능을 과시하고 애스턴 마틴으로 명명된 그 차는 1915년에 첫 시판용 차가 나오지만 제1차 세계 대전으로 양산에 돌입할 수 없었다. 마틴과 뱀포드는 군에 입대했고 차량과 장비는 항공기 제작업체 솝위드(Sopwith)에 팔렸다. 전후 동업자 관계가 재개됐지만 곧 경영난에 봉착했고 결국 1920년 뱀포드는 회사를 떠났다. 홀로 남은 마틴은 아내 케이트의 도움을 받아 가며 본격적인 자동차 제조업자로 거듭났다. 그가 1921년에 새롭게 선보인 차량은 경량의 맞춤형 1.5리터 4기통 엔진을 단 간단명료한 스포츠카였다. 이 차는 서킷에서는 무적이라는 명성을 쌓아 갔지만 생산은 느리고 혼란스럽기만 했다. 소유권이 몇 차례 바뀌고 회사는 1926년 미들섹스의 펠텀으로 옮겼다. 1년 후 신형 1.5리터 자동차가 이탈리아 인 베르텔리 형제의 설계로 출고됐다. 아우구스토 베르텔리(Augusto Bertelli)는 공학적 부분을, 엔리코 베르텔리(Enrico Bertelli)는 낮은 차체 작업을 담당했다.

ASTON MARTIN

애스턴 마틴 배지
(1932년 도입)

내부는 거의 항상 난리통이었지만, 밖에서 보기에는 빠르고 강력하며 독보적인 스포츠카를 생산하는 회사였다. 애스턴 마틴 차를 소유한 이들은 엄청난 충성심으로 화답했다. 1928년 르망에 데뷔한 애스턴 마틴은 탁월한 성능을 과시했다.

제2차 세계 대전 때 항공기 부품을 만들던 애스턴 마틴은 전후 또다시 파산 직전 상태로 몰렸고 요크셔 출신 기업가 데이비드 브라운(David Brown)에게 인수됐다. (그는 놀랍게도 《타임스》의 광고란에서 애스턴 마틴이 매물로 나왔다는 소식을 접했다.) 그는 라곤다도 매입했는데, DB2 스포츠카에서 두 회사의 차와 전통이 성공적으로 결합됐다. 애스턴 마틴의 탁월한 차대와 라곤다가 자랑하는 2.6리터 6기통 엔진으로 무장한 DB2는 프로토타입이었음에도 불구하고 1949년 르망 대회를 완주했다.

DBS 광고 1968년
1967년부터 1972년까지 생산된 DBS는 데이비드 브라운 체제의 마지막 모델로 일반 치수 좌석 4개가 없었고 엔진은 4.0리터였다.

> **"전 세계에서 가장 탐나는 GT 차"**
> — DB4GT에 대한 1962년 《오토스포츠(*Autosport*)》의 평

애스턴 마틴은 1950년 르망에서 위대한 자동차 메이커들의 전당에 입성했다. 드라이버 조지 아베카시스(George Abecassis)와 랜스 매클린(Lance Macklin)의 팀은 DB2를 몰고 전체 5등으로 결승선을 통과했고 3리터 급에서는 우승을 차지했으며 레지널드 파넬(Redinald Parnell)과 찰스 브래큰베리(Charles Brackenbury)의 팀은 전체 6위와 3리터 급 2위를 기록했다. 1951년 경주 기록도 가공할 만하다. 팩토리 팀(factory team, 제작사 자체 운영팀)이 몰고 출전한 DB2는 3위, 5위, 7위를 했고 개인이 몰고 출전한 DB2 2대는 10위, 11위를 차지했다. 24시간을 달려야 하는 죽음의 레이스에서 5대가 출발했는데 5대가 모두 결승선을 통과했다는 사실은, DB2처럼 표준에 가까운 2인승 도로 주행용 승용차로서는 경이로운 업적이었다. 애스턴 마틴이 1959년 DBR1 경주용 자동차로 월드 스포츠카 챔피언십 타이틀을 거머쥔 것은 또 다른 하이라이트였다.

브라운은 이문을 남기려면 비용이 많이 드는 수제차를 멋지고 호화롭게 꾸며야 함을 깨달았다. 1955년 차체 제작업체 틱포드(Tickford)를 인수한 이후 애스턴 마틴의 실내는 점점 더 호화로워졌고 차체색 역시 더 고급스러워졌다. 디스크 브레이크와 오버드라이브 등 현대적 기술이 보태졌지만 자동 변속기는 1959년 비로소 도입됐다.

애스턴 마틴이 1958년에 선보인 DB4에는 이탈리아의 카로체리아 토우링이 합류했다. 덕택에 DB4는 경량의 구조를 유지하면서도 모양이 매끈하고 날렵했다. 하지만 DB4의 모서리에는 여전히 강철이 사용됐다. DB4 GT와 GT 자가토가 무시무시한 레이싱 카로 군림할 수 있었던 이유다. 1964년에 출시된 DB5는 그해 개봉된 007 영화 「골드핑거」에서 '본드 카'로 나오지 않았다면, DB4를 공기 역학적으로 강화·개량한 차에 불과하다고 여겨졌을지도 모른다. 하지만 영화의 유명세와 더불어 애스턴 마틴은 부드럽고 점잖으면서도 무자비한 비밀 공작원과 동의어가 됐다. 영화와 결부된 신비한 매력은 계속 이어져서 DB5가 2010년 경매에서 260만 파운드에 팔렸을 정도다. 1965년에 DB6, 1967년에 DBS가 나왔고 1969년에는 완전히 새로운 V8 엔진이 소개됐다. 하지만 3년 후 브라운이 회사를 매각하면서 애스턴 마틴의 황금기도 끝났다. 애스턴 마틴의 1970년대와 1980년대는 온통 뒤죽박죽이었다. 그나마 쐐기 모양의 라곤다 리무진 덕택에 빚을 지지 않고 버틸 수 있었다. (중동의 구매자들이 라곤다를 무척 좋아했다.) 1987년 포드에 인수되고 나서야 애스턴 마틴의 경영 기반이 정상화됐다.

새로운 경영진은 완전 수작업으로 이뤄지는 애스턴 마틴의 기존 생산 라인을 그대로 유지하기로 결정했다. 이 애스턴 마틴의 생산 라인은 비라지(Virage)를 만들어 냈고 더 작고 싼 DB7을 생산했다. 애스턴 마틴과 비슷한 시기에 포드에 인수된 재규어의 부품을 일부 사용, 1993년에 출시된 DB7은 후속 모델 DB9(DB8은 없고 DB9는 2003년에 출시됐다.)가 나올 정도로 인기 있

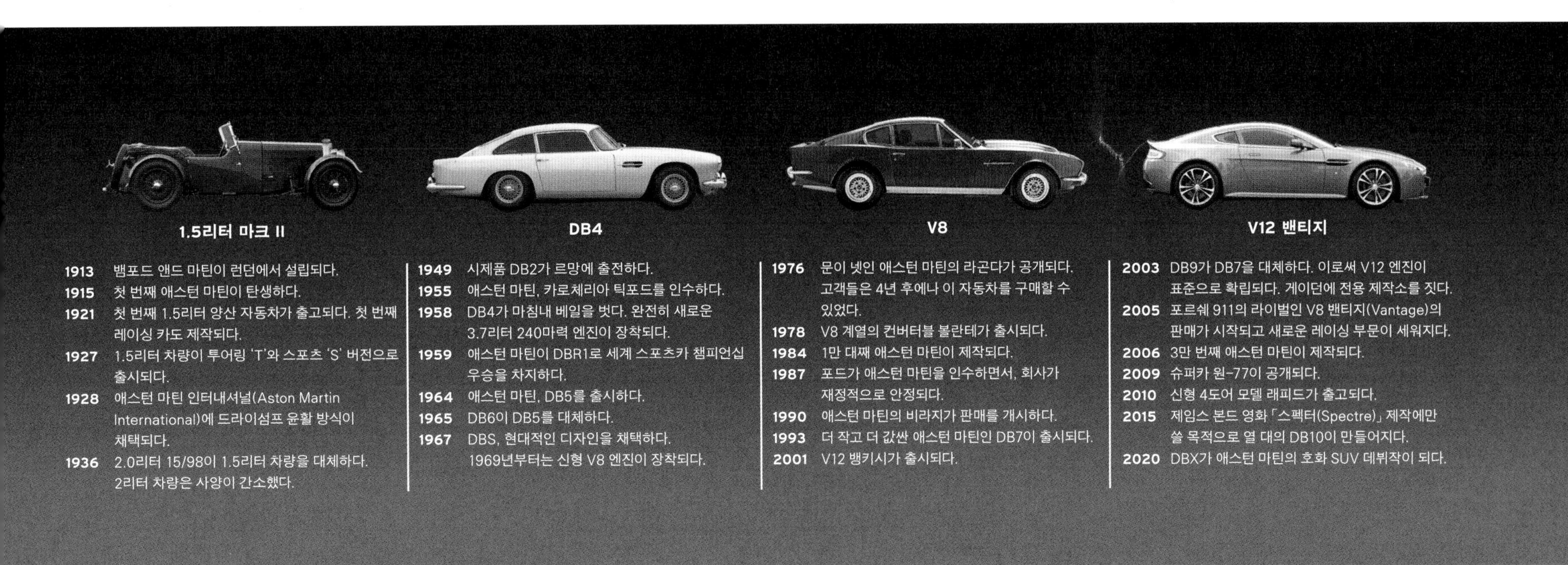

었다. 애스턴 마틴은 소형 스포츠카를 자체 제작, 포르쉐 911과도 한 판 승부를 벌이기로 결정했다. V8 밴티지(V8 Vantage)를 위해 워릭셔의 게이던에 최첨단 조립 공장이 지어졌다. (애스턴 마틴 최초의 전용 거점이라 할 수 있다.) V8 밴티지는 2005년에 팬들에게 인도됐고 격찬을 받았다.

포드는 2007년 주로 쿠웨이트 자본으로 이루어진 한 컨소시엄에 애스턴 마틴을 매각했다. (컨소시엄의 중심 인물인 데이비드 리처즈(David Richards)는 유명한 레이싱 팀 프로드라이브(Prodrive)의 설립자이기도 하다.) 애스턴 마틴은 이런 변화 전에 이미 모터스포츠 세계 복귀를 결정한 상태였는데, 2007년과 2008년 르망 GT1 부문에서 연달아 우승을 차지했고 2009년에 신형 LMP1 부문에서 전체 4등을 했다. (이 분야에서 가장 빠른 휘발유 차로 등극했다.) V12 밴티지 GT도 2009년 뉘르부르크링 24시간 경주에서 동급 우승을 차지했는데, 이것은 첫 출전 기록이다.

애스턴 마틴은 2009년 토요타와 합작해 도시형 자동차인 시그넷(Cygnet)을 공개했다. 회사는 여러 새 독자 모델을 출시했는데, 2010년의 라피드, 2015년의 DB11, 2020년의 DBX SUV가 대표적이다. 그 가운데 DBX SUV는 사우스 웨일스의 새 공장에서 생산된다. 2018년에는 주식 시장 상장이 시작됐고, 이후 메르세데스벤츠가 지분 20퍼센트를 확보했다.

애스턴 마틴 DB7, 1993년
애스턴 마틴과 재규어는 1993년 포드에 인수됐다. DB7은 재규어 XJS의 구동계를 채택했지만 전반적인 설계와 디자인은 아주 달랐다.

스릴과 전율의 보증 수표
애스턴 마틴은 1964년부터 제임스 본드 영화에 007과 함께 출연했다. 최근에는 DB5가 「카지노 로얄」(2006년, 사진 장면)과 「스카이폴」(2012년), DBS V12가 「퀀텀 오브 솔러스」(2008년)에 나왔다.

미국 시장을 휩쓴 세단과 스포츠 쿠페

깔끔하고 매끈한 선과 고속 주행 성능을 자랑하는 차들이 1960년대의 미국 도로를 휩쓸었다. 자동차 디자이너들은 1950년대의 과도한 꼬리 날개와 크롬 도금 장식을 기피하게 된다. 미국의 자동차 메이커들도 결국 스포츠카에서 틈새 시장을 발견했다. 포드가 주도한 알맞은 가격대의 소형 '포니 카' 개념에서 이것을 확인할 수 있다. 미국 시장에서 볼 수 있던 코카콜라 병 모양 디자인은 머잖아 전 세계로 확산된다.

△ 뷰익 리비에라 1963년
Buick Riviera 1963
생산지 미국
엔진 6,571cc, V8
최고 속력 193km/h
1960년대의 자동차 업계를 휩쓴 '코카콜라 병' 모양 디자인을 가장 명료하게 보여 주는 사례가 바로 이 1963년형 뷰익 리비에라다. 기다랗고 낮으며 유려하고 고급스러웠다.

△ 뷰익 스카이라크 1961년
Buick Skylark 1961
생산지 미국
엔진 3,528cc, V8
최고 속력 169km/h
뷰익은 스포츠 쿠페 스카이라크를 출시해 호평을 받았다. 당시 인기를 모으던 외관을 살리기 위해 깔끔하고 낮은 선들을 도입하고 1950년대식 꼬리 날개를 버렸다.

△ 플리머스 바라쿠다 1964년
Plymouth Barracuda 1964
생산지 미국
엔진 4,473cc, V8
최고 속력 171km/h
플리머스는 1960년대에 고전을 면치 못했고 바라쿠다가 출시되고 나서야 비로소 실지를 회복할 수 있었다. 하지만 그렇다고는 해도 경쟁 차종인 포드 머스탱의 경이적인 판매고에 근접한 적은 단 한 번도 없었다.

△ 크라이슬러 300F 1960년
Chrysler 300F 1960
생산지 미국
엔진 6,768cc, V8
최고 속력 193km/h
300 '레터 카(Letter car)' 시리즈의 자동차는 크라이슬러 최강의 자동차였다. 1960년에 출시된 300F는 모노코크 구조와 흡기 유도 장치를 채택했지만 꼬리 날개를 떼는 것은 잊었다.

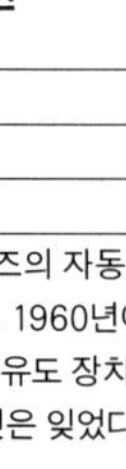

△ 스튜드베이커 그란 투리스모 호크 1962년
Studebaker Gran Turismo Hawk 1962
생산지 미국
엔진 4,736cc, V8
최고 속력 177km/h
스튜드베이커는 1954년 패커드 사에 인수됐지만 그리 오래 버티지는 못했다. 살아남기 위해 분투했지만 결국 1966년에 폐업해야 했다. 호크의 경우 1962년에 출시됐고 짧게나마 판매가 호조를 보였다.

◁ 포드 선더버드 랜도 1964년
Ford Thunderbird Landau 1964
생산지 미국
엔진 6,392cc, V8
최고 속력 190km/h
포드는 머스탱을 출시한 해에 선더버드도 완전히 새롭게 디자인해 내놓았다. 보닛이 길어졌고 지붕은 짧아졌으며 출력은 커졌다. 판매가 50퍼센트 신장됐다.

포드 머스탱

소형의 팰컨(Falcon) 세단이 기록적인 성공을 거두자 포드는 팰컨 플랫폼을 이용해 작은 선더버드를 만들어도 팔릴 거라고 여겼다. 그렇게 해서 엄청난 인기를 끌어 모은 머스탱이 탄생했고, 완전히 새로운 시장이 열렸다. 머스탱이 수립한 출시 첫해 41만 8000대 판매 기록은 세계 신기록이었다. 포드의 생산 속도가 더 빨랐다면 더 많이 팔 수도 있었을 것이다.

▷ 포드 머스탱 하드톱 쿠페 1964년
Ford Mustang hardtop Coupé 1964
생산지 미국
엔진 4,727cc, V8
최고 속력 187km/h
머스탱은 쿠페와 컨버터블, 나중에는 패스트백 쿠페의 형태로 팔렸다. 3.3리터 직렬 6기통부터 4.7리터 V8에 이르기까지 다양한 엔진이 얹혔다. 사진의 V8 하드톱 쿠페는 단연 최고의 인기 모델이었다.

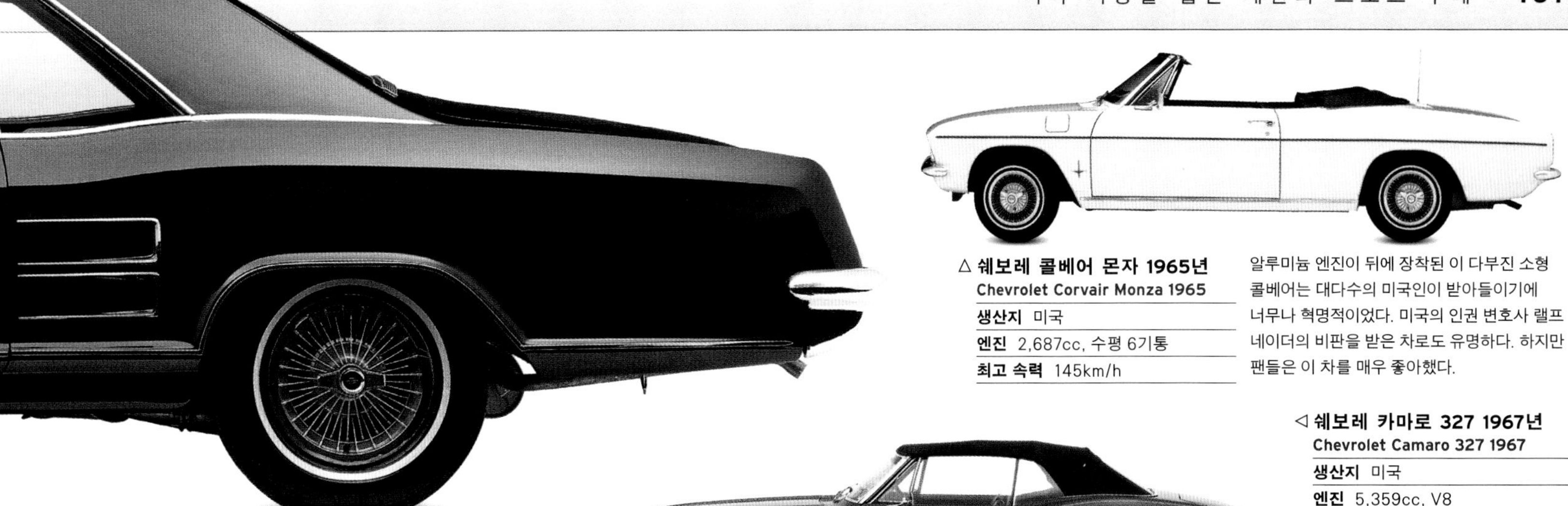

△ **쉐보레 콜베어 몬자 1965년**
Chevrolet Corvair Monza 1965
생산지 미국
엔진 2,687cc, 수평 6기통
최고 속력 145km/h

알루미늄 엔진이 뒤에 장착된 이 다부진 소형 콜베어는 대다수의 미국인이 받아들이기에 너무나 혁명적이었다. 미국의 인권 변호사 랠프 네이더의 비판을 받은 차로도 유명하다. 하지만 팬들은 이 차를 매우 좋아했다.

◁ **쉐보레 카마로 327 1967년**
Chevrolet Camaro 327 1967
생산지 미국
엔진 5,359cc, V8
최고 속력 196km/h

포드는 머스탱으로 시장을 적극적으로 공략했고 쉐보레가 정신을 차리고 여기에 대응하는 데는 3년이 걸렸다. 하지만 그렇게 등장한 카마로는 미끈하고 매력적이었을 뿐만 아니라 엄청난 성능을 과시했다.

△ **폰티액 템피스트 GTO 1966년**
Pontiac Tempest GTO 1966
생산지 미국
엔진 6,375cc, V8
최고 속력 196km/h

폰티액은 템피스트 덕택에 1960년대의 미국에서 세 번째로 자동차를 많이 파는 브랜드로 성장했다. GTO는 성능의 보증 수표이기도 했다. 템피스트 GTO는 진정으로 탁월한 성능을 보여 줬다.

△ **머큐리 쿠거 1967년**
Mercury Cougar 1967
생산지 미국
엔진 4,727cc, V8
최고 속력 180km/h

머큐리가 1967년 '포니 카' 시장에 뛰어들었고 선도 기업 포드는 다시 한번 쉐보레 카마로와 일전을 치른다. 멋진 스타일의 쿠거는 크게 유행했다. 출고 첫해에 15만 대가 팔릴 정도였다.

◁ **올즈모빌 스타파이어 1964년**
Oldsmobile Starfire 1964
생산지 미국
엔진 6,456cc, V8
최고 속력 174km/h

올즈모빌은 스타파이어를 내놓으면서 고급차를 구매할 수 있는 개인 고객 시장에 뛰어들었다. 스타파이어는 강력한 엔진을 장착했고 각진 2도어 차체는 눈길을 끌었다.

◁ **닷지 차저 R/T 1968년**
Dodge Charger R/T 1968
생산지 미국
엔진 5,211cc, V8
최고 속력 182km/h

디자인이 개선된 1968년형 모델이 출고되면서 미국 시장에 닷지 열풍이 불었고 이 자동차는 기록적인 판매고를 올렸다. 미끈하게 설계된 차저 V8(Charger V8) 엔진이 여기에 혁혁한 공을 세웠다.

△ **머큐리 사이클론 1968년**
Mercury Cyclone 1968
생산지 미국
엔진 4,949cc, V8
최고 속력 185km/h

사이클론은 머큐리가 1964년에 선보인 마초 그란 투어러(Macho Grand Tourer) 모델이다. 1966년 '코카콜라 병' 모양으로 디자인된 차체의 돋보이는 외관 덕분에 패스트백 쿠페 중 가장 인기 있었던 자동차로 통한다.

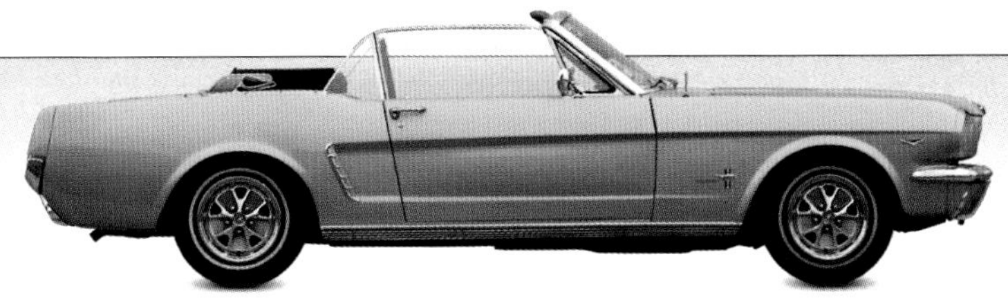

△ **포드 머스탱 1965년**
Ford Mustang 1965
생산지 미국
엔진 4,727cc, V8
최고 속력 187km/h

생산 개시 2년 만에 머스탱은 100만 대 이상 팔려 나갔다. 미국인 대다수가 머스탱의 스타일을 좋아했다. 우수 디자인 자동차에 주는 티파니 상(Tiffany Award)도 머스탱 차지였다.

△ **포드 머스탱 패스트백 1965년**
Ford Mustang Fastback 1965
생산지 미국
엔진 4,727cc, V8
최고 속력 187km/h

2+2 형식의 맵시 있는 패스트백 모델은 1965년에 머스탱 라인에 합류하자마자 컨버터블 판매량을 넘어섰다. 머스탱은 1966년 미국 전체 자동차 판매량의 7.1퍼센트를 차지했다.

◁ **포드 머스탱 보스 302 1969년**
Ford Mustang Boss 302 1969
생산지 미국
엔진 4,942cc, V8
최고 속력 195km/h

카마로가 도전장을 던지자 1969년형 머스탱도 변화를 단행했다. 크기를 키우고 성능을 강화한 것이다. 보스 302와 보스 429가 그 결과물이다.

로터스/포드 코스워스 DFV V8 엔진

로터스의 설립자 콜린 채프먼(Colin Chapman)은 기존의 엔진들이 마음에 들지 않았고 포드에 F1용으로 새로운 엔진을 만들어 달라고 주문했다. 포드는 의뢰를 받고 코스워스의 키스 덕워스(Keith Duckworth)를 찾았다. 덕워스가 설계한 엔진은 1968년부터 1982년까지 12명의 레이서에게 우승을 안겨 줌으로써 전설의 엔진으로 자리를 잡았다.

F1의 슈퍼스타

코스워스는 이 엔진을 DFV라고 불렀다. 실린더가 90도 V자 모양으로 두 줄(Double)로 4개(Four)씩 배열됐기 때문이다. 각각의 실린더에는 흡기 밸브와 배기 밸브가 2개씩 설치됐다. 엔진 상부의 흡기 밸브는 흡기관을 통해 유입된 공기가 계속해서 실린더로 들어가는 통로다. 크랭크축에 의해 각 줄 직렬 4기통의 피스톤이 작동하면 파동이 발생해, 연소된 실린더 가스가 배기관으로 빠져나간다. DFV는 강력하고 믿을 만하며 다부지고 견고했다. 구조 또한 정밀해서 인기가 많았다.

엔진 제원	
생산 시기	1967~1986년
실린더	90도 V형 8기통
구성	중간 장착, 길이 방향
배기량	2,993cc
출력	9,000rpm에서 408마력, 최종적으로 1만 1200rpm에서 510마력
유형	4스트로크 수랭식 휘발유 엔진. 자동차의 일부 구조를 이루도록 설계됨
헤드	DOHC 실린더당 밸브 4개
연료 장치	루카스 포트(Lucas port) 연료 분사 방식
내경×행정	85.7mm×64.8mm
비출력(比出力)	리터당 136마력, 킬로그램당 2.52마력
압축비	11.0:1

▷ 엔진 작동 원리는 352~353쪽 참고

점화 코일

고압 케이블 (하이텐션 코드)

슬라이드 스로틀
연료 분사 장치 아래에 있는 슬라이드 스로틀(slide throttle) 밸브는 버터플라이 밸브(butterfly valve)보다 공기가 엔진에 유입되는 정도와 양상을 덜 제어한다.

점화 케이블

알루미늄 합금 실린더 헤드
헤드에는 실린더당 밸브가 4개 수용돼 있는데(뚜껑 밑에 있어 사진에는 보이지 않는다.), 이것은 혼합기의 엔진 흐름을 극대화하기 위한 것이다. 1967년에도 이런 구조는 이미 오랜 역사를 가지고 있었지만 당대의 경주용 자동차 엔진 대다수는 실린더당 밸브가 2개뿐이었다. 코스워스의 DFV는 극적인 성공을 거두었고 사태를 바꾸는 데 일조했다. 밸브를 4개 설치한 레이싱 카 엔진이 점점 더 인기를 모았고 결국에는 도로 주행용 고성능 자동차에도 이런 엔진이 사용되기에 이르렀다.

알루미늄 합금 실린더 블록

알루미늄 합금 하부 크랭크실

드라이 섬프(dry sump)
엔진에서 오일 팬으로 떨어진 오일은 별도의 오일 탱크에 저장된다. 이 방식을 채택하면 오일 팬의 부피가 작아지기 때문에 엔진을 더 낮은 위치에 장착할 수 있다.

오일을 모아서 빼내는 섬프 유출구

거친 철망이 달린 에어 필터
철망의 구멍이 큼직해서 공기는 최소의 저항을 받으며 흡기관으로 들어갈 수 있다.

흡기관
여기서 공기의 와류가 발생돼 엔진의 임계 속도에서는 더 많은 혼합기가 실린더 안으로 유입된다.

연료 분사 장치 포트
루카스 펌프가 연료를 분사 장치로 급송한다.

흡기 밸브 캠축 (뚜껑 아래)

엔진 장착 연결부
연결부를 결합해 차에 고정한다. 그렇게 해서 엔진은 차대의 일부가 된다.

캠 뚜껑

배기 밸브 캠축(뚜껑 아래)
배기 밸브 캠축도 흡기 밸브 캠처럼 벨트나 체인이 아니라 정밀도가 더 높은 기어 트레인으로 구동된다.

사람들이 잘 몰랐던 문제
DFV를 장착하고 첫 출전한 로터스 49가 F1에서 우승을 차지한 1967년에 이 엔진이 설계상 심각한 문제를 안고 있을 거라고 생각한 사람은 거의 없었다. 이 엔진은 기어 드라이브의 토크가 캠축에 과도하게 전달돼 엔진이 손상될 위험이 있었다. 덕워스가 속이 비어 있어 탄성이 더해진 샤프트를 장착해, 토크 증대 현상을 줄임으로써 이 문제를 해결했다.

배기 다기관 부착 볼트

배기구

구동 벨트
뚜껑 아래 설치된 톱니 벨트가 오일 펌프와 냉각수 펌프 같은 엔진 보조 기관을 구동한다.

냉각수 펌프

보조 구동 연결 장치

오일 소제(掃除) 펌프
오일을 섬프에서 오일 탱크로 보낸다. 회전식 오일/공기 분리기도 함께 있다. 이 장치가 오일과 섞여 있는 공기와 연소 가스를 제거해 준다.

초호화 리무진

1960년대는 분리형 차대를 채택한 호화 차량이 마지막으로 번성한 시기였다. 크고 육중하며 전통적이고 호화로웠던 자동차들은 가볍고 효율적이며 현대적이고 모노코크 구조를 채택한 고급 모델들로 서서히 교체됐다. 성능이 대폭 개선됐고 차체가 날렵하게 낮아졌음은 두말하면 잔소리다. 주류 모델들에 바탕을 두고 크기를 대폭 줄인 고급 차들도 이 시기에 출현했다. 도심부 주행을 담당한다는 개념으로 고안된 것이다.

◁ **가즈 차이카 1959년**
GAZ Chaika 1959
생산지 (구)소련
엔진 5,522cc, V8
최고 속력 159km/h
차이카는 1955년형 패커드를 거의 그대로 베낀 차로 1981년까지 생산됐다. 당 관료, 학자, 과학자, 기타 (구)소련 정부가 승인한 VIP들만 탈 수 있었다.

▷ **캐딜락 칼레 1965년**
Cadillac Calais 1965
생산지 미국
엔진 7,030cc, V8
최고 속력 193km/h
캐딜락의 칼레는 전형적인 고급차였다. 이 모델은 옆 창문이 곡선 처리돼 있었고 사이드 미러가 원격 조종됐으며 속도에 따라 스티어링 휠의 무게감을 조절할 수 있는 장치까지 있었고 좌석에는 열선까지 설치됐다.

△ **닛산 세드릭 1962년**
Nissan Cedric 1962
생산지 일본
엔진 1,883cc, 직렬 4기통
최고 속력 145km/h
닛산의 이 대형 세단은 미국 자동차의 스타일을 답습했지만 장착된 엔진은 배기량이 1.5~2.8리터였다. 세드릭은 닛산 최초의 모노코크 구조 차량이었다.

△ **닛산 프레지던트 1965년**
Nissan President 1965
생산지 일본
엔진 3,988cc, V8
최고 속력 185km/h
닛산이 1965년에 내놓은 모델로 세드릭보다 여러 면에서 더 나았다. 3.0리터 V6 엔진 또는 4.0리터 V8 엔진이 장착됐고 1971년부터는 ABS가 채택됐다. 일본 총리가 타는 차로 유명해졌다.

▷ **메르세데스벤츠 300SEC 1962년**
Mercedes-Benz 300SEC 1962
생산지 독일
엔진 2,996cc, 직렬 6기통
최고 속력 200km/h
300SEC는 1960년대 초반 독일에서 가장 좋은 자동차 가운데 하나였다. 세련된 쿠페 또는 컨버터블 차체에 자동차 경주에서 성능이 입증된 연료 분사식 6기통 엔진이 얹혔다.

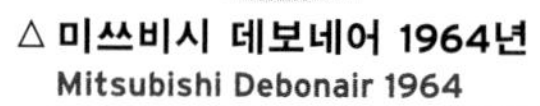

△ **미쓰비시 데보네어 1964년**
Mitsubishi Debonair 1964
생산지 일본
엔진 1,991cc, 직렬 6기통
최고 속력 154km/h
일본 시장을 겨냥해 생산된 이 고급차는 1960년대 초반의 미국 승용차와 흡사한데, 스타일이 1986년까지 거의 그대로 유지됐다. 1970년대에 배기량이 더 큰 엔진이 장착됐다.

△ **메르세데스벤츠 600 1963년**
Mercedes-Benz 600 1963
생산지 독일
엔진 6,332cc, V8
최고 속력 209km/h
메르세데스벤츠가 1963년부터 무려 1981년까지 생산한 이 대형 세단은 2,677대만 제작됐다. VIP들은 시속 193킬로미터에 육박하는 속도로 안락하게 이동할 수 있었다.

▷ **롤스로이스 실버 클라우드 III 1962년**
Rolls-Royce Silver Cloud III 1962
생산지 영국
엔진 6,230cc, V8
최고 속력 177km/h
1960년대까지 롤스로이스는 분리형 차대를 고수한 주요 메이커였고 실버 클라우드 III은 그 마지막 차량으로 전통적이면서도 화려했다. 목재와 가죽으로 내부를 멋지게 꾸몄고 V8 엔진과 전조등을 2개씩 설치하는 현대적인 시도도 함께 이루어졌다.

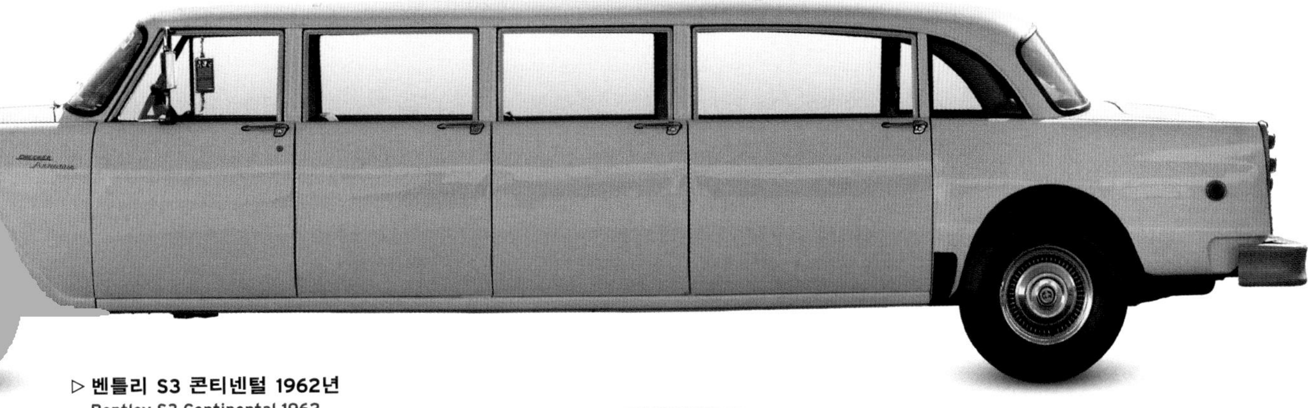

◁ **체커 마라톤 리무진 1963년**
Checker Marathon Limousine 1963

생산지 미국
엔진 4,637cc, V8
최고 속력 145km/h

체커 사는 1923년부터 1959년까지 택시를 만들었고 이후로는 택시 기반 자동차, 스테이션 왜건, 리무진을 몇 종 생산했다. 문이 8개 달린 이 리무진의 경우 당연하게도 실내가 널찍했다.

▷ **벤틀리 S3 콘티넨털 1962년**
Bentley S3 Continental 1962

생산지 영국
엔진 6,230cc, V8
최고 속력 185km/h

위풍당당한 벤틀리 S3은 차체를 새로 얹은 '콘티넨털' 버전으로도 출시됐다. 날렵한 디자인에 알루미늄 차체라서, 더 빠르고 가벼웠다.

◁ **링컨 콘티넨털 컨버터블 1961년**
Lincoln Continental Convertible 1961

생산지 미국
엔진 7,043cc, V8
최고 속력 185km/h

1961년형 콘티넨털은 1960년대의 자동차 설계들 가운데 가장 영향력 있는 것이었다. 좌석, 창문, 브레이크, 스티어링, 기어박스에 파워 어시스트 기술이 적용됐다.

▽ **크라이슬러 뉴요커 1960년**
Chrysler New Yorker 1960

생산지 미국
엔진 6,767cc, V8
최고 속력 196km/h

크라이슬러는 1960년에 처음으로 모노코크 구조의 자동차를 생산했다. 350마력을 갖춘 뉴요커는 가장 길고 또 사치스러웠다.

△ **험버 임페리얼 1964년**
Humber Imperial 1964

생산지 영국
엔진 2,965cc, 직렬 6기통
최고 속력 161km/h

임페리얼 모델은 10년 동안 단종됐다가 크라이슬러 루티스 그룹에 의해 1964~1967년에 부활했다. 안락하고 커다란 세단이었다.

△ **롤스로이스 팬텀 VI 1968년**
Rolls-Royce Phantom VI 1968

생산지 영국
엔진 6,230cc, V8
최고 속력 163km/h

크고 육중하며 완전 주문 제작된 이 차는 록 스타나 왕족의 신분 과시용이었다. 1950년대 디자인을 바탕으로 했고 양쪽으로 전조등이 2개씩 달렸으며 1992년까지 총 409대 제작됐다.

◁ **래드포드 미니 드 빌 1963년**
Radford Mini De Ville 1963

생산지 영국
엔진 1,275cc, 직렬 4기통
최고 속력 153km/h

차체 제작사인 해럴드 래드포드가 미니를 완전히 개조했다. 내부는 호화로워졌고 엔진은 업그레이드됐으며 외장도 특별하게 마감 처리됐다. 영국 배우 피터 셀러스(Peter Sellers)도 이 자동차를 탔다.

△ **재규어 마크 X 1962년**
Jaguar Mk X 1962

생산지 영국
엔진 3,781cc, 직렬 6기통
최고 속력 193km/h

재규어 마크 X는 모노코크 구조에, 후륜 독립 서스펜션을 장착했고 내부를 목재와 가죽으로 단장한 1960년대의 호화 모델이었다. 미국의 소비자들도 이 고급차를 좋아했다.

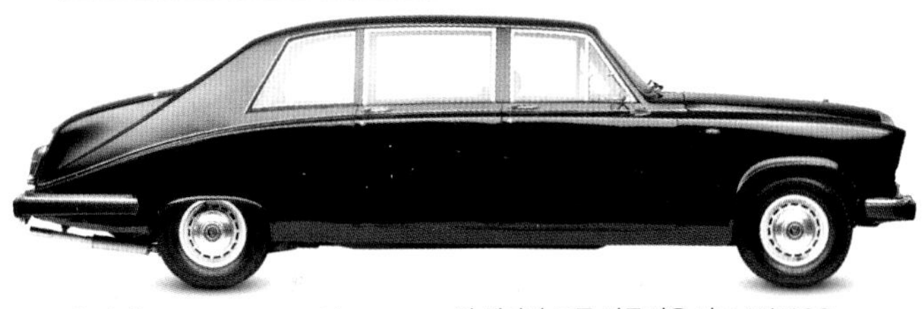

△ **데임러 DS420 1968년**
Daimler DS420 1968

생산지 영국
엔진 4,235cc, 직렬 6기통
최고 속력 177km/h

이 세련된 고급 리무진은 마크 X/420G를 토대로 했지만, 재규어는 자동차의 뒷부분을 더 길게 늘였다. DS420은 카로체리아 반덴 플라(Vanden Plas)가 만들다가, 1979년부터 1992년까지 재규어가 제작했다.

'무계급 사회'의 첨병 BMC 미니, 1968년
미니는 운전하기 재미있었고 무엇보다 실용적이었다. 귀족이나 유명인도 미니를 사랑했다. 1968년 운전 면허 시험을 통과한 패션 모델 트위기(Twiggy)가 미니를 운전하고 있다.

오스틴 세븐, 1920년대

위대한 브랜드

오스틴 이야기

오스틴은 1988년에 폐업하기까지 영국 자동차 산업의 대들보였고 수백만의 서민에게 운전의 즐거움을 선사했다. 세븐, A30, 미니, 메트로(Metro) 등 모델들의 면면도 화려하다. 오스틴-힐리(Austin-Healey) 스포츠카들과 영국 최초의 해치백인 맥시(Maxi)도 빼놓을 수 없다.

허버트 오스틴(Herbert Austin)은 1866년 버킹엄셔의 한 농촌에서 태어났다. 그가 17세 때 오스트레일리아로 건너가 살던 한 친척 아저씨가 영국을 방문했고 오스틴은 그와 함께 멜버른으로 가게 됐다. 오스틴은 낮에는 공장에서 기계 기술을 배웠고 밤에는 미술과 디자인을 공부했다. 오스틴은 21세 때인 1887년 멜버른의 한 작은 기계 회사를 운영하게 된다. 거기서 그는 양털 깎기 기계 제조업자인 아일랜드 출신의 이민자 프레더릭 울즐리(Frederick Wolseley)에게 납품할 부품을 제작했다. 두 사람은 의기투합해 울즐리의 양털 깎는 기계를 개량했다. 영국 이주를 결정한 울즐리는 27세의 오스틴을 합류시켜 버밍엄에 공장을 세운다.

울즐리 양털 깎기 기계 제조 회사는 오스틴의 관리 감독하에 수익을 내며 성장을 거듭해 기계 공구와 자전거 부품으로 사업을 확장했다. 오스틴은 자동차 사업을 생각하기 시작했다. 1894년 파리에서 처음으로 자동차를 본 그는 다음 해에 바퀴가 셋인 2마력짜리 시제품을 직접 제작했다. 울즐리 이사진의 투자로 첫 울즐리 자동차가 1896년 런던 수정궁에서 열린 전국 사이클 박람회에 공개됐다. 울즐리 자동차 1호(Wolseley Autocar Number 1)는 1898년에 버밍엄에서 라일까지 왕복 400킬로미터의 도로 주행 시험을 성공리에 마쳤다. 바퀴를 4개 단 후속 모델 울즐리 브와튜렛이 1899년에 개발됐고 다음 해에 영국 자동차 클럽이 개최한 1,000마일 경주에서 1등을 차지했다.

오스틴 배지
(1931년 도입)

따로 회사를 꾸려 나가고 싶어한 허버트 오스틴은 1905년 9월 버밍엄 인근의 롱브리지에 버려진 인쇄소에 거점을 마련했다. 필요한 재원을 은행 융자와 투자 설명회로 끌어 모은 후, 마침내 1905년 12월에 오스틴 자동차 회사가 설립됐다. 불철주야 진행된 4개월간의 작업 끝에 최초의 20마력 모델이 1906년 4월에 출고됐다. 오스틴 사의 노동자 50명은 그해 말까지 총 26대의 자동차를 생산했다. 허버트 오스틴은 노리치, 맨체스터, 런던에 판매용 전시 공간을 마련했다. 그는 "대중에 자동차를 공급할 것"이며 "일관 작업 방식으로 처음부터 끝까지 자동차를 생산하는 거대한 공장을 조성"하겠다고 호언했다. 이 회사는 한때 바퀴와 유리를 제외한 모든 것을 한 공장에서 만들었다.

'오스틴' 공장
1947년 롱브리지 공장의 노동자들이 오스틴 12 세단과 밴의 마무리 작업을 하고 있다. '오스틴'은 롱브리지 공장의 애칭이기도 했다.

오스틴 자동차 회사는 제1차 세계 대전 때 벼락 성장을 했다. 전차, 항공기, 군수품을 제작·납품한 것이다. 회사에서 급여를 주는 피고용인이 1918년경 2만 명에 육박했다. 하지만 전쟁은 끝났고 오스틴의 크고 우람한 차들에 대한 수요가 감소하면서 회사는 파산 직전에 이르렀다. 허버트 오스틴은 궁여지책으로 임직원들에게 1개월치 봉급을 포기해 달라고 요청했다. 임직원들은 사장의 요구에 응했고 회사는 살아남았다. 오스틴은 1922년 오스틴 세븐을 출시했고 성공을 거두었다. 오스틴 세븐은 시대의 요구에 이상적으로 부응했다. 값이 쌌고 힘도 좋은 '작지만 진짜 차'였던 것이다. 하지만 세븐은 쌌기 때문에 이익률이 낮았다. 오스틴은 제2차 세계 대전 기간에 자동차도 만들었지만 트럭과 항공기도 제작했다. 폭격기 랭커스터(Lancaster)도 그중 하나였다. 허버트 오스틴이 사망한 1941년경 오스틴의 누적 생산 대수는 86만 5000대를 상회했다.

1947년에 100만 번째 오스틴 자동차가 제작됐고 생산 인력 전원이 이것을 서명으로 확인하는 의식을 가졌다. 200만 번째 자동차는 1952년에 출고됐다. 그즈음에 오스틴은 세계에서 미국 시장에 자동차를 가장 많이 파는 수출 중심 자동차 메이커였다. (폭스바겐이 머잖아 오스틴을 추월한다.) BMW는 1930년대 독일에서 오스틴의 자동차를 라이선스 생산하며 자동차 메이커로서의 기반을 닦았고 일본의 닛산이 크게 성장한 것도 그 면허 생산 활동 덕분이었다.

모리스(Morris) 라인을 생산하던 영국의 경쟁사 너필드 오거나이제이션(Nuffield Organization)과 1952년에 오스틴이 합병해 BMC가 탄생했다. 같은 해 자동차 엔지니어 겸 디자이너 도널드 힐리와의 합작이 성사됐고 스포츠카 오스틴-힐리 라인이 생산되기 시작했다. 100/4는 그 출발이었다. 오스틴-힐리의 합작 관계는 20년 동안 유지됐다. 1956년 수에즈 위기가 발생했고 BMC는 영국의 연료 부족 사태에 대응해야 했다. 1959년 유지비가 싼 소형 미니가 출시된 이유다. 알렉 이시고니스 경이 설계·디자인하고 오스틴과 모리스가 함께 생산한 미니는 전륜 구동 방식 및 가로 배치 엔진으로 소형차 디자인을 혁명적으로 바꾸어 놓았다. 대중은 이 기발하고 영리한 소형차와 순식간에 사랑에 빠졌다. 미니는 2000년까지 생산됐다.

> **"영국제에 품질은 최고, 저렴하기까지 한 차가 있다면 더 이상 뭘 바라겠는가?"**
> — **허버트 오스틴, 1924년**

오스틴의 롱브리지 공장은 1965년에 37만 7000대의 차량을 생산했다. 이것은 연간 생산 대수로 최대치이며, 미니와 1100/1300 모델이 주요 차량이었다. BMC와 오스틴은 1960년대 중반 몇 차례 더 합병을 했고 그렇게 해서 1968년 복합 기업 브리티시 레일랜드가 탄생했다. 브

오스틴 세븐 얼스터

오스틴 12

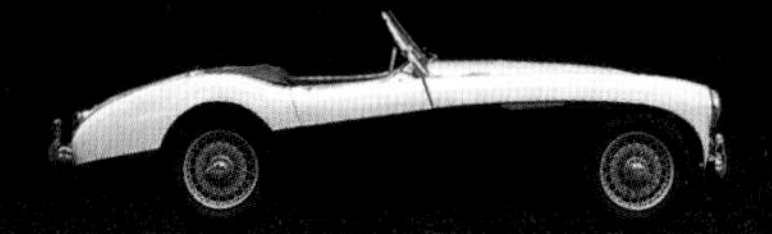

오스틴-힐리 100/4

오스틴/모리스 미니

1905 오스틴 자동차 회사, 영국 버밍엄에 설립되다.
1906 20마력의 첫 번째 오스틴이 출시되다. 종치(從置, 세로 배치) 엔진과 더불어 연료 탱크는 후방에 장착됐다.
1922 오스틴 세븐이 영국에서 판매되던 4기통 차 가운데서 가장 작은 차로 기록되다.
1930 오스틴 세븐의 미국 생산 버전이 판매에 들어가다.
1932 오스틴 12가 출시되다. 나오자마자 영국 시장에서 가장 많이 팔린 가족용 자동차 가운데 하나로 등극하다.

1936 오스틴, 배기량 750시시의 DOHC 엔진을 장착한 1인승 경주용 자동차를 독자 제작하다.
1945 OHV 엔진을 단 오스틴의 첫 번째 양산 세단 16이 출시되다.
1948 A90 애틀랜틱, 미국 소비자의 마음을 사로잡는 데 실패하다.
1951 배기량 803시시의 경제적인 차이자 오스틴 최초의 모노코크 섀시 자동차이기도 한 A30이 크게 히트하다.

1952 스포츠카 오스틴-힐리 100/4가 출시되다. 오스틴과 너필드 오거나이제이션이 합병해, BMC가 탄생하다.
1954 오스틴, 내시 모터스의 메트로폴리탄 제작
1958 A40, 이탈리아 카로체리아 피닌 파리나의 디자인으로 주목을 받다.
1959 오스틴/모리스 미니, 소형차 디자인의 이정표를 세우다.
1962 가족용 자동차인 오스틴/모리스 1100, 신형 하이드로래스틱 서스펜션을 채택하다.
1968 오스틴, 브리티시 레일랜드의 일부로 흡수되다.

1969 영국 최초의 해치백 오스틴 맥시가 판매에 돌입하다.
1973 가족용 자동차 오스틴 알레그로가 출고되다.
1980 메트로가 출시되다.
1982 브리티시 레일랜드, 오스틴 로버로 개명하다.
1983 마에스트로, 음성 합성 장치를 적용해 '말하는 계기판'을 실현하다. 운전자들이 각종 문제점을 음성으로 고지받을 수 있게 되다.
1984 몬테고 오스틴이라는 이름을 달고 생산된 마지막 모델이 되다.
1988 마지막 오스틴 자동차가 제작되다.

값싸고 즐거운 자동차 생활
1951년 오스틴 세븐을 대체해 굴곡이 가미된 A30이 출시됐다. 모리스 마이너의 경쟁차로 가격이 싼 A30이 가족의 첫 차로 선택돼 판매는 호조를 띠었다.

리티시 레일랜드가 오스틴이라는 이름으로 계속 차량을 생산하기는 했지만 1970년대는 그야말로 파란의 역사였다. 1973년에 출시된 오스틴 알레그로(Allegro)는 형편없는 디자인과 품질로 고전을 면치 못했다. 브리티시 레일랜드는 파산했고 1975년에 국유화됐다. 분위기가 암울했지만 인상적인 성공을 거두기도 했다. 1980년 출고된 슈퍼미니 메트로는 포드 피에스타(Fiesta) 및 르노 5(Renault 5)와 능히 경쟁할 수 있음을 증명했다. 컴퓨터 수치 제어 방식과 용접 로봇으로 메트로를 만들었다.

브리티시 레일랜드는 1982년 오스틴 로버(Austin Rover)로 개명됐다. 오스틴이 여전히 중심 브랜드로 사용됐고 스포츠카 라인에는 MG 배지가 달렸으며 로버는 더 호화로운 모델들에 집중했다. 1983년 출시된 마에스트로(Maestro)는 5도어 해치백으로, 알레그로와 맥시 모델을 대체하면서, 영국의 가족용 자동차 시장의 상당 부분을 장악했다. 1984년에 출고된 몬테고(Montego)는 오스틴 로고를 달고 나온 마지막 모델이었다. 오스틴 로버는 브리티시 에어로스페이스(British Aerospace)에 매각·민영화돼, 로버 그룹으로 변모했고 그로부터 2년 후인 1988년 오스틴이란 이름은 완전히 사라졌다. 그 후로 생산된 모든 자동차에는 로버나 MG 배지가 달린다.

오스틴 맥시, 1969년
5도어 5단 기어의 맥시는 알렉 이시고니스 경이 설계한 마지막 차였다. 영국 최초의 해치백 덕분에 가능해진 새로운 여가 생활을 이 광고 사진이 보여주고 있다.

소형 쿠페

소규모 전문 메이커들은 대형 메이커의 자동차들과 어깨를 나란히 할 수 있는 자동차들을 생산했다. 하드톱 쿠페의 인기가 점점 더 높아졌고 전륜 구동 방식과 미드십 엔진을 결합한 자동차까지 나타났다. 공기 역학 시험을 거친 일부 차종은 모양도 아주 효율적이었다.

◁ **TVR 그랜투라 1958년**
TVR Grantura 1958

생산지 영국
엔진 1,798cc, 직렬 4기통
최고 속력 174km/h

영국의 소형 스포츠카 메이커인 TVR는 그렇게 멋진 자동차를 내놓지 못했지만 성장을 거듭했다. 겉모습은 뻔뻔스러운 느낌에, 땅딸막하게 덩어리가 진 것 같았지만 가벼운 데다 성능이 좋아 1960년대 내내 꾸준히 팔렸고 결과적으로 많이 팔렸다. 자동차 경주에서 우승을 차지하기도 했다.

△ **포르쉐 356B 1959년**
Porsche 356B 1959

생산지 독일
엔진 1,582cc, 수평 대향 4기통
최고 속력 179km/h

포르쉐의 스포츠카는 폭스바겐의 1950년형 스포츠카를 바탕으로 했지만 그 뿌리가 된 자동차보다 훨씬 우수했다. 이 정교한 2+2 쿠페 역시 만듦새가 좋았고 값이 비쌌지만 그만큼 제값을 했다.

△ **길번 GT 1959년**
Gilbern GT 1959

생산지 영국
엔진 1,622cc, 직렬 4기통
최고 속력 161km/h

길번은 웨일스 지역에서 유일하게 성공한 자동차 메이커이다. 스페이스프레임(space-frame)의 차대를 사용했고 유리 섬유 차체는 매력적이었으며 내부 역시 고품질 자재로 장식했다. 이 근사한 쿠페에는 MGA/B/미젯 엔진이 장착됐다.

△ **볼보 P1800 1961년**
Volvo P1800 1961

생산지 스웨덴
엔진 1,778cc, 직렬 4기통
최고 속력 171km/h

처음에는 젠센 모터스(Jensen Motors)가 영국에서 조립했지만, 얼마 지나지 않아 생산 거점이 스웨덴으로 옮겨졌다. 이것은 품질을 향상시키기 위한 조치였다. P1800은 맵시 있으면서도 내구성이 탁월한 2인승 GT 자동차였다.

△ **NSU 슈포르트 프린츠 1959년**
NSU Sport Prinz 1959

생산지 독일
엔진 598cc, 직렬 2기통
최고 속력 122km/h

NSU는 용감하고 훌륭한 독립 메이커였다. 이탈리아 디자인 회사 베르토네가 이 매력적인 소형 쿠페를 만드는 데 참여했다. 1960년대에 2만 대 이상 팔렸다.

△ **오글 SX1000 1962년**
Ogle SX1000 1962

생산지 영국
엔진 1,275cc, 직렬 4기통
최고 속력 177km/h

산업 디자이너 데이비드 오글(David Ogle)이 이 쿠페를 설계했다. 차체에 미니 쿠퍼의 구동 장치가 들어 있다는 걸 아무도 모를 정도였다. 그러나 안타깝게도 생산 대수는 얼마되지 않았다.

△ **마트라 제트 1962년**
Matra Djet 1962

생산지 프랑스
엔진 1,108cc, 직렬 4기통
최고 속력 190km/h

르네 보네(René Bonnet)가 설계하고 마트라가 제작한 공기 역학적 모양의 제트는 도로 주행용 스포츠카의 엔진을 중간에 두는 설계안을 개척한 자동차다. 르노의 고르디니(Gordini) 엔진이 장착돼 매우 빨랐다.

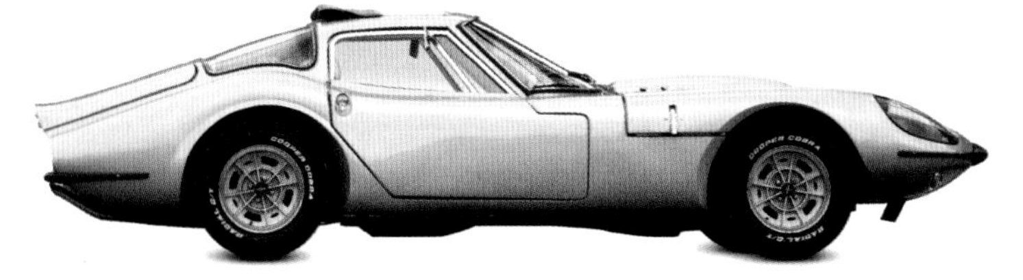

◁ **마르코스 1800 1964년**
Marcos 1800 1964

생산지 영국
엔진 1,778cc, 직렬 4기통
최고 속력 185km/h

이 나즈막한 실루엣의 2인승 쿠페를 디자인한 것은 데니스 애덤스(Dennis Adams)였다. 좌석은 뒤로 크게 젖힌 채 고정됐고 페달은 위치 조정이 가능했다. 보닛이 낮고 길었기 때문에 다양한 엔진을 집어넣을 수 있었다.

△ **브로드스피드 GT 1965년**
Broadspeed GT 1965

생산지 영국
엔진 1,275cc, 직렬 4기통
최고 속력 182km/h

브로드스피드 사의 설립자 랠프 브로드(Ralph Broad)는 미니 쿠퍼 1275S를 가져다가, 차체 뒷부분을 유리 섬유 패스트백으로 만들었다. 여기에 엔진을 조금 개선하는 조치가 더해지자 아주 빠른 차가 만들어졌다.

◁ **포드 콘술 카프리 1961년**
Ford Consul Capri 1961
생산지 영국
엔진 1,498cc, 직렬 4기통
최고 속력 134km/h
유럽 시장을 겨냥해 스포츠 쿠페를 만들겠다는 포드의 첫 번째 시도는 별다른 재미를 보지 못했다. 디자인이 너무나 미국적이었던 탓이다. 3년 동안 1만 8000대밖에 못 팔았다.

◁ **란치아 풀비아 쿠페 1965년**
Lancia Fulvia Coupé 1965
생산지 이탈리아
엔진 1,216cc, V4
최고 속력 161km/h
피에트로 카스타녜로(Pietro Castagnero)가 디자인한 2+2 쿠페에, 멋지게 제작된 소형의 트윈캠 V4 엔진을 집어넣고 전륜 구동 방식을 채택한 시도는 인습에 구애받지 않는 란치아의 정신을 선명하게 보여 준다. 진정한 란치아로는 마지막 차(란치아는 1969년에 피아트에 인수됐다.)였다.

△ **포드 카프리 1969년**
Ford Capri 1969
생산지 영국
엔진 1,599cc, 직렬 4기통
최고 속력 161km/h
머스탱이 미국 시장을 석권하고 5년이 지난 후 포드는 카프리를 출시해 유럽 시장에서도 마찬가지로 기염을 토했다. 엔진의 배기량을 1,300시시와 3,000시시 사이에서 중에서 고를 수 있게 한 것도 큰 보탬이 됐다.

△ **사브 소넷 1966년**
Saab Sonett 1966
생산지 스웨덴
엔진 1,498cc, V4
최고 속력 161km/h
세단에서 파생됐음에도 전륜 구동, 타력에 의한 관성 주행, 칼럼 시프트를 택한 점 등은 특이했다. 하지만 깔끔한 유리 섬유 차체는 보기에 좋았다.

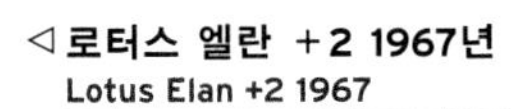

◁ **로터스 엘란 +2 1967년**
Lotus Elan +2 1967
생산지 영국
엔진 1,558cc, 직렬 4기통
최고 속력 198km/h
로터스는 가족용 자동차를 만들면서도 충성심이 높은 2인승차 구매 고객을 놓치고 싶지 않았고 이 고가의 2+2 엘란을 개발했다. 백본 섀시에 조종성이 우수했다.

△ **트라이엄프 GT6 1966년**
Triumph GT6 1966
생산지 영국
엔진 1,998cc, 직렬 6기통
최고 속력 180km/h
트라이엄프는 스핏파이어(Spitfire)의 차대와 2000 엔진을 솜씨 좋게 결합했다. 미켈로티가 디자인한 차체는 예뻤고 '미니 재규어 E 타입'이라는 영광스러운 별명을 얻었다. 사진은 약간 변형된 1970년형 모델이다.

△ **유니파워 GT 1966년**
Unipower GT 1966
생산지 영국
엔진 1,275cc, 직렬 4기통
최고 속력 192km/h
미니 기반의 스포츠카 중에서 가장 미려했던 유니파워 GT에 경량의 스페이스프레임 차대가 채택됐고 미니의 엔진이 후방에 얹혔다. 차체는 유리 섬유였다.

◁ **알파 로메오 1750 GTV 1967년**
Alfa Romeo 1750 GTV 1967
생산지 이탈리아
엔진 1,779cc, 직렬 4기통
최고 속력 187km/h
1962~1963년에 출시된 알파 로메오의 줄리아(Giulia) 시리즈는 엄청난 성공을 거두었다. 이 자동차는 4명이 탈 수 있는 작지만 완벽한 스포츠 쿠페였다. 트윈캠 엔진에, 조종성도 탁월했다.

△ **선빔 레이피어 H120 1969년**
Sunbeam Rapier H120 1969
생산지 영국
엔진 1,725cc, 직렬 4기통
최고 속력 171km/h
선빔에 미국 자본이 참여한 것은 플리머스 바라쿠다의 영향을 받은 스타일에 고스란히 드러났다. 레이피어는 영국의 튜닝 전문 회사인 홀베이(Holbay)의 엔진 튜닝을 거쳐 탁월한 스포츠 쿠페로 거듭났다.

전설의 고성능 GT

1960년대의 초강력 GT들도 성능 면에서는 오늘날의 GT와 수준이 같았다. 공기 역학적 설계와 공학적 기술이 그만큼 효율적이었다는 이야기다. 현대의 슈퍼카는 전자 장치, 방음 설비, 운전자 편의 설비 등의 측면에서 당시 차들보다 더 낫지만 성능은 엇비슷한 수준이다. GT 장르에서 스타일이 가장 출중한 자동차가 생산된 때가 1960년대이기도 하다.

△ **브리스톨 407 1962년**
Bristol 407 1962
생산지 영국
엔진 5,130cc, V8
최고 속력 196km/h
브리티시 브리스톨 사는 407에 크라이슬러 V8 엔진을 장착했다. 이 고가의 4인승차는 신분을 상징해 주었고 그것을 뽐내는 데 필요한 동력도 충분히 갖추고 있었다.

△ **애스턴 마틴 DB5 1964년**
Aston Martin DB5 1964
생산지 영국
엔진 3,995cc, 직렬 6기통
최고 속력 238km/h
DB5의 경우 DB4 GT의 전조등에 갓을 씌우자 훨씬 빠르고 날렵해 보였다. 314마력 밴티지(Vantage) 엔진과 5단 ZF 기어를 채택해 성능 향상을 꾀했다.

◁ **애스턴 마틴 DB6 1965년**
Aston Martin DB6 1965
생산지 영국
엔진 3,995cc, 직렬 6기통
최고 속력 225km/h
이 호화롭고 육중한 모델은 DB5보다 공간이 약간 더 널찍한 정도였다. 꼬리 부분이 약간 치켜 올라갔는데, 갓을 씌운 앞부분의 전조등과 균형을 이루었으며 공기 역학적 안정성도 향상됐다.

△ **페라리 400 GT 슈퍼아메리카 1961년**
Ferrari 400 GT Superamerica 1961
생산지 이탈리아
엔진 3,967cc, V12
최고 속력 257km/h
400 슈퍼아메리카는 개인 고객의 주문을 받아 만들었다. 피닌파리나가 차체를 공기 역학적으로 디자인한 GT는 경천동지할 성능을 보여 줬다.

△ **페라리 275GTB 1965년**
Ferrari 275GTB 1965
생산지 이탈리아
엔진 3,286cc, V12
최고 속력 246km/h
피닌파리나의 균형 잡힌 디자인은 비례와 조화가 완벽했다. 5단 기어와 네 바퀴 모두 독립 현가 장치를 갖춘 이 자동차는 페라리가 시대와 함께 호흡하고 있음을 잘 보여 준다. 기화기를 6개나 설치한 버전은 시속 265킬로미터로 달릴 수 있었다.

△ **쉐보레 콜벳 스팅 레이 1963년**
Chevrolet Corvette Sting Ray 1963
생산지 미국
엔진 5,360cc, V8
최고 속력 237km/h
콜벳은 1963년에 디자인이 크게 바뀌었고 새로이 공기 역학적인 차체를 부여받았다. 전조등은 전기로 작동하는 패널 뒤로 들어갔다. 처음으로 컨버터블뿐만 아니라 하드톱 쿠페로도 선보였다.

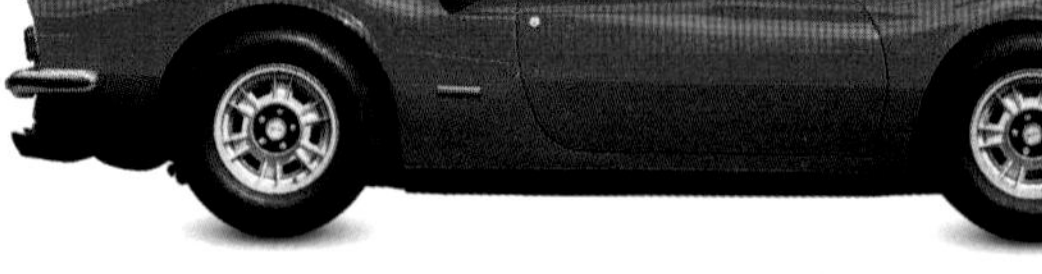

△ **디노 246GT 1969년**
Dino 246GT 1969
생산지 이탈리아
엔진 2,418cc, V6
최고 속력 238km/h
엔초 페라리는 2인승의 이 미드십 차량에 1956년 사망한 아들인 디노의 이름을 붙였다. 후속 버전들은 그냥 페라리라는 이름으로 출고됐다. 매력적인 디자인은 피닌파리나의 작품이다.

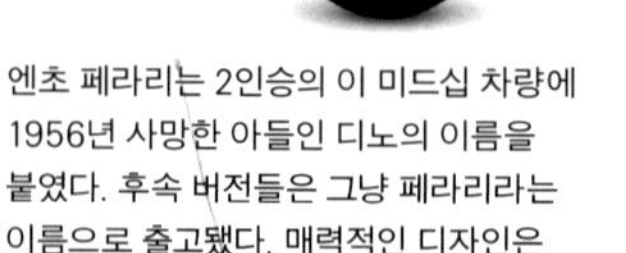

△ **파셀 베가 파셀 II 1962년**
Facel Vega Facel II 1962
생산지 프랑스
엔진 6,286cc, V8
최고 속력 214km/h
크고 선이 굵은 이 차는 여지없는 프랑스 자동차다. 크라이슬러 V8 엔진이 얹힌 파셀 II는 전통적인 GT로 고가였고 딱 180대만 제작됐다.

▷ **재규어 E 타입 1961년**
Jaguar E-type 1961
생산지 영국
엔진 3,781cc, 직렬 6기통
최고 속력 225km/h
재규어의 맬컴 세이어(Malcolm Sayer)와 윌리엄 라이언스가 창조한 E 타입은 전 시대를 통틀어 가장 아름답고 강력한 스포츠카 가운데 하나였다. E 타입은 레이스 트랙뿐 아니라 일반 도로에서도 탁월한 성능을 발휘했다.

△ **포드 머스탱 GT500 1967년**
Ford Mustang GT500 1967

생산지 미국
엔진 7,010cc, V8
최고 속력 216km/h

캐럴 셸비(Carroll Shelby)가 머스탱에 포드의 빅블록 V8(Big-Block V8) 엔진을 구겨 넣었고 그렇게 해서 355 마력의 GT500이 만들어졌다. 호화 사양의 GT500은 만만찮은 성능을 과시했다.

△ **고든-키블 1964년**
Gordon-Keeble 1964

생산지 영국
엔진 5,395cc, V8
최고 속력 219km/h

영국의 공학 기술, 강력한 미국제 V8 엔진, 베르토네의 아름답고 섬세한 이탈리아 디자인이 결합해 이 탁월한 GT가 탄생했다. 고든-키블을 "속도와 스타일의 완벽한 조합"이라고 격찬하는 사람들도 있다.

△ **이소 그리포 A3C 1965년**
Iso Grifo A3C 1965

생산지 이탈리아
엔진 5,359cc, V8
최고 속력 274km/h

조토 비차리니(Giotto Bizzarrini)는 그리포 A3C를 경주용으로 설계했고 실제로 1965년 르망에서 동급 우승을 차지했다. 그리포 A3C는 V8 엔진을 단 탁월한 2인승 쿠페인 그리포에 바탕을 두었다.

△ **람보르기니 400GT 몬차 1966년**
Lamborghini 400GT Monza 1966

생산지 이탈리아
엔진 3,929cc, V12
최고 속력 251km/h

람보르기니와 페라리는 이탈리아 최고의 슈퍼카 제작사 자리를 놓고 시종일관 경쟁했다. 400GT에 장착된 4캠 V12 엔진은 페라리의 그 어떤 차보다 진일보한 것이었다. 몬차는 400GT가 딱 한 번 변형돼 나온 버전이다.

△ **람보르기니 미우라 1966년**
Lamborghini Miura 1966

생산지 이탈리아
엔진 3,929cc, V12
최고 속력 285km/h

람보르기니에서 걸출한 모델인 미우라를 출시하자 페라리의 명성이 무색해질 정도였다. 미우라는 람보르기니 최초의 진정한 미드십 슈퍼카였다. 베르토네의 마르첼로 간디니(Marcello Gandini)가 선보인 디자인은 숨이 멎을 만큼 아름답다.

◁ **람보르기니 이슬레로 1968년**
Lamborghini Islero 1968

생산지 이탈리아
엔진 3,929cc, V12
최고 속력 257km/h

카로체리아 마라치(Marazzi)가 2+2 람보르기니 400GT를 사진에서 보는 것처럼 우아하고 간소하게 다시 디자인했다. 아쉽게도 최고 수준의 디자이너들이 능히 창출해 내곤 하던 상업적 매력이 이 자동차에는 없었다.

△ **젠센 인터셉터 1967년**
Jensen Interceptor 1967

생산지 영국
엔진 6,276cc, V8
최고 속력 214km/h

이탈리아 회사 비날레(Vignale)가 젠센의 의뢰에 응해, 크라이슬러 V8 엔진이 얹힌 이 쿠페의 차체를 디자인했다. 그렇게 해서 참으로 우아하고 실용적인 2+2가 탄생했다.

▷ **스튜드베이커 아반티 1962년**
Studebaker Avanti 1962

생산지 미국
엔진 4,736cc, V8
최고 속력 193km/h

차체가 유리 섬유로 만들어진 아반티는 스튜드베이커 같은 소형 제작사로서는 참으로 대담한 시도였다. 하지만 회사를 구하는 데 성공하지 못했으므로 결국 무모한 시도였다고 할 것이다. 1991년까지 아주 소수만 제작됐다.

◁ **마세라티 기블리 1967년**
Maserati Ghibli 1967

생산지 이탈리아
엔진 4,719cc, V8
최고 속력 248km/h

이 호화로운 쿠페에는 마세라티의 경이적인 4캠 V8 엔진이 탑재됐고 성능은 슈퍼카 수준이었다. 카로체리아 기아가 디자인한 패스트백 차체는 완벽한 비례와 균형을 달성했다.

폭스바겐 신차 충돌 시험용 더미, 1968년경
1960년대 들어 자동차 안전 규정이 엄격해지고 제조사의 책임이 강조됨에 따라 안전 벨트와 같은 안전 장비들은 실물 크기의 플라스틱 인형을 사용한 폭넓은 시험을 받아야 했다.

스포츠카의 황혼

1960년대에는 쿠페 스타일의 안락하고 멋진 GT 차량이 인기를 모았고 컨버터블 스포츠카는 매력적이고 강력한 모델을 광범하게 선택할 수 있었음에도 하락세를 면치 못했다. 이 스포츠카들의 절대 다수가 1960년대 전반기에 출시됐고 1950년대에 고안된 것도 여전히 팔리고 있었다. 일본이 세계 시장에 진출해 미국·유럽과 어깨를 나란히 하기 시작한 것도 1960년대이다.

△ **MG 미젯 1961년**
MG Midget 1961
생산지 영국
엔진948cc, 직렬 4기통
최고 속력 138km/h

미젯은 작고 귀여우며 속도가 실제보다 훨씬 빠르게 느껴졌기 때문에 운전이 엄청나게 재미있었다. 이런 특장점 덕택에 배기량을 1,500시시까지 키우며 1980년대까지 생산됐다.

△ **페라리 250 캘리포니아 스파이더 1959년**
Ferrari 250 California Spider 1959
생산지 이탈리아
엔진 2,953cc, V12
최고 속력 233km/h
캘리포니아 스파이더는 페라리 차종 중 가장 아름답고 탐나는 모델 가운데 하나로 통한다. 현재 클래식카 시장에서 수백만 달러를 호가한다. 영화 배우들이 즐겨 탔고 영화에도 빈번하게 등장했다.

△ **재규어 E 타입 1961년**
Jaguar E-type 1961
생산지 영국
엔진 3,781cc, 직렬 6기통
최고 속력 240km/h

DOHC 엔진, 4륜 디스크 브레이크와 4륜 독립 서스펜션을 고려하면, 재규어 E 타입은 1960년대의 다른 슈퍼카들과 비교할 때 바겐세일된 차나 마찬가지였다.

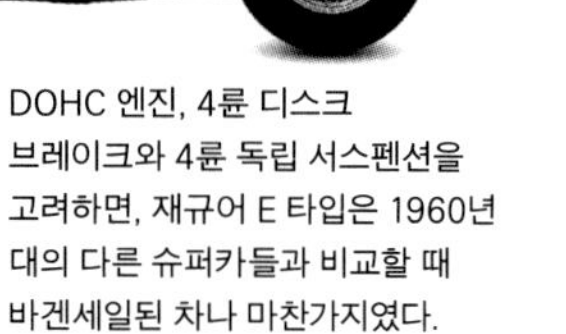

△ **마세라티 미스트랄 스파이더 1963년**
Maserati Mistral Spider 1963
생산지 이탈리아
엔진 3,692cc, 직렬 6기통
최고 속력 233km/h

마세라티의 트윈캠 6기통 엔진은 연료 분사식이었고 재규어 수준의 성능을 발휘했다. 2인승 자동차 차체의 세련된 절제미는 이탈리아의 차체 제작자이자 디자이너인 피에트로 프루아(Pietro Frua)의 작품이다.

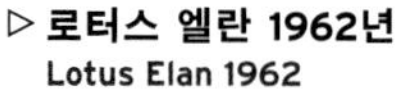

△ **로터스 슈퍼 세븐 1961년**
Lotus Super Seven 1961
생산지 영국
엔진 1,498cc, 직렬 4기통
최고 속력 166km/h

세븐은 1950년대의 디자인이 죽지 않고 살아남은 불굴의 자동차였다. 유행을 타지 않는 스타일은 타협이란 것을 몰랐고 전자 장비 대신 육감과 경험으로 세팅된 이 차의 운전감은 기가 막혔다. 오늘날까지도 여러 버전이 제작되고 있다.

▷ **로터스 엘란 1962년**
Lotus Elan 1962
생산지 영국
엔진 1,558cc, 직렬 4기통
최고 속력 196km/h
로터스의 자동차들은 가벼웠고 성능은 탁월했다. 엘란은 차체가 유리 섬유였고 차대는 스틸 백본 섀시였다. 잘 나갔고 조종성도 최고였다.

◁ **오스틴-힐리 3000 마크 III 1963년**
Austin-Healey 3000 Mk III 1963
생산지 영국
엔진 2,912cc, 직렬 6기통
최고 속력 195km/h

1953년에 4기통 엔진을 달고 처음 출시된 빅 힐리(Big Healey)는 점점 발전해 안락한 2+2 투어링 스포츠카로 변모했다. 낮은 차체와 곡선이 커다란 매력이었다.

◁ **인노첸티 스파이더 1961년**
Innocenti Spider 1961
생산지 이탈리아
엔진 948cc, 직렬 4기통
최고 속력 138km/h

카로체리아 기아는 밀라노에 있는 인노첸티의 주문에 응해, 더 고급 시장을 겨냥한 디자인을 선보였다. 이 자동차에는 영국제 오스틴-힐리 스프라이트의 동력 계통과 넓은 트렁크, 돌림 개폐 방식 창문, 난방기 등이 추가됐다.

▷ **메르세데스벤츠 230SL 1963년**
Mercedes-Benz 230SL 1963
생산지 독일
엔진 2,306cc, 직렬 6기통
최고 속력 193km/h

230SL은 지붕이 약간 오목한 진취적 스타일링과 다양한 자동 조절 장치 때문에 복잡한 GT 스포츠카로 보일 수도 있다. 하지만 이 자동차는 1963년에 험한 코스 때문에 악명 높은 리에주-소피아-리에주(Liège-Sofia-Liège, 리에주는 벨기에 동부에 있는 공업 도시, 소피아는 불가리아의 수도) 왕복 경주에서 우승을 차지했다.

△ **MGB 1962년**
MGB 1962
생산지 영국
엔진 1,798cc, 직렬 4기통
최고 속력 166km/h

1962~1980년에 영국에서 50만 대 이상 팔린 베스트셀러 스포츠카. 튼튼하고 믿음직하며 빨랐다. 진정으로 실용적인 고객들은 완벽하게 조화를 이룬 이 자동차에 열광했다.

△ **쉐보레 콜벳 스팅 레이 1965년**
Chevrolet Corvette Sting Ray 1965
생산지 미국
엔진 5,360cc, V8
최고 속력 237km/h

콜벳은 1963년 놀라운 디자인과 함께 스팅 레이로 변신했다. 차체의 초현대적인 선들을 보고 있노라면 마초적이라는 느낌을 받게 된다. 375마력의 연료 분사식 'L84' 엔진을 단 최종 모델에서는 이것을 확연하게 감지할 수 있다.

△ **트라이엄프 TR4A 1964년**
Triumph TR4A 1964
생산지 영국
엔진 2,138cc, 직렬 4기통
최고 속력 175km/h

조반니 미켈로티가 1961년에 분리형 차대의 스포츠카 TR를 다시 디자인했고 트라이엄프는 1964년에 뒷바퀴에 독립 서스펜션을 보탰다.

△ **선빔 타이거 1964년**
Sunbeam Tiger 1964
생산지 영국
엔진 4,261cc, V8
최고 속력 188km/h

캐럴 셸비가 루티스를 도와, 탁월한 선빔 알파인(Sunbeam Alpine)을 바탕으로 타이거를 개발했다. 신형 엔진이 가공할 힘을 선사했고 타이거는 각종 경주를 석권했다.

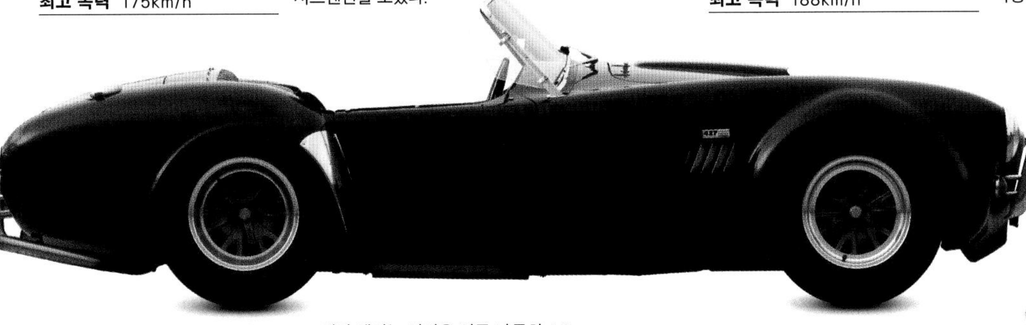

▽ **닷선 페어레이디 1965년**
Datsun Fairlady 1965
생산지 일본
엔진 1,595cc, 직렬 4기통
최고 속력 161km/h

배기량 1,500시시의 1961년형 이전 모델을 발판으로 한 이 일본산 스포츠카는 만듦새가 최고였다. 이 자동차 덕분에 미국의 운전자들은 일본 차 구입을 고려하기 시작했다.

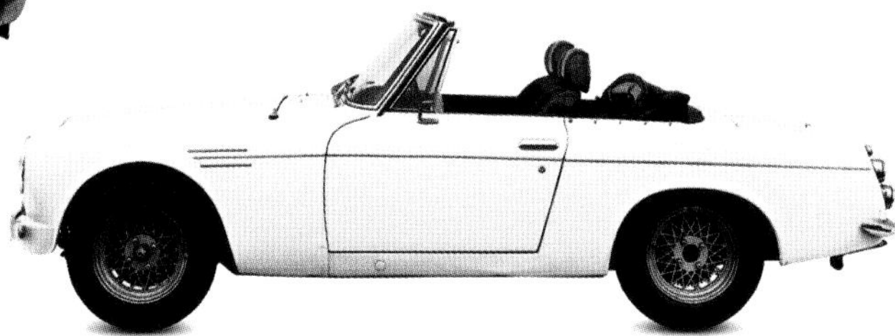

△ **AC 코브라 427 1965년**
AC Cobra 427 1965
생산지 미국/영국
엔진 6,997cc, V8
최고 속력 264km/h

캐럴 셸비는 귀여운 영국 자동차 AC 에이스에 포드의 V8 엔진을 집어넣고 싶어 했다. 그 꿈은 실현됐고 코브라는 도로 위를 합법적으로 달릴 수 있는 레이싱 카가 됐다. 괴물 같은 가속력을 자랑했다.

◁ **알파 로메오 두에토 스파이더 1966년**
Alfa Romeo Duetto Spider 1966
생산지 이탈리아
엔진 1,570cc, 직렬 4기통
최고 속력 179km/h

피닌파리나가 이 사랑스러운 로드스터를 디자인했다. 두에토 스파이더는 운전이 정말로 재미있는 자동차였다. DOHC 엔진은 활기가 넘쳤고 네 바퀴 모두 디스크 브레이크였다. 1990년대까지 생산됐다.

△ **비날레 가미네 1967년**
Vignale Gamine 1967
생산지 이탈리아
엔진 499cc, 직렬 2기통
최고 속력 97km/h

어린이들이라면 만화영화 주인공의 차라고 생각할 법하다. 비날레의 가미네(Gamine, 이탈리아 어로 말괄량이)는 안에 피아트 500의 구동계가 들어갔다. 하지만 많이 팔리기에는 너무 비쌌다.

▽ **피아트 디노 스파이더 1967년**
Fiat Dino Spider 1967
생산지 이탈리아
엔진 1,987cc, V6
최고 속력 204km/h

피닌파리나가 이 화려한 스파이더를 디자인했다. 페라리의 V6 엔진이 얹혔고 5단 기어가 장착됐다. 피아트가 아니라 페라리 로고를 붙였다면 판매량이 2배는 더 늘었을 것이다.

메르세데스벤츠 280SL

1960년대에 출고된 메르세데스벤츠의 SL급 스포츠 로드스터들은 멋진 스타일로 유명했다. W113이라는 개발 암호명이 붙은 이 스포츠 로드스터들은 1963년부터 1971년까지 생산됐다. 1963년에 출시된 일명 '파고다 루프'의 230SL은 성능이 우수했고 조종성이 탁월했으며 안락하고 세련되기까지 했다. 엔진을 키운 250SL은 1967년에, 280SL은 1968년에 나왔다. 두 차종 모두 출력이 증가했지만, SL 고유의 스타일만큼은 그대로 유지됐다.

메르세데스벤츠 SL은 하드톱이 선택 사양인 우아한 스타일로 유명하다. 230SL, 250SL, 280SL 모델들은 지붕의 가장자리가 약간 올라가게 제작됐다. 일부 평론가들이 그 모양을 중국식 탑의 지붕에 비유했고 '파고다 루프(pagoda roof, 지붕이 약간 우묵하게 들어갔다.)'라는 별명이 생겼다. 메르세데스의 수석 디자이너 폴 브라크(Paul Bracq)가 디자인을 총괄한 이 모델의 우아한 다부짐은 낮은 차체와 넓은 광폭 타이어로 선명하게 드러났다. SL은 1959년에 나온 헥플로세(Heckflosse)나 핀테일(Fintail) 세단의 기본 구조를 그대로 유지했다. 강철 차체는 하중을 튼튼하게 지지해 주는 바닥 패널에 용접됐고 승객실 주위로 보호 골조(protective cage)도 마련됐다. 앞뒤로 충격을 흡수하는 일명 '크럼블 존(crumple zone)'이 있었다는 이야기다. SL은 이런 신형 안전 기술을 채택한 세계 최초의 스포츠카로서, 당대에 가장 안전한 로드스터로 군림했다.

SL의 원래 엔진은 배기량이 2,306시시인 150마력 직렬 6기통 엔진이었고 두 번 업그레이드됐다. 1967년 도입된 배기량 2,496시시의 엔진은 행정이 길어지면서 더 많은 토크를 발생시켰다. 연료 탱크도 커졌고 뒷바퀴에는 디스크 브레이크가 채택됐다. 여기에 소개된 1968년형 SL에는 M130 엔진이 장착됐다. 이 엔진의 경우 실린더의 내경을 키웠고 배기량은 2,778시시였으며 1971년까지 사용됐다.

제원	
모델	메르세데스벤츠 280SL W113, 1968~1971년
생산지	독일 슈투트가르트
제작	2만 3885대
구조	단일 강철 차대
엔진	2,778cc, SOHC 직렬 6기통
출력	5,750rpm에서 170마력
변속기	4단 자동
서스펜션	코일 스프링
브레이크	앞뒤 바퀴 모두 디스크 브레이크
최고 속력	200km/h

독일식 제휴
다임러와 벤츠는 19세기부터 자동차 산업을 개척한 업체들이다. (메르세데스 자동차를 생산하던) 다임러와 벤츠가 1926년 합병했다. 메르세데스벤츠의 배지는 다임러를 상징하는 삼각별이 중앙에, 벤츠를 상징하는 월계수 가지가 주위를 둥글게 에워싼 형상이다.

앞모습

뒷모습

정교하고 세련된 스포츠카
낮고 널찍한 차체, 수직 형태의 전조등, 매우 큰 삼각별이 인상적인 280SL은 성능과 기호 면에서 정교하고 호화로우며 개성 넘치는 차로 인정받았다. 부드럽게 작동하는 6기통 엔진과 탁월한 도로 주행 능력은 외관에 못지않았다.

외장

280SL은 스타일이 우아했고 균형과 비례가 훌륭했다. 280SL의 소유자는 이 자동차를 보유함으로써 자신의 재력과 신분을 유감 없이 과시할 수 있었다. 메르세데스벤츠의 이전 모델, 즉 빠르지만 값이 비쌌던 300SL 로드스터, 가격은 적당했지만 너무 느렸던 190SL(하드톱 탈착 가능)과도 아주 달랐다.

1. 도드라져 보이는 메르세데스벤츠의 삼각별 로고 **2.** 280SL은 W113 시리즈의 마지막 모델이다. **3.** 수직형 전조등은 메르세데스 세단들에 설치된 것과 유사하다. **4.** 문손잡이 **5.** 후미의 급유구 뚜껑 **6.** 앞유리 와이퍼들 **7.** 문의 크롬 도금 발판 **8.** 크롬 도금 테를 두른 미등 **9.** 2개의 배기구는 모든 모델 공통이다. **10.** 차체와 같은 색으로 도장된 휠 캡과 강철 휠

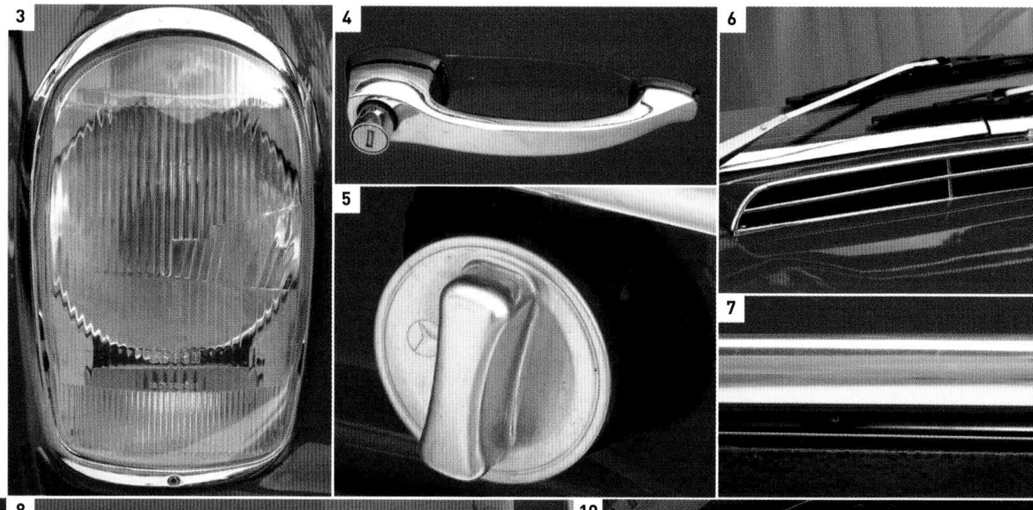

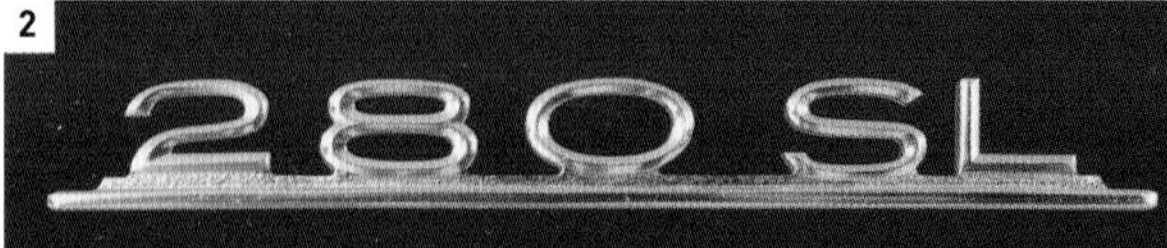

내장

완고한 스포츠카 광신자들은 280SL이 마뜩잖았다. 너무 세련됐다고 여긴 것이다. 280SL은 문이 활짝 열렸는데, 내부 마감과 장식이 미려했다. 바닥 전체에 카펫이 깔렸고 좌석은 플라스틱이나 가죽 재질 중에서 선택할 수 있었다. 좌석 사이의 잡동사니 수납 쟁반과 앞부분의 재떨이는 새롭게 고안된 것이다. 운전대부터 계기판, 심지어 좌석의 위치 조정 장치에 이르기까지 여기저기에 크롬 도금 장식을 했다. 외장과 맞추려고 도색된 계기판은 메르세데스벤츠의 꼼꼼한 디자인 철학을 분명하게 보여 준다.

11. 내부는 가죽 또는 플라스틱으로 마감됐다. **12.** 운전대의 안쪽 금속 고리를 누르면 경적이 울린다. **13.** 앞유리 쪽 목재 통기공 **14.** 글러브 박스 **15.** 계기판 쪽 통기공 **16.** 좌석 위치 조정 장치 **17.** 자동 변속기 **18.** 측면을 향한 접이식 좌석은 선택 사양이었다.

엔진실

원래 230SL 엔진은 230 세단에서 가져온 것이다. 배기량 2.3리터의 직렬 6기통 OHC 엔진의 실린더 블록과 헤드는 합금이었고 크랭크축은 베어링이 4개 달렸다. 1967년 교체된 2.5리터 엔진은 그저 행정의 길이만 늘린 게 아니었다. 메인 베어링(main bearing)이 7개로 늘어났고 엔진은 더 부드럽고 믿음직해졌다. 물론 그 때문에 엔진의 회전 속도가 떨어지기는 했지만 말이다. 메르세데스가 280SL에 집어넣은 엔진은 실린더들 사이의 간격이 더 넓었다. 실린더의 내경을 8.65센티미터로 키웠기 때문이다. 배기량 2,778시시의 엔진은 170마력의 출력을 냈다.

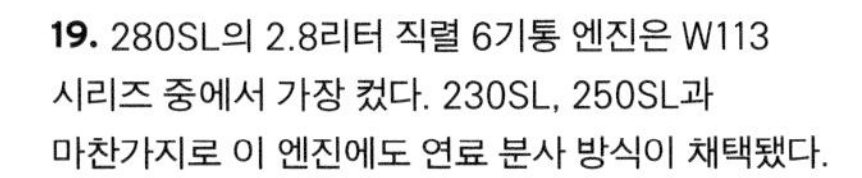

19. 280SL의 2.8리터 직렬 6기통 엔진은 W113 시리즈 중에서 가장 컸다. 230SL, 250SL과 마찬가지로 이 엔진에도 연료 분사 방식이 채택됐다.

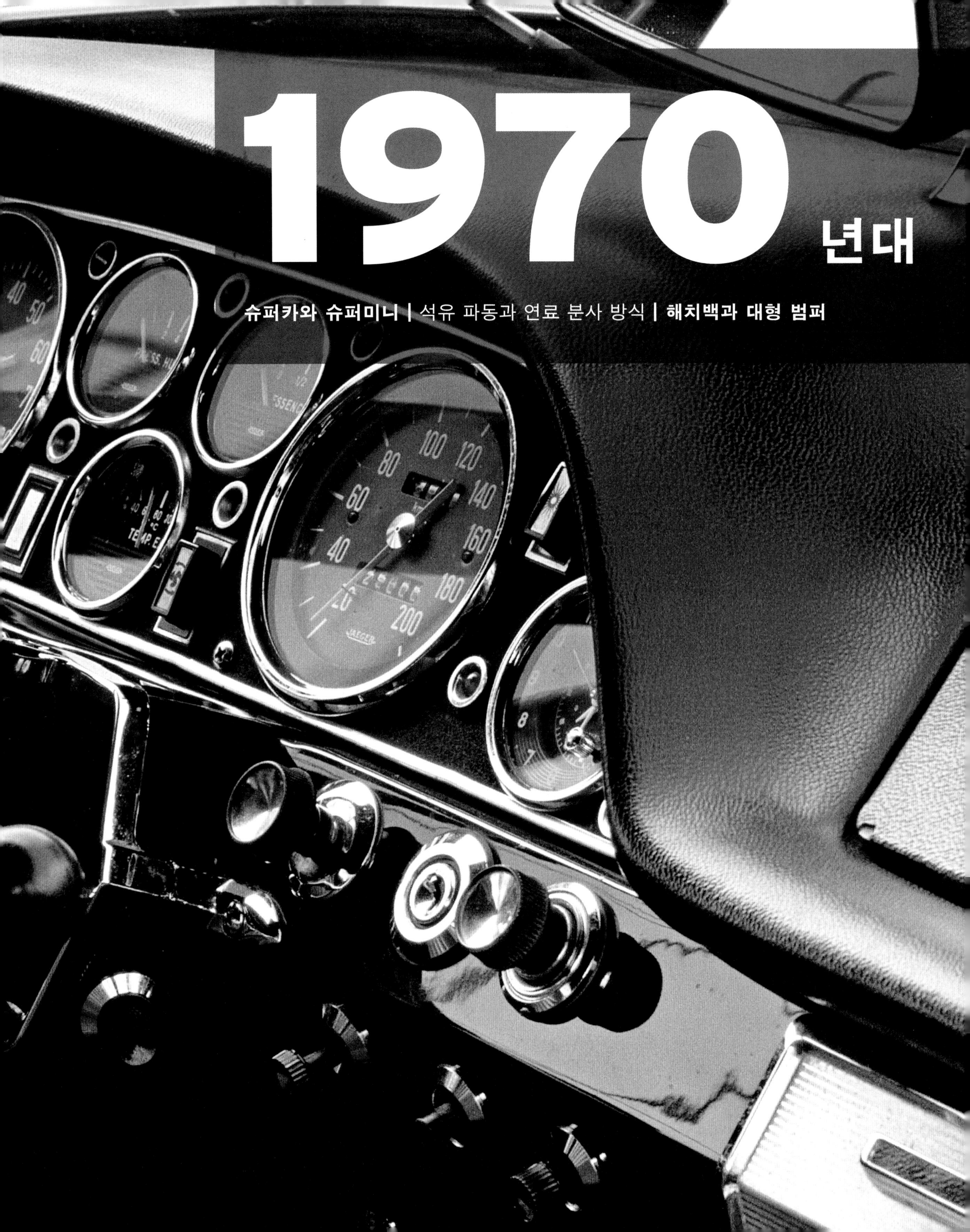

1970년대

슈퍼카와 슈퍼미니 | 석유 파동과 연료 분사 방식 | **해치백과 대형 범퍼**

슈퍼카

1970년대의 자동차 디자인은 1960년대의 흐르는 듯한 곡선과 극적인 단절을 고했다. 이제는 날카로운 모서리를 적나라하게 드러내는 선들이 대세를 이루었다. 옆모습이 쐐기꼴인 자동차가 전시회장을 휩쓸었다. 텔레비전 중계로 자동차 경주가 위세를 더했고 전에는 빠른 자동차를 만들어 본 적도 없는 메이커들이 초고성능 자동차인 슈퍼카 생산에 뛰어들었다. 경주 우승차라는 명예를 차지하면 사업 활동에 유리할 거라는 계산에서였다.

△ 몬테베르디 375C 1967년
Monteverdi 375C 1967

생산지 스위스/이탈리아
엔진 7,206cc, V8
최고 속력 249km/h

스위스 유일의 자동차 메이커였던 몬테베르디는 크라이슬러의 헤미 엔진을 집어넣은 자동차를 만들기 위해 이탈리아의 카로체리아인 피소레(Fissore)와 프루아(Frua)를 동원했다. 피소레는 디자인을, 프루아는 제작을 담당했다. 1973년까지 매년 주문을 받아 소량만 생산했다.

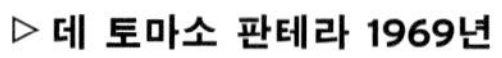

▷ 데 토마소 판테라 1969년
De Tomaso Pantera 1969

생산지 이탈리아
엔진 5,763cc, V8
최고 속력 257km/h

판테라(Pantera, 이탈리아 어로 표범을 의미한다.)는 이탈리아 제 외피에 포드의 빅블록 V8 엔진을 장착했다. 기아가 디자인했고 이탈리아의 데 토마소가 처음부터 포드 미국 법인과 협력해 제작했다. 놀라운 성능을 발휘했고 1990년대까지 생산됐다.

◁ 페라리 365GTB/4 데이토나 1968년
Ferrari 365GTB/4 Daytona 1968

생산지 이탈리아
엔진 4,390cc, V12
최고 속력 280km/h

페라리가 엔진을 앞에 두고 뒷바퀴를 구동하는 방식으로 제작한 2인승 자동차의 마지막 모델로, 빠르기도 가장 빨랐다. 1970년대 초반이 전성기였다. 365GTB/4는 단순 명료했고 빈틈이 없었으며 진정 탁월했다.

▽ 시트로엥 SM 1970년
Citroën SM 1970

생산지 프랑스
엔진 2,670cc, V6
최고 속력 229km/h

시트로엥이 마세라티를 인수한 결과가 이 자동차다. 프랑스 제 슈퍼카에는 강력한 이탈리아 산 V6 엔진이 얹혔고 공기 역학적 디자인에 하이드로뉴매틱 시스템이 장착됐다.

▷ 페라리 400GT 1976년
Ferrari 400GT 1976

생산지 이탈리아
엔진 4,823cc, V12
최고 속력 251km/h

이 고급 4인승 자동차는 자동 기어를 채택해 다루기가 쉬웠고 시속 250킬로미터 이상으로 달릴 수 있었다. 최고로 이국적이며 독특하다고 할 수는 없어도 멋진 페라리였다.

◁ 페라리 308 GTS 1978년
Ferrari 308 GTS 1978

생산지 이탈리아
엔진 2,926cc, V8
최고 속력 249km/h

페라리는 1970년대에 제작한 소형 스포츠카 라인에서 디노라는 이름을 뺐고 신형 4캠 V8 엔진을 차체 중앙에 얹었다. 246GT가 대표적이다. 피닌파리나가 디자인한 하드톱 양식의 차체나 지붕 일부를 떼어낼 수 있는 타르가톱 양식 차체 중 하나를 고를 수 있었다.

▷ 란치아 스트라토스 1973년
Lancia Stratos 1973

생산지 이탈리아
엔진 2,418cc, V6
최고 속력 230km/h

원래 경주용으로 만든 란치아 최초의 순수 스포츠카로, 베르토네가 디자인했고 디노 페라리(Dino Ferrari)의 엔진을 갖다 썼다. 스트라토스는 과연 슈퍼카다웠다. 처음부터 우승을 차지했으니 말이다.

◁ **BMW 3.0CSL 1972년**
BMW 3.0CSL 1972
생산지 독일
엔진 3,003cc, 직렬 6기통
최고 속력 214km/h
CSL은 장거리 주행 경주용 고성능 부품을 만들기 위해 제작된 최초의 호몰로게이션 스페셜(homologation special, 일반용 시판차만 참가할 수 있는 경주에 출전권을 얻기 위해 특별히 판매하는 모델. 판매보다는 경주에 초점을 맞춰 만들어진다.) 차량이었다.

△ **BMW M1 1979년**
BMW M1 1979
생산지 독일
엔진 3,453cc, 직렬 6기통
최고 속력 261km/h
BMW는 개발 정책을 경주용 자동차에서 도로 주행용 슈퍼카로 바꾸고 이 자동차를 탄생시켰다. 밸브가 24개 달린 6기통 엔진이 차체 중앙에 장착됐고 날카롭고 예리한 쐐기꼴 차체는 조르제토 주지아로(Giorgetto Giugiaro)가 디자인했다. 람보르기니에서 설계된 차대가 쓰였다.

△ **재규어 E 타입 시리즈 III 1971년**
Jaguar E-type Series III 1971
생산지 영국
엔진 5,343cc, V12
최고 속력 241km/h
재규어는 XK 엔진을 바꾸고 싶었고 뭔가 특별한 것이 필요했다. 6기통 이상이어야 했음은 두말하면 잔소리다. 차체를 키운 E 타입에 집어넣을 엔진으로 알루미늄 재질의 V12보다 더 나은 게 어디 있었겠는가?

△ **포르쉐 911 1973년**
Porsche 911 1973
생산지 독일
엔진 2,994cc, 수평 대향 6기통
최고 속력 227km/h
1975년에 포르쉐 911은 미국 합법 기준에 맞추기 위해 충격 흡수 범퍼를 장착했다. 이 자동차는 오늘날 매우 인기 있는 초기 2.7 카레라 RS와 비슷하게 개조됐다.

▷ **포르쉐 934-5 1976년**
Porsche 934-5 1976
생산지 독일
엔진 2,994cc, 수평 대향 6기통
최고 속력 306km/h
일반 도로 주행용 911 터보(911 Turbo)에서 파생된 934는 레이싱 카로 엄청난 성공을 거두었다. 유럽, 미국, 오스트레일리아 대회에서 1980년대 초까지 활약했다.

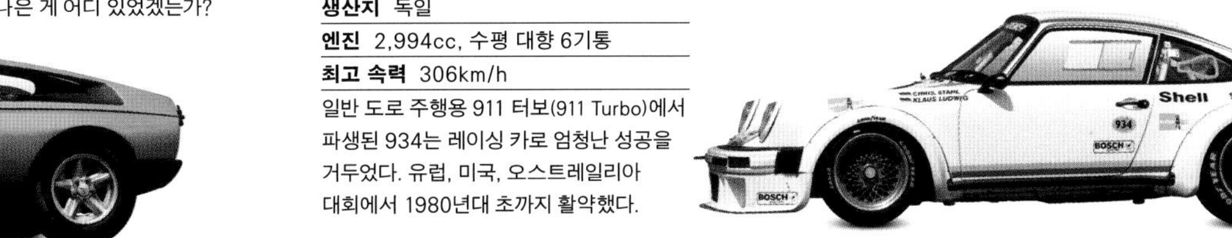

△ **메르세데스벤츠 C111-II 1970년**
Mercedes-Benz C111-II 1970
생산지 독일
엔진 4,800cc, 4회전자 방켈 엔진
최고 속력 300km/h
C111은 1969년 3회전자 방켈(3-rotor Wankel) 엔진을 장착한 차량으로 출발한 실험용 차였다. 사진의 2단계 버전은 350마력을 냈지만 연료 소모량이 엄청났다.

◁ **람보르기니 쿤타치 LP400 1974년**
Lamborghini Countach LP400 1974
생산지 이탈리아
엔진 3,929cc, V12
최고 속력 274km/h
베르토네가 쐐기꼴 디자인의 궁극을 보여 준 이 슈퍼카를 디자인했을 때만 해도 이 차가 양산되고, 심지어 더 나아가 1990년대까지 계속 생산되리라고 내다본 사람은 거의 없었다.

▽ **알파 로메오 나바호 1976년**
Alfa Romeo Navajo 1976
생산지 이탈리아
엔진 1,995cc, V8
최고 속력 249km/h
베르토네는 쐐기꼴을 이렇게 극적인 수준으로 실현하기 위해 알파 로메오 티포 33 레이싱 카의 차대를 썼다. 나바호는 속도가 빨라지면 차체 앞과 뒤에 달린 스포일러 각도가 바뀐다.

▷ **복스홀 SRV 콘셉트 1970년**
Vauxhall SRV concept 1970
생산지 영국
엔진 2,279cc, 직렬 4기통
최고 속력 225km/h
제너럴 모터스는 웨인 체리(Wayne Cherry)를 영국으로 보내고 복스홀의 디자인 부서를 대대적으로 개편했다. 이 콘셉트 카를 시발로 양산차종 전반에 '드루프 스누트(droop-snoot, 초음속기 등이 착륙 때 시야를 확보하기 위해 채택한 숙일 수 있는 기수 또는 이것과 비슷한 모양)' 디자인이 적용됐다.

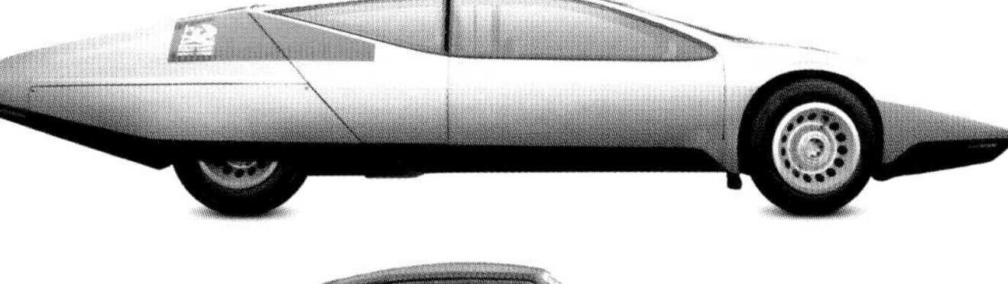

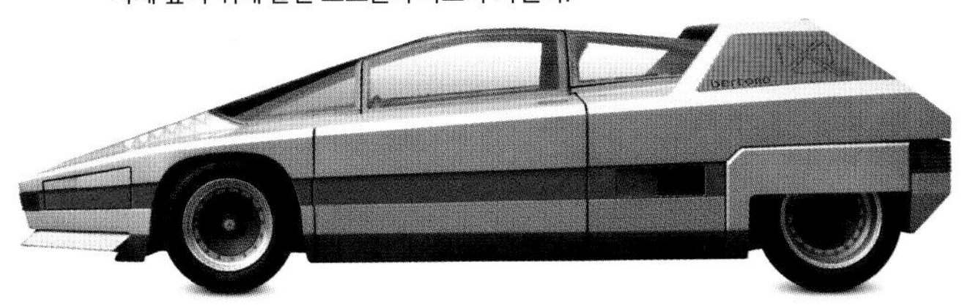

▷ **애스턴 마틴 V8 1972년**
Aston Martin V8 1972
생산지 영국
엔진 5,340cc, V8
최고 속력 261km/h
282~438마력의 애스턴 마틴 V8은 크고 남자다웠다. 윌리엄 타운스(William Towns)의 날카로운 디자인은 큰 성공을 거두었다. 무려 20년간 양산된 것만 봐도 그것을 알 수 있다.

◁ **로터스 에스프리 터보 1980년**
Lotus Esprit Turbo 1980
생산지 영국
엔진 2,174cc, 직렬 4기통
최고 속력 238km/h
로터스의 도로 주행용 자동차들은 에스프리가 1976년 출시되면서 슈퍼카의 반열에 올랐다. 주지아로의 이국적인 디자인이 가미되고 배기 터빈 구동 과급기, 즉 터보차저가 장착된 경량의 에스프리는 고속 주행 능력을 마음껏 뽐낼 수 있었다.

재규어 E 타입

세대를 초월해 수많은 자동차광이 E 타입을 탐낸다. E 타입은 1961년에 출시되자마자 선풍을 불러일으켰다. 섹시한 스타일과 앞선 기술의 재규어는 이국적인 이탈리아 출신의 경쟁차들보다 훨씬 더 적은 비용으로 시속 241킬로미터의 고성능을 선사했다. 애스턴 마틴 DB4 같은 자동차들도 성능은 별로이면서 가격만 비싼 차로 비칠 지경이었다. E 타입은 '활기차고 멋진 1960년대(Swinging Sixties)'를 상징했다. 어떤 차도, 심지어 미니조차 E 타입의 아성에 도전할 수 없었다. E 타입은 점차 중년 구매자층에게까지 시장을 확대해 나갔다. 하지만 V12 엔진이 얹힌 최종 모델들은 미국 시장에서 고전을 면치 못했다.

E 타입을 보고 있으면 경주용 자동차가 연상됐고 뭐든 용서가 됐다. 하지만 용서라고 할 것도 없었다. 안을 들여다봐도 어떤 경쟁 차종보다 정교하고 세련됐기 때문이다. 모노코크 차체를 4각형 관으로 된 앞부분에 손쉽게 접합할 수 있었는데, 한눈에 봐도 D 타입 레이싱 카였다. 서스펜션의 경우 앞바퀴는 토션바를 사용했지만 뒷바퀴는 코일 스프링과 댐퍼(damper, 스프링 진동을 흡수하는 쇼크 업소버) 4개를 채택한 신형 독립 현가 장치를 썼다. 이 시스템 덕분에 탁월한 접지성과 더불어 아주 절묘한 주행이 가능했다.(대부분의 스포츠카가 단단한 판 스프링을 서스펜션으로 사용하던 시절이었다.) 앞선 XK150 모델에서 가져온 E 타입의 엔진은 트윈캠 직렬 6기통 엔진의 배기량을 3,781시시로 늘린 것이었다. 이 엔진은 1964년에 배기량이 4,235시시로 늘어났다. 재규어와 오랫동안 거래해 온 한 공급사가 만든, 속도가 느린 변속기도 같은 해에 재규어가 직접 설계한 변속기로 대체됐다. 2년 후에는 로드스터 형 2인승 쿠페에 바퀴의 휠베이스를 더 늘린 2+2가 보태졌다. 지붕선이 높아졌고 앞유리는 더 일어서고 더 커졌다. 결국 차대가 길어져 3 시리즈에 V12 엔진을 얹을 수 있었다. 3 시리즈는 1971년에 출시됐고 1968년부터 생산되던 2 시리즈를 대체했다.

제원	
모델	재규어 E 타입, 3 시리즈, 1971~1974년
생산지	영국 코번트리
제작	7만 2507대
구조	모노코크 강철
엔진	5,343cc, OHC V12(3 시리즈)
출력	5,850rpm에서 272마력(3 시리즈)
변속기	4단 수동, 자동 기어는 선택 사양
서스펜션	독립 현가 장치, 앞바퀴의 경우 토션바
브레이크	네 바퀴 모두 디스크 브레이크
최고 속력	241km/h

제비에서 재규어로
재규어는 원래 제비(Swallow)라는 이름으로 모터사이클용 사이드카를 만들었다. SS1이라는 자체 브랜드로 자동차를 만들기 시작한 것은 1931년이었고 1935년에는 SS 재규어를 출시했다. 제2차 세계 대전이 발발한 후에는 나치 친위대를 연상시킨다는 이유로 'SS'를 떼버렸다.

앞모습

뒷모습

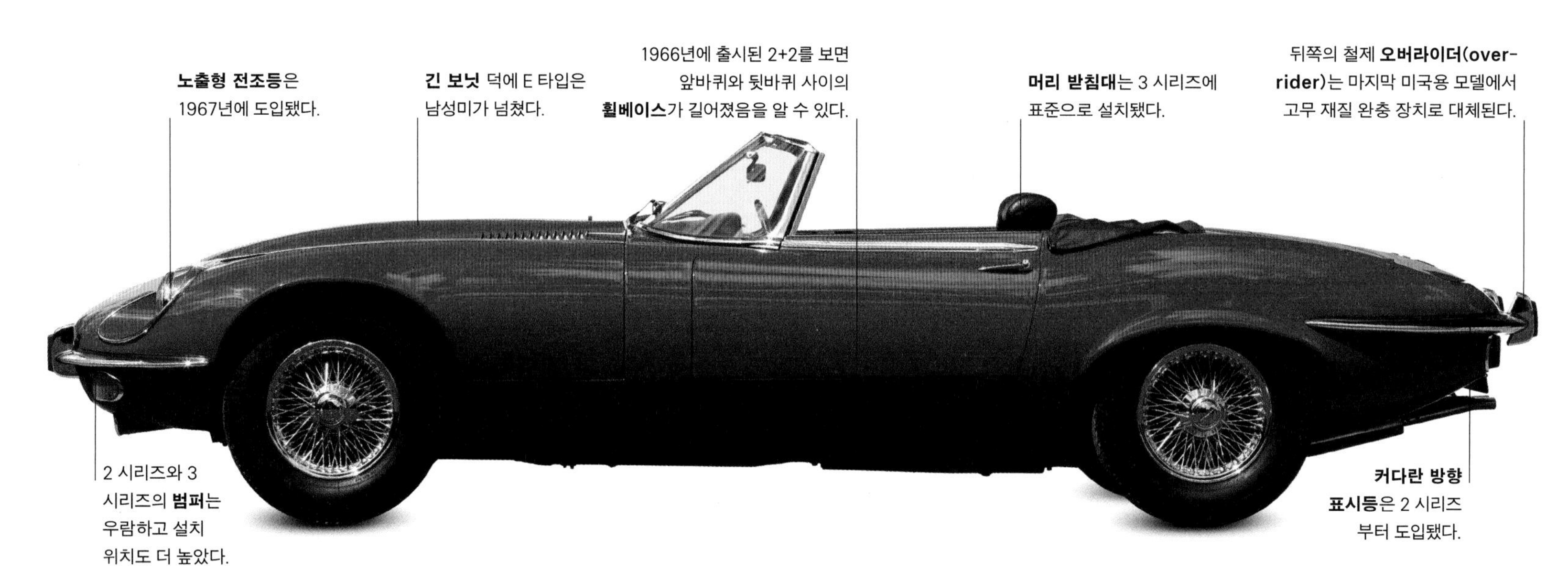

노출형 전조등은 1967년에 도입됐다.

긴 보닛 덕에 E 타입은 남성미가 넘쳤다.

1966년에 출시된 2+2를 보면 앞바퀴와 뒷바퀴 사이의 **휠베이스**가 길어졌음을 알 수 있다.

머리 받침대는 3 시리즈에 표준으로 설치됐다.

뒤쪽의 철제 **오버라이더(over-rider)**는 마지막 미국용 모델에서 고무 재질 완충 장치로 대체된다.

2 시리즈와 3 시리즈의 **범퍼**는 우람하고 설치 위치도 더 높았다.

커다란 방향 표시등은 2 시리즈부터 도입됐다.

타협의 산물
3 시리즈 E 타입은 10년 된 애초의 모델을 더 부드럽고 덜 공격적인 형태로 단장했다. 휠아치(wheelarch, 바퀴 위 차체의 아치 모양 부분)가 나팔 모양으로 약간 펑퍼짐하게 펴졌으며 '새장' 모양 라디에이터 그릴도 볼 수 있다. 보닛 위에 있는 큼직한 혹은 V12 엔진을 수용하기 위한 조치였다. 번호판을 달 곳이 없다는 점은 이전 모델들과 똑같았다. 번호판은 커다란 스티커 형태로 붙이는 게 보통이었다. 미국을 포함해 도로 주행용으로 나온 차 중에 그런 차는 없었다. 영국이 제작비를 댄 1978년 영화 「콘보이」의 한 장면에서까지 번호판 이야기가 나올 정도였다.

외장

3 시리즈는 차체가 길어지고 형태 또한 지나치게 장식적이었다. 하지만 E 타입이라 여전히 관능적이었다. 앞부분이 긴 기본적 형태는 재규어의 디자이너이자 공기 역학자 맬컴 세이어(Malcolm Sayer)가 창안한 것으로, 프랑스의 르망 24시간 경주에서 탁월한 성적을 낸 D 타입 레이싱 카들의 모양에서 개발됐다. 이 시기에는 모든 디자인이 재규어 설립자 윌리엄 라이언스 경의 적극적 참여 속에 이루어졌다.

1. 재규어 로고는 그릴에만 있다. **2.** 사람들은 직렬 6기통 엔진을 예상했지만 3 시리즈에는 전부 V12 엔진이 얹혔다. **3.** 노출형 전조등은 효율적이기는 했지만 볼품은 떨어졌다. **4.** '새장' 모양 그릴 **5.** 별 꾸밈이 없지만 멋지고 우아한 문손잡이 **6.** 선택 사양인 바퀴살 차륜의 바퀴통에는 꼭지가 사라졌다. **7.** 엔진에서 발생하는 열이 빠져나가는 보닛의 미늘창(louvre, 방열 구멍) **8.** E 타입의 경우 연료 주입구는 항상 덮개를 열어야 했다. **9.** 1968년형 2 시리즈부터 미등이 커졌다.(로터스의 일부 모델에도 채택됐다.) **10.** V12의 경우 화려한 배기구가 4개였지만 1973년 설계부터 2개로 줄었다.

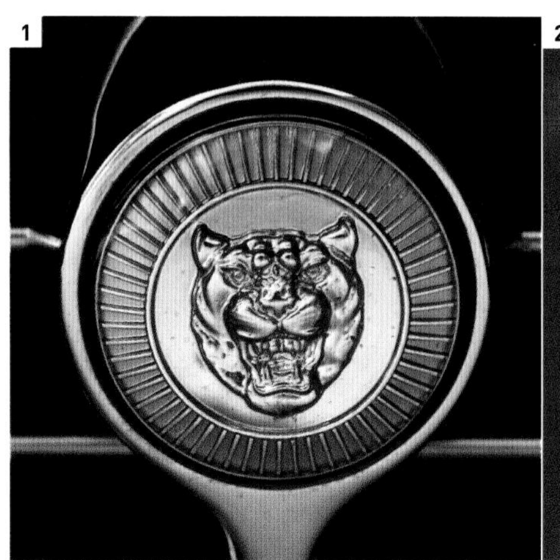

내장

E 타입의 내장이 소박한 적은 없었다. 하지만 1964년에 출시된 4.2리터 모델은 조금 더 안락해졌다. 무엇보다 더 편한 의자가 눈에 띈다. 이전의 버킷 시트(bucket seat) 대신에 등받이를 각 지게 만들었고 3 시리즈부터는 머리 받침대가 표준으로 설치됐다. 계기판의 중앙을 무늬 합금으로 처리한 것은 3.8리터 모델들뿐이었다. 초기 버전도 중앙 제어반을 합금으로 덮었다.

11. 2 시리즈와 3 시리즈는 실내가 대체로 같지만 가죽을 씌운 운전대는 새롭다. **12.** 검정 바탕에 흰색 숫자로 표시된 전형적인 재규어 식 계기판 **13.** E 타입에는 항상 무광 검정색 테두리를 한 계기판이 설치됐다. **14.** 튼튼한 보닛 제어기 **15.** 토글(toggle) 스위치는 '1½ 시리즈'부터 로커(rocker) 스위치로 바뀌었다. **16.** 4단 수동 변속기가 표준이다. 자동 변속기는 2+2와 V12 모델에서 선택 사양이었다. **17.** 팔걸이는 3.8리터 후기 모델부터 설치됐다. **18.** 1964년형 4.2리터 모델부터 가죽 좌석이 설치됐다.

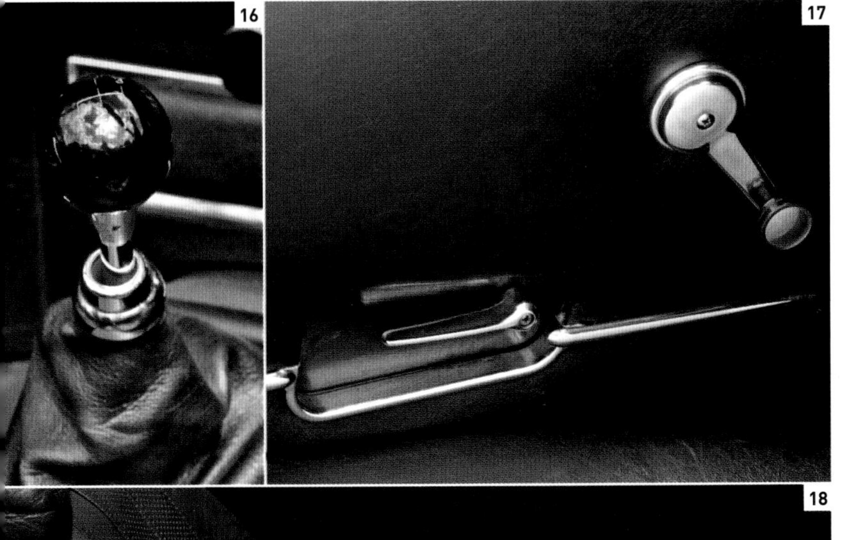

엔진실

3 시리즈에는 V12 엔진이 장착됐는데, E 타입은 이 엔진의 성능을 힘들이지 않고 온전히 이끌어냈다. 시속 241킬로미터에 육박하는 최고 속력은 6기통 엔진으로는 다소 버거운 것이었다. 제원표에 나온 272마력은 재규어가 3.8리터 모델과 4.2리터 모델 직렬 6기통 엔진에서 주장한 265마력보다 더 현실적인 DIN 마력(독일 공업 규격 마력)이다. 이 출력은 각 열의 실린더에 캠축이 하나뿐인 상태에서 달성됐다.

19. 전체가 합금으로 이루어진 V12 엔진은 배기량이 5,343시시이고 5,850아르피엠에서 272마력(DIN)을 낸다. 최대 토크는 3,600아르피엠에서 412뉴턴·미터(N·m)이다. 스트롬버그(Stromberg) 기화기가 4개 장착됐다.

확대되는 소형차 시장

1960년대에 미니가 출시되면서 소형차의 개념에 근본적인 변화가 일어났고 자동차 메이커들은 1970년대로 접어들면서 소형차라면 어떠해야 한다는 나름의 전략을 바탕으로 시장을 차지하기 위해 노력했다. 거의 모든 소형차가 엔진을 앞에 둔 미니의 구조를 답습했고 해치백을 보탰다. 하지만 모든 소형차가 가로 배치 엔진은 아니었으며 일부는 여전히 후륜구동 방식을 채택했다. 미니보다 공간이 더 넓은 소형차도 일부 있었지만 미니의 탁월한 적재 능력에 필적하는 자동차는 존재하지 않았다.

△ 닷선 체리 100A 1970년
Datsun Cherry 100A 1970
생산지 일본
엔진 988cc, 직렬 4기통
최고 속력 138km/h
닷선의 자동차로는 최초의 전륜 구동 방식을 채택한 차량으로, 미니를 따라 한 것이다. 5년 동안 39만 대가 팔렸고 닛산은 세계 시장 점유율을 크게 늘렸다.

△ 피아트 127 1971년
Fiat 127 1971
생산지 이탈리아
엔진 903cc, 직렬 4기통
최고 속력 134km/h
피아트는 소형이면서도 빠르고 적재 능력이 좋은 자동차를 만드는 데 일가견이 있었다. 127로 다시 한번 성공을 거둔 것을 보면 이것을 잘 알 수 있다. 이 차는 370만 대가 팔렸다. 1300 스포츠 모델의 경우 1,300시시 엔진이 얹혔고 시속 153킬로미터까지 달릴 수 있었다.

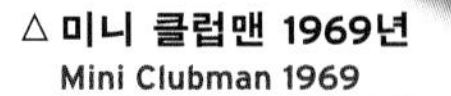

△ 미니 클럽맨 1969년
Mini Clubman 1969
생산지 영국
엔진 998cc, 직렬 4기통
최고 속력 121km/h
브리티시 레일랜드는 미니의 앞부분을 길게 늘여 더 현대적인 느낌을 가미했고 마감 장식을 개선했으며 엔진도 1리터 또는 1.1리터 급으로 키운 클럽맨을 출시했다. 시장에서 그렇게 존립을 유지하다가 1981년에 메트로(Metro)가 나왔다.

△ 르노 5 1972년
Renault 5 1972
생산지 프랑스
엔진 956cc, 직렬 4기통
최고 속력 138km/h
탁월한 성능의 르노 5(프랑스 어로 '5'를 뜻하는 '생크(Cinq)'라는 별명으로 불리기도 한다.)는 성능이 탁월했고 아마도 가장 인기가 많았던 슈퍼미니급 신형차일 것이다. 12년 동안 550만 대가 팔렸으니 말이다. 가격이 합리적이었고 배기량 782시시에서 1,397시시까지 여섯 종류의 엔진을 선택할 수 있었으며 네 바퀴 모두 독립 현가 장치를 채택했다.

◁ 폭스바겐 폴로 1975년
Volkswagen Polo 1975
생산지 독일
엔진 895cc, 직렬 4기통
최고 속력 129km/h
폭스바겐이 폴로를 내놓으면서 소형차의 현대화 혁명이 완수됐다고 할 수 있겠다. 신형 OHC 엔진이 앞에 얹혔고 4륜 독립 현가 장치와 전륜 구동 방식이 채택됐으며, 엔진은 0.9리터에서 1.3리터까지 배기량도 다양했다.

◁ 마즈다 패밀리아/323 1977년
Mazda Familia/323 1977
생산지 일본
엔진 985cc, 직렬 4기통
최고 속력 129km/h
마즈다의 소형차들은 오랜 세월 지속적으로 성공을 거두었고 패밀리아는 그 첫 번째 차라고 할 수 있다. 엔진을 앞에 두면서도 뒷바퀴를 구동했으니 구식이라고 할 수도 있었지만 믿을 만한 자동차였다. 마즈다는 1980년에 전륜 구동차를 출시한다.

△ 미쓰비시/콜트 미라지 1978년
Mitsubishi/Colt Mirage 1978
생산지 일본
엔진 1,244cc, 직렬 4기통
최고 속력 145km/h
일부 시장에서는 콜트라는 이름으로도 팔렸다. 미쓰비시의 첫 번째 전륜 구동차다. 경제성과 성능 모두를 고려해 종감속기(final drive, 최종 구동 장치) 둘을 포함해 총 8단의 전진 기어를 채택했다.

△ **오펠 카데트 1973년**
Opel Kadett 1973
생산지 독일
엔진 993cc, 직렬 4기통
최고 속력 119km/h

제너럴 모터스가 제작한 T카(T-car)의 독일 버전은 배기량 1.0~2.0리터 엔진들을 달고 판매됐다. 이 자동차는 후륜 구동 방식을 채택했는데, 이것은 미국식 설계 철학을 배반한 것이었다.

◁ **시트로엥 2CV6 1970년**
Citroën 2CV6 1970
생산지 프랑스
엔진 602cc, 수평 대향 2기통
최고 속력 109km/h
널찍한 실내, 커다란 선루프, 맵시 있는 외관, 경제성이 결합된 2CV는 1990년까지 생산됐고 약 390만 대가 팔렸다.

△ **토요타 스탈렛 1978년**
Toyota Starlet 1978
생산지 일본
엔진 993cc, 직렬 4기통
최고 속력 135km/h
활축(live axle)이 적용된 뒷바퀴는 구식이었고 대부분의 스탈렛에는 5단 기어가 장착됐다. 이것은 전륜 구동에, 네 바퀴 모두 독립 현가 장치를 채택한 경쟁사들에 맞서 판매를 강화하기 위한 조치였다.

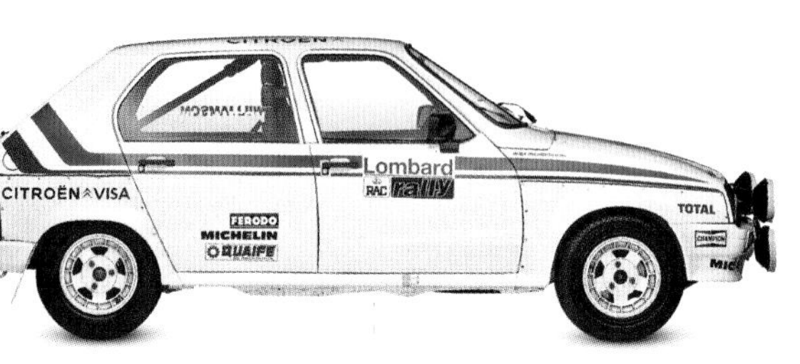

△ **시트로엥 비자 1978년**
Citroën Visa 1978
생산지 프랑스
엔진 1,124cc, 직렬 4기통
최고 속력 143km/h
아미(Ami)를 대체할 경제적인 세단으로 구상된 비자는 경량이었고 시트로엥은 1980년대 초에 경주용으로 쓰기도 했다. 비자에는 배기량 653시시 이상의 엔진들이 장착됐다.

◁ **푸조 104 1973년**
Peugeot 104 1973
생산지 프랑스
엔진 954cc, 직렬 4기통
최고 속력 135km/h
푸조의 첫 번째 슈퍼미니 등급의 자동차가 5도어 모델로만 출시됐다는 사실은 특이하다. 길이가 짧아진 3도어 모델은 나중에 출고됐다. 104는 신형 엔진과 독립 현가 장치로, 상당히 매력적이었다.

△ **포드 피에스타 1976년**
Ford Fiesta 1976
생산지 스페인
엔진 957cc, 직렬 4기통
최고 속력 127km/h

포드가 유럽 시장을 겨냥해 내놓은 첫 번째 슈퍼미니 자동차는 특장점이라고 해봐야 4단 기어뿐으로 단출했지만 배기량 1,600시시까지의 엔진을 달았고 가격에서 경쟁력이 있었다. 1983년까지 무려 175만 대를 팔아치웠다.

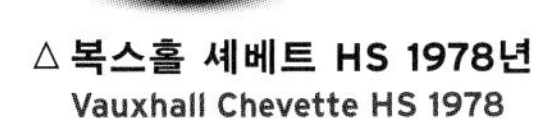

△ **복스홀 셰베트 HS 1978년**
Vauxhall Chevette HS 1978
생산지 영국
엔진 2,279cc, 직렬 4기통
최고 속력 185km/h

복스홀은 트윈캠 엔진을 큼직하게 개량해 뒷바퀴 활축 방식을 장점으로 승화시켰다. 셰베트는 계속해서 각종 경주에서 우승을 차지했다. 대부분이 1.3리터 엔진을 단 해치백으로 출고됐다.

◁ **탈보 선빔 로터스 1979년**
Talbot Sunbeam Lotus 1979
생산지 영국
엔진 2,174cc, 직렬 4기통
최고 속력 195km/h
탈보 선빔의 차대는 후륜 구동식의 어벤저(Avenger)를 짧게 줄인 것으로, 당연히 상당히 구식이었다. 하지만 로터스의 강력한 대형 엔진이 장착되자, 이상적인 경주용 자동차로 변신했다.

4×4와 오프로드 차량

오프로드 차량 시장의 강자 지프와 랜드 로버는 1970년대 들어 마침내 만만찮은 도전에 직면했다. 여가를 활용해 비포장 도로나 도로가 아닌 곳을 달리고 심지어 해변에서까지 주행을 해 보겠다는 풍조가 번지면서 각국 메이커에서 만든 수천 대의 모래밭 주행용 자동차들이 미국과 영국 등지에서 팔렸다. 강력한 4륜 구동 오프로드 차량 외에 30년 후에나 인기를 끌게 될 2륜 구동 소프트로더(soft-roader)의 초기 형태를 볼 수 있었다.

▷ **토요타 랜드 크루저 FJ40 1960년**
Toyota Land Cruiser FJ40 1960
생산지 일본
엔진 3,878cc, 직렬 6기통
최고 속력 135km/h
일본은 이 강력한 오프로드 차량으로 랜드 로버의 침입에 맞섰다. 랜드 크루저는 1960년부터 1984년까지 바뀐 게 거의 없었다. 1974년부터 1976년까지 디스크 브레이크가 앞바퀴에 장착됐고 엔진의 배기량이 3.0리터와 4.2리터로 커진 것을 제외하면 말이다.

◁ **쉐보레 블레이저 K5 1969년**
Chevrolet Blazer K5 1969
생산지 미국
엔진 5,735cc, V8
최고 속력 158km/h
쉐보레는 자사 픽업 트럭의 길이를 줄이고 지붕을 씌웠다. 2륜 구동 또는 4륜 구동과 6기통 엔진 및 8기통 엔진이 다양하게 채택됐다. 지프와 포드의 브롱코, 스카우트의 경쟁 상품이기도 했던 이 자동차는 상당히 많이 팔렸다.

△ **포드 브롱코 1966년**
Ford Bronco 1966
생산지 미국
엔진 2,781cc, 직렬 6기통
최고 속력 122km/h
포드의 머스탱 제작진이 고안한 브롱코는 용감하게도 이른 시기에 SUV 콘셉트를 잡았지만 미국 시장을 선점하기에는 크기가 너무 작았다. 1978년형 모델부터는 크기가 계속 커졌다.

△ **스바루 레오네 에스테이트 1972년**
Subaru Leone Estate 1972
생산지 일본
엔진 1,595cc, 수평 대향 4기통
최고 속력 140km/h
4륜 구동이면서도 일상 생활에서 이용 가능한 승용차 시장을 개척한 최초의 차량이다. 이 레오네 에스테이트는 영국과 미국에서는 에스테이트 밴이라는 이름으로 팔렸다. 스바루의 차들은 40년이지난 지금도 이 차를 모범으로 삼는다.

▷ **스즈키 짐니 LJ10 1970년**
Suzuki Jimny LJ10 1970
생산지 일본
엔진 359cc, 직렬 2기통
최고 속력 76km/h
일본의 호프 자동차 회사(Hope Motor Co.)가 1967년 미쓰비시 엔진을 넣은 4×4를 설계했다. 스즈키가 그 설계도를 사들여, 자사 엔진을 장착해 출시한 것이 이 차다. 꾸준히 성공을 거둔 스즈키의 4×4 시리즈의 출발점이기도 하다.

재미있는 자동차들

자동차가 늘고 교통량이 증가하면서 도로 정체가 심화됐고 교통 법규 또한 강화됐다. 모험을 추구하는 운전자들은 포장 도로가 주지 못하는 자극과 흥분을 갈망했다. 미국에서는 비틀의 낡은 차체를 떼어 버리고 노출형 뼈대를 붙인 모래밭 주행용 버기 카(buggy car)들을 만들었다. 프랑스에서는 마트라가 레인지 로버를 모방한 2륜 구동의 여가용 차량을 제작했다. 영국에서는 3륜차가 잠시나마 인기를 끌기도 했다. 물론 순전히 '재미'를 위한 차들이었다.

▷ **미어스 맹크스 1964년**
Meyers Manx 1964
생산지 미국
엔진 1,493cc, 수평 대향 4기통
최고 속력 145km/h
캘리포니아 출신의 브루스 마이어스(Bruce Meyers)가 맹크스를 개발했고 모래 언덕 주행용인 듄 버기(dune buggy)가 대유행했다. 맹크스는 바하 1000(Baja 1000) 오프로드 경주에서 우승을 차지했다. 차체는 유리 섬유, 차체 바닥과 구동계는 폭스바겐 비틀을 이용한 로드스터로 1971년까지 6,000대가량 팔렸다.

◁ **인터내셔널 하비스터 스카우트 II 1971년**
International Harvester Scout II 1971
생산지 미국
엔진 4,981cc, V8
최고 속력 145km/h
1960년에 출시된 스카우트는 세계 최초의 SUV(Sport Utility Vehicle, 스포츠 실용차)이다. 1980년까지 생산된 스카우트 2는 축간 거리가 최대 254센티미터까지 늘어났고 4기통, 6기통, V8 엔진이 다양하게 장착됐다.

▷ **랜드 로버 시리즈 III 1971년**
Land Rover Series III 1971
생산지 영국
엔진 2,286cc, 직렬 4기통
최고 속력 109km/h
1948년에 출시된 최초의 랜드 로버가 진화한 형태인 3 시리즈는 여전히 다른 자동차들이 따라 해야 할 기준으로 군림한, 강력한 오프로드 차량이었다. 싱크로메시 변속기에 계기판도 최신식이었고 시판된 14년 동안 상당한 인기를 누렸다.

△ **지프 코만도 1972년**
Jeep Commando 1972
생산지 미국
엔진 4,980cc, V8
최고 속력 145km/h
코만도는 1940년대의 지프스터(Jeepster)가 진화한 궁극의 형태라고 할 만했다. 지붕을 다 덮거나 일부만 설치했고 AMC의 6기통 엔진이나 8기통 엔진이 장착됐다. 2년 동안 2만 223대가 팔렸다.

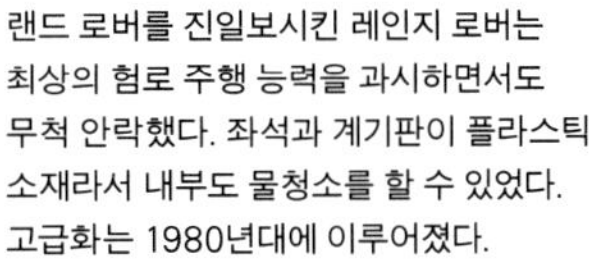

▽ **레인지 로버 1970년**
Range Rover 1970
생산지 영국
엔진 3,528cc, V8
최고 속력 159km/h
랜드 로버를 진일보시킨 레인지 로버는 최상의 험로 주행 능력을 과시하면서도 무척 안락했다. 좌석과 계기판이 플라스틱 소재라서 내부도 물청소를 할 수 있었다. 고급화는 1980년대에 이루어졌다.

△ **지프 왜거니어 1972년**
Jeep Wagoneer 1972
생산지 미국
엔진 5,896cc, V8
최고 속력 153km/h
AMC는 1970년에 지프를 인수했고 새로운 엔진으로 지프 라인을 개량했다. 왜거니어는 신개발의 고급 4×4였다. 1973년에는 콰드라트랙(Quadra-Trak) 4륜 구동 장치가 개선됐다.

△ **메르세데스벤츠 G-바겐 1979년**
Mercedes-Benz G-Wagen 1979
생산지 오스트리아
엔진 2,299cc, 직렬 4기통
최고 속력 143km/h
값은 비쌌지만 튼튼하고 믿을 수 있는 오프로드 차량이었다. 2륜 구동 또는 4륜 구동 중에 선택할 수 있었다. G-바겐은 랜드 로버처럼 기어비가 낮았지만, 코일 스프링을 활용해 활축을 지지했다.

△ **레일랜드 미니 모크 1968년**
Leyland Mini Moke 1968
생산지 오스트레일리아
엔진 998cc, 직렬 4기통
최고 속력 120km/h
모크는 비가 많이 오는 영국에서는 실용적이지 못했고 따뜻하고 건조한 기후대라면 훨씬 쓸 만했다. 1968년부터 1981년까지 오스트레일리아에서 생산됐고 이후로는 포르투갈에서 만들어졌다.

△ **본드 버그 1970년**
Bond Bug 1970
생산지 영국
엔진 700cc, 직렬 4기통
최고 속력 121km/h
버그는 3륜차였고 젊음, 자유, 익살스러움을 상징했다. 1970년대 영국의 낙관주의도 대변했다. 하지만 이 자동차를 사겠다고 마음먹은 사람은 3,000명이 채 안 됐다.

△ **마트라-생카 랜초 1977년**
Matra-Simca Rancho 1977
생산지 프랑스
엔진 1,442cc, 직렬 4기통
최고 속력 143km/h
전륜 구동식 소프트로더였으니, 본격 4×4만큼 튼튼하지는 않았다. 하지만 통상의 도로 주행용 차량에게는 벅찬 농촌의 비포장 도로에는 안성맞춤이었다. 랜초는 1979년에 탈보(Talbot)로 개명됐다.

베를린에서 알파 로메오 P-3을 몰고 있는 기 몰(Guy Moll), 1934년

위대한 브랜드

알파 로메오 이야기

알파 로메오는 한 세기 전 이탈리아의 밀라노에서 출범했고 이 이름을 들으면 우리는 정교한 자동차와 전설적인 대회 우승 경력을 떠올린다. 알파 로메오가 1930년대에 제작한 레이싱 카들은 세계 최고였고 공학적으로 탁월할 뿐 아니라 맵시 있었기 때문에 수많은 자동차의 토대가 됐다.

알파 로메오는 뼛속까지 이탈리아적인 자동차 메이커로 흔히 여겨지지만 사실은 그렇지 않다. 그 기원인 20세기 초의 자동차 제조업자 알렉상드르 다라크(Alexandre Darracq)가 프랑스 인이기 때문이다. 이탈리아로 사업을 확장하고자 했던 그는 1906년 밀라노 교외에 공장을 세웠다. 모험은 실패했고 4년 후 이탈리아 인 투자자들의 컨소시엄에 인수돼 알파(Alfa)가 창립된다. 알파는 아노니마 롬바르다 파브리카 아우토모빌리(Anonima Lombarda Fabbrica Automobili)의 두문자어이다. 알파 로고를 달고 출시된 첫 번째 모델이 24HP였다. 회사의 수석 엔지니어 주세페 메로시(Giuseppe Merosi)가 1910년 설계한 24HP에는 배기량 4,082시시의 직렬 4기통 엔진이 장착됐다. 24HP가 1911년에 시칠리아의 타르가 플로리오(Targa Florio) 경주에 참가한 것만 봐도 알파 사가 일찍부터 자동차 경주에 열의를 가졌음을 알 수 있다. 메로시는 이후 12년 동안 여러 모델을 개발해 성공시켰다. 배기량 2,413시시에서 6,082시시까지의 다양한 엔진과, 실린더 헤드 상부에 캠축을 2개 설치한 DOHC 엔진 개발 등의 혁신도 업적 중 하나다.

알파 로메오 배지
(1971년 도입)

제1차 세계 대전이 발발하자 알파도 다른 수많은 자동차 메이커와 마찬가지로 차량 생산에서 항공기 엔진 같은 군용 장비 제작 및 납품으로 사업 활동이 바뀌었다. 사업가 니콜라 로메오(Nicola Romeo)가 1915년에 알파의 지배 지분을 차지했고 전후 자동차 생산이 재개되면서 사명을 1920년에 알파 로메오(Alfa Romeo)로 개명했다. 그렇게 탄생한 알파 로메오의 첫 모델은 6.3리터급 직렬 6기통 엔진의 G1이었다. 주세페 캄파리, 엔초 페라리, 우보 시보치(Uvo Sivocci) 같은 드라이버들이 G1을 타고 경주에 참가해 우승을 차지했고 알파 로메오의 입지는 확고해졌다.

1923년에 중요한 변화가 있었다. 비토리오 야노가 주세페 메로시를 대신해 알파 로메오의 수석 엔지니어로 부임한 것이다. 피아트 출신의 야노는 알파 로메오가 이후로 성공 가도를 달리는 데서 아주 중요한 역할을 수행한다. 그는 수많은 모델을 개발했고 최고의 경주용 자동차를 생산한다는 알파 로메오의 명성을 강화했다. 야노의 첫 번째 창조물은 알파 로메오 최초의 8기통 모델인 P2였다. P2는 1925년 제1회 그랑프리 월드 챔피언십을 거머쥐었고 계속해

경주 중인 알파수드
알파수드(Alfasud)는 디자인이 멋졌고 조종성이 탁월해 알파 로메오에서 가장 많이 팔린 모델 가운데 하나다. 단일 모델 경주인 트로페오 알파수드는 1975년부터 1981년까지 열렸다.

8C 2300

1900SSZ

1300 두에토 스파이더

156

- **1910** 알파 사, 밀라노에 설립되다.
- **1911** 첫 번째 모델 24HP, 타르가 플로리오 경주에 출전하다.
- **1920** 니콜라 로메오, 사명을 알파 로메오로 개명하다.
- **1921** 알파 로메오, 첫 번째 모델 G1을 내놓다.
- **1925** 알파 로메오 P2, 제1회 그랑프리 월드 챔피언십을 차지하다.
- **1933** 알파 로메오, 이탈리아 정부의 도움으로 파산을 모면하다. 지주 회사 IRI가 알파 로메오를 인수했다.
- **1938** 알파 로메오, 1928년 이래 밀레 밀리아에서 열 번째 우승을 거머쥐다.
- **1946** 제2차 세계 대전이 끝나고 자동차 생산이 재개되다.
- **1950** 니노 파리나, 알파 158을 타고 제1회 F1 월드 챔피언십을 차지하다.
- **1959** 알파 1900, 1950년에 출시된 이래 2만 대 이상 판매된 후, 마침내 2000 모델로 대체되다.
- **1966** 로드스터 스파이더 출시, 1993년까지 생산된다.
- **1967** 알파 로메오 몬트리올, 1967년 몬트리올 엑스포에 콘셉트 카로 공개되다.
- **1971** 알파수드, 평론가들의 격찬을 받다. 변형 제품 스프린트와 더불어, 1989년까지 100만 대 이상 팔리다.
- **1975** 알파 로메오, 월드 스포츠카 챔피언십에서 우승을 차지하다. 2년 후에도 똑같은 위업을 달성하다.
- **1986** 이탈리아의 피아트 그룹이 알파 로메오를 인수하다.
- **1995** 스포츠카 GTV가 출시되다. 알파 로메오, 여러 문제로 미국 시장에서 철수하다.
- **1998** 156, 유럽 올해의 차로 선정되다.
- **2004** 베르토네가 디자인한 GT 출시. 2005년에는 브레라가 출시되다.
- **2010** 새로운 스포티 해치백 줄리에타(Giulietta) 출시
- **2014** 4C 스포츠카가 라인업에 합류하다.
- **2015** 후륜 구동 줄리아(Giulia) 세단 출시
- **2016** 스텔비오(Stelvio)가 알파의 첫 SUV로 등장하다.

서 1920년대 말까지 그랑프리 타이틀을 차지했다. 야노는 1930년대에 P3, 6C 1750, 8C 2300 등을 설계했고 알파 로메오는 그랑프리 대회와 르망, 밀레 밀리아 같은 경주를 석권했다.

1929년 월가가 폭삭 주저앉았고 경기가 침체하면서 알파 로메오도 심각한 재정난에 빠졌다. 이탈리아 정부가 1933년 알파 로메오 구제에 나선다. 국가 소유 지주회사인 IRI(Instituto per la Ricostruzione Industriale)가 경영을 맡고 알파 로메오의 사업은 합리화됐다. 회사는 항공기 엔진과 부자 고객을 대상으로 한 자동차 생산에 주력했다. 피닌 파리나와 토우링 등의 차체 제작사들이 알파 로메오의 차대에 아름다운 차체를 달았다. 1938년에 제작된 8C 2900B 같은 모델들을 보면 알파 로메오가 도로 주행용 차로서의 자질과 레이싱 카의 속성을 혼합하고자 했음을 잘 알 수 있다.

제2차 세계 대전으로 자동차 생산 활동이 재차 중단됐다. 알파 로메오의 공장들에 연합군 폭격이 집중됐고 생산 활동은 전쟁이 끝나고도 1946년이 돼서야 겨우 재개될 수 있었다. 그즈음 알파 로메오는 가정용 자동차 시장에 내놓을 소형차와 중형차를 생산하기로 결정했다. 1950년에 출시된 1900은 알파 로메오 최초의 차대-차체 통합형 모델이었다. 같은 해에 니노 파리나(Nino Farina)가 알파 158을 타고 제1회 F1 월드 챔피언십에서 우승을 차지했다. 알파 158은 1938년에 출시된 이래 각종 경주를 석권했다. 성공은 거기서 그치지 않았다. 후안 마누엘 판지오가 1951년에 159를 타고 제2회 F1 월드 챔피언십을 알파 로메오에 안겨 줬다.

1954년 토리노 모터쇼에서 알파 로메오는 배기량 1,300시시의 줄리에타 스프린트(Giulietta Sprint)를 공개했다. 알루미늄 재질의 4기통 DOHC 엔진을 세계 최초로 대량 생산해 장착했다는 사실은 자동차 개발사에서 획기적인 사건이었다. 이 엔진은 향후 40년 동안 알파 로메오의 각종 모델에 사용된다. 줄리에타는 큰 성공을 거두었고 알파 로메오는 1962년에 줄리아(Giulia)를 발표한다. 상대적으로 가벼운 차체에 강력한 엔진을 집어넣는 것이 승리의 공식이었다. 줄리아는 수출 주문이 폭주했고 1970년대 말까지 생산됐다. 1966년에 발표된 로드스터로 알파 로메오의 대표작 스파이더는 줄리아보다 더 오래 생산됐다.

"알파 로메오 하면 아직도 첫 사랑이 생각나면서 마음이 포근해진다. 엄마에 대한 아이의 순수한 애착처럼."

— 엔초 페라리, 1952년

20/30 HP ES 스포츠
배기량 4,250시시의 이 모델은 주세페 메로시가 1910년에 설계한 24HP에서 출발한 시리즈의 마지막 자동차이다.

1967년 영화「졸업」에 나오는 차가 바로 스파이더로 1993년까지 계속해서 제작됐다.

1951년 이후 알파 로메오는 F1에서 물러났지만, 1960년대 월드 스포츠카 챔피언십에 출전했고 1975년과 1977년에 우승을 차지했다. 알파 로메오의 도로 주행용 자동차들을 개량한 차들이 투어링 카, 랠리와 GT 부문에서 두각을 나타냈고 1960년대부터 새천년에 이르기까지 각종 선수권을 쓸어 담았다.

알파 로메오 역시 1970년대를 강타한 전 세계적 불황에 고전했지만 여전히 많은 신차를 출고해 성공시켰다. 1970 몬트리올(1970 Montreal)처럼 스타일이 도저한 모델들은 비평가의 찬사를 받았고 100만 대 이상 팔린 1971년의 알파수드, 1972 알페타(1972 Alfetta) 같은 차들은 알파 로메오의 든든한 버팀목이었다. 알파수드와 알페타는 각각 18년, 15년 동안 생산됐다. 알파수드는 나폴리에 지어진 새 공장에서 제작됐다. 남부의 실업률을 줄이려던 이탈리아 정부가 공장 건설 비용을 댔다. 그래서 '수드(sud, 이탈리아 어로 남쪽)'라는 이름이 붙었다.

알파 로메오는 계속 재정난에 시달렸고 결국 1986년에 피아트에 인수됐다. 알파 로메오는 거대 기업 피아트의 우산 아래 다년간 나름의 지위와 활로를 찾기 위해 분투했다. 미국 수출을 시도했지만 수익은 보잘것없었고 미국의 안전 및 배기 가스 규정을 맞추느라 어려움만 가중됐다. 결국 알파 로메오는 미국 시장에서 철수한다.

1995년 스포츠카 GTV가 출시됐고 비평가들의 호평이 뒤따르면서 알파 로메오는 다시금 자립의 터전을 마련한 듯했다. 3년 후 출시된 156은 대대적인 찬사 속에 '유럽 올해의 차'로 선정되는 기염을 토했고 2001년에는 해치백 147이 또 한 차례 그 영예를 차지했다. 오랜 공백 끝에, 알파 로메오는 2006년에 북미 시장에 재진출했다. 2014년에는 미드십 엔진 스포츠카 4C가 북미에서 이탈리아산 2인승 오픈카에 대한 욕망에 새롭게 불을 지폈지만, 전반적 판매 관점에서는 스텔비오 SUV가 훨씬 더 중요하다는 것을 입증했다.

알파 로메오 V6
알파 로메오 모델들은 25년 이상 주세페 부소(Giuseppe Busso)가 설계한 V6 엔진을 달고 다녔다. V6 엔진의 배기량은 2.0리터에서 3.2리터까지였다. 그림의 V6 엔진은 1988년 출고된 164에 장착된 3.0리터(2,959시시)급 엔진이다.

세단

1970년대에 혁신적인 자동차들이 수없이 생산됐다. 연료 분사 방식을 채택한 BMW, 터보차저를 설치한 사브, 밸브를 16개 단 트라이엄프가 그런 예들이다. 하지만 자동차 시장의 주류라 할 세단의 경우 1970년대는 시간이 멈춰 버린 10년이었다. 1970년에 생산되던 수많은 세단은 1980년까지도 거의 안 바뀐 채 여전히 생산됐다.

◁ **모리스 마리나 1971년**
Morris Marina 1971
생산지 영국
엔진 1,798cc, 직렬 4기통
최고 속력 138km/h
마리나는 1948년형 모리스 마이너와 기술적으로 차이가 거의 없었다. 메이커는 생존을 위해 분투 중이었고 다행스럽게도 꽤 많이 팔렸다. 마리나는 나중에 이탈(Ital)로 이름이 바뀌었고 1984년까지 생산됐다.

▷ **바르트부르크 나이트 1966년**
Wartburg Knight 1966
생산지 동독
엔진 991cc, 직렬 3기통
최고 속력 119km/h
나이트는 2행정 엔진을 단 동독 차로, 1970년대에 동유럽에서 상당히 많이 팔렸다. 하지만 가격이 굉장히 쌌음에도 불구하고 서유럽에서는 판매 성적이 신통치 않았다.

△ **트라이엄프 돌로마이트 스프린트 1973년**
Triumph Dolomite Sprint 1973
생산지 영국
엔진 1,998cc, 직렬 4기통
최고 속력 185km/h
트라이엄프는 빠듯한 경영 상황 속에서도 멋진 스타일의 혁신적인 자동차들을 만들었다. 스프린트는 16 밸브를 채택한 최초의 가족용 세단 가운데 하나로, BMW 2002 시리즈의 아성에 도전했다.

△ **시트로엥 CX2400 1974년**
Citroën CX2400 1974
생산지 프랑스
엔진 2,347cc, 직렬 4기통
최고 속력 182km/h
시트로엥 DS를 계승한 모델이다. 시트로엥 DS의 갖은 혁신과 함께, 내부 공간을 늘리기 위한 가로 배치 엔진이 결합됐다. CX2400에는 2.0~2.5리터급 엔진들이 얹혔고 1989년까지 제작됐다.

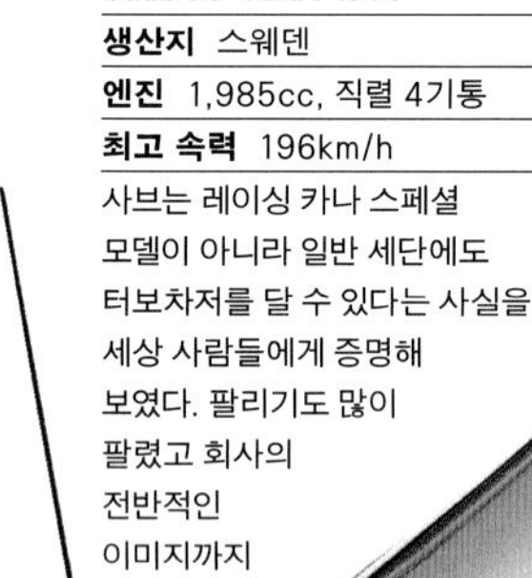

▽ **사브 99 터보 1977년**
Saab 99 Turbo 1977
생산지 스웨덴
엔진 1,985cc, 직렬 4기통
최고 속력 196km/h
사브는 레이싱 카나 스페셜 모델이 아니라 일반 세단에도 터보차저를 달 수 있다는 사실을 세상 사람들에게 증명해 보였다. 팔리기도 많이 팔렸고 회사의 전반적인 이미지까지 개선됐다.

△ **슈코다 120S 1970년**
Škoda 120S 1970
생산지 체코슬로바키아
엔진 1,174cc, 직렬 4기통
최고 속력 138km/h
공산주의 국가 체코슬로바키아의 '국민차'는 유럽에서만 팔렸다. 슈코다 120S는 시끄러웠고 운전이 힘들었다. 슈코다는 경주에도 수차례 참가했지만, 이 자동차만 탁월한 성적을 거두었다.

△ **데 토마소 도빌 1970년**
De Tomaso Deauville 1970
생산지 이탈리아
엔진 5,763cc, V8
최고 속력 230km/h
도빌은, 카로체리아 기아가 디자인을 했음에도 불구하고 재규어 XJ12와 비슷하다고 비난을 받았다. 성능도 모양도 비슷한 자동차를 2배 비싸게 팔아먹으려고 한다는 것이었다.

◁ **힐먼 어벤저 1970년**
Hillman Avenger 1970
생산지 영국
엔진 1,498cc, 직렬 4기통
최고 속력 146km/h
크라이슬러의 루티스 그룹(Rootes Group)이 1970년대를 맞이해 완전히 새롭게 디자인한 어벤저는 기술적으로는 극히 평범했다. 겉모습을 다양하게 바꿔 가며 1981년까지 계속 생산했다.

▷ **BMW 2002Tii 알피나 A4S 1972년**
BMW 2002Tii Alpina A4S 1972

생산지 독일
엔진 1,990cc, 직렬 4기통
최고 속력 209km/h

BMW는 1966년에 출시된 02 시리즈와 더불어 만만찮은 자동차 메이커로서 입지를 확고히 다졌다. 10년 동안 75만 대를 팔았다는 사실이 그 인기를 증명한다. 2002 터보가 가능성을 증명했고 알피나의 연료 분사 방식 A4S가 라인업의 가장 위를 지켰다.

◁ **BMW 520 1972년**
BMW 520 1972

생산지 독일
엔진 1,990cc, 직렬 4기통
최고 속력 171km/h

BMW가 1970년대에 성공 가도를 달리는 데 핵심적인 역할을 한 자동차는 5 시리즈였다. 5 시리즈에는 현대적인 주행 장치가 들어갔고 외관도 보기가 좋았다. 엔진은 4기통과 6기통이 장착됐고 배기량도 1.8리터에서 3.0리터까지 다양했다.

△ **포드 에스코트 마크 II RS1800 1973년**
Ford Escort Mk2 RS1800 1973

생산지 영국
엔진 1,835cc, 직렬 4기통
최고 속력 180km/h

포드는 자동차 경주에서의 성공을 바탕으로 판매 실적이 대단히 좋았다. BDA 엔진이 장착된 RS1800은 막강한 레이싱 카였다. 1979년 월드 랠리 챔피언십에서 우승을 차지했다.

▷ **로버 3500 SD1 1976년**
Rover 3500 SD1 1976

생산지 영국
엔진 3,528cc, V8
최고 속력 201km/h

SD1은 외관이 시대를 앞섰고 고사양에, 공기 역학적 특성도 뛰어났지만 품질이 형편없다는 오명을 뒤집어썼다. 후속 모델들 역시 구매자들의 평가가 좋지 않았다.

△ **포드 코티나 마크 V 1979년**
Ford Cortina MkV 1979

생산지 영국
엔진 1,993cc, 직렬 4기통
최고 속력 166km/h

베스트셀러 자동차인 코티나는 1970년에 출고된 마크 III과 1982년의 마지막 모델 마크 V 사이에서 바뀐 게 거의 없었다. 그러면서도 200만 대 이상 팔렸고 그것도 거의 영국에서였다. 코티나는 실내가 널찍했고 효율적인 기계 장치인데다 값도 쌌다.

△ **캐딜락 세빌 1975년**
Cadillac Seville 1975

생산지 미국
엔진 5,737cc, V8
최고 속력 185km/h

제너럴 모터스는 1975년에 자사의 상급 차종인 캐딜락에 더 대중적인 모델을 추가했다. 디자이너 빌 미첼(Bill Mitchell)은 메르세데스벤츠와 롤스로이스가 차지하고 있던 시장을 겨냥했고 그가 디자인한 세빌은 잘 팔렸다.

△ **마세라티 콰트로포르테 II 1975년**
Maserati Quattroporte II 1975

생산지 이탈리아
엔진 2,965cc, V6
최고 속력 201km/h

시트로엥이 마세라티를 인수하면서 나온 콰트로포르테 II에는 메락/SM(Merak/SM) 엔진과 SM의 각종 유압 장치가 들어갔다. 사진에서 볼 수 있는 4도어 모델의 경우 딱 5대만 제작됐다.

쇠락하는 스포츠카

1970년대에는 북아메리카에서 제정된 안전 관련 규정이 스포츠카 디자인에 큰 영향을 미쳤다. 범퍼를 키우느라 미려한 디자인이 불가능해졌고 배기가스를 줄여야 했기에 활기찬 주행 성능에 제약이 걸리기 일쑤였다. 흥분과 전율을 좇는 운전자들이 스포츠카 대신 폭스바겐 골프 GTI처럼 작은 해치백에 열광하면서 스포츠카는 쇠락을 거듭했다.

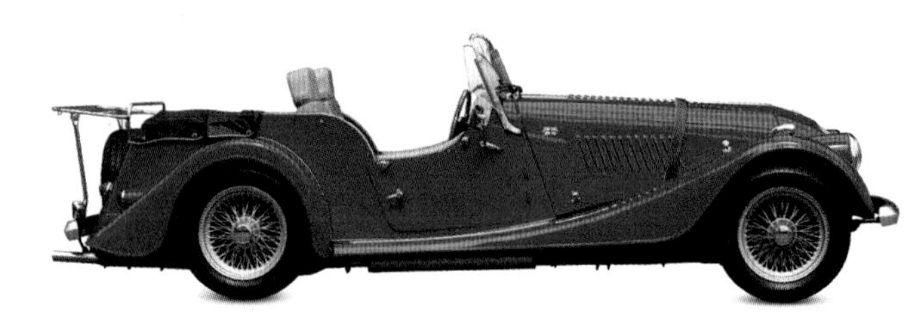

△ **모건 4/4 4인승 1969년**
Morgan 4/4 four-seater 1969
생산지 영국
엔진 1,798cc, 직렬 4기통
최고 속력 169km/h

거의 20년이 흐른 후, 모건은 예전의 헌신적인 추종자들이 가족을 꾸리기 시작했다는 사실을 깨달았다. 1970년대에 4인승 모델이 재출고된 이유다.

△ **푸조 504 카브리올레 1969년**
Peugeot 504 Cabriolet 1969
생산지 프랑스/이탈리아
엔진 2,664cc, V6
최고 속력 177km/h

피닌파리나가 설계 제작한 이 멋진 차는 4인승이다. 쿠페 버전도 있었다. 둘 다 504와 604 세단의 부품들이 사용됐다.

◁ **MG 미젯 마크 III 1969년**
MG Midget Mk III 1969
생산지 영국
엔진 1,275cc, 직렬 4기통
최고 속력 153km/h

과거의 인기 모델 스프라이트/미젯은 새 단장을 하고 1970년대를 맞이했다. 뒷바퀴의 휠아치가 둥글게 처리됐고 미니 쿠퍼의 S 타입 엔진이 장착됐으며 무광 검정색 장식은 최신 유행을 따랐고 앞부분의 후드도 더 나아졌다.

◁ **트라이엄프 TR6 1969년**
Triumph TR6 1969
생산지 영국
엔진 2,498cc, 직렬 6기통
최고 속력 193km/h

영국 스포츠카의 최고봉이라 할 TR6은 연료 분사식 직렬 6기통 엔진이 내는 150마력의 출력을 자랑했다. 후륜 구동 방식에, 굉음과 함께 배기 가스를 내뿜었고 멋진 스타일을 뽐내며 활기차게 달렸다.

△ **트라이엄프 스태그 1970년**
Triumph Stag 1970
생산지 영국
엔진 2,997cc, V8
최고 속력 190km/h

영국에서는 트라이엄프 스태그가 메르세데스벤츠 SL과 자웅을 겨뤘다. 전복에 대비해 지붕에 설치한 T자형 지지대가 인상적이다. V8 엔진을 장착한 게 특이한데, 초창기에 약간의 문제가 있었다. 하지만 이탈리아식 디자인은 큰 인기를 모았다.

△ **트라이엄프 TR7 1975년**
Triumph TR7 1975
생산지 영국
엔진 1,998cc, 직렬 4기통
최고 속력 177km/h

TR7은 안전 법규를 예상하고 만든 차로, 하드톱 모델만 제작됐다. 컨버터블은 5년 후에나 나왔다. TR7은 세련된 도로 주행용 자동차로, 판매고도 높았다.

△ **트라이엄프 TR8 1980년**
Triumph TR8 1980
생산지 영국
엔진 3,528cc, V8
최고 속력 217km/h

TR8은 로버의 V8 엔진이 장착됐고 로드스터나 쿠페처럼 탁월한 성능을 발휘했다. TR8의 경우 정확히 2,500대가 (그것도 주로 미국에서) 팔렸는데, 1981년에는 TR 라인 자체가 단종됐다.

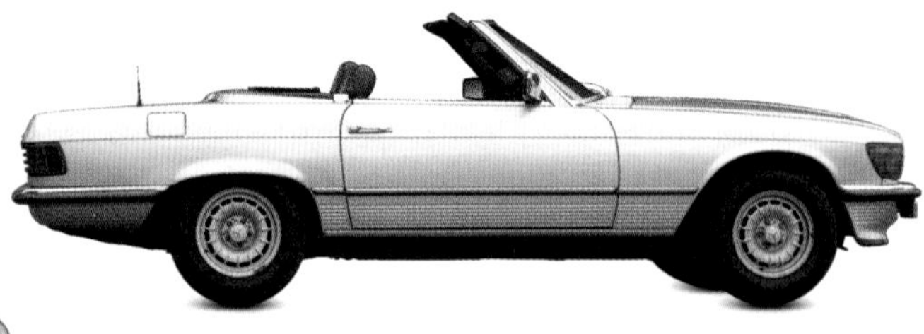

△ **메르세데스벤츠 350SL 1971년**
Mercedes-Benz 350SL 1971
생산지 독일
엔진 3,499cc, 직렬 6기통
최고 속력 203km/h

350SL은 완전 신형으로 탈바꿈하고 1970년대를 맞이했다. 서스펜션 구조는 S 클래스와 같았고 겨울에도 달릴 수 있게 하드톱도 표준 장비로 갖췄다. 강력했고 빨랐으며 멋지고 우아했다.

△ **로터스 엘란 스프린트 1971년**
Lotus Elan Sprint 1971
생산지 영국
엔진 1,558cc, 직렬 4기통
최고 속력 193km/h

콜린 채프먼의 표준 스포츠카를 다섯 번째이자 마지막으로 구현한 엘란 스프린트는 그야말로 최고의 자동차였다. 126마력의 출력으로 도로 주행 능력이 우수했고 5단 기어에, 상징색도 깔끔하고 세련됐다.

◁ **젠센-힐리 1972년**
Jensen-Healey 1972
생산지 영국
엔진 1,973cc, 직렬 4기통
최고 속력 193km/h

유명 스포츠카 디자이너 도널드 힐리와 젠센이 만든 이 로드스터에는 로터스의 트윈캠 DOHC 엔진이 장착됐다. 주행 성능은 흥미진진했지만, 자동차가 가끔씩 변덕을 부리기도 했다.

▽ **마트라-생카 바게라 1973년**
Matra-Simca Bagheera 1973

생산지 프랑스
엔진 1,442cc, 직렬 4기통
최고 속력 177km/h

엔진이 중간에 장착된 이 쿠페는 항공우주 회사가 만들었다. 생카가 제작하는 가족용 자동차량의 엔진과 변속기가 쓰였다. 세 사람이 나란히 앉을 수 있도록 한 좌석 배치와 플라스틱 차체가 흥미롭다.

△ **MGB 1974년**
MGB 1974

생산지 영국
엔진 1,798cc, 직렬 4기통
최고 속력 145km/h

MGB는 1974년부터 고무 범퍼를 붙였다. 이와 함께 서스펜션을 조절해 차고를 높이고 엔진도 개선해 미국 시장의 판매 요건을 맞추었다. 하지만 고무 범퍼 때문에 기운차고 거침없다는 느낌이 무뎌졌다.

△ **MGB GT 1974년**
MGB GT 1974

생산지 영국
엔진 1,798cc, 직렬 4기통
최고 속력 169km/h

MG의 B 로드스터보다 더 공기역학적으로 설계된 이 GT는 최고 속력도 훨씬 더 빨랐다. 뒷문을 들어서 열고 추가로 수하물을 실을 수 있었기 때문에 훨씬 실용적이기까지 했다.

△ **란치아 베타 몬테카를로/스코르피온 1975년** **Lancia Beta Montecarlo/Scorpion 1975**

생산지 이탈리아
엔진 1,756cc, 직렬 4기통
최고 속력 193km/h

엔진을 중간에 장착한 이 원기 왕성한 2인승 자동차는 강철 지붕과 천 지붕 두 가지 형태로 출고됐다. 제동 성능이 형편없어서 문제가 됐고 결국 1978~1980년에 리콜 조치돼, 2리터급으로 재출시됐다.

△ **피아트 X1/9 1972년**
Fiat X1/9 1972

생산지 이탈리아
엔진 1,290~1,498cc, 직렬 4기통
최고 속력 177km/h

X1/9 덕택에 엔진을 중간에 장착한 미드십 스포츠카를 많은 사람이 경험해 볼 수 있었다. 유럽과 미국에서 꾸준히 인기를 모았고 1989년까지 생산됐다. 베르토네가 디자인하고 제작했다.

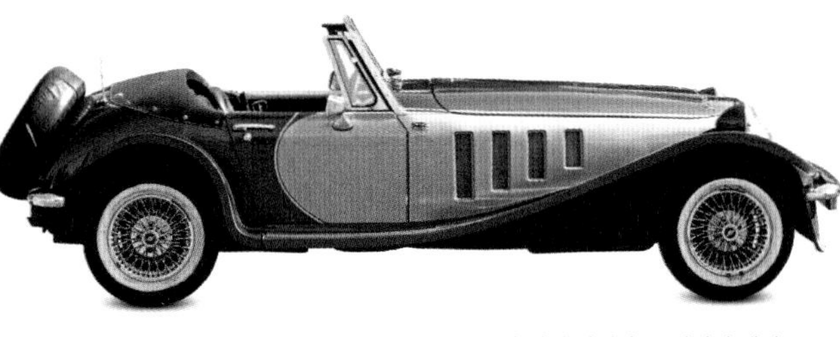

▽ **TVR 3000S 1978년**
TVR 3000S 1978

생산지 영국
엔진 2,994cc, V6
최고 속력 201km/h

TVR가 이 컨버터블을 생산한 것은 사업을 개시하고 30년이 지나서였다. 포드 엔진을 단 3000M 컨버터블 버전은 힘이 좋고 가벼워서 매우 빨랐다.

△ **팬더 리마 1976년**
Panther Lima 1976

생산지 영국
엔진 2,279cc, 직렬 4기통
최고 속력 185km/h

모건 대신 선택할 수 있었던 팬더 리마는 1930년대 로드스터와 생긴 게 비슷했지만 매우 현대적인 운전 경험을 제공했다. 강력한 복스홀 엔진과 유리 섬유 차체 덕에 그것이 가능했다.

NSU 방켈

로터리 엔진

어뢰의 모터를 설계했던 독일인 펠릭스 방켈(Felix Wankel)보다 피스톤 왕복 엔진의 대안을 만들어 내는 데 더 가까이 다가선 기술자도 없을 것이다. 방켈이 설계한 회전자는 작고 가벼우며 진동이 거의 없었다. NSU, 커티스라이트(Curtiss-Wright), 메르세데스벤츠, 롤스로이스, 시트로엥이 전부 이 엔진을 실험했다. 하지만 이 회전자 엔진을 최고의 형태로 완성해 낸 곳은 일본의 마즈다였다.

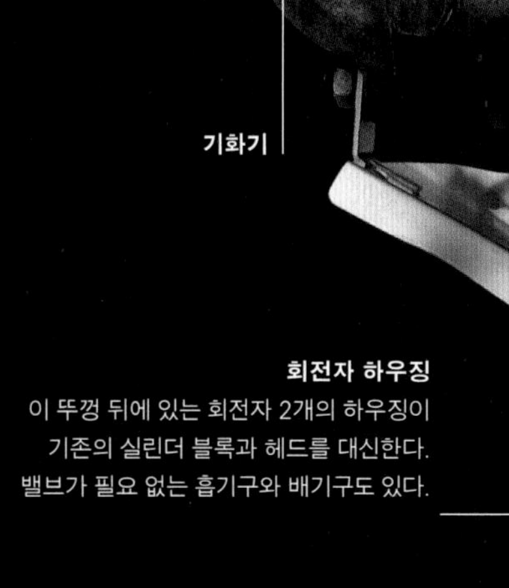

혁명적 엔진

방켈은 피스톤 엔진이 복잡하다며 싫어했다. 상하 왕복 운동을 크랭크축의 회전 운동으로 전환해야 한다는 것도 불만이었다. 방켈이 설계한 회전자는 쓸데없는 절차를 배격하고 단박에 회전 운동을 만들어 냈다. 그는 전통의 2행정 피스톤 엔진처럼, 흡기와 배기를 제어해 주는 밸브와 캠축도 없애고 간단한 구멍으로 대체했다. 방켈 엔진에는 삼각형에 가까운 회전자가 들어 있고 이 부품이 2개의 원이 합쳐져 8자 모양으로 성형된 하우징(housing, 덮개) 안에서 회전한다. 회전자 선단을 밀봉하는 문제는 일찌감치 해결됐다. 하지만 배기 가스와 경제성이 계속 문제시됐고 결국 해결이 불가능한 것으로 판명돼 이 설계안은 폐기되고 만다.

엔진 제원	
생산 시기	1967~1977년
실린더	2개의 회전자와 하우징으로 대체됨
구성	전방 장착, 길이 방향
배기량	1,990cc
출력	5,500rpm에서 113마력
유형	회전자가 2개인 로터리 엔진, 배전 점화 방식, 습식 윤활
상부(헤드)	헤드라는 말을 쓸 수 없음. 밸브는 회전자 하우징의 흡기구 및 배기구로 대체됨. 캠축, 태핏(tappet), 밸브 모두 사라짐.
연료 장치	트윈 솔렉스(Twin Solex) 기화기
내경×행정	적용할 수 없음(실린더 자체가 없기 때문)
최고 출력	리터당 56.8마력
압축비	9.0:1

▷ 엔진 작동 원리는 352~353쪽 참고

방켈은 부활할 수 있을까?

방켈 엔진은 크기가 작고 무게가 가벼우며 부드럽게 작동한다는 특징이 있다. 하지만 이런 공학적 특성들에도 불구하고 방켈 엔진은 성공하지 못했다. 그러나 NSU를 흡수 합병한 아우디가 최근 개발한 전기 자동차 시제품에는 단일 회전자의 소형 방켈 엔진이 들어가 있다. 아우디의 방켈은 바퀴를 구동하지 않고 배터리를 재충전하는 용도로만 쓰인다. 어쩌면 방켈 엔진이 부활할지도 모른다.

새 단장한 쿠페

화려했던 1950년대, 우아한 곡선미가 대세를 이루었던 1960년대는 끝났다. 1970년대는 쐐기꼴, 직선, 각진 형태가 풍미했다. 어떤 차들은 다른 차들보다 더 나아 보였고 언제나 그렇듯이 이탈리아 인 디자이너들이 최고의 심미안으로 최고의 자동차들을 만들었다. 하지만 일본의 디자이너들도 그들에 못지않은 능력을 갖추었음을 보여 줬다.

△ **포드 카프리 RS 3100 1973년**
Ford Capri RS 3100 1973
생산지 영국
엔진 3,093cc, V6
최고 속력 198km/h

일반 도로 주행용 포드 카프리는 사진처럼 억척스럽게 생긴 레이싱카들로 인해 흥미진진하다는 이미지가 유지됐고 계속해서 상당한 판매고를 기록할 수 있었다. 1970년대에 약 75만 대가 팔렸다.

△ **오펠 만타 GT/E 1970년**
Opel Manta GT/E 1970
생산지 독일
엔진 1,897cc, 직렬 4기통
최고 속력 187km/h

스타일이 멋졌고 거의 50만 대가 생산됐음에도 불구하고 지금은 대다수의 만타가 도로에서 사라져 버렸다. 배기량이 1.2~1.9리터인 엔진들을 단 편리한 주행용 자동차였기 때문에 참으로 안타까운 일이다.

▷ **포드 머스탱 III 1978년**
Ford Mustang III 1978
생산지 미국
엔진 4,942cc, V8
최고 속력 225km/h

3세대 머스탱에서 처음으로 4인승 자동차가 시도됐다. 자동차가 커질 수 있었던 것은 포드의 '폭스(Fox)' 플랫폼을 썼기 때문이다. 여러 가지 개선 조치가 거듭되면서 1994년까지 생산됐다.

▽ **쉐보레 몬테 카를로 1970년**
Chevrolet Monte Carlo 1970
생산지 미국
엔진 5,735cc, V8
최고 속력 185km/h

쉐보레가 1970년대를 맞이해 선보인 신형 쿠페 몬테 카를로는 쉐빌보다 컸고 더 호화로웠다. 하지만 상당한 속력을 낼 수 있도록 튜닝하면 스톡카 경주에 내보낼 수 있었다. 쓸모 있는 훌륭한 자동차였다.

△ **재규어 XJ12C 1975년**
Jaguar XJ12C 1975
생산지 영국
엔진 5,343cc, V12
최고 속력 238km/h

브리티시 레일랜드는 XJ6/12에 기원을 둔 이 쿠페를 대대적으로 홍보했다. 1956년 이후 처음으로 메이커가 후원하며 경주에 나설 정도였으니 말이다. 1975년에 브로드스피드(Broadspeed) 사가 개최한 실버스톤(Silverstone) 경주에서 우승을 차지했다.

▷ **닷선 260Z 1973년**
Datsun 260Z 1973
생산지 일본
엔진 2,565cc, 직렬 6기통
최고 속력 201km/h

240~280Z 시리즈는 1970년대에 전 세계에서 가장 많이 팔린 스포츠카였다. 당시에는 생산국이 일본이라는 사실을 믿으려는 사람이 거의 없었다. 아무튼 일본 자동차는 전 세계를 정복할 태세였다.

△ **롤스로이스 코니시 1971년**
Rolls-Royce Corniche 1971
생산지 영국
엔진 6,750cc, V8
최고 속력 193km/h

롤스로이스는 실버 새도에 써 본 모노코크 차체 구조를 2도어 쿠페에 적용했다. 그렇게 탄생한 코니시는 멋들어진 우아함을 과시했다.

◁ **폭스바겐 시로코 GTI 1974년**
Volkswagen Scirocco GTI 1974
생산지 독일
엔진 1,588cc, 직렬 4기통
최고 속력 185km/h

시로코는 조르제토 주지아로가 디자인했고 카르만(Karmann)이 폭스바겐 골프를 기반으로 제작했다. 7년 동안 50만 4200대가 팔렸다. 엔진의 배기량은 1.4리터에서 1.6리터까지 세 종류 있었다.

◁ **뷰익 리비에라 1971년**
Buick Riviera 1971
생산지 미국
엔진 7,458cc, V8
최고 속력 201km/h

사회적 신분이 높다는 걸 알려 주는 뷰익의 이 쿠페는 1970년대를 맞이해 눈이 휘둥그레질 만큼 새로운 외관으로 단장했다. 광각으로 휜 뒷유리는 중앙에서 둘로 나뉘었고 차의 뒷부분, 즉 '엉덩이 부분'도 강조됐다.

△ 알파 로메오 주니어 자가토 1970년
Alfa Romeo Junior Zagato 1970
생산지 이탈리아
엔진 1,290cc, 직렬 4기통
최고 속력 169km/h

자가토의 에르콜레 스파다(Ercole Spada)가 불가능한 일을 해냈다. 알파 로메오 GT 주니어가 그의 손에서 훨씬 매력적인 차로 변모한 것이다. 판매를 방해하는 요소는 가격뿐이었다.

△ 마세라티 키알라미 4.9 1976년
Maserati Kyalami 4.9 1976
생산지 이탈리아
엔진 4,930cc, V8
최고 속력 257km/h

알레한드로 데 토마소는 마세라티를 인수하고 기아가 디자인한 1972년 모델 롱샹(Longchamp)을 키알라미로 개조했다. 마세라티의 강력한 V8 엔진을 단 차종을 고를 수도 있었다.

◁ 란치아 감마 쿠페 1976년
Lancia Gamma Coupé 1976
생산지 이탈리아
엔진 2,484cc, 수평 대향 4기통
최고 속력 201km/h

피닌파리나가 디자인한 빼어난 2도어 차체가 란치아의 큼직한 감마 세단으로 탈바꿈했다. 기계적으로도 정교해 많은 이가 탐을 냈다.

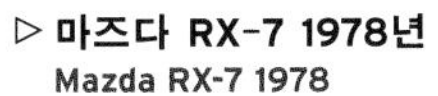

▷ 마즈다 RX-7 1978년
Mazda RX-7 1978
생산지 일본
엔진 2,292cc, 2회전자 방켈 엔진
최고 속력 188km/h

마즈다는 로터리 엔진을 시판차에 다는 데 성공했다. 독일 메이커 NSU는 실패한 바 있었다. RX-7은 7년 동안 57만 500대가 팔렸다.

△ 포르쉐 911S 2.2 1970년
Porsche 911S 2.2 1970
생산지 독일
엔진 2,195cc, 수평 대향 6기통
최고 속력 232km/h

포르쉐는 1970년대에 911의 뒷바퀴를 뒤로 5.5센티미터 옮기는 조치를 단행해 이 차의 조종성을 향상시켰다. 연료 분사 방식을 채택한 911S는 그렇게 향상된 조종성을 충분히 활용할 수 있는 차였고 슈퍼카나 다름없었다.

◁ 포르쉐 924 1976년
Porsche 924 1976
생산지 독일
엔진 1,984cc, 직렬 4기통
최고 속력 201km/h

순수주의자들은 폭스바겐의 밴에 들어가던 엔진을 넣은 자동차를 포르쉐로 인정하지 않는다. 하지만 엔진을 앞에 넣은 924는 베스트셀러 자동차였고 포르쉐는 소수의 추종자 그룹 밖으로 시장을 확대할 수 있었다.

△ 포르쉐 911T 2.4 타르가 1972년
Porsche 911T 2.4 Targa 1972
생산지 독일
엔진 2,341cc, 수평 대향 6기통
최고 속력 206km/h

포르쉐는 신선한 공기를 쐬면서 운전을 즐길 수 있도록 타르가를 출시했다. 전복에 대비한 보호 뼈대가 설치됐음은 물론이다. 타르가는 무거워서 911 쿠페보다 스포츠카로서의 능력은 떨어졌지만 시장은 이 차를 반겼다.

△ 스즈키 SC100 쿠페 1978년
Suzuki SC100 Coupé 1978
생산지 일본
엔진 970cc, 직렬 4기통
최고 속력 122km/h

스즈키는 엔진을 뒤에 장착한 일명 이 '신동(神童)'을 89만 4000대 팔았다. SC100은 네 사람이 타기에는 비좁았고 성능도 별로였지만 생긴 게 예뻤던 까닭이다. 그에 비하면 미니는 더 널찍했고 빨랐으며 날렵했다.

미국 항공 우주국의 월면차, 1971년
아폴로 계획에서 만들어진 4대의 월면차(Lunar Roving Vehicle, LRV)에는 알루미늄 뼈대, 티타늄 바퀴, 그리고 촬영 영상 송신용 안테나도 달렸다. 3대가 달에 갔고 오늘날에도 그 자리에 있을 것이다.

페르디난트 포르셰와 폭스바겐의 시제품

위대한 브랜드

폭스바겐 이야기

폭스바겐은 수수한 비틀(Beetle)을 들고 1937년에 시장에 뛰어들었다. 비틀은 항상 베스트셀러 자동차였고 폭스바겐은 이후로 다양한 제품과 브랜드를 보유한 유럽 최대의 자동차 그룹으로 성장했다. 대량 판매 시장 품목인 슈코다와 세아트는 물론 고급 브랜드인 아우디, 부가티, 벤틀리, 람보르기니가 모두 폭스바겐 소유다. 2012년에는 심지어 포르쉐와 이탈리아의 모터사이클 브랜드인 두카티까지 식구로 받아들였다.

폭스바겐(Volkswagen)은 '국민차'를 뜻하는 독일어다. 히틀러는 독일 인민이 자동차를 두루 사용하는 미래상을 꿈꿨고 곧 바로 회사가 설립됐다. 히틀러는 이 구상을 1932년에 제시했고 1934년 유명한 자동차 엔지니어 페르디난트 포르셰가 실물을 설계한다. 일명 Kdf-바겐(Kdf-Wagen)이라고 하는 차였다. 포르셰와 에르빈 코멘다 (Erwin Komenda)가 설계한 프로토타입 차량들은 1938년부터 달리기 시작했고 체코의 자동차 메이커 타트라의 제품들과 비슷한 점이 많았다. 타트라가 폭스바겐을 고소한 것은 이 때문이다.(타트라는 몇 년 후 보복을 당한다.)

폭스바겐 배지
(1938년 도입)

제2차 세계 대전 발발 전이라 양산형 폭스바겐의 제작 대수는 몇 대 안 됐다. 당연히 전쟁 중에는 설계안이 변경 적용돼, 군용 차량을 생산하는 데 활용됐다. 수륙 양용 차량인 슈빔바겐(Schwimmwagen)이 대표적이다. 폭스바겐 공장은 1945년 미국의 통제를 받다가, 곧이어 영국 관할로 넘어갔다. 기존 자동차 메이커 가운데 흥미롭기 짝이 없는 이 독일산 자동차의 미래가 창대하리라는 것을 내다본 회사는 단 하나도 없었다. 기본 차대는 매우 단순했고 엔진은 공랭식인데다 뒤에 장착됐으며 현가 장치로는 토션바를 썼으니 참으로 특이했다. 영국 육군 장교인 아이반 허스트(Ivan Hirst) 소령이 전쟁으로 파괴된 공장을 재건했고 마침내 폭스바겐이 생산되기에 이른다. 독일 주둔 영국군이 2만 대를 주문했고 머잖아 생산 속도가 1개월에 1,000대를 기록했다. 가용 노동력과 물자의 수급이 원활해지면서 출고 대수는 더욱 늘었고 1947년부터는 수출이 개시됐다. 두 번째 모델인 타입 2 밴은 1950년에 출시됐다. 폭스바겐의 자동차와 밴은 1955년경에 100만 대 이상 제작된다.

단순하고 믿을 수 있으며 가격이 싼 점은 폭스바겐의 커다란 미덕이었다. 유럽은 전쟁의 참화를 딛고 재건을 위해 분투 중이었고 폭스바겐은 그런 시대에 안성맞춤인 자동차였다. 폭스바겐은 미국에서마저 성공을 거두었다. 폭스바겐을 추종하는 무리는 기성 체제와 유행에 도전한다는 생각으로 이 자동차를 구매했다. 광고 대행사인 도일 데인 번바흐(Doyle Dane Bernbach)가 제작한 옛날 광고들을 보면, 많은 미국인이 폭스바겐의 약점이라고 생각할 수도 있었던 요소들, 곧 작은 크기, 4기통 엔진, 드물게만 이루어지는 디자인 변경 등을 거꾸로 긍정적인 장점으로 부각시켰음을 알 수 있다. 별명으로 더 유명한 '비틀'은 큰 성공을 거두었지만, 역설적이게도 폭스바겐은 나중에 이 성공 때문에 거의 몰락할 뻔했다. 폭스바겐은 1960년대 내내 비틀과 그 파생 상품에 의존했고 기술 발달과 생활 수준 향상 등 사회의 변화상을 등한시했기 때문이다. 전후 독일은 호황을 구가하고 있었다. 독일에서는 비틀 해치백 생산이 1978년 종료됐고 카브리올레

캠핑용 폭스바겐
타입 2 캠퍼 밴(Type 2 Camper Van)은 히피, 서퍼, 일반 가족 사이에서 인기가 많았다. 도로가 선사하는 자유와 가정에서 기대할 수 있는 기본적인 안락함을 모두 누릴 수 있었다.

> **"정말이지 나한테 간략하게라도 설명을 해 준 사람이 아무도 없었다. 그냥 가서 하라는 이야기만 들었을 뿐이다."**
>
> — 제2차 세계 대전 종전 후 폭스바겐의 생산 활동을 재편한 영국 장교 아이반 허스트 소령

비틀(타입 1)

1932 히틀러, 국민차 보급 계획을 처음 구상하다.
1934 페르디난트 포르셰, Kdf-바겐을 설계하다.
1938 폭스바겐 최종 견본들이 공개되다. 하지만 제2차 세계 대전 직전이라 제작된 차는 거의 없었다.
1945 폭스바겐 공장, 영국의 육군 소령 이반 허스트의 감독 아래 생산을 재개하다.
1950 폭스바겐 타입 2가 출시되다. 폭스바겐 타입 2는 비틀, 즉 타입 1에 기초한 밴이다.
1955 100만 번째 폭스바겐이 볼프스부르크 공장에서 출고되다.

콤비(타입 2 밴)

1965 폭스바겐, 다임러벤츠로부터 아우토 우니온을 매입하다. 아우디, DKW, 호르흐, 반더러 브랜드가 전부 폭스바겐 소유가 되다.
1969 폭스바겐, NSU를 인수하다. NSU의 미출시 세단이 폭스바겐 K70으로 출시되다.
1974 폭스바겐, 시로코와 골프를 출시하다. 1975년에는 폴로가 나오다. 이것은 현대적 감각의 수랭식 전륜 구동차들로 비틀을 대체하려는 일련의 시도의 마무리이기도 했다.

시로코

1975 골프 GTI, 뜻밖의 대성공을 거두다. 골프 차종이 대종을 이루다.
1978 독일에서 비틀 생산이 종료되다. 브라질과 멕시코에서는 계속 생산된다.
1990 폭스바겐, 과거에 피아트와 기술 협력을 했던 스페인 자동차 메이커인 세아트를 인수하다.
1998 폭스바겐, 람보르기니와 벤틀리를 인수하다. 부가티의 상표권도 매입하다.
1999 폭스바겐, 체코의 자동차 슈코다를 인수하다.

골프 랠리

2000 폭스바겐, 프랑스 도를리상의 샤토생장에 부가티 오토모빌 SAS를 세우다.
2003 오리지널 비틀이 멕시코에서 마침내 생산을 종료하다. 전 세계적으로 2100만 대 이상 제작됐다.
2010 폭스바겐이 포르쉐와 합병하다.
2016 2세대 티구안 SUV가 세계적으로 인기를 끌다.
2019 중국 시장을 위한 제타 브랜드가 출범하다.
2020 ID.3가 새로운 전기차 제품군의 시발점이 되다.

(cabriolet, 컨버터블 모델)는 1980년까지 계속 출고됐다. 그 후 비틀의 생산 기지는 브라질과 멕시코로 이전했다. 두 나라에서는 여전히 비틀이 잘 나갔다.

비틀은 결국 골프(Golf)와 폴로(Polo)로 대체된다. 두 차종은 새로웠고 1970년대 중반에 처음 등장한 전륜 구동 해치백이었다. 폭스바겐에는 K70과 파사트(Passat) 해치백처럼 다른 전륜 구동 방식 차량도 있었다. 하지만 처음이자 직접적으로 비틀을 대체한 차종은 골프와 폴로였다. 골프의 출시는 시기적절했다. 유럽과 미국의 구매자들이 1970년대 초반 석유 파동을 겪고서 소형차로 갈아타고 있었기 때문이다. 골프가 폭스바겐의 핵심 모델로 떠올랐다. 골프 GTI가 놀라운 성공을 거두면서 폭스바겐의 이미지가 개선됐다는 것도 기억해 둬야 할 사실이다. 폭스바겐의 몇몇 기술자들이 개발한 GTI는 사실 주력 프로젝트도 아니었다. 연료 분사 방식을 채택하고 1975년 출고된 GTI는 기껏해야 수천 대 팔릴 것으로 예상됐다. 그러나 뚜껑이 열리자 속도, 조종성, 실용성, 현대적 감각의 디자인이 결합된 GTI에 고객들은 열광했다. 이후 수십 년간 GTI 모델들이 골프 라인의 핵심 차종으로 자리를 잡는다.

새로운 차 속의 복고 취향
뉴 비틀을 보고 있노라면 비틀의 디자인이 떠오른다. 하지만 뉴 비틀은 원래의 비틀과 달리 엔진이 앞에 장착된데다 전륜 구동 방식을 채택했다.

폭스바겐은 1980년대와 1990년대에 사업을 확장했다. 유럽 제일의 자동차 메이커 가운데 하나로 성장한 폭스바겐은 중국에서 합작 투자를 개시했고 1989년 베를린 장벽 붕괴 이후로는 생산 비용을 낮추기 위해 동유럽에 제조 공장을 세웠다. 폴로, 골프, 파사트 라인은 후속 모델을 발표하면서 기술적으로 더욱 정교하고 세련돼졌다. 폭스바겐은 종전의 V형 엔진보다 부피가 작아 무게 중심을 집중시킬 수 있는 협각 5기통 및 6기통 엔진이나 2003년에 채택된 DSG 트윈클러치 변속기(DSG twin-clutch transmission) 등의 혁신을 통해 잘 설계된, 믿을 수 있는 제품을 내놓는다는 명성을 확고히 했다.

폭스바겐의 제품군은 새로운 시장 부문으로 확대됐다. 1998년에 소형차 루포(Lupo)가 출시됐다. 루포의 특별판인 3L도 있었다. 3L 모델에 장착된 1.2리터급 터보 디젤 엔진은 3리터로 100킬로미터 이상을 주파하는 놀라운 연비를 자랑했다. 2002년 공개된 페이튼(Phaeton) 리무진도 주목할 만하다. 여기에는 6.0리터급의 강력한 W12 엔진(협각 VR6 엔진 2개가 합쳐진 것)이나 5.0리터급의 탁월한 V10 디젤 엔진이 얹혔다. V10 디젤의 경우 2002년 출시된 투아렉(Touareg) SUV에도 사용되고 있다. 1998년에 공개된 뉴 비틀(New Beetle)은 많은 논쟁을 불러일으켰다. 비평가들은 디자인 빼고는 원래의 비틀과 닮은 점이 하나도 없다고 주장했다. 그러나 뉴 비틀은 틈새 시장을 파고들며 성공을 거두었다.

페르디난트 포르셰의 손자 페르디난트 피에히(Ferdinand Piëch)가 회사를 이끌면서 1998년 람보르기니와 부가티를 인수했다. 폭스바겐은 같은 해에 롤스로이스와 벤틀리도 사 버렸다. 하지만 롤스로이스라는 브랜드 명칭을 사용할 수 있는 권한을 확보하는 데는 실패한다. (이것은 BMW 차지가 된다.) 폭스바겐은 자신들은 벤틀리만 원했다고 주장했다. 하지만 세간에서는 폭스바겐이 기회를 놓쳐 버린 것으로 보았다.

2009년에 포르쉐는 대담하게 폭스바겐 인수 입찰에 나섰지만, 2011년에 우호적인 합병이 합의됐다. 그 사이 신형 시로코, 파사트 CC, 5세대 폴로, 도시형 차 업! 등 우수한 차들과 더불어 폭스바겐의 거침없는 신제품 공세가 이어졌다. 핵심 모델인 골프를 꾸준히 개선하면서, 회사는 FAW와의 협력 관계를 통해 중국에서 사업을 확장했으며 2020년에는 순수 전기차 ID 제품군을 출시했다.

고성능 해치백, 핫 해치
최초의 '핫 해치(hot hatch)' 중 하나인 골프 GTI는 레이스의 단골손님이었다. 프란츠 비트만(Franz Wittmann)과 마티아스 펠츠(Matthias Feltz)가 1986년 몬테카를로 랠리에서 GTI로 질주했다.

머슬 카

미국의 메이커들은 1960년대 말에 고성능 차량에 도취됐다. 무지막지한 힘을 내기 위해 강력한 V8 엔진이 장착됐고 연료 효율은 희생됐다. 평범하고 단조로웠을 쿠페, 하드톱, 컨버터블 들이 새롭게 거듭났다. 가공할 힘을 뽐내는 차들을 도로에서 운전하는 경험은 흥분되고 신나는 일이기도 했다. '머슬 카(muscle car)'의 전성기는 1970년이었고 이후로는 석유 위기가 계속되면서 출력이 대폭 감소했다.

△ **플리머스 로드러너 슈퍼버드 1970년**
Plymouth Road-Runner Superbird 1970
생산지 미국
엔진 7,213cc, V8
최고 속력 209km/h

슈퍼버드는 도로 주행이 가능하다고 인정받은 나스카 레이싱 카였다. 텔레비전 만화 영화 캐릭터인 로드러너(Road-Runner)가 광고를 했다. (후미를 보라.) 날개까지 단 이 자동차는 딱 1,900대 제작됐다.

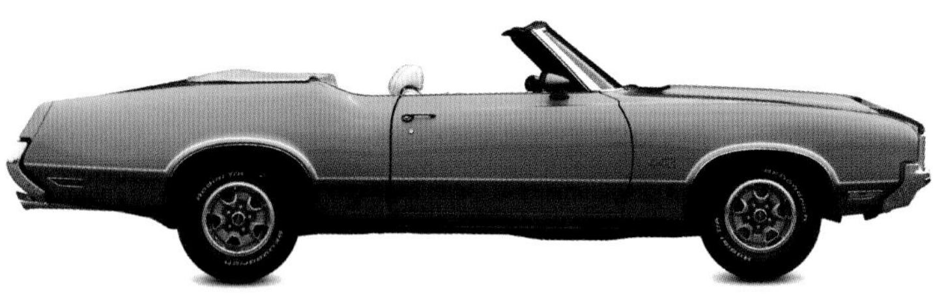

△ **올즈모빌 442 1970년**
Oldsmobile 442 1970
생산지 미국
엔진 7,456cc, V8
최고 속력 193km/h

442는 1964년에 출시됐다. 442라는 숫자는 4개의 기화기, 4단 기어, 2개의 배기관을 의미했다. 1968년부터 1972년까지는 독립형 모델로 생산됐다.

▷ **플리머스 헤미 쿠다 1970년**
Plymouth Hemi 'Cuda 1970

생산지 미국
엔진 7,210cc, V8
최고 속력 209km/h

쿠다는 그렇잖아도 큰 플리머스 바라쿠다 시리즈의 정점이었다. 실린더 헤드가 반구형으로 성형된 크라이슬러의 V8 엔진이 최대 425마력까지 낼 수 있었다.

▽ **폰티액 파이어버드 트랜스 앰 1973년**
Pontiac Firebird Trans Am 1973
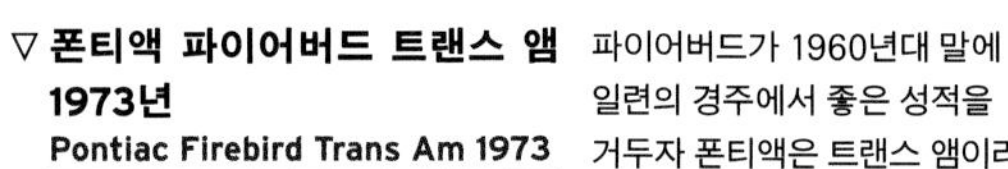
생산지 미국
엔진 7,459cc, V8
최고 속력 212km/h

파이어버드가 1960년대 말에 일련의 경주에서 좋은 성적을 거두자 폰티액은 트랜스 앰이라는 이름을 추가했다. 커다란 보닛 위에 불사조를 그린 전사 스티커를 달고 있는 경우가 많았다.

△ **폰티액 트랜스 앰 1975년**
Pontiac Trans Am 1975
생산지 미국
엔진 6,556cc, V8
최고 속력 190km/h

파이어버드가 새 단장을 하고 폰티액 트랜스 앰으로 거듭났다. 앞부분이 길어졌고 뒷유리를 키웠다. 배기 가스 기준이 강화되면서 출력이 185마력으로 감소했지만 레이스에서는 여전히 막강한 경쟁자였다.

◁ **닷지 챌린저 R/T 440 1970년**
Dodge Challenger R/T 440 1970
생산지 미국
엔진 6,276cc, V8
최고 속력 183km/h

실용적인 이 하드톱 쿠페는 최고로 인기를 구가하던 머스탱과 맞서기 위해 전자식 액셀러레이터를 채택했고 그로 인해 더욱 재미있는 자동차가 됐다. 선택 사양인 7.2리터급 엔진을 달면 출력이 300마력에서 385마력으로 대폭 증가했다.

▷ **머큐리 쿠거 1973년**
Mercury Cougar 1973
생산지 미국
엔진 7,030cc, V8
최고 속력 201km/h

머큐리 쿠거는 1970년대 한때 포드의 고출력 사양을 선도했다. 390마력의 XR-7이 대표적이다. 머스탱과 아주 흡사했다.

▷ **포드 머스탱 마하 1 1972년**
Ford Mustang Mach 1 1972
생산지 미국
엔진 5,753cc, V8
최고 속력 209km/h

1970년대를 장식한 궁극의 머스탱으로 크기도 가장 컸다. 제임스 본드 시리즈 7탄 「다이아몬드는 영원히」에 등장해 두 바퀴로 달리는 묘기를 보여 줬다.

◁ **포드 팰컨 XA 하드톱 1972년**
Ford Falcon XA hardtop 1972
생산지 오스트레일리아
엔진 5,673cc, V8
최고 속력 257km/h

이 GT-HO 버전이 오스트레일리아의 레이스 트랙을 쑥대밭으로 만들었다. 이 자동차의 최대 속력이 시속 257킬로미터라는 사실이 알려지자 사람들은 이 나라의 도로에서 우주 전쟁이라도 일어날 것처럼 격렬하게 반응했다. 일명 "슈퍼카의 슈퍼 공포(Supercar Superscare)"라는 것이었다.

▽ **MGB GT V8 1973년**
MGB GT V8 1973
생산지 영국
엔진 3,528cc, V8
최고 속력 201km/h

GT의 경량 합금 로버 V8 엔진은 기존의 4기통 MGB 엔진보다 18킬로그램 더 가벼웠고 이 특징은 민첩함 증가로 이어졌다. 그러나 영국의 머슬 카 생산 시도는 일찍 끝나고 만다.

△ **쉐보레 카마로 1966년**
Chevrolet Camaro 1966
생산지 미국
엔진 6,489cc, V8
최고 속력 219km/h

카마로는 포드의 머스탱에 대한 쉐보레의 대응이었다. 가장 큰 V8 엔진이 얹혔고 동력 계통이 믿을 만했으며 전기 장치로 가속을 한 카마로 덕택에 '포니 카'는 그 목록이 더 다양해졌다.

▷ **쉐보레 카마로 SS 396 1972년**
Chevrolet Camaro SS 396 1972
생산지 미국
엔진 6,588cc, V8
최고 속력 193km/h

240마력의 V8 엔진은 SS의 인기 있는 선택 사양이었다. 1970년형으로 디자인을 바꾼 이 카마로는 오염 물질을 너무 많이 방출해서 캘리포니아에서 판매가 금지됐다.

△ **쉐보레 노바 SS 1971년**
Chevrolet Nova SS 1971
생산지 미국
엔진 5,736cc, V8
최고 속력 172km/h

소형의 노바 SS 시리즈 가운데서 가장 빨랐던 1971년형은 정지 상태에서 시속 100킬로미터까지 가속하는 데 6초도 걸리지 않았다. 휠스핀이 엄청났고 운전이 힘들다는 특성으로 마초적 매력을 뿜냈다.

▽ **쉐보레 콜벳 1980년**
Chevrolet Corvette 1980
생산지 미국
엔진 5,733cc, V8
최고 속력 201km/h

미국의 다른 스포츠카들처럼 1970년대에 나온 콜벳도 배기 가스 규제가 엄격해지면서 노골적으로 성능을 과시하던 관행을 포기했다. 1980년에 출시된 이 모델 역시 출력이 190마력으로, 꽤 얌전했다.

출력 제한 시대의 레이싱 카

1970년대 들어서는 각급 자동차 경주에서 출력을 제한해야만 한다는 사실이 명백해졌다. 많은 자동차가 시속 322킬로미터를 넘길 수 있었는데, 그 이상의 속도로 달리다가 지면에서 이륙하는 불상사를 막기 위해서였다. 터보차저 기술이 발전했고 속도가 계속해서 증가했기 때문에 대회 규정을 정하는 사람들은 정신을 바짝 차리고 경계 태세를 늦춰서는 안 됐다.

▽ **티렐-코스워스 001 1970년**
Tyrrell-Cosworth 001 1970
생산지 영국
엔진 2,993cc, V8
최고 속력 306km/h

켄 티렐의 자동차단은 마트라가 세웠다. 데릭 가드너(Derek Gardner)가 영입돼, 완전히 새로운 자동차를 설계했고 티렐이란 이름도 불멸의 지위를 획득했다. 이 레이싱 카는 1970년 말에 엄청난 잠재력을 보여 줬다.

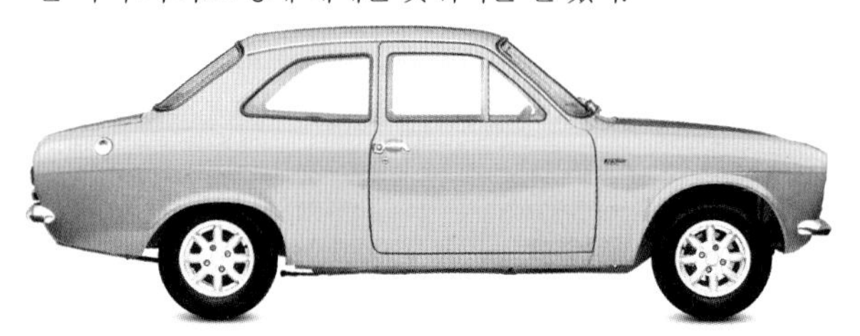

△ **포드 에스코트 RS1600 1970년**
Ford Escort RS1600 1970
생산지 영국
엔진 1,599cc, 직렬 4기통
최고 속력 182km/h

포드의 기본 엔진을 발전시킨 코스워스 BDA 16-밸브 DOHC 엔진을 얹은 RS1600은 성공적인 랠리/레이스 카였다. 약 1,000대 제작됐다.

▷ **미라지-코스워스 GR7 1972년**
Mirage-Cosworth GR7 1972
생산지 영국
엔진 2,993cc, V8
최고 속력 322km/h

1972년형 미라지 M6은 코스워스 DFV(Cosworth DFV) 엔진이 장착된 첫 차로, 한 스포츠카 챔피언십에서 우승을 차지했다. 미라지 M6은 GR7로 개량됐고 1974년 르망 경주에서 4위를 차지했다.

△ **티렐-코스워스 002 1971년**
Tyrrell-Cosworth 002 1971
생산지 영국
엔진 2,993cc, V8
최고 속력 314km/h

켄 티렐(Ken Tyrrell)의 레이싱 팀은 본격적인 F1 제작 회사로 첫 발을 내디딘 해에 놀랍게도 '더블'을 달성했다. 팀 타이틀과 드라이버 타이틀 2개를 모두 거머쥔 것이다. 운전자는 재키 스튜어트(Jackie Stewart)였다.

◁ **롤라-코스워스 T500 1978년**
Lola-Cosworth T500 1978
생산지 영국
엔진 2,650cc, V8
최고 속력 338km/h

인디애나폴리스에서 활약한 레이싱 카들은 당대의 F1 자동차들보다 더 빨랐다. 바깥쪽으로 갈수록 경사진 타원형 경주로가 높은 속도를 감당할 수 있었기 때문이다. 1978년 인디 500(Indy 500)에서 우승을 차지한 T500 터보의 기록은 시속 260 킬로미터였다.

◁ **브래범-코스워스 BT44 1974년**
Brabham-Cosworth BT44 1974
생산지 영국
엔진 2,993cc, V8
최고 속력 322km/h

고든 머리(Gordon Murray)가 이 BT44를 설계했다. 아주 깨끗한 선들은 고속 주행 중인 차가 공중으로 떠오르는 현상을 막기 위한 것이다. 1974년 그랑프리 대회를 여러 번 석권했다.

▽ **로터스 72 1970년**
Lotus 72 1970
생산지 영국
엔진 2,993cc, V8
최고 속력 319km/h

콜린 채프먼과 모리스 필립(Maurice Philippe)이 들고 나온 72는 디자인이 혁명적이었다. 쐐기꼴로 공기 역학적 특성을 향상시켰고 라디에이터는 차체 양 옆에 꼬투리 모양으로 달았으며 운전자 머리 위쪽으로 공기를 흡입케 했다.

△ **로터스 79 1977년**
Lotus 79 1977
생산지 영국
엔진 2,993cc, V8
최고 속력 330km/h

공기 역학적 효과를 최대한으로 이용한 첫 번째 F1 머신이다. 로터스 79는 지면에 빨려들어 가듯 바짝 붙어 달렸고 코너에서도 최대한의 접지 성능을 발휘했다.

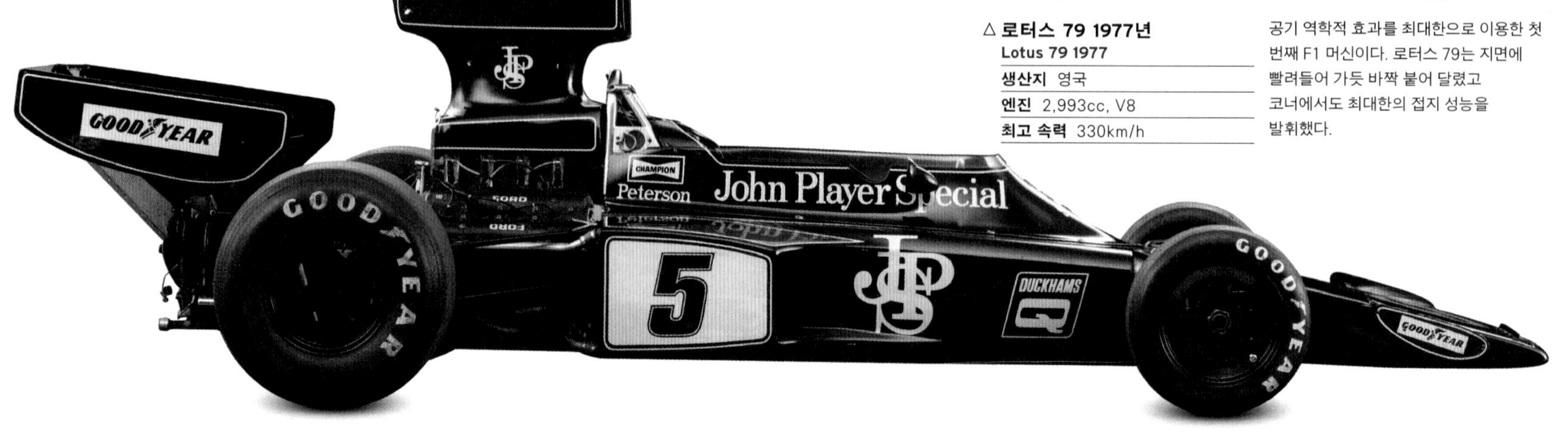

△ **포르쉐 917/10 1971년**
Porsche 917/10 1971
생산지 독일
엔진 4,998cc, 수평 12기통
최고 속력 343km/h

포르쉐는 917로 1970년과 1971년에 처음으로 르망에서 우승을 차지했다. 917/10은 캔암 챌린지(CanAm Challenge)에 대비해 터보차저를 달았다. 펜스크 레이싱(Penske Racing) 팀은 1972년에 850마력의 917/10을 앞세워 우승을 차지했다.

▽ **포르쉐 936/77 1977년**
Porsche 936/77 1977
생산지 독일
엔진 2,142cc, 수평 대향 6기통
최고 속력 349km/h

재키 익스가 1977년 르망에서 이 936을 타고 거의 혼자 힘으로 우승을 거머쥔 사건은 참으로 눈부셨다. 그는 1976년에도 936을 타고 우승을 차지했으며(월드 스포츠카 챔피언십에서도 우승한다.) 1981년에 다시금 우승을 한다.

△ **마트라-생카 MS670B 1972년**
Matra-Simca MS670B 1972
생산지 프랑스
엔진 2,993cc, V12
최고 속력 338km/h

마트라는 1950년 이래 르망을 제패하는 프랑스 최고의 자동차 메이커가 되고자 했다. 앙리 페스카롤로(Henri Pescarolo)가 MS670B를 타고 1972년, 1973년, 1974년 3년 연속으로 우승을 차지하면서 비로소 그 목표가 달성됐다.

△ **서티스-하트 TS10 1972년**
Surtees-Hart TS10 1972
생산지 영국
엔진 1,975cc, 직렬 4기통
최고 속력 241km/h

세계 챔피언 존 서티스는 유럽 포뮬러 2(European Formula 2)에서 우승하기 위해 레이싱 카 제작자로 변신했다. 마이크 헤일우드(Mike Hailwood)가 이 TS10을 운전했다.

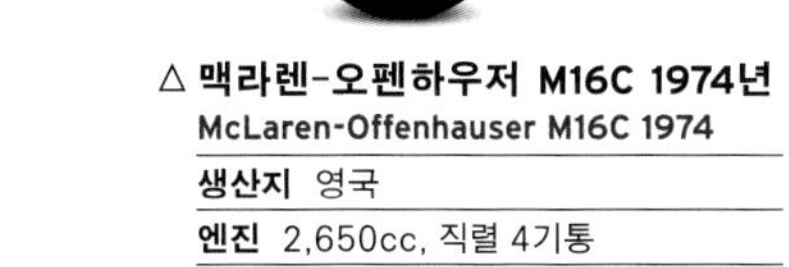

△ **맥라렌-오펜하우저 M16C 1974년**
McLaren-Offenhauser M16C 1974
생산지 영국
엔진 2,650cc, 직렬 4기통
최고 속력 330km/h

맥라렌은 인디애나폴리스 500에서 세 차례 우승했다. 1974년 두 번째 우승 때 조니 러더퍼드(Johnny Rutherford)가 이 M16C를 몰았다. 참가한 차 거의 모두가 770마력의 '오피(Offy)' 엔진을 장착했다.

△ **알파 로메오 티포 33 TT12 1975년**
Alfa Romeo Tipo 33 TT12 1975
생산지 이탈리아
엔진 2,995cc, 수평 12기통
최고 속력 322km/h

알파 로메오는 낡아 가는 T33에 신형 48밸브 엔진을 장착했고 차체 측면은 평평하게 만들었으며 뒤에는 거대한 스포일러를 달았다. T33은 월드 스포츠카 챔피언십에서 무난하게 우승했다.

◁ **르노 RS10 1979년**
Renault RS10 1979
생산지 프랑스
엔진 1,496cc, V6
최고 속력 346km/h

장피에르 자부이에(Jean-Pierre Jabouille)는 투지가 넘쳤고 덕분에 터보차저를 단 차로는 처음으로 그랑프리 우승을 차지했다. 이로써 출력이 1,500마력에 육박하는 시대가 열렸다.

▷ **쉐보레 노바 나스카 1979년**
Chevrolet Nova NASCAR 1979
생산지 미국
엔진 5,817cc, V8
최고 속력 322km/h

나스카는 경주 규칙이 엄격했다. 레이싱 카 차대에 일반 차량의 모습을 본 딴 실루엣 차체(silhouette body)를 씌워야 한다는 것도 그중 하나였다. 데일 언하트(Dale Earnhardt)는 1979년(폰티액 차체)과 1985년(쉐보레 차체)에 이 차로 경주에 참가했다.

해치백

가족용 소형 세단의 뒤쪽에 위로 여는 문을 달자는 생각을 처음 한 것은 이탈리아 디자이너들이었다. 화물 적재의 관점에서 볼 때 혜택이 매우 크다는 사실을 깨달았던 것이다. 과거에는 몇몇 이국적인 패스트백 쿠페에서나 이런 스타일을 볼 수 있었다. 오스틴 A40 파리나 같은 자동차들이 이미 1960년대에 그런 방향을 제시했었다. 전 세계의 자동차 메이커들은 1970년대에 더욱더 많은 해치백을 내놓았다.

▷ **오스틴 맥시 1750 1969년**
Austin Maxi 1750 1969
생산지 영국
엔진 1,748cc, 직렬 4기통
최고 속력 156km/h
알렉 이시고니스의 공간 확보 능력이 최대한으로 발휘된 자동차가 맥시이다. 그는 가로 배치 엔진과 하이드로래스틱 서스펜션을 채택했다. 널찍한 세단으로 1970년대 내내 아주 잘 팔렸다.

▷ **포드 핀토 1971년**
Ford Pinto 1971
생산지 미국
엔진 1,993cc, 직렬 4기통
최고 속력 169km/h
포드는 1970년 문이 둘인 소형차 핀토를 내놓았다. 그리고 6개월 뒤 3도어 해치백이 나왔다. 영국산 1,600시시나 독일산 2,000시시 엔진을 달았고 4단 기어를 채택했다.

△ **쉐보레 베가 1970년**
Chevrolet Vega 1970
생산지 미국
엔진 2,286cc, 직렬 4기통
최고 속력 153km/h
쉐보레가 1970년대를 맞이해 완전히 새롭게 선보인 이 소형 자동차(sub-compact)는 최신형이면서도 전통적이었다. OHC 알루미늄 엔진에 3단 수동 기어였던 것이다. 베가는 출고 첫해에 27만 4699대가 팔렸다.

◁ **혼다 어코드 1976년**
Honda Accord 1976
생산지 일본
엔진 1,599cc, 직렬 4기통
최고 속력 151km/h
어코드는 해치백 형태로만 출고되다가 1978년에야 세단이 나왔다. 수동 5단 기어가 장착된 매우 정교한 자동차로, 혼다매틱(Hondamatic) 변속기는 선택 사양이었다.

▷ **릴라이언트 로빈 1973년**
Reliant Robin 1973
생산지 영국
엔진 848cc, 4기통
최고 속력 129km/h
플라스틱 차체의 이 3륜차는 석유 위기가 한창이던 1970년대에 영국에서 큰 인기를 누렸다. 가벼워서 경제성이 탁월했고 오토바이 면허만으로도 운전이 가능했다.

△ **AMC 페이서 1975년**
AMC Pacer 1975
생산지 미국
엔진 3,802cc, 직렬 6기통
최고 속력 148km/h
페이서는 길이가 짧았고 폭은 넓었다. AMC가 1970년에 선구적으로 개발한 해치백 그렘린을 더욱 개량한 제품이었다. 둥글둥글한 차체는 당대 차량의 상자 모양들과 또렷하게 대비됐다.

▷ **AMC 그렘린 1970년**
AMC Gremlin 1970
생산지 미국
엔진 3,258cc, 직렬 6기통
최고 속력 153km/h
미국 최초의 이 소형차는 뒤가 비좁았고 칼럼시프트 형 3단 기어가 장착됐다. V8 모델이 인기가 많기는 했지만 유럽에서 생산된 수입차들은 별다른 위협을 받지 않았다.

◁ **폭스바겐 파사트 1973년**
Volkswagen Passat 1973
생산지 독일
엔진 1,470cc, 직렬 4기통
최고 속력 158km/h
폭스바겐 최초의 전륜 구동차 가운데 하나였다. 파사트(Passat, 독일어로 무역풍)는 아우디 80에 바탕을 두었고 주지아로가 디자인했다. 빠르고 현대적이었으며 세련됐다. 1980년까지 180만 대가 팔렸다.

◁ **폭스바겐 골프 GTI 1975년**
Volkswagen Golf GTI 1975
생산지 독일
엔진 1,588cc, 직렬 4기통
최고 속력 180km/h
고성능 해치백의 원형이라 할 수 있는 차로, 이 자동차로 인해 스포츠 활동의 풍조가 일신됐다. 골프 GTI는 마감 장식을 검정색으로 한 것으로도 유명했다. 연료 분사식 엔진은 110마력의 출력을 자랑했고 조종성이 탁월했다.

△ **볼보 340 1976년**
Volvo 340 1976
생산지 네덜란드
엔진 1,397cc, 직렬 4기통
최고 속력 151km/h

볼보가 네덜란드에 마련한 DAF 공장은 새로운 소형차가 필요했다. 장수 모델 340은 르노의 엔진이 장착됐고 뒷바퀴에 드 디옹 방식 현가 장치가 채택됐다. 후륜 구동식 해치백이다.

△ **크라이슬러 호라이즌 1977년**
Chrysler Horizon 1977
생산지 프랑스/영국/미국
엔진 1,118cc, 직렬 4기통
최고 속력 153km/h

크라이슬러가 미국과 유럽 판매를 목표로 제작한 소형 해치백으로, 생카 1100을 바탕으로 했다. 스타일이 유럽적인 것은 그 때문이다. 호라이즌은 전륜 구동 방식에, 네 바퀴 모두 독립 현가 장치를 채택했다.

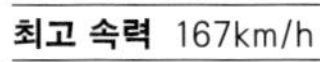

△ **르노 20TS 1975년**
Renault 20TS 1975
생산지 프랑스
엔진 1,995cc, 직렬 4기통
최고 속력 167km/h

르노는 자사 모델 전반에 해치백 스타일을 적용했다. 1.6~2.7리터급 엔진에, 센트럴 로킹(central locking, 자동차의 모든 문을 한꺼번에 잠그거나 여는 장치)과 파워 스티어링을 채택한 대형 고급 모델들인 20과 30 세단까지 해치백으로 만들 정도였다.

▷ **르노 14 1976년**
Renault 14 1976
생산지 프랑스
엔진 1,218cc, 직렬 4기통
최고 속력 143km/h

르노는 이 둥글납작한 5도어 해치백을 약 100만 대 팔았다. 푸조 104/시트로엥 비자(Peugeot 104/Citroën Visa) 엔진이 가로 방향에다 기울어지게 설치됐고 변속기는 엔진과 합쳐진 구조였다.

▽ **피아트 스트라다/리트모 1978년**
Fiat Strada/Ritmo 1978
생산지 이탈리아
엔진 1,585cc, 직렬 4기통
최고 속력 179km/h

피아트는 이 자동차를 로봇이 만들었다고 열심히 광고했다. 디자인도 로봇이 했다는 사람이 있을 지경이었다. 어쨌든 아바르트에서 개조한 버전들은 운전이 대단히 재미있었다.

△ **오펠 카데트 1979년**
Opel Kadett 1979
생산지 독일
엔진 1,297cc, 직렬 4기통
최고 속력 150km/h

제너럴 모터스의 소형 해치백은 마침내 이 버전에서 전륜 구동 방식을 채택했다. 1980년부터 영국 시장에서 복스홀 아스트라(Vauxhall Astra)라는 이름으로 팔렸다. 1.0~1.8리터 엔진들이 얹혔다.

1980년대

터보와 테일 스포일러 | 여피와 걸윙 도어 | **슈퍼세단과 SUV**

터보의 시대

1980년대는 터보차저의 시대로, 경주와 랠리 양쪽에서 자동차 스포츠의 최고 등급의 모습이 바뀌었다. 출력이 늘면서 처음에는 안정성이 크게 흔들렸지만, 곧 그것 없이 승리하는 것은 불가능해졌다. 기술 덕분에 위력와 속력이 대폭 상승하자 입법자들은 그것을 따라잡으려고 분투했다. 결국 터보에 대한 규제가 너무 심해지는 바람에 자연 흡기 엔진들이 돌아왔다.

△ **페라리 126C4/M2 1984년**
Ferrari 126CA/M2 1984
생산지 이탈리아
엔진 1,496cc, V6
최고 속력 322km/h

126C4/M2는 출력이 850마력인 고성능 머신이었지만 1984년에 맥라렌 MP4/2에 맞서 고전했고 F1 컨스트럭터스 챔피언십(F1 Constructors' Championship)을 2위로 완주했다.

△ **란치아 베타 몬테 카를로 1979년**
Lancia Beta Monte Carlo 1979
생산지 이탈리아
엔진 1,425cc, 직렬 4기통
최고 속력 270km/h

란치아에서 스포츠카 레이싱 월드 챔피언십에 내보내려고 개발한 차. 1980~1981년에 2리터 클래스를 지배했고 포르쉐 935를 세 번이나 이겼다.

△ **란치아 랠리 037 Evo 2 1984년**
Lancia Rallye 037 Evo 2 1984
생산지 이탈리아
엔진 2,111cc, 직렬 4기통
최고 속력 241km/h

037은 타맥 위에서의 안정성과 대단히 높은 조종성 덕분에 아우디의 콰트로를 이기고 1983년 월드 랠리 챔피언십에서 우승했다. 아바르트는 1984년을 위해 더 가벼운 350마력의 Evo 2를 제작했다.

△ **포르쉐 956 1982년**
Porsche 956 1982
생산지 독일
엔진 2,650cc, 수평 대향 6기통
최고 속력 356km/h

월드 스포츠카 챔피언십을 위해 만들어진 알루미늄 모노코크 구조의 956은 처음부터 승자였다. 재키 릭스와 데릭 벨은 1982년 르망 경주에서 시종일관 선두를 유지했다.

▷ **포르쉐 911 SCRS 1984년**
Porsche 911 SCRS 1984
생산지 독일
엔진 2,994cc, 수평 대향 6기통
최고 속력 257km/h

이 그룹 B 포르쉐는 4륜 구동이 아니었지만 타맥(tarmac, 랠리 코스 중 아스팔트로 포장된 도로를 일컫는 모터스포츠 용어) 도로 위에서 멋들어진 조종성을 발휘해 1984년 유럽 챔피언십에서 헨리 토이보넨을 2위에 올려 주었다.

▷ **포르쉐 953 4WD 1984년**
Porsche 953 4WD 1984
생산지 독일
엔진 3,164cc, 수평 대향 6기통
최고 속력 241km/h

1984년 파리-다카르 랠리를 위해 4대가 제조됐고 그중 2대가 1, 2위로 들어왔다. 르네 멧제와 도미닉 르무안(Dominic Lemoyne)이 우승차를 몰았다.

◁ **오펠 만타 400 1985년**
Opel Manta 400 1985
생산지 독일
엔진 2,410cc, 직렬 4기통
최고 속력 209km/h

만타는 4륜 구동이 아니어서 월드 랠리 챔피언십(WRC)에서 도저히 경쟁이 될 수 없었지만 지미 매크래와 러셀 브룩스는 둘 다 만타를 타고 브리티시 랠리 챔피언십에서 우승했다.

아우디 콰트로

아우디는 4륜 구동 방식의 4인승 콰트로 쿠페로 랠리 경주에서 혁신을 일으켰다. 첫 출전한 행사인 1981년 몬테카를로 랠리에서는 완주에 실패했지만 한누 미콜라(Hannu Mikkola)는 거의 모든 경주에서 상대보다 1분 앞서 들어와, 이 자동차의 놀라운 잠재력을 내보였다. 또 그 경주는 4×4로만 출전을 한정해서 극도로 빠른 그룹 B 랠리의 시대를 열었다.

▷ **아우디 콰트로 1980년**
Audi quattro 1980
생산지 독일
엔진 2,144cc, 직렬 5기통
최고 속력 222km/h

한누 미콜라와 미셸 무통(Michèle Mouton)은 콰트로 최초의 워크스 드라이버(works driver, 자동차 회사가 만든 경주팀에 소속된 드라이버를 가리키는 용어)로, 초기의 문제들을 극복하고 1981년에 엄청난 속도를 보여 주었다.

▷ **로터스-르노 97T 1985년**
Lotus-Renault 97T 1985
생산지 영국
엔진 1,492cc, V6
최고 속력 322km/h

아이르톤 세나 다 실바(Ayrton Senna da Silva)가 조종간을 잡은 900마력 로터스 97T는 제대로 제작되기만 했더라면 1985년 F1 월드 챔피언십에서 우승했을 수도 있었다. 그 시즌에서 8차례 선두를 차지했다.

◁ **토요타 셀리카 트윈캠 터보 1985년 Toyota Celica Twin Cam Turbo 1985**
생산지 일본
엔진 2,090cc, 직렬 4기통
최고 속력 217km/h

이 토요타는 그룹 B 기술로 따지면 최고와는 거리가 멀지만, 스웨덴 출신의 랠리 드라이버 비요른 발데가르드(Björn Waldegård)는 그럼에도 아프리카 사파리에서 2회, 그리고 아이보리 코스트 랠리에서 2회 우승을 거두는 성과를 올렸다.

△ **푸조 205 T16 Evo 2 1985년**
Peugeot 205 T16 Evo 2 1985
생산지 프랑스
엔진 1,775cc, 직렬 4기통
최고 속력 249km/h

티모 살로넨(Timo Salonen)은 1985년에 거대한 터보와 미드엔진, 그리고 4×4에 큰 날개가 달린 500마력 Evo 2를 타고 WRC 드라이버 타이틀을 따냈으며 유럽에서 최종 그룹 B 이벤트에서 우승했다.

▷ **푸조 405 T16 GR 1986년**
Peugeot 405 T16 GR 1986
생산지 프랑스
엔진 1,905cc, 직렬 4기통
최고 속력 249km/h

그룹 B 랠리가 취소된 후 푸조는 파리-다카르 사막 랠리로 향했다. 아리 바타넨(Ari Vatanen)은 1989년과 1990년에 미드엔진을 장착한 405 T16을 타고 우승했다.

△ **맥라렌-혼다 MP4/4 1988년**
McLaren-Honda MP4/4 1988
생산지 영국
엔진 1,496cc, V6
최고 속력 338km/h

1988년 경주를 위해 맥라렌은 최고의 엔진을 준비하고 고든 머리는 최고의 차대를 설계했다. 아이르톤 세나 다 실바와 알랭 마리 파스칼 프로스트(Alain Marie Pascal Prost)는 1988년 F1 시즌에서 단 한 경주만 제외하고 승리를 휩쓸었다.

▷ **MG 메트로 6R4 1984년**
MG Metro 6R4 1984
생산지 영국
엔진 2,991cc, V6
최고 속력 249km/h

윌리엄스의 디자이너인 패트릭 헤드(Patrick Head)가 설계했고 나중에 재규어 XJ220에서 사용되는 미드십 엔진과 4륜 구동 방식을 갖춘 이 자동차는 궁극의 그룹 B 랠리 카였다.

◁ **베네통-포드 B188 1988년**
Benetton-Ford B188 1988
생산지 영국
엔진 3,493cc, V8
최고 속력 322km/h

이탈리아에서 후원하는 베네통 F1 팀은 1988년부터 포드 코스워스 DFV 논터보 엔진을 사용하기 시작했다. 알레산드로 나니니(Alessandro Nannini)와 티에리 부트센(Thierry Boutsen)이 이 차를 몰아 두 차례 3위를 차지했다.

△ **아우디 슈포르트 콰트로 1983년**
Audi Sport quattro 1983
생산지 독일
엔진 2,133cc, 직렬 5기통
최고 속력 248km/h

아우디는 특수 제작 그룹 B 경쟁차들에 필적할 수 있도록 콰트로의 중간 32센티미터를 들어내어 더 민첩한 운동성을 노렸다. 일반 도로 주행용 차량은 출력이 306마력, 랠리용 차량은 그 2배였다.

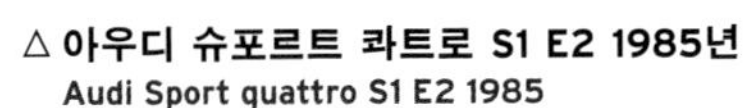

△ **아우디 슈포르트 콰트로 S1 E2 1985년**
Audi Sport quattro S1 E2 1985
생산지 독일
엔진 2,133cc, 직렬 5기통
최고 속력 248km/h

특수 제작 그룹 B 차들과의 마지막 방어전에서, 아우디는 550마력에 윙과 스포일러(spoiler, 고속 차량의 뜸을 막고 안전성을 유지시키는 지느러미 모양 부품)를 더해 Evo2를 만들었다. 발터 뢰를(Walter Röhrl)이 이 자동차로 1985년 산레모 랠리에서 우승했다.

미국의 소형차

미국 메이커들이 연비가 높은 소형차를 지향하는 전 세계적 경향을 제대로 파악하는 데는 오랜 시간이 걸렸다. 값싼 연료가 많고 널찍하게 뚫린 도로, 그리고 가장 중요한 것으로 교통량이 적다 보니 대형차를 택하는 경향이 컸기 때문이다. 그렇지만 1980년대에 일본과 유럽의 자동차들이 미국 시장으로 점점 더 깊숙이 밀고 들어오면서 미국 메이커들은 자신들의 생각을 재고해야 했다.

△ **닷지 에어리스 1981년**
Dodge Aries 1981
생산지 미국
엔진 2,213cc, 직렬 4기통
최고 속력 158km/h

이 널찍한 전륜 구동 세단은《모터 트렌드》에 의해 1981년 '올해의 차'로 선정됐다. 7년간 100만 대가 판매돼, 1980년대 크라이슬러의 수입을 개선하는 데 한몫했다.

◁ **닷지 랜서 1985년**
Dodge Lancer 1985
생산지 미국
엔진 2,213cc, 직렬 4기통
최고 속력 179km/h

최고 속력 시속 201킬로미터로 달릴 수 있는 터보 모델로도 나온 이 5도어 랜서는 팔팔한 성능을 자랑했다. 변속기는 수동 5단 또는 자동 3단이었다.

△ **폰티액 피닉스 1980년**
Pontiac Phoenix 1980
생산지 미국
엔진 2,838cc, V6
최고 속력 175km/h

2도어 쿠페 또는 5도어 해치백으로 판매된 폰티액 최초의 전륜 구동 소형차는 그 전 모델인 후륜 구동 차량에 비해 연비가 더 좋았다. 1984년까지 제조됐다.

◁ **폰티액 그랜드 앰 1985년**
Pontiac Grand Am 1985
생산지 미국
엔진 3,000cc, 직렬 4기통
최고 속력 161km/h

폰티액은 1980년대 중반 소형 세단에 옛날 이름을 다시 붙였다. 전륜 구동에 2.5리터 4기통, 또는 3.0리터 V6 엔진을 갖췄고 차체 형식은 쿠페나 세단이었다.

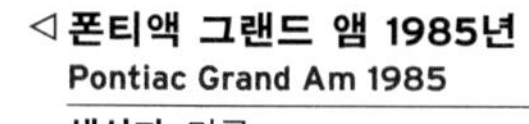

△ **폰티액 피에로 GT 1985년**
Pontiac Fiero GT 1985
생산지 미국
엔진 2,838cc, V6
최고 속력 200km/h

세상을 놀라게 한 이 2인승 스포츠카 피에로는 미드십 엔진을 탑재했고, 차체 일부가 플라스틱이었다. 5년에 걸쳐 37만 158대가 팔렸다. 기본 모델은 4기통 엔진이었다.

▽ **뷰익 레아타 1988년**
Buick Reatta 1988
생산지 미국
엔진 3,800cc, V6
최고 속력 201km/h

뷰익에서 50년 만에 처음 나온 이 2인승 자동차는 터치스크린 온도 조절기, 라디오, 컴퓨터 제어 진단 프로그램을 갖추고 있었다. 그렇지만 안타깝게도 그런 장비들은 구매자들을 끌기보다는 멀어지게 만들었다.

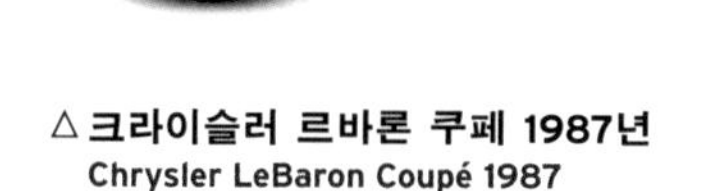

△ **크라이슬러 르바론 쿠페 1987년**
Chrysler LeBaron Coupé 1987
생산지 미국
엔진 2,501cc, 직렬 4기통
최고 속력 166km/h

터보차저를 엔진 옵션으로 하고 슬라이드 전조등 커버를 비롯한 혁신적인 외장을 갖춘 차다. 진정한 1980년대식 매력을 보여 주는 이 자동차는 쿠페와 컨버터블 모델로 나왔다.

◁ **포드 에스코트 1981년**
Ford Escort 1981
생산지 미국
엔진 1,597cc, 직렬 4기통
최고 속력 154km/h
미국 시장이 포드 유럽 법인의 에스코트 같은 소형차를 받아들일 준비가 된 것은 1981년에나 가서였다. 이 미국 모델은 1980년대에 얼마간 미국 시장에서 베스트셀러의 자리를 지켰다.

△ **쉐보레 스펙트럼 1985년**
Chevrolet Spectrum 1985
생산지 일본
엔진 1,471cc, 직렬 4기통
최고 속력 161km/h
이 소형 해치백과 세단은 제너럴 모터스의 일본 제휴사인 이스즈에서 제미니(Gemini)라는 이름으로 생산됐고 미국과 캐나다 시장에서는 쉐보레 스펙트럼이라는 이름으로 팔렸다.

▷ **포드 프로브 1988년**
Ford Probe 1988
생산지 미국
엔진 2,184cc, 직렬 4기통
최고 속력 190km/h
원래 머스탱의 후속 차량으로 계획됐지만 머스탱과 나란히 신모델로 출시된 이 전륜 구동 프로브는 마즈다가 설계를 맡았고 신설 미국 공장에서 조립됐다.

△ **AMC 이글 1979년**
AMC Eagle 1979
생산지 미국
엔진 4,228cc, 직렬 6기통
최고 속력 142km/h
1970년대 후반에 AMC는 지프에서 얻은 4륜 구동 분야의 전문 지식을 세단에 적용했다. 그 결과 이 선구적인 미국식 4륜 구동 크로스오버 차량이 탄생했다.

△ **캐딜락 시마론 1981년**
Cadillac Cimarron 1981
생산지 미국
엔진 1,835cc, 직렬 4기통
최고 속력 161km/h
소형차 시장에 진입하고 유럽 수입차들과 경쟁하는 데 급급했던 제너럴 모터스는 첨단 기술이나 장비를 투입했는데도 불구하고 일본 차의 플랫폼을 그럴싸한 캐딜락으로 바꾸어 놓는 데는 실패했다.

◁ **이글 프리미어 1987년**
Eagle Premier 1987
생산지 미국
엔진 2,464cc, 직렬 4기통
최고 속력 188km/h
주지아로가 디자인하고 AMC와 르노가 개발한 프리미어는 전자 제어 4단 자동 변속기, 연료 분사 장치, 그리고 공조 장치를 뽐냈다.

▽ **폭스바겐 제타 16V 1987년**
Volkswagen Jetta 16V 1987
생산지 미국/독일
엔진 1,781cc, 직렬 4기통
최고 속력 203km/h
1979년에 폭스바겐은 해치백에 대한 미국 소비자들의 저항을 극복하려고 골프 해치백 모델에 트렁크 하나를 보탠 이 모델을 내놓았다. 총 100만 대가 팔렸고 그중 3분의 1은 미국에서 팔렸다.

토요타의 수출 차량들, 1980년
1980년경 일본 자동차 산업은 미국과 유럽 시장에서 탄탄한 기반을 다졌다. 수출을 기다리고 있는 이 토요타 코롤라, 크레시다, 그리고 하이럭스 픽업 트럭은 저렴했고, 입증된 안정성을 갖추고 있었다.

슈퍼미니

영국제 미니가 작은 엔진을 갖춘 4인승 소형차 시장이 얼마나 큰지를 보여 주고 나자 전 세계의 자동차 메이커들은 이 시장을 차지하기 위해 뛰어들었다. 안전 법규가 점점 더 강화되면서 미니들은 커져서 '슈퍼미니'가 됐다. 크기는 더 커졌지만 미니의 성공 비결을 그대로 따랐다. 실상 모든 메이커들이 미니를 따라 가로 배치 4기통 엔진과 전륜 구동 방식을 도입했다. (슈퍼미니(supermini)는 영국의 자동차 분류 기준 중하나로 성인 4명과 아동 1명을 태울 수 있고 전장이 390센티미터미터 정도인 소형차를 가리킨다.)

◁ **오스틴 미니-메트로 1980년**
Austin Mini-Metro 1980
생산지 영국
엔진 998cc, 직렬 4기통
최고 속력 135km/h
미니가 출시되고 21년이 지난 1980년이 돼서야 신형 영국제 슈퍼미니가 나왔다. 엔진은 한참 옛날인 1953년의 것이지만 구성이 좋았고 안락한 하이드라가스(Hydragas) 서스펜션이 쓰였다.

▷ **탈보 삼바 1982년**
Talbot Samba 1982
생산지 프랑스
엔진 1,360cc, 직렬 4기통
최고 속력 140km/h
1978년에 푸조가 크라이슬러의 유럽 법인을 인수해 만든 삼바는 짝 빼입은 푸조 104나 다름없었다. 954~1,360시시 옵션을 갖춘 훌륭한 자동차였다.

△ **포드 페스티바 1986년**
Ford Festiva 1986
생산지 일본/한국
엔진 1,138cc, 직렬 4기통
최고 속력 150km/h
포드 페스티바는 마즈다 플랫폼을 기반으로 미국, 일본, 오스트레일리아 시장용으로 디자인한 차다. 또한 한국의 기아 자동차에서 프라이드라는 이름으로 만들어 팔기도 했다.

▷ **푸조 205 GTi 1984년**
Peugeot 205 GTi 1984
생산지 프랑스
엔진 1,905cc, 직렬 4기통
최고 속력 195km/h
이 눈부시게 아름다운 GTi는 270만 대 팔린 푸조 해치백의 성공적인 파생작이었다. 1986년에 1,905시시, 130마력의 엔진을 달고 최고 속력 시속 195킬로 미터로 달리는 차로 탈바꿈하자 더 큰 성공을 거뒀다.

▷ **닛산 체리 터보 1983년**
Nissan Cherry Turbo 1983
생산지 일본
엔진 1,488cc, 직렬 4기통
최고 속력 183km/h
닛산의 체리 해치백은 1983년부터 1986년까지 145만 300대라는 인상적인 판매고를 올렸다. 최고 사양은 이 114마력 터보 모델이었지만 조종성이 형편없고 힘이 달리는 것이 문제였다.

△ **폭스바겐 폴로 1981년**
Volkswagen Polo 1981
생산지 독일
엔진 1,043cc, 직렬 4기통
최고 속력 151km/h
2세대 폴로는 1981년부터 1994년까지 450만 대 팔렸고 더 넓어진 공간과 더욱 강력해진 엔진으로 경쟁력을 재고했다. 1990년에 스타일을 재단장했다.

◁ **닛산 마치/미크라 1983년**
Nissan March/Micra 1983
생산지 일본
엔진 988cc, 직렬 4기통
최고 속력 142km/h
닛산의 스타터 카(starter car, 생애 첫 차를 구매하는 소비자층을 겨냥한 차량)는 내구성이 강한 설계에 1.0리터 또는 1.2리터 엔진을 갖췄다. 가장 우아한 슈퍼미니는 아니었지만 조종성이 좋아 9년에 걸쳐 200만 대나 팔렸다.

▷ **오펠 코르사/복스홀 노바 GTE/GSi 1983년**
Opel Corsa/Vauxhall Nova GTE/GSi 1983
생산지 스페인
엔진 1,598cc, 직렬 4기통
최고 속력 188km/h
'핫 해치' GTE는 다른 1.0/1.2/1.3/1.4리터 모델들보다 코르사 패밀리에 조금 늦게 합류했고 개중 가장 외관이 멋졌다. 포드 피에스타와 마찬가지로 스페인에서 조립됐다.

△ **싱클레어 C5 1985년**
Sinclair C5 1985
생산지 영국
엔진 전기 모터
최고 속력 24km/h
가벼운 개인용 전기차로 세상을 바꿔 보자는 대담한 기획에서 태어난 C5는 미국에서 처음 출시됐다. 그러나 겨우 1만 2000대의 양산 대수로는 아무런 변화도 일으키지 못했다.

◁ **세아트 이비자 1985년**
SEAT Ibiza 1985
생산지 스페인
엔진 1,461cc, 직렬 4기통
최고 속력 172km/h
세아트의 새 해치백은 포르쉐에서 설계한 엔진을 얹었지만 피아트의 영향도 없지 않았다. 엔진 범위는 950시시부터 1,714시시까지였다.

◁ **피아트 우노 1983년**
Fiat Uno 1983
생산지 이탈리아
엔진 1,301cc, 직렬 4기통
최고 속력 167km/h
127의 후속작인 이 위대한 팔방미인은 1994년까지 650만 대나 팔렸다. 주지아로의 좋은 외내장 구성과 산뜻한 스타일링, 그리고 민첩한 조종성 덕분이었다.

△ **아우토비앙키 Y10 1985년**
Autobianchi Y10 1985
생산지 이탈리아
엔진 999cc, 직렬 4기통
최고 속력 142km/h
이탈리아의 자동차 메이커인 아우토비앙키에서 제작해 몇몇 시장에서는 란치아 브랜드로 판매된 이 도심용 소형차는 드라마틱한 디자인에 내부 공간 활용성이 좋았다. 그렇지만 장시간 여행용으로 쓰기에는 다소 비좁았다.

△ **르노 5 1984년**
Renault 5 1984
생산지 프랑스
엔진 1,108cc, 직렬 4기통
최고 속력 145km/h
이 2세대 르노 5는 더 넓은 내부 공간을 위해 가로로 배치한 956~1,721시시 엔진을 사용했다. 1980년대에 생산된 유럽 산 자동차 중 가장 많이 팔린 축에 속했다.

◁ **시트로엥 AX 1987년**
Citroën AX 1987
생산지 프랑스
엔진 954cc, 직렬 4기통
최고 속력 134km/h
처음에 3도어 모델로 나왔다 1988년에 5도어 모델로 바뀐 AX는 소형 푸조 자동차들과 구동계를 공유했지만 매력적인 디자인만큼은 독자적이었다.

△ **혼다 시빅 CRX V-TEC 1987년**
Honda Civic CRX V-TEC 1987
생산지 일본
엔진 1,590cc, 직렬 4기통
최고 속력 208km/h
혼다가 시빅을 개량해 이 쿠페를 만드는 일은 어렵지 않았다. 150마력, V-TEC, 가변 밸프 타이밍 방식, 트윈캠 엔진을 갖췄으며 깜짝 놀랄 만큼 빨랐다.

△ **지오 메트로/스즈키 스위프트 1989년**
Geo Metro/Suzuki Swift 1989
생산지 일본/미국
엔진 993cc, 직렬 3기통
최고 속력 142km/h
스즈키에서 쿨투스(Cultus), 혹은 스위프트라는 이름으로 출고돼 20년 후에도 여전히 파키스탄에서 판매되는 이 '월드 카(world car)'는 미국에서는 제너럴 모터스에서 팔았고 전 세계 7개국에서 조립됐다.

1908년 호르히-PKW를 몰고 있는 아우구스트 호르히

위대한 브랜드

아우디 이야기

혁신, 탁월한 기술력, 그리고 경주를 이용한 프로모션으로 오늘날까지 아우디는 자동차 업계의 거물 자리를 지켜 왔다. 그렇지만 지금은 유명한 이 독일 브랜드는 제2차 세계 대전 이후 약 20년간 휴면 상태였다. 폭스바겐 우산 아래에서 거점을 확보한 아우디는 독일 개척 정신의 전형적인 표본이 됐다.

아우디를 만든 사람은 독일의 엔지니어이자 기업가인 아우구스트 호르히(August Horch)로, 1901년 호르히(A. Horch & Cie)라는 이름의 회사를 만들고 츠비카우를 근거지로 해서 자동차 제조를 시작했다. 1909년에 이사들과의 불화를 이유로 호르히는 회사를 떠났다. 다음해에 호르히는 역시 츠비카우에 다른 회사를 차렸고 아우디(Audi)라는 회사 이름으로 차를 만들기 시작했다. 이전 동업자들과의 해고 협약에 따라 자신의 성을 쓰지 못하는 처지였기 때문이다. 호르히는 '듣다.' 또는 '귀담아듣다.'라는 뜻을 가진 자신의 이름과 같은 의미의 라틴 어 *Audi*를 회사 이름으로 쓴 것이다.

아우디 배지
(1964년 도입)

최초의 아우디 제품은 2,612시시 타입 A 10/22PS였고, 곧이어 대형 엔진을 단 차들을 연달아 출시했다. 모터스포츠라는 투기장에서 경쟁자들을 때려눕히는 것의 판촉적 가치를 재빨리 알아차린 아우구스트 호르히는 1911년부터 1914년까지 오스트리아의 대단히 거친 자동차 경주인 알파인 트라이얼(Alpine Trial) 같은 장거리 경주를 비롯한 이런저런 대회에 자신의 자동차를 밀어넣기 시작했다. 아우디의 알루미늄 차체, 3,560시시 타입 C 모델들은 모든 구간을 감점 없이 완주했고 아우디는 팀 우승을 거머쥐었다. 이 유명한 승리 이후, 강력한 타입 C는 알펜시거(Alpensieger, 알프스의 승자)로 불리게 됐다.

아우디는 신출내기 업체였지만 자동차 기술의 최전선에 서 있었고 독일 유명 브랜드 중 거의 최초로 1913년에 전기 조명과 시동 모터를 채택했다. 제1차 세계 대전 중에 아우디를 이끌며 독일 육군용 트럭을 생산하던 호르히는 1920년에 경제 관료로 발탁돼 회사를 떠났다. 이후 이사들이 집단 경영 체제를 짜서 회사를 이끌었지만, 과다한 의욕과 제조비가 많이 들고 느

> **"클러치를 4,500아르피엠에서 미트시키자 마치 폭발이 일어난 것 같았다."**
>
> **— 전설적인 랠리 드라이버 발터 뢰를이 2010년에 콰트로를 다시 타 보고 한 말**

콰트로의 돌풍
예리한 스타일과 강력한 엔진으로 무장한 콰트로는 출시 즉시 성공했다. 콰트로는 상시 4륜 구동 방식으로 뛰어난 트랙션(traction, 미끄러짐 방지)과 코너링(회전 시 안정감)을 선사하며 랠리에서 이상적인 차가 됐다.

아우디의 광고 포스터, 1921년
타입 E 페이튼을 담은 이 포스터는 사치스러움과 강력함의 이미지를 전달한다. 이토록 비싸고 판매가 느린 자동차들에 의존한 회사는 당시에는 손해를 볼 수밖에 없었다.

100 아반트

1910 아우디 아우토모빌베르케 창립
1920 아우구스트 호르히가 회사를 떠나다.
1932 아우디, DKW, 호르히와 반더러가 합병해 아우토 우니온을 창설하다.
1940 전전의 마지막 아우디가 제조되다. 아우토 우니온의 공장들이 동독의 통제하에 들어간 제2차 세계 대전 이후에는 회사명이 사라지다.
1964 폭스바겐이 흔들리는 아우토 우니온/DKW 기업 구조에 나서다.
1965 DKW F102라는 새로운 60 세단과 더불어 아우디라는 이름이 부활하다.

슈포르트 콰트로 S1 E2

1966 1996년까지 생산이 지속됐던 고급차 아우디 80이 출시되다.
1968 100이 출시되다. 그 후속 모델인 A6는 추후 새천년을 맞이하는 핵심 모델이 되다.
1969 경쟁사인 NSU와 합병해 아우디 NSU 아우토 우니온 AG를 결성하다.
1977 100 세단이 세계 최초로 직렬 5기통 엔진을 얹다.
1980 아우디 콰트로가 베일을 벗다.
1984 휠베이스가 짧은 스포츠 콰트로(랠리용으로 개발됨)가 출시되다.

TT 로드스터

1985 미셸 무통이 파이크스 슈포르트 콰트로 S1을 타고 픽 힐 클라임 레이스에서 우승하다.
1986 안전 문제에 관한 의구심으로 미국에서 5,000대가 리콜되다. 나중에 일부 언론의 오보였음이 밝혀지다.
1990 아우디 V8이 독일 투어링 챔피언십에서 첫 승리를 거두다.
1994 새 A8 세단이 무게를 절감하는, 전체 알루미늄 차대와 차체를 채택하다.
1996 프랭크 비엘라가 A4를 타고 브리티시 투어링 카 챔피언십에서 드라이버 타이틀을 획득하다. A3 소형 해치백이 출시되다.

R8

1998 람보르기니를 인수하다.
2000 3기통 A2로 소형차 시장에 귀환하다.
2005 Q7 대형 크로스오버 SUV가 출시되다. 가장 작은 Q5가 2009년에 출시되다.
2006 R10 TDI가 르망 24시간 경주에서 우승한 최초의 디젤 동력차가 되다.
2012 아우디가 Q5를 생산할 첫 북미 공장을 세울 곳으로 멕시코를 선택하다.
2018 5세대 핵심 모델 A6/A7 출시
2019 순수 전기차 e트론 판매 개시

리게 팔리는 제품을 만드는 습성은 그 대가를 치렀다. 덴마크 태생 요르겐 스카프트 라스무센(Jorgen Skafte Rasmussen)이 1928년에 아우디의 지분을 취득했다. 라스무센은 1920년대부터 DKW 모터사이클을 만들어 오고 있었고 이미 최초의 '가벼운 차'를 출시하려고 노력한 지 오래였다. 그러나 자동차 조립을 하려면 그에 걸맞은 공장이 필요했고 이것이 아우디를 인수한 주된 이유였다. 신제품이 출시되기는 했지만 대개는 독창성이 부족했다. 예를 들어 4기통 타입 P는 푸조 201 엔진을 DKW에서 만든 차대 및 차체와 결합했다. 회사가 DKW 브랜드에 초점을 맞추면서

성공적인 슬로건
1980년대 이래 아우디는 선견지명을 갖고 앞서 나가는 혁신적인 회사로 인식되기 위해 "기술을 통한 진보"라는 슬로건을 내걸어 왔다.

아우디 브랜드는 약화됐다. 1931년에는 겨우 77대만이 아우디라는 이름으로 만들어졌고 이듬해에는 22대로 줄었다. 1930년대 초 경제 불황의 한복판에서, 아우디는 다른 자동차 메이커인 DKW, 호르히, 반더러와 손 잡고 아우토 우니온이라는 복합 기업을 창설하기 위한 거래를 성사시켰다. 폭넓은 기반을 갖춘 이 회사는 염가의 DKW와 중간급의 아우디와 반더러 모델들, 그리고 최상위의 호르히 세단과 리무진으로 1932년 중반 이후 독일 자동차 시장을 석권했다. 복합 기업 내에서 이종 교배가 이뤄졌지만 늘 이윤이 남는 것은 아니었다. 예를 들어 1933년 아우디 프론트는 전륜 구동 반더러 엔진, DKW 구동 장치, 그리고 호르히의 차체를 갖췄지만 성공하지 못했다. 1940년 4월부터는 독일 정부의 전쟁을 지원하느라 공장이 온전히 군용 자동차 생산을 위해 돌아갔다.

제2차 세계 대전이 끝나고 독일이 분단된 후, 아우토 우니온 그룹은 동독 지역에 남아 (구)소련의 통제하에 놓였고 아우디, 호르히, 그리고 반더러라는 이름은, 호르히가 1950년대에 한 동독 브랜드로 잠시 귀환한 것을 제외하면, 시장에서 사라졌다. 서독에서는 아우토 우니온이라는 새 회사가 창립됐는데, 처음에는 예비 부품을 공급했지만 나중에는 아우토 우니온과 DKW 브랜드로 자동차를 생산했다. 1958년에 아우토 우니온의 대주주가 된 다임러-벤츠는 비용이 적게 들고 2행정 엔진을 갖춘 자동차 생산을 위주로 했다. 폭스바겐이 1964년에 통제권을 쥘 즈음, 제품 라인업은 시대에 뒤떨어지고 세련되지 못했다. 상승 지향 브랜드로서 BMW와 경쟁하기를 열망한 폭스바겐은 새로운 1,696시시, 4기통 엔진을 기존 DKW F102 살롱에 집어넣고 아우디 60으로 재출시했다. 이 자동차가 전후 최초의 아우디였다.

아우디의 르네상스는 느리게 진행됐고 1969년에 폭스바겐은 아우디를 자신의 다른 브랜드인 NSU와 합병해 아우디 NSU 아우토 우니온 AG를 설립했다. 아우디 배지로 바꿔 단 폭스바겐 자동차 몇 대가 출시됐고 아우디가 진정 혁신성으로 정평을 얻게 된 것은 1980년대 콰트로 쿠페를 출시하면서부터였다. 이 잘 생긴 자동차는 매우 혁명적이었던 상시 4륜 구동 방식 구동계와 터보차저가 달린 5기통 엔진을 장착했다. 콰트로의 출시는 한바탕 소란을 일으켰고 랠리를 휩쓸기 시작하면서부터는 더 그랬다. 이 자동차는 모두 월드 챔피언십 타이틀을 획득한 한누 미콜라, 스티그 블롬크비스트, 발터 뢰를 같은 전설적인 레이서들과 더불어 1982년부터 1984년까지 모터스포츠를 지배했다. 그리고 승리 행렬은 멈추지 않았다. 아우디는 미국의 파이크스 픽 인터내셔널 힐 클라임 대회와 트랜잼(Tran-Am) 챔피언십 대회에서 우승했고 더해서 프랑스, 영국, 독일에서 투어링 카 대회 타이틀을 획득했다.

아우디는 1994년에 대형 A8 세단에 알루미늄을 사용하고 1998년 TT 같은 제품에 과감한 새 디자인 개념을 도입하는 등, 점차 폭스바겐 그룹 내에서 신기술과 새로운 스타일의 선발대 역할을 하기 시작했다. 아우디는 2000년에 처음으로 르망 24시간 경주에서 우승했고, 2006년에는 R10 TDI로 디젤 엔진 경주차로 우승한 첫 브랜드가 됐다. 다양한 라인업으로 아우디는 세계적인 성공을 거두었으며, 중국 시장에 일찍 진출해 정부 기관에서도 애용됐다.

아우디 R10 TDI
2006~2008년 르망의 승자인 R10은 2개의 터보차저를 갖춘, 세로 배치형 5,499시시 V12 알루미늄 디젤 엔진을 사용했다.

궁극의 스포츠 세단

1980년대에 세단이 매우 세련돼지면서, 스피드를 추구하는 수많은 드라이버들이 전통적인 스포츠카 대신 스포츠 세단을 구매했다. 세단을 개조해 펼쳐지는 투어링 카 경주의 인기가 치솟으면서 메이커들은 자신들의 대표 자동차를 경주장의 그리드(grid, 출발 지점을 뜻하는 자동차 경주 용어)에 세우기 위해 호몰로게이션 스페셜을 제조하기에 나섰다. 이 한정판 고성능 차량들은 지금은 높은 수집 가치를 자랑한다.

△ **애스턴 마틴 라곤다 1976년**
Aston Martin Lagonda 1976
생산지 영국
엔진 5,340cc, V8
최고 속력 230km/h

1970년대의 라곤다는 컴퓨터식 디지털 계기판과 강렬한 쐐기꼴 디자인 덕분에 미래 지향적으로 보였다. 이 자동차가 실제로 출시된 것은 처음 설계되고 한참 후인 1979년이었고 다시 1980년대에나 가서야 진정한 완성 모델을 볼 수 있었다.

△ **홀덴 VH 코모도어 1981년**
Holden VH Commodore 1981
생산지 오스트레일리아
엔진 5,044cc, V8
최고 속력 201km/h

사진의 차는 오스트레일리아의 자동차 회사인 홀덴(GM Holden Ltd.)이 만든 최저 1.9리터부터 시작하는 엔진을 갖춘 터프한 세단을 개조한 것이다. VH 코모도어는 모터스포츠에서 국지적인 성공을 거뒀다. 도로 주행용 모델은 SS였다.

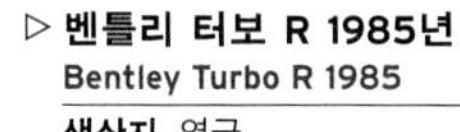

▷ **벤틀리 터보 R 1985년**
Bentley Turbo R 1985
생산지 영국
엔진 6,750cc, V8
최고 속력 230km/h

롤스로이스는 터보차저를 도입해 벤틀리의 판매 부진을 극복하고 모터스포츠 세계에서의 명망을 되찾았다. 짜릿함이 넘치는 궁극의 초호화 자동차였다.

△ **로버 3500 비테스 1982년**
Rover 3500 Vitesse 1982
생산지 영국
엔진 3,528cc, V8
최고 속력 214km/h

단순한 기계 구조, 현대적 디자인, 그리고 가벼운 V8 엔진 덕분에 로버 SD1은 1977년 '유럽 올해의 차'에 선정됐다. 비테스는 1980년대 궁극의 고성능 자동차였다.

△ **마세라티 비투르보 1981년**
Maserati Biturbo 1981
생산지 이탈리아
엔진 1,996cc, V6
최고 속력 212km/h

시트로엥으로부터 마세라티를 사들인 알레한드로 데 토마소는 이 브랜드의 시장을 확장하고자 이 2도어 또는 4도어 터보차저 세단을 출시했다. 조종성은 좋았지만 고루한 모양새와 볼품없는 만듦새 때문에 기대만큼 선전하지는 못했다.

△ **BMW M3 1988년**
BMW M3 1988
생산지 독일
엔진 2,302cc, 직렬 4기통
최고 속력 230km/h

BMW는 E30 3 시리즈를 경주용으로 만들면서 1980년대의 상징이 될 자동차 하나를 내놓았다. 엄청난 성능과 조종성이 사치스러운 마감과 어우러졌다.

◁ **복스홀 로터스 칼튼 1989년**
Vauxhall Lotus Carlton 1989
생산지 독일/영국
엔진 3,615cc, 직렬 6기통
최고 속력 285km/h

유럽 대륙에서 오펠-로터스 오메가(Opel-Lotus Omega)라는 이름으로 팔린 이 자동차는 표준적인 칼튼 세단을 개량한 것으로, 용량이 확대된 엔진과 2개의 터보차저로 경이로운 성능을 자랑했다.

▽ **아우디 V8 DTM 1988년**
Audi V8 DTM 1988
생산지 독일
엔진 4,172cc, V8
최고 속력 246km/h
4륜 구동, 4.2리터 V8 엔진 모델은 아우디에게 최고급 세단 메이커라는 신뢰를 가져다주었다. 보다 작은 이 3.6리터 모델은 1990년과 1991년에 독일의 DTM 경주 시리즈에서 우승했다.

△ **포드 시에라 XR4i 1983년**
Ford Sierra XR4i 1983
생산지 영국/독일
엔진 2,792cc, V6
최고 속력 208km/h
포드 유럽 법인에서 나온 이 최후의 후륜 구동식 고성능차는 빗길에서도 짜릿한 운전감을 제공했지만 그것보다는 세련된 고속 순항이 강점이었고 이중 스포일러가 안정성을 보장했다.

△ **포드 토러스 SHO 1989년**
Ford Taurus SHO 1989
생산지 미국
엔진 2,986cc, V6
최고 속력 230km/h
포드에서 제작 예정이던 스포츠카를 위해 주문한 야마하 엔진은 계획이 취소되고 한정판 SHO에 얹혔다. SHO의 인기가 너무 좋자 포드는 본격 양산에 들어갔다.

◁ **포드 시에라 코스워스 RS500 1987년**
Ford Sierra Cosworth RS500 1987
생산지 영국/독일
엔진 1,993cc, 직렬 4기통
최고 속력 240km/h
224~300마력의 출력과 강력한 제동 장치, 그리고 거대한 스포일러를 갖춘 이 터보차저 호몰로게이션 스페셜 차는 투어링카 경주에서 항상 선두를 지켰다. 단 500대만 생산됐다.

△ **란치아 테마 8.32 1987년**
Lancia Thema 8.32 1987
생산지 이탈리아
엔진 2,927cc, V8
최고 속력 240km/h
최고급 소재로 장식되고 어마어마하게 비싼 란치아 테마 8.32는 무거운 세단 차체를 움직이기 위해 개조된 페라리 308 스포츠카의 엔진을 장착했다.

◁ **폭스바겐 골프 랠리 G60 1989년**

Volkswagen Golf Rallye G60 1989
생산지 독일
엔진 1,763cc, 직렬 4기통
최고 속력 216km/h
폭스바겐은 골프 GTI의 속력이 부족하다고 느끼는 사람들을 위해 슈퍼차저를 장착한 4륜 구동 G60을 단 1년간만 생산해 9,780대의 판매고를 올렸다. 더 놀라운 사실은 이 차가 랠리용 자동차가 아니었다는 점이다.

이탈리아 디자이너들의 활약

1920년대부터 획기적인 자동차 디자인을 내놓아 온 이탈리아의 자동차 디자인 회사들은 1980년대까지 자동차 업계 스타일 부문에서 유일무이하고 막강한 영향력을 발휘했다. 이탈리아 디자이너들은 쐐기 모양이나 둥근 모양 등 외관상의 유행을 만드는 것을 넘어 '해치백'처럼 자동차 산업의 개념 자체를 만들고 선도했으며 값싼 소형차에서 미드십 엔진을 단 슈퍼카까지 모든 차에 화려함을 더해 주었다.

△ 들로리안 DMC-12 1981년
DeLorean DMC-12 1981
생산지 영국
엔진 2,849cc, V6
최고 속력 195km/h
로터스가 차대를 만들고 주지아로가 차체를 디자인한 이 자동차는 영화 「백 투 더 퓨처」에 출연했지만 품질에 문제가 있어 1982년에 단종됐다.

△ 현대 엑셀/포니 1985년
Hyundai Excel/Pony 1985
생산지 한국
엔진 1,468cc, 직렬 4기통
최고 속력 154km/h
현대 자동차는 1975년에 이탈디자인(Italdesign)에 의뢰한 디자인과 미쓰비시의 차대로 최초의 독자 모델인 포니를 내놓았고 10년 후에 전륜 구동식 후속 모델인 엑셀을 내놓았다. 1994년까지 제작됐다.

△ 슈코다 파보릿 1987년
Škoda Favorit 1987
생산지 체코슬로바키아
엔진 1,289cc, 직렬 4기통
최고 속력 148km/h
베르토네가 디자인을 맡은 슈코다 최초의 전륜 구동식 모델은 중부 유럽에서 가장 인기 있는 차 중 하나로 꼽혔다. 단순하고 엔진 옵션은 단일하다.

△ 란치아 델타 인테그랄레 1987년
Lancia Delta Integrale 1987
생산지 이탈리아
엔진 1,995cc, 직렬 4기통
최고 속력 216km/h
당시치고는 무척 현대적이었던, 주지아로 디자인의 델타는 1980년 '유럽 올해의 차'로 선정됐다. 원래 쇼핑카였던 것을 랠리용 4×4로 개발했다.

◁ 크라이슬러 TC 바이 마세라티 1989년
Chrysler TC by Maserati 1989
생산지 이탈리아
엔진 2,213cc, 직렬 4기통
최고 속력 209km/h
TC는 마세라티가 이탈리아에서 조립했지만 크라이슬러 터보차저 엔진을 얹었고 미국에서 디자인됐다. 구상 기간이 3년이다 보니 시장 공략 시점을 놓쳤고 판매가 저조했다.

△ 시트로엥 BX 1982년
Citroën BX 1982
생산지 프랑스
엔진 1,905cc, 직렬 4기통
최고 속력 171km/h
베르토네의 스타일로 마르첼로 간디니(Marcello Gandini)가 디자인한 BX는 12년에 걸쳐 230만 대 팔렸다. 푸조 405과 바닥 패널이 동일했지만 하이드로뉴매틱 서스펜션과 1.1~1.9리터 엔진을 갖췄다.

▷ 푸조 405 1987년
Peugeot 405 1987
생산지 프랑스
엔진 1,905cc, 직렬 4기통
최고 속력 187km/h
유럽에서는 1997년까지, 이란에서는 아직도 생산되는 피닌파리나 양식 405는 1988년 '유럽 올해의 차'로 선정됐고 전 세계에 250만 대가 팔렸다. 엔진 배기량은 1.4~2.0리터이다.

△ 시트로엥 XM 1989년
Citroën XM 1989
생산지 프랑스
엔진 2,975cc, V6
최고 속력 230km/h
간디니의 시트로엥 BX을 기반으로 베르토네가 디자인을 맡은 이 커다랗고 날렵한 XM은 2.0~3.0리터 엔진과 컴퓨터로 제어되는 하이드로뉴매틱 서스펜션을 갖췄다.

◁ 볼보 780 1986년
Volvo 780 1986
생산지 스웨덴/이탈리아
엔진 2,849cc, V6
최고 속력 183km/h
베르토네가 만든 780은 후륜 활축 방식과 출력이 부족한 엔진으로 생을 시작했다. 1988년경에는 후륜 독립 현가 장치와 터보 엔진으로 교체됐다.

△ **피아트 판다 1980년**
Fiat Panda 1980
생산지 이탈리아
엔진 1,100cc, 직렬 4기통
최고 속력 138km/h

주지아로가 디자인을 맡은 이 단순하고 군더더기 없으며, 고전적인 차는 1980년대 피아트의 스타일을 결정했다. 엔진이 650~1,100시시로 꾸준히 개선되고 4×4 옵션까지 나오며 2003년까지 판매됐다.

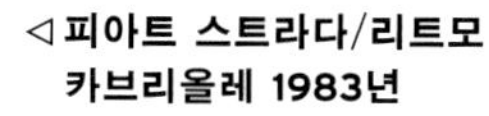

◁ **피아트 스트라다/리트모 카브리올레 1983년**
Fiat Strada/Ritmo Cabriolet 1983
생산지 이탈리아
엔진 1,498cc, 직렬 4기통
최고 속력 166km/h

베르토네는 피아트에 1970년대에 가장 눈에 띄는 스타일의 가족용 해치백 디자인을 제공했다. 처음에는 너무 혁신적이라 대중성이 부족했지만 카브리올레 모델이 출시된 1983년경에는 때를 만난 듯 잘 팔렸다.

◁ **피아트 크로마 1985년**
Fiat Croma 1985
생산지 이탈리아
엔진 2,500cc, 직렬 4기통
최고 속력 195km/h

조르제토 주지아로가 1.6~2.5리터 엔진을 얹은 이 대형 노치백 패밀리 세단의 디자인을 맡았다. 세계 최초로 직접 분사식 디젤 엔진을 장착했다.

△ **이스즈 피아자 터보 1980년**
Isuzu Piazza Turbo 1980
생산지 일본
엔진 1,996cc, 직렬 4기통
최고 속력 204km/h

제너럴 모터스의 일본 브랜드는 새로운 쿠페에 주지아로 스타일을 얹었다. 미국에서는 1983년부터, 유럽에서는 1985년부터 판매된 이 자동차는 빠르기는 했지만 처음에는 조종성이 형편없었다.

◁ **페라리 몬디알 카브리올레 1984년**
Ferrari Mondial Cabriolet 1984
생산지 이탈리아
엔진 2,926cc, V8
최고 속력 235km/h

미드십 엔진 몬디알의 혁신적인 쐐기 모양 스타일은 피닌파리나에서 잡아낸 것으로, 지지대가 없어서 지붕을 내리면 더 멋져 보인다. 성능은 몹시 상쾌하다.

△ **로터스 에트나 1984년**
Lotus Etna 1984
생산지 영국/이탈리아
엔진 3,946cc, V8
최고 속력 290km/h

주지아로가 이탈디자인을 위해 디자인한 에트나는 주행을 목적으로 하지 않는 프로토타입 자동차였지만, 2008년에 에스프리의 슬랜트 4기통 엔진(slant-four)에 기반한 V8 엔진을 달고 도로 주행을 했다.

△ **캐딜락 알란테 1987년**
Cadillac Allanté 1987
생산지 미국/이탈리아
엔진 4,087cc, V8
최고 속력 192km/h

이탈리아에서 디자인되고 제조된, 완성된 차체를 미국으로 공수해 캐딜락 차대와 결합한 이 고급형 로드스터는 전륜 구동 방식 때문에 비판을 받았다.

▷ **애스턴 마틴 V8 밴티지 자가토 1986년**
Aston Martin V8 Vantage Zagato 1986
생산지 영국/이탈리아
엔진 5,340cc, V8
최고 속력 298km/h

1960년대의 DB4 GT 자가토를 떠올리게 하는 1986년 V8 밴티지 자가토는 쿠페 모델로 50대, 컨버터블 모델로 25대만 생산됐다. DB4 GT 자가토만큼 우아하지는 않았지만 무자비하게 빠르고 비쌌다.

들로리안 DMC-12

들로리안과 그것을 집어삼킨 재정적 스캔들을 떼어서 생각하기란 어려운 일이다. "안전하고 내구성 있는 윤리적 스포츠카"라는 선전 문구를 내세운 이 자동차는 제너럴 모터스 출신의 야심가 존 재커리 들로리안(John Zachary Delorean)의 창작물이다. 영국 정부는 북아일랜드에 새로 공장을 차리고 자금을 지원했다. 미심쩍은 경영과 자제를 모르는 낭비, 그리고 들로리안에 대한 비현실적인 시장 기대가 한데 합쳐졌다. 빈약한 품질 때문에 판매가 저조하자 회사는 금세 무너졌다.

들로리안은 1977년에 공개된 프로토타입의 걸윙 도어와 스테인리스강 피복(cladding)을 유지한 채 1981년에 생산에 들어갔다. 그러나 로터스의 제작 준비 부서에서 완벽하게 재디자인됐기 때문에 프로토타입의 요소는 이것들 말고는 거의 남아 있지 않았다. 애초 계획은 미드십 방켈 엔진을 장착하는 것이었지만 최종적으로는 르노 V6 엔진이 차축 뒤에 매달린 것이었다. 이처럼 꽁무니가 무거운 배치였어도 조종성은 좋았다. 개발 과정에서 로터스의 기술자들은 프로토타입에서 선보인 발포 충전재를 유리 섬유가 샌드위치처럼 감싼 플라스틱 차체를 버렸다. 그들은 이 입증되지 않은 기술 대신 로터스의 전통적인 교묘한 진공 흡입 사출 성형 방식을 이용하는 스틸 백본 섀시와 섬유 강화 플라스틱을 사용한 차체를 채택했다. 들로리안이 무척 짧은 기간 안에 새 공장에서 양산에 들어갈 수 있었던 것은 기본적으로 로터스의 힘이었다. 판매는 기대만 못했으나 존 재커리 들로리안의 드림 카는 대중 문화에서 영원한 아이콘이 됐다. 1985년에 최고 흥행 수입을 올린 마이클 제이 폭스 주연의 영화 「백 투 더 퓨처」에 플루토늄 동력으로 가는 타임머신 자동차로 출연했기 때문이다.

제원	
모델	들로리안 DMC-12, 1981~1982년
생산지	북아일랜드 던머리
제작	약 9,000대
구조	스틸 백본 섀시
엔진	2,849cc, OHC V6
출력	5,500rpm에서 130마력
변속기	5단 수동
서스펜션	모두 독립식 코일
브레이크	모두 디스크
최고 속력	195km/h

창립자 로고
이 대칭적인 'DMC' 로고는 '들로리안 자동차 회사(DeLorean Motor Company)'의 약자였다. 모델 이름은 늘 DMC-12였다. 존 재커리 들로리안 자신은 GM 폰티액 부문에서 자동차 개발에 관여했다.

문을 연 앞모습

앞모습

뒷모습

플라스틱 범퍼는 차체와 대비되는 은색이다.

긴 전면은 충돌 에너지를 흡수하도록 계산된 것이다.

작은 해치는 창문에서 유일하게 열리는 부분이다.

유리로 된 후미는 시야를 개선하기 위한 것이다.

무거운 걸윙 도어는 제작상 난점 중 하나였다

검은색 문틀 밑으로 섬유 강화 플라스틱으로 된 차체가 엿보인다.

뒷바퀴는 조종성을 위해 크기를 키웠다.

기능보다 디자인
들로리안은 높은 창틀이 가져다주는 안전상의 이득을 운운하기는 했지만 사실 걸윙 도어는 아무런 쓸모도 없었다. 그러나 무도장 스테인리스강 피복 차체와 마찬가지로 멋져 보이는 것은 사실이다. 걸윙 도어와 무도장 스테인리스강 피복 차체는 무게와 복잡성을 더했지만 모두 판매 요소이기도 했다. 녹 방지 스틸 피복을 채택한 것은 프로토타입의 '플라스틱 샌드위치'로 만들어진 차체는 만족스럽게 도색할 수가 없었기 때문이었다. 스테인리스강 차체는 아예 도색할 필요가 없었다.

외장

눈길을 확 잡아끄는 걸윙 도어는 들로리안의 외관을 지배한다. 존 재커리 들로리안이 걸윙 도어를 고집한 것도 바로 그 때문이다. 칼날 같은 스타일은 주지아로의 디자인 역사에서 '접힌 종이 시대(folded paper era)'라고 불리던 1970년대 주지아로 디자인의 전형적인 모습이다. 엔진을 뒤에 둔 덕분에 차체 앞쪽을 연필처럼 가느다랗게 처리할 수 있었다. 이 차에 관해, 그리고 들로리안이라는 인물에 관해 어떻게 생각하든 그 매력은 부정할 수 없다.

1. 'DMC'는 '들로리안 자동차 회사'라는 뜻이다. **2.** 배지의 디자인은 전형적인 1970년대 스타일이다. **3.** 전조등은 미국 표준인 직사각형이다. **4.** 문 손잡이는 고무 스트립과 하나로 돼 있다. **5.** 오른쪽 뒤 환기구로 엔진에 신선한 공기를 유입한다. **6.** 합금 휠은 들로리안 고유의 것이다. **7.** 후방 시야를 방해하는 슬랫(slat) **8.** DMC-12에서만 볼 수 있는 독특한 후미등

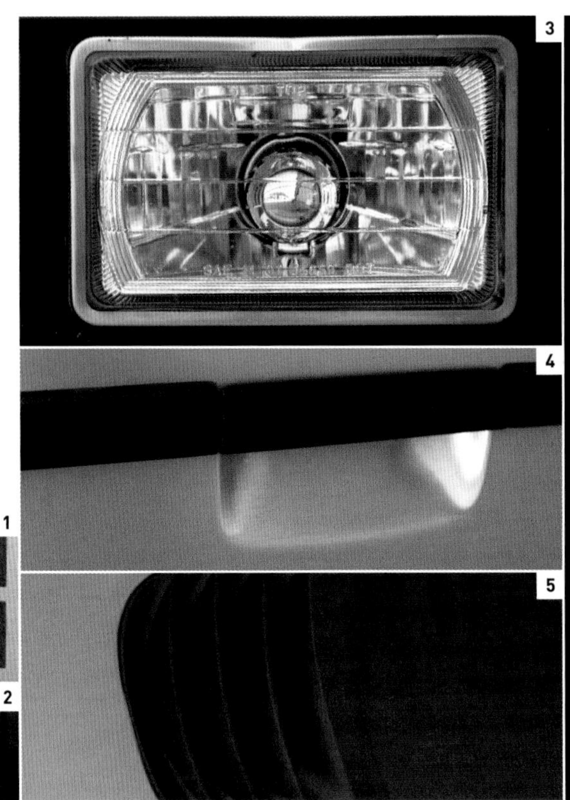

내장

운전석에 앉으면 밑에 있는 백본 섀시 때문에 필연적으로 넓은 센터 터널과 걸윙 도어로 인해 높은 창틀 사이에 아늑하게 끼인 듯한 느낌을 받는다. 두툼한 앞뒤 기둥들은 시야를 가리고 초기 모델은 내부가 모두 검은색이어서 다소 폐소 공포증을 자극했다. 그래서 후속 모델들에는 테두리들을 회색으로 바꿨다. 2도어 쿠페에는 허울뿐인 뒷좌석조차 없었다.

9. 걸윙 도어를 들어올리고 지탱하는 장치는 토션바와 가스 스트럿으로 이뤄졌다. **10.** 운전석은 키 큰 운전자가 타도 편안하다. **11.** 좌석은 모두 가죽 재질이다. 뒤에 화물 적재용 그물망이 있다. **12.** 최초 계획과는 달리 운전대에는 에어백이 장착되지 않았다. **13.** 잡다한 제어 장치들은 간략하게 돼 있다. **14.** 계기판이 깔끔해 보이지만 실제로는 헛갈린다.

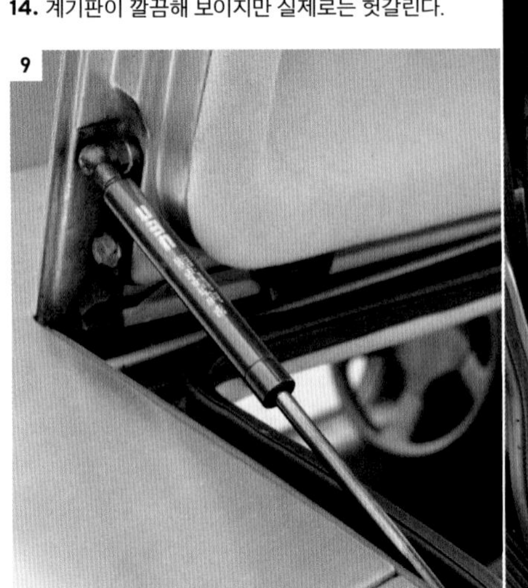

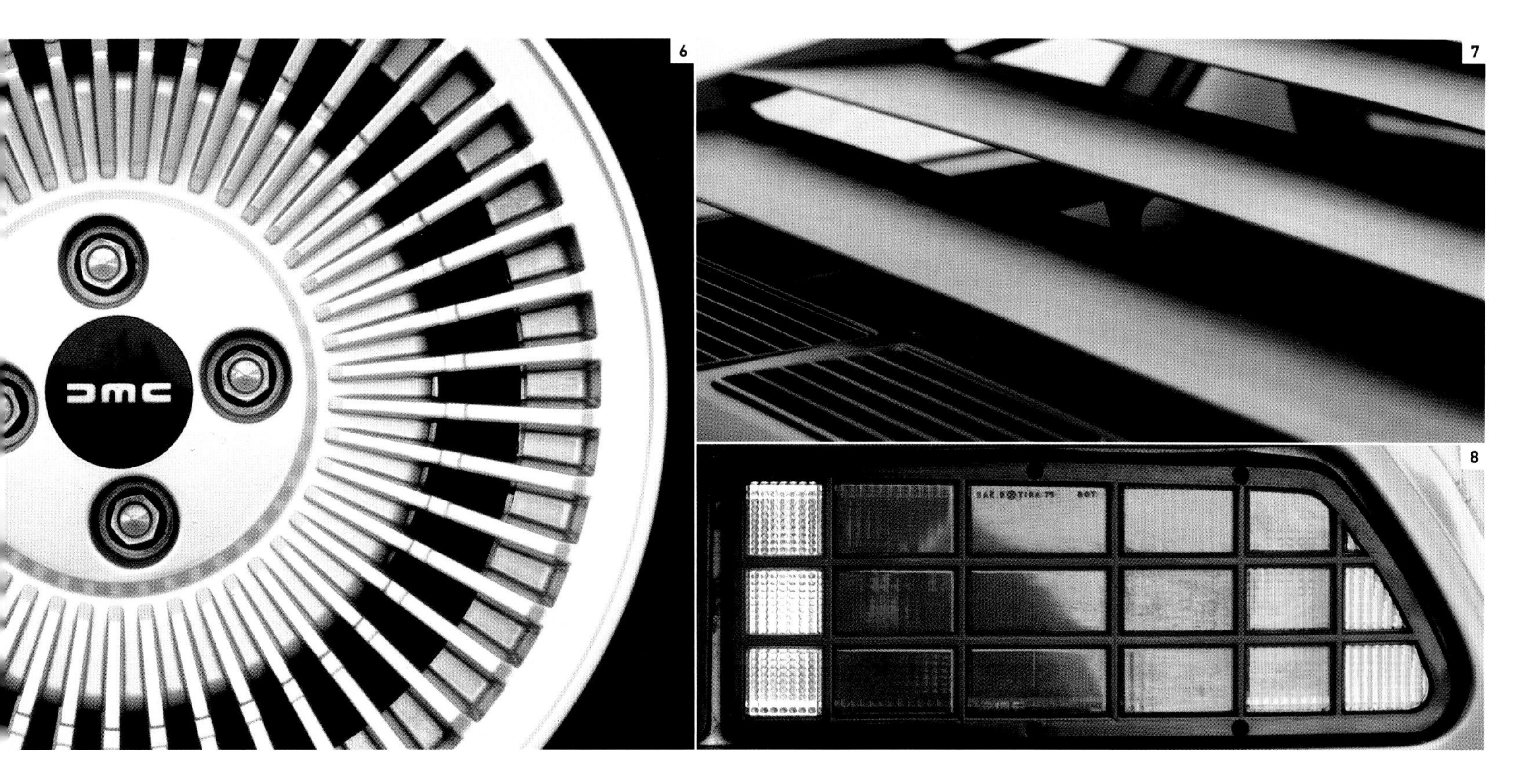

엔진실

모두 합금으로 된 V6 엔진은 프랑스제로, 볼보 264만이 아니라 르노 30과 푸조 604에 들어간 것과 동일하다. 출력은 미국 배기 가스 규제에 따라 조정돼 130마력에 불과했다. 시속 0마일에서 시속 60마일(약 시속 96킬로미터)까지 가속하는 데 10.5초가 걸렸다. 이 때문에 들로리안은 경쟁 차량들에 비해 성능 면에서 상당히 밀렸다. 포르쉐 911SC는 조금밖에 더 비싸지 않으면서 더 가볍고 출력은 172마력이었다. 들로리안은 문제를 개선하고자 트윈터보 모델을 계획했으나 끝내 만들어지지 않았다.

15. 엔진실 배치는 요즘 기준으로 보면 깔끔하지 못하다. **16.** 에어컨은 표준 장비이다. **17.** 전면 연료 탱크는 보닛 밑에 급유구가 있다는 뜻이다.

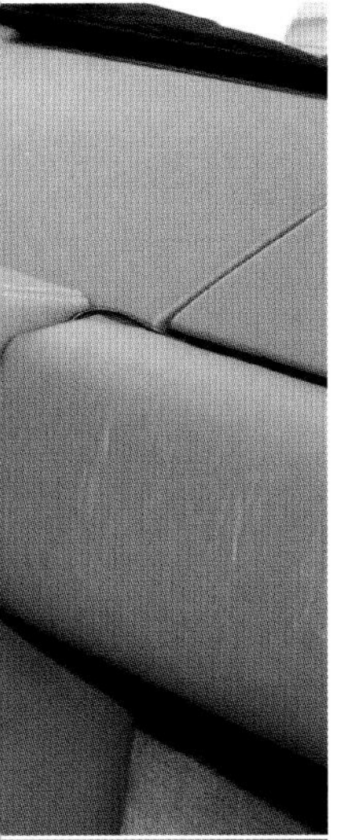

포르쉐 911

수평 대향 6기통 엔진

포르쉐 최초의 스포츠카인 356은 폭스바겐에서 많은 요소를 차용했는데, 수평 대향 4기통 엔진도 그중 하나다. 911을 대체하기 위해 완전히 새로운 엔진이 필요해지자 포르쉐는 수평 대향 배치와 공랭 방식을 유지하되 실린더 수를 6개로 늘렸다. 결과는 고금을 통틀어 가장 카리스마적이고 내구성 강한 고성능 엔진이었다.

여섯이 넷을 이기다
1960년대 초반 356에 이용된 포르쉐 수평 대향 4기통 엔진은 수명을 다한 것처럼 보였다. 그것을 대체한 수평 대향 6기통은 새로운 911 모델이 요하는 더 강한 출력을 발휘할 수 있었다. 포르쉐가 911을 개발해 나갈수록 배기량은 점차 커져 갔다.

영속적인 성공

수평 대향 6기통이 30년도 더 넘게 계속 생산되는 것을 보면 포르쉐가 설계한 이 엔진의 품질을 알 수 있다. 무시무시한 터보차저를 탑재하고 용량을 늘린 수많은 변형들을 거치면서 911의 명성은 꺼질 기미를 보이지 않았고 고유의 엔진도 마찬가지였다. 911은 계속 생산됐지만 결국 1998년에 포르쉐가 수평 대향 6기통 배열을 유지하되 공랭식을 수랭식으로 바꿀 때가 돼서야 엔진은 교체됐다. 그 이득의 하나로, 포르쉐는 911 최초로 실린더당 밸브 4개를 이용하고 그로 인해 엔진에 더 많은 혼합기를 불어넣을 수 있게 됐다.

엔진 제원	
생산 시기	1963~1998년(공랭식)
실린더	수평 대향 6기통
구성	후방 장착형, 세로 방향
배기량	1,991cc, 3,746cc로 점차 증가
출력	6,200rpm에서 128마력(최종적으로 트윈터보로 402마력)
유형	전통적인 4행정, 공랭식, 왕복 피스톤을 갖춘 가솔린 기관, 배전판 점화(나중에는 배전판 없음), 습식 윤활
헤드	뱅크당 SOHC, 체인 전동, 실린더당 밸브 2개(후기에는 트윈 점화 플러그)
연료 장치	단일 기화기, 나중에는 연료 분사식
내경×행정	80mm×66mm
최고 출력	리터당 64.3마력
압축비	9.0:1

▷ 엔진 작동 원리는 352~353쪽 참고

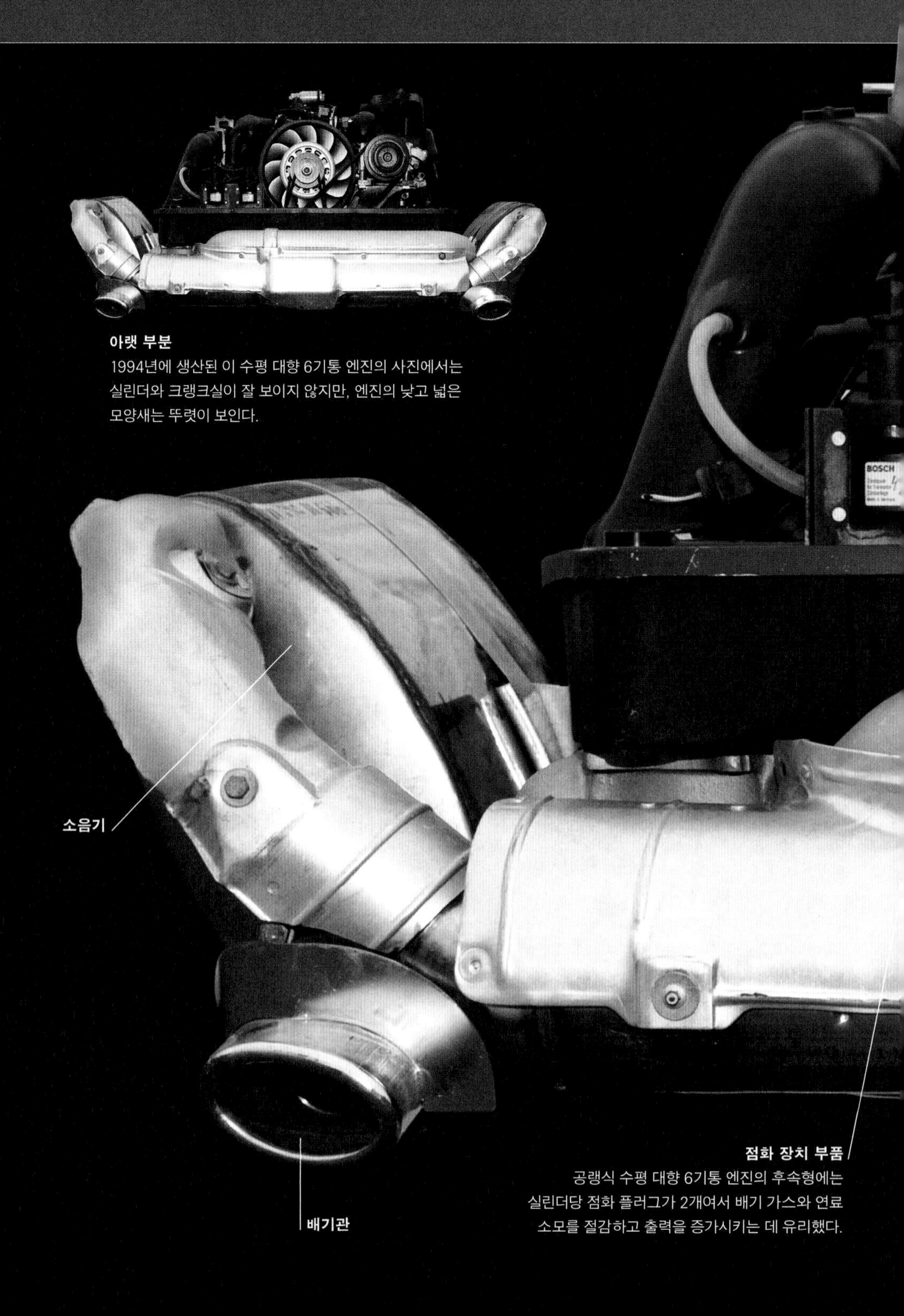

아랫 부분
1994년에 생산된 이 수평 대향 6기통 엔진의 사진에서는 실린더와 크랭크실이 잘 보이지 않지만, 엔진의 낮고 넓은 모양새는 뚜렷이 보인다.

소음기

배기관

점화 장치 부품
공랭식 수평 대향 6기통 엔진의 후속형에는 실린더당 점화 플러그가 2개여서 배기 가스와 연료 소모를 절감하고 출력을 증가시키는 데 유리했다.

아이들 속도 포지셔너
이 장비는 엔진으로 들어오는 공기 흐름을 조절해 올바른 아이들링(idle speed, 스로틀을 닫은 채로, 즉 액셀러레이터 페달에서 발을 뗀 채로 엔진을 공회전시킬 때의 속도)을 유지하게 한다.

컨트롤 플랩 위치
공기 주입 시스템의 일부로, 주입구의 공기 공명을 변화시키는 플랩(그림에 없음)이 여기 끼워진다. 실린더로 들어오는 공기의 양을 측정하고 엔진 관리 컴퓨터에 데이터를 보내는 핫필름(hot-film) 감지기와 나란히 있다.

흡기계
흡기구의 다른 부분. 1993년부터 이 수평 대향 6기통 엔진은 포르쉐의 바리오램 구조를 장착했다. 바리오램은 엔진 속도에 따라 공기 주입관의 배치를 바꾸어 실린더로 공기가 더 많이 들어오게 하고 그로써 엔진의 출력과 토크를 최대화하는 효과를 얻는다.

다중 날개 환풍기
환풍기는 실린더 헤드와 배럴 위로 냉각된 공기를 끌어오고 독특한 엔진 음향을 만드는 데도 한몫한다.

공기 필터 덮개

흡기구

에어컨 컴프레서

교류 발전기
숨겨져 있는 엔진의 교류 발전기는 그림에서 발전기를 가린 환풍기와 같은 축을 공유하되 독립적인 드라이브 벨트를 가지고 있다.

3원 촉매 컨버터
방열판 아래로 일산화탄소, 탄화수소, 질산 가스 같은 배기 가스 방출을 줄이기 위해 표면 면적이 넓고 희귀 금속으로 된 촉매를 이용한다.

방열판

소음기

배기관

람보르기니 쿤타치

1970년대 슈퍼카 붐을 대표하는 이 희귀하고 이국적인 자동차는 1971년 봄에 그 프로토타입이 공개됐다. 1988년에 람보르기니 창립을 기념해 출시된 25주년 기념 쿤타치는 이 프로토타입과 근본적으로 동일한 자동차였지만 미드십 엔진에 환상적인 스타일과 짜릿한 운전감으로 거의 신화적인 평판을 획득했다. 이탈리아 북부 피에몬테 지역의 방언에서 유래한 '쿤타치(countach)'라는 말은 남자들이 미인을 가리킬 때 쓰는 표현이다.

1960년대 후반 미드십 엔진을 단 슈퍼카 프로토타입들로 모터쇼 방문객들을 놀라게 한 람보르기니와 디자인 하우스 베르토네는 누구보다도 먼저 실제 자동차를 고객에게 제공하기로 마음먹었다. 람보르기니의 기술자들은 '프로젝트 112'를 위해 튜블러 스페이스프레임을 디자인하는 임무를 맡았다. 여기다 이전에 람보르기니 미우라에서 선보였던 V12 엔진이 두 좌석 뒤, 뒷바퀴 앞에 장착됐다. 엔진은 세로로 배치됐고 5단 기어 변속기는 앞쪽에 있었으며 구동축은 기름통과 뒤쪽 차동 장치 사이에 걸쳐졌다. 베르토네의 스타 디자이너인 마르첼로 간디니가 공격적인 쐐기 모양 디자인을 내놓았고 차체는 항공기용 알루미늄으로 제조됐다. 프로토타입 단계의 이름은 LP500이었고 1974년에 최초로 완성된 양산차는 3,929시시 엔진을 단 쿤타치 LP400이라는 이름으로 세상에 공개됐다.

앞모습

뒷모습

옆모습

창립자의 별자리
회사 창립자인 페루초 람보르기니(Ferruccio Lamborghini)는 유명한 스페인 투우사인 안토니오 미우라(Antonio Miura)의 이름을 따서 '람보르기니 미우라'라는 이름을 붙였다. 하지만 회사의 상징인 돌격하는 황소 그림은 페루초 자신의 별자리인 황소자리를 나타낸 것이다. 페루초는 쿤타치가 판매되기 3년 전인 1971년에 회사를 매각했다.

뾰족한 앞부분에 숨어 있는 **팝업식 헤드라이드**

가위처럼 열리고 닫히는 혁신적인 **시저 도어 (scissor door)**

리어 쿼터 윈도 (rear quarter window)가 뒤면에 있지만 시야는 여전히 형편없다.

공기를 엔진으로 흘려보내는 **흡기구**

부드럽게 처리된 후미로, 초기 생산 모델들에는 있던 꼬리 날개가 없다.

옆구리에 있는 **NACA 스타일의 덕트**는 이 안에 V12 엔진이 있음을 짐작케 한다.

광폭 타이어

쿤타치의 상징인 시저 도어
사진의 25주년 기념 모델에서 볼 수 있듯이 시저 도어는 쿤타치의 가장 눈에 띄는 특징이다. 시저 도어는 위와 앞으로 동시에 열려서 좁은 공간에서도 쉽게 문을 열고 탑승할 수 있게 해 준다. 하지만 베르토네가 그렇게 설계한 것은 쿤타치의 레이싱 카 스타일 튜블러 섀시의 문턱 부분이 지나치게 높아서 다른 방법이 없었기 때문이다.

제원	
모델	람보르기니 쿤타치, 1974~1990년
생산지	이탈리아 볼로냐의 산타가타
제작	2,042대(25주년 기념 쿤타치 650대 포함)
구조	스페이스프레임 섀시, 알루미늄 패널
엔진	3,929~5,167cc, V12
출력	7,000rpm에서 448마력(5.2리터)
변속기	5단 수동
서스펜션	모두 독립식 코일
브레이크	모두 디스크
최고 속력	295km/h(5.2리터)

외장

쿤타치는 최초의 고성능 도로 주행용 자동차였다. 차체가 낮고 넓으며 전면부에는 볼 게 거의 없고 후면부에 시각적 강조점을 두었다. 후미에는 거친 운전 상황에서도 고성능 엔진이 냉각될 수 있도록 공기를 유입하는 흡기구 몇 개가 있다. 쿤타치 운전자들에게는 늘 후면 시야가 문젯거리였는데, 거대한 공기 역학적 날개를 갖춘 경우가 많아서 문제가 가중됐다. 이 25주년 기념 모델의 휠아치와 사이드 스커트는 맞춤 생산된 것이다.

1. 소문자로 적힌 명판이 이채롭다. **2.** 돌진하는 황소 엠블럼은 맹렬한 성능을 상징한다. **3.** 라인이 흐트러지지 않게 해 주는 팝업식 전조등 **4.** 흡기구에 숨어 있는 문손잡이 **5.** 은은한 광택이 감도는 합금 휠 **6.** 이탈리아 어로 씌어진 디자인 회사 이름 **7.** 조각 같은 흡기구 **8.** 내부 문손잡이 **9.** 엔진 열을 분산시키는 꼬리의 미늘창 **10.** 이 미등은 25주년 기념 모델에만 달렸다.

1

2
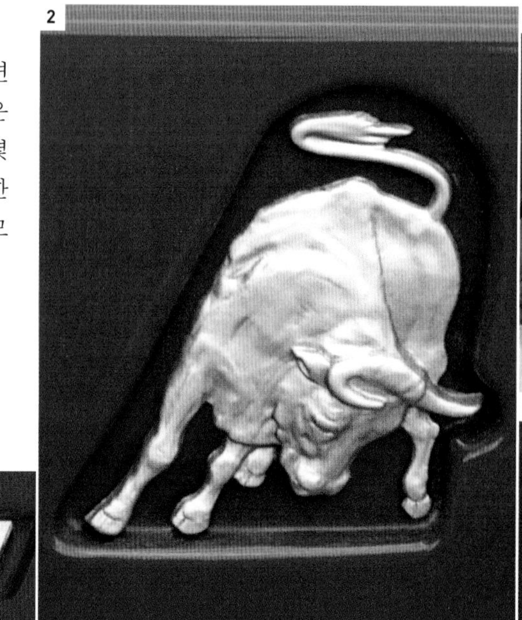

3

4
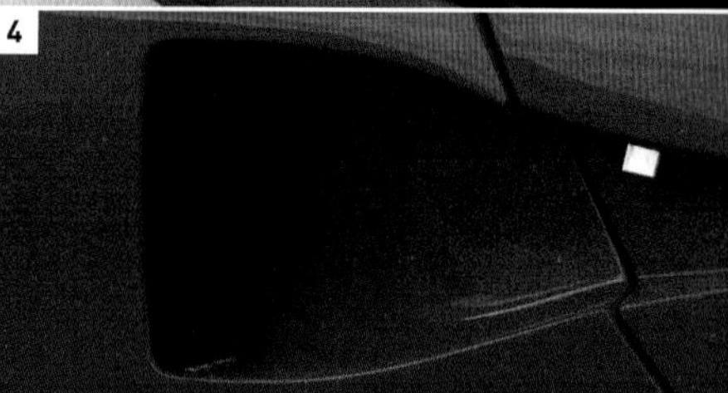

내장

극도로 편안한 운전석(쿤타치는 2인승이다.)의 좌석은 크게 뒤로 젖혀져 있다. 덕분에 일반 도로 주행용으로 개조된 경주용 자동차라는 인상을 준다. 람보르기니뿐만 아니라 이탈리아의 특수 모델들에 사용된 계기반을 비롯한 작은 부품들은 대개 피아트의 대량 생산 모델에서 가져온 것이지만, 가죽 장식을 매만진 장인의 손길을 보면 결코 만만하게 보이지 않는다.

11. 가죽으로 테를 두른 운전대와 검은색 바탕의 흰색 문자반이 마주보고 있다. **12.** 잡다한 제어 버튼과 알파인 사의 하이테크 하이파이 오디오 시스템 **13.** 다른 차로부터 가져와 솜씨 좋게 맞춰 넣은 통풍구 **14.** 전자식 좌석 제어 장치 **15.** 가죽 마감된 기어 손잡이와 노출된 기어 전환 게이트 **16.** 좌석 사이 돌출부에는 변속기가 들어 있다.

11

12

13 14

15 16

엔진실

어떤 람보르기니 자동차든 그 심장부에는 기계공이 손으로 만든 공학적 걸작, 즉 엔진이 있다. 모든 쿤타치의 엔진은 V12 엔진이고 25주년 기념 쿤타치에 탑재된 것은 5.2리터 버전이다. 유럽 시장을 위해 6개나 되는 베버 카뷰레터, 또는 더 맑은 배기 가스를 배출하는 대신 출력이 356마력으로 저하된, 미국 시장용 보쉬 K-제트로닉 연료 분사기를 갖췄다. 엔진과 부가 장치들은 최적화돼 결합돼 있다. 차 후미에 있는 엔진 덮개를 열면 볼 수 있다.

17. 조토 비차리니가 설계한 V12 엔진은 1963년에 공개된 후 오늘날까지 생산되고 있다. 용량은 2배로 늘었다.

여피 족이 사랑한 2인승차

1980년대는 젊고, 상류 사회를 지향하는 전문직 종사자, 일명 '여피족'의 시대였고, 그 흔적은 그들이 즐겨 몰았던 로드스터와 쿠페에도 남아 있다. 안전 규제가 아주 엄격해지기 전이라 당시 차들은 저마다 독특한 개성을 뽐냈다. 불변의 고전들이 전륜 구동이나 4륜 구동을 자랑하는 신참들과 뒤섞이고 기존의 강력한 엔진들은 최신 기술과 겨뤘다. 애송이가 끼어들 자리는 없었다.

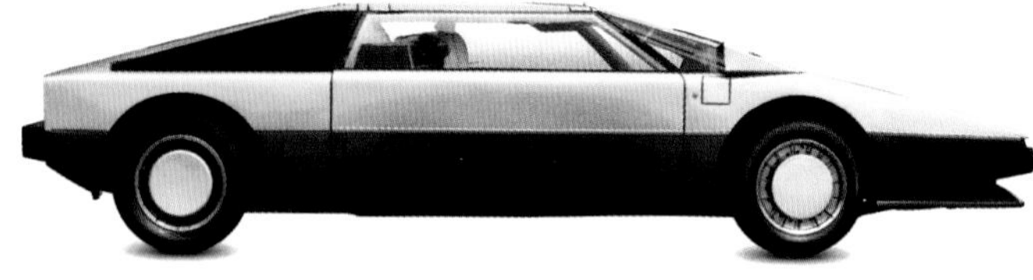

△ **애스턴 마틴 불도그 1980년**
Aston Martin Bulldog 1980
생산지 영국
엔진 5,340cc, V8
최고 속력 307km/h

환상적인 애스턴 마틴. 1980년에 자동차 분야에 충격을 준 미드십 엔진에 트윈터보, 걸윙 도어를 갖춘 콘셉트 카였다. 실제로 제조된 유일한 1대는 시험 주행에서 시속 307킬로미터를 냈다.

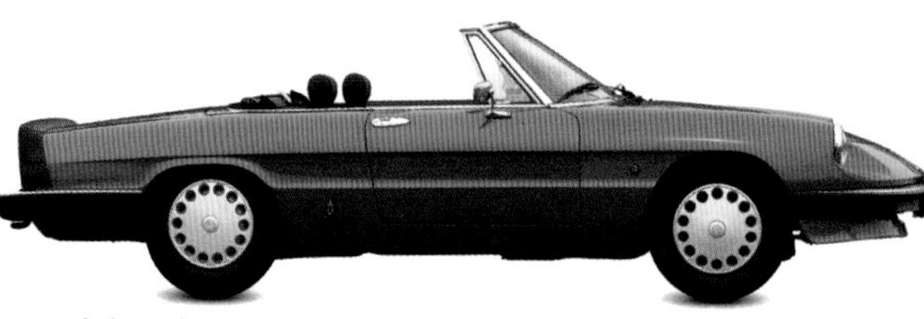

△ **알파 로메오 스파이더 1982년**
Alfa Romeo Spider 1982
생산지 이탈리아
엔진 1,567~1,962cc, 4기통
최고 속력 190km/h

1966년에 처음 출시된 스파이더는 1982년에 대대적인 성형을 겪었다. 순수주의자들은 고무 범퍼와 테일 스포일러(tail spoiler)를 매도했지만 이 충돌 예방 장치 덕분에 이 살아 있는 전설은 미국 법규를 준수할 수 있었다.

△ **폰티액 파이어버드 트랜스 앰 1982년**
Pontiac Firebird Trans Am 1982
생산지 미국
엔진 5,001~5,733cc, V8
최고 속력 225km/h

당대 가장 공기 역학적인 제너럴 모터스의 자동차로, 이 3세대 파이어버드는 2+2 쿠페였다. 트랜스 앰 모델은 모두 V8 엔진을 달고 있었는데, 그중 1대는 유명한 미국 텔레비전 연속극인 「전격 Z 작전」에 키트(KITT)로 출연하기도 했다.

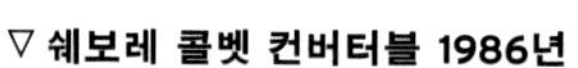

▽ **쉐보레 콜벳 컨버터블 1986년**
Chevrolet Corvette Convertible 1986
생산지 미국
엔진 5,733cc, V8
최고 속력 229km/h

콜벳은 1983년에 디자인이 완성됐고 3년 후에는 시대에 발맞춰 컨버터블 옵션이 추가됐으며 10년을 주기로 시장에 되돌아왔다. 디지털 계기판이 주목할 만하다.

△ **TVR 350i 1984년**
TVR 350i 1984
생산지 영국
엔진 3,528cc, V8
최고 속력 230km/h

TVR의 전통적 백본 섀시와 유리 섬유 차체를, 번개 같은 가속과 짜릿한 운전감을 위해 만들어진 로버의 탁월한 알루미늄 V8 엔진과 결합해 만든 자동차가 바로 이것이다.

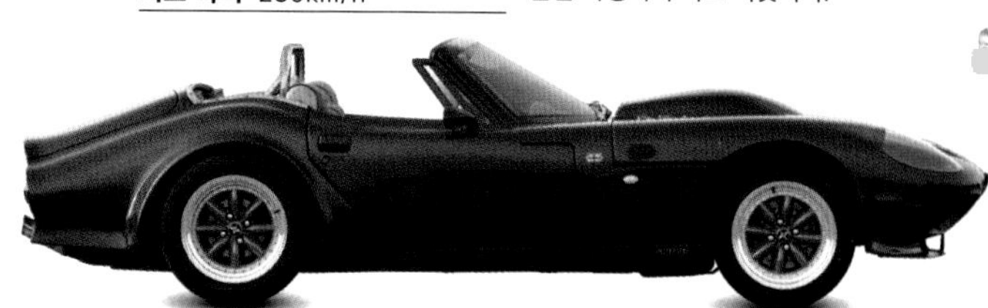

△ **마르코스 만툴라 1984년**
Marcos Mantula 1984
생산지 영국
엔진 3,528~3,947cc, V8
최고 속력 241km/h

1960년대를 풍미한 전통의 메이커 마르코스는 1980년대에 만툴라로 부활했다. 특징은 소프트톱, 한층 공기 역학적인 앞부분, 그리고 강렬한 로버 V8 엔진이었다.

▷ **토요타 MR2 1984년**
Toyota MR2 1984
생산지 일본
엔진 1,587cc, 4기통
최고 속력 193km/h

MR2는 미드십 엔진을 탑재한 합리적 가격의 스포츠카로, 최초는 아니었으나 최고인 것만은 분명했다. 반응도 빠르고 안정적이었다.

▽ **케이터햄 세븐 1980년**
Caterham Seven 1980
생산지 영국
엔진 1,588~1,715cc, 4기통
최고 속력 185km/h

1957년형 로터스 세븐 1968년 버전에 바탕을 둔 케이터햄은 1980년대에 인기를 얻었다. 여전히 포드 엔진을 사용했고 그 조종성과 가속력은 새로운 세대를 흥분시키기에 충분했다.

△ **포르쉐 911 카브리올레 1982년**
Porsche 911 Cabriolet 1982
생산지 독일
엔진 2,687~3,299cc, 수평 대향 6기통
최고 속력 270km/h

새로운 바람을 갈망하던 911의 팬들은 1982년에 포르쉐가 본격적인 컨버터블을 출시할 때까지 기다렸다. 나중에는 표준적인 카레라 엔진 탑재 모델과 터보 엔진 탑재 모델로 나뉘어 생산됐다.

◁ **포르쉐 959 1986년**
Porsche 959 1986
생산지 독일
엔진 2,994cc, 수평 대향 6기통
최고 속력 306km/h

200대 이상 생산된 자동차만 참가할 수 있는 그룹 B 랠리에 출전하기 위해 이 끝내 주는 차 200대가 만들어졌다. 4륜 구동에 트윈터보 엔진으로 405마력을 냈고 전자식으로 차고가 조절됐다.

△ **BMW Z1 1986년**
BMW Z1 1986
생산지 독일
엔진 2,494cc, 6기통
최고 속력 225km/h

BMW는 원래 서스펜션 부품을 테스트하기 위한 프로토타입이었던 Z1의 출시를 결정해 8,000대를 판매했다. 운전석 문을 여닫는 게 특이한데, 문 옆의 단추를 누르면 문이 아래로 내려가며 차체 안쪽으로 미끄러져 들어간다.

△ **재규어 XJS 1988년**
Jaguar XJS 1988
생산지 영국
엔진 5,343cc, V12
최고 속력 241km/h

완전한 컨버터블인 이 XJS(타르가톱 카브리올레가 먼저 나왔다.)는 전기 후드, ABS, 재규어의 비단결 같은 V12 엔진, 그리고 고급스러운 스타일을 갖췄다.

◁ **페라리 테스타로사 1984년**
Ferrari Testarossa 1984
생산지 이탈리아
엔진 4,942cc, 수평 대향 12기통
최고 속력 291km/h

미국 텔레비전 연속극 「마이애미 바이스」에 출연한 테스타로사는 1980년대의 화려함을 상징했다. 당대 시판차 중 가장 넓었던 이 자동차 후미에서는 합금으로 만들어진 390마력 엔진이 포효했다.

△ **로터스 에스프리 1987년**
Lotus Esprit 1987
생산지 영국
엔진 2,174cc, 4기통
최고 속력 262km/h

2.2리터 에스프리 터보 엔진에서 나오는 놀라운 성능을 자랑하는 이 자동차는 페라리의 진정한 천적이었다. 1987년에는 대대적인 개조를 겪으면서 원조 주지아로 양식이 로터스 식으로 재단장됐다.

▷ **페라리 F40 1987년**
Ferrari F40 1987
생산지 이탈리아
엔진 2,936cc, V8
최고 속력 323km/h

트윈터보와 478마력 엔진, 그리고 케블라 같은 강화 섬유와 알루미늄 등을 복합해 차체의 견고성과 경량화를 실현했다. 덕분에 1987년부터 1989년까지 세계에서 가장 빠른 양산차의 지위를 누렸다. 페라리 창업 40주년을 기념해 제작된 자동차이기도 하다.

△ **로터스 엘란 1989년**
Lotus Ellan 1989
생산지 영국
엔진 1,588cc, 4기통
최고 속력 219km/h

로터스의 유일한 전륜 구동 스포츠카로 짧은 수명을 누린 엘란은 짜릿한 운전 경험을 제공했는데, 전륜에 설치된 위시본식 서스펜션(wishbone suspension)의 역할이 컸다. 이 자동차에 탑재된 이스즈 엔진에는 보통 터보차저가 달렸다.

△ **람보르기니 쿤타치 1988년**
Lamborghini Countach 1988
생산지 이탈리아
엔진 5,167cc, V12
최고 속력 290km/h

이탈리아의 대표 슈퍼카 메이커는 자신들의 야생마 디자인을 회사 창립 25주년을 기념하기 위해 마지막 2년을 앞두고 영리하게 다시 바꿨다. 그 어떤 자동차보다도 더 넓은 타이어를 장착하고 있었다.

페라리 F40

F40은 1988년 세상을 떠난 엔초 페라리가 생전 마지막으로 계획한 모델로 1987년에 페라리 창립 40주년을 기념해 출시됐다. "그대로 경주에 내보낼 수 있는 시판차"를 만들고자 한 페라리의 기본 이념을 그대로 구현한 이 자동차는 일 코멘다토레(Il Commendatore, '사령관'이라는 뜻의 이탈리아 어), 즉 엔초 페라리의 혼을 담은 슈퍼카이다. 일반 도로 주행용 자동차 안에 경주 트랙의 기술이 녹아 있어 진정으로 짜릿한 운전감을 맛볼 수 있다. 페라리의 헌신적인 추종자들은 전 세계에서 가장 빠른 합법적 도로 주행용 양산차를 생산해 낸 메이커의 열정에 최고 100만 파운드 돈과 기나긴 대기자 명단으로 응답했다.

88 GTO모델의 DNA를 계승한 F40은 전설적인 피닌파리나에서 디자인을 맡았다. 피닌파리나는 페라리가 자동차를 만들어 온 세월과 맞먹는 세월 동안 페라리의 가장 멋진 자동차들을 디자인해 왔다.

F40은 아름다움과 힘을 동일한 수준으로 갖춘 쿠페였다. 트윈터보 478마력 엔진은 일반 도로 주행용 양산차로서는 처음으로 시속 322킬로미터 이상의 속력을 낼 수 있었다. 원래 페라리는 엄격하게 한정된 수만 생산하려 했지만 이 숭고하고 타협을 모르는 모델에 대한 수요가 너무 커서, 주문 대수를 채우기 위해 1992년까지 이 차를 생산해야 했다. 이무렵 F40은 더 이상 세계에서 가장 빠른 도로 주행용 자동차가 아니었지만, 페라리의 팬들과, 어떤 최상급 형용사를 동원해도 그동안 만들어진 자동차들 중 최고로 손꼽히는 이 차를 찬양하기에 충분치 않았던 자동차 저널리스트들에게 그 사실은 중요하지 않았다.

앞모습

뒷모습

모데나 출신의 야생마
페라리의 뛰어오르는 말 로고, 카발리노 람판테(*Cavallino Rampante*)는이탈리아의 에이스 파일럿 프란체스코 바라카(Francesco Baracca)가 자신의 비행기에 그려 넣은 엠블럼에서 유래했다. 페라리 로고에는 이탈리아 국기의 색깔이 담겨 있으며 배경의 노란색은 페라리의 고향인 모데나의 상징색이다.

옆모습

바람을 속이는 디자인
가파르게 경사진 코에서, 차 전면에 있는 3개의 흡기구, 즉 중앙에 있는 커다란 라디에이터와 제동 장치를 위한 2개의 작은 측면 통풍구, 눈에 띄는 보닛의 스쿠프까지, F40의 모든 디자인 요소는 공기 역학과 공기 흐름을 염두에 두고 결정됐다. 표면 높이를 맞춘 방향 표시등과 안개등이 팝업식 전조등을 보조한다.

제원			
모델	페라리 F40, 1987~2002년	출력	7,000rpm에서 478마력
생산지	이탈리아 마라넬로	변속기	수동 5단 기어
제작	1,311대	서스펜션	앞뒤 독립
구조	타원 튜블러 프레임과 합성 재료 차체	브레이크	앞뒤 모두 디스크식 제동 장치
엔진	2,936cc, V8	최고 속력	324km/h

외장

노멕스(Nomex) 같은 당시의 신소재와 탄소 섬유 케블라를 사용해 겨우 11패널로 만들어진 F40 차체는 '로소 코르사(Rosso Corsa, 경주용 붉은색)'라는 단일 색상으로 고객에게 제공됐다. 1,100킬로그램이라는 예외적으로 가벼운 전비 중량을 낳은 최첨단 소재들은 일말의 타협 없이 만들어진 타원형 강관의 튜블러 프레임 차대와 결합해 탁월한 조종성을 갖춘 자동차를 낳는 데 기여했다. 크기가 제각각인 노출형 통풍구들은 F40의 과감한 디자인이 만들어 내는 위협적인 느낌을 증가시켰다.

1. 뛰어오르는 말 배지의 글자는 페라리의 자동차 경주 팀인 스쿠데리아 페라리의 머리글자이다. **2.** 뒷 번호판 위에 자리 잡은 페라리 글자판 **3.** 팝업식 전조등은 경주용으로 개조된 일부 F40 모델에서는 일반적인 전조등으로 대체됐다. **4.** 엔진 냉각을 위한 덕트 **5.** 바퀴살이 5개 있는 전통적인 디자인은 스포티한 느낌을 준다. **6.** 120리터 연료 탱크를 위한 잠금식 급유구 뚜껑 **7.** F40 로고가 뒤 에어로포일의 받침대에 새겨져 있다. **8.** 엔진 덮개의 통풍구가 공기를 꼬리 날개 쪽으로 보낸다. **9.** 꼬리 날개 밑동에 있는 냉각용 통풍구 **10.** 동그랗게 디자인된 미등. 후미등 2개를 동그랗게 처리한 것은 페라리의 전통이다. **11.** 후미 중앙에 있는 3중 배기관

내장

극도로 기능적이고 소박하며 뼈대가 그대로 드러난 이 운전석을 보면 F40이 가진 경주용 자동차로서의 유전자를 확인할 수 있다. 자동 윈도, 카페트, 혹은 심지어 문손잡이조차 있을 곳이 없고 유일한 사치의 흔적이라고는 에어컨뿐이다. 내부 장식은 실상 없는 것이나 마찬가지인데, 붉은 천으로 덮인 케블라 섬유 재질의 좌석은 모노크롬이 지배하는 실내 공간에서 유일한 일탈이다.

12. 모든 F40 모델은 운전석이 왼쪽에 있다. **13.** 경적에 그려진 로고 **14.** 속도계와 8,000아르피엠부터 붉게 표시된 회전계 **15.** 크롬 도금 처리된 5단 변속기 레버 **16.** 무게를 줄이기 위해 구멍을 뚫은 페달

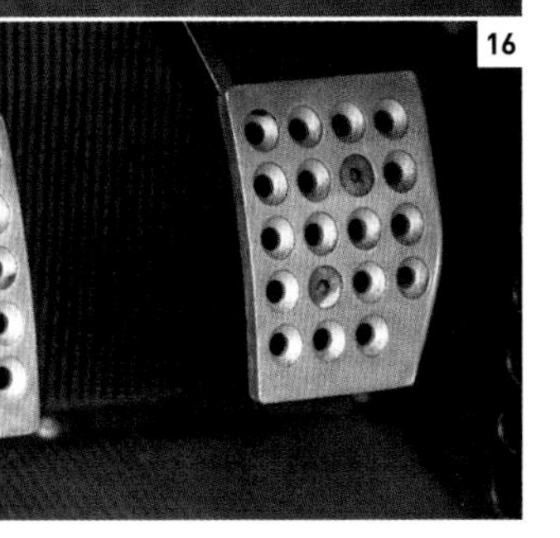

엔진실

강력한 90도 V8 엔진은 트윈 터보차저로도 모자라 엔진에서 여분의 힘을 짜내기 위해 설치된 2개의 중간 냉각기까지 자랑스레 내보인다. 리터당 160마력에 해당하는, 478마력의 기록적인 출력을 포함해 예외적인 성능 수치를 갖고 있다. 파워 스티어링이나 ABS가 없는 것은 이 자동차 공학의 숭고한 표본이 실로 극한을 추구하는 드라이버들을 위해 만들어졌음을 보여 주는 또 다른 증거이기도 하다.

17. 엔진은 내경이 82밀리미터이고 행정 길이가 69.5밀리미터이다. **18.** 수평으로 얹힌 배기 소음기 **19.** 코일 스프링과 쇽업소버는 이후 모델에도 사용 가능했다. **20.** 보닛 아래에 있는 적재 공간

다목적 차량 시장의 발견

1980년대 SUV 시장은 줄곧 성장했고, 탁월한 험로 주파 기능을 갖춘 강력한 4×4들과, 거친 지형에서는 성능이 떨어지는 편안한 승차감 위주의 차량들이 탄생했다. 동시에 자동차 메이커들은 새로운 틈새 시장을 발견했다. 그것은 승용차나 밴의 플랫폼을 기반으로 한 널찍한 7인승 다목적 차량(Multi-Purpose Vehicle, MPV)으로, 실을 짐이 많은 대가족 소비자를 겨냥했다.

◁ **닛산 프레어리 1983년**
Nissan Prairie 1983
생산지 일본
엔진 1,809cc, 직렬 4기통
최고 속력 159km/h
넙데데한 상자 모양에 뒷문이 슬라이딩 도어인 프레어리는 새로운 왜건형 미니밴 시장을 개척하면서 6년간 100만 대 넘게 팔렸다. 엔진은 1.5리터나 1.8리터다.

▷ **닛산 패트롤 1982년**
Nissan Patrol 1982
생산지 일본
엔진 3,246cc, 직렬 6기통
최고 속력 129km/h
한층 고급스러운 경쟁 상대들에 비하면 거칠고 단순한 패트롤은 활축과 반타원 스프링, 그리고 4기통 또는 6기통 엔진을 갖춘, 충직한 일꾼이었다.

△ **랜드 로버 88 SIII 1971년**
Land Rover 88 SIII 1971
생산지 영국
엔진 2,286cc, 직렬 4기통
최고 속력 109km/h
기본 랜드 로버는 1980년대 내내 계속 최고급 오프로드 차량에 속했다. 한편 승차감은 좀 불편했는데, 특히 이전에 군용 차량으로 쓰였던 이 경량형 모델들은 더 그랬다.

◁ **랜드 로버 디스커버리 1989년**
Land Rover Discovery 1989
생산지 영국
엔진 2,495cc, 직렬 4기통
최고 속력 172km/h
호화로운 레인지 로버와 기본적인 랜드 로버 사이의 간극을 메우는 디스커버리는 탁월한 오프로드 자동차로, 콘랜 디자인 그룹(Conran Design Group)이 디자인한 실내는 안락하고 고급스러웠다. 브리티시 디자인 카운슬 상을 수상했다.

△ **미쓰비시 스페이스 왜건 1984년**
Mitsbishi Space Wagon 1984
생산지 일본
엔진 1,725cc, 직렬 4기통
최고 속력 156km/h
여러 나라에서 샤리오(Chariot), 님부스(Nimbus), 엑스포(Expo)라는 이름으로 팔린 이 소형 5인승 또는 7인승 차는 최초의 MPV 중 하나로 2륜 구동 또는 4륜 구동 방식이었다. (현대 자동차에서는 이 차의 2세대 모델을 '싼타모'라는 이름으로 라이선스 생산한 바 있다.)

▽ **메르세데스벤츠 G-바겐 1979년**
Mercedes-Benz G-Wagen 1979
생산지 독일/오스트리아
엔진 2,746cc, 직렬 6기통
최고 속력 148km/h
G-바겐은 경쟁차인 랜드 로버에 비해 승차감이 부드러웠지만 가격이 높고 외관이 투박해서, 메르세데스벤츠에서 개선을 가한 1991년 이전까지 판매에는 한계가 있었다.

△ **플리머스 보이저 1984년**
Plymouth Voyager 1984
생산지 미국
엔진 2,213cc, 직렬 4기통
최고 속력 154km/h
크라이슬러가 완전히 새로 만든 미니밴의 플리머스 버전은 이전에는 폭스바겐 마이크로버스 같은 변형 밴이 충당하고 있던 새로운 MPV 시장의 수요를 채우기에 충분했다.

▷ **스즈키 비타라 1988년**
Suzuki Vitara 1988
생산지 일본
엔진 1,590cc, 직렬 4기통
최고 속력 140km/h
스즈키는 오프로드 분야에서 일군 전문 기술과 일반적인 도로 주행용 차량의 편안한 승차감을 결합해 이 소형 소프트로더를 내놓고 편안한 소형 4×4라는 틈새 시장을 구축했다.

△ **람보르기니 LM002 1986년**
Lamborghini LM002 1986
생산지 이탈리아
엔진 5,167cc, V12
최고 속력 201km/h

이탈리아 슈퍼카 메이커인 람보르기니는 LM002에 6개의 웨버 카뷰레터(Weber carburettor)를 단 대형 V12 엔진을 얹었다. 모래 위에서 극도로 빠른 이 자동차는 아랍 지역에서 가장 인기가 높았다.

△ **르노 에스파스 1984년**
Renault Espas 1984
생산지 프랑스
엔진 1,995cc, 직렬 4기통
최고 속력 169km/h

마트라의 MPV는 생산에 들어가는 데 수년이 걸렸다. 원래는 생카에서 나올 예정이었지만 결국 르노 브랜드를 달고 나왔다. 아연 도금된 내부 섀시, 유리 섬유 피복, 7개의 이동 가능한 좌석을 갖췄다.

△ **다이하쓰 스포트랙 1987년**
Daihatsu Sportrak 1987
생산지 일본
엔진 1,589cc, 직렬 4기통
최고 속력 143km/h

일부 시장에서 로키(Rocky)나 페로자(Feroza)라는 이름으로 팔린 스포트랙은 레저용 소형 4×4였다. 2륜 구동 또는 4륜 구동 옵션으로 시판된 이 차는 온로드나 오프로드 양쪽에서 적절한 성능을 발휘했다.

△ **폰티액 트랜스 스포트 1989년**
Pontiac Trans Sport 1989
생산지 미국
엔진 3,135cc, V6
최고 속력 172km/h

제너럴 모터스는 크라이슬러의 미니밴에 대응해 이 평퍼짐한 스타일의, 앞이 긴 MPV를 내놓았다. 마트라 에스파스와 같은 아연 도금된 차체와 플라스틱 패널로 이뤄졌다.

△ **라이톤 피소레 매그넘 1985년**
Rayton Fissore Magnum 1985
생산지 이탈리아
엔진 2,492cc, V6
최고 속력 168km/h

이탈리아 카로체리아 라이톤 피소레는 군용 이베코(Iveco)의 4륜 구동 차대를 잘라내어 매그넘을 만들었다. 피아트/VM/알파 4기통 또는 6기통 엔진을 얹었고 미국에서는 V8 엔진을 얹고 라포르자(Laforza)라는 이름으로 팔렸다.

△ **지프 체로키 1984년**
Jeep Cherokee 1984
생산지 미국
엔진 2,838cc, V6
최고 속력 154km/h

강판을 용접해 결합한 모노코크 차체 구조를 가진 최초의 지프로, 이전 모델들보다 훨씬 점잖아졌다. 그 결과로 엄청난 판매고를 자랑했다.

△ **지프 랭글러 1987년**
Jeep Wrangler 1987
생산지 미국
엔진 3,956cc, 직렬 6기통
최고 속력 169km/h

AMC는 기본 지프 모델에 옛날 전쟁 당시 모델의 흔적을 담아 회춘시키고자 했다. 이 구상의 결과물인 랭글러는 2.5리터, 4기통 엔진이나 4.0리터, 6기통 엔진을 사용했다.

1900년, 아르망 푸조(맨 왼쪽)가 21형 페이톤을 타고 있다.

위대한 브랜드

푸조 이야기

푸조는 현존하는 메이커 중 가장 오래된 자동차 메이커 중 하나다. 자동차가 발명되기 훨씬 전부터 기계 제조 일을 해 온 푸조는 1세기도 더 넘게 자동차를 만들어 왔다. 세계 자동차 산업의 거물인 푸조는 이전 경쟁자들을 흡수해 이제는 세계 최대의 자동차 메이커 중 하나가 됐다.

푸조의 창업자인 아르망 푸조(Armand Peugeot)는 1849년에 프랑스 동부 에리몽쿠르에서 태어났다. 1865년에 가업에 발을 들여 다양한 가재도구 등을 만드는 금속 가공 일을 하던 아르망 푸조는 1882년 회사가 자전거 제조업으로 진출하는 데 주된 역할을 했다. 그는 '말 없는 마차'를 개발한다는 전망에 이끌렸고 1880년대 말에 증기 기관을 달 생각으로 바퀴가 큰 차대를 만들었다. 그 프로젝트는 고틀리에프 다임러와 에밀 르바소를 만난 후에 폐기됐다. 두 사람은 아르망을 설득해 다임러의 아이디어에 기반한 자동차를 제작하게 했다. 푸조의 자동차들은 다임러의 라이선스를 받아 파나르 에 르바소에서 조립됐으며 휘발유를 연료로 한 내연 기관으로 작동됐다.

1891년에 최초의 차 5대가 완성됐다. 그런데 디자인은 모두 제각각이었다. 그 2년 후에는 본격적인 생산이 시작돼 24대의 자동차가 조립됐다. 모터스포츠가 태어나는 순간부터 그 현장에 있던 푸조는 1894년 초기 파리-루앵 랠리에 참가했다. 1895년에 푸조는 슬라이딩 기어 변속기와 더불어 고무 덩어리로 만들어진 타이어 대신, 내부에 공기를 넣은 타이어를 채택한 최초의 브랜드가 됐다.

푸조 배지
(2010년 도입)

푸조는 다임러와 결별하고 1896년부터 자체적으로 엔진을 설계하고 제작하기 시작했다. 같은 해에 아르망 푸조는 가업과 결별하고 오댕쿠르에 자기 회사를 차렸다. 그 결과 1900년에는 매년 500대를 생산하는 메이커가 됐다. 그 3년 후에는 프랑스에서 생산되는 전체 자동차의 절반을 제작하게 됐다.

그러나 아르망 푸조가 차린 회사의 위상이 성장하면서 그의 개인적 부는 흔들리기 시작했다. 1910년, 푸조는 아직 가업에 몸담고 있던 사촌 외젠 푸조(Eugéne Peugeot)와 손을 잡았다. 오댕쿠르에 있는 푸조의 회사는 효율성을 높이기 위해 현대화됐고 1913년 에토레 부가티가 디자인한 조그만 6CV BP-1을 선보였다. 베베(Bébé)라는 별명이 붙은 BP-1은 인기가 있어서 1916년에 단종되기 전까지 3,000대 이상 생산됐다. 베베보다 다소 큰 것은 푸조의 7.6리터 레이서로, 1912년 프랑스 그랑프리와, 이듬해 인디애나폴리스 500 아너스 경주에서 우승했다.

제1차 세계 대전 시기에 푸조의 제조 설비는 대체로 군비와 군용 차량의 생산에 사용됐다. 전쟁 덕분에 재정 상태가 개선된 회사는 1920년대에 엄청난 확장을 꾀할 수 있었고 1927년에는 발랑제(Ballanger)와 드디옹(De Dion)을 인수했다. 1년 후에는 푸조 201을 출시했는데, 당시 프랑스에서 팔리던 것 중에 가장 싼 후륜 구동 자동차였다. 201은 또한 푸조 최초로 번호 이름 체계 가운데에 0이 도입된 모델이기도 했다.

"나는 대중이 자동차를 평가할 수 있게 만드는 기반을 닦았다."

— 아르망 푸조, 1900년경

1930년대에 푸조 역시 불황과 씨름했는데, 급속한 확장으로 인해 방만해진 라인업과 생산성이 떨어진 공장들이 어려움을 더했다. 1930년대 후반 5년간 회사는 202, 302, 402 모델에 디자이너 장 앙드로(Jean Andreau)의 공기 역학적 스타일을 적용하는 과감함을 보여 주었다. 그러나 그 과감한 행보가 곧 상업적인 성공으로 이어지지는 않았다. 프랑스에서 자동차를 구매하는 대중은 그 자동차들의 매력에 동의하지 않았고 모두 판매가 부진했다.

프랑스가 1940년에 독일에 점령당하면

역동적인 푸조 광고
1918년경의 이 포스터에서, 화가 르네 뱅상(René Vincent)은 푸조의 경주용 자동차 뒤에 생긴 연기를 프랑스 국기의 색으로 장식했다.

서 다른 모든 프랑스 메이커와 마찬가지로 푸조의 공장도 점령당했다. 전후 생산은 1945년에 재개됐고 3년 후 푸조의 전후 최초 신 모델, 203이 생산에 들어갔다. 비록 전쟁 전 모델들로부터 구동계 일부를 빌려오기는 했지만 203은 시대에 무척 걸맞아 보이는 널찍한 차체를 가졌다. 1960년에 단종되기까지 거의 70만대가 생산됐으니 203의 성공은 장기적이었다.

203보다도 더 많이 팔린 것은 1955년에 출시된 잘생긴 403 세단이었는데, 피닌파리나에서 디자인을 맡았다. 그리고 1960년에는 404가 그 뒤를 따랐는데, 45도 기울어진 403 엔진의 1,618시시 버전을 사용했다. 404는 1963년부터 1968년까지 동아프리카 사파리 랠리에서 6회 중 4회를 우승함으로써 그 성능을 입증했다. 더 많은 모델들이 뒤를 이었고 주로 피닌파리나가 디자인을 맡았다. 그중에는 1968년에 출시된 504도 있었다. 이 차는 푸조의 가장 눈에 띄는 차 중 하나였다.

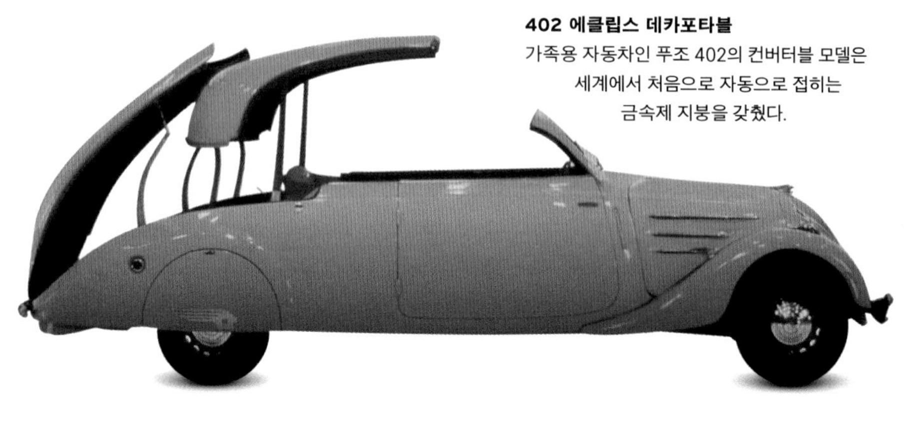

402 에클립스 데카포타블
가족용 자동차인 푸조 402의 컨버터블 모델은 세계에서 처음으로 자동으로 접히는 금속제 지붕을 갖췄다.

BP-1(베베)

403

205 터보 16

908 HDI FAP

1810 푸조 가문이 금속 제조업을 시작하다.
1889 푸조 프레레(Frères, 프랑스 어로 형제)라는 상호로 자동차 제작을 시작
1890 아르망 푸조가 휘발유로 가는 '푸조 타입 2'의 프로토타입을 공개하다.
1895 자동차 메이커 최초로 공압 타이어를 사용하다.
1912 프랑스 그랑프리에서 우승하다.
1913 쥘 구(Jules Goux)가 푸조의 7.6리터 경주용 자동차를 타고 인디애나폴리스 500에서 우승하다.
1923 연간 생산량이 최초로 1만 대를 넘어서다.
1926 10만 대째 푸조 자동차가 생산되다.
1928 회사가 오토모빌 푸조와 사이클 푸조(자전거와 가재도구들도 제조하는 회사)로 분리되다.
1934 세계 최초의 전기식 카브리올레 402 에클립스 데카포타블 출시
1955 이탈리아 피닌파리나 사와의 협력의 결실로 403 세단이 출시되면서 양사의 장기적 관계가 시작되다.
1965 푸조 최초의 전륜 구동차인 204 출시. 2년 후인 1967년에는 세계에서 가장 용량이 작은 디젤 엔진을 내놓다.
1969 자동차 총 생산량이 500만 대를 넘다.
1974 푸조가 시트로엥의 최대 주주가 되고 1976년에는 지분을 90퍼센트로 늘리다.
1978 크라이슬러의 유럽 자회사들을 인수해 단일 메이커로서는 유럽 1위가 되다.
1979 604로 세계 최초의 터보차저 디젤 엔진을 내놓다.
1985 푸조 팀이 205 T16을 타고 월드 랠리 챔피언십의 드라이버와 컨스트럭터 부문에서 우승하다.
1987 푸조가 역사상 처음으로 4연속 다카르 랠리 우승을 기록하다.
2009 908 HDi FAP 디젤이 르망에서 1, 2위를 기록하며 아우디가 10년간 지켜 온 아성을 무너뜨리다.
2012 3008 하이브리드4가 세계 최초 디젤-전기 하이브리드 차로 선보이다.
2018 508 세단이 유럽과 중국 시장에 선보이며 중국 전용 리무진 버전이 추가되다.

설원 속의 터보 주행
아리 바타넨(Ari Vatanen)과 동료 운전자인 테리 해리먼(Terry Harryman)이 이 푸조 205 터보 16을 타고 1985년 스웨덴 랠리의 우승을 향해 가고 있다. 그들의 성공은 푸조가 챔피언십의 컨스트럭터 부문에서 우승하는 데 한몫했다.

그러나 푸조는 세단의 성공에도 불구하고 시장에서 입지를 잃고 있었다. 라인업에 소형차가 부족했던 탓이다. 푸조가 문제를 해결하기 위해 내놓은 것이 오랜 구상 기간을 거쳐 1965년에 출시한 204였다. 204는 푸조 최초로 전륜 구동 방식을 채택했고 1965년부터 1976년까지 150만 대 이상이 생산됐다.

1960년대 후반부터 1970년대 초반까지 푸조는 볼보와 르노를 비롯한 다른 브랜드들과 손을 잡고 협업에 나섰다. 1974년 푸조는 궁극의 라이벌인 시트로엥의 지분을 상당량 사들였고, 2년 후에는 그 지분을 90퍼센트로 늘렸다. 이것은 푸조의 매출과 생산 능력을 실제로 갑절로 늘려 주었지만, 푸조의 확장주의는 그것으로도 충족되지 않은 듯했다. 1978년에는 크라이슬러의 유럽 자회사들까지 손에 넣었다. 새로 설립된 지주 회사인 푸조 소시에테 아노님(Peugeot Sociète Anonyme, PSA)은 푸조와 시트로엥이 자원은 공유하되 각자의 정체성은 별개로 유지하는 것을 목표로 했다. 그 후 시트로엥 모델들이 개성을 일부 잃은 반면, 푸조 모델들은 독자성을 굳건히 고수했다. 1983년 푸조는 205 해치백으로 큰 성공을 거두었다. 푸조는 205를 내세워 1985년과 1986년, 1992년에 월드 스포츠카 챔피언십에서 월드 랠리 챔피언십 타이틀을 획득하면서 랠리의 강자로 다시금 자리매김했다. 또 최근에는 경주 트랙으로도 돌아가서, 디젤 엔진의 908 HDi FAP로 2009년 르망 24시간 경주의 타이틀을 거머쥐었다.

2012년에 푸조는 시판용 디젤 하이브리드 차를 개발했고, 라틴아메리카나 특히 중국과 같은 성장하는 시장으로 확장에 나섰다. 푸조 가문은 21세기까지도 회사의 주요 지분을 보유하고 있었다. 그러나 유럽에서의 자동차 생산 과잉은 합병으로 이어졌다. 2020년에 푸조와 피아트 크라이슬러 오토모빌이 합병함으로써 스텔란티스가 만들어졌고, 새 그룹 지분의 약 7퍼센트만 푸조 가족의 몫으로 남았다.

초호화 고급 승용차

1980년대까지도 자동차 메이커들은 호화 승용차를 만드는 가장 좋은 방식은 엔진을 앞에 두고 뒷바퀴를 굴리며, 거기다 상당한 무게를 갖게 하는 것이라고 확신하고 있었다. 가벼운 구조와 재료는 아직 자동차 시장에서 각광을 받지 못하고 있었고 연료비나 경제성도 중요한 사항이 아니었다. 그러나 사브 900은 예외였다. 가벼운 전륜 구동 방식의 이 자동차는 고급차 시장에 새로운 틈새 시장을 열었다.

△ **애스턴 마틴 V8 밴티지 1977년**
Aston Martin V8 Vantage 1977
생산지 영국
엔진 5,340cc, V8
최고 속력 270km/h

1970년대 궁극의 애스턴 마틴이 1986년에는 432마력 엔진을 갖추어 전보다도 더 강력해졌다. 호화로운 가죽과 호두색 베니어판으로 마감된 스타일은 이전과 동일했다.

△ **상하이 SH760 1964년**
Shanghai SH760 1964
생산지 중국
엔진 2,200cc, 직렬 6기통
최고 속력 137km/h

상하이 오토모티브 사(Shanghai Automotive Industry Corporation)는 1964년부터 1991년까지 이 인상적인 자동차를 거의 원래 형태대로 7만 9526대나 만들었다. (구)소련과 메르세데스벤츠의 모델들이 이 자동차의 제작에 영감을 주었다.

◁ **브리스톨 보파이터 1980년**
Bristol Beaufighter 1980
생산지 영국
엔진 5,900cc, V8
최고 속력 241km/h

자가토의 디자인으로 다소 둔해 보이는, 412를 바탕으로 한 틈새 시장용 보파이터는 크라이슬러 V8 엔진의 터보차저와 떼어낼 수 있는 루프패널로 매력을 더했다.

▷ **링컨 마크 VII 1984년**
Lincoln Mark VII 1984
생산지 미국
엔진 4,949cc, V8
최고 속력 190km/h

마크 VII는 2도어 쿠페로 디자이너가 특별히 만든 명품 인테리어를 선택할 수 있었다. 4도어 콘티넨털 플랫폼을 바탕으로 한 이 차는 BMW 터보디젤 엔진이나 포드 V8 엔진을 선택할 수 있었다.

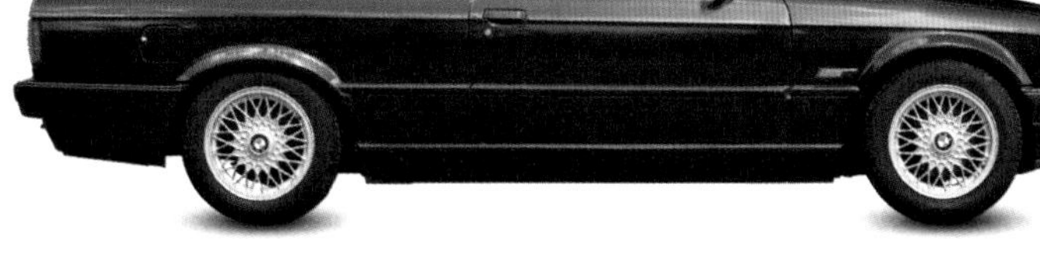

◁ **BMW 3 시리즈 컨버터블 1986년**
BMW 3-series Convertible 1986
생산지 독일
엔진 2,495cc, 직렬 6기통
최고 속력 217km/h

앞유리 프레임에 전복 방지 장치를 설치한 BMW는 당대에 가장 깔끔해 보이는 컨버터블을 제조했다. 전동 후드는 접히면 완전히 모습을 감췄다.

▽ **롤스로이스 실버 스피릿 1980년**
Rolls-Royce Silver Spirit 1980
생산지 영국
엔진 6,750cc, V8
최고 속력 192km/h

실버 스피릿은 호화로움과 만듦새로 보면 최상급이었지만 묵직한 무게, 오래전에 설계된 엔진, 위풍당당한 디자인 때문에 좀 더 현대적인 고급차들에 비해 판매는 떨어졌다.

△ **캐딜락 플리트우드 브로엄 1980년**
Cadillac Fleetwood Brougham 1980
생산지 미국
엔진 6,037cc, V8
최고 속력 167km/h

캐딜락 프레스티지 라인의 정상에 자리한 이 자동차는 널찍한 실내, 커다란 V8 엔진으로 이 계보의 관습을 유지했다. 호화로운 장식과 파워 스티어링을 기본 사양으로 갖췄다.

△ **재규어 XJ12 1979년**
Jaguar XJ12 1979
생산지 영국
엔진 5,343cc, V12
최고 속력 241km/h

재규어의 350마력짜리 플래그십 세단은 1980년대에 피닌파리나의 디자인을 통해 그 어느 때보다도 더 우아한 모습으로 등장했다. 재규어는 계속해서 가격이 너무 높다 싶은 고급차를 과감하게 만들어 나갔다.

△ **캐딜락 세단 드빌 1985년**
Cadillac Sedan De Ville 1985
생산지 미국
엔진 4,087cc, V8
최고 속력 191km/h

캐딜락은 세계에 전륜 구동 V8 엔진 탑재 모델을 안겨 주었다. 실내는 이전과 동일했지만 차체 외관은 더 작아졌다. 그러나 미국 소비자들은 여전히 큰 자동차를 원했고 판매는 난항을 겪었다.

◁ **사브 900 컨버터블 1986년**
Saab 900 Convertible 1986
생산지 스웨덴
엔진 1,985cc, 직렬 4기통
최고 속력 203km/h

1960년대의 전륜 구동식 모델들을 조금 개선한 것 이상은 되지 못했지만, 사브 900 컨버터블은 1990년대에도 잘 팔렸고 거기에 걸림돌이 된 것은 그 자신의 터보 래그(turbo lag, 터보차저에서 가속 페달을 밟는 순간부터 엔진 출력이 운전다의 기대치에 도달할 때까지의 시간의 어긋남)뿐이었다.

▷ **렉서스 LS400 1989년**
Lexus LS400 1989
생산지 일본
엔진 3,969cc, V8
최고 속력 237km/h

렉서스는 토요타의 1989년 플래그십 카(flagship car, 그 메이커의 최고급 차, 또는 그 메이커에서 가장 중요시하는 차)이다. 기존 미국과 유럽의 최고급 차에 공기 역학, 고요함, 빠른 속력, 연료 효율로 도전장을 내어 성공했다.

△ **볼보 760GLE 1982년**
Volvo 760GLE 1982
생산지 스웨덴
엔진 2,849cc, 직렬 4기통
최고 속력 190km/h

미국의 고급차 시장을 겨냥한 760GLE는 700 시리즈가 100만 대 넘게 팔리는 데 한몫했다. 1984년에는 터보차저와 인터쿨러가 달려 성능이 크게 개선됐다.

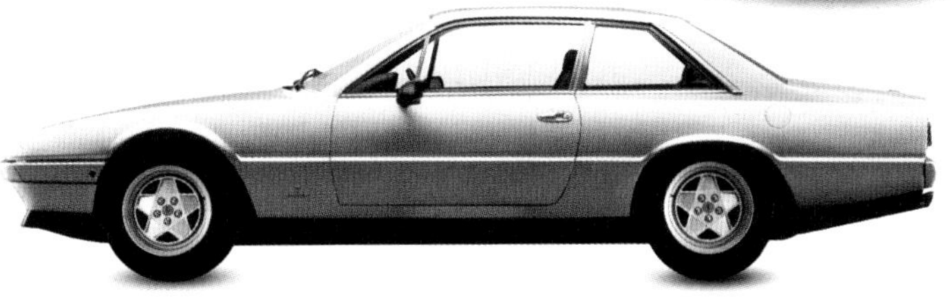

△ **페라리 412 1986년**
Ferrari 412 1986
생산지 이탈리아
엔진 4,942cc, V12
최고 속력 254km/h

페라리의 고급 가족용 자동차는 편안한 좌석, 가죽 장식, 에어컨 시스템과 ABS를 달고 등장했다. 실제로 페라리 자동차에 기대되는 바에 부족함이 없는 짜릿한 운전 경험을 제공했다.

▷ **메르세데스벤츠 190 1982년**
Mercedes-Benz 190 1982
생산지 독일
엔진 1,997cc, 직렬 4기통
최고 속력 188km/h

메르세데스벤츠의 1980년대 초기 모델은 무척 장비를 잘 갖췄고 내구성이 극도로 강했다. 크게 신경 쓸 필요 없이 48만 킬로미터 정도를 쉽게 달릴 수 있었다.

◁ **메르세데스벤츠 560 SEC 1985년**
Mercedes-Benz 560 SEC 1985

생산지 독일
엔진 5,547cc, V8
최고 속력 251km/h

560SEC는 메르세데스벤츠의 고급 쿠페 라인의 정상에 속한다. 처음 나왔을 때에는 무척 고가였고 300마력을 내는 커다란 V8 엔진으로 시속 0킬로미터에서 시속 96 킬로미터까지 가속하는 데 6.8초밖에 걸리지 않았다.

1990년대

레이스용 개조와 복고풍 | 미국의 재기와 한국의 등장 | **허머와 혼다**

현대적 로드스터의 등장

1990년대 들어 오픈 카가 법으로 금지되리라는 공포가 사그라지면서 스포츠카들이 재기했다. 자동차 메이커들은 최고의 스포츠카의 공식이 앞 엔진 후륜 구동의 전통적인 방식이냐, 미드십 후륜 구동이냐, 아니면 앞 엔진 전륜 구동이냐를 놓고 의견이 엇갈렸다. 복고풍의 바람이 불면서 둥근 디자인이 돌아왔다. 하드톱을 포함한 호화로움 역시 돌아왔다.

△ **닛산 피가로 1989년**
Nissan Figaro 1989
생산지 일본
엔진 987cc, 직렬 4기통
최고 속력 171km/h

닛산은 미크라에 기반한 이 2인승차로 복고풍 디자인을 대중화했다. 뒤로 접히는 선루프와 3단 자동 변속을 갖춘 재미있는 자동차였지만 스포츠카와는 거리가 멀었다.

△ **포르쉐 944 S2 카브리올레 1989년**
Porsche 944 S2 Cabriolet 1989
생산지 독일
엔진 2,990cc, 직렬 4기통
최고 속력 240km/h

1976년형 포르쉐 924의 최종 발전 모델이 944 S2이다. 이것은 마지막에는 컨버터블 형태로도 나왔다. 하지만 생산은 1991년에 종료됐다.

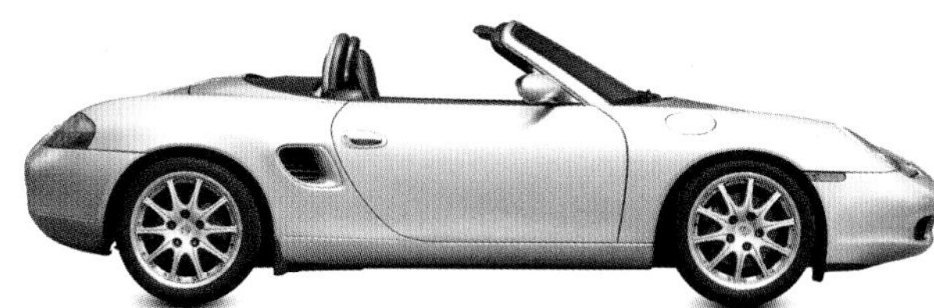

△ **포르쉐 박스터 1996년**
Porsche Boxster 1996
생산지 독일
엔진 2,480cc, 수평 대향 6기통
최고 속력 245km/h

미드십 엔진을 탑재한 프로토타입을 공개한 지 거의 50년 만에, 마침내 포르쉐는 도로 주행용 미드십 스포츠카를 출시했다. 이 차는 포르쉐에서 가장 빨리 팔려 나간 스포츠카가 됐다.

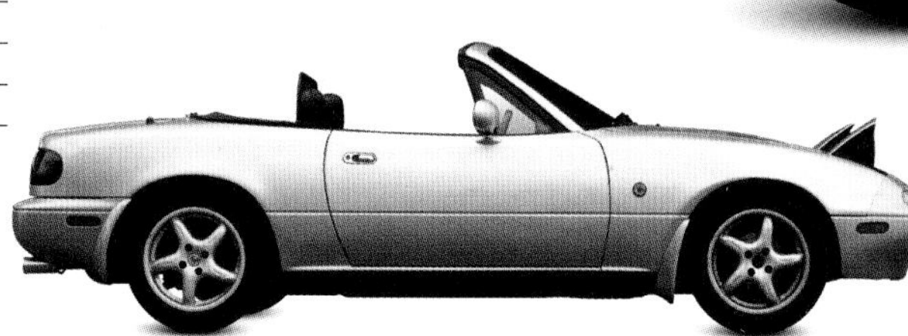

△ **마즈다 MX-5(Mk I) 1989년**
Mazda MX-5(Mk I) 1989
생산지 일본
엔진 1,597cc, 직렬 4기통
최고 속력 183km/h

1960년대의 로터스 엘란에서 영감을 얻은 마즈다는 트윈캠, 앞 엔진 후륜 구동의 MX-5로 전통적인 스포츠카의 재미를 전 세계에 다시 알렸다.

△ **BMW Z3 1996년**
BMW Z3 1996
생산지 독일
엔진 1,895cc, 직렬 4기통
최고 속력 198km/h

BMW 최초의 대량 생산 스포츠카는 복고풍 외양, 후륜 구동, 그리고 타협 없는 로드스터로서의 감성을 갖췄다. Z3은 1.8, 1.9, 2.0, 2.2, 2.8, 3.0리터 혹은 3.2리터 엔진을 얹었다.

◁ **모건 플러스 8 1990년**
Morgan Plus 8 1990
생산지 영국
엔진 3,946cc, V8
최고 속력 195km/h

목제 프레임으로 된 차체와 분리된 차대로 이루어진 극도로 전통적인 모건은 1968년부터 로버의 3.5리터 V8 엔진을 사용해 왔다. 1990년에는 3.9리터 버전으로 교체됐다.

△ **스즈키 카푸치노 1991년**
Suzuki Cappuccino 1991
생산지 일본
엔진 657cc, 직렬 3기통
최고 속력 137km/h

최고 속력이 시속 137킬로미터로 제한된 카푸치노는 일본의 경차 세금 혜택도 받으면서 운전도 최대한 즐길 수 있도록 설계됐다. 앞 엔진 후륜 구동으로, 소형 스포츠카로도 부족함이 없었다.

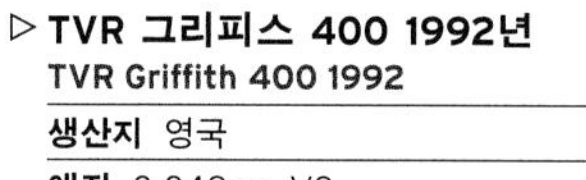

▷ **TVR 그리피스 400 1992년**
TVR Griffith 400 1992
생산지 영국
엔진 3,948cc, V8
최고 속력 238km/h

1990년대 영국 최고의 스포츠카로서 깜짝 놀랄 만한 곡선과 굉음을 동반한 강력한 로버 V8 엔진을 자랑했지만 다른 모든 TVR 자동차들과 마찬가지로 안정성 문제가 따라다녔다.

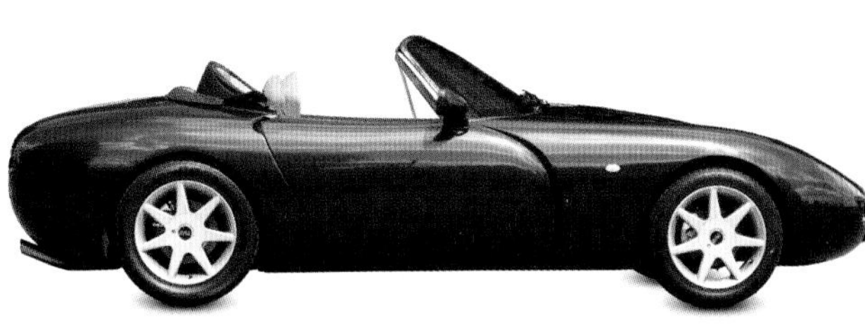

▽ **르노 스포르 스파이더 1995년**
Renault Sport Spider 1995
생산지 프랑스
엔진 1,998cc, 직렬 4기통
최고 속력 211km/h

자사 브랜드에 어느 정도 스포츠카의 짜릿한 운전감을 불어넣고 싶었던 르노는 미드십 엔진에 알루미늄 차대를 갖춘 이 지붕 없는 로드스터를 도로용과 경주용 양쪽으로 발주했다.

△ **알파 로메오 스파이더 1995년**
Alfa Romeo Spider 1995
생산지 이탈리아
엔진 2,959cc, V6
최고 속력 225km/h

알파 로메오에서 1990년대를 위해 내놓은 2리터 또는 3리터 엔진의 스파이더는 피닌파리나에서 디자인을 맡았고 후미가 높지만 트렁크 용량은 작은, 이상한 의미에서 놀라운 전륜 구동 스포츠카였다.

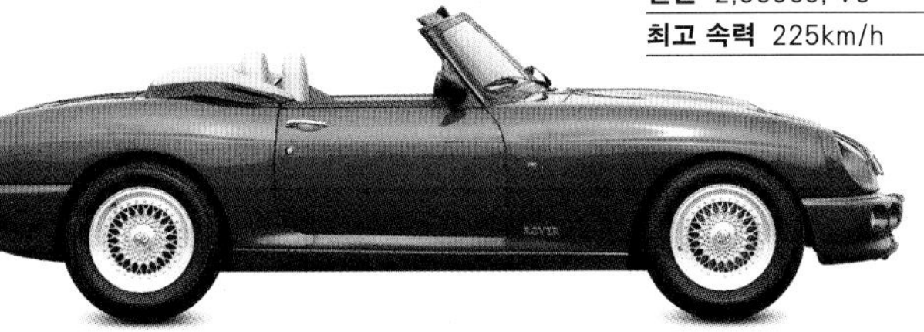

△ **MG RV8 1992년**
MG RV8 1992
생산지 영국
엔진 3,946cc, V8
최고 속력 219km/h

기대를 한몸에 모았던 MG는 1990년대에 마침내 MGB 차체, 로버 V8 엔진, 가죽 장식을 갖추고 한정 생산됐지만 사실 이 자동차는 25년 더 빨리 나왔어야 했다.

◁ **MGF 1995년**
MGF 1995
생산지 영국
엔진 1,796cc, 직렬 4기통
최고 속력 209km/h

30년 만에 처음 나온 본격적인 신형 MG 스포츠카는 미드십 엔진의 예쁜 2인승차로 구성이 영리했고 하이드라가스 서스펜션 시스템으로 조종성이 좋았다.

△ **로터스 엘리제 1996년**
Lotus Elise 1996
생산지 영국
엔진 1,796cc, 직렬 4기통
최고 속력 200km/h

로버 K 시리즈 엔진을 유리 섬유 차체 및 압축 알루미늄 차대에다 결합한 엘리제는 겨우 725킬로그램밖에 안 되는 무게로 탁월한 조종성과 성능을 제공했다.

△ **데 토마소 과라 스파이더 1994년**
De Tomaso Guarà Spider 1994
생산지 이탈리아
엔진 3,982cc, V8
최고 속력 274km/h

쿠페 모델이나 바르케타 모델로 더 유명한 이 자동차(스파이더는 겨우 5대만 제작됐다.)는 창립자인 알레한드로 데 토마소의 마지막 프로젝트로, BMW 구동계를 사용했다.

◁ **메르세데스 SLK 230K 1997년**
Mercedes SLK 230K 1997
생산지 독일
엔진 2,295cc, 직렬 4기통
최고 속력 238km/h

BMW Z3과 포르쉐 박스터에 대한 메르세데스의 응답은 전자 제어 하드톱과 슈퍼차저를 지닌 한층 세련된 스포츠카였다. 그러나 이 자동차는 모두 자동 변속기 사양으로 팔렸다.

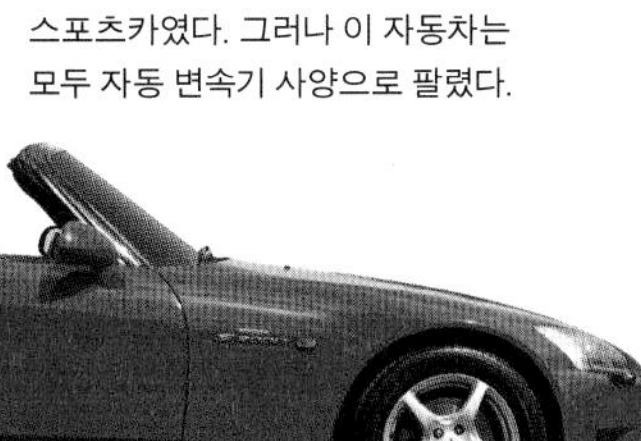

▷ **혼다 S2000 1999년**
Honda S2000 1999
생산지 일본
엔진 1,997cc, 직렬 4기통
최고 속력 241km/h

이 후륜 구동식 스포츠카는 혼다 창립 50주년을 기념해 최고의 기준에 맞춰 제작됐다. 세계에서 가장 높은 회전수까지 올라가는 자동차용 엔진을 얹었다.

△ **아우디 TT 로드스터 1999년**
Audi TT Roadster 1999
생산지 독일
엔진 1,781cc, 직렬 4기통
최고 속력 222km/h

헝가리에서 4×2 또는 4×4로 생산된 아우디 TT는 폭스바겐 골프의 기술을 사용했다. 고속 주행 시의 불안정성 때문에 언론평이 좋지 않았고, 이것을 고치기 위해 리콜을 실시해야 했다.

◁ **피아트 바르케타 1995년**
Fiat Barchetta 1995
생산지 이탈리아
엔진 1,747cc, 직렬 4기통
최고 속력 190km/h

피아트는 푼토(Punto) 플랫폼을 기반으로 바르케타를 제작했지만, 새로운 트윈캠 엔진과 내부에서 디자인한 아름다운 차체를 갖춘 덕분에 많은 이들로부터 훌륭한 차라는 평가를 받았다.

마즈다 MX-5

1989년형 MX-5는 북아메리카에서 미아타(Miata, 독일어로 '선물', '보수'라는 뜻)라고 불렸다. 이 자동차는 1960년대 클래식 스포츠카에서 가장 좋은 점만 따다가 영리하게 결합한 차였다. 차이점은 서스펜션이나 연료 분사 방식 16밸브 트윈캠 엔진 등의 첨단 기술이 사용됐다는 점이다. MX-5는 북아메리카와 일본 양쪽에서 수행된 철저한 디자인과 설계 과정의 산물이었다. 결과는 운전하기 즐겁고 뚜렷한 오점 없는 자동차였고 곧 전 세계에 열광적인 팬층을 구축했다.

MX-5는 자동차를 사랑하는 기술자들이 미국 시장을 겨냥해 만들었다. "차와 운전자의 궁극적 결합"을 목표로 한 MX-5는 50 대 50으로 무게를 배분하는 프런트 미드십 엔진 구조로 디자인됐다. 알루미늄 백본 섀시는 운전 시 빠릿한 반응을 제공하는 데 일조했다. 가격이 합리적인 소형 스포츠카로 완벽한 성능까지는 필요 없다 보니 소형 1,600시시 엔진을 탑재한 것만으로도 충분했다. 또한 무게가 가벼운 것도 괜찮았다. (나중에는 1,800시시 엔진 탑재 모델이 나오기도 했다.) 마즈다 내에서도 회의적인 목소리가 있었지만, MX-5는 그것을 극복하고 만들어져 놀라운 성공을 거두었고 1997년에 40만 대가 생산될 때까지 원형을 그대로 유지했다. 이후에 두 가지 형태로 진화했지만 끝까지 원래 성격을 충실하게 유지했다.

앞모습

뒷모습

동양적 심볼
마즈다는 세월을 두고 다양한 로고들을 시도해 보았다. 이 디자인은 안에 불꽃이 든 태양을 상징한다고 한다. 이것은 1991년에 도입됐지만 1997년에 새롭게 디자인된 'M' 심볼로 바뀌었다.

뚜껑을 덮은 옆모습

삼각창이 흔들리지 않도록 바람막이창과 일체화돼 있다.

사이드 미러는 주행풍이 운전자의 어깨 위로 통과하도록 설계됐다.

옆면은 좀 더 날씬해 보이도록 군살을 뺐다.

MX-5 프로젝트 팀장이 고집한 **평평한 후드**

타원형 미등은 뉴욕의 한 미술관에 전시됐다.

미국 기준에 맞춘 차폭등이 MX-5의 주요 시장을 알려 준다.

범퍼는 플라스틱 소재로 중량 감소에 일조한다.

'한 손가락'으로 여는 문손잡이가 알파 로메오 스파이더를 떠올리게 한다.

제원			
모델	마즈다 MX-5, 1989~1997년	출력	6,500rpm에서 114마력(1.6리터)
생산지	일본 히로시마	변속기	5단 수동
제작	43만 3963대	서스펜션	모두 코일 및 위시본
구조	강철 모노코크, 알루미늄 보닛	브레이크	앞뒤 모두 디스크
엔진	1,597cc/1,839cc, 직렬 4기통 DOHC	최고 속력	195km/h

다문화 시대의 디자인
아래쪽 공기 흡입구와 팝업식 전조등 때문에 로터스 엘란을 참조한 것처럼 보이지만, 마즈다의 디자이너들은 일본 문화에서도 똑같이 영감을 받았다. 실내는 일본 전통의 소박한 다실(茶室)에서 영향을 받았고, 둥그스름한 보닛과 전조등이 이루는 앞모습은 일본 전통 연극에서 쓰는 목제 가면을 모티프로 채용했다고 한다. 이 MX-5 캘리포니아는 MX-5의 5주년을 기념하고자 1995년에 단 300대만 제작된 자동차들 중 1대다. 눈부신 노란색이 이 5주년 기념 자동차의 특징이다.

외장

MX-5는 비록 제원은 과거를 참고로 했지만 디자인만큼은 시대를 타지 않도록 의도됐다. 이 자동차가 아직도 새로워 보인다는 것은 그 창조자들의 능력을 입증한다. 그들은 단순한 모방에 기대지 않고 유럽 스포츠카의 유산을 되살리는 데 성공했다. 그러나 그 미학 뒤에는 가볍지만 강력한 차체를 낳은 공학 기술이 숨어 있다.

1. 이 한정판 MX-5 캘리포니아처럼 후속 생산 자동차들에서 볼 수 있는 배지 **2.** 유럽에서는 MX-5라고 불렸다. **3.** 팝업식 전조등은 Mk I 에만 있는 사양이다. **4.** 공기 역학적 사이드 미러 디자인 **5.** 합금제 휠은 캘리포니아 패키지의 일부이다. **6.** 비바람을 막아 주는 미끈한 후드 **7.** 연료 주입구 뚜껑은 후드 아래에 있다. **8.** 미등의 둥근 모티프에서 1960년대 디자인의 영향을 엿볼 수 있다.

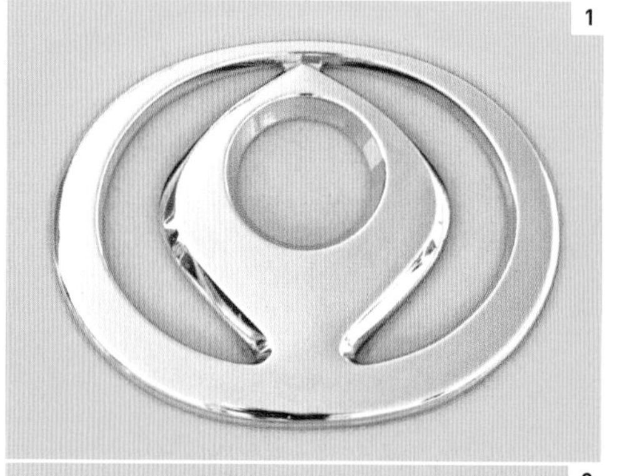

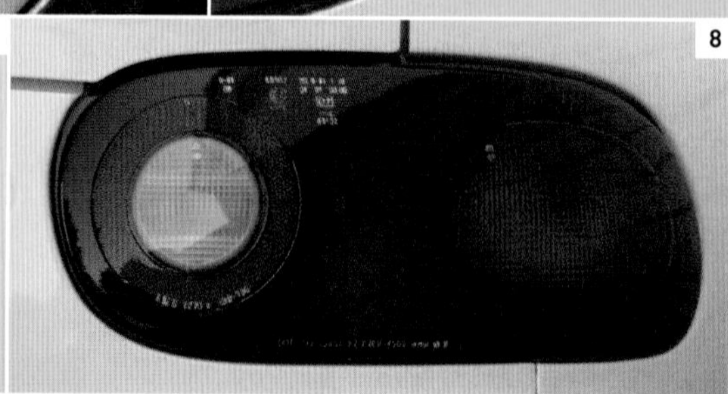

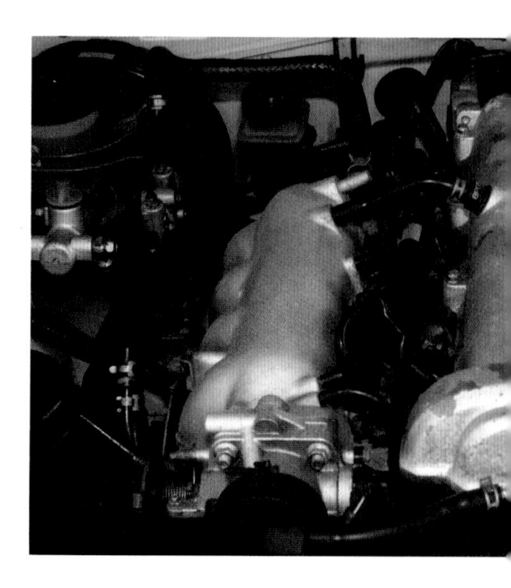

내장

마즈다의 디자이너들은 자동차의 실내 공간을 적은 비용으로 만들되 매력적인 공간으로 만들기 위해 노력했다. 그리하여 평균 체형의 사람들에게는 아늑하고 편안하나 뚱뚱한 사람에게는 좁도록 운전석을 디자인했다. 이것은 구매자를 어느 정도 잃게 되리라는 점을 감수한 결정이었다. 기존 마즈다 피팅은 가능한 한 모든 곳에 사용됐고 문 장식은 단순하고 평범한 선을 지켰다.

9. 나르디(Nardi) 운전대와 빈틈없는 인테리어 **10.** 단순한 제어판과 동그란 통풍구 그릴이 약간 '복고적인' 느낌을 준다. **11.** 은으로 된 다이얼 테두리는 영국 클래식 스포츠카들의 흔적을 느끼게 한다. **12.** 좌석 천은 일본의 다다미에서 영감을 얻었다. **13.** 내부 문손잡이는 밖에 있는 문손잡이와 닮았다.

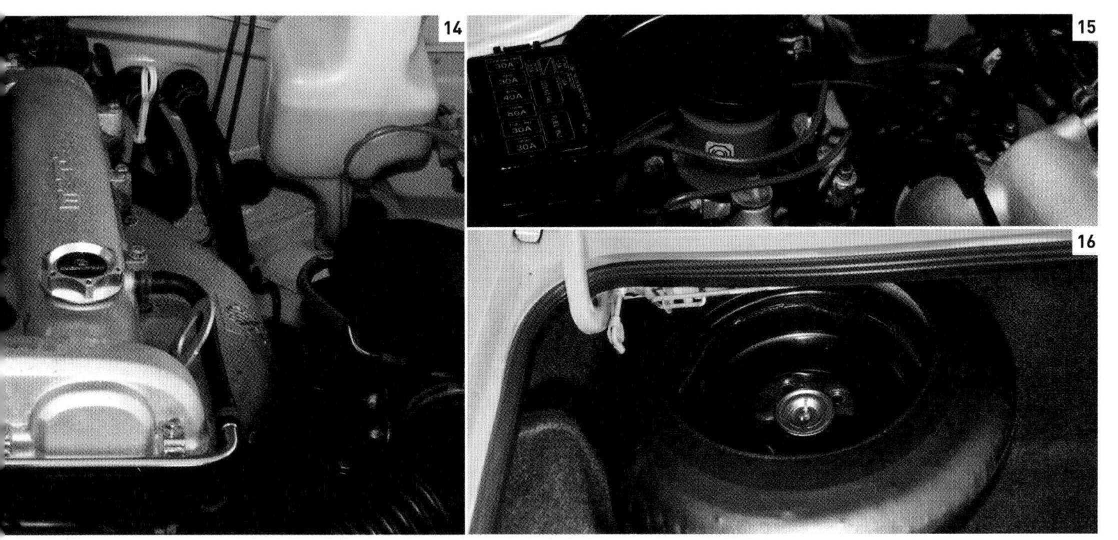

엔진실

MX-5는 동시대의 마즈다 323과 동일한 엔진을 썼지만 복고풍 캠 커버를 달았다. 그러나 출력은 달라졌고 새로운 소음기 시스템이 달렸다. 적절하게 스포티한 배기음을 낼 수 있도록 마즈다는 클래식 스포츠카들의 배기음을 녹음해서 그 음파를 분석했고 그 결과를 새로운 소음기에 투입했다.

14. 마즈다 MX-5 엔진은 재규어, 로터스, 알파 로메오 엔진을 연상시키는 캠 커버가 있다. **15.** 연료 분사 장치는 기본 장비이다. **16.** 예비 타이어는 배터리와 함께 트렁크에 들어 있어서 공간을 절약해 준다.

토요타 RH, 1953~1955년

위대한 브랜드

토요타 이야기

2009년에 생산 라인에서 780만 대의 차와 트럭을 토해낸 토요타는 세계 최대의 자동차 메이커다. 하이브리드 기술의 선구자인 이 일본 브랜드는 품질과 혁신에 자부심을 갖고 있다. 이 메이커는 조그만 경차에서 최첨단 스포츠카와 경주용 자동차, 그리고 고급 리무진에 이르기까지 전 방위에 걸쳐 자동차를 생산하고 있다.

도요다 기이치로(豊田喜一郎)는 도쿄 제국 대학 기계 공학과를 졸업하고 나서, 부친인 도요다 사키치(豊田佐吉)가 운영하던 자동 직기 공장에서 자동차 만드는 일을 시작하고자 했다. 그리고 유럽과 미국의 자동차 메이커들을 견학했다. 1929년에 아버지의 직기 특허 하나를 영국 회사에 매각한 그는 이 거래로 얻은 자금으로 자동차 제작 자회사를 차려도 된다는 허락을 받았다.

토요타 배지
(1989년 도입)

1930년에 도요다 기이치로는 2기통 엔진을 제작했고 이어 그것으로 달리는 소형차를 하나 만들었지만 성공적이지 못했다. 처음부터 다시 시작한 도요다 기이치로는 쉐보레에서 얻은 차대와 흐르는 듯한 크라이슬러 식 차체에 오버헤드 밸브, 직렬 6기통, 3,389시시 엔진을 갖춘, 아주 미국적인 자동차를 만들었다. 도요다 모델 AA(AA型)라고 불린 이 차는 1936년에 양산에 들어갔다. 이듬해인 1937년 토요타 자동차 공업 주식 회사가 설립됐다. 창업 당시에는 사명이 토요다(TOYODA, 豊田)였지만 곧 토요타(TOYOTA)로 바뀌었는데, 그 편이 영어로 발음하기도 쉬웠고 일본어로 썼을 때 획수가 8(8은 일본에서 행운의 숫자이다.)이 되기 때문이었다.

당시에 일본에서 팔린 차는 거의 다 미국 수입품이었지만 일본 정부가 무역 수지 균형을 맞추려고 하면서 상황이 달라졌다. 일본의 포드와 GM 공장들은 문을 닫았고 정부는 수입품에 관세를 부과했다. 토요타는 재빨리 그 기회를 포착해 1930년대 말까지 승용차, 트럭, 버스의 월간 생산량을 100대에서 1,500~2,000대로 대폭 늘렸다. 자동차 생산 과정을 좀 더 일관화하기 위해 회사는 강철을 공급하는 토요타 제강, 공작 기계와 자동차 부품을 만드는 토요타 공기 주식 회사를 설립했다.

제2차 세계 대전 시기에 토요타는 일본 육군 납품용 트럭을 만들었다. 전후 민간 차량 제작은 일본을 점령한 연합군 군정 당국이 부과한 규제 때문에 느리게 재개됐다. 토요타의 전후 최초 차량 중에는 1951년에 출시된 4×4가 있었는데, 이 자동차는 2008년 말까지 전 세계에 600만 대 이상 팔리는 랜드 크루저의 기반이 됐다. 1950년, 경영 위기에 처한 토요타는 임금 삭감과 정리 해고를 발표했고 노조는 즉각 8주간의

토요타 티아라
티아라 세단은 코로나의 수출용 모델이다. 1960년에 뉴욕에서 미국 공식 데뷔를 기념해 열린 공개 행사에서 모델 다이앤 칠잔(Diane Chiljan)이 촬영을 위해 포즈를 취하고 있다.

코롤라

MR2

랜드 크루저

IQ

1935 토요다 G1 트럭이 출시되다.(20대)
1936 3,389시시, 6기통 토요다 모델 AA 양산 시작
1937 토요타 자동차 공업 주식 회사 설립. 이후 토요타라는 사명 확정.
1947 토요타의 10만 대째 자동차가 생산되다.
1951 토요타 랜드 크루저 출시
1957 토요타 크라운이 처음으로 미국에 수출되다.
1961 토요타의 생산 기준을 높이려는 시도에서 종합 품질 관리 프로그램이 개시되다.
1962 토요타가 100만 대째 자동차를 생산하다.
1966 코롤라가 출시돼 곧 세계적인 베스트셀러가 되다.
1970 셀리카 스포츠 쿠페 출시
1972 1000만 대째 자동차를 생산하다.
1980 승용차 생산량에서 세계 1위를 차지하다.
1984 미드십 엔진의 MR2 스포츠카 출시. 미국 캘리포니아의 폐기된 GM 공장을 재가동하다.
1986 5000만 대째 토요타 차량이 생산 라인에서 나오다.
1989 토요타의 영국 법인 설립. 유럽 시장 등을 공략하기 위한 자동차 생산. 나아가 일본으로도 역수출되다.
1989 일본 밖의 고급차 시장을 목표로 렉서스 브랜드가 출시되다.
1993 토요타 셀리카가 월드 랠리 챔피언십에서 1993년과 1994년에 연달아 우승하다.
1994 소형 레저 오프로드 RAV4 출시
1997 프리우스 하이브리드가 일본에서 판매를 시작하고 2001년부터는 전 세계에 판매를 시작하다.
1999 토요타가 1억 대째 자동차를 생산하다.
2002 토요타가 F1 경주에 최초로 참가하다.
2007 토요타가 100만 대째 하이브리드를 판매하다.
2008 세계 최소 4인승차인 IQ 소형차가 출시되다.
2011 토요타가 그해와 이후 9년간 판매량 기준 세계 판매 차트 1위를 차지하다.
2012 운전 재미를 추구한 2인승 쿠페 GT86 출시
2015 일반인이 구입할 수 있는 최초의 수소 연료 전지차 미라이 등장
2020 BMW와 공동 개발한 스포츠카 수프라 출시

파업에 돌입했다. 이 일로 도요다 기이치로는 물러났다. 조카인 도요다 에이지(豊田英二)가 경영권을 장악하고 도요다 가문의 회사 경영권을 지켜냈다.

도요다 에이지는 미국으로 가 포드 사를 견학하면서 3개월을 보냈고 거기서 나중에 토요타를 일본 최고의 효율적 자동차 메이커 중 하나로 만들어 줄 비법을 발견한다. 단기적으로 볼 때 토요타가 파산 위기에서 벗어난 것은 1950~1953년 한국 전쟁에 참전한 연합군이 군용 차량을 대량 주문한 덕분이었다. 판매량을 대폭 끌어올리기 위해 토요타는 사람들에게 운전을 가르치기 시작했다. 이 기발한 계획은 성공을 거뒀는데, 대다수 새 운전자들이 운전을 배울 때 탔던 메이커의 자동차를 사고 싶어 했기 때문이었다. 토요타의 가장

토요타의 돌파구를 연 코롤라
코롤라는 토요타가 품질을 떨어뜨리지 않으면서 작고 싼 자동차를 만들 수 있음을 입증한 모델이다.

반열에 올라섰다. 공학적·디자인적으로 훌륭하고 덩치가 작으며 가격이 합리적인 이 자동차는 보편적인 호소력을 지녔고 특히 유럽에서 그 인기를 입증했다. 2009년경 토요타 코롤라는 전 세계에 2500만 대나 판매됐다.

도요다 에이지 체제에서 회사는 공격적인 인수 합병에 나섰고 히노 자동차 주식회사를 1966년에, 다이하쓰 공업 주식 회사를 1967년에 인수했다. 1969년에 세계

"우리는 성능과 가격에서 외국차들과 경쟁할 수 있는 차를 개발할 것이다."

— 도요다 기이치로, 1935년경

유명한 모델에 속하는 크라운은 1954년에 출시돼 토요타가 1957년에 최초로 미국 시장에 진출할 때 훌륭한 선발대 역할을 했다. 비록 미국 대중이 일본 차를 기꺼이 받아들이기 전이었지만, 다른 나라의 자동차 시장들이 전반적으로 토요타에게 문을 열어 주면서 회사의 생산량은 계속해서 상승했다. 1965년경 토요타는 5만 대의 승용차와 트럭을 매달 생산하고 있었고 1960년대 말에 이르면 폭스바겐 다음으로 많은 자동차를 미국에 수출하고 있었다. 가족용 자동차인 코롤라는 1966년에 출시돼 일본에서 가장 많이 팔린 자동차 5위의 자동차 메이커였던 토요타는 3년 후에 3위로 올라섰다. 토요타는 또한 스포츠카 부문으로도 밀고 들어가기 시작했다. 귀엽고 혁신적인 첫 번째 스포츠카 스포츠 800은 금속 지붕을 들어 올릴 수 있었다. 그리고 곧 일본 최초의 본격적인 그랜드 투어링 카인 2000GT가 합류했다. 2000GT는 아름다운 선, 더블 오버헤드 캠샤프트, 직렬 6기통 엔진, 5단 완전 동시 기어, 완전 독립 현가 장치, 전륜 디스크 브레이크를 갖췄으며 최고 속력은 225킬로미터였다. 2000GT는 끝내 본격적으로 양산되지 않았지만 스포츠카 구매자들 사이에서 토요타의 평판을 다져 주었다. 그 평판은 합리적 가격의 셀리카 쿠페를 1970년에 출시하는 데 필요한 것이었다. 셀리카는 전 세계에서 다양한 경주와 랠리에서 우승하면서 미국과 유럽에서 큰 성공을 거뒀다.

1982년 도요다 기이치로의 아들인 도요다 쇼이치로(豊田章一郎)가 토요타 자동차의 사장이 됐다. 그의 재직기에 최초로 완전한 신제품으로 출시된 자동차들 중에는 가격 합리적인 미드십 엔진의 스포츠 모델인 MR2가 있었다. 16밸브, 더블 오버헤드 캠샤프트 엔진과 전륜 디스크 브레이크를 갖춘 MR2는 즉각 성공을 거뒀다. 토요타는 4년 후에 슈퍼차저 모델과 T-바 세미컨버터블 모델을 출시했고 1989년에는 2세대 MR2를 출시하며 터보차저를 달았다. 토요타는 또 같은 해에 렉서스 시리즈를 미국에서 출시했는데, 고급차 운전자들이 서민차 브랜드를 구매하는 데 주저할지 모른다는 점을 염두에 둔 브랜드 전략이었다. 렉서스 제품들은 2005년에 일본 시장에 금의환향했다.

토요타에게도 모터스포츠는 중요한 마케팅 도구였다. 셀리카(Celica)는 월드 랠리 챔피언십에서 각각 1993년과 1994년, 1999년에 우승했고 2002년에 F1에 도전했다. 또한 전통적인 엔진과 전기 모터를 결합한 하이브리드 차량 분야에서도 선구자로 자리매김했다. 1997년부터 판매된 프리우스는 세계 최초 대량 생산 하이브리드 모델로, 토요타는 이와 같은 휘발유-전기 하이브리드 승용차가 2020년까지 2000만 대 판매된 것으로 추산했다.

토요타는 성장에 발맞춰 전 세계에 공장을 세웠다. 현재 수십 개 국가에 제조 시설을 두고 있으며 각국이 제공하는 기회를 활용하려 노력하고 있다. 예를 들어 2005년부터는 푸조와의 공동 프로젝트로 체코에서 아이고(Aygo) 시티카를 만들고 있다. 마찬가지로 토요타의 베스트셀러 캠리는 세계 각지의 취향에 따라 세세하게 맞춤 제작된다. 토요타는 미래에 수소가 중요한 연료가 되리라 확신하며 2015년에 연료 전지 승용차 미라이를 선보였고 2세대 모델은 2021년에 출시됐다.

토요타 프리우스의 하이브리드 엔진
프리우스는 전기 모터와 휘발유 엔진을 둘 다 장착했다. 저속에서는 전기 모터로 시동을 걸고 달리다가 일정 속도를 넘으면 휘발유 엔진으로 달리게 된다.

'머신'의 진화

자동차 메이커들이 이전보다 더 뛰어난 성능을 구현하려고 분투한 1990년대는 기술의 10년이었다. 규제에 발목이 잡힌 자동차 메이커들은 스피드와 위험을 줄이기 위한 디자인을 내놓았다. 액티브 서스펜션, 액티브 디퍼렌셜, 구동력 조절 장치, 그리고 반자동 변속기 등은 운전자들이 자동차로부터 최대한의 성능을 뽑아내는 것에 도움을 줬고, 트윈 터보차저와 인터쿨러는 엔진에서 최고의 힘을 끌어내는 데에서 놀라운 능력을 발휘했다.

△ 포르쉐 962 1984년
Porsche 962 1984
생산지 독일
엔진 2,995cc, 수평 대향 6기통
최고 속력 322km/h

르망과 IMSA GTP시리즈 같은 경주들을 위해 프로토타입으로 고안된 스포츠카로 알루미늄 차대를 갖춘 이 포르쉐 962는 1990년대 들어서도 한참 동안 경주에서 승리를 이어 나갔다.

△ 베네통-포드 B193 1993년
Benetton-Ford B193 1993
생산지 영국
엔진 3,493cc, V8
최고 속력 322km/h

베네통이 F1의 첨단 기술 혁명에 응답해 내놓은 B193은 액티브 서스펜션과 트랙션 컨트롤을 갖췄다. 미하엘 슈마허(Michael Schumacher)는 1993년에 이 자동차를 타고 포르투갈 그랑프리에서 우승했다.

◁ BMW V12 LMR 1998년
BMW V12 LMR 1998
생산지 독일
엔진 6,100cc, V12
최고 속력 344km/h

이 놀라운 로드스터는 프랑스의 르망 24시간 경주의 우승을 노리고 제작됐다. 1999년에는 르망에서 최초로 우승한 BMW가 됐고 같은 해 미국의 세브링 12시간 경주에서도 우승했다.

△ 레이튼 하우스-저드 CG901B 1990년
Leyton House-Judd CG901B 1990
생산지 영국
엔진 3,496cc, V8
최고 속력 330km/h

F1의 선도적 엔지니어이자 디자이너인 에이드리언 뉴이(Adrian Newey)는 이 F1 레이싱 카에 공기 역학적으로 앞선 개념 몇 가지를 도입했다. 비록 1990년대 프랑스 그랑프리에서 거의 내내 선두를 지키기는 했지만 성과는 그다지 거두지 못했다.

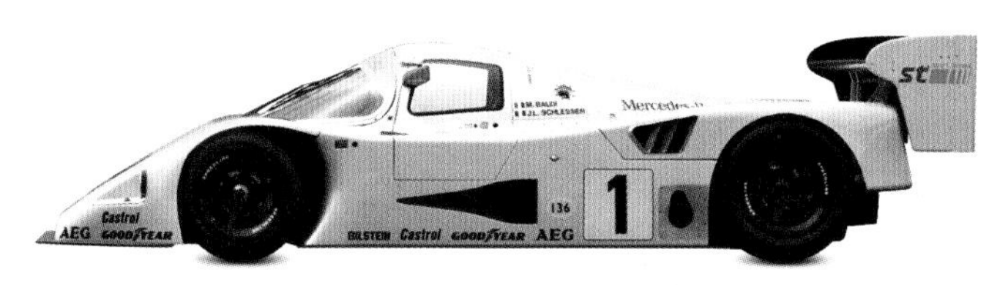

△ 자우버-메르세데스 C11 1990년
Sauber-Mercedes C11 1990
생산지 스위스
엔진 4,973cc, V8
최고 속력 386km/h

C11은 트윈터보차저 메르세데스 V8 엔진에서 나오는 950마력의 힘으로 1990년 월드 스포츠카 챔피언십을 지배했고 이어 1991년에도 승리했다.

스바루

랠리에 참가하기 전까지 잘 알려지지 않은 일본 자동차 메이커 스바루가 만든 이름 없는 도로 주행용 자동차들은 우연히도 4륜 구동에 '복서' 엔진을 달고 있었다. 레가시(Legacy)로 잠재력을 보여 준 스바루는 영국의 모터스포츠 팀인 프로드라이브와 손을 잡고 월드 랠리 챔피언십 참가를 위해 임프레자를 준비했다. 콜린 맥레이, 리처드 번스, 카를로스 사인스, 유하 칸쿠넨 같은 1급 드라이버들과 함께 거둔 엄청난 성공은 스바루를 전 세계에 알리는 데 도움을 줬다.

▽ 스바루 임프레자 WRC 1993년
Subaru Impreza WRC 1993
생산지 일본
엔진 1,994cc, 수평 대향 4기통
최고 속력 217km/h

프로드라이브는 1993년에 임프레자를 경주에 내보내기 시작했다. 1994년에 카를로스 사인스(Carlos Sainz)가 최초의 랠리 우승을 거뒀고 1995년에는 콜린 맥레이(Colin McRae)가 월드 드라이버 타이틀을 획득했다.

◁ **페라리 F300 1998년**
Ferrari F300 1998
생산지 이탈리아
엔진 2,997cc, V10
최고 속력 338km/h

모터스포츠 엔지니어인 로스 브라운(Ross Brawn)과 레이싱 카 디자이너 로리 번(Rory Byrne)의 대단히 성공적인 팀워크를 바탕으로 제작된 최초의 페라리인 F300은 미하엘 슈마허에게 1998년에 6번의 승리를 안겼다.

◁ **아우디 R8R 1999년**
Audi R8R 1999
생산지 독일
엔진 3,596cc, V8
최고 속력 335km/h

아우디가 최초로 르망 경주에 내보낸, 트윈터보 600마력 V8 엔진을 갖춘 이 자동차는 처음부터 안정성이 입증됐지만 라이벌인 토요타와 BMW의 속도에 필적하려면 더 개량돼야 했다.

△ **쉐보레 몬테 카를로 'T-렉스' 1997년**
Chevrolet Monte Carlo "T-Rex" 1997
생산지 미국
엔진 5,850cc, V8
최고 속력 346km/h

지붕의 공룡 그림으로 유명한 제프 고든(Jeff Gordon)의 차는 1997년 나스카 올스타 레이스를 너무 손쉽게 우승하는 바람에, 그 차가 합법적이었음에도 다시는 그 차를 가져오지 말라는 주최측의 요청을 받았다.

▷ **윌리엄스-르노 FW16B 1994년**
Williams-Renault FW16B 1994
생산지 영국
엔진 3,493cc, V10
최고 속력 338km/h

영국 레이싱 드라이버 데이먼 힐은 1994년 그랑프리에서 FW16B를 타고 6승을 거뒀다. 미하엘 슈마허와 치열하게 경쟁하다 자동차가 파손돼 리타이어하지만 않았어도 월드 챔피언십에서도 우승을 거뒀을 것이다.

▽ **쉐보레 몬테 카를로 2000년**
Chevrolet Monte Carlo 2000
생산지 미국
엔진 5,850cc, V8
최고 속력 346km/h

엄청난 인기를 자랑하는 미국의 나스카 경주 대회에는 완전한 경주용 자동차 차대에 튜닝된 V8 엔진을 얹고 겉모습을 일반 도로 주행용 차처럼 꾸민 자동차들이 출전한다.

▽ **윌리엄스-르노 FW18 1996년**
Williams-Renault FW18 1996
생산지 영국
엔진 3,000cc, V10
최고 속력 338km/h

윌리엄스 F1 팀의 공동 창설자이자 엔지니어링 디렉터인 패트릭 헤드와 아드리안 뉴이의 드림팀은 FW18이라는 또 다른 챔피언을 개발했다. 1996년에 데이먼 힐(Damon Hill)은 이 차를 타고 월드 챔피언십을 거머쥐었다.

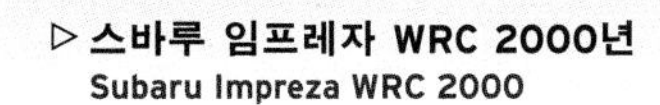

▷ **스바루 임프레자 WRC 2000년**
Subaru Impreza WRC 2000
생산지 일본
엔진 1,994cc, 수평 대향 4기통
최고 속력 225km/h

리처드 번스(Richard Burns)와 유하 칸쿠넨(Juha Kankkunen)은 2000년에 인터쿨러와 터보차저가 달린 임프레자로 스바루의 귀환을 이끌었고 번스는 그 시즌에 4승을 거뒀다.

△ **스바루 임프레자 WRC 1999년**
Subaru Impreza WRC 1999
생산지 일본
엔진 1,994cc, 수평 대향 4기통
최고 속력 225km/h

스바루는 월드 랠리의 규정 변경을 속속들이 이용하려고 꾸준히 임프레자의 디자인과 설계를 수정했고, 1999년에는 액티브 디퍼렌셜과 반자동 변속기를 도입했다.

◁ **스바루 임프레자 WRX 2000년**
Subaru Impreza WRX 2000
생산지 일본
엔진 1,994cc, 수평 대향 4기통
최고 속력 220km/h

스바루는 처음 출시할 때부터 경주와 랠리를 염두에 두고 이 새 세단을 터보차저와 인터쿨러가 달린 형태로 제작했다. 이 자동차는 모터스포츠에서 놀라운 성공을 거두었다.

르노 줌, 1992년

전기 자동차인 줌(Zoom)은 1990년대 스타일의 저공해 콘셉트 카다. 도심용 소형 2인승차로, 주차 시 뒷바퀴를 앞으로 접을 수 있어서 아무리 좁은 시내 주차 공간에도 비집고 들어갈 수 있다.

미국 디자인의 새 물결

몇몇 주목할 만한 예외를 제외하면 1970년대와 1980년대 미국의 자동차 디자인은 유럽에 뒤처진 것처럼 보였다. 미국의 자동차 메이커들은 자신들의 지나치게 크고 넙데데한 세단들을 약간씩 손보고 있었던 반면, 더 작은 일본 차들은 미국 시장 점유율을 조금씩 확대해 가고 있었다. 마침내 1990년대에 미국 디자이너들은 복고풍 디자인에서 영감을 받은 모델들과 미국인이라면 누구나 사고 싶어 한 놀라운 픽업 트럭들을 내놓으며 새로운 물결을 일으키는 데 성공했다.

△ 뷰익 파크 애비뉴 1990년
Buick Park Avenue 1990
생산지 미국
엔진 3,791cc, V6
최고 속력 174km/h
1996년까지 생산된 이 커다란 세단은 유럽에서 공식적으로 판매된 마지막 뷰익 모델이었다. 미국 고객들은 시속 209킬로미터까지 낼 수 있는 슈퍼차저 엔진을 옵션으로 선택할 수 있었다.

▷ 캐딜락 엘도라도 1991년
Cadillac Eldorado 1991
생산지 미국
엔진 4,893cc, V8
최고 속력 209km/h
2002년에 단종되기까지 미국을 가장 오랫동안 석권한 호화 쿠페의 화신이다. 디자인은 모던했지만 공간 낭비가 심한 대형차들은 차츰 유행에 뒤처지게 됐다.

▷ 쉐보레 카마로 1993년
Chevrolet Camaro 1993
생산지 미국
엔진 5,733cc, V8
최고 속력 249km/h
4세대 카마로는 캐나다에서 V6 엔진이나 V8 엔진을 탑재한 모델로 생산됐는데, V8 모델의 경우 6단 변속기가 옵션이었다. 포드 머스탱에 필적할 만한 상대였다.

△ 새턴 SL 1990년
Saturn SL 1990
생산지 미국
엔진 1,901cc, 직렬 4기통
최고 속력 195km/h
GM은 일본 수입차에 맞서려고 1985년에 이 새턴 브랜드를 창립했다. 맵시 있고 공기 역학적인 S 시리즈는 당시 미국 자동차들 중에서 가장 연비가 높은 축에 속했다.

◁ 닷지 네온 1994년
Dodge Neon 1994
생산지 미국
엔진 1,996cc, 직렬 4기통
최고 속력 195km/h
크라이슬러가 전 세계로 시장을 넓혀 가는 과정에서 내놓은 차로, 심지어 일본과 영국 시장을 타깃으로 운전석을 오른쪽에 둔 모델도 나왔다. 전륜 구동식 소형 세단으로 엔진은 2리터였다.

△ 닷지 인트레피드 1993년
Dodge Intrepid 1993
생산지 미국
엔진 3,301cc, V6
최고 속력 180km/h
크라이슬러 뉴요커의 친척 모델이기는 하지만 1997년까지 생산됐고 2세대까지 나왔으니 뉴요커보다 더 성공한 셈이다. 엔진은 3.3리터 또는 3.5리터였다.

△ 올즈모빌 오로라 1994년
Oldsmobile Aurora 1994
생산지 미국
엔진 3,995cc, V8
최고 속력 225km/h
GM은 이 놀랍고 새로운 스포츠 세단으로 올즈모빌 브랜드에 활력을 불어넣으려 했다. 튼튼하고 빠르고 엄청나게 강력한 자동차였지만, 높은 가격은 패착이었다.

▷ 닷지 램 1994년
Dodge Ram 1994
생산지 미국
엔진 7,886cc, V10
최고 속력 180km/h
3.9리터 V6 엔진에서 바이퍼 8리터 V10 엔진까지 다양한 엔진을 탑재한 램은 세미트레일러 트럭 스타일의 차량으로 미국 시장에서 각광받으며 빠른 속도로 팔려 나갔다.

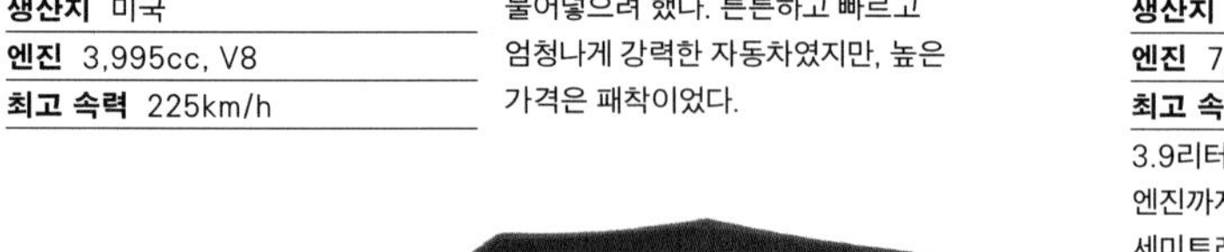

◁ 플리머스 프라울러 1997년
Plymouth Prowler 1997
생산지 미국
엔진 3,528cc, V6
최고 속력 190km/h
대담한 스타일에 매우 미국적인 자동차관을 구현한 프라울러는 칩 푸스(Chip Foose)의 디자인에 걸맞은 가속력을 뽐냈다. 시속 0킬로미터에서 시속 100킬로미터까지 가속하는 데 5.9초 걸렸다.

△ **포드 머스탱 GT 1994년**
Ford Mustang GT 1994
생산지 미국
엔진 4,942cc, V8
최고 속력 219km/h

패트릭 스키아보네(Patrick Schiavone)가 성공적으로 디자인을 개선한 이 자동차는 원조 머스탱의 흔적을 갖고 있으면서 머스탱 범주로 돌아온 컨버터블의 모습도 보여 주었다. 엔진은 3.8리터 V6, 또는 이 모델처럼 V8이었다.

△ **포드 윈드스타 1994년**
Ford Windstar 1994
생산지 미국
엔진 3,797cc, V6
최고 속력 187km/h

포드 최초의 전륜 구동식 7인승 MPV는 특유의 부드러운 성능과 핸들링으로 미국 내 경쟁자들을 물리쳤다. 덕분에 포드는 미국의 미니밴 시장에서 큰 몫을 확보했다.

▽ **포드 토러스 1996년**
Ford Taurus 1996
생산지 미국
엔진 2,967cc, V6
최고 속력 209km/h

1996년에 잭 텔낵(Jack Telnack)을 통해서 디자인이 극적으로 탈바꿈된 토러스는 결국 인기를 얻지 못했고 사용자 친화적인 실내에도 불구하고 첫해 이후로 미국 내 최다 판매 자동차의 자리를 내주었다.

△ **머큐리 빌리저 1993년**
Mercury Villager 1993
생산지 미국
엔진 2,960cc, V6
최고 속력 180km/h

닛산과의 협력 프로젝트로 제작돼 닛산에서 퀘스트(Quest)라는 이름으로 판매된 이 자동차는 가운데에 제거할 수 있는 2인승 좌석과, 뒤에 3인이 탈 수 있는 슬라이딩/폴딩 방식의 좌석이 있어서 모두 7명을 태울 수 있었다.

▷ **머큐리/포드 쿠거 1999년**
Mercury/Ford Cougar 1999
생산지 미국
엔진 2,540cc, V6
최고 속력 225km/h

1970년대에 카프리로 거둔 성공을 다시 한번 재현해 보고 싶었던 포드의 두 번째 시도(첫 번째는 프로브였다.)인 이 자동차는 미국에서 제작됐는데, 세계의 대다수 고객에게는 지나치게 컸다.

◁ **크라이슬러 뉴요커 1993년**
Chrysler New Yorker 1993
생산지 미국
엔진 3,494cc, V6
최고 속력 216km/h

크라이슬러가 내세운 플래그십 모델의 마지막 버전일 이 자동차는 판매량이 극적으로 추락하면서 높은 사양과 항공기처럼 멋진 운전석도 소용없이 겨우 출시 3년 만에 단종됐다.

△ **제너럴 모터스 EV1 1996년**
General Motors EV1 1996
생산지 미국
엔진 전기 모터
최고 속력 129km/h

GM의 특수 제작된 이 2인승 전기차는 주행 거리가 90~240킬로미터였다. 실제로 판매된 것은 고작 1,117대였고, GM은 소비자 관심 부족을 이유로 리콜을 실시해 2002년에 전량 폐차시켰다.

▷ **크라이슬러 PT 크루저 1999년**
Chrysler PT Cruiser 1999
생산지 미국/멕시코
엔진 2,429cc, 직렬 4기통
최고 속력 195km/h

크라이슬러의 에어플로(Airflow)를 닮은 이 복고풍 자동차는 11년간 전 세계적으로 135만 대 판매됐다. 새천년 들어 컨버터블과 터보차저 옵션이 추가됐다.

가정 친화형 자동차

1990년경 가정용 자동차 시장이 변화하기 시작했다. 방음, 방풍, 온열, 통풍 같은, 그간 중요하게 여겨지지 않았던 부문들에서 개선이 이루어졌다. 시동이 바로 걸리고 부드럽게 움직이도록 하는 전자 공학 또한 도입됐다. 소형 모델부터 중형 모델까지, 심지어 보다 고급 모델에서도 거의 모든 자동차들이 이제는 법정 제한 속도 범위 안에서 조용하고 편안하게 달리는 데 중점을 두고 제작되기 시작했다.

△ 피아트 친퀘첸토 1991년
Fiat Cinquecento 1991
생산지 이탈리아/폴란드
엔진 903cc, 직렬 4기통
최고 속력 134km/h
주지아로는 1990년대를 위해 피아트의 소형 4인승 자동차를 디자인하면서 피아트에 거의 40년간 이나 봉사해 온 후방 엔진 배치 방식을 버렸다. 깔끔하고 효과적인 이 자동차는 잘 팔렸다.

◁ 토요타 프레비아 1990년
Toyota Previa 1990
생산지 일본
엔진 2,438cc, 직렬 4기통
최고 속력 174km/h
토요타는 엔진을 거의 수평으로 앞좌석 밑, 앞차축 축선 밑에 두는 방법으로 이 7인승 또는 8인승차를 그 길이 치고는 예외적으로 넓게 만드는 데 성공했다. 4×4는 옵션이었다.

△ 피아트 물티플라 1998년
Fiat Multipla 1998
생산지 이탈리아
엔진 1,581cc, 직렬 4기통
최고 속력 171km/h
경쟁 MPV에 비하면 짧고 넓적한 물티플라는 좌석 3개가 두 줄로 있었다. 못생겼다는 평도 있었지만 당대 가장 혁신적인 자동차 중 하나로 찬양받았다.

△ 시트로엥 벌링고 멀티스페이스 1996년
Citroën Berlingo Multispace 1996
생산지 프랑스
엔진 1,360cc, 직렬 4기통
최고 속력 151km/h
시트로엥의 벌링고는 밴이나, 변용이 가능하고 비싸지 않은 승용차 형태로 나왔고 전기 모터는 옵션이었다. 사진의 차는 2002년에 외관이 개수된 모델이다.

▷ 푸조 406 TD 2.1 1995년
Peugeot 406 TD 2.1 1995
생산지 프랑스
엔진 2,088cc, 직렬 4기통
최고 속력 190km/h
이 커다란 가족용 승용차는 인기를 누렸다. 엔진 용량은 1.6리터에서 3.0리터까지였고 터보디젤 모델은 407에 밀려나기 전까지 10년간 생산됐다.

△ 시트로엥 사라 피카소 1999년
Citroën Xsara Picasso 1999
생산지 프랑스/스페인
엔진 1,749cc, 직렬 4기통
최고 속력 190km/h
유럽 대다수 지역의 소형 MPV 시장에서 르노의 세닉을 밀어내고 베스트셀러 자리를 차지한 피카소는 다용도 가족용 승용차였다.

◁ 푸조 206 XR 1998년
Peugeot 206 XR 1998
생산지 프랑스
엔진 1,124cc, 직렬 4기통
최고 속력 158km/h
206은 생산이 종료된 2010년까지 680만 대가 제작돼 푸조의 베스트셀러로 자리매김했다. 엔진 용량은 1.0~2.0리터이고 고속 주행 모델 GTi도 있었다.

△ **알파 로메오 156 TS 2.0 1997년**
Alfa Romeo 156 TS 2.0 1997
생산지 이탈리아
엔진 1,970cc, 직렬 4기통
최고 속력 214km/h
알파 로메오는 이 스포츠 세단으로 동급의 경쟁차들을 모두 제치는 디자인을 실현했다. 뒷문 문손잡이는 쿠페처럼 보이기 위해 숨겨져 있다.

◁ **스바루 포레스터 1997년**
Subaru Forester 1997
생산지 일본
엔진 1,994cc, 수평 대향 4기통
최고 속력 179km/h
스바루의 강력한 4×4 스테이션 왜건은 낮은 수평 대향 엔진 덕분에 편안한 도로 주행성을 제공했다. 외관은 평이했지만 경쟁 차종들에 비해 더 다재다능한 성능을 자랑했다.

△ **로버 25 VVC 1999년**
Rover 25 VVC 1999
생산지 영국
엔진 1,796cc, 직렬 4기통
최고 속력 204km/h
혼다의 1994년 이전 기술을 바탕으로 만들어진 25 VVC는 가격 대비 고성능의 장비들을 제대로 갖췄고 엔진은 1.1~2.0 리터였다.

◁ **폭스바겐 샤란 1995년**
Volkswagen Sharan 1995
생산지 독일/포르투갈
엔진 1,984cc, 직렬 4기통
최고 속력 177km/h
비슷한 포드 갤럭시와 나란히 생산돼 세아트 알함브라(Alhambra)로도 판매된 폭스바겐의 이 승합차는 안정성 기록이 가장 높은 편은 아니었다. 엔진 용량은 1.8~2.8리터였다.

△ **폭스바겐 골프 GTI Mk4 1997년**
Volkswagen Golf GTI Mk4 1997
생산지 독일
엔진 1,781cc, 직렬 4기통
최고 속력 222km/h
이 오랫동안 생산된 이 핫 해치는 터보 옵션을 달고 나온 4세대까지 잘 팔렸다. 폭스바겐은 여기에 3.2리터 4×4 모델도 추가했다.

△ **볼보 V70 T5 1997년**
Volvo V70 T5 1997
생산지 스웨덴
엔진 2,139cc, 직렬 5기통
최고 속력 245km/h
850 T5로 성공하고 나서 볼보는 이 꾸밈 없는 고사양 'Q카(Q-car, 고사양이지만 외관 디자인이 평범한 차를 영국에서 'Q-카'라고 한다. 미국에서는 슬리퍼(Sleeper)라고 한다.)'를 만들기 위해 각진 스타일을 둥글리고 고압 터보차저를 더했다.

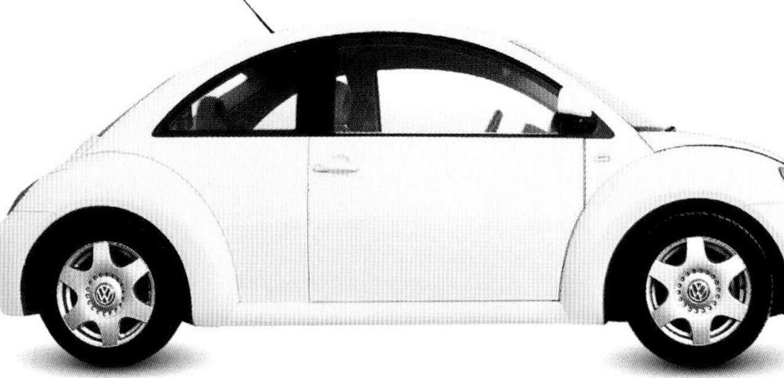

△ **르노 메간 세닉 1996년**
Renault Mégane Scénic 1996
생산지 프랑스
엔진 1,598cc, 직렬 4기통
최고 속력 171km/h
에스파스(Espace)로 MPV 시장을 주도했던 르노는 메간의 작은 가족용 자동차 플랫폼에 기반한 세닉으로 소형 MPV 시장 진입의 신호탄을 올렸다. 세닉은 기대보다 훨씬 더 많이 팔렸다.

◁ **르노 캉구 1997년**
Renault Kangoo 1997
생산지 프랑스
엔진 1,390cc, 직렬 4기통
최고 속력 156km/h
르노의 변용 가능 밴/MPV(몇몇 시장에서는 닛산 브랜드로 팔렸다.)인 이 자동차는 측면의 슬라이딩 도어와, 4×4를 포함한 폭넓은 범위의 옵션을 자랑한다. 사진의 모델은 2003년에 외관 개수를 거친 것이다.

△ **폭스바겐 비틀 1998년**
Volkswagen Beetle 1998
생산지 독일
엔진 1,984cc, 직렬 4기통
최고 속력 185km/h
골프 플랫폼에 기반한 덩치 큰 전륜 구동식 해치백은 원조 비틀의 복고풍 후계자가 되기에는 좀 안 어울려 보였지만, 특이한 매력 덕분에 2011년까지 계속해서 판매됐다.

◁ **메르세데스벤츠 A 클래스 1997년**
Mercedes-Benz A-Class 1997
생산지 독일
엔진 1,598cc, 직렬 4기통
최고 속력 182km/h
소형 해치백을 공급하기로 한 것은 메르세데스벤츠로서는 시장 경향 때문에 불가피한 혁명적인 행보였다. 비록 메르세데스벤츠에서는 반박했지만 급격한 코너링 시 자동차가 뒤집어질 수 있다는 의혹이 제기돼 리콜을 실시해야 하는 낭패를 겪었다.

▷ **아우디 A2 2000년**
Audi A2 2000
생산지 독일
엔진 1,390cc, 직렬 4기통
최고 속력 172km/h
아우디는 알루미늄 재질의 A2로 슈퍼미니 시장에 첨단 기술을 도입했다. 그러나 다소 실망스러운 판매로 고객들이 품질과 '혈통'보다는 가격과 외관에 더 이끌린다는 깨달음을 얻었다.

바이퍼 V10 엔진

닷지 바이퍼가 1992년에 출시되면서 크라이슬러는 미국 머슬 카의 활기찬 역사에 새 장을 열었다. 바이퍼는 그 계통에서 전통적이었던 대용량 V8 엔진 대신 트럭용 8리터 V10을 얹었다. 그 후 포뮬러 원에서 V10을 사용하기는 했지만, 당시 실제 도로 주행용 자동차에서는 듣도 보도 못한 배치였다.

트럭에서 스포츠카로

바이퍼 V10은 틀을 깨는 배치를 채택하기는 했어도 크라이슬러의 LA 트럭을 기반으로 하는 소박한 기원을 가지고 있다. LA 엔진의 주철 구조는 스포츠카용으로는 너무 무거워서, 크라이슬러는 람보르기니에게 블록과 헤드를 알루미늄으로 설계해 달라고 의뢰했다. 바이퍼는 푸시로드 밸브 방식의 OHV 구조를 유지했고 일부 크라이슬러 사람들은 4밸브 헤드를 원했지만 이 엔진에는 실린더당 밸브가 2개밖에 없었다. 결과는 겨우 리터당 50마력이라는 인상적이지 못한 출력이었지만 거대한 배기량과 OHV 특유의 막대한 저회전 토크 덕분에 그나마 맹렬한 성능을 보장받을 수 있었다.

엔진 제원	
생산 시기	1991년~
실린더	2뱅크에 10실린더, 90도 'V'
구성	전방 세로 배치
배기량	7,999cc, 이후에는 8,285cc와 8,382cc
출력	4,600rpm에서 400마력, 이후에는 415, 450, 500, 600마력
유형	전통적인 4행정, 왕복 피스톤, 무배전기식(distributorless) 점화, 습식 윤활 수랭식 휘발유 엔진
헤드	푸시로드와 수압 태핏으로 작동되는 OHC, 실린더당 2밸브
연료 장치	멀티포인트 포트식(multipoint port) 연료 분사
내경×행정	101.6mm×98.6mm
비출력(比出力)	리터당 50.1마력
압축비	9.1:1

스로틀
스로틀 내부에는 나비꼴 밸브가 있어 엔진으로 가는 공기의 흐름을 제어한다.

연료 필터

배선 파이프
이 파이프는 엔진으로 전기 배선을 운반한다.

호스 연결구
라디에이터로 이어지는 호스가 여기에 연결된다.

냉각수 펌프

실린더 뱅크
이 두 실린더 뱅크 중 하나는 커버와 밸브 장치 아래에 있다.

공간 활용
V10은 두 뱅크의 실린더 사이에 자연스러운 72도 각도 대신 90도 각도를 채택해 뱅크 사이에 주입구 부품들이 있을 공간을 만들어 준다. 또한 그러면 엔진의 전반적 높이가 낮아져, 자동차의 보닛 선을 더 낮게 만들 수 있다.

방열판
이 덮개는 엔진 격납실에 있는 다른 부품들을 높은 배기 온도로부터 보호해 준다.

드라이브 벨트
크랭크샤프트 도르래로 움직이는 이 넓고 유연한 벨트는 냉각수 펌프를 비롯한 다른 부수품에 동력을 전달한다.

에어컨 컴프레서

알루미늄 합금 실린더 블록

연료 분사 장치
여기서 증발한 연료는 전자 제어되는 엔진 관리 시스템을 통해 흡입구로 분사된다.

흡기구 플리넘 체임버
이 공간에 갇힌 공기가 공명해 좀 더 많은 공기-연료 혼합기를 실린더로 밀어 넣고 엔진 성능을 끌어올린다.

연료 파이프
휘발유가 이 파이프를 통해 연료 분사기로 흘러 들어간다.

연료 펌프 호스 연결 고리

밸브 덮개
덮개 아래에는 이 실린더 뱅크를 위한 밸브 장치가 있는데, 거기에는 로커, 밸브 스프링, 그리고 밸브 대(stem)가 있다.

점화 케이블
고압 케이블이 5점화 코일에서 점화 플러그로 흐른다.

점화 플러그 뚜껑

알루미늄 합금 실린더 헤드
알루미늄은 바이퍼 V10의 원형이었던 원조 LA 엔진에 쓰이는 주철에 비해 무게를 절감해 준다.

스타터 모터 받침대

알루미늄 합금 기름통

배기 매니폴드
한 실린더 뱅크의 배기 가스를 취합한다.

엔진 받침대
(전시용)

뢰너-포르셰 전기 자동차에 탑승한 페르디난트 포르셰(맨 왼쪽), 1900년

위 대 한 브 랜 드

포르쉐 이야기

20세기의 가장 뛰어난 자동차 기술자 가운데 한 사람으로 손꼽히는 페르디난트 포르셰는 전설적인 도로 하나와 한 무리의 경주용 자동차들에게 자신의 이름을 주었다. 그가 창립한 브랜드는 1950년대 이래 고성능 자동차의 동의어였고 가장 유명한 작품인 포르쉐 911은 거의 반세기 동안 스포츠카의 상징이었다.

페르디난트 포르셰는 1875년에 오스트리아-헝가리 제국에 속한 보헤미아(지금의 체코 공화국)의 마테르스도르프 시에서 태어났다. 배관공의 아들로 기계, 전기 공학에 일찍부터 관심을 보인 그는 고향을 떠나 빈의 전기 회사 벨라 에가(Béla Egger)에서 일했다. 그곳에서 전동식 휠 모터(Wheel Motor)로 구동되는 운송 수단에 대한 개념을 발전시켰는데, 그것은 1900년에 개최된 파리 세계 박람회에서 전시된 뢰너-포르셰 전기 자동차(Löhner-Porsche electronic vehicle)라는 결실을 낳았다.

포르쉐 배지
(1950년 도입)

페르디난트 포르셰는 오스트로-다임러와 다임러-벤츠를 위해 계속 자동차와 항공기 엔진을 설계했다. 그는 1930년대에 엄청나게 강력한 그랑프리용 자동차들의 디자이너로 아우토 우니온에 고용됐다. 동시에 히틀러의 지시로 폭스바겐, 즉 '국민차'를 설계하기도 했는데, 제2차 세계 대전 이후에야 양산에 들어간 폭스바겐은 세계에서 가장 많이 팔린 차가 됐다. 포르셰가 본격적으로 자동차 산업에 들어섰을 때 벌써 70대였다. 포르셰는 자신의 폭스바겐 디자인을 바탕으로 엔진과 서스펜션, 플랫폼 차대를 사용한 세상에서 단 1대뿐인 타입 64를 만들었는데, 이 쿠페는 1939년 제2차 세계 대전 발발 때문에 끝내 열리지 못한 경주를 위해 설계된 작은 차였다. 그 차에 사용된 개념은 1950년에 포르셰의 아들 페리 포르셰가 포르쉐 사의 첫 양산 모델이 된 도로 주행용 스포츠카인 356을 통해 되살려 냈다. 물론 그는 아버지의 개념을 세련되게 다듬어 냈다.

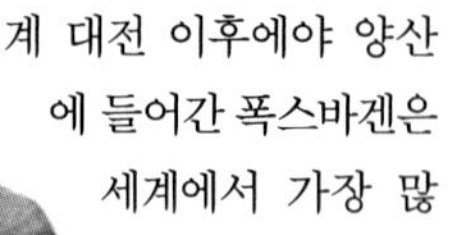

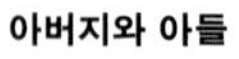

아버지와 아들
페르디난트 포르셰가 아들 페리 포르셰(본명은 페르디난트 안톤 포르셰(Ferdinand Anton Porsche), 왼쪽)와 함께 찍은 사진으로, 아들 역시 자동차 기술자였다. 페리는 356을 설계했다.

356은 원래 오스트리아 그뮌트에 있는 포르쉐 사의 공방에서 제작됐지만 자동차의 수요가 증가하면서 적절한 조립 라인을 구축하려면 좀 더 넓은 공간이 필요해졌다. 1950년경 조립 라인은 독일 남서부 슈투트가르트의 교외에 있는 취펜하우젠의 더 큰 공장으로 이전됐다. 페르디난트 포르셰는 이듬해인 1951년에 75세로 별세했다.

356의 수평 대향 4기통 엔진은 특수한 크랭크샤프트와 커넥팅 로드를 사용했고, 배기량이 1,086시시에서 1,488시시로 점진적으로 증가했다. 또한 경주용으로 4캠샤프트 버전도 개발됐는데 그것들은 강력하고 예민한 엔진으로 알려졌다. 1954년 356 스피드스터(356 Speedster)라고 불리는 경량 모델이 미국에서 즉각 히트를 쳐서, 세계 최고의 소형 스포츠카 생산자로서 포르쉐 사의 평판을 굳건히 다졌다.

1963년에 포르쉐 사는 356을 911로 대체했다. 더 크고 더 세련되고 더 강력하며 신형 2.0리터 공랭식 수평 대향 6기통 엔진으로 달리는 자동차였다. 원래는 901이라는 이름이었지만 푸조의 이름 번호 체계와 혼동되지 않도록 911로 개명됐다. 자동차의 단순한 스타일링은 페리 포르셰의 아들로 '부치(Butzi)'라는 별명으로 불렸던 페르디난트 알렉산더 포르셰(Ferdinand Alexander Porsche)가 확립했다. 911은 매일 타도 될 만큼 안정적이고 실용적인 자동차였지만 맹렬한 직진 주행 성능도 지녔다. 엔진을 후방에 장착한 설계는 오버스티어(oversteer, 운전자의 의도 이상으로 많이 꺾이는 경향)를 야기해서 방심한 운전자를 놀라게 할 수도 있었지만, 트랙션 성능만큼은 탁월했다.

911은 갈수록 더 강력하고 빨라졌으며 1973년에는 모터스포츠 역사의 전설 중 하나가 된 카레라 RS 버전이 태어났다. 쇼

> **"우리의 변함없는 철학은 기능과 아름다움이 분리될 수 없다는 것이다."**
> — **페리 포르셰, 1985년**

랠리의 포르쉐 959
4륜 구동 방식을 이용한 최초의 고성능 자동차에 속하는 959는 당대에는 기술적으로 가장 진보된 스포츠카였다. 이 자동차는 1986년 파리-다카르 랠리에서 1, 2위를 차지해 실력을 입증했다.

365A

911S

917K

파나메라 4S

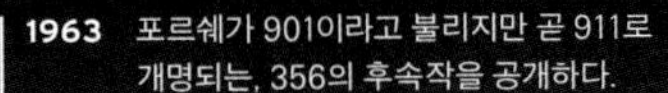

1930 페르디난트 포르셰가 오스트리아의 그뮌트에서 공학 자문 회사 포르셰 사무소를 개설하다.
1939 페르디난트 포르셰가 타입 64 경주용 쿠페를 설계하다.
1950 포르쉐 사가 타입 64에 기반해 최초로 제작한 356을 선보이다.
1951 페르디난트 포르셰가 75세로 슈투트가르트에서 별세하다.
1962 댄 거니가 프랑스 그랑프리에서 우승해 포르쉐의 F1 첫 1승을 기록하다.

1963 포르쉐가 901이라고 불리지만 곧 911로 개명되는, 356의 후속작을 공개하다.
1968 빅 엘퍼드(Vic Elford)와 파울리 토이보넨(Pauli Toivonen)이 몬 포르쉐 911이 몬테카를로 랠리에서 1, 2위를 끊다.
1970 한스 헤르만(Hands Herrmann)과 리처드 애트우드(Richard Attwwod)가 르망 24시간 경주에서 917K로 포르쉐의 첫 1승을 올리다.
1973 마크 도노휴(Mark Donohue)가 1,100마력 포르쉐 917-30으로 캔암 경주 시리즈를 제패하다.

1975 911 터보로도 알려진 930 시리즈가 선보이다.
1976 포르쉐가 최초로 공랭식 엔진을 앞에 둔 924를 선보이고 1977년에 928로 그 뒤를 잇다.
1984 니키 리우다가 포르쉐가 디자인한 TAG 터보 엔진이 장착된 맥라렌을 타고 F1 세계 챔피언 타이틀을 획득하다.
1986 4륜 구동 및 터보차저를 갖춘 정교한 959 슈퍼카 출시
1989 911이 대폭 수정된 964 시리즈 카레라 4로 새 시대를 열다.
1996 엔트리 카 시장에 박스터 로드스터 출시

1998 페리 포르쉐가 오스트리아에서 88세로 세상을 뜨다.
2002 카이엔 SUV가 선을 보이다. 이후 포르쉐에서 가장 잘 팔린 자동차가 되다.
2009 최초의 포르쉐 제작 세단인 4도어 파나메라 출시
2011 논란 속에 VW와 합병
2014 아우디 Q5 플랫폼을 공유하는 마칸(Macan) SUV 등장
2017 100만 대째 911 생산
2019 첫 순수 전기 포르쉐 타이칸(Taycan)이 4도어 및 5도어 형태로 나오다.

트 스트로크 2.7리터 엔진을 가벼운 차체에 실은 이 자동차는 지금도 수많은 자동차 평론가들에게 최고의 911이라고 칭송받는다. 1960년대와 1970년대에 911은 이미 스포츠카 경주의 여러 클래스에서 우승했으며 몬테카를로 랠리와 시칠리아의 타르가 플로리오 같은 유서 깊은 대회에서도 승리를 거뒀다. 프랑스에서는 특수 제작된 917 레이서들이 르망 24시간 경주의 승리를 거머쥐었으며 이 자동차들은 1970년대 초에 북아메리카의 캔암 경주 시리즈에서도 수평 대향 12기통 터보 엔진을 달고 1,000마력대의 파워를 내며 승리를 거뒀다.

포르쉐 자동차들은 다른 메이커의 차들에 있어 승리하려면 넘어서야 할 산이 됐다. 936, 956, 그리고 962 모델들이 서로 영예를 놓고 싸우고 있었고 911에 기반한 934와 935는 전형적으로 자동차 경주의 출발점에 가장 많이 서는 자동차들이 됐다. 거의 20년간 F1과 인연이 없던 포르쉐는 1983년에 맥라렌의 니키 라우다(Niki Lauda)와 알랭 프로스트(Alain Prost)에게 세계 챔피언 타이틀을 가져다준 TAG 터보 엔진을 설계해 엔진

포르쉐 외에 "대안은 없다."
1975년에 나온 이 포르쉐 광고는 911과 914 모델들의 위풍당당함, 힘, 그리고 공학적 탁월함을 선전한다.

메이커로서 성공적인 복귀를 알렸다.

1970년대 소음과 배기 가스에 대한 규제가 엄해지며 911의 시대도 끝이 보이는 듯했고 포르쉐의 수장 에른스트 푸어만(Ernst Fuhrmann)은 엔진을 전방에 설치한 수랭식 차로 옮겨 가기를 열망했다. 그러나 V8 엔진의 928과 엔트리 카(entry-level car)였던 924(나중에 944와 968F로 개발된다.)는 포르쉐 열성 팬들의 마음을 얻지 못했고 팬들은 계속 911에 열광했다.

1975년의 911 터보는 당대에 가속이 가장 빠른 자동차의 하나로 이름을 날렸다. 오랫동안 자리를 지킨 원조 911의 궁극의 후속작은 트윈 터보, 4륜 구동의 959가 됐는데, 1986년부터 1989년까지 겨우 200대만이 프로토타입으로 생산됐다. 신세대 911 모델은 1989년에 소개됐고 그 후 20년간 3번의 세대 교체가 있었다. 저마다 바로 전 모델과 비슷해 보였지만, 언제나 새로운 기술과 더 나은 성능을 보여 줬다.

1990년대 초 포르쉐는 좋은 자동차를 만들고 있기는 했지만 돈을 많이 벌지는 못했다. 결국 포르쉐는 전방 탑재 엔진 자동차들은 포기하고 포르쉐는 더 젊은 새 고객들을 위해 엔트리 카로 미드십 엔진 로드스터인 박스터를 개발했다. 이후 폭스바겐과 손을 잡고 개발한 대형 SUV인 카이엔(Cayenne)으로 라인업을 확장했다. 카이엔 SUV가 연료를 불필요하게 과도하게 소비한다는 환경 보호론자들의 지적에는 전기와 하이브리드 사양으로 대처했다.

2009년 포르쉐와 폭스바겐 사이에 지배 지분을 둘러싼 쓰디쓴 분쟁이 절정에 이르렀다. 포르쉐는 폭스바겐의 지분을 50퍼센트 이상 늘렸지만 그 과정에서 상당한 빚을 졌고 완전한 인수에 충분한 자본을 모으지 못했다. 포르쉐가 빚을 감당하려고 애쓰는 사이, 폭스바겐은 양사의 합병을 위한 협약을 2011년에 도출해 냈다. 그 결과 포르쉐는 폭스바겐 그룹의 열 번째 브랜드가 됐다.

포르쉐 911 수평 대향 6기통 터보 엔진
포르쉐 911의 공랭식 수평 대향 6기통 엔진의 터보차저 모델은 1974년에 911에 처음 탑재돼 그 자동차에 짜릿한 가속 능력을 부여했다.

세기말의 고급 세단

세단이나 투어링 카가 계속 인기를 얻고 전 세계의 경주에서 활약하면서 몇몇 고급 세단들은 1990년대에 좀 더 스포티해졌지만, 그 나머지는 편안한 승차감과 품위에 집중했다. 다들 점점 더 복잡한 전자 장비들과 운전 보조 장비들을 장착했고 다른 한편으로 가벼운 합금 구조와 다중 캠샤프트와 밸브가 달린 엔진을 채택해 엔진 출력은 높게, 무게는 적게 만드는 데 주력했다.

△ **사브 900 칼슨 1990년**
Saab 900 Carlsson 1990
생산지 스웨덴
엔진 1,985cc, 직렬 4기통
최고 속력 217km/h

1967년형 사브 99의 기본 구조에 기반한 900은 '칼슨' 버전에 이르러 놀랍도록 숙성된 강력한 전륜 구동 세단으로 자리 잡았다.

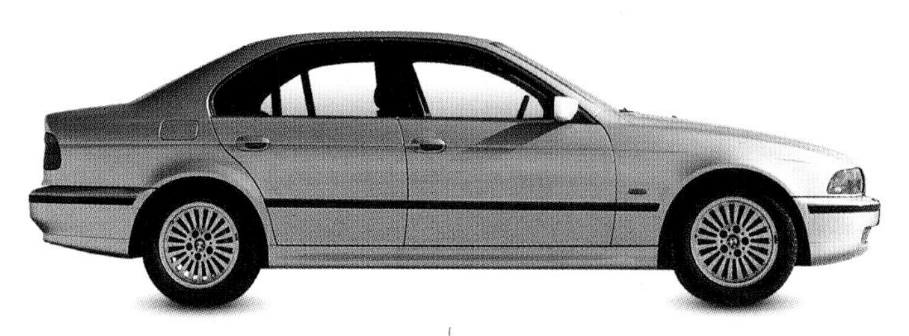

◁ **BMW 5 시리즈 1995년**
BMW 5-Series 1995
생산지 독일
엔진 2,793cc, 직렬 6기통
최고 속력 229km/h

E39 5 시리즈는 2리터 직렬 6기통 엔진에서 4.4리터 V8 엔진까지 다양한 엔진 옵션을 가진 라인업으로 출시됐는데, 다양한 전자 장비와 장식미 넘치는 옵션으로 고급 세단 시장에서 강력한 경쟁력을 발휘했다.

△ **아우디 A4 콰트로 1994년**
Audi A4 Quattro 1994
생산지 독일
엔진 1,781cc, 직렬 4기통
최고 속력 220km/h

실린더당 5개의 밸브와 터보는 4륜 구동 A4에 안정적인 150마력의 출력을 제공하고 도로에서나 트랙에서나 잘 달리게 해 줬다. 프랭크 비엘라(Frank Biela)가 이 자동차로 영국 투어링 카 챔피언십에서 우승을 차지했다.

△ **링컨 콘티넨털 1995년**
Lincoln Continental 1995
생산지 미국
엔진 4,601cc, V8
최고 속력 193km/h

1939년 이래 포드의 링컨 모델 중 최고급 차종인 1995년 콘티넨털은 머스탱 코브라 트윈캠 V8 엔진과 에어라이드(air-ride) 서스펜션을 포함해 수많은 호화 부품들을 달고 나왔다.

△ **홀덴 VR 코모도어 SS 1993년**
Holden VR Commodore SS 1993
생산지 오스트레일리아
엔진 4,987cc, V8
최고 속력 230km/h

오스트레일리아의 자동차 메이커인 홀덴은 자사의 대형 세단을 개선해 ABS와 독립 후방 서스펜션을 더했다. 1995년 배서스트 그레이트 레이스(Bathurst Great Race)의 승자이다.

△ **아우디 A8 1994년**
Audi A8 1994
생산지 독일
엔진 4,172cc, V8
최고 속력 249km/h

아우디의 플래그십 세단은 세계 최초의 양산 알루미늄 모노코크 구조를 사용해 저중량과 고성능을 유지했다. 전륜 구동이나 4륜 구동, 그리고 2.8리터 V6 엔진이나 4.2리터 V8 엔진을 단 모델로 판매됐다.

△ **메르세데스벤츠 S 클래스 1991년**
Mercedez-Benz S-Class 1991
생산지 독일
엔진 5,987cc, V12
최고 속력 249km/h

메르세데스의 1990년대 플래그십 카인 이 자동차는 가장 우아하지는 않았지만 가장 큰 축에 속했고 기술적으로도 대단했다. 2중 유리를 사용했고 엔진은 2.8리터 직렬 6기통에서 6리터 V12까지 다양했다.

△ **메르세데스벤츠 C220 1993년**
Mercedes-Benz C220 1993
생산지 독일
엔진 2,199cc, 직렬 4기통
최고 속력 209km/h

C 클래스는 메르세데스벤츠가 1990년대에 내놓은 엔트리 카 세단이었다. 1.8리터 4기통, 2.8리터 6기통 또는 4.3리터 V8 엔진을 실은 AMG 모델까지 다양한 엔진 라인업을 갖추고 있었다.

▷ **메르세데스벤츠 S 클래스 1999년**
Mercedes-Benz S-Class 1999
생산지 독일
엔진 5,786cc, V12
최고 속력 249km/h

새 S 클래스는 더 가볍고 더 작고 더욱 우아했다. 내부 공간은 더 넓지만 공간 활용성은 떨어지는 것으로 밝혀졌다. 엔진은 3.2리터 V6에서 6.3리터 V12까지지였다.

△ 크라이슬러 LHS 1994년
Chrysler LHS 1994
생산지 미국
엔진 3,518cc, V6
최고 속력 219km/h

개발 기간 8년과 다양한 전시용 모델들을 거쳐 제작된 LHS는 크라이슬러로서는 급진적인 시도였는데 전반적으로 작은 크기에 널찍한 내부 공간, 신형 오버헤드 캠 V6 엔진을 갖췄다.

△ 렉서스 GS300 1997년
Lexus GS300 1997
생산지 일본
엔진 2,997cc, V6
최고 속력 230km/h

높은 기술력을 갖춘 GS 스포츠 세단은 트윈 터보 엔진, 전자식 4륜 스티어링 시스템, 그리고 차체 자세 제어 장치가 옵션이었다. 미국 수출용 자동차에는 4리터 V8 엔진을 탑재한 GS400 모델도 있었다.

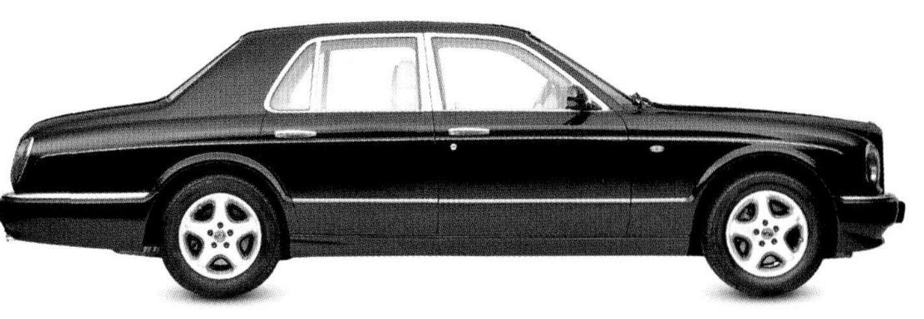

△ 벤틀리 아나지 1998년
Bently Arnage 1998
생산지 영국
엔진 4,398cc, V8
최고 속력 241km/h

벤틀리가 아직 롤스로이스 소유로 있을 때 개발됐으며 이전 모델들을 연상시키는 외관을 갖췄다. 완전 신형 자동차라 할 아나지는 코스워스에서 튜닝한 BMW 엔진을 얹었다.

△ 캐딜락 세빌 STS 1998년
Cadillac Seville STS 1998
생산지 미국
엔진 4,565cc, V8
최고 속력 241km/h

운전석이 양쪽으로 출시된 최초의 캐딜락. STS 모델은 300마력으로 출시될 당시 시장에서 가장 강력한 전륜 구동식 자동차였다.

△ 재규어 S 타입 1999년
Jaguar S-type 1999
생산지 영국
엔진 3,996cc, V8
최고 속력 240km/h

재규어는 새천년을 앞두고 고급 스포츠 세단 시장을 공략하기 위해 1963년의 S 타입을 연상시키는 복고풍 디자인을 시도했다. 엔진 옵션으로는 2.5리터 V6 엔진에서 4.2리터 V8 엔진까지 있었고, 판매는 순조로웠다.

초고성능 자동차

1990년대에는 관습적 디자인과 속도 기록 양쪽을 깨뜨리는, 극단의 성능을 갖춘 자동차들이 등장했다. 메이커들은 포뮬러 원에서 얻은 기술과 재료를 사용해 양산 모델들의 외양과, 그들이 도로 위에서 보여 주는 성능에서 새로운 기준점을 세우려 했다. 일부 브랜드들은 경주에 특화된 모델들을 만들었고 다른 메이커와 브랜드는 기존 디자인에 더 강한 출력을 더했다.

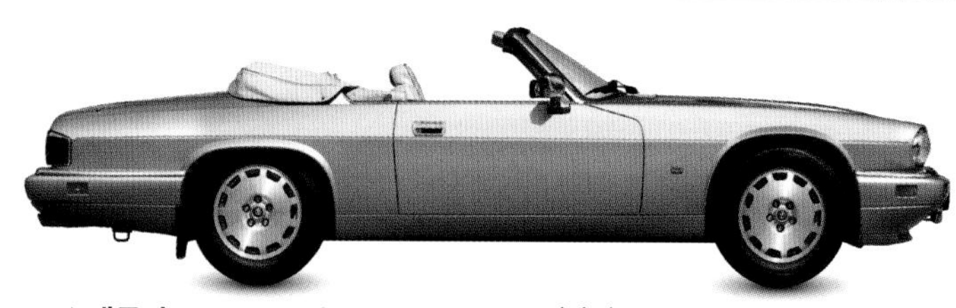

△ **재규어 XJS 1991년**
Jaguar XJS 1991
생산지 영국
엔진 3,980cc, 직렬 6기통
최고 속력 230km/h

1976년에 처음 모습을 보인 XJ-S는 1991년에 다시 설계돼 재출시되면서 이름에서 하이픈을 뺐다. 1993년에는 6.0리터 V12 엔진으로 나왔다. XJS의 생산은 1996년에 종료됐다.

△ **재규어 XK8 1996년**
Jaguar XK8 1996
생산지 영국
엔진 3,996cc, V8
최고 속력 249km/h

1996년에 평단의 환호를 받으며 출시된 재규어의 완전 신형 XK8 모델은 잘생긴 쿠페와 스타일 좋은 컨버터블 양쪽으로 나왔다.

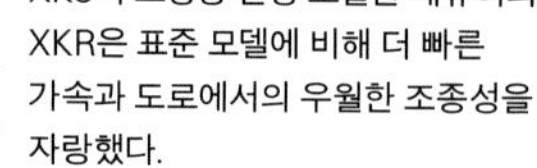

△ **재규어 XKR 1998년**
Jaguar XKR 1998
생산지 영국
엔진 3,996cc, V8
최고 속력 249km/h

XK8의 고성능 변형 모델인 재규어의 XKR은 표준 모델에 비해 더 빠른 가속과 도로에서의 우월한 조종성을 자랑했다.

△ **벤틀리 콘티넨털 R 1991년**
Bentley Continental R 1991
생산지 영국
엔진 6,750cc, V8
최고 속력 241km/h

이 신사를 위한 초고속 세단은 영국 디자이너인 존 헤퍼낸(John Heffernan)과 켄 그린리(Ken Greenley)가 디자인을 맡았다. 터보차저가 달린 엔진은, 공식적인 수치는 끝내 밝혀지지 않았지만 약 325마력의 출력을 냈다.

△ **맥라렌 F1 GTR 1995년**
McLaren F1 GTR 1995
생산지 영국
엔진 6,064cc, V12
최고 속력 370km/h

1995년에 맥라렌의 F1 로드 모델이 경주용으로 개발됐다. 개조된 BMW 엔진을 장착한 F1 GTR은 1995년 르망 24시간 경주에서 우승했다.

△ **페라리 456GT 1992년**
Ferrari 456GT 1992
생산지 이탈리아
엔진 5,474cc, V12
최고 속력 300km/h

큰 인기를 끈 456의 피닌파리나 디자인은 세련됨과 편안함을 강조했다. 이 예외적으로 빠른 2+2 쿠페는 10년도 넘게 장기 생산됐다.

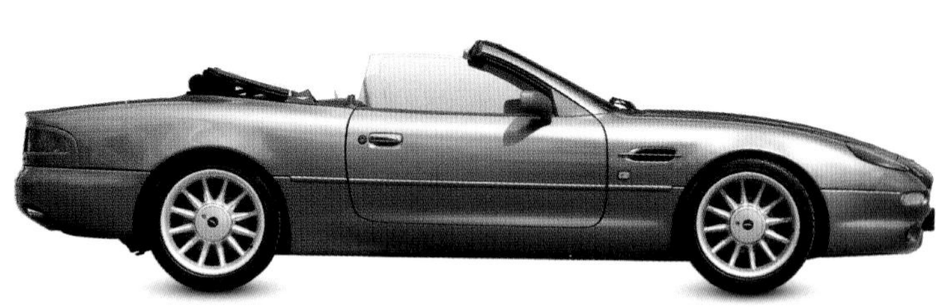

△ **애스턴 마틴 DB7 볼란테 1996년**
Aston Martin DB7 Volante 1996
생산지 영국
엔진 3,228cc, 직렬 6기통
최고 속력 266km/h

소프트톱 볼란테는 감탄스러운 DB7 쿠페 출시 후 대략 3년 후에 출시됐다. 슈퍼차저 엔진으로 335마력을 내는 이 자동차는 애스턴 마틴 팬들 사이에서 가장 인기가 높았다.

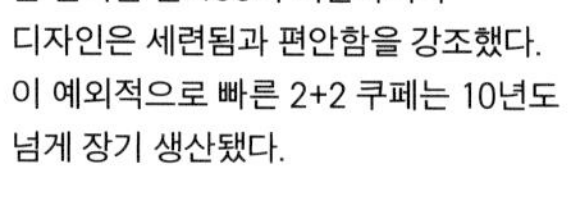

▷ **페라리 355 1994년**
Ferrari 355 1994
생산지 이탈리아
엔진 3,495.5cc, V8
최고 속력 295km/h

페라리 최초로 반자동식 기어 시프터가 달린 도로 주행용 모델인 355는 페라리에서 최근에 내놓은 제품 중 가장 아름답다는 평을 받고 있다.

◁ **페라리 348GTB 1994년**
Ferrari 348GTB 1994
생산지 이탈리아
엔진 3,405cc, V8
최고 속력 280km/h

1989년 출시된 348은 5년 뒤 GTB 사양으로 향상됐다. 개조된 버전은 상위 경주 시리즈에 참가하기에 충분하고도 남았다.

△ **페라리 F50 1995년**
Ferrari F50 1995
생산지 이탈리아
엔진 4,698.5cc, V12
최고 속력 325km/h

페라리는 창립 50주년을 기념해 그 브랜드의 F1 팀에서 나온 기술과 자재를 이용해, 양산차 중 가장 탐나는 이 차를 만들었다.

△ **부가티 EB110 1991년**
Bugatti EB110 1991
생산지 이탈리아
엔진 3,499cc, V12
최고 속력 343km/h

전설의 브랜드인 부가티는 1990년대에 30년간의 공백을 깨고 이 560마력 슈퍼카로 자동차 시장에 돌아왔다. 이 차는 견본차만 겨우 139대 제작됐다.

△ **알파 로메오 155 DTM 1993년**
Alfa Romeo 155 DTM 1993
생산지 이탈리아
엔진 2,498cc, V6
최고 속력 300km/h
이 고도로 튜닝된 155는 독일 DTM(Deutsche Tourenwagen Meisterschaft) 투어링 카 시리즈에 참가해 1993년과 1996년에 경주에서 승리했다.

△ **로터스 에스프리 V8 1996년**
Lotus Esprit V8 1996
생산지 영국
엔진 3,500cc, V8
최고 속력 282km/h

번뜩이는 성능 수치들을 뽐내는 V8 버전을 갖춘 이 모델은 콘셉트 카로 베일을 벗고 난 지 30년 후에도 여전히 막강한 위세를 자랑했다.

△ **메르세데스벤츠 C 클래스 DTM 1994년**
Mercedes-Benz C-Class DTM 1994
생산지 독일
엔진 2,500cc, V6
최고 속력 300km/h

메르세데스벤츠는 이 새로운 C 클래스 고급 소형차를 1993년에 출시했다. 이 튜닝된 버전은 그 이듬해에 독일에서 DTM 투어링 카 시리즈에서 우승함으로써 즉각적인 성공을 거뒀다.

△ **람보르기니 디아블로 VT로드스터 1995년**
Lamborghini Diablo VT Roadster 1995
생산지 이탈리아
엔진 5,709cc, V12
최고 속력 335km/h

람보르기니의 전설적인 쿤타치를 대체한 이 완전히 새로운 디아블로는 그저 세계에서 가장 빠른 양산차라는 주장만으로도 슈퍼카의 반열에 한 자리를 확보했다.

△ **리스터 스톰 1993년**
Lister Storm 1993
생산지 영국
엔진 6,996cc, V12
최고 속력 335km/h

튜닝 전문 회사인 리스터 카(Lister Car)는 인상적인 차인 이 스톰으로 슈퍼카 시장으로의 첫 진격을 알렸는데, 자동차의 엔진은 양산차에 얹힌 것들 중 가장 큰 편이었다.

△ **르노 클리오 V6 2001년**
Renault Clio V6 2001
생산지 프랑스/영국
엔진 2,946cc, V6
최고 속력 235km/h

르노는 클리오 해치백의 성능을 개선하기 위해 영국 회사인 TWR에 도움을 빌렸다. 결과는 이 놀랍도록 빠른, 미드십 엔진의 230마력 레이서였다.

◁ **포르쉐 911 1998년**
Porsche 911 1998
생산지 독일
엔진 3,600cc, 수평 대향 6기통
최고 속력 274km/h
1998년형 포르쉐 911은, 1963년에 첫 911이 출시된 이래 줄곧 이 차종의 동력을 맡아 왔던 공랭식 엔진을 수랭식 엔진으로 교체했다.

벤틀리 콘티넨털 R

콘티넨털(Continental)은 롤스로이스가 벤틀리를 1931년에 인수한 이후 라디에이터 그릴만 다르게 생긴 롤스로이스 정도로 전락해 있던 벤틀리 브랜드의 공식적 부활을 알렸다. 1950년대 이래 독자적인 고유의 차체를 가진 최초의 벤틀리인 R과 그 자매 모델들은 터보차저가 달린 V8 엔진의 근육질 성능을 아름답게 장식된 쿠페 차체와 결합했다. 결과는 돈으로 살 수 있는 가장 훌륭한 그랜드 투어러 중 하나였다.

1980년대 초반 벤틀리는 폐업의 위기에 처했다. 브랜드의 특징을 담은 모델이 하나도 없었으니, 그저 20세기 여명기에 대한 감상주의에 빠져 있는 사람이거나 라디에이터 디자인이 마음에 드는 경우를 제외하면 벤틀리를 살 사람은 아무도 없었다. 판매는 롤스로이스와 벤틀리 전체 판매량의 5퍼센트 정도에 불과했다. 브랜드를 단종시키는 것이 본격적으로 논의됐다. 그러나 대신 뮬산 세단의 터보차저 장착 모델이 1982년에 출시됐고 그것은 그 후 몇 년간의 개발 과정을 거쳐 불 같은 성능을 지닌 장엄한 럭셔리 세단이 됐다. 롤스로이스의 2도어 카마르그(Camargue)를 대체하기 위해 벤틀리의 로고를 단, 스포츠카에 좀 더 가까운 쿠페를 만들어 보자고 결정된 것은 그때였다. 콘티넨털 R은 뮬산에서 나온 터보R 세단(그 구동 장치는 저 옛날 1965년 롤스로이스 실버 섀도에 기원을 두었다.)에 기반해 1991년에 등장했다. 한층 강력한 S 모델은 1994~1995년에 나왔고 이것은 고성능 콘티넨털 T로 이어졌는데, 이 자동차는 10센티미터 더 짧은 차체와, 개선된 브레이크 및 서스펜션을 갖고 있었다. 다른 파생물 중에는 컨버터블인 아주르(Azure)도 있었다.

제원	
모델	벤틀리 콘티넨털 R, 1991~2003년
생산지	영국 크루(Crewe)
제작	1,854대(모든 타입)
구조	강철 모노코크
엔진	6,750cc, 푸시로드 V8
출력	4,000rpm에서 385~420마력
변속기	4단 자동
서스펜션	코일 독립형, 자동 차고 제어
브레이크	4륜 디스크
최고 속력	241km/h

레이서의 혈통
월터 오웬 벤틀리는 항공기 엔진 디자이너로 이름을 알렸다. 첫 차는 1919년에 발표됐고 벤틀리의 스포츠 모델들은 르망 24시간 경주에서 5차례 우승해 명성을 얻었다. 1998년 이래 벤틀리는 폭스바겐 소유다.

전통으로의 복귀
벤틀리의 물산 시리즈는 원래 수직으로 된 슬래트 그릴과 커다랗고 네모난 전조등 부분으로 이뤄져 있었다. 그렇지만 1984년에는 1920년대의 벤틀리를 연상시키는 망사형 그릴이 저가형인 에이트에 도입됐고 1989년 터보 R에서는 둥근 전조등이 그 뒤를 따라 도입됐다. 이 콘티넨털 R의 그릴과 전조등은 양쪽 다 벤틀리의 전통적 디자인 양식을 재현한 것이다.

외장

콘티넨털 R의 출발점은 영국 디자이너인 존 헤퍼낸과 켄 그린리가 1985년 벤틀리 '프로젝트 90'을 디자인한 것이었다. R의 최종 디자인은 더 낮아진 라디에이터 그릴 덕분에 보닛 선이 더 낮아졌고 뒤쪽의 윙 선이 올라가서 롤스로이스의 코니시 모델을 연상시키는 모습이었다. 더 나중에 나온, 휠베이스가 더 짧은 T 모델은 다른 식으로 처리한 휠아치와 범퍼, 문틀을 선보였다.

1. 배지는 기본적으로 1919년 이래 변함이 없다. **2.** 유명한 콘티넨털 모델명을 다시 살려냈다. **3.** 터보 R에서 처음 선보인 쌍둥이 전조등 **4.** 스테인리스 스틸 격자로 된 망사형 그릴 **5.** 날씬한 도어 미러 **6.** 합금 휠의 디자인은 다양했다. **7.** 크롬 광택 처리된 날렵한 문손잡이 **8.** 후면 윙에 집어넣을 수 있는 라디오 안테나 **9.** 뒤쪽 기둥에 있는 연료 주입구 **10.** 콘티넨털과 아주르의 고유한 미등 **11.** 출력을 짐작케 하는 배기관

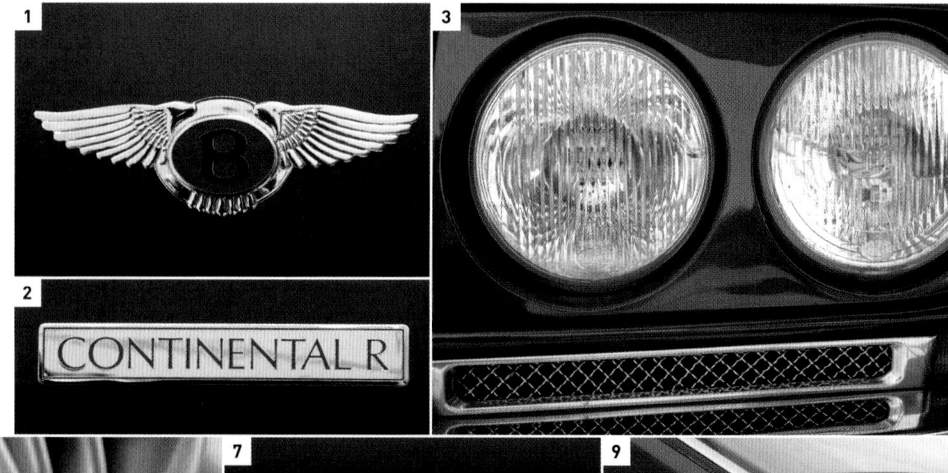

내장

가죽으로 장식된 벤틀리의 실내 디자인은 견줄 메이커가 없다. 콘티넨털의 운전석은 세단보다 스포츠카 느낌이 더 강하고 센터 콘솔은 뒷좌석을 향해 뻗어 있다. R의 대시보드는 아름답게 가공된 나무 합판인 반면, T는 보통 엔진튜닝 무늬의 알루미늄으로 돼 있다. 칼럼 시프트가 아닌 플로어 시프트 방식의 기어 전환 장치는 최근에 벤틀리가 이룬 혁신 중 하나이다.

12. 월넛 목재로 마감된 세련된 인테리어 **13.** 핸들은 과거보다 덜 우아하다. **14.** 속도계에 벤틀리 로고가 그려져 있다. **15.** 액정 화면이 주행 거리, 변속기 단수, 연료 잔량을 보여 준다. **16.** 트레이드마크인 크롬 광택 처리된 통풍구, 조그만 크롬 손잡이로 작동된다. **17.** 콘솔에 있는 보조 다이얼 **18.** 묵직한 도어에 달린 크롬 광택 처리된 손잡이들 **19.** 좌석 등받이에는 주름 잡힌 지도 주머니가 있다.
20. 멀리너 파크 워드(Mulliner Park Ward)는 이전 롤스로이스/벤틀리에 소속된 차체 제작자였다.
21. 머리 받침대

엔진실

전체가 알루미늄으로 된 V8 엔진은 1959년에 처음 나왔는데, 오버헤드 캠샤프트가 아닌 구식 푸시로드 방식으로, 여전히 실린더당 밸브가 2개이다. 특별판인 터보차저가 달린 콘티넨털 T 멀리너 모델의 출력은 385마력이나 400마력이었고, 최근 T 모델에서는 420마력을 발휘한다. 토크는 이 궁극의 형태에서는 2,200아르피엠에서 880뉴턴·미터로, 당시에는 세계 최고 수준이었다.

22. 현대적 보호판이 1950년대식 엔진 디자인을 감추고 있다. **23.** 벤틀리의 강력한 성능의 원천인 터보차저 **24.** 보닛 아래에 있는 전등

2000년대 이후

크로스오버와 오프로드 | 도시형 자동차와 하이브리드 | **성능과 경제성**

x 1000
RPM
MINI

브랜드의 재탄생

자동차 메이커들은 100년 넘게 자동차를 만들어 오면서 자신들이 가진 유산이 대중의 인식에 미치는 영향력을 깨달았다. 오늘날 자동차 회사들은 되도록 과거의 영광을 환기시키는 이름이나 외적 특징을 활용하려 한다. 과거의 유산이 없는 회사들은 과거의 브랜드를 되살려 내거나, 과거의 부정적 인식과 거리를 둘 수 있도록 새로운 브랜드를 만들어 내는 데 힘을 쏟고 있다.

△ **닷지 챌린저 2008년**
Dodge Challenger 2008
생산지 미국
엔진 6,059cc, V8
최고 속력 233km/h

1971년 영화 「배니싱 포인트」의 팬이라면 40년의 간극도 아랑곳없이 최신 버전인 이 자동차에 아직 남아 있는 원조 챌린저의 네 바퀴에 있던 별 모양 휠을 알아볼 것이다, .

△ **MG ZT 260 2001년**
MG ZT 260 2001
생산지 영국
엔진 4,601cc, V8
최고 속력 249km/h

로버 75 세단의 플랫폼을 가지고 MG는 포드 V8 엔진을 얹고 전륜구동으로 바꾸어, 섬세한 외관과 높은 성능을 지닌 자동차를 만들었다.

△ **마이바흐 57 2002년**
Maybach 57 2002
생산지 독일
엔진 5,980cc, V12
최고 속력 249km/h

1940년 이래 자동차를 만들지 않았던 이 브랜드는 다임러벤츠에 의해 2002년에 초고급 브랜드로 되살아나기까지 오랫동안 죽어 있었다. 그러나 판매 부진으로 2012년에 다시 사장됐다.

△ **마세라티 콰트로포르테 2004년**
Maserati Quattroporte 2004
생산지 이탈리아
엔진 4,691cc, V8
최고 속력 280km/h

이탈리아 어 모델 이름은 뭔가 짜릿하게 들리지만 실상 그 뜻은 단순히 '4도어'이다. 콰트로포르테의 434마력 V8 엔진은 만만찮은 성능을 낸다.

△ **캐딜락 STS 2005년**
Cadillac STS 2005
생산지 미국
엔진 4,371cc, V8
최고 속력 249km/h

샤프하게 짜맞춘 디자인과 팽팽한 핸들링은 볼품없는 꼬리지느러미가 달린 구식 캐딜락의 시대를 종식시켰다. 노스스타에 슈퍼차저를 얹은 STS-V 모델은 469마력을 낼 수 있다.

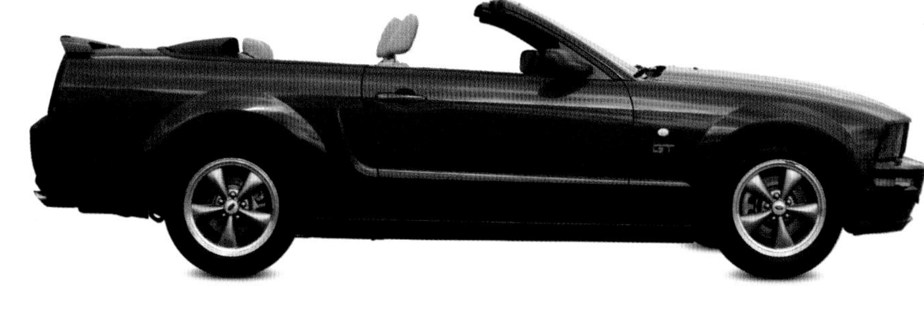

◁ **포드 머스탱 GT 컨버터블 2004년**
Ford Mustang GT convertible 2004
생산지 미국
엔진 4,951cc, V8
최고 속력 240km/h

머스탱의 디자인 팀은 2004년형 모델을 위해 최초의 머스탱으로부터 디자인 모티프를 얻어 왔다. 양측면 하단의 스캘럽(scallop, 부채꼴로 생긴 오목하게 들어간 부분)과 쑥 들어간 전조등에서 그것을 확인할 수 있다.

▷ **포르쉐 파나메라 4S 2009년**
Porsche Panamera 4S 2009
생산지 독일
엔진 4,806cc, V8
최고 속력 282km/h

엔진을 전방에 놓고 2개의 문을 더하기는 했지만, 파나메라는 1960년대의 911로 회귀한 포르쉐의 새 디자인을 잘 보여 주고 있다.

△ **BMW 알피나 B7 바이터보 2007년**
BMW Alpina B7 Bi-Turbo 2007
생산지 독일
엔진 4,395cc, V8
최고 속력 302km/h

공식 제조업체로 등록된 알피나는 500마력 출력의 이 말끔한 7 시리즈처럼 더 강한 출력을 내는 BMW 고성능 버전을 만든다.

▷ **인피니티 G37 컨버터블 2009년**
Infiniti G37 convertible 2009
생산지 일본
엔진 3,696cc, V6
최고 속력 249km/h

인피니티는 닛산이 미국 시장에서 일본 자동차에 대한 선입관을 극복하고자 만든 고급차 시장용 브랜드였다.

△ **롤스로이스 팬텀 2003년**
Rolls-Royce Phantom 2003
생산지 영국
엔진 6,750cc, V12
최고 속력 249km/h

BMW는 롤스로이스를 인수한 후 굿우드 근처에 새 공장을 지어 그 브랜드의 전설적 존재를 재현한 자동차를 만들었다.

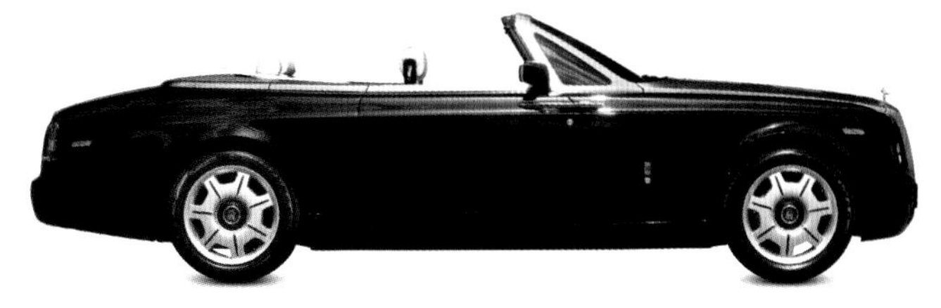

△ **롤스로이스 팬텀 드롭헤드 2007년**
Rolls-Royce Phantom drophead 2007
생산지 영국
엔진 6,750cc, V12
최고 속력 249km/h
이 드롭헤드(drophead) 스타일의 차에는, 롤스로이스가 2006년에 창사 100주년을 기념해 발표한 콘셉트 카인 100EX의 디자인이 눈에 띌 만큼 충실하게 남아 있었다.

▷ **재규어 XF 2008년**
Jaguar XF 2008
생산지 영국
엔진 5,000cc, V8
최고 속력 249km/h
재규어는 이 모델을 통해 S 타입 모델의 매력을 1960년대로부터 되살려내려고 했다. 이 자동차를 통해 소비자들은 재규어의 품질 좋은 자동차를 사기 좀 더 쉬워졌다.

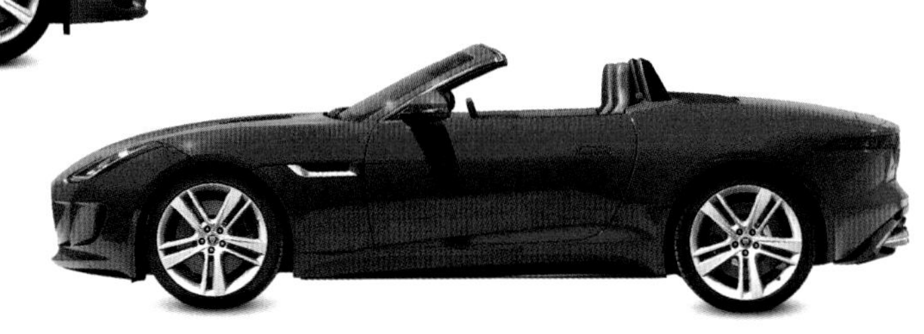

◁ **재규어 XJ 2009년**
Jaguar XJ 2009
생산지 영국
엔진 5,000cc, V8
최고 속력 249km/h
완전히 새로운 XJ는 우주 공학에서 영감을 받아, 재활용 알루미늄 프레임을 전체의 50퍼센트에 사용했다. 이것은 강철로 된 경쟁자들보다 150킬로그램 정도 가볍다는 이야기다.

△ **재규어 F타입 2013년**
Jaguar F-type 2013
생산지 영국
엔진 5,000cc, V8
최고 속력 299km/h

재규어가 제대로 된 스포츠카를 다.시 내놓기까지는 38년이 걸렸다. 이 100 퍼센트 알루미늄 2인승 로드스터는 실망시키지 않았다. 쿠페, 4기통 및 V6 엔진도 선택할 수 있었다.

△ **쉐보레 카마로 2SS 2010년**
Chevrolet Camaro 2SS 2010
생산지 미국
엔진 6,162cc, V8
최고 속력 249km/h

1960년대 디자인을 21세기 영화 문화와 결합한 5세대 쉐보레 카마로는 영화 「트랜스포머」 특별판으로도 출시됐다.

◁ **쉐보레 콜벳 C8 2020년**
Chevrolet Corvette C8 2020
생산지 미국
엔진 6,162cc, V8
최고 속력 312km/h
이 8세대 모델은 엔진을 차체 중앙에 탑재한 첫 양산 콜벳이다. 제공되는 변속기는 8단 반자동이 유일하다.

△ **애스턴 마틴 라피드 2010년**
Aston Martin Rapide 2010
생산지 영국
엔진 5,935cc, V12
최고 속력 296km/h

슈퍼카의 성능과 사양을 제공하는 4도어의 라피드는 애스턴 마틴이 1947년에 인수한 유명 브랜드인 라곤다의 1930년대 모델에서 그 이름을 따왔다.

▷ **알핀 A110 2017년**
Alpine A110 2017
생산지 프랑스
엔진 1,798cc, 직렬 4기통
최고 속력 249km/h
알핀은 2017년에 모기업 르노에 의해 22년 만에 부활했다. 이 새 모델은 아주 가벼운 전체 알루미늄 구조에 후방 중앙 탑재 엔진을 갖추고 있다.

크로스오버와 오프로드 차량

이전 50년간의 경향은 차를 낮고 날씬하게 만드는 것이었지만, 디자이너들은 소비자들이 더 높은 차를 안전하게 느끼기 때문에 4륜 구동식 모델의 판매량이 점점 늘고 있음을 깨달았다. 뒤이어 크로스오버 차량의 생산 대수가 확 늘었다. 그러나 그중에는 오프로드 성능이 제한적인 것도 있었다.

△ **랜드 로버 디스커버리 시리즈 II 1998년**
Land Rover Discovery Series II 1998
생산지 영국
엔진 2,495cc, 직렬 5기통
최고 속력 158km/h
1989년에 스타일과 편안한 승차감을 중시하는 새로운 시장을 위해 출시된 디스커버리는 예외적인 오프로드 성능을 그대로 가지고 있었고 판매도 순조로웠다.

△ **르노 아방팀 2001년**
Renault Avantime 2001
생산지 프랑스
엔진 2,946cc, V6
최고 속력 220km/h
마트라에서 디자인하고 제작한, 2도어 쿠페와 MPV 사이의 이 혁신적인 크로스오버 차량은 틈새 시장을 찾지 못했다. 2001년부터 2003년까지 겨우 8,557대만 팔렸다.

△ **랜드 로버 디스커버리 3 2004년**
Land Rover Discovery 3 2004
생산지 영국
엔진 4,394cc, V8
최고 속력 195km/h
북아메리카에서 LR3이라는 이름으로 판매된 이 모델은 모노코크 구조의 완전히 새로운 디자인과, 완전 독립 에어 서스펜션을 갖췄다. 오프로드/온로드 성능이 예외적으로 탁월하다.

△ **랜드로버 디펜더 2020년**
Land Rover Defender 2020
생산지 슬로바키아/영국
엔진 2,995cc, 직렬 6기통 하이브리드
최고 속력 209km/h
오리지널 랜드로버 시리즈를 완전히 새롭게 대체하는 모델로 분리된 섀시를 쓰지 않지만, 에어 서스펜션 또는 견고한 코일 스프링을 갖춤으로써 여전히 거친 지형에서 뛰어난 능력을 발휘한다.

◁ **혼다 CR-V 2001년**
Honda CR-V 2001
생산지 일본
엔진 1,998cc, 직렬 4기통
최고 속력 177km/h
CR-V는 1996년에 출시될 당시 최초로 2륜/4륜 구동 옵션을 지닌 SUV였다. 이 자동차의 틈새 시장은 극적으로 성장했고 잦은 업그레이드(그림은 2001년형) 덕분에 인기를 유지할 수 있었다.

△ **쉐보레 타호 2005년**
Chevrolet Tahoe 2005
생산지 미국
엔진 5,300cc, V8
최고 속력 198km/h
제너럴 모터스가 내놓은 이 대형 SUV는 GMC 유콘과 LWB 쉐비 서버번(Suburban)으로도 팔렸다. 2륜 구동, 4륜 구동 또는 하이브리드로도 나왔다.

▷ **쉐보레 HHR 2005년**
Chevrolet HHR 2005
생산지 미국
엔진 2,130cc, 직렬 4기통
최고 속력 177km/h
헤리티지 하이 루프(Heritage High Roof, HHR)는 1949년 쉐보레 서버번이 만들어 유행시킨 디자인을 말한다. HHR은 또한 패널 밴이나 터보차저 모델로도 나와 있다.

◁ **BMW X3 2004년**
BMW X3 2004
생산지 독일/오스트리아
엔진 2,494cc, 직렬 6기통
최고 속력 208km/h
오스트리아의 마그나 슈타이어에서 제작된 X3은 3 시리즈의 4륜 구동 버전을 기반으로 했고 오프로드 성능은 그다지 고려되지 않았다.

▷ **마즈다 CX-7 2006년**
Mazda CX-7 2006
생산지 일본
엔진 2,260cc, 직렬 4기통
최고 속력 209km/h
다른 경쟁 차종과는 달리 마즈다의 중간 크기 크로스오버 SUV는 완전히 새로운 플랫폼 위에 만들어졌다. 기본적으로 일반 도로 주행용인 고급 승용차로 2륜 구동이나 4륜 구동이 옵션이다.

△ **토요타 하이랜더 2000년**
Toyota Highlander 2000
생산지 일본
엔진 2,995cc, V6
최고 속력 201km/h
최초로 승용차를 기반으로 한 중형 크로스오버 SUV로, 캠리 플랫폼에 기반을 두었다. 2000년대의 첫 5년간 토요타에서 가장 잘 팔린 SUV였다.

▷ **토요타 C-HR 2018년**
Toyota C-HR 2018
생산지 일본
엔진 1,987cc, 직렬 4기통
최고 속력 180km/h
대담한 스타일의 이 소형 SUV는 2륜 또는 4륜 구동과 휘발유 엔진 또는 휘발유 전기 하이브리드 동력원을 다양하게 제공한다.

▷ **토요타 시에나 2006년**
Toyota Sienna 2006
생산지 일본
엔진 3,310cc, V6
최고 속력 179km/h
가족용 미니밴, 또는 MPV인 4륜 구동 시에나는 1997년에 출시됐다. 4륜 구동은 2004년에 옵션이 됐지만, 이 모델은 오프로드용이 아니다.

▽ **닛산 캐시카이 2006년**
Nissan Qashqai 2006
생산지 일본/영국
엔진 1,997cc, 직렬 4기통
최고 속력 192km/h
캐시카이는 출시 첫해에만 10만 대가 팔렸다. 2륜 구동이나 4륜 구동이나 기본적으로 일반 주행 도로용이었지만, 오프로드 성능도 나쁘지 않다.

△ **새턴 아웃룩 2006년**
Saturn Outlook 2006
생산지 미국
엔진 3,600cc, V6
최고 속력 193km/h
제너럴 모터스는 새턴 브랜드를 1987년에 만들었다가 2010년에 사장시켰다. 아웃룩은 8개의 좌석과 전륜 구동 또는 4륜 구동의 대형 크로스오버 차량이었다.

▷ **폭스바겐 투란 2003년**
Volkswagen Touran 2003
생산지 독일
엔진 1,968cc, 직렬 4기통
최고 속력 196km/h
4륜 구동 골프에 기반한 투란은 휘발유, 디젤, 혹은 LPG를 연료로 하는 1.2~2.0리터 엔진을 실었다. 하이브리드 모델도 있었다.

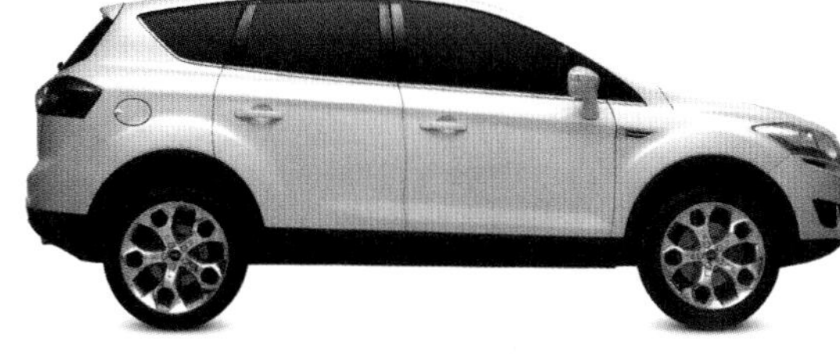

△ **포드 쿠가 2008년**
Ford Kuga 2008
생산지 독일
엔진 2,522cc, 직렬 5기통
최고 속력 208km/h
전륜 구동 또는 4륜 구동 옵션을 갖추고 포커스 플랫폼을 기반으로 만들어진 쿠가는 고성능 엔진과 높은 수준의 장식으로 프리미엄 온로드 시장을 겨냥했다.

△ **지프 패트리어트 2007년**
Jeep Patriot 2007
생산지 미국
엔진 1,968cc, 직렬 4기통
최고 속력 188km/h
지프에서 소형 SUV 시장으로 진입을 위해 제작한 패트리어트는 유럽과 미국에서 서로 사양이 판이한 엔진과 드라이브 패키지를 갖추고 출시됐다.

▷ **NIO ES8 2018년**
NIO ES8 2018
생산지 중국
엔진 전기 모터
최고 속력 200km/h
상하이에 본사를 둔 스타트업 NIO가 이 전기 동력 4륜 구동 7인승 SUV를 내놓았다. 운전자가 이동을 계속할 수 있도록, NIO는 중국 전역에 배터리 교체 스테이션 네트워크를 구축했다.

스즈키 프론테, 1962년

위대한 브랜드

스즈키 이야기

일본에서 비단 방직기 제조업으로 출발한 스즈키는 2륜차와 4륜차 메이커로 세계적 명성을 얻었다. 전 세계에서 통할 만한 작고 저렴한 자동차, 4×4 상용차를 만드는 데서 전문성을 입증했다. 스즈키는 이제 더 크고 더 호화로운 승용차 시장으로 영토를 넓히고 있다.

스즈키의 창업자 스즈키 미치오(鈴木道雄)는 1887년에 하마마쓰에서 태어났고, 1909년에 당시 일본에서 중요한 산업이었던 비단 산업에 쓰일 방직기를 제조하는 스즈키식 직기 제작소를 설립했다. 금속제 자동 방직기로 성공을 거둔 스즈키는 사업을 다각화하기로 결정하고 1937년에 소형차 개발을 시작했다. 프로토타입 자동차는 13마력, 수랭식, 880시시 이하의 4기통 엔진을 갖췄는데, 이 자동차는 혁신적인 알루미늄 주형 크랭크실로 주목받았다. 그렇지만 제2차 세계 대전 발발로 프로젝트가 막혔다.

스즈키 배지 (1958년 도입)

스즈키가 다시금 자동차 산업 진출을 시도한 것은 1951년에나 가서였는데, 이번에는 혼다가 그 바로 몇 년 전에 했듯이 2륜차에 탑재할 엔진을 만들기 시작했다. 1954년에 사명을 스즈키 자동차 공업 주식 회사로 바꾸고 최초의 모터사이클인 콜레다(Colleda)를 만들었다. 첫 번째 스즈키 양산차인 스즈라이트 SF(Suzulight SF)는 이듬해인 1955년에 나왔다. 독일 로이드(Lloyd)를 모델로 삼은 SF에는 전륜 구동 방식의 360시시 2기통, 2행정 엔진이 달려 있었다. 최초의 스즈키 양산차는 일본의 경차 규격에 부응했다. 차 크기와 엔진 출력이 경차 규격에 맞는 자동차들은 낮은 세금과 낮은 보험료라는 혜택을 받을 수 있었다.

처음 나온 SF 모델들은 혁신적인 독립 현가 장치를 갖췄지만 당시의 형편없는 도로에서 달리는 것은 무리였고 1956년에 다시 전통적인 판 스프링 방식으로 교체됐다. 1958년부터 SF는 밴 모델만 제조됐다. 1959년에 스즈라이트 TL 밴으로 대체됐는데, 뒷문이 옆으로 열리는 방식의 한층 현대적 디자인의 자동차였다. 승용차 모델인 스즈키 프론테(Fronte)는 1962년에 출시됐다. 신형 프론테 360은 1965년에 발표됐는데 이번에는 한층 강력한 3기통, 공랭식 후방 배치 엔진을 갖추고 나왔다. 엔진이 더 큰 수출용 모델인 프론테 500은 1969년에 출시됐다.

1970년 스즈키는 앞으로 오랫동안 지속될 4륜 구동 소형 SUV 라인의 첫 타자인 짐니 LJ10(Jimny LJ10)을 소개했다. LJ10은 일본의 또 다른 자동차 메이커인 호프 자동차가 개발한 호프스타 ON360(Hope Star ON360)을 기반으로 했다. 이 미쓰비시 엔진을 단 4×4는 겨우 15대만 만들어졌고 그 후 호프 자동차는 재정난에 봉착했다. 1970년에 스즈키는 호프 자동차로부터 ON360의 제조 권리를 사들여 LJ10으로 재개발하면서 자체 개발한 2행정, 2기통 엔진을 얹고 차체를 다시 디자인했다. 전체 길이를 줄이기 위해 원래 차 뒤에 달았던 예비용 바퀴도 적재 공간으로 옮겼다. 결국 짐니 LJ10은 최초의 4륜 구동 경차 자격을 얻었다. 1972년에 출시된 LJ20은 엔진을 수랭식으로 교체했고 1974년의 LJ50(일본 상품명은 SJ10)은 새로운 539시시, 33마력의 3기통 엔진을 얹었다. 마침내, 1977년에 스즈키는 수랭식에, 797시시와 41마력의 직렬 4기통 엔진을 갖춘 최고의 LJ80(일본 상품명은 SJ20)을 세상에 내놓았다. LJ80은 엄청난 수출 실적을 올렸다. 픽업형인 LJ81도 있었는데, 오스트레일리아에서는 스톡맨(Stockman)이라고 불렸다.

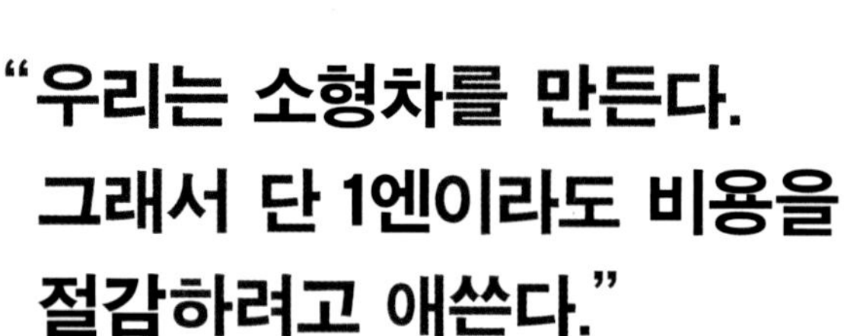

"우리는 소형차를 만든다. 그래서 단 1엔이라도 비용을 절감하려고 애쓴다."

— 스즈키 오사무, 1993년

더 길고 더 넓어진 SJ 시리즈의 2세대 스즈키 4×4는 1981년에 출시됐다. 수출용 모델들은 성능이 상당히 개선된 더 큰 엔진을 달고 팔렸다. SJ는 미국에서는 쉐보레, 오스트레일리아에서는 홀덴 등의 브랜드에서 수많은 모델명으로 팔렸다. 스페인의 산타나, 인도의 마루

SC100

비타라

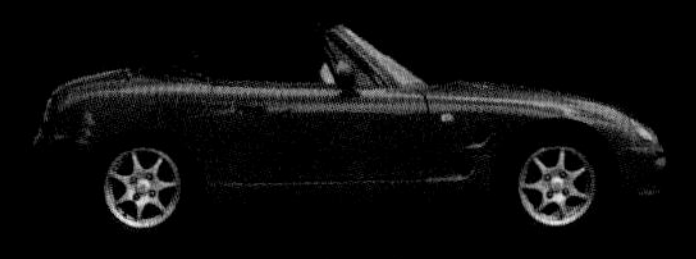

카푸치노

키자시

1909 스즈키 미치오가 시즈오카 현 하나마쓰에 스즈키식 직기 제작소를 열다.
1939 최초의 자동차 개발이 시작됐지만 제2차 세계 대전 발발 때문에 프로젝트가 지연되다.
1951 '파워 프리(Power Free)' 2륜차 모터 출시
1954 사명을 스즈키 자동차 공업 주식 회사로 바꾸고 최초의 오토바이인 콜레다를 양산하다.
1955 스즈키 최초의 양산차인 스즈라이트 SF가 베일을 벗다.
1958 스즈키가 'S' 로고를 채택하다.

1962 프론테 출시
1970 스즈키가 호프 자동차로부터 호프스타 ON360 4WD의 제조권을 사들이고 짐니 LJ10으로 재개발해 출시하다.
1977 1977년에 출시된 세르보, 1978년의 SC100 쿠페, 그리고 1979년의 알토가 모두 수출 판매량을 끌어올리는 데 한몫하다.
1978 스즈키 오사무가 사장에 취임다.
1981 GM이 스즈키의 지분 5.3퍼센트를 매입하고 그것을 20퍼센트로 늘리다.

1982 인도와 파키스탄에 생산 공장 설립
1988 비타라 SUV가 출시돼 수출에서 큰 성공을 거두다.
1989 자동차 총 생산 대수가 1000만 대에 도달하다.
1990 스즈키가 헝가리에 공장을 세우고 사명을 스즈키 주식 회사로 바꾸다.
1991 카푸치노 로드스터 출시. 스즈키가 한국에서 자동차를 만들기 시작하다.
1993 스즈키가 중국에서 자동차 생산을 위한 합작 투자 계약을 체결하다.

2000 스즈키 오사무가 사장에서 물러나지만 회장직을 유지하다.
2008 80대가 된 스즈키 오사무가 사장으로 복귀하다.
2009 키자시 세단을 통해 스즈키가 새로운 시장에 진출하다.
2011 폭스바겐이 지분 20퍼센트를 매입했다가 2015년에 매각한다.
2015 4세대 비타라(Vitara) 오프로더 출시
2016 초소형 크로스오버 뉴 이그니스(New Ignis) 출시

티 사에서 라이선스 생산을 하기도 했다.

이런 작지만 유능한 오프로드 차량들과 나란히, 스즈키는 승용차도 계속해서 만들었다. 1971년에 출시된 프론테 쿠페는 경차 규격을 만족시키는 차 크기에 2+2 좌석, 이탈리아 디자이너 주지아로의 디자인, 최고 37마력을 내는 엔진의 독특한 결합으로 크기에 비해 탁월한 성능을 발휘했다. 1970년대 후반에는 세르보(Cervo)와 알토(Alto)가 프론테에 합류했고 세르보 쿠페의 스타일을 개선한 SC100까지, 모두 스즈키의 수출 판매량을 끌어올렸다.

제너럴 모터스는 1981년 스즈키의 지분 5.3퍼센트를 사들였고 그것은 나중에 20퍼센트로 증가했다. 그로부터 미국에서 팔린 모든 스즈키 승용차는 제너럴 모터스의 쉐보레 브랜드로 팔렸다. 일부 시장에서 비타라(Vitara)로, 다른 곳에서는 에스쿠도(Escudo)나 사이드킥(Sidekick)으로 알려진 새로운 소형 SUV는 1988년에 출시됐다. 3도어 비타라의 알맞은 크기, 깔끔한 디자인, 그리고 온로드와 오프로드 성능의 훌륭한 결합은 커다란 성공을 가져왔고 1990년에 그 범주에 5도어 모델이 더해지면서 매력은 더욱 커졌다.

인기만점의 로드스터
스타일 좋은 2인승 카푸치노는 스포츠카 메이커로서의 이미지를 확보하고자 한 스즈키의 열망을 고스란히 담고 있다.

다음해에 스즈키가 세상에 발표한 카푸치노(Cappuccino)는 가장 많이 사랑받는 스즈키 자동차 중 하나가 됐다. 이 로드스터 경차는 터보차저, 657시시, 전방 배치 트윈캠 엔진을 달고 후륜 구동 모델로 나왔다. 2인승인 카푸치노는 지붕 패널을 떼어 적재 공간에 실을 수 있었다. 이 자동차는 1997년까지 생산돼, 혼다 비트(Beat), 다이하쓰 리자 스파이더(Reeza Spider), 그리고 오토잼(마쓰다) AZ-1 같은 경쟁자들보다 긴 수명을 유지했다.

1980년대에는 스즈키 오사무(鈴木修)의 지휘 아래 파키스탄과 인도에도 공장을 지었고, 1990년대에는 헝가리, 한국과 공장 건설 계약을 체결했다. 스즈키와 제너럴 모터스가 손을 잡고 개발한 초소형 왜건 R+는 2000년에 헝가리에서 양산에 들어갔다. 회사는 또한 대형차의 범주도 확장해, 스위프트와 알토 해치백의 신형 모델인 7인승 그랜드 비타라 SUV를 더했으며 '크로스오버' SX4도 내놓았는데 외양은 4×4지만 온로드 성능을 갖췄고 유지비는 일반 승용차 정도였다.

2009년 폭스바겐이 스즈키 지분 20퍼센트를 매입하면서 두 회사는 장기적 협력 관계에 들어갔다. 그러나 두 기업 문화는 양립할 수 없는 것으로 판명됐고, 폭스바겐은 2015년에 지분을 다시 스즈키에 매각했다. 미국과 캐나다 시장 운영에는 더 많은 문제가 생겼지만, 이 끈질긴 독립 브랜드는 인도 마루티 스즈키 비즈니스의 성공 덕분에 버텨낼 수 있었다.

랠리 핀란드의 이그니스 S1600
슈퍼미니 해치백인 이그니스(Ignis)는 2000년부터 2008년까지 양산됐다. 페르군나르 안데르손(Per-Gunnar Andersson)과 동료 운전자인 요나스 안데르손은 경주용 S1600 모델을 몰아 2004년 랠리 핀란드의 주니어 급에서 승리를 거머쥐었다.

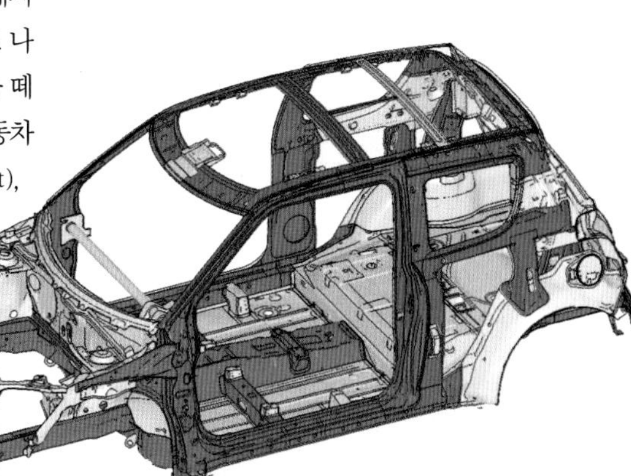

스즈키 스위프트 구조
스즈키는 2009년에 출시한 스위프트 스포트의 뼈대 중 일부(붉은색으로 표시)를 초고장력 강철로 만들었다. 강성과 도로 주행 시 핸들링이 대폭 개선됐고 안전성 역시 좋아졌다.

도시형 자동차의 재발견

전 세계 자동차 메이커들이 배기 가스 감소와 연비 향상을 요구하는 규제에 부응하려고 애쓰면서, 관심은 다시금 2인승 또는 최대 4인승 도시형 소형차들로 향했다. 일부 메이커들은 1,000시시 이하, 2기통이나 3기통 엔진의 도시형 소형차들을 양산했다. 다른 곳들은 여전히 고속 도로에서 편히 탈 수 있고 효율이 좋으며 경량 압축된 4기통 엔진을 탑재한 소형차들을 만들었다.

◁ **레바/G-Wiz i 2001년**
Reva/G-Wiz i 2001
생산지 인도
엔진 전기 모터
최고 속력 80km/h
2000년대의 첫 10년간 세계에서 가장 많이 팔린 전기차는 이 2+2 인도산 모델로 주행 거리가 120킬로미터였다. 다음 10년을 대비해 더 크고 안전한 모델을 구상 중이다.

△ **스마트 시티-쿠페 1998년**
Smart City-Coupé 1998
생산지 독일/프랑스
엔진 599cc, 직렬 3기통
최고 속력 135km/h
세계에서 가장 인기 있는 2인승 도시형 자동차인 스마트는 세계 최대의 시계 회사인 스와치 그룹의 니콜라스 조지 헤이엑(Nicholas George Hayek)의 작품이다. 후륜 구동 방식이며 전자식 자세 제어 시스템과 ABS가 장착됐다.

▷ **스바루 R1 2005년**
Subaru R1 2005
생산지 일본
엔진 658cc, 직렬 4기통
최고 속력 137km/h
일본 밖에서는 많이 판매되지 않은 R1은 고급 시장을 겨냥한 차체가 짧은 2+2 스포티 모델로, 세금이 절감되는 일본의 경차 기준에 들어맞았다. R1의 실내는 가죽으로 장식됐고 슈퍼차저는 옵션이었다.

△ **피아트 판다 2003년**
Fiat Panda 2003
생산지 이탈리아/폴란드
엔진 1,108cc, 직렬 4기통
최고 속력 150km/h
'유럽 올해의 차'로 선정된 2003년형 판다는 첫 6년간 150만 대가 팔려 그 이름에 걸맞은 후계자임을 입증했다. 엔진 배기량은 1.1~1.4리터였다.

▷ **타타 나노 2009년**
Tata Nano 2009
생산지 인도
엔진 624cc, 직렬 2기통
최고 속력 105km/h
이 인도의 내수용 승용차는 가격(300만 원대 전후) 때문에 전 세계의 관심을 끌었다. 불필요한 것은 모두 덜어낸 이 자동차는 21세기의 포드 모델 T가 될 가능성이 보인다.

△ **스즈키 이그니스 2017년**
Suzuki Ignis 2017
생산지 일본/인도
엔진 1,242cc, 직렬 4기통
최고 속력 171km/h
작고 높은 미니 SUV인 이그니스는 하이브리드 파워트레인 또는 4륜 구동을 함께 주문할 수 있다. 땅딸막한 외모와 활달한 주행 특성으로 표현되는 개성은 여러 도시형 탈것보다 더 뚜렷하다.

▷ **세크마 F16 스포트 2008년**
Secma F16 Sport 2008
생산지 프랑스
엔진 1,598cc, 4기통
최고 속력 177km/h
무게가 겨우 0.5톤밖에 안 나가는 F16은 재미있는 차이기는 하지만 옵션인 걸윙 도어에도 불구하고 실용성은 거의 없다. 후방 배치 연료 분사식 16밸브 르노 엔진을 탑재했다.

▷ **토요타 야리스/비츠 2005년**
Toyota Yaris/Vitz 2005
생산지 프랑스
엔진 1,364cc, 직렬 4기통
최고 속력 175km/h
토요타의 유럽 디자인 스튜디오에서 디자인돼 1.0~1.8리터 엔진을 달고 전 세계에 판매된 이 2세대 야리스는 동급 최초로 에어백 9개를 갖췄다.

△ **푸조 1007 2004년**
Peugeot 1007 2004
생산지 프랑스
엔진 1,360cc, 직렬 4기통
최고 속력 172km/h
푸조는 과감하게 전동식 슬라이딩 도어와 반자동 기어를 갖춘, 관습을 벗어난 이 도시형 자동차를 시장에 내놓았다. 그러나 높은 가격 때문에 판매는 형편없었다.

◁ **토요타 iQ 2008년**
Toyota iQ 2008
생산지 일본
엔진 1,329cc, 직렬 4기통
최고 속력 171km/h
궁극의 소형차 iQ는 4인승에 훌륭한 성능에 더해 유럽의 충돌 안정성 평가에서 받은 별점 5개를 자랑한다. 자세 제어 장치, ABS, 보조 제동 장치는 모두 기본 사양이다.

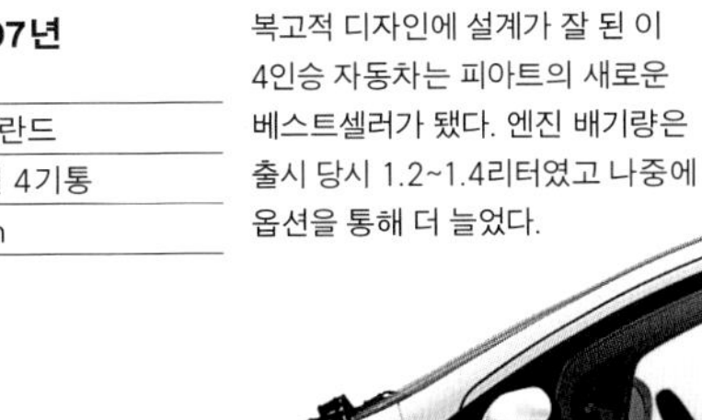

◁ **피아트 500 2007년**
Fiat 500 2007
생산지 이탈리아/폴란드
엔진 1,242cc, 직렬 4기통
최고 속력 159km/h
복고적 디자인에 설계가 잘 된 이 4인승 자동차는 피아트의 새로운 베스트셀러가 됐다. 엔진 배기량은 출시 당시 1.2~1.4리터였고 나중에 옵션을 통해 더 늘었다.

▷ **토요타 아이고 2005년**
Toyota Aygo 2005
생산지 일본/체코 공화국
엔진 998cc, 직렬 3기통
최고 속력 158km/h
쌍둥이뻘인 푸조 107과 시트로엥 C1과 나란히 제조된 아이고는 3도어 모델이나 5도어 모델로 나왔고 1.0리터 휘발유 엔진이나 1.4리터 디젤 엔진을 탑재했다.

▷ **엑셈 시티 프리미엄 2018년**
Aixam City Premium 2018
생산지 프랑스
엔진 전기 모터
최고 속력 45km/h
디젤 엔진도 선택할 수 있는 이 차의 전기차 버전은 주행 가능 거리가 80킬로미터여서 요즘 같은 시기에 더 알맞다. 프랑스에서는 14세부터 운전할 수 있다.

▽ **현대 i10 2019년**
Hyundai i10 2019
생산지 한국/터키/인도
엔진 1,197cc, 직렬 4기통
최고 속력 171km/h
i10은 단정하고 넉넉하며 효율적이지만, 주 시장인 개발도상국에서 가격과 유지비를 낮추기 위해 최신 기술이나 다양한 엔진을 투입하지 않는다.

타타 나노

나노(Nano)는 원조 미니 이후 가장 과감하고 매혹적인 차인 동시에, 기본에 충실한 소형차에 속한다. 인도에서 점차 성장하고 있는 중산층의 관심을 2륜차로부터 가져오기 위해 디자인된 이 자동차는 언론의 주목을 많이 받았는데, 메이커의 희망 가격이 10만 루피(약 200만 원)였기 때문이다. 이 자동차가 2009년에 판매됐을 때 가격은 세금과 운송비를 포함해 1,500파운드(약 270만 원)에 가까웠고 가장 비싼 모델은 2,300파운드(약 400만 원)였다. 대략 인도인 평균 연봉의 80퍼센트에 맞먹는 가격이기는 하지만, 그래도 나노가 세계에서 가장 싼 차인 것은 틀림없다.

나노는 가벼움, 단순성, 그리고 낮은 제조비를 추구하면서 가장 기본 원칙으로 돌아갔다. 후방 배치 엔진을 채택했는데, 그것은 필요한 부품이 더 적고 더 단순해서 전방 배치 엔진보다 더 비용이 적게 들기 때문이다. 엔진 또한 가볍고 비용 대비 효율이 높은 트윈 실린더 방식이며 제동 장치는 믿음직한 드럼 방식이다. 리어 엔진 덕분에 스티어링은 동력 보조가 필요 없을 정도로 가볍다. 차체는 트렁크가 없고 장식은 최소한으로 제한되며 방음 비용도 절감했다. 심지어 연료 탱크도 크기가 축소돼, 용량이 겨우 15리터이다.

이 모든 조치의 결과로 나노는 전비 중량이 겨우 600킬로그램이다. 이처럼 가벼운데도 차체는 충분히 강고한데, 차체를 강화하는 프런트 시트 프레임(front seat frame)과, 뒷부분을 가로지르는 노출된 브레이싱 바(bracing bar) 같은 영리한 장치 덕분이다.

앞모습

뒷모습

트럭에서 승용차로
라탄 타타(Ratan Tata)가 이끄는 인도의 대기업 타타는 자동차 산업 분야에서 명성을 확립했다. 1998년에 타타는 인도 최초의 토종 디자인으로 만들어진 승용차인 인디카(Indica)를 출시했다. 타타는 지금 세계에서 두 번째로 큰 차(茶) 생산업체인 테틀리스 티(Tetley's Tea)와, 브리티시 철강의 남은 부문 및 재규어와 랜드 로버를 소유하고 있다.

높은 문 때문에 탑승이 쉽다.

지붕의 골은 강성을 높여 준다.

열리는 뒷문이 없어서 비용이 절감되고 강성이 높아진다.

싱글 와이퍼는 분명히 비용을 절감해 준다.

앞부분은 무게의 겨우 40퍼센트를 차지한다.

모노코크는 차대로 강화된다.

환기구가 후방에 탑재된 라디에이터에 공기를 공급한다.

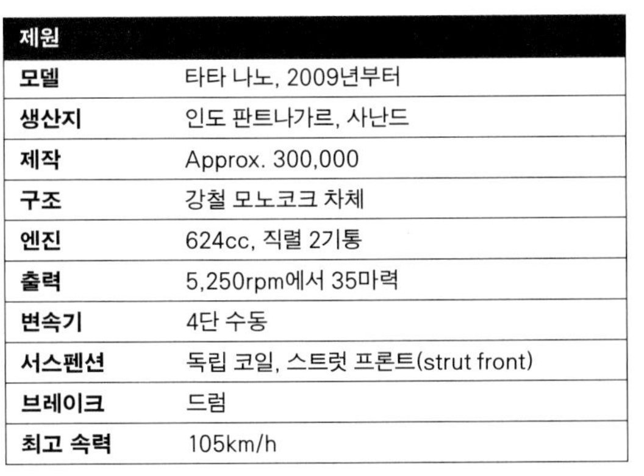

제원	
모델	타타 나노, 2009년부터
생산지	인도 판트나가르, 사난드
제작	Approx. 300,000
구조	강철 모노코크 차체
엔진	624cc, 직렬 2기통
출력	5,250rpm에서 35마력
변속기	4단 수동
서스펜션	독립 코일, 스트럿 프론트(strut front)
브레이크	드럼
최고 속력	105km/h

무엇과도 다른 소형차
서구 메이커들이 낮고, 그 어느 때보다도 넓은 자동차들을 향해 움직이고 있을 때, 타타는 나노를 위해 자동차 제조 매뉴얼을 던져 버리고 높고 좁은 자동차를 만들었다. 그렇지만 인도의 교통 상황에서 좁은 것은 곧 장점이었다. 나노는 최저 지상고, 즉 그라운드 클리어런스(ground clearance)가 넉넉한 덕분에 고르지 않은 도로를 편안하게 달릴 수 있었다.

외장

'원박스(one-box)' 디자인은 작은 차의 실내 공간을 최대로 만들어 주었다. 실제로 이 차의 실내 공간은 인도 표준 소형차인 마루티 880보다 22퍼센트 더 넓다. 바퀴는 12인치(뒤쪽이 더 빵빵하다.)로 작고 오른쪽 구석에 위치해 휠아치가 실내 공간을 침범하지 않게 해준다. 안정성을 더해 주는 넓은 트랙과 긴 휠베이스 또한 리어 엔진 차에는 중요한 점이다.

1. 크롬 광택 처리된 로고는 얼마 안 되는 사치에 속한다. **2.** 타타는 인도에서 인정받는 브랜드이다. **3.** 범퍼에는 여분의 등이 들어 있다. **4.** 과감한 전조등 **5.** 사이드 미러는 하나뿐이다. **6.** 문 자물쇠를 하나만 둬 비용을 절감했다. **7.** 휠 고정용 볼트는 3개만 쓴다. 이 역시 비용과 무게를 줄이기 위한 조치이다. **8.** 스쿠프가 후미에 있는 라디에이터에 공기를 공급한다. **9.** 수직 미등 **10.** 차 밑으로 기계 장치들이 드러나 있다.

내장

길이가 3.1미터인 나노는 3미터인 BMC 미니와 길이는 비슷하지만 널찍한 실내 공간은 훨씬 더 인상적이다. 긴 축간 거리와 얇고 꼿꼿이 선 좌석이 그 널찍함에 한몫하고 높은 지붕선도 마찬가지다. 높이가 높은 것은 패키지상의 이득도 있다. 기본 모델은 비용이 덜 드는 인도삼 섬유로 만든 직물로 최소한의 장식성만을 두었다.

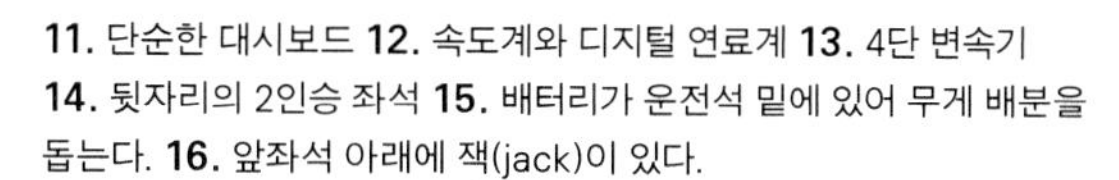

11. 단순한 대시보드 **12.** 속도계와 디지털 연료계 **13.** 4단 변속기 **14.** 뒷자리의 2인승 좌석 **15.** 배터리가 운전석 밑에 있어 무게 배분을 돕는다. **16.** 앞좌석 아래에 잭(jack)이 있다.

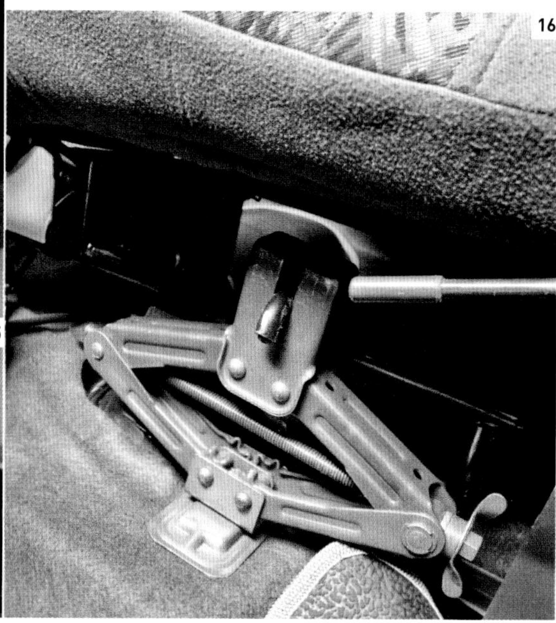

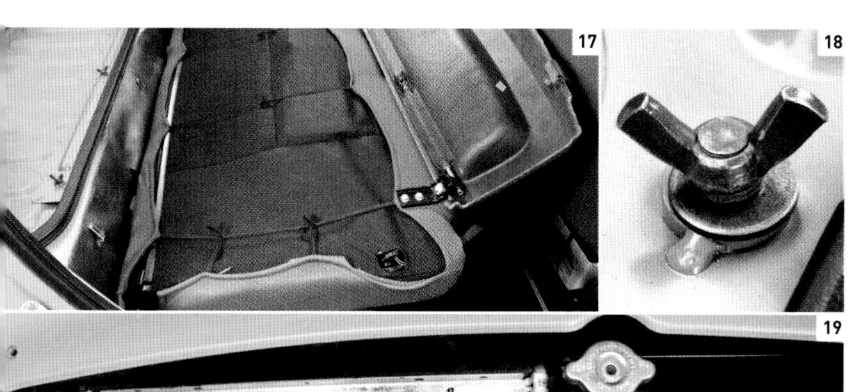

엔진실

나노는 수랭식, 전체 합금, 겨우 624시시의 2기통 엔진을 채택해 단순하고 경제적이고 무게를 절감한다. 단일한 오버헤드 캠샤프트지만 그럼에도 출력은 35마력으로 만만찮다. 밸런스 샤프트(Balance Shaft, 균형축)가 이 엔진 형태에 불가피하게 따르는 진동을 줄여 주고, 연료 분사 방식은 실린더 2개만을 사용한 덕분에 매우 단순해진 보쉬 관리 시스템이 관리한다.

17. 뒷좌석을 접으면 트렁크를 열 수 있다. **18.** 이 윙 너트(wing nut)에서 보듯이 고정 방식은 단순하다. **19.** 후방 배치된 수랭식 2기통 엔진 **20.** 예비용 바퀴와 부수적인 장치들은 앞쪽 보닛 아래에 있다. 연료 주입구도 마찬가지다. **21.** 제동 장치는 전부 드럼이다. 기본 모델에는 자동 제어 장치가 없다.

시속 300킬로미터 너머

페라리 F40 로드 카가 1987년에 시속 200마일(시속 320킬로미터)의 고지를 넘은 후 이 수치는 슈퍼카라면 모두가 열망하는 영예의 상징이 됐다. 일부 자동차들, 특히 독일 차들은 소유주의 열정에 고삐를 매기 위해 속도 제한 장치를 달고 나왔다. 2005년 시속 400킬로미터를 돌파한 부가티 베이론은 자동차 기술을 한 걸음 더 나아가게 했다.

△ **람보르기니 무르시엘라고 2001년**
Lamborghini Murcièlago 2001
생산지 이탈리아
엔진 6,496cc, V12
최고 속력 343km/h
람보르기니가 폭스바겐에 인수된 후 처음 내놓은 신형 모델인 무르시엘라고는 1879년 스페인에서 28번이나 칼을 맞고도 살아남은 유명한 투우의 이름을 땄다.

△ **파가니 존다 1999년**
Pagani Zonda 1999
생산지 이탈리아
엔진 7,291cc, V12
최고 속력 354km/h
존다의 초기 개발 과정 중 일부는 F1의 5회 우승자인 후안 마누엘 판지오가 맡았다. 매년 겨우 10대만이 생산되는 이 자동차는 정말 희귀한 보석과도 같다.

◁ **람보르기니 무르시엘라고 로드스터 2004년** **Lamborghini Murcièlago Roadster 2004**
생산지 이탈리아
엔진 6,496cc, V12
최고 속력 322km/h
전투기, 스페인 건축물, 대형 요트 스타일에서 영감을 받은 환상적인 람보르기니지만, 소프트톱은 아무런 기술력도 투입되지 않은 수동 방식이었다.

◁ **벤틀리 콘티넨털 슈퍼스포트 2003년**
Bentley Continental Supersport 2003
생산지 영국
엔진 5,998cc, W12
최고 속력 328km/h
인테리어가 생략된 내부, 제거된 뒷좌석, 고성능 서스펜션, 그리고 630마력 엔진은 이 럭셔리 쿠페의 잠재 성능을 각성하고자 한 기술자들의 의지를 보여 준다.

△ **메르세데스-맥라렌 SLR 722S 2003년**
Mercedes-McLaren SLR 722S 2003
생산지 영국
엔진 5,439cc, V8
최고 속력 336km/h
이름의 722는 스털링 모스(Stirling Moss) 경이 1955년에 몰아 밀레 밀리아에서 우승한 메르세데스의 참가 번호였다.

▽ **메르세데스벤츠 SLS AMG 2010년**
Mercedes-Benz SLS AMG 2010
생산지 독일
엔진 6,208cc, V8
최고 속력 317km/h
1950년대의 전설인 300SL 걸윙의 혼을 재현하려 한 SLS는 AMG에 의해 내부에서 디자인됐고 포뮬러 원 경주에서 안전 요원을 태운 세이프티 카(safety car)로 활약했다.

◁ **페라리 엔초 2002년**
Ferrari Enzo 2002
생산지 이탈리아
엔진 5,998cc, V12
최고 속력 363km/h
출시 당시 페라리 궁극의 도로 주행용 자동차로 평가받았던 엔초 2002는 가장 부유하고 안목 높은 고객들을 위해 겨우 400대만 제작됐다.

△ **페라리 599 GTB 피오라노 2006년**
Ferrari 599 GTB Fiorano 2006
생산지 이탈리아
엔진 5,999cc, V12
최고 속력 330km/h
현대적이고 전형적인 페라리로 고전적인 V12 엔진을 앞쪽에 얹었다. 이 쿠페는 맹렬하리만치 빨랐다.

△ **브리스톨 파이터 2004년**
Bristol Fighter 2004
생산지 영국
엔진 7,996cc, V10
최고 속력 362km/h

소량만 엄격하게 주문 생산된 이 최고급 파이터 T는 크라이슬러 바이퍼 엔진으로부터 1,000마력 이상의 출력을 뽑아냈다.

▷ **부가티 베이론 그랑 스포르 2005년**
Bugatti Veyron Grand Sport 2005
생산지 프랑스
엔진 7,993cc, W16
최고 속력 407km/h
소문에 따르면 부가티는 차 1대를 생산할 때마다 손해를 본다고 하지만, 그때마다 모회사인 폭스바겐이 얻는 명성과 기술적 이득을 보면 그럴 만한 가치가 있다.

▷ **쾨닉세그 CCX-R 2006년**
Koenigsegg CCX-R 2006
생산지 스웨덴
엔진 4,719cc, V8
최고 속력 402km/h
이 자동차의 엔진은 포드의 V8 엔진을 바탕으로 하고 있지만 블록을 포함해 거의 모든 부품이 800마력을 내기 위해 수정되거나 다시 만들어졌다.

△ **닛산 GT-R 스펙 V 2007년**
Nissan GT-R Spec V 2007
생산지 일본
엔진 3,799cc, V6, 트윈 터보
최고 속력 311km/h

표준 GT-R의 경량화 모델인 스펙 V는 레이싱 카 스타일의 앞좌석 배치와 뒷좌석 제거, 탄소 섬유, 공기 역학적 차체 장식이 특징이다.

▷ **RUF 포르쉐 CTR3 2007년**
RUF Porsche CTR3 2007
생산지 독일
엔진 3,746cc, 수평 대향 6기통
최고 속력 375km/h
높은 평가를 받는 독일 차량 개조업체인 RUF는 타협 없는 포르쉐 개조 차량들로 유명하다. 이 자동차는 무게를 줄이고 탄소 섬유 차체와 691마력 엔진을 갖췄다.

△ **노블 M600 2009년**
Noble M600 2009
생산지 영국
엔진 4,439cc, V8
최고 속력 362km/h

존경받는 독불장군 자동차 디자이너 리 노블(Lee Noble)이 세운 회사에서 내놓은 M600을 두고 일각에서는 현재 슈퍼카들 중 조종성이 가장 좋은 자동차로 꼽기도 한다.

△ **렉서스 LFA 2010년**
Lexus LFA 2010
생산지 일본
엔진 4,805cc, V10
최고 속력 327km/h
이 굴 속의 진주는 대다수의 V8 엔진보다 더 작은 1LR-GUE V10 엔진으로, 겨우 0.6초 만에 아이들링에서 9,500아르피엠까지 회전 속도를 끌어올릴 수 있다.

△ **애스턴 마틴 DB11 2016년**
Aston Martin DB11 2016
생산지 영국
엔진 5,024cc, V12
최고 속력 322km/h

완전히 새로운 V12 엔진(메르세데스벤츠 기반 V8 엔진도 있음)을 갖춘 애스턴 마틴 최초의 터보차저 그랜드 투어러. 컨버터블은 볼란테(Volante)라고 불린다.

△ **로터스 에바이어 2019년**
Lotus Evija 2019
생산지 영국
엔진 전기 모터
최고 속력 322km/h 이상

2021년부터 생산이 시작된 이 로터스는 자체 테스트 트랙에서의 시험을 포함하는 철저한 과정을 거쳐 영국 최초의 순수 전기 하이퍼카로 출시됐다.

◁ **마세라티 MC20 2020년**
Maserati MC20 2020
생산지 이탈리아
엔진 3,000cc, V6
최고 속력 325km/h 이상
MC20은 리어 미드십 엔진(630마력), 버터플라이 도어, 욕조형 탄소섬유 차체구조 등 진정한 슈퍼카의 특성을 갖추고 있다. 이제 더는 페라리와 관계가 없는 마세라티는 페라리의 명성을 일부 빼앗는 것이 목표다.

새천년의 모터스포츠 챔피언들

21세기 초반에 레이싱 카의 디자인과 제조에 가장 큰 영향을 미친 요인은 컴퓨터였다. 컴퓨터의 영향이 어찌나 컸던지, 컴퓨터가 운전을 장악하지 않도록 차내에서 엄격하게 제한돼야 했다. 이제 전형적인 경주용 자동차들에 탑재된 컴퓨터 시스템은 일반 도로용 자동차에 비해 더 적어졌다. 하지만 컴퓨터는 여전히 이 차들을 디자인하고 가동하는 방식에 막대한 영향을 미치고 있다.

△ **레드 불-코스워스 STR1 2006년**
Red Bull-Cosworth STR1 2006
생산지 영국
엔진 3,000cc, V10
최고 속력 322km/h

레드불이 자우버 팀을 후원하던 2004년에 포드로부터 1달러라는 상징적인 가격에 사들인 재규어 레이싱 팀은 지금은 F1의 선두 주자이다.

▽ **BAR 혼다 2004년**
BAR Honda 2004
생산지 영국
엔진 3,000cc, V10
최고 속력 322km/h

엔진을 공급하던 혼다가 사들인 바(BAR) 팀은 2008년 브라운(Brawn) 팀으로 재결성하기까지 단 한 차례 우승했다.

△ **벤틀리 스피드 8 2001년**
Bentley Speed 8 2001
생산지 영국
엔진 4,000cc, V8
최고 속력 330km/h

1920년대의 영광의 나날로부터 73년 만에 르망에 돌아온 벤틀리는 3번의 고배를 마신 후 2003년에 다시금 승리를 거뒀다.

△ **BMW M3 GT2 2008년**
BMW M3 GT2 2008
생산지 독일
엔진 3,999cc, V8
최고 속력 290km/h

2009년에 미국 르망 시리즈를 위해 나온 이 자동차는 2010년 르망 경주에 참가했고 레이싱 게임 「니드 포 스피드(Need for Speed)」에도 대표 차량으로 등장했다.

◁ **닷지 차저 2005년**
Dodge Charger 2005
생산지 미국
엔진 5,860cc, V8
최고 속력 306km/h

차저라는 이름이 붙었지만 도로 주행용 차에서 나스카에 반영된 부분은 거의 없었다. 이용된 부분은 특수 목적으로 만든 튜블러 프레임 안의 엔진과 판금 차체 정도였다.

△ **토요타 캠리, 나스카 넥스텔 컵 2007년 Toyota Camry, NASCAR Nextel Cup 2007**
생산지 일본
엔진 5,860cc, V8
최고 속력 306km/h

나스카에 참가하기 위해 토요타는 푸시로드 방식의 V8 엔진을 만들어야 했는데, OHV 엔진이어야 한다는 규정이 아니었더라면 그런 '고대'의 디자인을 다시 사용한다는 것은 생각조차 하지 않았을 것이다.

▽ **토요타 TF108 2008년**
Toyota TF108 2008
생산지 독일
엔진 2,400cc, V8
최고 속력 322km/h

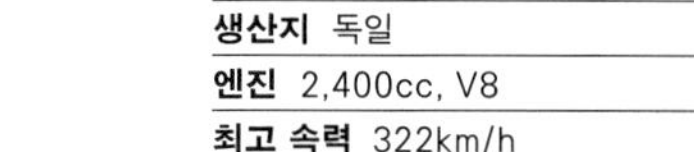

토요타는 2002년에 F1에 발을 들인 이후, 한 번도 경주에서 이기지 못했다. 결국에는 2009년 시즌을 마지막으로 서킷을 떠났다.

아우디 R 시리즈

세계 3대 레이스에 속하는 프랑스의 르망 24시간 경주는 모터스포츠에서 가장 거친 경주 중 하나로 알려져 있다. 21세기의 첫 10년 동안은 아우디가 르망을 지배하면서 2000년부터 2010년까지 11회의 경주에서 9회의 승리를 가져갔다. 놀라운 성과였다.

△ **아우디 R8 2000년**
Audi R8 2000
생산지 독일
엔진 3,600cc, V8
최고 속력 339km/h

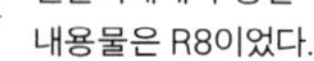

이제껏 만들어진 가장 성공적인 내구 경주용 레이싱 카인 R8은 6년간 르망 경주를 5번이나 우승했다. 2003년에 벤틀리에게 우승을 내줬지만, 내용물은 R8이었다.

△ **롤라 애스턴 마틴 LMP1 2009년**
Lola Aston Martin LMP1 2009
생산지 영국
엔진 6,000cc, V12
최고 속력 336km/h

GT 경주를 DBR9로 정복한 후, 애스턴 마틴은 GT1 프로토타입 경주에 뛰어들기 위해 그 V12 엔진을 롤라 차대로 옮겼다.

△ **애스턴 마틴 밴티지 GT3 2018년**
Aston Martin Vantage
생산지 영국
엔진 4,000cc, V8
최고 속력 314km/h

이전 V12 밴티지가 엄청난 경쟁력을 지켰던 7년이 흐른 뒤, 애스턴 마틴의 새 모델에는 트윈 터보 V8 엔진이 올라갔다. 2020년에는 다섯 팀이 이 차로 경주에 참여했다.

◁ **페라리 F2008 2008년**
Ferrari F2008 2008
생산지 이탈리아
엔진 2,400cc, V8
최고 속력 322km/h

2007년 강한 인상을 남긴 키미 마티아스 라이쾨넨(Kimi Matias Räikkönen)은 더 육중한 F2008을 타고 2008년 시즌에서 펠리페 마사(Felipe Massa)에게 F1 팀 챔피언십의 영예를 안겼다.

◁ **푸조 908 HDI FAP 2009년**
Peugeot 908 HDI FAP 2009
생산지 프랑스
엔진 5,500cc, V12
최고 속력 341km/h

푸조는 2009년 프랑스 르망 24시간 경주에서 디젤 908로 우승하면서 아우디의 패권을 무너뜨렸다.

◁ **메르세데스-AMG F1 W11 EQ 2020년**
Mercedes-AMG F1 W11 EQ 2020
생산지 영국/독일
엔진 1,600cc, V6
최고 속력 360km/h 이상

메르세데스AMG 페트로나스(Mercedes-AMG Petronas) 팀 경주차로 루이스 해밀턴(Lewis Hamilton)은 역사상 가장 많은 우승을 차지하며 2020년 포뮬러 1 월드 챔피언이 됐다. 해밀턴은 터보차저 엔진을 인위적 한계인 1만 5000아르피엠까지 끌어올릴 수 있었다.

△ **재규어 i 타입 5 2021년**
Jaguar i-Type 5 2021
생산지 영국
엔진 전기 모터
최고 속력 280km/h

재규어 레이싱은 2021년에 전 세계 도시의 임시 서킷에서 순수 전기 1인승 경주차로 치르는 무공해 경주 대회인 포뮬러 E(Formula E) 출전을 위해 이 차를 준비했다.

◁ **아우디 R10 TDI 2006년**
Audi R10 TDI 2006
생산지 독일
엔진 5,500cc, V12
최고 속력 339km/h

휘발유 엔진 R8로 얻은 잇따른 성공에 뒤이어 R10은 르망에서 승리한 최초의 디젤 엔진 자동차가 됐다.

△ **아우디 R18 e-트론 콰트로 2012년**
Audi R18 e-tron quattro 2012
생산지 독일
엔진 3,700cc, V6
최고 속력 330km/h

아우디 스포츠 팀 요에스트(Joest)는 2012년 르망 24시간 경주에서 이 차로 종합 우승을 차지했다. 하이브리드 파워트레인 덕분에 연료 탱크를 더 작게 만들 수 있어 가벼웠고, 4륜 구동도 달 수 있었다.

1960년대 굿우드에서 그레이엄 힐이 페라리 250 GTO를 몰고 있다.

위대한 브랜드

페라리 이야기

엔초 페라리(Enzo Ferrari)는 1940년에 자동차 제조업자로 자리를 굳히기 전에 먼저 경주 트랙에서 명성을 다졌으니, 그 불 같은 이탈리아 인이 세운 브랜드가 포뮬러 원에서 가장 성공적인 기록을 보유하게 된 것은 전혀 놀랄 일도 아니다. 뿐만 아니라 페라리는 세계에서 가장 빠르고 가장 갖고 싶은 도로 주행용 차를 여럿 만들었다.

엔초 페라리는 1898년 북부 이탈리아 모데나 근처에서 태어났다. 소년 시절 엔초 페라리는 아버지와 형과 함께 자동차 경주를 시작했다. 그리고 이내 그 경기와 사랑에 빠져 자신의 영웅인 펠리체 나차로(Felice Nazarro)처럼 되겠다고 결심하고 자동차 경주 선수가 됐다. 1919년에 경주에 데뷔한 엔초 페라리는 이듬해 알파 로메오 소속 드라이버가 됐다. 엔초 페라리는 레이서 시절 많은 성공을 기록했고 그런 성과 덕분에 이탈리아 정부로부터 카발리에레(Cavaliere) 훈장과 코멘다토레(Commendatore) 칭호를 받았다.

페라리 배지
(1940년 도입)

1929년에 엔초 페라리는 뛰어오르는 말을 로고로 사용하는 스쿠데리아 페라리 레이싱팀을 창립했다. 스쿠데리아는 알파 로메오 경주팀의 운영권을 1933년에 손에 넣었다. 알파 로메오가 1937년에 다시금 그 운영권을 내부로 돌렸을 때, 페라리는 자동차 경주 책임자로 임명됐지만 오래 머물지는 않았다. 이직 조건상 엔초 페라리는 자신의 이름을 자동차 경주에서 사용하지 못해서 1940년에 창립한 회사를 아우토 아비오 코스트루치오네(Auto Avio Costruzione)라고 명명했다. 이 새 회사는 항공기 부품을 제조했지만 엔초 페라리는 계속해서 자동차 경주 분야에 대한 관심을 잃지 않았고 곧 피아트 차대를 기반으로 한 경주용 자동차들을 만들었다. 회사는 1943년에 모데나 바로 외곽의 마라넬로로 이주했는데, 오늘날까지 그곳은 페라리의 본거지이다.

최초의 페라리 자동차인 125S는 1946년에 발표됐고 이듬해에 판매됐다. 곧 성공이 그 뒤를 따랐다. 페라리는 우선 스포츠카 경주에서 두각을 나타내기 시작했다. 1948년에 이탈리아의 밀레 밀리아와 타르가 플로리오에서 우승했고 1949년에는 프랑스의 르망 24시간 경주에서 우승했다. 그랑프리에서 페라리가 첫 승을 거둔 것은 1951년이었고 1952년과 1953년에 알베르토 아스카리가 페라리에 F1 월드 챔피언십 우승을 가져다주었다. 다음 60년간 페라리는 자동차 경주에서 거의 모든 트로피를 휩쓸었다. 마라넬로에서 만들어진 자동차들은 르망에서 9회 우승했고 미국 세브링 12시간 경주에서 9회, 밀레 밀리아에서 8회, 그리고 타르가 플로리오에서 6회 우승했다. F1에서 페라리는 월드 챔피언십 초기였던 1950년대에 컨스트

2007년 상하이에서 열린 차이니즈 그랑프리
페라리는 포뮬러 1 컨스트럭터 선수권에서 1961년 이후 16번 우승했다. 이 2007년 차이니즈 그랑프리의 사진에서 정비사들이 펠리페 마사가 탄 자동차를 그리드(출발점)로 밀어 가고 있다.

125 스파이더

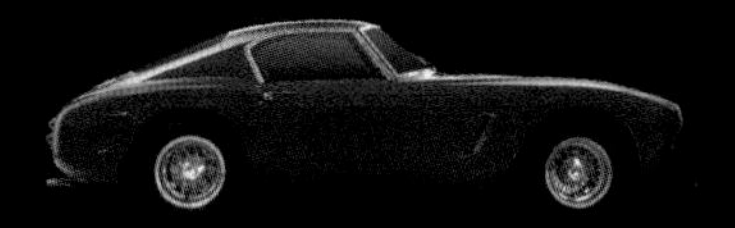

250GT SWB

F40

엔초

1898 엔초 페라리가 2월 18일에 출생하다.
1920 페라리가 알파 로메오 회사 팀 소속 경주 선수가 되다.
1929 스쿠데리아 페라리 창립
1940 페라리, 아우토 아비오 코스트루치오네를 설립
1943 아우토 아비오 코스트루치오네가 이탈리아 북부 모데나 근처의 마라넬로로 이전하다.
1946 최초의 페라리 도로 주행용 자동차인 125S가 공개되다.
1951 아르헨티나 출신 드라이버 호세 프로일란 곤잘레스가 브리티시 그랑프리에서 우승해, F1 레이스에서 페라리가 거둔 첫 우승 기록이 되다.
1956 엔초 페라리의 아들, '디노' 알프레도가 근육 위축병으로 사망하다
1966 도로 주행용 자동차인 피아트의 디노가 페라리가 설계한 V6 엔진을 얹고 포뮬러 2 대회를 위해 개조되다.
1968 페라리가 설계한 V6 엔진이 디노 브랜드로 도로 주행용 차에 사용되다.
1969 피아트가 페라리의 지분 50퍼센트를 매입하다.
1976 월드 챔피언으로 군림하던 니키 라우다가 독일 그랑프리에서 페라리로 충돌 사고를 내다. 심각한 부상도 아랑곳없이 겨우 6주 만에 경주로 돌아오다.
1977 니키 라우다가 F1 월드 챔피언십에서 다시금 페라리로 우승하다.
1982 페라리를 몰던 질 빌레뇌브(Gilles Villeneuve)가 벨기에 그랑프리 연습 중에 목숨을 잃다.
1987 F40 출시. 엔초 페라리 생전에 양산된 페라리의 마지막 도로 주행용 자동차이다. 당시로서는 세계에서 가장 빠른 양산차였다.
1988 엔초 페라리가 향년 90세로 8월 14일에 별세하다. 피아트가 페라리의 지분을 90퍼센트까지 확대하다.
2002 페라리가 V12 슈퍼카 엔초의 베일을 벗기다. 시속 363킬로미터를 넘는 최고 속력을 자랑했다.
2008 페라리, 포뮬러 1에서 16번째 컨스트럭터 타이틀 차지. 미하엘 슈마허는 통산 72회로 최다 그랑프리 경주 우승을 기록하다.
2011 스테이션 왜건 스타일 4인승 모델 FF 출시
2015 페라리가 처음으로 주식 공개 거래 시작하다.
2019 SF90 슈퍼카가 페라리 최초의 휘발유-전기 하이브리드 차가 되다.

페라리 우표
이 우표들은 1998년에 산마리노 공화국에서 엔초 페라리의 탄생 100주년과 페라리가 경주에서 거둔 50년간의 성공을 기념해 발행됐다. 12대의 우승 모델들이 보인다.

업가인 페루초 람보르기니는 자기가 막 산 페라리의 품질에 불만을 제기했다가 그 응대 방식에 너무나 분노한 나머지 1963년에 자기 자동차 회사를 창립했다. 그의 회사는 도로 주행용 자동차에서 페라리의 최대 라이벌 중 하나가 됐다. 그런 사건들은 페라리와, 회사 뒤에 버티고 있는 남자의 신화를 더욱 부풀렸다. 한편 V12 엔진의 275GTB/4와 365GTB/4 데이토나, 그리고 V6 디노 206과 246을 포함해 도로용 페라리의 놀라운 성능과 최고의 외관(이탈리아 디자인 회사인 피닌파리나가 스타일을 잡았다.)은 필적할 상대가 거의 없었다.

페라리는 완전히 독립적인 회사로 무한정 살아남기에는 너무 작았다. 1960년대에는 미국 거물 포드가 페라리에 투자를 배를 안겨 주기로 마음먹고 GT40 개발 프로젝트를 시작했다. GT40은 1966년부터 1969년까지 르망에서 페라리를 완파했다.

페라리는 나중에 이탈리아 대형 메이커인 피아트와 협력했는데, 피아트는 1969년에 페라리 주식 50퍼센트를 인수했다. 덕분에 재정적 안정을 확보한 페라리는 스포츠카 경주에서 성과를 거두었고 1970년대 중반 니키 라우다가 F1에서 월드 챔피언을 두 차례 획득한 것을 포함해 경주 트랙에서 더 큰 승리를 획득할 수 있었다. 또한 숨막히는 슈퍼카들을 잇따라 개발할 수 있었던 것도 그 덕분으로 1970년대의 365BB와 512BB, 테스타로사와 1980년대의 F40, 1990년대의 F50, 그리고 창립자의 이름을 딴 2002년 엔초 등이 있었다.

엔초 페라리가 1988년에 사망하자 피아트는 소유 지분을 90퍼센트까지 올려서 페라리로 하여금 이전보다 더 많은 자동차를 생산하고 품질을 향상할 수 있게 해 주었다. F1에서 페라리는 1979년 조디 섹터(Jody Scheckter)의 세계 타이틀 획득 이후로 다소 슬럼프를 겪었지만 운전자 로스 브라운이 1996년 팀에 합류하면서 행운이 돌아왔다. 페라리와 슈마허는 1999년부터 2004년까지 전례 없는 5개의 드라이버 타이틀과 6개의 컨스트럭터 챔피언십을 공동으로 손에 넣었다. 키미 마티아스 라이쾨넨은 2007년에 다시 드라이버 타이틀 하나를 보탰고 펠리페 마사는 2008년에 간발의 차이로 우승을 놓쳤다.

2010년까지 페라리 제품군에 2인승 및 4인승 앞 V12 엔진(599 및 612), V8 미드십 458 이탈리아(458 Italia) 및 앞 V8 엔진 캘리포니아(California)가 합류했다. 10년 동안 제품 구성은 비슷했지만 슈팅 브레이크 스타일 V12 GTC4루쏘(GTC4 Lusso), V8 GT 로마(Roma), SF90 하이브리드 슈퍼카가 추가됐다. 2018년에는 클래식 1963년형 250 GTO가 낙찰가 미화 7000만 달러에 이르러, 경매 사상 가장 가치 있는 수집가의 차가 됐다.

럭터 타이틀을 16번 획득하고, 9명의 드라이버에게 15개의 월드 챔피언 타이틀을 안겨 주면서 거의 끊임없이 존재를 과시했다. 그 와중에 F1 레이스에서 200건도 넘는 승리를 가져갔는데, 그것은 월드 챔피언십 역사상 그 어느 팀보다도 많은 수였다.

페라리가 자동차 경주에서 그처럼 성공을 거둔 것은 최고의 엔지니어들과 드라이버들의 치열한 노력 덕분이었다. 실패는 용납되지 않았고 경주에서 패배한 후에는 회사 이사회실에서 사후 회의가 열렸다. 그곳은 '실수의 박물관'이라는 별명이 있었다. 엔초 페라리는 테이블 위에 부러진 차 부품들을 던져서 엔지니어들을 움찔하게 했고 개발을 더 고되고 빠르게 몰아가기 위해 엔지니어들을 두 팀으로 나누고 경쟁 프로젝트를 주어 개별적으로 일하게 만들기도 했다. 페라리와 팀원들의 관계는 냉랭할 때가 많았다.

돈을 내는 고객들 역시 가끔씩 그런 식으로 무시당하고는 했다. 성공한 기

"페라리는 요구가 많다. 그는 레이서였고 그저 승리에만 관심이 있다."

— 1959~1961년에 페라리의 엔지니어였던 지안 파올로 달라라

위해 접근해 왔고, 새 회사 두 곳이 만들어질 뻔했다. 도로용 자동차를 만드는 포드-페라리, 경주에 집중하는 페라리-포드였다. 그러나 엔초 페라리는 마지막 순간에 거래를 중단시켰다. 페라리에 거부당하고 모욕을 느낀 포드 경영진은 페라리에게 패

페라리 330LMB V12엔진
페라리는 강력한 V12 엔진을 기반으로 트랙에서 성공을 거머쥐었다. 페라리 330LMB는 1963년 르망 24시간 경주에서 이 3,967시시 V12 엔진을 탑재하고 달렸다.

소형차의 새로운 흐름

점점 더 작아지는 마이크로칩 기술은 점점 더 많은 기능을 차에 더할 수 있게 해 주어, 가장 작은 차는 부가 기능들을 모두 다 제거해야 한다는 생각을 버리게 만들었다. 기술자들은 더 가벼운 자동차들이 가장 연비가 높다는 것을 알지만 입법자들과 일반 운전자들은 가장 최근에 나온 안전 시스템을 고집한다. 자연히 차는 무거워진다. 최신 모델들을 만들어 낼 때, 디자이너들은 작은 크기가 안전성과 승차감과 경제성의 장애물이 아니라는 사실을 입증하기 위해 이런저런 요구 사항들과 씨름한다.

▷ **혼다 피트/재즈 Mk I 2001년**
Honda Fit/Jazz Mk I 2001

생산지 일본
엔진 1,497cc, 4기통
최고 속력 171km/h

시빅이 더 커지면서 혼다는 혼다 피트(유럽에서는 재즈)로 슈퍼미니 시장을 새로이 공략했다. 이 자동차는 즉각 해당 등급의 기준이 됐다.

◁ **BMW 1 시리즈 2004년**
BMW 1 Series 2004

생산지 독일
엔진 1,599cc, 4기통
최고 속력 222km/h

BMW의 1 시리즈는 3 시리즈를 압축한 차이다. 이 5도어 모델과 더불어, 3도어, 쿠페, 그리고 컨버터블 등의 모델이 있었다.

◁ **메르세데스벤츠 A 클래스 Mk II 2004년**
Mercedes-Benz A-Class Mk II 2004

생산지 독일
엔진 2,034cc, 4기통
최고 속력 183km/h

1997년 메르세데스벤츠 A 클래스는 충돌 시 엔진이 승객실 밑으로 떨어지도록 설계된 작은 자동차였다. 이것은 더욱 숙성된 2세대 모델이다.

▷ **토요타 프리우스 Mk II 2004년**
Toyota Prius Mk II 2004

생산지 일본
엔진 1,496cc, 4기통
최고 속력 167km/h

68마력 전기 모터로 강화된 76마력 휘발유 엔진을 탑재하고 이동 중에 배터리를 재충전하는 프리우스 Mk II는 연료 소모를 최소화한다.

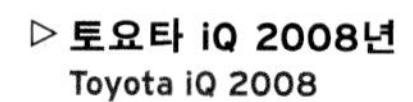

▷ **토요타 iQ 2008년**
Toyota iQ 2008

생산지 일본
엔진 1,329cc, 3기통
최고 속력 171km/h

토요타의 고급 도시형 자동차이다. 스마트한 기능들이 풍부한데, 그중에는 3기통 엔진, 날씬한 좌석, 9개의 에어백, 그리고 전자 자세 제어 장치가 있다.

▽ **MCC 스마트 크로스블레이드 2002년**
MCC Smart Crossblade 2002

생산지 프랑스
엔진 599cc, 3기통
최고 속력 135km/h

스마트 시티-카브리오(Smart City-Cabrio)도 소형차였지만 크로스블레이드(2,000대가 생산됐다.)는 그 차보다도 더욱 비용을 줄였다. 문도 없고 윈드스크린도 없고 지붕도 없다.

◁ **MCC 스마트 로드스터 2003년**
MCC Smart Roadster 2003

생산지 프랑스
엔진 698cc, 3기통
최고 속력 175km/h

스마트의 철학을 확장한 이 소형 2인승 자동차는 현대판 '개구리눈' 스프라이트(Frogeye Sprite)라 할 만하다. 재미있고 경제적인 자동차였다.

▷ **포드 포커스 Mk2 RS 2009년**
Ford Focus Mk2 RS 2009
생산지 독일
엔진 2,522cc, 5기통
최고 속력 262km/h

기본적으로 가족용 해치백인 Mk2는 300마력도 넘는 동력이 앞바퀴로 전달된다. 리미티드 슬립 디퍼렌셜과 프런트 서스펜션을 선보였다.

△ **포드 스트리트카 2003년**
Ford Streetka 2003
생산지 스페인/이탈리아
엔진 1,597cc, 4기통
최고 속력 174km/h

포드는 이 작은 2인승 로드스터의 기반을 카(Ka) 해치백에 두었다. 이탈리아에서 디자인하고 제조한 이 자동차는 전통적인 천 후드를 갖췄고 체구가 작은 팝스타 카일리 미노그를 내세워 홍보했다.

▷ **오펠/복스홀 아스트라 2004년**
Opel/Vauxhall Astra 2004
생산지 독일/영국
엔진 1,998cc, 4기통
최고 속력 245km/h

제너럴 모터스 유럽 법인에서 출시한 아스트라는 2004년에 디자인에서 약진을 이루었다. GTC라고 불리는 이 3도어 모델은 지붕 패널로 이어지는 파노라마식 윈드스크린을 선보였다.

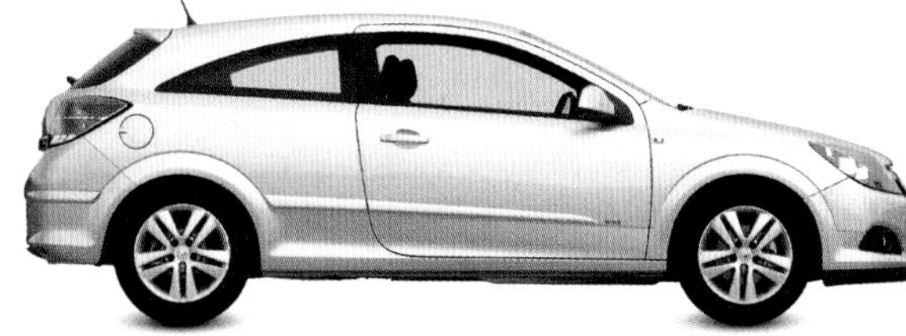

▽ **푸조 RCZ THP 200 2010년**
Peugeot RCZ THP 200 2010
생산지 프랑스/오스트리아
엔진 1,997cc, 4기통
최고 속력 235km/h

아우디 TT보다 작은 이 쿠페는 모터쇼 콘셉트 카로 생을 시작했지만 막대한 대중적 요구에 밀려 시장에 나왔다. 뒷좌석은 작은 좌석 2개로 돼 있다.

△ **사이언 xB 2007년**
Scion xB 2007
생산지 일본
엔진 2,362cc, 4기통
최고 속력 175km/h

토요타는 미국의 더 젊은 구매자들을 겨냥해 하위 브랜드 사이언을 2004년에 도입했다. xB는 2015년까지 생산됐고, 사이언 브랜드는 2017년에 폐지됐다.

▷ **알파 로메오 MiTo 2008년**
Alfa Romeo MiTo 2008
생산지 이탈리아
엔진 1,593cc, 4기통
최고 속력 219km/h

피아트 그란데 푼토와 차대를 공유하는 이 자동차는 최초의 알파 로메오 제 소형차였다. 미토(MiTo)라는 이름은 이 차가 디자인된 밀라노와, 제작된 토리노를 뜻한다.

◁ **미니 클럽맨 2008년**
Mini Clubman 2008
생산지 영국
엔진 1,598cc, 4기통
최고 속력 201km/h

이 스테이션 왜건은 BMW 미니의 재발명이라고 할 만하다. 뒷좌석에는 밴 스타일의 쌍둥이 문이, 운전석에는 작은 '클럽도어(clubdoor)'가 있다.

◁ **캐딜락 CTS-V 쿠페 2010년**
Cadillac CTS-V Coupé 2010
생산지 미국
엔진 6,162cc, V8
최고 속력 307km/h

다부진 CTS-V 세단은 독일 뉘르부르크링을 7분 59.3초 만에 주파해서 양산차 부문의 기록을 세웠다. 이 쿠페는 그 자동차와 556마력 엔진을 공유한다.

▷ **르노 트윙고 III 2014년**
Renault Twingo III 2014
생산지 프랑스/슬로베니아
엔진 999cc, 직렬 3기통
최고 속력 151km/h

이 차의 기술 개발 과정은 다임러의 스마트 포포(Smart ForFour)와 함께 이루어져, 1970년대 이후 처음으로 새 후방 엔진 가족용 승용차가 탄생했다. 사진의 5도어 모델만 나왔다.

△ **스즈키 짐니 2018년**
Suzuki Jimny 2018
생산지 일본
엔진 1,462cc, 직렬 4기통
최고 속력 129km/h

이 실용적인 소형 4×4의 타협 없는 상자 모양은 구분된 사다리꼴 프레임 섀시, 견고한 차축, 바위 넘기에 이상적인 접근 및 이탈 각도의 다재다능함을 갖추고 있다.

고성능 스포츠카

지난 20년간 완전히 새로운 자동차들이 잇따라 등장해 스포츠카와 슈퍼카 사이의 간극을 메웠다. 가격이 합리적이고 매력적인 쿠페와 로드스터에서 고급차 메이커들이 내놓은 엔트리 카까지 다양했다. 스타일 좋고 짜릿한 운전감을 제공하는 그 차들을 보면 고성능 스포츠카에 대한 수요가 어느 때보다도 많아졌음을 알 수 있다. 선택의 폭은 어느 때보다도 넓어졌다.

△ **모건 에어로 8 2001년**
Morgan Aero 8 2001
생산지 영국
엔진 4,398cc, V8
최고 속력 241km/h

전반적인 제원은 비슷할지 몰라도 모건으로서는 혁명적인 자동차였던 에어로 8은 알루미늄 차대에 BMW V8 엔진을 결합했다.

△ **스피케르 C8 라비올렛 2001년**
Spyker C8 Laviolette 2001
생산지 네덜란드
엔진 4,172cc, V8
최고 속력 301km/h

라비올렛의 디자인은 항공 산업과 관련된 회사의 과거로부터 큰 영향을 받았는데, 스티어링 휠의 바퀴살은 프로펠러 날개를 모티프로 했다.

△ **페라리 F430 2004년**
Ferrari F430 2004
생산지 이탈리아
엔진 4,308cc, V8
최고 속력 315km/h

페라리 F1 트랙션에서 유래한 전자식 디퍼렌셜을 사용한 페라리 최초의 로드 카 F430의 차체 하부는 상부와 마찬가지로 공기 역학적으로 설계됐다.

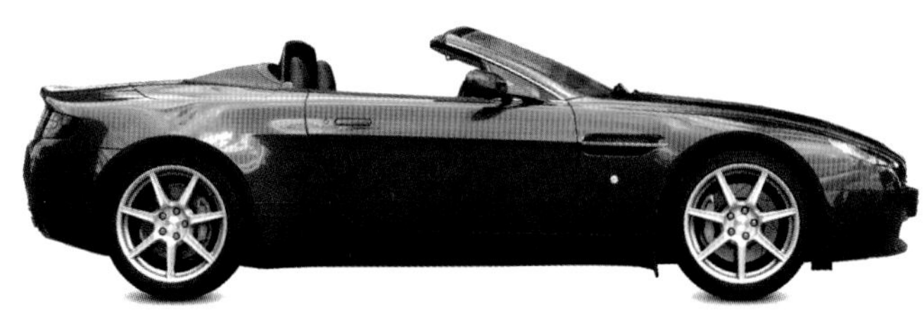

◁ **애스턴 마틴 V8 밴티지 컨버터블 2005년**
Aston Martin V8 Vantage Convertible 2005
생산지 영국
엔진 4,735cc, V8
최고 속력 290km/h

포드 소유 재규어 출신의 V8 엔진을 탑재한 이 자동차는 DB9보다 작을지 몰라도 성능과 민첩한 조종성은 부족함이 없다.

△ **페라리 캘리포니아 2008년**
Ferrari California 2008
생산지 이탈리아
엔진 4,297cc, V8
최고 속력 311km/h

페라리에서는 최초로 도로 주행용 자동차 앞부분에 V8 엔진을 실었다. 외형은 풍동에서 1,000시간 테스트를 거친 결과이다.

▷ **애스턴 마틴 V12 자가토 2011년**
Aston Martin V12 Zagato 2011
생산지 영국
엔진 5,935cc, V12
최고 속력 306km/h

이탈리아에서 디자인한 밴티지 V12의 경량 버전인 자가토 모델은 61대가 일반 도로용으로 제작됐다. 알루미늄 차체는 완전히 수제작이었다.

◁ **쉐보레 콜벳 C6 2005년**
Chevrolet Corvette C6 2005
생산지 미국
엔진 5,967cc, V8
최고 속력 319km/h

원래 외관과 힘 말고는 거의 특징이 없는 차로 알려진 이 콜벳은 사실 남부럽지 않은 조종성도 자랑할 만하다.

△ **페라리 458 이탈리아 2009년**
Ferrari 458 Italia 2009
생산지 이탈리아
엔진 4,499cc, V8
최고 속력 325km/h

이 자동차의 디자인에는 월드 챔피언을 지낸 미하엘 슈마허의 의견이 반영돼, 공기 저항을 최소화하는 날개가 달려 있다.

▷ **아우디 R8 2006년**
Audi R8 2006
생산지 독일
엔진 5,204cc, V10
최고 속력 315km/h

르망에서 여러 번의 승리를 거둔 동일한 이름의 자동차를 염두에 두고 만들어진 이 자동차는 절대로 밀리지 않는 성능을 갖춘 포르쉐의 강력한 경쟁자다.

△ **포르쉐 911 터보 2006년**
Porsche 911 Turbo 2006
생산지 독일
엔진 3,600cc, 수평 대향 6기통
최고 속력 318km/h

원조 911의 직계 후손. 개발 시 코드네임은 997이었으며 지금도 차체 뒤쪽에 엔진을 탑재하고 있다.

△ **알파 로메오 8C 콤페티치오네 2007년**
Alfa Romeo 8C Competizione 2007
생산지 이탈리아
엔진 4,691cc, V8
최고 속력 292km/h

2003년 프랑크푸르트 모터쇼에서 선보인 연구 단계의 디자인이 양산될 것이라고 믿은 사람은 거의 없었지만, 알파 로메오는 쿠페 모델 500대를 생산했다.

△ **마세라티 그란투리스모 S 2007년**
Maserati Granturismo S 2007
생산지 이탈리아
엔진 4,691cc, V8
최고 속력 295km/h

콰트로포르테 세단의 기본 구조를 기반으로 삼기는 했지만 그란투리스모 S는 무척 빠른 GT로 여분의 뒷좌석 2개를 보너스로 갖고 있다.

◁ **닛산 350Z 2008년**
Nissan 350Z 2008
생산지 일본
엔진 3,498cc, V6
최고 속력 251km/h

컴퓨터 게임 「그란 투리스모」를 통해 온라인 콘테스트가 열린 후, 가장 빠른 드라이버들이 진짜 경주에서 우승을 놓고 닛산 팀과 다퉜다.

△ **메르세데스벤츠 SL 2008년**
Mercedes-Benz SL 2008
생산지 독일
엔진 5,513cc, V12
최고 속력 249km/h

1954년에 출시된 300SL 걸윙은 진짜 슈퍼카였다. 그 최신 버전은 500마력 이상의 출력으로 전통을 유지하고 있다.

△ **닷지 바이퍼 SRT 2013년**
Dodge Viper SRT 2013
생산지 미국
엔진 8,382cc, V10
최고 속력 335km/h

닷지가 계속 디트로이트에서 만든 순수 미국산 구식 괴물은 6단 수동 변속기, 전자식 구동력 및 안정성 제어 장치, 낮은 좌석을 갖추고 나왔다.

◁ **아르테가 GT 2009년**
Artega GT 2009
생산지 독일
엔진 3,597cc, V6
최고 속력 274km/h

애스턴 마틴 밴티지의 디자인을 맡기도 했던 헨리크 피스커(Henrik Fisker)가 디자인한 아르테가는 무게가 가볍다는 데 중점을 둔다. 겨우 1,100킬로그램으로, 슈퍼카치고 무척 가벼운 편이다.

▷ **재규어 F 타입 SVR 2016년**
Jaguar F-Type SVR 2016
생산지 영국
엔진 5,000cc, V8
최고 속력 322km/h

567마력, 슈퍼차저 V8 엔진과 4륜 구동 장치에 힘입어, F타입의 이 최고 성능 버전은 단 3.5초 만에 0-시속 97킬로미터 가속을 끝낼 수 있었다.

△ **포드 GT 2016년**
Ford GT 2016
생산지 미국/캐나다
엔진 3,497cc, V6
최고 속력 348km/h

포드는 리어 미드십 엔진 2인승 모델인 GT로 다시 슈퍼카 세계에 뛰어들었다. 탄소섬유 휠은 선택 사항이었다. 앞차축 리프팅 시스템은 과속 방지턱을 넘을 때 도움이 됐다.

모건 에어로 8

1936년 이후 모건이 처음 내놓은 완전한 신제품인 에어로 8(Aero 8)은 현대적인 기계와 진보된 구조를 전통적인 외관과 결합했다. 차체 구조는 목제 프레임에 부착된, 접착제와 리벳을 사용한 알루미늄 차대 튜브에 기반했다. 2008~2009년에 폐쇄형 쿠페 버전의 에어로맥스(Aeromax) 100대가 만들어졌고 2010년에는 지붕 일부를 들어 올릴 수 있는 에어로 슈퍼스포츠(Aero SuperSports)가 개폐식 지붕의 원조 에어로 8을 대체했다.

모건이 2000년에 에어로 8을 발표했을 때 충격은 상당했다. 가족이 운영하는 이 작은 영국 회사의 자동차들은 대체로 1930년대 이래 변화가 없었다. 그 차들은 분리된 차대, 목제 프레임으로 된 차체, 그리고 전방 독립 서스펜션으로 이뤄져 있었다. 모건 레이싱 카에서 개발한 에어로 8은 그 모든 것을 바꾸었다. 차체의 알루미늄 패널은 수고스럽게 손으로 주형된 것이 아니라 열로 성형됐다. 그렇지만 가벼운 알루미늄 튜브는 시작일 뿐이었다. 그 아래에는 유연한, 레이싱 카 유형의 완전 독립식 서스펜션이 인보드 스프링과 댐퍼를 달고 있었고 스티어링에는 보조 동력이 있었다. 차는 또한 모건의 일반적인 들어 올리는 슬라이딩 사이드스크린 대신 자동 창문을 가지고 있었다. 출시 때 가격은 아직 양산 중이던 가장 싼 전통 모델의 2배였다.

앞모습

뒷모습

세 바퀴에서 네 바퀴로
헨리 프레더릭 스탠리 모건(Henry Frederick Stanley Morgan)이 최초의 자동차를 출시한 것은 1910년이다. 이 뒷바퀴가 하나인 3륜차 '트라이크스(Trikes)'는 1952년까지 만들어졌다. 모건은 1936년에 4륜 스포츠카 4/4를 소개했다. 회사는 현재 'HFS'라는 별명을 가진 그의 손자가 운영하고 있다.

지붕을 닫은 옆모습

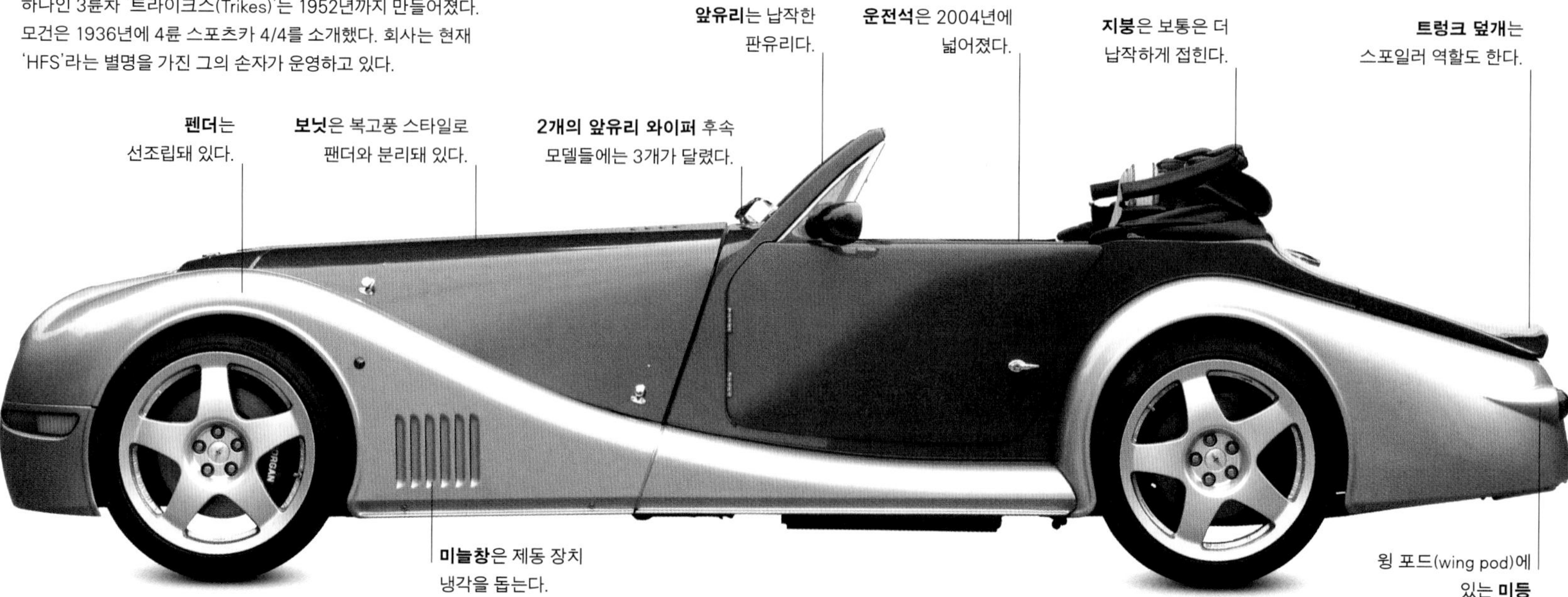

펜더는 선조립돼 있다.

보닛은 복고풍 스타일로 펜더와 분리돼 있다.

2개의 앞유리 와이퍼 후속 모델들에는 3개가 달렸다.

앞유리는 납작한 판유리다.

운전석은 2004년에 넓어졌다.

지붕은 보통은 더 납작하게 접힌다.

트렁크 덮개는 스포일러 역할도 한다.

미늘창은 제동 장치 냉각을 돕는다.

윙 포드(wing pod)에 있는 **미등**

사팔눈 전조등

에어로 8의 전면부 인상을 결정하는 것은 그 전조등이다. 여기 보이는 원조 모델은 폭스바겐의 '뉴 비틀' 부품을 사용했다. 그러나 안쪽으로 기울어져 있었기 때문에 차에 사팔뜨기 같은 인상을 주어 두루두루 욕을 먹었다. 2006년부터는 BMW가 만든 미니에서 가져온 새 전조등을 썼다. 또 다른 눈에 띄는 특징으로 전통적인 모건 라디에이터 그릴이 있는데, 모양만 있는 가짜다. 공기는 번호판 밑에 있는 스플리터(splitter)를 통해 엔진으로 들어간다.

제원			
모델	모건 에어로 8, 2001~2009년	**출력**	6,300rpm에서 286~367마력(4.8리터)
생산지	영국 몰번	**변속기**	6단 수동(자동은 옵션)
제작	대략 1,000대	**서스펜션**	독립적인 인보드 코일
구조	알루미늄 차체, 애시 바디 프레임(Ash body frame)	**브레이크**	4륜 디스크
엔진	4,398cc/4,799cc, DOHC V8	**최고 속력**	241~274km/h

외장

에어로 8의 디자인은 회사 상무 이사인 찰스 모건(Charled Morgan)이 맡았다. 전통적 모건 모델들을 일신한 차체의 특징은 전방 에이프런에 있는 '스플리터'이다. 이것은 라디에이터로 공기를 유입시키는 역할을 하는데, 속도를 올렸을 때 안정성을 유지하도록 도와주는 스포일러 역할도 한다. 뒤쪽의 트렁크(모건 역사상 최초 설치됐다.) 덮개도 마찬가지다. 공기 역학적 특성은 모건의 초기 모델들에 비하면 상당히 개선됐다.

1. 전통적인 모건 배지 **2.** 에어로라는 모델명은 모건의 3륜차에 처음 사용됐다. **3.** 흙받이에 낮게 자리 잡은 전면 방향 표시등 **4.** 안쪽으로 향해 있는 전조등 **5.** 견인 고리(초기 모델들에만 있다.) **6.** 메인 그릴은 가짜다. **7.** 보닛 상판에 있는 흡기구 **8.** 안쪽으로 향하게 조절할 수 있는 사이드 미러 **9.** 18인치 합금 휠에는 안전 타이어(run-flat)가 쓰였다. **10.** 둥근 미등이 모건의 초창기 모델들을 연상시킨다. **11.** 유리창의 열선 **12.** 급유구 뚜껑은 모건의 전통 양식을 따랐다. **13.** 곡선이 우아한 후미등 **14.** 트렁크의 스포일러는 에어로가 0.39의 항력 계수를 달성하도록 돕는다.

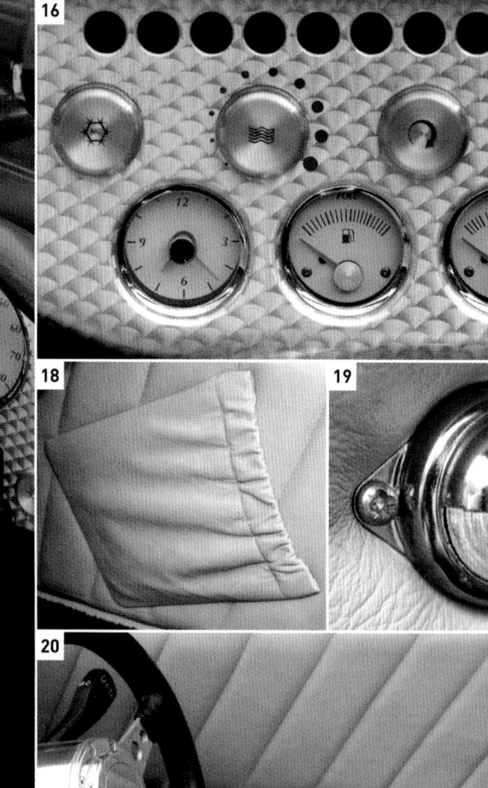

내장

에어로 8의 완성도 높은 실내 디자인은 전통적인 모건 스타일과 결별한 것이다. 계기판은 이전에 사용된 나무, 가죽 혹은 인조 가죽 대신 물결 무늬 알루미늄으로 돼 있다. 과거의 현대적 변형은 아름답게 가공된 나무로 된 계기판의 윗틀이다. 마지막 자동차들만 빼고는 핸드브레이크가 모두 플라이오프(fly-off), 즉 잠그려면 뒤로 당겨서 위쪽을 누르고 풀려면 뒤로 다시 당기는 방식이다.

15. 스티어링과 제어 장치는 BMW 7 시리즈의 것이다. **16.** 맞춤한 스위치들이 고급스러운 느낌을 더한다. **17.** 크롬 광택 처리된 기어 손잡이는 표준 사양이 아니다. **18.** 주머니 **19.** 앞좌석 왼쪽에 있는 크롬 광택 처리된 실내등 **20.** 허리를 잘 받쳐 주는 좌석

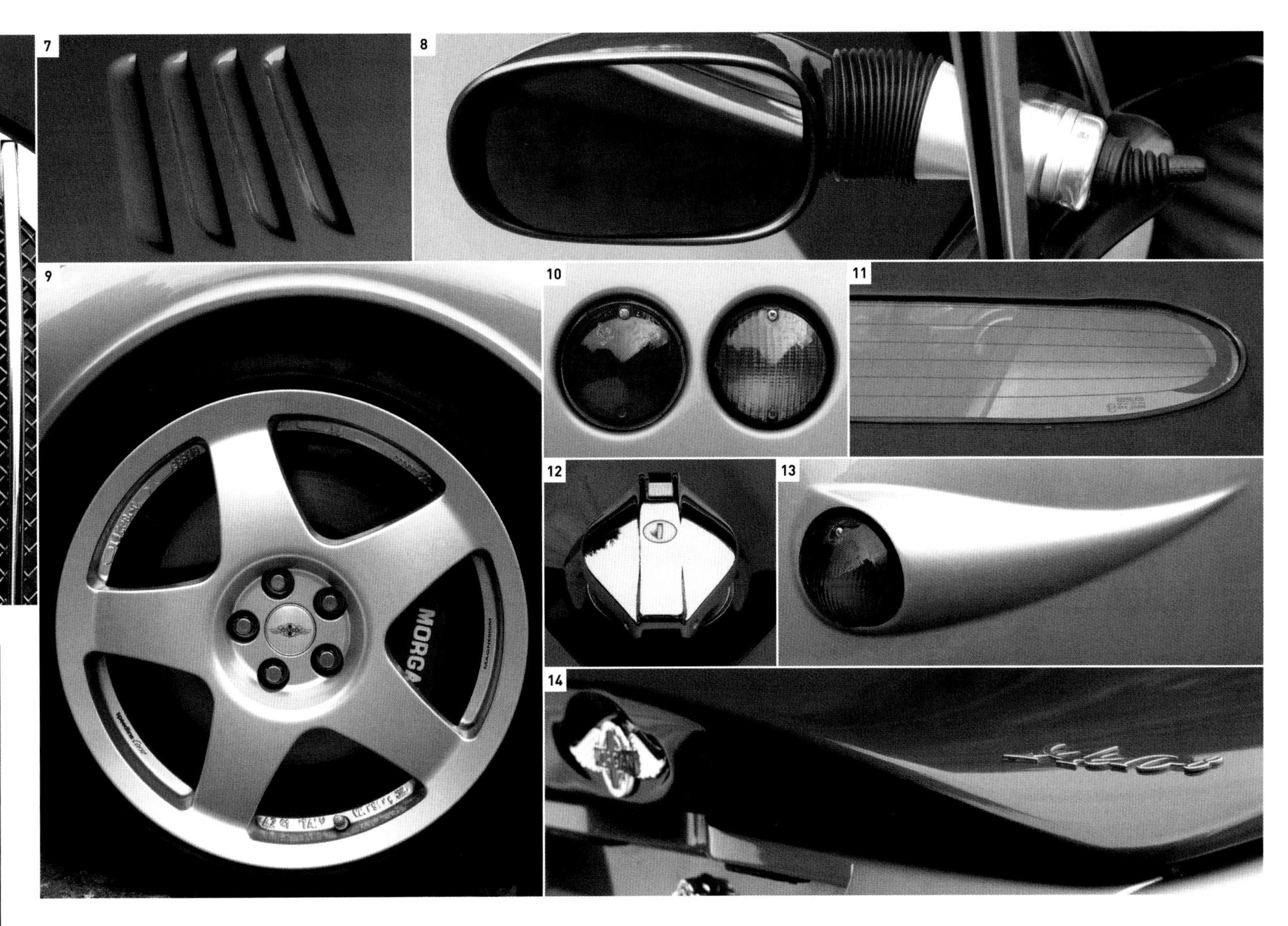

엔진실

BMW V8 엔진은 최첨단의 알루미늄 엔진으로, 실린더 뱅크당 캠샤프트가 2개이고 실린더당 밸브가 4개이다. 원조 4,398시시 엔진은 3,600아르피엠에서 최대 토크 439뉴턴·미터로 286마력의 힘을 발휘한다. 최고 속력은 시속 241킬로미터이고 5초 내에 시속 0킬로미터에서 시속 100킬로미터로 가속할 수 있다. 2004년에 330마력으로 업그레이드됐고 엔진은 2007년에 4,799시시로 커졌다.

21. 엔진실에 위치한 배터리 **22.** 강력한 V8 엔진은 에어로 8의 알루미늄 구조 안에 딱 들어맞는다. **23.** 와이퍼 모터는 보이도록 노출돼 있다.

스포츠카의 황금률

1980년대에 스포츠카가 멸종될지도 모른다고 생각하는 사람들이 많았지만, 스포츠카는 돌아왔다. 오늘날 모든 대형 자동차 메이커는 자신들만의 스포츠카 모델을 갖고 있고 스포츠카 외에 다른 것은 전혀 만들지 않는 소규모 전문 메이커들도 있다. 첨단 콘셉트 카로부터 과거를 다시 떠올리게 하는 대담한 시도의 레트로 카까지, 황금률은 언제나 재미있어야 한다는 것이다.

△ **에어리얼 아톰 1996년**
Ariel Atom 1996
생산지 영국
엔진 1,998cc, 직렬 4기통
최고 속력 225km/h

자동차가 이보다 더 헐벗을 수 있을까. 강철 뼈대가 그대로 드러나 있고 차체는 금식 중인 것처럼 말랐다. 이 자동차는 여전히 생산되고 있다.

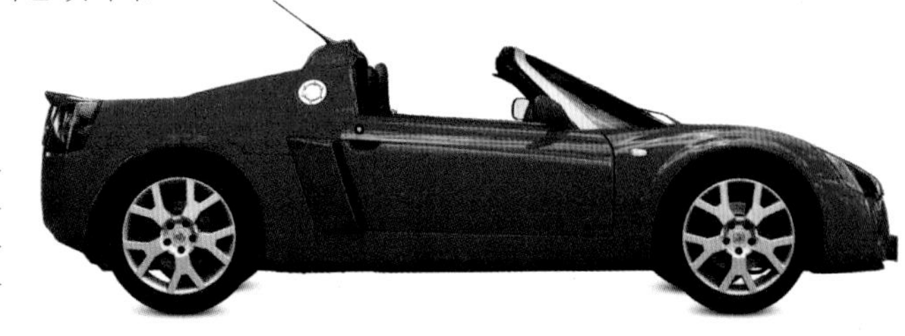

▷ **복스홀 VX220 2000년**
Vauxhall VX220 2000
생산지 영국
엔진 1,998cc, 직렬 4기통
최고 속력 241km/h
오펠과 대우 브랜드로도 출시된 VX220은 로터스 카에서 개발됐고 엘리제 차대에 기반했지만 엔진은 GM 것이었다.

△ **로터스 엘리제 340R 2000년**
Lotus Elise 340R 2000
생산지 영국
엔진 1,795cc, 직렬 4기통
최고 속력 209km/h

이 자동차의 디자인은 《오토카》와의 협력하에 엘리제에서 개발됐다. 겨우 340대의 시제품만 생산됐고 모두가 검은색과 은색으로 마감됐다.

△ **로터스 엘리제 2000년**
Lotus Elise 2000
생산지 영국
엔진 1,792cc, 직렬 4기통
최고 속력 233km/h

극도로 가벼운 중량과 탁월한 조종성으로 칭송받는 로터스의 엘리제는 모든 기대를 뛰어넘었다. 2000년에 로터스는 유럽의 충돌 규제에 부합하도록 재설계된 모델을 소개했다.

▷ **로터스 에보라 2009년**
Lotus Evora 2009
생산지 영국
엔진 3,456cc, V6
최고 속력 261km/h
전설적인 로터스 핸들링을 구비한 2+2 로터스는 아직 어린 자녀가 있으며 성능을 중시하는 운전자들 사이에서 팬층을 구축하고자 했다.

△ **MG TF 2002년**
MG TF 2002
생산지 영국
엔진 1,795cc, 직렬 4기통
최고 속력 204km/h

뻣뻣함과 충돌 안정성을 개선하고자 재설계돼 2002년에 재출시됐다. 원래는 TF라는 이름이었지만 1950년대의 MG를 기념하기 위해 MG F라고 개명됐다.

◁ **BMW Z4 2002년**
BMW Z4 2002
생산지 독일
엔진 2,996cc, 직렬 6기통
최고 속력 249km/h
직렬 6기통 엔진과 후륜 구동을 갖춘 이 차는 클래식한 1950년대 스타일 스포츠카의 스릴을 경험할 수 있는 드문 기회를 제공했다.

▽ **메르세데스벤츠 SLK 2004년**
Mercedes-Benz SLK 2004
생산지 독일
엔진 5,439cc, V8
최고 속력 249km/h

SLK는 2004년에 스타일과 성능이 개선됐다. 이 마크 II R171 모델은 한 미국 자동차 잡지에서 '최고 10위' 목록에 이름을 올렸다.

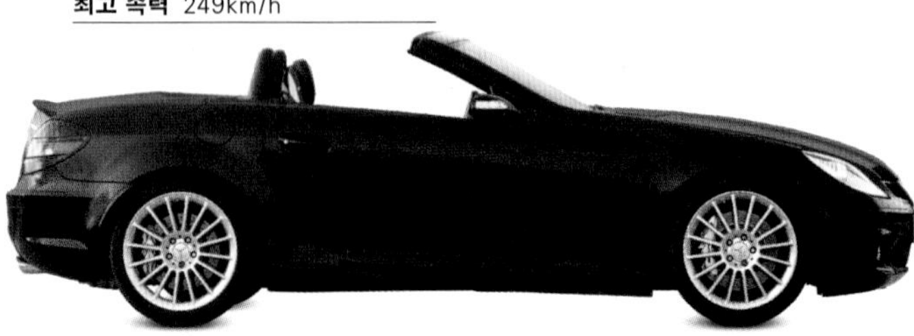

▽ **폰티액 솔스티스 2005년**
Pontiac Solstice 2005
생산지 미국
엔진 2,376cc, 직렬 4기통
최고 속력 193km/h
제너럴 모터스에서 나온 이 유럽식 로드스터는 출시 당시 히트를 쳤지만 윌밍턴 공장이 문을 닫으면서 출시 후 겨우 4년 만에 단종됐다.

△ **포르쉐 카이맨 2006년**
Porsche Cayman 2006
생산지 독일
엔진 3,436cc, 수평 대향 6기통
최고 속력 275km/h

카이맨은 그저 지붕 달린 박스터를 넘어 원조 911의 혼을 기리고 있으며 당신이 원하는 모든 성능을 제공할 것이 틀림없다.

▷ **아우디 TT 2006년**
Audi TT 2006
생산지 독일
엔진 2,480cc, 직렬 5기통
최고 속력 249km/h

원조 형태에서 TT는 충격적인 복고풍 외양으로 이목을 끌었고 최신 버전은 그 클래식한 쿠페 스타일을 충실하게 지키고 있다.

△ **케이터햄 슈퍼라이트 300 2007년**
Caterham Superlight 300 2007
생산지 영국
엔진 1,999cc, 직렬 4기통
최고 속력 225km/h

일군의 모방자들에게 영감을 준 1950년대 로터스 세븐에서 유래한 케이터햄은 원조의 정통 후계자이다. 가속이 엄청나게 빠르다.

▷ **알파 로메오 스파이더 2006년**
Alfa Romeo Spider 2006
생산지 이탈리아
엔진 3,195cc, V6
최고 속력 232km/h

1950년대 조상의 직계 혈통인 스파이더는, 비록 최신형에서 4륜 구동으로 양보를 하기는 했지만, 상징적인 존재다.

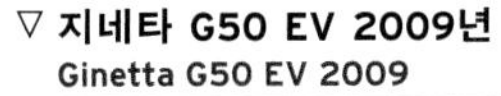

△ **알파 로메오 4C 2013년**
Alfa Romeo 4C 2013
생산지 이탈리아
엔진 1,742cc, 직렬 4기통
최고 속력 257km/h

무게중심이 뒤쪽에 있고 놀라운 성능을 낸 이 2인승 터보차저 모델은 탄소섬유 구조와 복합소재 차체 패널을 갖췄다.

▽ **지네타 G50 EV 2009년**
Ginetta G50 EV 2009
생산지 영국
엔진 전기 모터
최고 속력 193km/h

G50 EV는 전기 동력은 우유 배달차에나 쓰는 것이라는 환상을 깨고 스릴 넘치는 운전 경험을 제공하는 저탄소 차량이다.

◁ **BAC 모노 2011년**
BAC Mono 2011
생산지 영국
엔진 2,261cc, 직렬 4기통
최고 속력 274km/h

좌석이 하나뿐이어서, 운전석이 차마다 소유자, 즉 운전자의 체형에 맞춰 디자인된 이 오픈 로드스터는 열성적인 애호가들에게 한껏 즐거움을 선사했다.

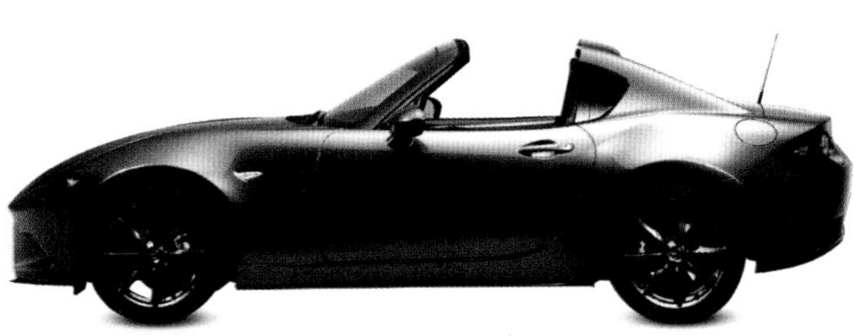

△ **마즈다 MX-5 2016년**
Mazda MX-5 2016
생산지 일본
엔진 1,998cc, 직렬 4기통
최고 속력 220km/h

세계에서 가장 많이 팔린 스포츠카의 네 번째 세대에서 돋보인 것은 접이식 패스트백을 뜻하는 RF 모델로, 친숙한 로드스터와 함께 모두 후륜 구동 방식으로 나왔다.

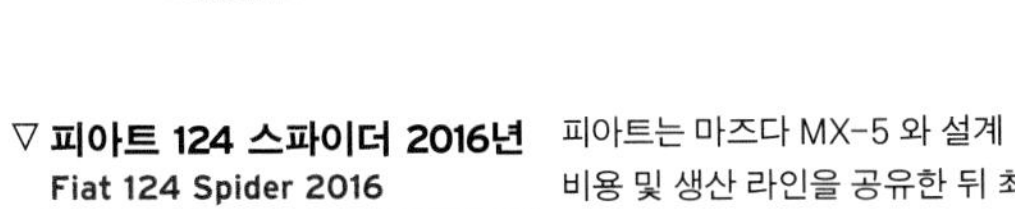

▽ **피아트 124 스파이더 2016년**
Fiat 124 Spider 2016
생산지 일본/이탈리아
엔진 1,368cc, 직렬 4기통
최고 속력 232km/h

피아트는 마즈다 MX-5 와 설계 비용 및 생산 라인을 공유한 뒤 최고 속력이 시속 220킬로미터에 이를 만큼 활기찬 124 스파이더를 출시했다. 터보 엔진과 외부 스타일은 이탈리아에서 만들었다.

오프로드 차량의 고급화

1990년대의 경향은 대형 4×4를 택하는 것이었고, 그리하여 크고 빠르고 화려하게 장비를 갖춘 4륜 구동 차량이 대규모로 생산됐다. 대다수는 그렇지 않았지만, 이 크로스오버 차량들 중에는 좋은 오프로드 차량도 있었다. '연료를 집어삼키는' SUV에 대한 비판이 쏟아지면서 메이커들은 끝내 하이브리드 엔진을 생산해야 했다.

△ **캐딜락 에스컬레이드 EXT 2002년**
Cadillac Escalade EXT 2002
생산지 미국/멕시코
엔진 5,327cc, V8
최고 속력 174km/h

캐딜락의 첫 SUV는 1998년에 처음 등장했고 2002년에는 8인승으로 나왔다. 단 EXT 픽업은 예외적으로 5인승이었다. 345마력 6리터 V8 엔진은 옵션이었다.

◁ **볼보 XC90 2002년**
Volvo XC90 2002
생산지 스웨덴
엔진 2,922cc, 직렬 6기통
최고 속력 209km/h

2005년 한해에만 8만 5994대나 팔린 볼보의 베스트셀러는 터보 엔진(또는 4.4리터 포드 V8)이 달린 중간급 SUV로, 전륜 구동이나 4륜 구동 모델이었다.

◁ **지프 그랜드 체로키 2004년**
Jeep Grand Cherokee 2004
생산지 미국
엔진 6,059cc, V8
최고 속력 245km/h
완전히 새로운 WK 시리즈 그랜드 체로키는 탁월한 오프로드 성능을 내기 위해 지프의 세련된 콰드라 드라이브 II 시스템을 사용했다. 3.1리터 V6 엔진에서 6.1리터 V8 엔진까지 여러 모델이 나왔다.

△ **레인지 로버 2002년**
Range Rover 2002
생산지 영국
엔진 4,398cc, V8
최고 속력 209km/h

BMW V8 엔진(더 최근에는 재규어/포드의 엔진)을 탑재한 레인지 로버는 고급 오프로드 차량으로 시작해서 상당히 다른 차가 됐지만 다양한 역할을 충분히 소화해 내고 있다.

▷ **지프 커맨더 2006년**
Jeep Commander 2006
생산지 미국
엔진 3,701cc, V6
최고 속력 182km/h
커맨더는 중형 SUV로 그랜드 체로키에 기반했지만 그 각지고 거친 선들은 초기의 지프들에 좀 더 가까웠다. 고성능 V8 버전도 있었다.

◁ **레인지 로버 스포트 2005년**
Ranger Rover Sport 2005
생산지 영국
엔진 4,197cc, V8
최고 속력 225km/h

슈퍼차저를 장착한 재규어 엔진을 탑재하고, 조절 가능한 어저스터블 에어 서스펜션(adjustable air suspension)이 더해진 디스커버리 3 플랫폼은 사용한 스포트는 좋은 오프로드 성능과 탁월한 온로드 성능을 지녔다.

▷ **아우디 Q7 2005년**
Audi Q7 2005
생산지 독일/슬로바키아
엔진 4,163cc, V8
최고 속력 248km/h

Q7은 좋은 성능을 넓고 편안한 공간과 결합시켰다. 4륜 구동 방식이었는데, 거친 들판을 달리기 위한 것이 아니라 탁월한 노면 그립감을 확보하기 위한 것이었다.

◁ **링컨 Mk LT 2005년**
Lincoln Mk LT 2005
생산지 미국
엔진 5,408cc, V8
최고 속력 177km/h
4륜 구동이 옵션인 링컨의 럭셔리 픽업 트럭은 포드 F-150을 기반으로 했다. 판매고를 올리기 위해 할인폭을 높여야 했고 2008년에 단종됐다.

△ **렉서스 RX 400h 2005년**
Lexus RX 400h 2005
생산지 일본/미국
엔진 3,311cc, V6, 전기 모터 2개
최고 속력 200km/h

1997년에 출시된 이래 RX는 미국에서 가장 잘 팔리는 호화 크로스오버 차량으로 군림했다. 400h는 세계 최초의 호화 사양 하이브리드 SUV였지만 연비가 그렇게 훌륭하지는 않았다.

◁ 허머 H3 2005년
Hummer H3 2005
생산지 미국
엔진 3,653cc, 직렬 5기통
최고 속력 182km/h

허머라는 미국 군용 차량이 원조인 이 오프로드용 대형 4×4는 탁월한 성능을 자랑하지만, 실내 공간이 도로 주행용으로 제작된 4×4에 비하면 다소 조야하고 좁았다.

△ BMW X6 2008년
BMW X6 2008
생산지 독일/미국
엔진 4,395cc, V8
최고 속력 249km/h

'스포츠 액티비티 쿠페'로 시판된 X6은 최저 지상 거리가 높고 4륜 구동 방식이었다. 커다란 바퀴를 쿠페 디자인과 트윈 터보차저 6 엔진 또는 V8 엔진에 결합했다.

△ 메르세데스벤츠 GLK 2008년
Mercedes-Benz GLK 2008
생산지 독일
엔진 3,498cc, V6
최고 속력 230km/h

작고 호화로운 도로 주행용 차량이지만 유용한 오프로드 성능도 갖추고 있다. 경쟁 모델들에 비해 뻣뻣하긴 해도 7단 자동 변속기 덕분에 움직임은 좋다.

◁ 인피니티 FX50 2008년
Infiniti FX50 2008
생산지 일본
엔진 5,026cc, V8
최고 속력 249km/h

일본에서는 알려지지 않았던 닛산의 프리미엄 브랜드인 인피니티는 1989년에 미국에 진출했고 그 후 2008년에 유럽에도 진출했다. 이 최고 성능의 SUV는 무척 빠르고 장비를 잘 갖췄다.

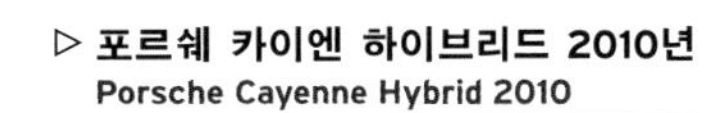

▷ 포르쉐 카이엔 하이브리드 2010년
Porsche Cayenne Hybrid 2010
생산지 독일
엔진 2,995cc, V6+전기 모터
최고 속력 233km/h

스포츠카 메이커인 포르쉐는 4×4 카이엔 소프트로더로도 주목할 만한 성공을 거뒀다. 325마력 휘발유 엔진, 하이브리드 모델의 경우에는 형식적인 47마력 전기 모터가 보태졌다.

△ 벤틀리 벤테이가 2015년
Bentley Bentayga 2015
생산지 영국
엔진 5,950cc, W12
최고 속력 301km/h

4륜 구동 모델인 벤테이가는 금세 벤틀리의 베스트셀러가 됐고, 유일하게 W12 동력원을 갖춘 SUV(더 작은 엔진도 있음)였다.

◁ 마세라티 르반떼 2017년
Maserati Levante 2017
생산지 이탈리아
엔진 3,799cc, V8
최고 속력 291km/h

마세라티는 스포츠 세단 이미지와 이탈리아식 개성을 이 4륜 구동 SUV에 모두 담았다. V8 휘발유 및 디젤 엔진을 선택할 수 있었는데, 모두 터보차저와 자동 변속기를 달았다.

▷ 애스턴 마틴 DBX 2020년
Aston Martin DBX 2020
생산지 영국
엔진 3,982cc, V8
최고 속력 291km/h

모서리 쪽으로 한껏 밀어낸 바퀴와 낮은 루프라인은 애스턴 마틴의 럭셔리 SUV에 이국적 이미지를 부여한다. 사우스 웨일즈에서 제작된 이 차는 메르세데스AMG의 트윈터보 엔진으로 달린다.

혼다 인사이트

휘발유/전기 하이브리드 엔진

내연 기관을 전기 모터와 결합한 하이브리드 자동차 개발이 진정으로 연료 소모 비율을 개선하고 배기 가스를 줄이는 가장 좋은 길인가에 대해서는 의견이 엇갈린다. 아직 결론이 내려지지 않은 사이에 일본의 두 거대 자동차 메이커인 혼다와 토요타는 한발 앞서서 하이브리드 자동차를 시장에 내놓았다.

하이브리드의 새로운 힘

하이브리드는 직렬식과 병렬식 두 부류로 나뉜다. 직렬식 하이브리드에서 가스 터빈을 예외로 하면 보통은 조그만 피스톤 엔진인 열기관은 순전히 배터리와 전기 모터를 위한 전력 생성기 역할을 하며 구동 바퀴와는 연결되지 않는다. 병렬식 하이브리드에서는 열기관과 전기 모터 둘 다 바퀴를 돌리는 구동력을 제공한다. 토요타의 프리우스에서 이 두 모델은 영리하게 결합돼 있고 혼다의 더 단순한 인사이트(Insight, 사진의 엔진)에서는 작은 휘발유 엔진과 내장 전기 모터가 성능과 연비를 높이기 위해 병렬로 작동한다.

엔진 제원	
생산 시기	2010년~
실린더	직렬 4기통(처음에는 3기통)
구성	전방, 가로 배치
배기량	1,339cc
출력	전기 모터로 5,800rpm에서 98마력
유형	왕복 피스톤이 딸린 전통적인 4행정 수랭식 휘발유 엔진, 13마력 전기 모터와 반자동제어 조절식(throttle)
헤드	i-VTEC 가변 밸브 타이밍과 리프트, 로커로 작동되는 실린더당 2밸브
연료 장치	멀티포인트 포트 연료 분사
내경×행정	73mm×80mm
최고 출력	리터당 73.2마력
압축비	10.8:1

▷ 엔진 작동 원리는 352~353쪽 참고

엔진 마운팅

배기 가스 재순환 밸브
통제된 양의 배기 가스가 이 밸브를 통해 배기 컨트롤을 돕기 위해 실린더로 돌아온다.

실린더 블록
알루미늄 합금 주형 실린더 블록안에는 마찰을 감소시키고 연비를 높이기 위해 이온 도금된 피스톤과 평면 호닝(plateau-honing) 처리된 실린더가 있다.

수온 센서

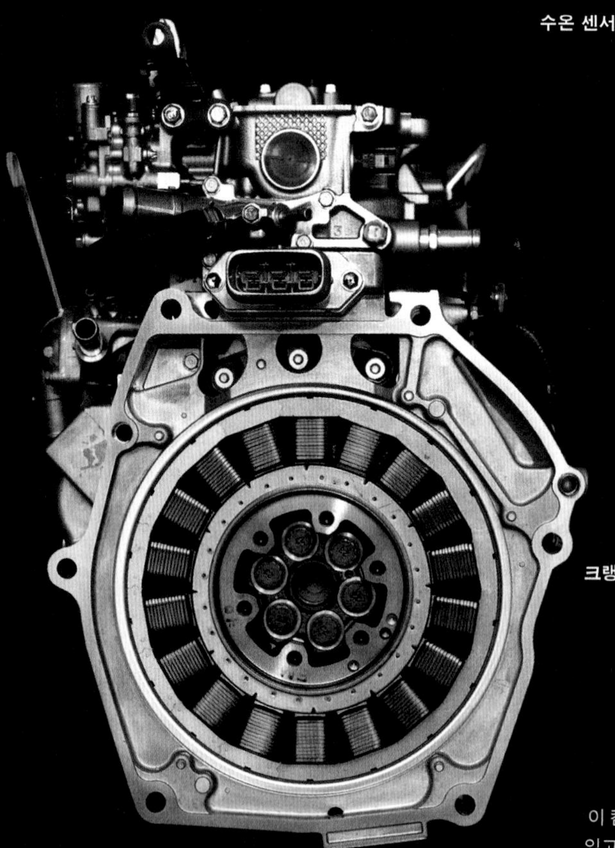

전기 모터
구리 코일은 혼다 인사이트의, 3가지 기능을 하는 전기 모터의 일부다. 엔진의 시동을 걸고 토크를 높이고 배터리를 재충전하기 위한 회생 제동을 한다.

크랭크샤프트 풀리

냉각수 펌프

에어컨 컴프레서
이 컴프레서는 엔진으로 가동할 수 있고, 엔진이 정지됐을 때에는 전용 전기 모터로 움직일 수 있다.

절약, 절약, 절약

최신 제품인 인사이트는 이전 모델의 더 작은 3기통이 아니라 여기 보이는 더 강력한 4기통 엔진을 갖고 있기는 하지만, 연비는 유럽 종합 테스트 사이클(combined European test cycle)에서 100킬로미터당 3.66리터라는 여전히 인상적인 수치를 보였다. 또한 이산화탄소 배출량은 킬로미터당 101그램에 불과하다.

대체 연료와 전기 에너지

내연 기관의 종말이 눈앞에 다가왔다. 유해한 배출물은 점점 더 받아들여질 수 없게 됐다. 휘발유-전기 하이브리드는 과도기적 해결책이었다. 전기 에너지는 도심 저속 주행에 쓰이고, 차가 움직일 때 엔진이 역할을 넘겨받아 배터리를 재충전한다. 리튬 이온 배터리 기술은 이제 순수 전기차가 480킬로미터를 달릴 수 있게 하지만, 차에 설치돼 수소로 작동하는 '연료 전지' 역시 현실적 대안이다.

▷ **테슬라 로드스터 2007년**
Tesla Roadster 2007
생산지 미국/영국
엔진 전기 모터
최고 속력 201km/h
전기차 제조에서 큰 한 걸음을 내디딘 로드스터는 2008년에 이 자동차의 양산에 들어갔다. 1회 충전 주행 거리는 480킬로미터 이내였고, 차체는 로터스 엘리제의 것을 사용했다.

▷ **토요타 프리우스 2009년**
Toyota Prius 2009
생산지 일본
엔진 하이브리드
최고 속력 전기 구동 시 100km/h
토요타는 1998년에 오리지널 프리우스를 내놓음으로써 휘발유 엔진-전기 하이브리드 차 유행에 불을 당겼다. 이 3세대 모델은 이제 플러그인 하이브리드 형태로 나오기 때문에, 건물에 설치된 전원으로 충전할 수 있는 순수 전기차처럼 달릴 수 있다.

◁ **르노 트위지 2012년**
Renault Twizy 2012
생산지 스페인
엔진 전기 모터
최고 속력 45km/h
2009년에 콘셉트 카로 첫선을 보였던 무공해 차 트위지의 좌석은 앞뒤로 앉는 구성이다. 너비가 1미터 남짓하고 길이는 2.3미터인 작은 차체는 유럽 전역의 세련된 도시 거주자들에게 사랑받았다.

▷ **오펠/복스홀 암페라 2010년**
Opel/Vauxhall Ampera 2010
생산지 미국
엔진 하이브리드
최고 속력 161km/h
제너럴 모터스의 전기차는 쉐보레 볼트 또는 오펠/복스홀 암페라로 판매될 예정이다. 1.4리터 휘발유 엔진이 발전기에 동력을 제공해 충전 속도를 확 끌어올린다.

◁ **닛산 리프 2010년**
Nissan Leaf 2010
생산지 일본
엔진 전기 모터
최고 속력 150km/h
순수 무공해 가족용 해치백 승용차인 리프는 일본, 미국, 영국에서 조립되고, 첫 생산 후 10년간 35개국에서 약 47만 대가 팔렸다.

▷ **포르쉐 918 스파이더 2013년**
Porsche 918 Spyder 2013
생산지 독일
엔진 하이브리드
최고 속력 345km/h
포르쉐는 4.6리터 V형 8기통 엔진에 2개의 전기 모터를 결합함으로써, 전례 없는 수준의 연료 소비 효율을 이루는 것은 물론 도심 거리에서 조용히 달릴 수도 있는 놀랄 만큼 탁월한 능력을 지닌 슈퍼카를 창조했다.

△ **푸조 3008 하이브리드4 2012년**
Peugeot 3008 Hybrid4 2012
생산지 프랑스
엔진 하이브리드
최고 속력 190km/h
푸조에서는 이 작은 크로스오버 차에 처음으로 디젤 엔진과 전기 동력을 결합함으로써 새로운 경지를 개척했다. 자동, 전기 전용, 4륜 구동, 스포트의 네 가지 주행 모드가 있다.

◁ **BMW i3 2013년**
BMW i3 2013
생산지 독일
엔진 전기 모터
최고 속력 150km/h
혁신적인 탄소 섬유 강화 플라스틱 차체로 무게를 줄인 이유는 리튬 이온 배터리 팩의 무게를 상쇄하려는 데 있다. 선택사항인 차내 휘발유 구동 발전기가 있으면 기본 160킬로미터 이상으로 i3의 주행 거리가 늘어날 수 있다.

▷ **폭스바겐 XL1 2013년**
Volkswagen XL1 2013
생산지 독일
엔진 하이브리드
최고 속력 158km/h
속력은 이 차에서 중요하지 않다. 이 디젤-전기 하이브리드 차에서 놀라운 점은 바로 세계에서 가장 날렵한 양산 승용차의 공기 역학 특성이 부분적으로 뒷받침한 덕분에 가능해진 1리터당 111.1킬로미터의 연비다. 이 차는 겨우 250대만 만들어졌다.

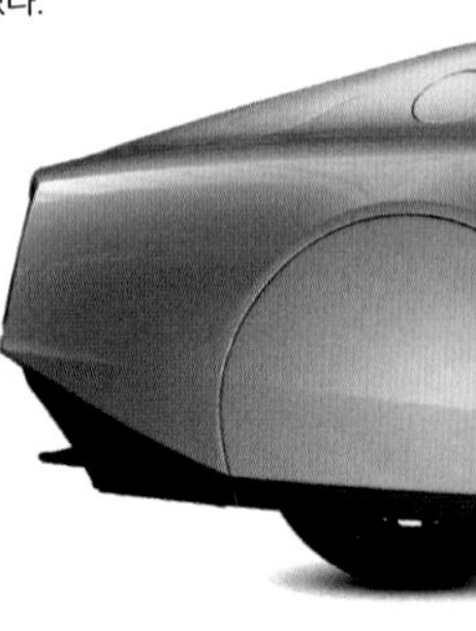

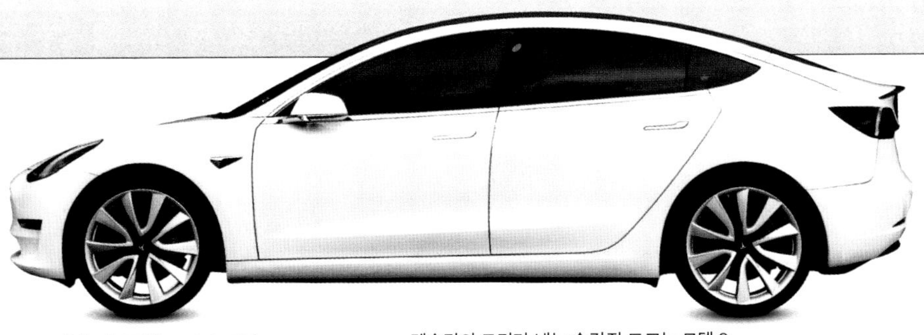

△ 테슬라 모델 3 2017년
Tesla Model 3 2017
생산지 미국
엔진 배터리 구동 전기 모터
최고 속력 233km/h

테슬라의 모터가 내는 순간적 토크는 모델 3이 강력하고 민첩한 느낌을 주게 만든다. 모델 S처럼 더 큰 모델은 브랜드를 신비로운 존재로 각인했지만, 이 소형 세단은 주류 자동차 시장에 뛰어들었다.

◁ 토요타 미라이 2014년
Toyota Mirai 2014
생산지 일본
엔진 연료전지 구동 전기 모터
최고 속력 179km/h

깨끗한 물만 배출하는 수소 동력 미라이는 일본, 미국, 유럽에서 차츰 친환경주의자들을 끌어모았다. 수소와 산소를 결합함으로써 전기 모터에 동력을 공급하는 에너지가 나온다.

△ 재규어 I페이스 2018년
Jaguar I-PACE 2018
생산지 영국/오스트리아
엔진 배터리 구동 전기 모터
최고 속력 200km/h

재규어는 하이브리드라는 과도기적 방법을 건너 이 공기 역학적 5도어 SUV를 통해 순수 전기 동력으로 전환하기로 했다. 리튬 이온 배터리를 사용해 완전 충전 시 470킬로미터를 달릴 수 있다고 주장했다.

△ 리버심플 라사 2020년
Riversimple Rasa 2020
생산지 영국
엔진 연료전지 전기모터
최고 속력 97km/h

새로운 연료를 선택할 수 있게 되면서, 수소 동력을 쓰는 라사를 내놓은 리버심플(Riversimple)과 같은 몇몇 자동차 스타트업의 탄생에 속도가 붙었다. 연비가 100킬로미터당 0.94리터인 이 2인승 차는 환경에 미치는 영향을 최소화하면서 개인 이동 수단으로 임대할 수 있도록 만들어졌다.

△ 시트로엥 아미 2020년
itro Ami 2020
생산지 프랑스
엔진 배터리 구동 전기 모터
최고 속력 42km/h

길이가 241센티미터인 이 2인승 소형차는 매우 저렴하게 구매하거나 임대할 수 있다. 전체 주행 거리는 75킬로미터로 도시에서 쓰기에 충분하고, 유럽 본토 전역에서 면허증 없이 몰 수 있다.

◁ 혼다 e 2020년
Honda e 2020
생산지 일본
엔진 배터리 구동 전기 모터
최고 속력 145km/h

이 가족용 차의 리튬 이온 배터리 팩은 고속 충전으로 30분이면 전력의 80퍼센트를 회복할 수 있다. 복고풍 외모 전반은 많은 사랑을 받았던 혼다의 1972년형 시빅을 연상시킨다.

▷ 폭스바겐 ID.3 2019년
Volkswagen ID.3 2019
생산지 독일
엔진 배터리 구동 전기 모터
최고 속력 161km/h

폭스바겐 ID 시리즈는 골프와 같은 기존 자동차의 배터리 구동 버전이 아닌 순수 전기차 라인업이다. 소형 모터가 뒤쪽에 배치돼 있어 실내가 특히 넓다.

고급 승용차의 오늘과 내일

세계 곳곳의 신흥 시장에서는 특별한 자동차에 대한 수요가 급증하는 가운데, 전통 있는 브랜드들은 탄탄한 역사적 배경을 바탕으로 흥미로운 계획을 연이어 내놓고 있다. 첨단 구조 설계 방식과 하이브리드 기술들은 고급 콘셉트 카와 양산차의 제작에 중요한 역할을 한다. 환경에 대한 영향과 관련한 흐름을 따르는 것과 동시에, 고급차 업계의 디자이너들과 장인들은 제품에 고유한 특징과 개성을 담기 위해 온 힘을 기울이고 있다.

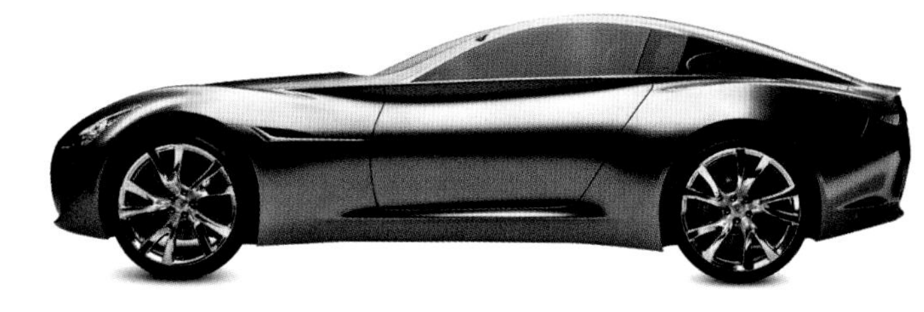

△ **인피니티 에센스 2009년**
Infiniti Essence 2009
생산지 일본
엔진 하이브리드
최고 속력 미발표

닛산은 호화스러운 스타일이 돋보이는 에센스로 인피니티 브랜드 탄생 20주년을 기념했다. V형 6기통 3.7리터 트윈터보 엔진에서 나오는 600마력의 힘을 지녔지만, 그러면서도 12.8km/리터의 연비를 유지할 수 있었다.

△ **레인지 로버 2012년**
Range Rover 2012
생산지 영국
엔진 V형 8기통 5,000cc
최고 속력 249km/h

4세대 레인지 로버는 모노코크 구조 전체를 알루미늄으로 만든 세계 최초의 SUV다. 사진은 거대한 궁전을 연상하게 하는 롱 휠베이스 모델로, 전자 장치로 제어되는 에어 서스펜션을 갖추고 있다.

◁ **렉서스 LF-LC 콘셉트 2012년**
Lexus LF-LC Concept 2012
생산지 일본/미국
엔진 하이브리드
최고 속력 미발표

이 차의 고성능 하이브리드 기술은 일본에, 극적인 GT 스타일의 디자인은 미국 캘리포니아에 뿌리를 두고 있다. 파워 팩은 차체 앞쪽에 있고 뒷바퀴로 구동한다.

△ **메르세데스벤츠 S 클래스 2013년**
Mercedes-Benz S-Class 2013
생산지 독일
엔진 V형 12기통 5,980cc
최고 속력 249km/h

이 메르세데스벤츠 대형 세단은 서스펜션이 요철에 대비할 수 있도록 도로 표면을 확인하는 감지 장치와 충돌 회피 기술을 결합시켜서 고급스러움에 첨단 안전 기술을 더했다.

△ **애스턴 마틴 CC100 스피드스터 콘셉트 2013년 Aston Martin CC100 Speedster Concept 2013**
생산지 영국
엔진 V형 12기통 5,935cc
최고 속력 290km/h

2013년에 탄생 100주년을 맞아 득의만면한 애스턴 마틴은 이 달리는 기념물을 만드는 데 필요한 영감을 얻기 위해 1950년대의 DBR1 경주차를 선택했다. 2인승인 이 차의 차체는 탄소 섬유로 만들었다.

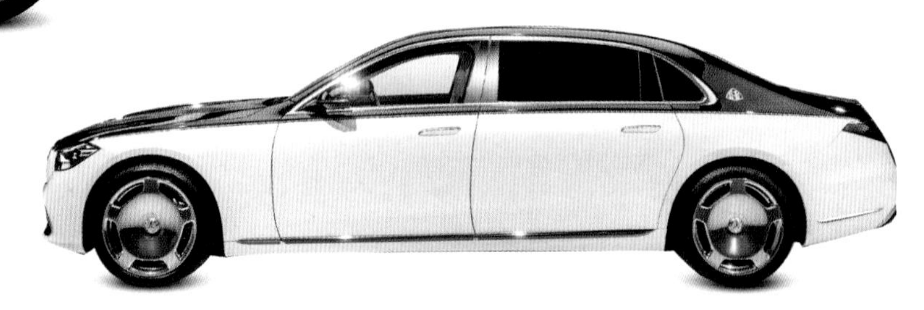

△ **메르세데스 마이바흐 S600 2015년**
Mercedes Maybach S600 2015
생산지 독일
엔진 5,980cc, V12
최고 속력 249km/h

메르세데스벤츠의 하위 브랜드인 마이바흐는 S클래스의 화려함과 고급스러움을 새로운 수준으로 끌어올렸다. 소유자는 마사지 좌석, 실내 향수 방출 시스템 또는 방탄 풀만 스트레치 리무진을 선택할 수 있다.

◁ **폭스바겐 T-Roc 콘셉트 2013년**
Volkswagen T-Roc Concept 2013
생산지 독일
엔진 직렬 4기통 1,968cc
최고 속력 미발표

폭스바겐 폴로보다 조금 더 큰 T-Roc 미니 SUV는 2개의 지붕 패널을 떼어 트렁크에 보관할 수 있는 데에서도 알 수 있듯 네 사람이 차 안에서 지붕을 연 채 도시적인 스타일을 즐길 수 있다.

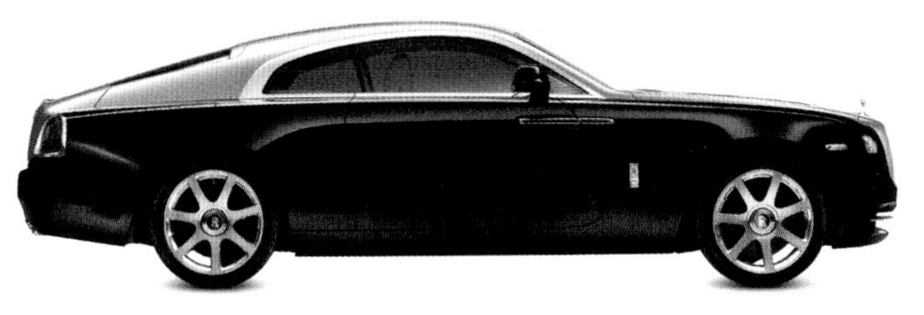

△ **롤스로이스 레이스 2013년**
Rolls-Royce Wraith 2013
생산지 영국
엔진 V형 12기통 6,592cc
최고 속력 249km/h

시선을 사로잡는 이 4인승 쿠페는 엄청난 존재감, 월등히 호화로운 실내, 차분한 도시 간 여행에 완벽하게 어울리는 널찍한 트렁크를 갖추었다. 물론 대단히 스포티한 주행 감각도 선사한다.

△ **마세라티 기블리 2013년**
Maserati Ghibli 2013
생산지 이탈리아
엔진 V형 6기통
최고 속력 285km/h

마세라티는 이 스포츠 세단 덕분에 BMW 5 시리즈와 같은 주류 고급 승용차와 직접 경쟁하게 됐다. 브랜드 역사상 첫 디젤 엔진을 포함해 일련의 V형 6기통 엔진이 마련돼 있다.

◁ **벤틀리 컨티넨탈 GT 스피드 2014년**
Bentley Continental GT Speed 2014
생산지 영국
엔진 W형 12기통 5,998cc
최고 속력 325km/h

GT 스피드는 호화로운 벤틀리 컨티넨탈 시리즈 최고의 오픈톱 모델이다. 낮아진 서스펜션과 여러 독특한 디자인 요소가 폭발적인 성능을 뒷받침한다.

△ **벤틀리 플라잉 스퍼 2019년**
Bentley Flying Spur 2019
생산지 영국
엔진 5,950cc, W12
최고 속력 333km/h

스타일링이 컨티넨탈 GT를 닮은 3세대 플라잉스퍼의 주행 특성은 후륜 조향 시스템과 4륜 구동을 갖춰 이전 모델보다 날카로워졌다.

△ **BMW i8 2014년**
BMW i8 2014
생산지 독일
엔진 1,499cc, 직렬 4기통 및 전기 모터
최고 속력 249km/h

슈퍼카 성능과 스타일을 갖춘 이 모델은 100킬로미터 주행에 단 2리터의 휘발유를 소비하는 친환경성과 경제성도 판매에 영향을 주었다. 이는 매우 혁신적인 하이브리드 구동계 덕분에 가능했다.

△ **볼보 S90 2016년**
Volvo S90 2016
생산지 스웨덴/중국
엔진 1,969cc, 직렬 4기통
최고 속력 209km/h

롱휠베이스 S90은 항상 중국 소비자들을 고려해 개발됐고, 단 1년 만에 중국에서만 생산돼 전 세계로 판매됐다. 휘발유, 디젤 및 하이브리드 버전이 있었다.

◁ **캐딜락 리릭 2021년**
Cadillac Lyriq 2021
생산지 미국
엔진 전기 모터
최고 속력 201km/h

캐딜락이 테슬라와 다른 호화 전기차에 대응하기 위해 내놓은 리릭(Lyriq)은 84센티미터 크기의 대시보드 스크린을 갖췄고, 스스로 주차하고 원격으로 주차장 진입로를 달릴 수 있다. 예상 주행 가능 거리는 완전 충전 시 480킬로미터 이상이었다.

맥라렌 스피드테일

맥라렌(McLaren)은 스피드테일(Speedtail)을 통해 단순한 슈퍼카 그 이상을 만드는 것을 목표로 삼았다. 첨단 소재, 휘발유-전기 하이브리드 구동계, 최고 속력 시속 402킬로미터에 이를 수 있도록 하는 공기 역학을 갖춘 스피드테일은 최첨단 기술을 결합한 브랜드 첫 '하이퍼카'였다. 또한, 정지 상태에서 12.8초 만에 시속 300킬로미터에 이를 만큼 놀라운 가속력을 발휘한다. 값이 대당 175만 파운드(2020년 기준 약 26억 원)였음에도, 공식 공개되기 훨씬 전에 생산 분량 106대의 주문이 모두 끝났다.

맥라렌은 스피드테일을 '예술과 과학의 융합'일뿐 아니라 역대 가장 빠른 일반 도로용 차라고 선언했다. 완전히 탄소섬유로 만든 섀시에는 미드십 휘발유-전기 구동계와 후륜 구동 장치가 설치됐고, 실내 가운데 놓인 운전석 뒤로는 양쪽에 동반석이 있다. 앞쪽에 펼쳐지는 시야와 탁월한 전방위 시인성은 전설적인 맥라렌 포뮬러 1 1인승 경주차를 모는 듯한 분위기를 낸다. 그러나 수제 경량 가죽 소재와 버튼 한 번만 누르면 어두워지는 전기변색 유리가 있는 안락하고 장인정신을 담은 실내는 실제 경주차와는 완전히 다르다. 모든 차는 맥라렌의 색상 및 소재 팀이 구매자를 위해 맞춤 제작하므로, 모두가 특별하다. 프로토타입(맥라렌의 첫 일반 도로용 승용차 F1을 설계한 영국 워킹의 알버트 드라이브에서 이름을 딴 '알버트'라고 불린 한 대 포함) 차들은 전 세계를 돌며 시험했다. 시험한 장소에는 미국 플로리다 주의 과거 NASA 우주 왕복선 착륙용 활주로로 쓰였던 곳도 있다. 바로 그곳에서 스피드테일이 30차례 이상 최고 속력을 기록했다고 알려졌다.

제원	
모델	맥라렌 스피드테일, 2020~2021년
생산지	영국 워킹
제작	106
구조	탄소섬유 섀시 및 차체 패널
엔진	4,000cc, 전기 모터가 장착된 V8
출력	1,035마력(7,000rpm)
변속기	7단 수동
서스펜션	완전 독립형 액티브 시스템
브레이크	올라운드 디스크, 카본 세라믹
최고 속력	402km/h

맥라렌 배지
구매자는 기본인 알루미늄 버전 대신 수제 18캐럿 금이나 백금 소재를 선택할 수 있었다. 대안으로, 엔지니어링 순수주의자는 래커 처리한 전사지를 선택해 무게 100그램을 줄일 수 있었다.

옆모습

뒷모습

유선형 옆부분은 길이 5.2미터의 날렵한 탄소섬유 차체의 일부다.

앞유리는 자동으로 색이 바뀌므로 **선바이저**가 없다.

열린 부분이 매우 좁은 **LED 전조등**

리어 디퓨저는 티타늄 증착 탄소섬유로 만들었다.

매우 빠른 속도를 견딜 수 있는 전용 **피렐리 타이어**

다이아몬드 컷 마감한 **유광 검정 휠**

공기를 가르며 달리다.
스피드테일은 어느 곳을 보더라도 공기 역학과 난기류 감소에 집중했음이 뚜렷하게 드러난다. '보닛' 끝부분에 있는 특별한 덮개는 하나뿐인 앞유리 와이퍼 위로 공기 흐름을 유도한다. 전조등 아래에 있는 점점 좁아지는 공기 흡입구는 저항을 줄이면서 냉각에 필요한 공기를 라디에이터로 보낸다. 앞쪽에 있는 '조개 모양' 공기 흡입구는 공기 흐름을 끌어들여 공기가 휠 아치로 들어가지 않도록 방해하면서 도어 아래로 보낸다.

외장

스피드테일은 탄소섬유 '모노케이지(monocage)' 섀시가 탄소섬유 패널과 양쪽에서 비스듬히 열리는 도어를 지지하는 것이 특징이다. 길고 뒤로 갈수록 좁아지는 형상은 물방울 모양이어서 지상 속도 기록용 차를 연상시킨다. '벨로시티 모드(Velocity Mode)'에서는 지상고를 35밀리미터 낮춰 경이로운 직진 고속 주행 능력을 발휘할 수 있도록 준비하고, 후방 카메라를 차체 안으로 집어넣는 능동 공기 역학 기능을 작동한다. 앞바퀴에는 고정식 탄소섬유 공기 역학 덮개가 있어 저항을 줄이고, 전개식 후방 에일러론은 형태가 미묘하게 조절돼, 스피드테일이 끝없이 지평선을 향해 달려나갈 때는 최적의 노면 접지력을 확보하고 필요할 때는 위쪽으로 휘어져 에어 댐 역할을 한다.

1. 풀 LED 전조등 **2.** 앞바퀴의 고정식 공기 역학 덮개 **3.** 공기 역학적인 차체 뒷부분 윤곽 **4.** 룸미러 대신 설치된 팝업식 카메라 **5.** 유연한 에일러론은 고속에서 펼쳐진다. **6.** 후방 적재 공간 **7.** 지붕과 높이가 같은 엔진 냉각 덕트

내장

운전자가 앞쪽 가운데에 앉는 구조로 3명이 탈 수 있는 실내는 동시대 맥라렌 차들 가운데에서도 독특하고(그러나 1992년에 나온 F1 승용차를 떠올리게 한다.), 겉모습처럼 물방울 형태로 돼 있다. 운전석은 '방향성' 있게 처리한 가죽 소재로 만들어 몸을 움직여 타고 내리기에 편하고 탑승자의 몸을 든든히 붙든다. 좌석 프레임은 탄소섬유로 만들었지만 뒷좌석은 섀시 구조 자체에 몰딩돼 있다. 모든 곳이 첨단 기술과 고급스러운 감각은 물론 가죽으로도 가득 채워져 있다.

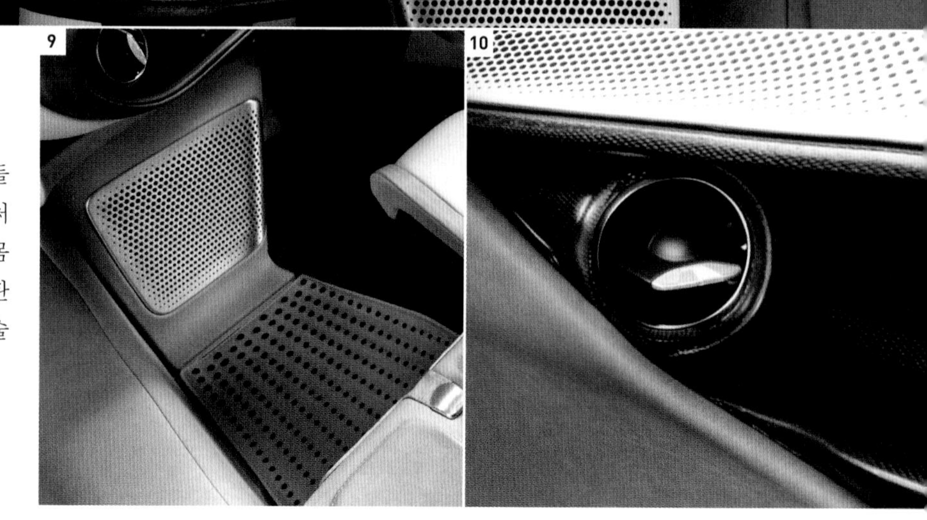

8. 독특하게 중앙에 배치한 중앙 스티어링 휠 **9.** 탑승자용 발판 **10.** 조각 같은 내부 도어 패널 **11.** 탑승자 2명은 운전자 뒤에 앉는다. **12.** 전동식 도어 및 윈도우 릴리스 버튼 **13.** 주행 모드는 실내 천장에 있는 제어 장치로 선택한다.

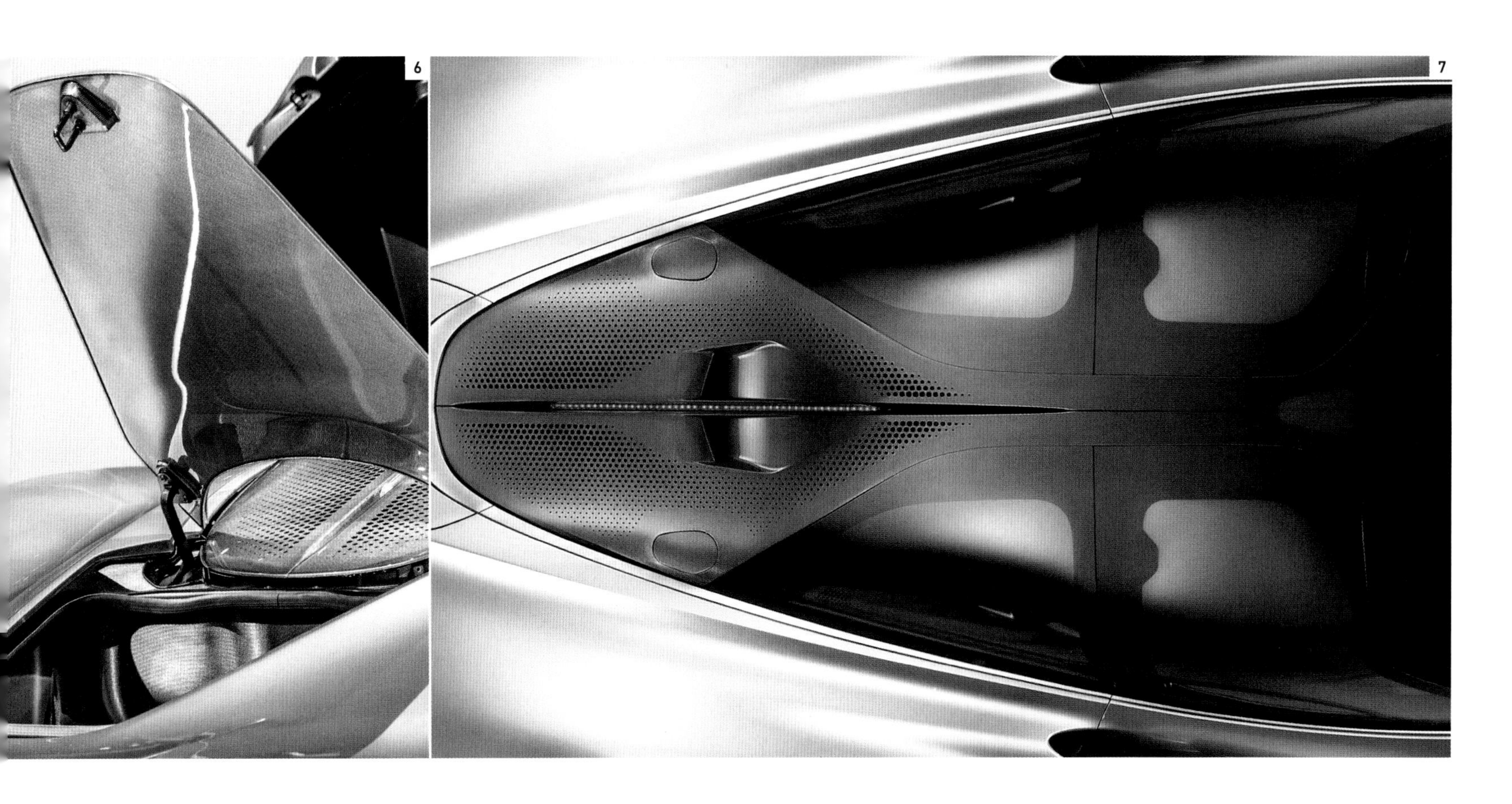

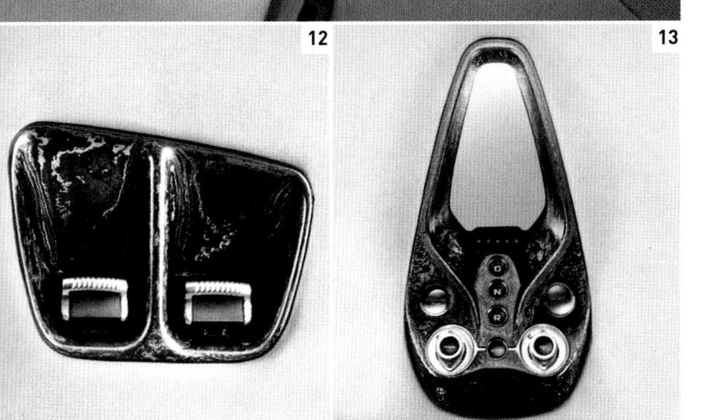

엔진실

하이브리드 시스템의 기계적 패키지는 강력한 전기 모터와 리튬이온 배터리 팩을 결합한 트윈 터보차저 4.0리터 V8 휘발유 엔진으로 구성됐다. 7단 듀얼 클러치 자동 변속기는 스티어링 휠 뒤에 장착된 패들을 써서 제어한다. 차가 내는 1,035마력의 출력 중 310마력 정도는 전기 모터에서 나오고, 일반 주행 상태일 때는 배터리가 휘발유 엔진에 의해 재충전된다. 맥라렌은 스피드테일의 배터리 출력이 모든 동시대 양산 승용차 가운데 가장 높다고 주장한다. 배터리는 셀을 전기 절연성이 있고 가벼운 오일에 영구적으로 담그는 혁신적 배터리 냉각 시스템을 갖춘 것이 특징이다.

14. 하이브리드 휘발유-전기 파워트레인은 후방 미드십에 설치돼 있어, 차체 뒷부분 전체를 들어 올리면 드러난다.

세단과 설룬

글로벌 관점에서 볼 때, 탑승자를 위한 상자 모양의 큰 공간이 가운데 있고 엔진과 트렁크를 위한 작은 상자들이 앞뒤로 있는 '3박스' 승용차는 여전히 보편적 인기를 누리고 있다. 분리된 트렁크 공간이 더 안전하고 실내 방음이 더 잘 되게 만든다는 장점이 있지만, 여러 시장에서는 단순히 디자인의 전형성 때문에 선호한다. 많은 모델은 다른 사람이 모는 차를 타는 것이 성공의 확실한 증표인 중국 시장을 위해 특별히 휠베이스를 연장한 버전이 나오기도 한다.

△ **토요타 캠리 XV30 2002년**
Toyota Camry XV30 2002
생산지 일본
엔진 3,311cc, V6
최고 속력 209km/h

캠리는 1982년부터 토요타의 수출 라인업에 포함됐지만, 스테이션 왜건이 함께 나오지 않은 모델은 이것이 처음이다. 이 세련되고 편안한 승용차는 미국에서 큰 인기를 끌었다.

△ **푸조 407 2004년**
Peugeot 407 2004
생산지 프랑스
엔진 2,946cc, V6
최고 속력 235km/h

7년 동안 86만 대 이상 팔린 이 푸조 대형 모델은 성공작이었다. 라인업은 동굴처럼 넉넉한 왜건 모델, 4도어 세단, 희귀하고 호화로운 2도어 쿠페로 이루어졌다.

◁ **다치아 로간 2004년**
Dacia Logan 2004
생산지 루마니아
엔진 1,597cc, 직렬 4기통
최고 속력 175km/h

르노에 인수된 이후, 다치아는 기본적인 구성과 싼 값으로 이 작고 특별한 것 없는 세단을 내놓았다. 더 좋은 꾸밈새를 갖춘 모델들은 유럽 전역에 판매됐다.

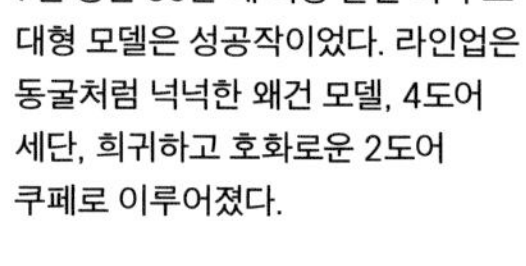

◁ **폭스바겐 제타 A5 2011년**
Volkswagen Jetta A5 2011
생산지 멕시코/독일
엔진 2,480cc, 직렬 5기통
최고 속력 206km/h

기본적으로 5세대 골프의 세단 버전인 이 세련된 승용차는 일본, 한국 브랜드들과 치열하게 경쟁한 미국과 중국에서 모두 폭스바겐에 대단히 중요한 역할을 했다.

△ **혼다 어코드 2008년**
Honda Accord 2008
생산지 일본
엔진 3,471cc, V6
최고 속력 209km/h

어큐라 TSX와 이 8세대 혼다 어코드는 기본적으로 같은 고품질 모델이다. 그러나 미국 시장용 어코드는 일본에서 판매된 혼다 인스파이어와 같다.

▷ **BMW 3 시리즈 F30 2011년**
BMW 3 Series F30 2011
생산지 독일
엔진 2,998cc, 직렬 6기통
최고 속력 249km/h

2013년에 더 다양한 용도로 활용할 수 있는 5도어 그란 투리스모 해치백을 내놓고 쿠페와 컨버터블은 새로운 4 시리즈로 분리했음에도, 세단 형상을 대대적으로 지지하는 6세대 3 시리즈의 팬층은 여전했다.

◁ **쉐보레 소닉 2012년**
Chevrolet Sonic 2012
생산지 한국/미국
엔진 1,796cc, 직렬 4기통
최고 속력 174km/h

소닉이라는 이름으로 팔렸던 미국에서 당대 생산된 4도어 세단 중 가장 작은 축에 속했던 이 차는 다른 지역에서 팔릴 때에는 쉐보레 아베오(Aveo)라는 이름이 쓰였다. 생산은 2020년에 끝났다.

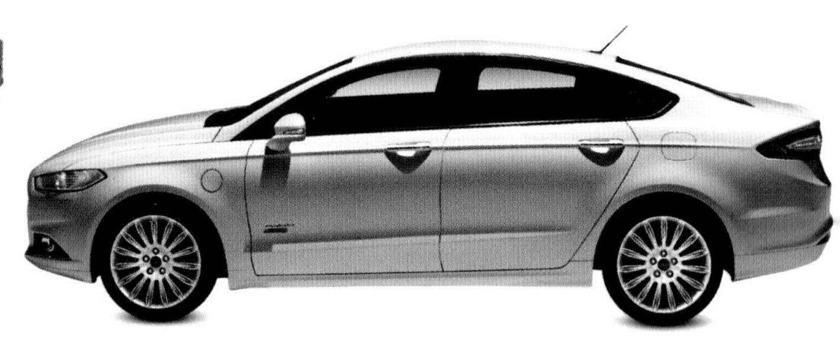

△ **포드 퓨전 2013년**
Ford Fusion 2013
생산지 미국/멕시코
엔진 2,694cc, V6
최고 속력 266km/h

같은 시기에 나온 포드 몬데오라는 유럽산 동급 모델과 밀접하게 연관된 이 차는 포드가 세단 생산을 완전히 중단한 2020년까지 포드의 글로벌 표준 가족용 승용차였다.

◁ **쉐보레 임팔라 2014년**
Chevrolet Impala 2014
생산지 미국
엔진 3,564cc, V6
최고 속력 246km/h

1958년부터 쉐보레 제품군에 확고하게 자리를 잡은 유서 깊은 임팔라라는 이름은 2020년에 이 멋지고 잘 꾸민 풀사이즈 4도어 세단을 마지막으로 끝을 맺었다.

△ **코로스 3 2013년**
Qoros 3 2013
생산지 중국
엔진 1,598cc, 직렬 4기통
최고 속력 209km/h

중국 스타트업이 만든 이 상당히 평범한 4도어 세단은 폭스바겐 제타의 경쟁차로 계획됐다. 유럽 판매가 계획됐지만 취소됐다.

△ **닷지 다트 2012년**
Dodge Dart 2012
생산지 미국
엔진 2,360cc, 직렬 4기통
최고 속력 230km/h

피아트 컴팩트 플랫폼을 활용하게 되면서 이 단정한 다트 세단은 크라이슬러 200이라는 파생 모델과 함께 미국산 승용차가 현실이 됐다. 판매 기간은 4년에 불과했다.

△ **닷지 차저 2015년**
Dodge Charger 2015
생산지 캐나다/미국
엔진 6,435cc, V8
최고 속력 282km/h

후륜 구동 또는 4륜 구동 장치를 갖춘 닷지의 장수 풀사이즈 세단은 낮은 지붕과 과거 머슬카 시절에 차저라는 이름에서 비롯된 복고풍 아우라를 갖췄다. V8 SRT 392 에디션은 매우 강력했다.

◁ **재규어 XE 2015년**
Jaguar XE 2015
생산지 영국
엔진 2,995cc, V6
최고 속력 249km/h

날렵한 XE를 떠받친 것은 더 큰 형제차인 XF에서 비롯된 조절 가능한 전체 알루미늄 차체구조였다. 2017년 한정판 프로젝트 8은 슈퍼차저 592마력 V8 엔진을 갖췄다.

△ **아우디 A4 Mk5 2016년**
Audi A4 Mk5 2016
생산지 독일
엔진 2,891cc, V6
최고 속력 249km/h

전통적 독일 품질의 기준인 5세대 A4는 150마력에서 450마력에 이르는 출력의 엔진과 더불어 보수적인 세단 형태(5도어 아반트 왜건도 있었다.)를 유지했다.

△ **알파 로메오 줄리아 2016년**
Alfa Romeo Giulia 2016
생산지 이탈리아
엔진 2,891cc, V6
최고 속력 307km/h

애호가들은 알파 로메오가 후륜 구동으로 고급 세단 시장에 복귀한 것과 최상위 콰드리폴리오(Quadrifoglio) 에디션의 페라리에서 파생된 V6 엔진이 내는 소리에 열광했다.

◁ **기아 옵티마 2016년**
Kia Optima 2016
생산지 한국
엔진 2,359cc, 직렬 4기통
최고 속력 209km/h

전 세계에서 생산하는 기아는 2000년 이후로 현대적인 특성을 유지하기 위해 5년마다 옵티마를 개선해 왔다. 효율적이면서 공간이 넓은 실용적 모델이다.

▷ **메르세데스벤츠 A-클래스 2018년**
Mercedes-Benz A-Class 2018
생산지 독일
엔진 1,881cc, 직렬 4기통
최고 속력 270km/h

메르세데스는 가장 작은 승용차를 미국에 출시하기로 결정하면서, 북미 소비자들의 취향에 맞도록 이 소형 세단을 디자인했다. 또한 중국 전용 롱 휠베이스 버전도 만들었다.

△ **볼보 S60 2019년**
Volvo S60 2019
생산지 미국/스웨덴
엔진 1,969cc, 직렬 4기통
최고 속력 249km/h

소형 스포티 세단의 3세대면서 미국에서 조립하기로 계획한 첫 볼보 차가 바로 이 모델이었다. 라인업에는 플러그인 하이브리드도 포함됐다.

엔진 작동 원리

한 세기 전 독일에서 카를 벤츠가 최초의 자동차를 만들었을 때와 마찬가지로, 현대의 자동차 역시 거의 모두 보닛 밑 동력실에 내연 기관이 있다. 오늘날 엔진은 이전 모델들에 비해 더 작고 강력하고 연비 효율이 높고 깨끗하지만 동일한 원리로 작동한다. 몇 개의 폐쇄된 실린더 내부에서 연료(보통은 휘발유와 공기나 디젤과 공기의 혼합물)를 태우고 이 연소에서 생성된 에너지를 차량의 바퀴를 움직이는 데 이용한다. 휘발유와 공기는 압축되면 한층 더 잘 타는, 가연성 높은 혼합기를 형성한다. 실린더 내부에서는 기화된 휘발유와 공기의 혼합기가 드럼 모양의 피스톤으로 압축돼 점화된다. 불타는 연료-공기 혼합기가 팽창하면서 피스톤을 아래로 밀고 이 피스톤이 크랭크샤프트를 돌린다. 크랭크샤프트의 회전은 기어를 통해 자동차의 바퀴로 전달된다.

엔진의 내부 구조

이 현대식 4기통 엔진의 엔진 블록과 기름통을, 그 안의 기본 부품들이 보이도록 잘라 냈다. 알아보기 쉽도록 움직이는 부품들은 모두 크롬으로 도금하고 엔진 블록은 에나멜로 도금했다.

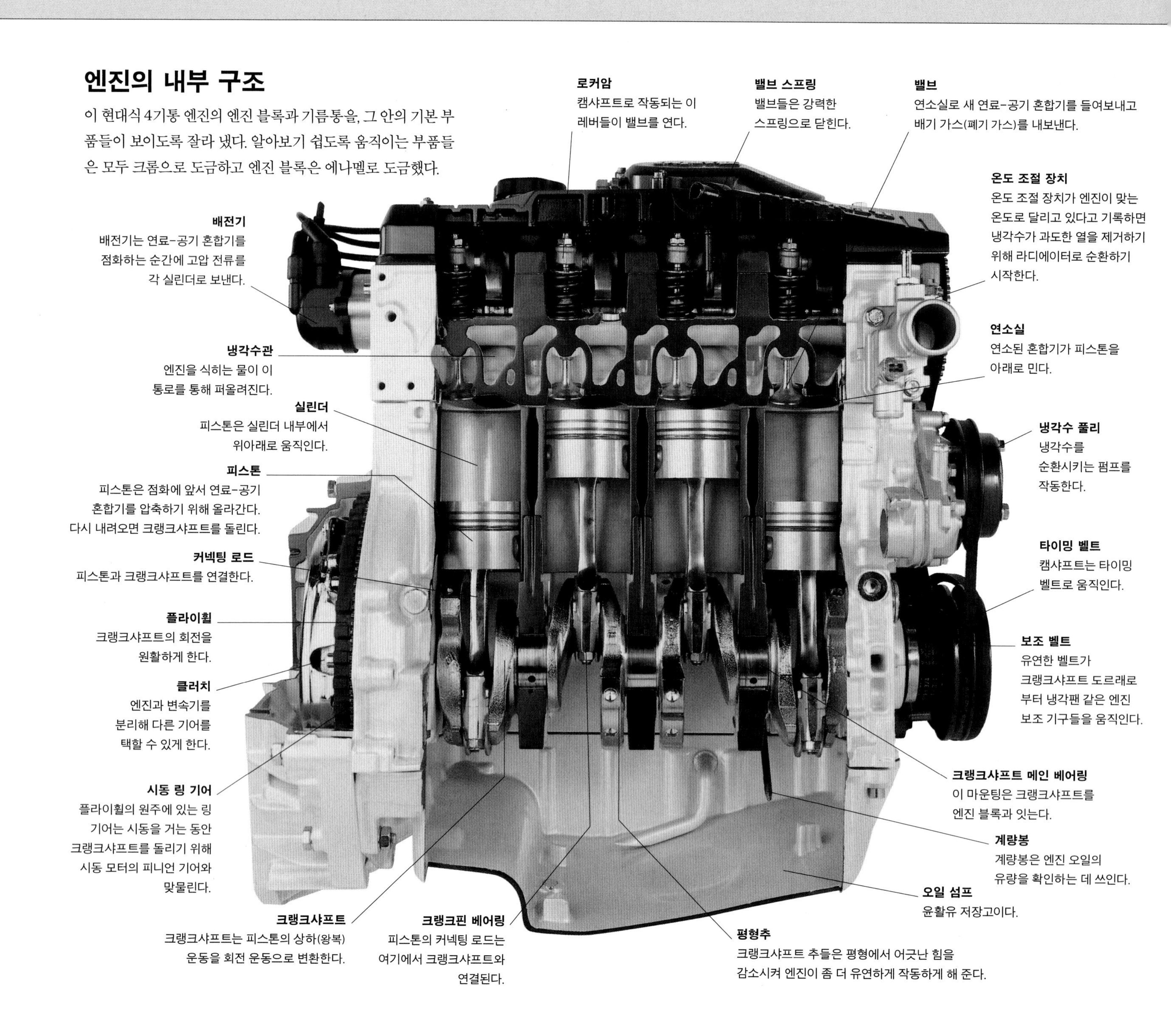

엔진 배치

현대식 자동차의 엔진은 대개 4개 이상의 실린더가 일렬로 배열돼 있다. 직렬 배치 또는 일렬(in-line) 배치라고 불리는 이 배치는 제조하기 비교적 쉽고 싸다는 것이 이점이다. 그렇지만 직렬 배치가 실린더를 배치하는 유일한 방식이 아니다. 또한 출력, 원활한 운전, 무게 중심 높이, 주어진 공간에 엔진이 얼마나 잘 들어맞느냐 같은 요인들을 고려하면 반드시 가장 좋은 방식도 아니다. 직렬 배치와 몇몇 대안들을 여기 소개했다.

직렬 4기통
직렬, 혹은 일렬 배치는 오늘날 4기통 엔진에서 주로 쓰는 방식이다. 실린더가 6개 이상인 직렬 배치 엔진들은 무척 유연하게 움직이지만 정밀도가 요구되며 길이가 길다 보니 좁은 엔진실에 집어넣기가 쉽지 않다.

V6
배기량이 큰 직렬 엔진들은 너무 길고 높아 차체가 낮은 스포츠카에 집어넣기가 어렵고, 기다란 크랭크샤프트는 압력을 받으면 휠 수도 있다. 때문에 많은 자동차 메이커들이 V자로 배열된 실린더 뱅크 2개의 소형 엔진을 선호한다.

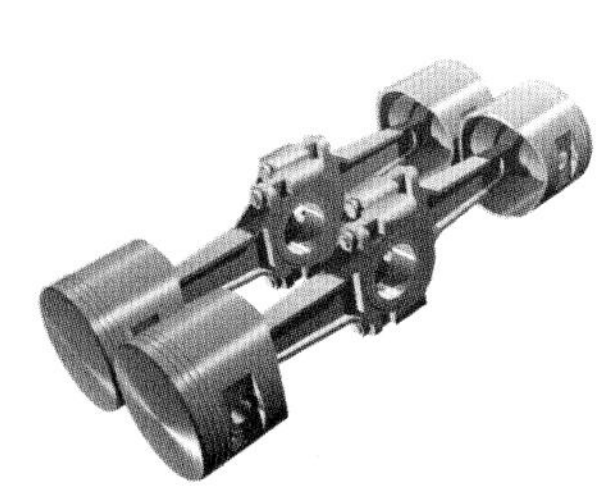

수평 대향 4기통
실린더들이 2개씩 180도로 누워 마주보고 있다. 그 결과는 무게 중심이 낮고 넓적한 엔진이다. 피스톤의 균형 잡힌 움직임은 진동을 줄이고 부드러운 주행감을 준다.

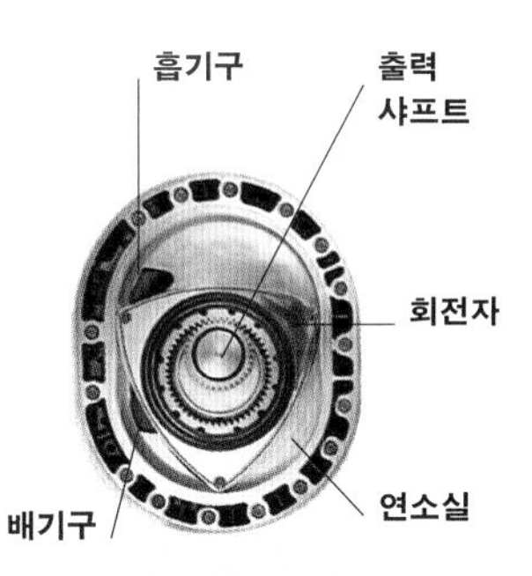

로터리(단면)
방켈 로터리 엔진은 실린더에서 상하로 움직이는 피스톤 대신 하나, 또는 그 이상의 3각 회전자(rotor)를 사용한다. 회전자는 회전 움직임을 직접적으로, 그리고 무척 유연하게 생성하기 위해 특별히 만들어진 덮개 안에서 회전한다.

실린더의 구조

이 실린더 단면도는 엔진을 가로로 자른 그림이다. 이 엔진은 더블 오버헤드 캠샤프트 엔진인데, 실린더 위로 엔진 꼭대기에 캠샤프트 2개가 있다. 하나는 흡기 밸브, 하나는 배기 밸브를 작동시키는 것이다.

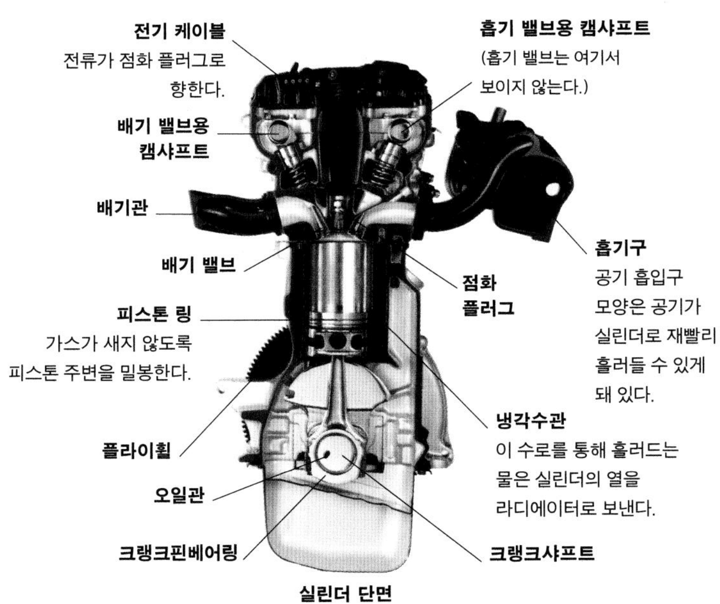

실린더 단면

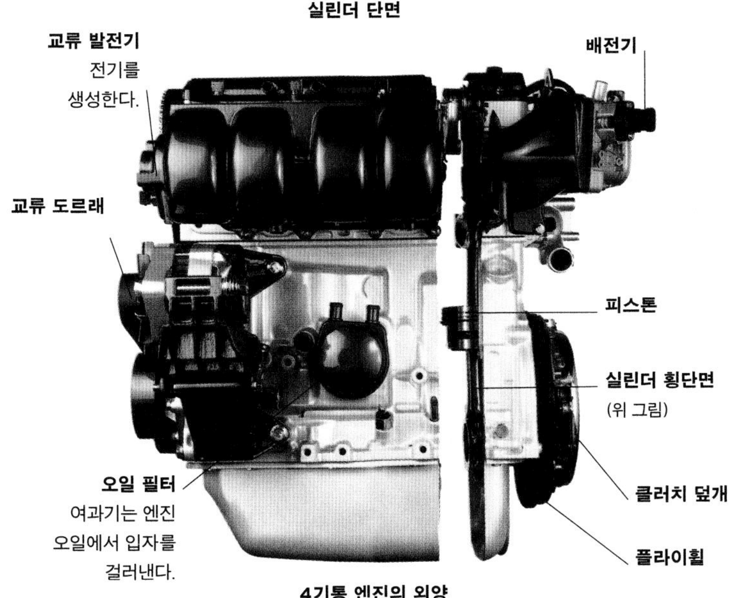

4기통 엔진의 외양

4행정(스트로크)

엔진이 달리고 있을 때 모든 실린더는 매분 수십 번씩 4개의 행정으로 구성되는 동일한 일련의 작동을 한다. 4행정이란 흡기, 압축, 연소, 배기이다. 연소 행정만이 동력을 생성하고 각 실린더에서 크랭크샤프트가 2회 회전할 때마다 1번만 일어난다. 4기통 엔진에서 점화 플러그는 차례로 점화하기 때문에 늘 적어도 한 실린더에는 동력 행정이 일어난다.

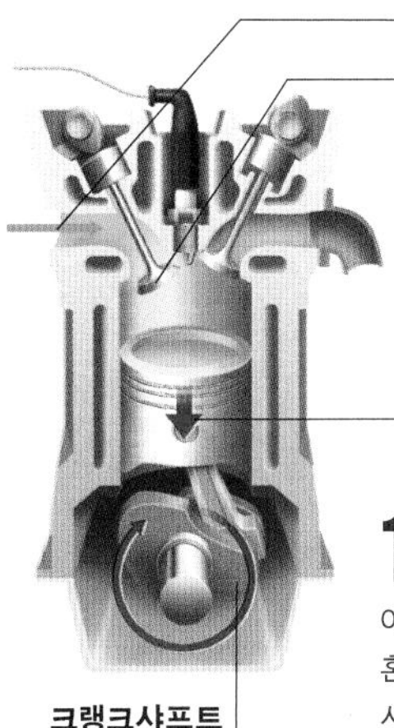

1 흡기 행정
흡기 밸브가 열리고 피스톤이 아래로 움직여 연료와 공기의 혼합기를 엔진의 흡기·연료 주입 시스템을 통해 실린더로 끌어들인다.

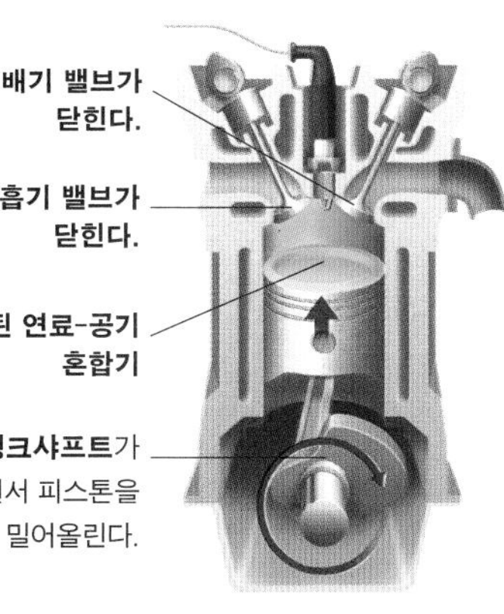

2 압축 행정
피스톤이 다시 실린더 위쪽으로 간다. 그러면 실린더 내부 압력이 높아져 연료-공기 혼합기를 데운다.

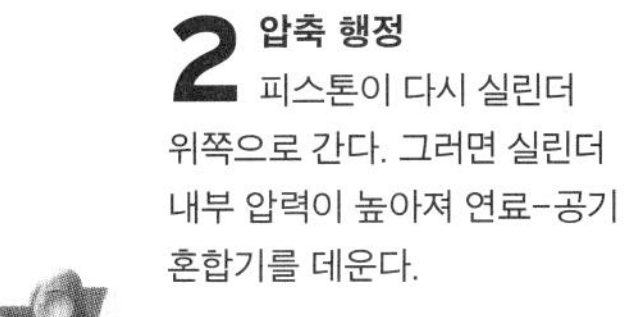

3 연소 행정
피스톤이 꼭대기 부근에 있을 때 점화 플러그가 발화한다. 연소된 혼합기가 팽창하면서 피스톤을 다시 실린더 아래로 내려보낸다.

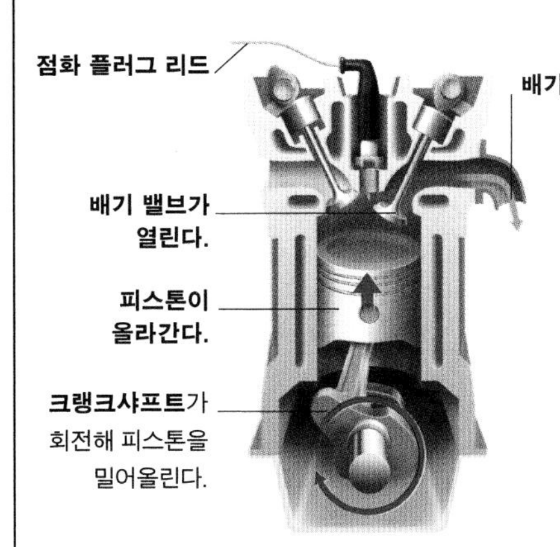

4 배기 행정
피스톤이 바닥에 닿으면 배기 밸브가 열린다. 피스톤이 다시 올라가 배기 가스를 배기구로 내보낸다.

전기 구동계 작동 원리

순수하게 전기 모터로 움직이고, 한 번 배터리를 충전하면 160킬로미터 이상 달릴 수 있는 차를 이제 비교적 합리적인 가격대로 선택 가능하다. 그런 차들은 배기 가스가 없어 도심지에서 화석 연료의 오염 물질 배출이 허용되지 않는 곳에서 깨끗하고 환경 친화적인 자동차 활용의 미래를 제시한다. 현재 여러 모델은 기존 휘발유 및 디젤 승용차를 넘어서는 수준의 성능과 세련미를 보여 준다. 기계적 관점에서는 전기차(EV)의 구동계는 기본적으로 전기 모터와 배터리로 이루어져 있으므로 내연 기관으로 움직이는 차보다 훨씬 단순하며 장난감과 비슷하지만 규모가 더 크다. EV에서 가장 복잡하고 값비싼 부분은 배터리로, 충전 간격 사이에 합리적인 주행 거리를 뒷받침하면서 차를 움직이게 해야 한다. 토요타 미라이 같은 일부 차들은 배터리 대신 수소 가스와 공기 중 산소를 결합해 전기를 만드는 연료 전지를 활용한다.

전기 구동계의 내부 구조

오늘날의 휘발유 또는 디젤 엔진에 수백 개의 부품이 쓰이는 것과 달리, 전기 모터에는 움직이는 부품이 20여 개에 불과하다. 이는 전기 모터가 더 가볍고 더 효율적이면서 만들기 더 쉽다는 뜻이다. 그렇다고 해서 EV의 다른 부분들이 복잡하지 않다는 뜻은 아니다. EV에는 최대한 효율적이면서 배터리를 빨리 재충전할 수 있게 만드는 정교한 시스템들이 있다.

포르쉐 타이칸(Taycan)은 세계에서 가장 발전된 전기차 중 하나다. 타이칸에는 2개의 전기 모터가 있어, 일반적인 가족용 해치백의 약 7배에 이르는 출력을 내고 가장 강력한 휘발유 차보다 더 빨리 가속할 수 있다. 무거운 배터리는 바닥 아래에 펼쳐져 있으므로 타이칸은 무게 중심도 매우 낮다. 덕분에 코너를 따라 달릴 때에도 아주 안정적이다.

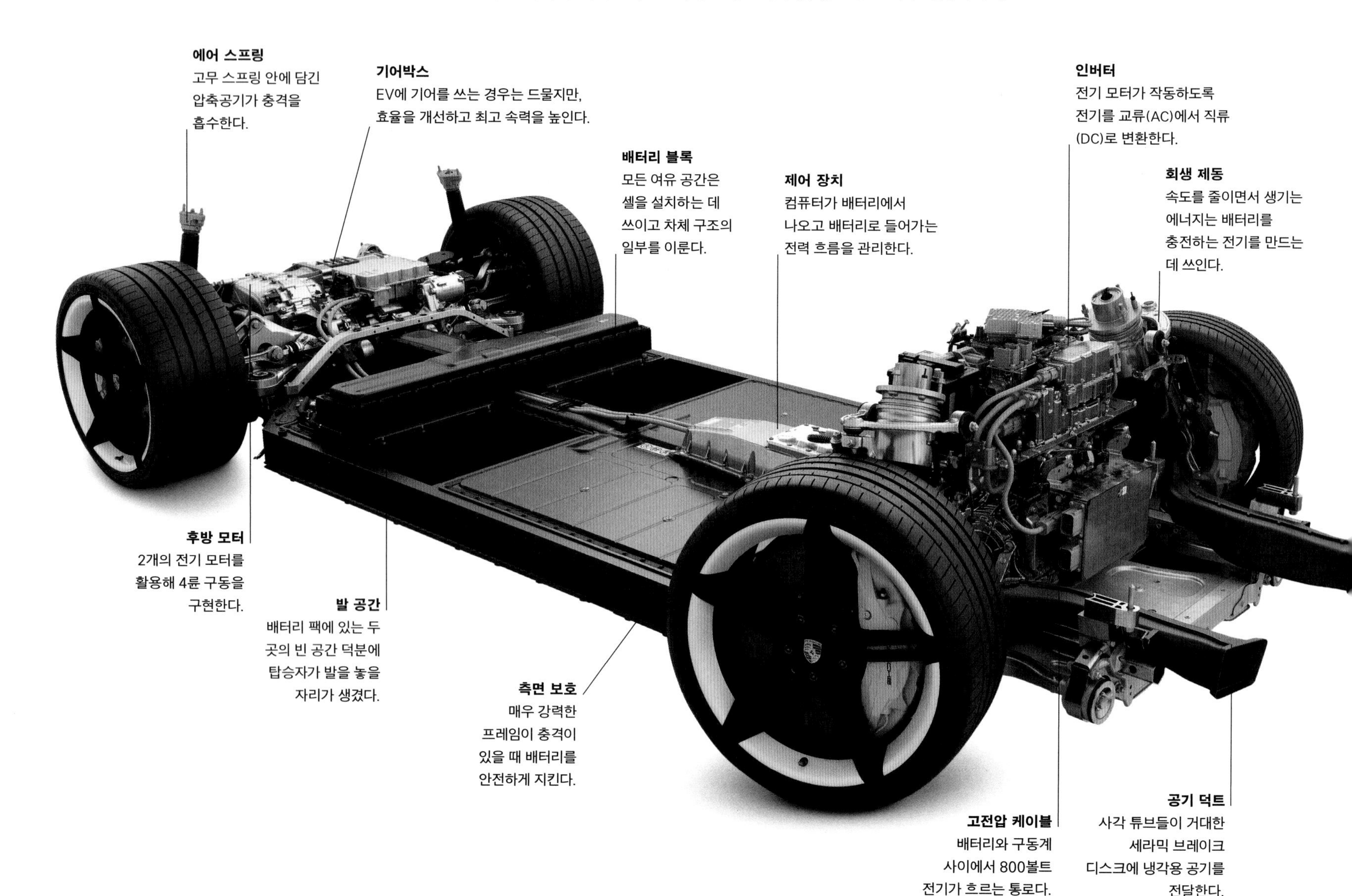

통풍

EV에서 온도에 까다롭게 반응하는 것은 탑승자뿐만이 아니다. 날씨 때문에 생기는 극한의 더위와 추위는 배터리 팩을 손상시키거나 효율을 떨어뜨릴 수 있다. 고속 주행 또는 고속 충전 역시 민감한 전기 부품 내부에 열을 발생시키고, 이를 관리하지 않으면 성능이 제한되거나 충전 속도를 떨어뜨릴 수 있으므로 과열되지 않도록 해야 한다. 초기 EV들은 배터리를 식히기 위해 단순히 공기를 통과시키는 데 의존했는데, 그런 방식이 늘 효율적이지는 않아서 충전 용량을 떨어뜨리는 결과로 이어지기도 했다. 포르쉐 타이칸과 같은 오늘날의 여러 모델은 액체 기반 시스템을 활용해 배터리를 최적의 작동 온도로 유지한다.

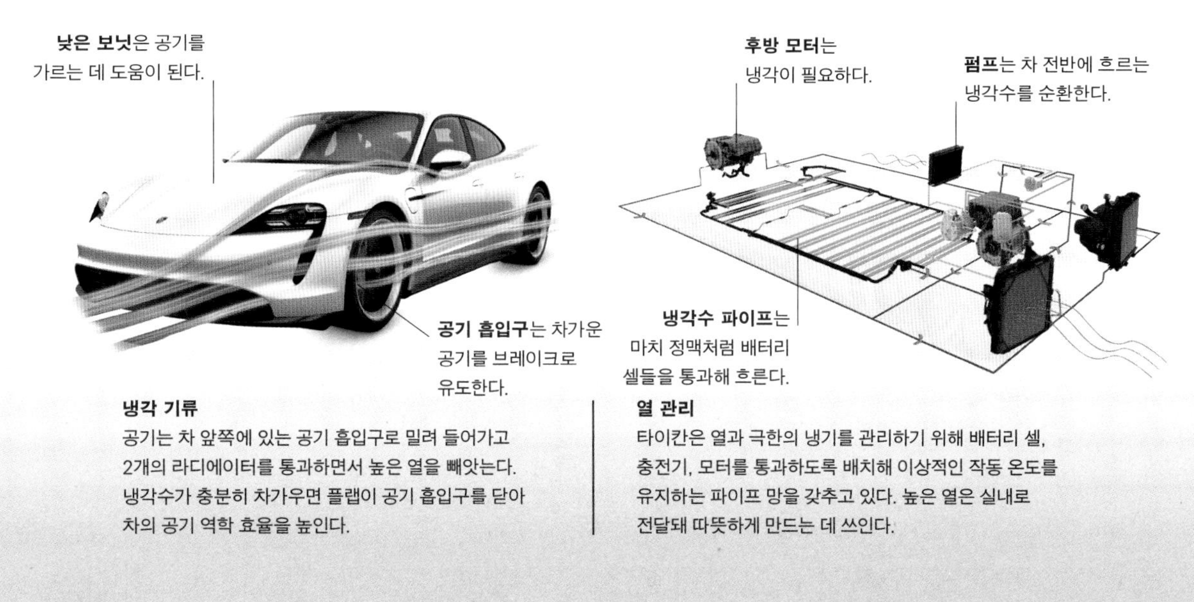

냉각 기류
공기는 차 앞쪽에 있는 공기 흡입구로 밀려 들어가고 2개의 라디에이터를 통과하면서 높은 열을 빼앗는다. 냉각수가 충분히 차가우면 플랩이 공기 흡입구를 닫아 차의 공기 역학 효율을 높인다.

열 관리
타이칸은 열과 극한의 냉기를 관리하기 위해 배터리 셀, 충전기, 모터를 통과하도록 배치해 이상적인 작동 온도를 유지하는 파이프 망을 갖추고 있다. 높은 열은 실내로 전달돼 따뜻하게 만드는 데 쓰인다.

배터리의 구조

타이칸의 배터리는 스마트폰에 쓰이는 것보다 1만 7000배 더 크고 집에서 온 가족이 열흘 동안 쓰기에 충분한 에너지를 담고 있다. 일반적인 휘발유 탱크보다 훨씬 더 큰 공간을 차지하고 더 무겁기도 하지만 바닥 아래에 숨겨져 있고, 모터들은 내연 기관보다 훨씬 더 작다.

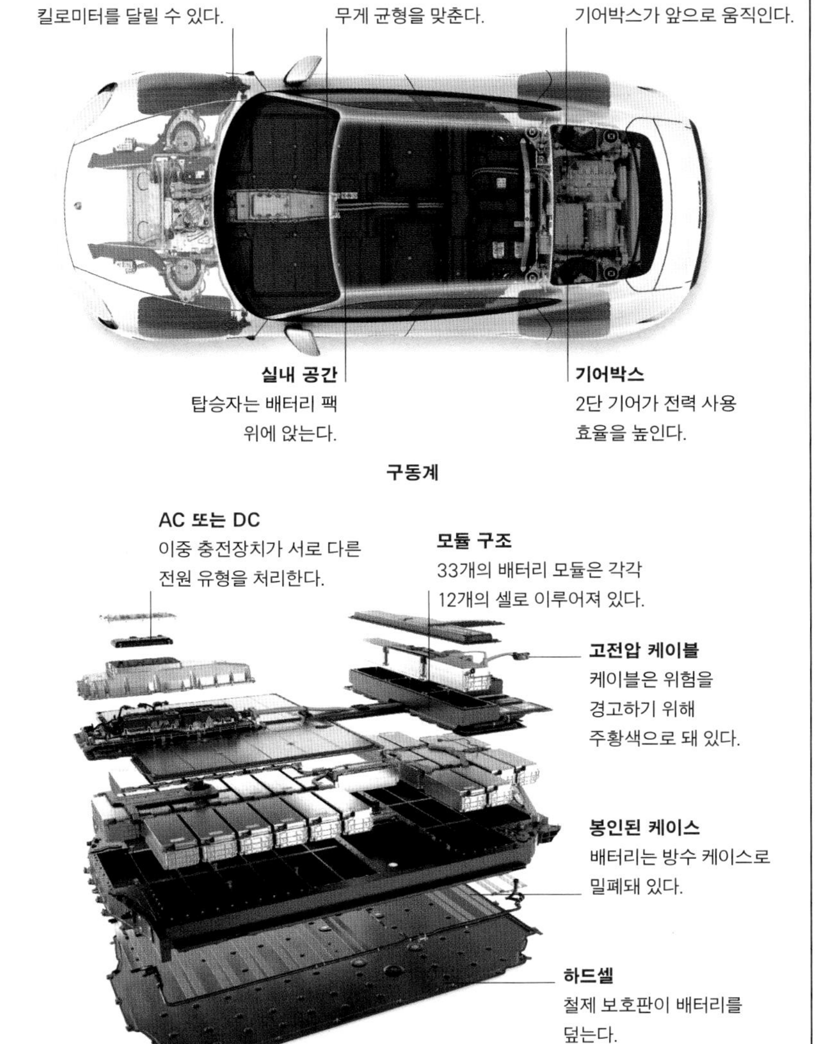

모터와 변속기의 구조

전기 모터는 내연 기관에 비해 작고 간단하지만, 여전히 놀라운 출력을 낼 수 있다. 모터는 운전자가 액셀러레이터 페달을 밟는 즉시 대부분의 토크, 즉 비트는 힘을 낸다. 전기 모터가 아주 빨리 회전할 수 있어 0~시속 97킬로미터 가속을 단 몇 초 만에 할 수 있을 만큼 빨리 가속하므로, 대다수 EV는 기어박스가 필요없다. 그러나 포르쉐 타이칸과 같은 고성능 모델들은 후방 모터에 2단 기어를 써서 최고 속력을 더 높일 수 있다.

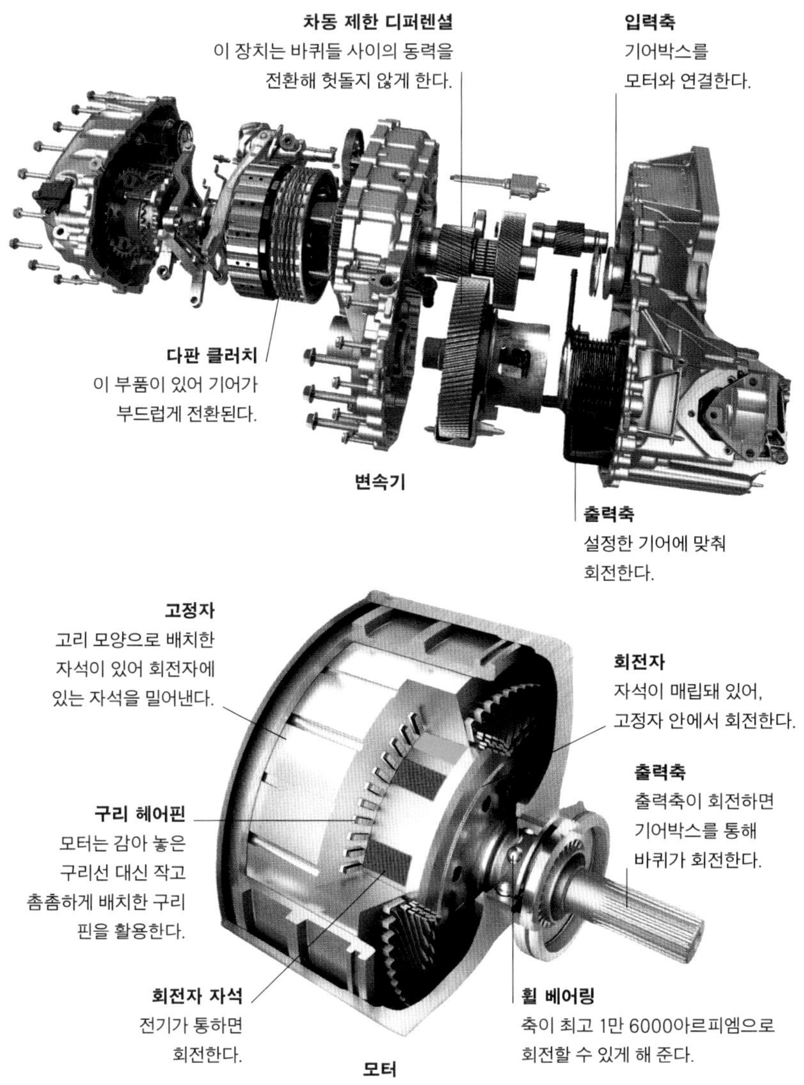

용어 해설

가

가로 배치 엔진(transverse engine) 자동차의 앞뒤 방향이 아니라 좌우 방향으로 실린더가 배치된 엔진.

가스 터빈(gas turbine) 제트 타입 회전 엔진으로, 연료와 공기의 혼합기의 흐름을 지속적으로 연소시켜 연료를 얻고 터빈을 돌린다. 자동차에 실험적으로 사용되기는 했지만 왕복 엔진을 곧장 대체하기에는 너무 반응이 느렸다.

걸윙 도어(gullwing doors) 위로 열리는 문. 메르세데스 벤츠 300SL과 들로리안 DMC-12의 핵심 특징이다.

게이트 기어체인지(gate gearchange) '오픈게이트 기어체인지'의 줄임말. 기어 선택 레버를 넣어야 하는 슬롯이 겉으로 보이게 돼 있는 양식의 기어박스이다. 대개 스포츠카나 레이싱 카에서 볼 수 있고, 그 외 다른 유형의 차들에서는 흔히 고무나 누빈 가죽 각반으로 덮여 있다.

경차(K-car) 무척 작은 차들을 위한 세금 등급으로, 이 책에서 주로 소개하는 일본 자동차의 경우 3.4미터보다 길면 안 되고 엔진이 660시시 이상이면 안 된다. 한국의 경우 전장 3.6미터, 배기량은 1리터 미만이어야 한다.

공랭식 엔진(air-cooled engine) 뜨거운 부품을 식히기 위해 공기를 외부에서 순환시키는 엔진. 현대식 엔진에서는 내부 수랭식 냉각 시스템을 선호한다.

교류 발전기(Alternator) 조그만 발전기로, 엔진이 만들어 낸 기계 에너지를 전류로 바꾼다. 이렇게 만들어진 전기는 배터리를 충전하고 조명, 전자 창문, 라디오 같은 장비의 회로에 동력을 공급한다.

구동계(drivetrain) 엔진, 변속기, 구동축, 디퍼렌셜을 포함한 조립된 기계의 일군으로, 자동차에서 동력을 생성하고 제어한다. 오늘날에는 집합적으로 섀시나 플랫폼이라고 하고, 개발 비용을 줄이기 위해 서로 다른 여러 모델에 이식된다. 그냥 엔진과 변속기만을 뜻하는 경우도 있다.

구동 장치(running gear) 자동차의 바퀴, 현가 장치, 조종 장치, 그리고 구동렬을 가리킨다.

구동축(driveshaft) 엔진의 동력을 바퀴로 전달하는 회전축.

그랜드 루티어(grand routier) 프랑스보다 영국에서 더 많이 쓰이는 비공식 명칭으로, '그랜드 로드 트래블러'로 번역된다. 이것은 우아하고 빠른 유럽제 투어링 카에 흔히 쓰인다.

그랜드 투어링(GT) 이탈리아어 그란 투리스모에서 나온 말로, '그랜드 투어링'을 뜻한다. 약자는 고성능 유개 자동차를 가리킨다.

기름받이(sump) 엔진 밑바닥에 있는 오일 저장고. 건식 기름통은 보통 코너링, 브레이킹, 그리고 가속의 강력한 힘을 받기 쉬운 레이싱 카나 스포츠카 엔진에 장착된다. 전통적인 '습식 기름받이'에서 이런 힘들은 오일이 솟구치게 하고 오일 픽업 파이프의 덮개를 열리게 해서 엔진 손상을 초래할 수 있다. 건식 기름받이 체제에 있는 배유 펌프는 기름받이 밖으로 떨어진 오일을 빼내어 분리된 오일탱크로 뿜어낸다.

기어(gear) 트랜스밋 토크(transmit torque) 같은 다른 부품들과 함께 맞물리거나 회전하는, 톱니가 있는 기계 부품.

나

나스카(NASCAR) 미국 개조 자동차 경기 연맹(National Association for Stock Car Auto Racing)의 약자로서 모터 레이싱 시리즈와 행사를 감독하는 미국 조직이다.

NACA 흡입구(America's National Advisory Committee for Aeronautics duct) 이 독특한 모양으로 된 공기 흡입구는 미국의 국립 항공학 자문 위원회에서 만들어 냈다. 외부 공기 역학에 동요를 최소한으로 야기하면서 제동 장치 같은 내부 요소들을 통풍시키는 데 이용될 수 있다.

다

다이나모(dynamo) 초기 차들에 있었던, 엔진으로 구동하는 발전기. 대체로 교류 발전기로 교체됐다.

더블 오버헤드 캠샤프트(dohc, double-overhead camshaft) 캠샤프트를 볼 것.

데스모드로믹 밸브(desmodromic valve) 스프링이 아니라 지렛대 방식에 의해 기계적으로 닫히는 엔진판. 밸브 움직임을 더 정확히 제어할 수 있지만 제조 비용이 더 들어서, 경주용차의 엔진에 한해서 쓰인다.

독립 서스펜션(independent suspension) 모든 바퀴가 서로 독립적으로 위아래로 움직이게 해 주는 현가 장치 시스템. 이점은 더 나은 조종성과 더 안락한 승차감이다.

독일 국가 규격 수치(DIN figures) 엔진 출력의 척도로, 독일 규격 협회(Deutsches Institut für Normung, DIN)에서 규정했다.

뒷바퀴 독립 현가 장치(IRS, Independent Rear Suspension) 두 뒷바퀴가 서로 독립적으로 자유롭게 위아래로 움직이는 현가 장치.

드라이브 바이 와이어 스로틀(drive-by-wire throttle) 가속기 페달에 기계적으로 연결되는 것이 아니라 전자적으로 제어되는, 새로운 유형의 스로틀.

드라이브벨트(drivebelt) 교류 발전기를 포함해서 차 엔진 내부에 있거나 엔진에 부착된 다양한 장치들을 구동하는 벨트.

드래그 레이싱(drag racing) 도움닫기 없는 스타트에서 어떤 자동차가 직선을 따라 정해진 거리를 가장 빨리 갈 수 있는가를 놓고 경쟁하는 모터 스포츠.

드럼 브레이크(drum brake) 흔히 디스크 제동 장치로 대체되는 구형 제동 장치로, 차 바퀴에 부착된 드럼의 내부 표면에 브레이크 슈(breaking shoes)가 압착된다.

드롭헤드(drophead) 납작하게 접히는 컨버터블 톱을 가진 차체 양식.

디스크 브레이크(disc brake) 각 바퀴 허브에 바퀴와 함께 도는 디스크가 있는 제동 장치로, 속도를 떨어뜨릴 때는 브레이크 패드로 조인다.

디키 시트(dickey seat) 제2차 세계 대전 이전 차들의 뒷좌석의 접는 조수석. 미국에서는 '럼블 시트(rumble seat)'라고 불린다.

디퍼렌셜(differential) 바깥 바퀴가 안쪽 바퀴보다 빨리 돌게 해 주는 차동 장치로, 코너를 돌 때 필요하다.

라

라디에이터(radiator) 공기 흐름의 표면 영역을 넓혀 액체를 냉각시키는 데 쓰이는 열 교환기.

랙앤드피니언 조종 장치(rack-and-pinion steering) 랙앤드피니언은 함께 회전 운동을 선형 운동으로 바꾸는 2개의 기어로 구성된다. 이것이 차 조종에 가장 선호되는 시스템인 이유는 운전자에게 바퀴의 움직임에 관해 좋은 피드백을 제공하기 때문이다.

레드라인(redline) 엔진이 손상을 초래하지 않고 작동할 수 있도록 디자인된 최대 속도. 보통 회전 속도계 다이얼의 붉은 선으로 표시된다.

로드스터(roadster) 원래는 단일한 좌석에 두세 명이 나란히 탈 수 있던 오픈 카를 가리키던 말이지만, 지금은 종류를 막론하고 2인승 오픈 스포츠카를 가리킨다.

로커암(rocker arm) 피벗 레버로 한쪽 끝은 캠축에 의해 올라가고 내려가는데, 직접 작동할 수도 있고 푸시로드를 통해 작동할 수도 있다. 다른 쪽 끝은 엔진 밸브의 기둥 역할을 한다.

로터리 엔진(rotary engine) 피스톤의 왕복 운동을 제거하는 모든 유형의 파워 유닛으로, 회전 운동을 직접 산출한다. 양산차에 얹힌 유일한 유형은 펠릭스 방켈 박사가 만든 것으로, 그것을 얹은 최후의 차는 2001년에 등장한 마쓰다 RX-8이었다.

롤링 차대(rolling chassis) 더 옛날의, 차대가 분리된 차의 프레임으로, 모든 구동렬 부품들이 여기에 장착된다.

롤오버 바(rollover bar) 지붕이 접히는 차의 구조에 포함돼 있는 강력한 금속 고리. 전복 시 운전자와 동승자의 머리와 상체를 보호하기 위해 디자인됐다.

르망 24시간(Le-Mans 24-Hours) 24시간 동안 진행되는 자동차 경주로, 1923년 이후로 프랑스 르망에서 매년 열린다.

리무진(limousine) 보통 휠베이스가 길고 뒷좌석의 편안함에 강조점을 두는 호화 세단 자동차를 말한다. 리무진은 가끔 운전자와 뒷좌석 승객들 사이에 가름막을 설치하기도 한다.

리프 스프링(leaf spring) '카트 스프링(cart spring)'이라고도 하는데, 거칠기로만 주목받고 그 유연한 승차감은 인정받지 못하고 있는 현가 장치의 기본 방식이다. 스프링은 차 밑면에 고정된, 강철 도금의 활 모양(또는 이파리 모양)을 만들고, 차축이 내리누르는 충격을 흡수하는 쿠션 역할을 한다. 자동차가 무거울수록 스프링에 더 많은 이파리가 부착돼야 한다.

마

마그네토(magneto) 점화 플러그를 위해 고압을 생성하는 전자석 생성기로, 초기 차들에서 사용됐다.

마력(break horsepower, 제동 마력) 마력은 원래 일말이 제공하는 견인력을 기준으로 증기 엔진의 에너지 출력을 측정한 수치였다. 자동차에 관해 말할 때 '총' 마력은 한 독립형 엔진의 출력을 가리킨다. '순' 마력은 보조 장비들 때문에 출력이 손실된 이후 엔진의 출력이다. 마력은 크랭크샤프트에 특수 브레이크를 적용하는 방식으로 측정한다.

마력(hp, horsepower) 마력(brake horsepower)을 볼 것.

맥퍼슨 스트럿(MacPherson strut) 발명가인 포드의 엔지니어 얼 맥퍼슨의 이름을 딴 이것은 동축 코일 스프링(coaxial coil spring)이 있는 유압 댐퍼를 구성하는 서스펜션 기둥이다. 프론트 서스펜션으로 쓰일 때가 가장 많고, 엔진 영역을 가장 덜 침범한다는 것이 이점이다.

머슬 카(muscle car) 미국의 표준 양산차로, 보통은 2도어식이고 큰 용적, 고성능 엔진을 갖추고 있다. 최초의 머슬 카는 1964년의 폰티액 GTO였다.

면도날 스타일링(razor-edge styling) 1930년대 후반 영국 자동차 차체 제작 산업에서 등장한, 날카로운 모서리 선을 선호하는 차 디자인 경향. 당시 지배적이었던 둥글린, 유선형 디자인 선호에 대한 반응이었다.

모노블록(monobloc) 실린더가 단일한 유닛으로 같이 주조되는 엔진 디자인. 엔진의 기계적 강성과 통합의 안정성을 높인다.

모노코크(monocoque) 지금은 거의 보편화된 차 구조로, 차체가 모든 구조적 하중을 감당한다. 결과적으로 차대와 차체가 강력한 단일체로 결합한다.

밀레 밀리아(Mille Miglia) 이탈리아의 공공 도로를 달리는 1,000마일(1,609킬로미터) 경주. 1927년과 1957년 사이에 24회 개최됐다. 1977년에 역사적 자동차들의 연례 행사를 위해 이름이 되살아났다.

바

반자동 패들 기어 전환 장치(semi-automatic paddle gearshift) 클러치 없는 기어 전환 메커니즘으로, 운전자가 운전대에 부착된 레버(또는 패들)을 이용해 기어를 바꿀 수 있다.

반타원 스프링(semi-elliptic spring) 리프 스프링을 다르게 부르는 말.

배기 포트(exhaust port) 배기판에서 배기 다기관으로 이어지는, 실린더 헤드에 있는 통로.

배기 다기관(exhaust manifold) 폐배기 가스를 실린더에서 배기관으로 운반하는 파이프 시스템.

배기 밸브(exhaust valve) 배기 행정이 시작할 때 열려서 피스톤이 배기 가스를 실린더 밖으로 밀어내게 해 주는, 실린더 헤드에 있는 판.

배유 펌프(scavenge oil pump) 건식 섬프 엔진에 부가로 딸려 있는 이 펌프는 엔진 밑바닥에 모이는 오일을 빼내어 분리된 오일탱크로 보낸다.

배전기(distributor) 점화 코일의 고전압을 올바른 점화 순서대로 분배하는 장치.

백본 차대(backbone chassis) 차의 차체, 구동렬(drivetrain), 현가 장치를 지탱해 주는 종형의 중앙 구조.

백테 타이어(whitewall tyre) 측면 벽에 하얀 고무의 장식 고리가 있는 타이어로서 1930년대 후반에서 1960년대 초반까지 미국에서 특히 인기 있던 스타일이다.

밸브트레인(valvetrain) 밸브의 작동을 통제하는 엔진의 부품들.

버블톱(bubble-top) 유리나 퍼스펙스, 또는 금속으로 만드는, 둥글려진 차 지붕을 일컫는다.

버터플라이 밸브(butterfly valve) 한 배관 내에서 지름을 축으로 회전하는 디스크로, 열리고 닫히면서 기화기 같은 엔진 부품으로 들어가는 공기의 흐름을 규제하는 판 역할을 한다.

베르토네(Bertone) 이탈리아 자동차 차체 제작 겸 디자인 자문 회사. 1921년에 창립돼 지금도 영업 중이다.

베어링(bearing) 기계의 고정되거나 움직이는 부분들 사이를 지탱해 주는 장치.

보닛(bonnet) 차 엔진을 덮는, 경첩이 달린 뚜껑

보어(bore) 엔진의 피스톤이 움직이는, 보통 원기둥 모양인 구멍. 이 구멍의 지름을 뜻하기도 한다.

브룩랜즈(Brookslands) 세계 최초로 특수 목적으로 지어진 서킷으로, 영국 서리의 웨이브리지 근처에 있다. 1909년부터 1939년까지 사용됐다.

V4, V6, V8, V10, V12, V16 실린더가 컴팩트함을 위해 V자 형태로 배열되는 디자인을 가진 엔진의 명칭. 숫자는 각 엔진의 실린더 수와 관련이 있다.

블로운(blown) 터보차저나 슈퍼차저로 동력을 높인 엔진의 통칭.

블록(block) 실린더 블록을 볼 것.

BDA 엔진(BDA engine, Belt-Drive A-type engine) 포드 기반의, 코스워스 제작 엔진.

빔 앞차축(beam front axle) 양끝에 바퀴가 하나씩 달린 단일 현가 장치. 코일이나 리프 스프링으로 차틀에 부착돼 있다.

사

4륜 구동 4×4를 볼 것.

4×4(four-wheel drive, 4WD, FWD) 각 바퀴에 동력이 전달되는 자동차. 4륜 구동을 가리킨다.

4스트로크 엔진(four-stroke engine) 오늘날 자동차 엔진의 지배적인 유형이다. 동력 사이클에는 흡기, 압축, 연소, 그리고 배기의 4단계가 있는데, 그것은 2개의 크랭크축 회전을 점유한다. 각각은 상향 운동이나 하향 운동, 또는 피스톤의 '행정(stroke)'으로 제어된다.

사이드밸브 엔진(side-valve engine) 밸브가 실린더 헤드 안이 아니라 실린더 측면에 놓이는 엔진 디자인의 한 형태. L-헤드 엔진에서 흡기판과 배기판은 실린더의 한쪽 측면에 같이 놓이고, T-헤드 엔진에서는 반대편에 놓인다.

섀시(chassis) 차대를 볼 것.

서보 어시스티드 브레이크(servo assisted braking) 운전자가 브레이크 페달에 적용하는 힘을 확대하기 위해 저장된 진공(또는 'vaccum servo')을 사용하는 제동 장치.

서브컴팩트(sub-compact) 1970년대에 포드 핀토와 쉐보레 베가 같은, 폭스바겐 비틀의 국내적으로 생산된 라이벌을 가리키기 위해 북아메리카에서 나온 용어. 후자는 포드 팰콘과 쉐보레 콜베어보다 작았는데, 당시에 디트로이트 제조업 기준에 따르면 '컴팩트'했다.

서스펜션(suspension) 고르지 않은 노면을 달릴 때 바퀴의 움직임으로부터 차의 구조를 보호해 주는 시스템, 현가 장치.

설룬(saloon) 고정된 금속 지붕을 가진 모든 유형의 자동차로, 미국에서는 같은 것을 '세단'이라고 부른다.

세단(sedan) 설룬을 볼 것.

세미트레일링 서스펜션(semi-trailing suspension) 각 바퀴 허브가 차의 중심선과 이루는 예각을 축으로 회전하는 낮은 삼각 암(arm)을 통해 차대에 연결되는, 뒷바퀴를 위한 독립적 서스펜션.

세제곱인치(cu in, cubic inches) 미국에서 과거에 엔진 실린더 용량, 즉 엔진 크기를 측정하던 용적 단위. 1970년대부터 리터로 바뀌었다.

소음기(silencer) 배기 파이프의 경로를 따라 놓인 방으로, 배기 소음을 줄이기 위해 만들어졌다.

소프트로더(soft-roader) 농장이나 건설 부지에서의 노동을 위해서가 아니라 이따금씩의 여가를 위한 오프로드용으로 디자인된 4륜 구동 자동차를 말한다.

솔레노이드 스위치(solenoid switch) 전기 제어되는 스위치로, 좀 더 정확한 명칭은 릴레이이다. 저전류 전기 회로가 고전류 회로를 제어하게 해 준다. 고전류 회로는 예를 들어 시동 모터에 필요하다.

수랭식(water-cooling) 순환하는 물을 엔진 부품들을 식히기 위해 사용하는 시스템. 현대식 엔진에서 공랭식 시스템은 일부이고, 수랭식 시스템이 지배적이다.

수평 2기통, 수평 4기통, 수평 6기통, 수평 12기통 (flat-twin, flat-four, flat-six, flat-twelve) 2개의 마주보는 뱅크 위에 실린더와 피스톤이 수평으로 위치한 모든 엔진. 더러 '복서' 엔진이라고도 하는데, 마주보는 한 쌍의 실린더에 있는 피스톤들이 서로 주먹을 주고받듯이 교차적으로 서로를 향해 가까워지고 멀어지기 때문이다.

수평 대향형 배치(horizontally opposed layout) 실린더가 크랭크축 양 측면에 올려져 있는 엔진의 공식 기술 용어.

슈퍼미니(supermini) 1972년형 르노 5처럼, 4기통 엔진을 갖춘 소형 해치백 자동차를 가리키는 시장 용어.

슈퍼차저(supercharger) 엔진 구동 컴프레서로 강제로 공기를 흡기 시스템으로 밀어넣어, 실린더로 들어가는 연료와 공기의 혼합기의 양을 늘리고, 따라서 토크와 파워를 높인다.

슈퍼카(supercar) 무척 값비싼, 고성능 스포츠카. 최초의 스포츠카는 1954년의 메르세데스벤츠 300SL인 것으로 널리 여겨지지만, 그 용어는 골람보르기니 미우라처럼 미드십 엔진의 2인승 자동차를 가리키게 됐다.

스로틀(throttle) 엔진으로 흘러드는 공기의 양을 제어하는 장치.

스몰블록(small-block) 쉐보레와 포드에서 나온 가장 작은 V8 엔진. 1950년대에 처음 생산됐다.

스커틀(scuttle) 엔진과 탑승 공간 사이에 벽을 이루면서 지탱하는 차체 부분.

스테이션 왜건(station wagon, estate) 수하물을 싣기 위해 변용된, 5번째 문이나 뒷문을 열면 적재 공간이 나오고 꽁무니가 네모진 차.

스토브볼트(stovebolt) 쉐보레 직렬 6기통 실린더 엔진의 별명으로 밸브 커버를 고정하는 패스너(fastener), 리프터 커버(lifter cover), 타이밍 커버가 나무를 때는 스토브에 있는 볼트를 닮았기 때문에 붙여졌다.

스파 24시간(Spa 24 Hours) 1924년 이래 벨기에 스파에서 열리는 연례 내구 경주.

스파이더(spider) '스파이더 페이튼(spider-phaeton)'은 원래 말이 끄는, 커다란 바퀴가 달린 가벼운 2인승 마차였다. 알파 로메오가 1954년에 자사의 2인승 스포츠카를 위해 그 이름을 가져다 붙인 이후, 지금은 그런 유형의 차들을 위한 표준 명칭이 됐다. 특히 소형이고 차체가 낮은 것들을 가리킨다.

스파이더(spyder) 독일어 '거미'에 해당하며 가장 흔하게는 포르쉐와 연관된다.

스포츠카(sports car) 컨버터블 톱, 낮거나 날렵한 선, 좋은 노면 유지 성능, 그리고 평균 이상의 속력과 가속을 갖춘 2인승 자동차.

슬라이드 스로틀(slide throttle) 구멍이 난 판이 공기 흡입구를 가로질러 미끄러져 공기가 엔진으로 더 많거나 적게 들어오도록 조절하는 형태의 스로틀.

슬라이딩 기어 변속기(sliding gear transmission) 구식 수동 기어박스. 중립 상태일 때 변속기 내부에서는 메인 드라이브 기어(크랭크축에 부착된)와 클러스터 기어(바퀴에 부착된) 말고는 아무것도 회전하지 않는다. 기어들을 맞물리게 하고 엔진 동력을 움직임으로 바꾸기 위해 운전자는 클러치를 밟고 시프트 핸들을 움직여 기어를 클러스터 위에 올린 메인샤프트를 따라 미끄러뜨린다. 이어 클러치가 풀리고 엔진 동력은 구동 바퀴들로 전달된다. 이 시스템은 상시 교합식(constant-mesh) 기어, 다른 말로 '싱크로메시(syncromesh)' 기어로 교체됐다.

슬리브밸브엔진(sleeve-valve-engine) 피스톤과 실린더 벽 사이에 금속 슬리브가 놓인 엔진. 슬리브는 피스톤의 움직임에 따라 진동하고, 실린더의 흡기구와 배기구에 맞춰 조절되는 구멍들이 있어, 가스가 드나들 수 있게 한다.

습식 라이너(wet-liner) 엔진의 냉각수와 직접 접촉하는 실린더 라이너(liner).

승합차(people carrier) MPV를 흔히 일반적으로 부르는 말로, 특히 적어도 7인승 이상인 것

시시(cc, cubic centimetres) 유럽과 일본에서 사용하는 엔진 실린더 용량의 부피, 즉 엔진의 크기를 측정하는 표준 단위.

식스팟(six-pot) 'pot'은 '실린더'의 속어로 '식스팟' 엔진은 6기통 엔진이다.

실내등(courtesy light) 차문이 열리면 켜지는 조그만 등. 차 내부, 문틀, 혹은 차 밑의 땅바닥을 밝혀 준다.

실린더(cylinder) 엔진 피스톤이 그 안에서 위아래로 움직이는, 보통 원기둥형인 보어.

실린더 블록(cylinder block) 내연 기관에서 실린더가 피스톤을 넣기 위해 구멍이 뚫린 부분으로 재질은 대개 주철이다. 실린더 헤드가 여기 부착된다.

실린더 헤드(cylinder head) 엔진의 뒷부분으로, 실린더 블록 꼭대기에 부착된다. 실린더에서 연료를 점화하는 점화 플러그와 밸브를 갖고 있다.

싱글 오버헤드캠샤프트(sohc, single overhead-camshaft) 캠샤프트를 볼 것.

싱크로메시 기어박스(synchromesh gearbox) 기어 바퀴들이 끊임없이 맞물리는 기어박스. 올싱크로메시 기어박스는 현대 도로 주행용 차들에서 보편적이다.

아

아이들링 포지셔너(idle-speed positioner) 엔진이 아이들링 중일 때, 스로틀이 닫혀도 꺼지지 않고 최적화된 상태로 유지되도록 하는 장치.

압축기(compressor) 압축으로 가스의 부피를 줄임으로써 압력을 높이는 장비. 터보차저와 슈퍼차저에서 엔진 성능을 높이는 데 이용된다.

압축링(compression ring) 피스톤 링을 볼 것.

압축비(compression ratio) 피스톤이 스트로크 밑바닥에 있을 때 한 실린더와 연소실의 부피와, 피스톤이 스트로크 꼭대기에 있을 때 연소실만의 부피의 비율.

액체 플라이휠(fluid flywheel) 지금은 쓸모가 없어진 변속 장치로, 운전자가 클러치를 쓰지 않고 기어를 바꿀 수 있게 해 주었다.

액화 석유 가스(LPG) 액화 석유 가스, 대개 개조하지 않은 휘발유 엔진에 쓰이는 연료로, 유해 배기 가스를 적게 배출한다.

언블로운(unblown) 슈퍼차저나 터보차저가 없는 엔진으로, 정확한 용어는 '자연 흡기(normally aspirated)'이다.

SUV(Sport-Utility Vehicle) 스포츠 실용차.

에어 필터(Air filter) 공기가 엔진에 들어가기 전에 입자를 걸러 주는 펠트나 종이 부품.

에어라이드 서스펜션(air-ride suspension) 거친 도로에서 차의 수평 유지를 돕기 위해 가스나 주입된 공기를 이용하는 현가 장치.

ABS(Anti-lock Braking System, 잠김 방지 제동 장치) 브레이크를 밟는 동안 바퀴가 잠기지 않게 하는 브레이크 시스템이다. 응급 시에 브레이크를 밟고 있는 도중에도 핸들을 돌릴 수 있다.

F1(Formula 1) 공식적으로는 FIA(Federation Internationale de l'Automobile) 포뮬러 원 월드 챔피언십으로 더 잘 알려져 있으며, 1인승 모터 경주에서 가장 유명한 월드 시리즈이다. 1950년에 시작됐다.

MPV(Multi-Purpose Vehicle, Multi-Passenger Vehicle) 다목적 차량(Multi-Purpose Vehicle) 또는 다목적 승용차(Multi-Passenger Vehicle)의 약자. 사람과 화물의 다양한 조합을 싣는 데 쓰이는 최소 5인승, 때로는 최대 9인승까지의 승합차로, 높고 널찍한 차들을 지칭한다.

연료 격벽(anti-surge baffle) 차의 움직임 때문에 액체가 저장 공간, 특히 기름통 내에서 위치를 바꾸지 않게 하는 판이다.

연료 분사(fuel injection) 연료 공급 시스템으로, 기화기가 없는 신형 차들에 보편적이다. 연료는 휘발유 탱크에서 뽑아올려져 분사기를 통해 곧장 엔진의 흡기구로 뿌려지고, 그곳에서 공기와 혼합된 다음 실린더에서 연소된다. 디젤 엔진과 직접 분사식 휘발유 엔진에서 연료는 배기구가 아니라 실린더로 곧장 분사된다.

연소실(combustion chamber) 엔진 실린더 맨 위의 공간. 상사점까지 올라간 피스톤에 압축된 연료와 공기의 혼합기가 이곳으로 압축된다. 연소를 시작하는 점화 플러그가 여기 있다.

열차폐(heat shield) 방열 재재로 돼 있는 딱딱하거나 부드러운 판들로, 차의 부품이나 차체를 과도한 엔진열이나 배기 생성열로부터 보호해 준다.

오버드라이브(overdrive) 기어박스의 출력샤프트가 입력샤프트보다 더 빨리 돌게 만들어 신속한 운전을 가능케 하는 기어 비율. 이것은 주어진 차량 속도에서 엔진의 회전 속도(rev)를 떨어뜨리는데, 그것은 연료 소비를 절감하지만 추월력(overtaking power)을 제한하는 토크(torque)도 마찬가지다.

오버라이더(overrider) 금속이나 고무 표면을 갖춘 금속 기둥으로, 다른 차의 범퍼와 충돌해도 손상을 입지 않도록 범퍼에 장착돼 있다.

오버래핑 4도어(overlapping four-door) 앞쪽 문들이 닫혔을 때 뒤쪽 문들을 덮는 차체 양식.

오버스퀘어 엔진(oversquare engine) 실린더 보어 수치가 스트로크보다 큰 엔진.

오버헤드밸브 엔진(overhead-valve engine) 흡기관과 배기관이 사이드밸브 엔진에서처럼 실린더 옆이 아니라 실린더 헤드 내에 들어 있는 엔진. 밸브와 캠은 푸시로드라는 막대기로 구동된다.

오버헤드 밸브(ohv, overhead valve) 오버헤드-밸브 엔진을 볼 것.

오버헤드캠샤프트(ohc, overhead-camshaft) 캠샤프트를 볼 것.

오토테스트(autotest) 저속에서 정확한 운전 기술을 테스트하는 모터 스포츠 대회.

왕복 엔진(reciprocating engine) 피스톤 엔진이라고도 하는데, 피스톤의 상하(또는 왕복) 운동을 바퀴에 필요한 회전 운동으로 바꾼다.

워크스 드라이버(works driver) 팀 소속으로 자동차를 몰도록 자동차 제조사에 고용된 경주 선수. 독립적인 '프라이비티어(privateer)'와는 반대 개념이다.

위시본 서스펜션(wishbone suspension) 각 바퀴 허브를 차대에 연결하는 2개의 위시본 모양 암을 사용하는 독립 현가 장치.

유성 기어세트(planetary gearset) 유성기어박스를 미국에서 부르는 말로, 조그만 피니언 톱니바퀴들이 가운데 있는 '태양' 기어를 둘러싸고 회전하면서 바깥 링 기어와 맞물리는 방식.

유압 댐퍼(hydraulic damper) 댐퍼는 쇽 업소버의 정식 명칭으로, 현가 장치의 운동 에너지를 소모하고 내부 오일을 통해 유압으로 변환해 빠르게 열로 발산한다.

2륜 구동(two-wheel drive) 4륜 구동과는 대조적으로 두 앞바퀴나 두 뒷바퀴로만 동력이 전달된다.

2+2 2개의 풀사이즈 앞좌석과 2개의 작은 뒷좌석을 가리키는 약자. 뒷좌석은 어린 아동들이나 가방용 공간이다. 단시간 움직일 때에는 성인도 탑승이 가능하다.

2중 회로 제동 장치(dual-circuit brakes) 2개의 독립적인 유압 회로를 가진 제동 장치로, 한 회로가 잘못돼도 제동력을 잃지 않는다.

2행정 엔진(two-stroke engine) 피스톤이 연소 사이클에서 위로 한 번 아래로 한 번 움직이는(두 번의 '행정'을 수행하는) 엔진.

인디애나폴리스 500(Indianapolis 500) 미국에서 개최되는 상징적인 1인승 자동차 경주로, 타원형 인디애나폴리스 모터 스피드웨이에서 1911년부터 매년 열린다.

인터쿨러(intercooler) 터보차저나 슈퍼차저에서 나온 압축된 공기를, 엔진에 들어가기 전에 식히는 라디에이터. 이것은 동력을 높이고 안정성을 증진한다.

일체 구조(unitary construction) 모노코크를 볼 것.

자

자동 변속기(automatic) 운전자 대신 적절한 기어를 자동으로 선택해 주는 클러치 없는 변속기.

전륜 구동(front-wheel drive) 동력이 차의 앞 두 바퀴에만 전달된다. 뒷바퀴에는 변속기가 필요 없기 때문에 무게를 가볍게 할 수 있다.

점화 코일(ignition coil) 차 배터리의 12볼트 전력을 점화 플러그를 점화하는 데 필요한 수천 볼트로 변환하는 점화 시스템 부품.

점화 플러그(spark plug) 전기 장치로, 휘발유 엔진의 실린더 헤드에 조여져 있다. 실린더에서 연료를 점화한다.

제동 에너지 회생 장치(regenerative braking) 전기 구동 모터(electric traction motor)가 제동 상태에서 발전기 역할을 하는, 전기 자동차와 하이브리드 자동차에서 볼 수 있는 시스템. 따라서 배터리 팩을 대충전하기 위한 전류를 생성하는 동안 제동력을 제공한다.

주지아로(Giugiaro) 이탈리아 자동차 디자이너인 조르지오 주지아로나 혹은 주지아로가 1968년에 시작한 디자인 자문사를 뜻하는데, 회사의 공식 명칭은 이탈디자인-주지아로이다. 폭스바겐에서 2010년에 인수했다.

직렬 엔진(in-line engine) 실린더가 일직선으로 배열된 엔진.

직접 분사(direct injection) 연료 분사를 볼 것.

진공식 진각 장치(vacuum advance) 배전기가 엔진 하중에 따라 점화 타이밍을 조정하게 해 주는

메커니즘.

진입 레벨(entry level) 해당 범주 내에서 가격이나 제원이 가장 낮은 자동차 모델.

차

차대(chassis) 모든 초기 자동차에서 기계 부품들이 장착되고 구동계가 부착된 기본 구조물. 오늘날 모델들은 대개 모노코크 디자인으로 전통적인 의미의 섀시가 없지만, 이 말은 여전히 구동 계통과 그 지지 부분을 지칭하는 말로 쓰인다.

차동 제한 장치(limited-slip differential) 구동된 바퀴가 얼음 같은 미끄러운 표면에 닿을 때 공전하는 경향에 맞대응하는 차동 장치.

초크(choke) 일시적으로 공기 흐름을 제한해 연료와 공기의 혼합기에서 휘발유의 농도를 높여 엔진이 차가울 때도 점화를 쉽게 해 주는 기화기판.

촉매 변환기(catalytic converter) 무연 휘발유로 달리는 차의 배기구에 장착된 기구. 화학 촉매를 이용해 유해 가스를 무해 가스로 바꾸는 반응을 촉발한다.

축 구동(shaft drive) 회전하는 축을 통해 엔진으로부터 바퀴에 전달되는 힘.

카

카뷰레터(carburettor, 기화기) 구식 엔진에서 연료와 공기가 혼합돼 가연성 혼합물을 만드는 장치. 만들어진 혼합물은 실린더에서 점화된다.

칼럼 기어체인지(column gearchange) 바닥이 아니라 스티어링 칼럼에 얹힌 기어 선택 레버이다. 현대식 자동차에서는 더 이상 볼 수 없다.

칼슨 튠드(Carlsson tuned) 특별판 사브의 최상급 클래스로, 스웨덴 경주 선수인 에릭 칼슨의 이름을 딴 것이다.

캠샤프트(camshaft) 엔진의 흡기판과 배기판을 여닫는, 캠 조각(cam lobes)이 달린 회전축. 판을 푸시로드에 의해 간접적으로(보통은 오버헤드 밸브 엔진에서) 또는 직접적으로(오버헤드 캠 엔진에서) 작동시킬 수 있다. 더블 오버헤드 캠샤프트 엔진에서는 하나는 흡기 밸브용, 하나는 배기 밸브용으로 실린더당 캠샤프트 2개가 사용된다.

커넥팅 로드(connecting rod) 엔진의 피스톤을 크랭크샤프트에 연결하는 봉.

컨버터블(cabriolet) 보통 스포츠카는 아니지만 2도어로, 천으로 된 지붕을 제거하거나 접을 수 있다.

코스워스 튜닝(Cosworth-tuned) 영국 출신의 엔진 디자이너, 제작자 겸 개조자인 코스워스가 도로 주행용 및 경주용 차들을 위해 튜닝한 엔진.

코치워크(coachwork) 전통적으로 자동차 차체 제작사의 작품인 차 외부의 도색된 차체 패널들을 가리킨다.

쿠페(coupé) 프랑스 어로, '자르다(Coupér)'라는 뜻인데, 원래 지붕선이 더 낮거나 생략된, 2도어식 유개 자동차를 나타냈다. 쿠페는 오늘날 전반적으로 뒤쪽으로 내려가는 지붕선을 갖고 있다.

큐카(Q-car) 무미건조한 외양이 거짓임을 보여 주는 성능을 가진 차. 제1차 세계 대전 당시 악의 없어 보이지만 중장비를 갖췄던 영국 왕립 해군의 Q 선박에서 나온 이름이다. Q 카는 '양의 탈을 쓴 늑대'라고 불릴 때가 많다.

크랭크 풀리(crank pulley) 엔진 크랭크샤프트 끝에 있는 큰 도르래. 교류 발전기와 냉각수 펌프 같은 보조 장치들을 구동하는 데 이용된다.

크랭크샤프트(crankshaft) 피스톤의 왕복(상하) 운동을 바퀴를 돌리기 위한 회전 운동으로 바꾸는, 큰 엔진 축.

크랭크실(crankcase) 크랭크샤프트가 들어 있는 실린더 블록의 낮은 부분.

크랭크핀 베어링(big end bearing) 피스톤과 크랭크샤프트를 잇는 연결봉의 더 크고 더 낮은 베어링.

크로스오버(crossover) 서로 다른 두 차의 유형의 요소들을 결합한 모든 자동차를 말한다. 대개 차체 허리선 위는 평범한 해치백이나 세단이고 아래쪽은 SUV/4×4 차량인 것에 쓰인다.

클래식(classic) 1930년 1월 1일 이후에 만들어진 자동차로, 25년 이상 된 것.

클러치(clutch) 엔진과 변속기를 갈라놓는 장치로, 다른 기어를 선택할 수 있게 해준다.

클로즈커플드(close-coupled) 2도어 소형차의 차체 형식으로, 휠베이스 안에 뒷좌석 2개를 배치한 것.

타

타르가 플로리오(Targa Florio) 시칠리아의 산맥을 달리는 오픈로드 경주로, 1906년에서 1973년까지 열렸고, 그 이후에 클래식카 행사로 되살아났다.

태핏(tappet) 캠샤프트 로브(lobe)와 미끄러지면서 접촉하는 구동렬 부품으로, 캠의 형태를 밸브의 왕복 움직임으로 전환한다.

터닝 서클(turning circle) 핸들이 회전 극한(full-lock)에 있을 때 차의 외부 앞바퀴가 함께 돌면서 그리는 원의 지름.

터보차저(turbocharger) 엔진의 흡기 시스템과 배기 시스템 사이에 자리잡은 장치로, 배기 가스를 이용해 터빈을 돌린다. 이것은 다시 공기를 흡기 시스템으로 밀어넣는 압축기를 구동한다.

토션바(torsion-bar) 바퀴의 움직임에 의해 비틀려서 스프링 역할을 하는 서스펜션 부품.

토크(torque) 엔진이 만들어 내는 토크.

튠드(tuned) 성능을 더 높이기 위해 개조한 엔진을 가리키는 말.

트랜스액슬(transaxle) 기어박스와 디퍼렌셜. 부품들을 단일한 케이스 안에 결합하는 조립 방식을 가리키는 용어.

트랜스미션(transmission) 원래는 구동계의 모든 부품을 가리키지만 기어박스만 말할 때가 많다.

트랜스미션 터널(transmission tunnel) 전치 기관 후륜 구동 또는 4륜 구동 자동차에서 객실 중앙선을 따라 세로로 뻗은 돌출 부분. 프롭샤프트가 여기 들어 있다.

트윈캠(twin-cam) 캠샤프트를 볼 것.

파

파워트레인(powertrain) 동력 전달 계통. 구동렬(drivetrain)을 볼 것.

패스트백(fastback) 뒤 지붕선 윤곽이 차 꽁무니 쪽으로 기우는 스타일.

팩토리 팀(factory team) 자동차 제조사에서 자금 지원을 받는 경주팀.

페어링(fairing) 예를 들어 엔진 같은 부품들을 좀 더 항공역학적으로 만들기 위해 디자인된 모든 덮개를 말한다.

포니 카(pony car) 최초의 소형 스포티 쿠페에 속하는, 1960년대 미국 '베이비 부머들'을 겨냥했던 포드 머스탱을 따라 비공식적으로 이름지어진 차들의 장르. 몇 가지 고성능 엔진 옵션을 갖도록 주문할 수 있었다.

포뮬러 리브르(Formula Libre) 서로 다른 형태의 레이싱 카들이 직접 경쟁하는 자동차 경주의 한 형식.

푸시로드 엔진(pushrod engine) 밸브를 캠샤프트를 통해 직접 작동하는 것이 아니라 중간 봉들을 통해 간접 작동하는 엔진. 이것은 밸브와 캠샤프트들이 멀찍이 떨어져 있게 해준다.

퓨처라마식(Futuramic) 제너럴 모터스의 올즈모빌 부서에서 1948~1950년의 자동차 범주의 디자인을 일컫는 데 사용한 말이다.

프롭샤프트(propshaft) '프로펠러-샤프트'의 줄임말로, 엔진 토크를 후륜 구동이나 4륜 구동 차의 뒤축으로 전달하는 긴 샤프트를 가리킨다.

플라이휠(flywheel) 크랭크샤프트에 부착된 무거운 원판으로, 엔진의 토크 충격이 만들어 내는 회전 에너지를 저장한다. 충격 사이사이에 이 에너지를 방출해 엔진 작동을 원활하게 한다.

플랫폼(platform) 현대식 차의, 감춰져 있지만 기본적이고 값비싼 기본 구조. 단일한 플랫폼에서 미적인 다양성을 최대화하는 것이 현대 차 디자이너들의 과제이다.

플로어팬(floorpan) 차체 하부를 구성하고 현가 장치 및 기타 구동계 요소들을 담은 얇은 프레스 성형 판. 디자인을 영리하게 하면 동일한 플로어팬을 몇몇 다른 모델들에서 같이 쓸 수 있다.

피닌 파리나/피닌파리나(Pinin Farina/Pininfarina) 이탈리아 차체 제작사이자 디자인 자문사. 바티스타 '피닌' 파리나가 1930년에 피닌 파리나라는 사명으로 창립했다. 1961년에 피닌파리나로 개명했다.

피스톤(piston) 엔진 실린더 내에서 위아래로 움직이고, 연소 행정에서 팽창하는 가스에서 나온 힘을 커넥팅 로드를 통해 크랭크샤프트로 보내는 부품.

피스톤 링(piston ring) 끝이 열린 고리로, 엔진 피스톤의 바깥 표면에 있는 홈에 들어맞아 연소실을 봉한다. 피스톤 링은 또한 열을 실린더 벽에 전달함으로써 피스톤을 냉각하고 오일 소모를 억제하는 역할도 한다.

하

하드톱(hardtop) 고정되거나 제거할 수 있는 단단한 지붕이 있는 스포츠카나 스포티카. 천 지붕을 가진 차는 소프트톱이라고 불린다.

하이드라매틱 변속기(Hydramatic transmission) 제너럴 모터스 고유 브랜드의 자동 변속기.

하이드로뉴매틱(Hydropneumatic) 시트로엥의 자체적인 차고 유지 현가 장치 브랜드. 엔진으로 가동되는 압력 펌프에서 나온 유압 유압 액체 그 서스펜션 암(arm)의 움직임을 압축 질소를 함유한 금속 가스 스프링으로 전송해 충돌을 흡수하고 차고를 유지한다. 이 시스템은 다양한 운전 상황에 대처하기 위해 차고가 미리 설정돼 있다. 복잡하고 독특한 이 방식은 끝내 대중화되지 못했다.

하이드로래스틱 서스펜션(Hydrolastic suspension) 액체로 채워진 고무 변위 기구(fluid-filled rubber displacement units)를 갖춘 현가 장치의 한 브랜드. BMC가 1960년대에 만든 자동차들에 사용됐다.

하이브리드(hybrid) 전기와 휘발유 또는 디젤 동력의 사용을 결합한 자동차 추진 기술. 전기로는 시내 운전 시 배기 가스를 크게 줄일 수 있고, 화석 연료는 고속도로 운전시에 지속적인 힘을 충분히 제공하고 배터리를 충전한다.

하향 기화기(downdraught carburettor) 연료가 아래로 흡입되게 하는 기화기.

핫 로드(hot rod) '핫 로드스터(hot roadster)'의 준말로, 원래 1930년에 생겼을 때는 고성능을 내기 위해 엔진을 개조한 모든 표준 자동차를 가리켰다. 제2차 세계 대전 이후에는 직선 속도 경주에 쓰이는 개조된 양산차를 말한다.

핫 해치(hot hatch) 3도어(가끔은 5도어) 소형차의 고성능판을 일컫는 영국의 별명. 1976년 르노 5 알파인과 폭스바겐 골프가 그 표본이다.

항력 계수(drag coeffecient) 한 자동차가 얼마나 항공 역학적인가를 측정하는 수. '항력'은 물체가 공기를 통과할 때 생기는 저항이다.

해치백(hatchback) 수직형 대신 기울어진 꽁무니를 지닌, 스테이션 웨건을 제외한 모든 자동차에 있는 뒷문으로, 3번째나 5번째 문이라고도 불린다. 1965년 르노 16의 5도어형와, 1972년 르노 5의 3도어형에서 볼 수 있는 차 형식이기도 하다.

헤드(head) 실린더 헤드를 볼 것.

현가 장치(suspension) 고르지 않은 노면을 달릴 때 바퀴의 움직임으로부터 차의 구조를 보호해 주는 시스템, 서스펜션.

호몰로게이션(homologation) 신차들이 한 지역의 제조와 사용 법규들을 준수하기 위해 통과해야 하는 엄격한 테스트 프로그램. 그다음에야 도로에서 합법적으로 주행할 수 있다. 또한 개인 모터 스포츠 분야를 지배하는 규정에도 적용된다. '호몰로게이션 스페셜'이란, 일반적으로, 레이싱 카의 도로 주행용 버전이다. 양산용 모델의 자격을 얻으려면 최소한의 제조 대수를 충족시켜야 한다.

활축(live axle) 바퀴를 구동하는 축을 담고 있는 기둥형 축.

회전 경사판(swash plate) 샤프트 축에 평행하게 놓인 푸시로드에서 샤프트의 회전 움직임을 왕복 운동으로 바꾸는 데 이용되는, 회전 샤프트에 일정한 각도로 부착된 판.

회전 속도(rev) 분당 회전 속도의 약어로, 엔진 회전 속도의 단위이다.

후륜 구동(rear-wheel drive) 동력이 자동차의 두 뒷바퀴에만 전달된다.

휠베이스(wheelbase) 앞바퀴와 뒷바퀴의 정확한 축간거리.

흡기구(inlet port) 연료와 공기의 혼합기가 흡기판으로 가는 길에 통과하는 실린더 헤드 내의 경로.

흡기 밸브(inlet valve) 연료가 엔진 실린더로 빨려 들어가는 판.

흡기 트럼펫(inlet trumpet) 좀 더 많은 공기를 실린더로 보내기 위해 파동 움직임의 효과를 이용하도록 디자인된 트럼펫 모양의 엔진 흡기구.

흡기구 플리넘 체임버(inlet plenum chamber) 엔진 스로틀과 흡기 다기관 사이의 공기실로, 흡기 계통의 작동에 이로운 영향을 미친다.

흡입 계통(induction system) 공기가 엔진에 들어갈 때 통과하는 기구.

찾아보기

마

바

사

아

자

차

카

타

파

하

도판 저작권

REVISED EDITION:

DK LONDON
Senior Editor Chauney Dunford
Designer Daksheeta Pattni
Managing Editor Gareth Jones
Senior Managing Art Editor Lee Griffiths
Jacket Designer Surabhi Wadhwa
Production Editor Gillian Reid

DK DELHI
Project Art Editor Meenal Goyal
Art Editor Bhagyashree Nayak
Senior Editor Suefa Lee
Managing Editor Rohan Sinha
Managing Art Editor Sudakshina Basu
Picture Researcher Vagisha Pushp
DTP Designers Jaypal Chauhan,
Ashok Kumar

The publisher would like to thank the following people for their assistance with this book:
Steve Crozier and Nicola Erdpresser for design assistance; Catherine Thomas for editorial assistance; Jyoti Sachdev, Sakshi Saluja, and Malavika Talukder for arranging the India photoshoot; Caroline Hunt for proofreading; and Helen Peters for the index.

The publisher would also like to thank Editor-in-chief Giles Chapman for his unstinting support throughout the making of this book.
Giles Chapman is an award-winning writer and commentator on the industry, history, and culture of cars. A former editor of *Classic & Sports Car*, the world's best-selling classic car magazine, he has written 55 books, including *Chapman's Car Compendium* and DK's *Illustrated Encyclopedia of Extraordinary Automobiles*, and has edited or contributed to many more besides.

The publisher would like to thank the following for their kind permission to reproduce their photographs:

(Key: a-above; b-below/bottom; c-centre; f-far; l-left; r-right; t-top)

8 Getty Images: Car Culture (c).
10 Giles Chapman Library: (cla).
11 Louwman Museum. Corbis: The Bettmann Archive (cl). **Getty Images:** Ed Clark / Time Life Pictures (tl). **Malcolm McKay:** (cr, bl). **TopFoto.co.uk:** Topham Picturepoint (tr). **13 Louwman Museum. Motoring Picture Library/ National Motor Museum. 14 Corbis:** The Bettmann Archive (tl). **Giles Chapman Library:** (cra, bl). **courtesy Mercedes-Benz Cars, Daimler AG:** (cla). **15 Giles Chapman Library:** (br). **17 Louwman Museum:** (crb, cr).
Giles Chapman Library: (clb). **18 Giles Chapman Library:** (tl). **24 Corbis:** The Gallery Collection (c). **26 Louwman Museum. 27 Art Tech Picture Agency:** (tr). **Louwman Museum:** (cr). **Corbis:** Car Culture (crb). **28 Giles Chapman Library:** (bc). **Used with permission, GM Media Archives.**
29 Giles Chapman Library: (br). **Used with permission, GM Media Archives.:** (cla). **30 Louwman Museum:** (tc, ca, cla, bl, br, cr, cra). **TopFoto.co.uk:** National Motor Museum/HIP (clb). **31 Louwman Museum. Giles Chapman Library:** (bl). **TopFoto.co.uk:** Alinari (clb).
32 Giles Chapman Library: (tl).
38 Alamy Images: pbpgalleries (tc).
Art Tech Picture Agency: (cl). **Louwman Museum:** (cra). **Motoring Picture Library / National Motor Museum:** (cb). **39 Motoring Picture Library / National Motor Museum. Rex Features:** Gary Hawkins (tr).
40 Motoring Picture Library/ National Motor Museum: (tl).
44 Used with permission, GM Media Archives.: (c). **45 Alamy Images:** culture-images GmbH (br). **46 Louwman Museum. Getty Images:** Car Culture (tl). **47 Louwman Museum. Giles Chapman Library:** (cla). **James Mann. TopFoto.co.uk:** (cb). **48 Giles Chapman Library:** (c). **50 Art Tech Picture Agency:** (cl). **Louwman Museum:** (bc). **James Mann:** (cra). **TopFoto.co.uk:** 2006 (tr). **51 Louwman Museum:** (tl). **James Mann:** (crb). **Motoring Picture Library / National Motor Museum. TopFoto.co.uk:** 2005 (cb). **Ullstein Bild:** (cl). **56 Motoring Picture Library/ National Motor Museum:** (tl, cr). **57 Louwman Museum:** (cra, c). **James Mann:** (tr). **Motoring Picture Library/ National Motor Museum:** (cl). **58 Alamy Images:** Mary Evans Picture Library (bl). **Giles Chapman Library:** (tl). **Rolls-Royce Motor Cars Ltd:** Rolls-Royce Enthusiasts Club (cra); (cla). **59 Alamy Images:** Pictorial Press Ltd (cb). **Art Tech Picture Agency:** (tr).
60 Alamy Images: Motoring Picture Library (cl). **Louwman Museum:** (tc, clb). **Motoring Picture Library / National Motor Museum:** (cr). **61 Giles Chapman Library:** (cra). **Motoring Picture Library / National Motor Museum:** (tc, cl). **62 akg-images:** Erich Lessing (bl). **Lebrecht Music and Arts:** Rue des archives (br). **Giles Chapman Library:** (tl). **Renault Communication:** (cl). **63 akg-images:** (br). **Art Tech Picture Agency:** (tc). **64 Alamy Images:** Interfoto (ca). **Louwman Museum. Magic Car Pics:** (tr). **Motoring Picture Library / National Motor Museum:** (crb). **65 Alamy Images:** Prisma Bildagentur AG (bc). **Corbis:** Car Culture (cla). **66 TopFoto.co.uk:** (tl). **70 Corbis:** The Bettmann Archive (c). **72 Corbis:** Car Culture (c). **74 Giles Chapman Library. Motoring Picture Library / National Motor Museum:** (tr). **Reinhard Lintelmann Photography (Germany):** (bl); (clb). **75 Art Tech Picture Agency:** (bc). **The Car Photo Library:** (cb). **Giles Chapman Library. TopFoto.co.uk:** ullstein bild / Paul Mai (tl). **76 Louwman Museum:** (cra). **78 Alamy Images:** Esa Hiltula (cla). **Corbis:** The Bettmann Archive (cr). **TopFoto.co.uk:** (tl).
79 The Advertising Archives: (cla). **Corbis:** Transtock Inc. (crb). **Orphan Work:** (ftl). **82 Getty Images:** Fox Photos (c). **84 Flickr.com:** Ludek Mornstejn (tc). **85 Flickr. com:** Stefan Koschminder (br). **Motoring Picture Library / National Motor Museum:** (cra). **Oldtimergalerie Rosenau. :** (clb). **86 Alamy Images:** Autos (bc).
87 Giles Chapman Library: (clb). **Reinhard Lintelmann Photography (Germany):** (tr). **90 Alamy Images:** Lordprice Collection (c). **92 Louwman Museum:** (cl). **Giles Chapman Library:** (cra). **Malcolm McKay:** (cr). **Motoring Picture Library / National Motor Museum:** (bl). **TopFoto.co.uk:** (tl).
93 Louwman Museum. Motoring Picture Library / National Motor Museum: (tr).
94 Corbis: The Bettmann Archive (tl). **98 Louwman Museum:** (bc). **Giles Chapman Library:** (cb). **James Mann:** (ca). **Motoring Picture Library / National Motor Museum:** (cl). **TopFoto.co.uk:** (tc). **99 Art Tech Picture Agency:** (tr, br, cr, cra). **Louwman Museum:** (cla). **Giles Chapman Library:** (bl, ftr).
100 Alamy Images: Motoring Picture Library (tl). **BMW AG:** (cla). **Corbis:** Tatiana Markow/Sygma (bl). **Giles Chapman Library:** (cra).
101 Alamy Images: Alfred Schauhuber/ imagebroker (tl). **Corbis:** Martyn Goddard (bc). **102 Giles Chapman Library:** (cl). **Malcolm McKay.**
103 Alamy Images: Tom Wood (br). **Magic Car Pics:** (tl). **Malcolm McKay:** (tc). **Motoring Picture Library/ National Motor Museum.**
104 Corbis: Car Culture (c).
106 Louwman Museum: (cb). **Image created by Simon GP Geoghegan:** (cr). **Giles Chapman Library:** (tr). **Motoring Picture Library / National Motor Museum:** (ca). **Reinhard Lintelmann Photography (Germany):** (c). **107 Art Tech Picture Agency:** (br). **Giles Chapman Library:** (cra). **Magic Car Pics. James Mann:** (tl). **108 Magic Car Pics:** (tr).
110 Corbis: The Bettmann Archive (c). **112 Alamy Images:** Transtock Inc. (bl). **Louwman Museum:** (bc). **Cody Images:** (ca). **113 Giles Chapman Library:** (cla). **James Mann:** (cb). **Malcolm McKay:** (crb). **Motoring Picture Library / National Motor Museum:** (bc). **114 Giles Chapman Library:** (tl). **118 Art Tech Picture Agency:** (tl). **James Mann:** (bc).
119 Louwman Museum: (tr). **James Mann:** (bl, br). **122 Giles Chapman Library. Tata Limited:** (cla).
123 Motoring Picture Library / National Motor Museum: (bc).
124 Giles Chapman Library: (clb, crb). **Magic Car Pics:** (tc). **Motoring Picture Library / National Motor Museum. 125 Louwman Museum:** (tr). **Giles Chapman Library:** (tl, br). **Motoring Picture Library / National Motor Museum:** (crb). **Reinhard Lintelmann Photography (Germany):** (clb). **126 Giles Chapman Library:** (tl). **130 Alamy Images:** Marka (tl). **Citroën Communication:** (cla, bl). **131 Alamy Images:** Noel Yates (bc). **Art Tech Picture Agency:** (tr). **Giles Chapman Library:** (cra).
132 The Car Photo Library: (fclb). **Magic Car Pics. 133 Alamy Images:** culture-images GmbH (br). **Fiat Group:** (cb). **Giles Chapman Library. Magic Car Pics:** Paul Deverill (clb); (cl). **James Mann:** (tl). **Motoring Picture Library/ National Motor Museum:** (tc). **TopFoto.co.uk:** Roger-Viollet (cra).
134 Getty Images: Car Culture (c).
136 Art Tech Picture Agency: (clb). **Giles Chapman Library:** (bl).
137 Art Tech Picture Agency: (cr). **Giles Chapman Library:** (br). **Malcolm McKay:** (cl). **138 Corbis:** Minnesota Historical Society (c).
140 Corbis: Car Culture (c).
143 Art Tech Picture Agency: (cra). **144 Corbis:** Car Culture (bc); Eric Thayer/Reuters (cl). **TopFoto.co.uk:** Topham Picturepoint (tl). **145 Alamy Images:** Iain Masterton (br). **Giles Chapman Library:** (cla).
150 Giles Chapman Library: (tl).
156 Louwman Museum: (tc). **Magic Car Pics:** (tr). **Malcolm McKay:** (cla, bc). **157 Alamy Images:** Coyote-Photography.co.uk (tl). **Louwman Museum:** (cb, fcla). **Giles Chapman Library:** (cra). **Malcolm McKay. Reinhard Lintelmann Photography (Germany):** (clb).
158 Giles Chapman Library: (tl).
162 Fiat Group: (c). **164 Giles Chapman Library:** (clb). **165 Getty Images:** Bloomberg (cb). **Giles Chapman Library. 166 Archivio Storico Alfa Romeo:** (cla). **Art Tech Picture Agency:** (cr). **Giles Chapman Library:** (cb). **Volvo Group:** (tr). **167 Art Tech Picture Agency:** (cla). **The Car Photo Library:** (crb). **168 The Advertising Archives:** (cr). **Corbis:** Andrea Jemolo (bl). **Courtesy of Chrysler Group LLC:** (cl). **Giles Chapman Library:** (tl). **169 Corbis:** DaZo Vintage Stock Photos/Images.com (bc).
172 Giles Chapman Library: (tl). **178 Giles Chapman Library. 179 Art Tech Picture Agency:** (fcra). **Louwman Museum:** (clb, bc). **The Car Photo Library:** (c). **Giles Chapman Library. 182 Motoring Picture Library/ National Motor Museum:** (fcr).
183 Alamy Images: Stanley Hare (fbr); Martin Berry (bc). **Rudolf Kozdon :** (clb).
184 Alamy Images: Antiques & Collectables (fbl). **Aston Martin Lagonda Limited:** (ftl). **Corbis:** Bruce Benedict / Transtock (fcl). **185 Alamy Images:** Photos 12 (fbr). **Giles Chapman Library:** (fcr). **190 Giles Chapman Library. 191 Art Tech Picture Agency:** (fbr). **Giles Chapman Library:** (fcl). **192 Getty Images:** Bentley Archive/ Popperfoto (c).
194 Getty Images: Nat Farbman / Time Life Pictures (fbl). **Giles Chapman Library:** (ftl). **Motoring Picture Library / National Motor Museum:** (fcl). **195 Giles Chapman Library.**
200 Giles Chapman Library: (c).

204 Giles Chapman Library: (ftl). **208 Alamy Images:** Phil Talbot (c). **210 Alamy Images:** Tom Wood (clb). **212 Giles Chapman Library:** (ftl). **216 Art Tech Picture Agency:** (clb). **LAT Photographic:** (fbl). **Giles Chapman Library. 217 Art Tech Picture Agency:** (fcr, fbl). **LAT Photographic:** (clb, ftr). **Giles Chapman Library. 218 Art Tech Picture Agency:** (ca, c). **Ford Motor Company Limited:** (fcla). **The Car Photo Library:** (fbr). **LAT Photographic:** (cl). **Giles Chapman Library:** (ftr). **Suzuki Motor Corporation:** (clb). **219 Alamy Images:** Trinity Mirror / Mirrorpix (bc). **Art Tech Picture Agency:** (fbl). **Courtesy of Chrysler Group LLC:** (tr). **Giles Chapman Library. Magic Car Pics:** (fbr). **James Mann:** (ca). **Wisconsin Historical Society. :** Image ID 25823 (ftl). **220 LAT Photographic:** (ftl). **Giles Chapman Library:** (cl, bc). **221 Art Tech Picture Agency:** (ftr). **Giles Chapman Library. 222 Art Tech Picture Agency:** (c). **223 BMW AG:** (fcla). **Magic Car Pics:** (ca). **225 Art Tech Picture Agency:** (cla). **Greig Dalgleish:** (cra). **Giles Chapman Library:** (fcl). **Reinhard Lintelmann Photography (Germany):** (cb). **226 Giles Chapman Library:** (fbl). **228 Art Tech Picture Agency:** (cra, ftl, clb). **229 Art Tech Picture Agency:** (ca, cb). **230 NASA:** (c). **232 Alamy Images:** Phil Talbot (fcl); Eddie Linssen (fbr). **Giles Chapman Library:** (ftl). **233 The Advertising Archives:** (ca). **Art Tech Picture Agency:** (tr, ftr). **LAT Photographic:** (fbr). **234 Louwman Museum:** (ftr). **Motoring Picture Library / National Motor Museum:** (clb). **235 Motoring Picture Library / National Motor Museum:** (cra). **236 Art Tech Picture Agency:** (ftl). **LAT Photographic:** (clb, crb). **James Mann:** (fbl). **237 TopFoto.co.uk:** Phipps/Sutton/HIP (clb). **238 Giles Chapman Library. Magic Car Pics:** (fcla). **239 LAT Photographic:** (cla). **Giles Chapman Library. 240 The Car Photo Library. 241 The Car Photo Library:** (c). **243 James Mann** (afl). **244 Art Tech Picture Agency:** (c). **Giles Chapman Library. 245 Giles Chapman Library. Wikipedia, The Free Encyclopedia:** (tc). **246-247 Corbis:** JP Laffont/ Sygma. **248 Art Tech Picture Agency:** (c). **Giles Chapman Library. 249 Art Tech Picture Agency:** (fbl). **Giles Chapman Library. Malcolm McKay:** (clb). **250 akg-images:** (fbl). **Alamy Images:** Niall McDiarmid (cl). **Bundesarchiv: Bild 183-1983-0107-307 / Zimmermann** (ftl). **Dennis Images:** (fbr). **251 The Advertising Archives:** (ca). **Alamy Images:** Hans Dieter Seufert / culture-images GmbH (fbr). **Reinhard Lintelmann Photography (Germany):** (ftl). **252 Art Tech Picture Agency. Giles Chapman Library:** (fbl). **James Mann:** (ftr). **253 Art Tech Picture Agency. Giles Chapman Library:** (fcr). **254 Art Tech Picture Agency:** (fcl). **(c): Aventure Peugeot:** (cb). **Citroën Communication:** (crb, fbr). **LAT Photographic. Giles Chapman Library:** (clb). **255 Art Tech Picture Agency:** (cra, cr). **Magic Car Pics. 256 Corbis:** Tony Korody / Sygma (ftl). **Dorling Kindersley:** DeLorean Motor Company (fcl). **260 Porsche AG:** (fbl). **266 Art Tech Picture Agency:** (cb). **Giles Chapman Library:** (cra). **267 Art Tech Picture Agency:** (cla, cra). **268 Alamy Images:** Motoring Picture Library / National Motor Museum (ftl). **272 Giles Chapman Library. 273 Art Tech Picture Agency. Giles Chapman Library. 274 The Bridgeman Art Library:** Vincent, Rene (1871-1936) / Private Collection / Archives Charmet / The Bridgeman Art Library (cra). **(c): Aventure Peugeot. Giles Chapman Library:** (fbl). **275 LAT Photographic:** (c). **Giles Chapman Library:** (tl, ftl). **276 Art Tech Picture Agency. Louwman Museum:** (cla). **277 Art Tech Picture Agency:** (c, bc). **Giles Chapman Library. 278 Corbis:** Ron Perry / Transtock (c). **279 Corbis:** Ron Perry / Transtock (bl). **282 Getty Images:** Pete Seaward (ftl). **286 Corbis:** The Bettmann Archive (fbl). **Getty Images:** Peter Macdiarmid (cl). **Giles Chapman Library:** (ftl). **287 Art Tech Picture Agency. Louwman Museum:** (ftl). **Giles Chapman Library:** (fbr). **Motoring Picture Library / National Motor Museum:** (c). **288 Art Tech Picture Agency:** (tc). **290 Renault Communication:** (c). **292 Art Tech Picture Agency:** (fbl). **Giles Chapman Library. 293 Art Tech Picture Agency:** (ca, ftl, fcra, fcr). **Giles Chapman Library:** (tc, fcl, bl, cb). **294 LAT Photographic:** (fcla). **Giles Chapman Library:** (cra, c, fbl). **295 Alamy Images:** Phil Talbot (ftl). **Art Tech Picture Agency. Giles Chapman Library. 296 Giles Chapman Library:** (fbl). **298 Corbis:** Raymond Reuter / Sygma (cl). **Giles Chapman Library. 299 The Advertising Archives:** (c). **Giles Chapman Library:** (fbr). **300 Art Tech Picture Agency:** (cr). **Giles Chapman Library:** (c, fcla). **Orphan Work:** (fcl). **301 Art Tech Picture Agency:** (cra, fcl, ftr). **Giles Chapman Library. 304 Giles Chapman Library:** (ftl). **308 Motoring Picture Library / National Motor Museum:** James Mann (c). **311 Alpine:** (br). **© General Motors:** (cb). **Jaguar Land Rover Ltd:** (cra). **312 Alamy Images:** Transtock Inc. (fclb); Motoring Picture Library (c). **Giles Chapman Library:** (fbr). **Jaguar Land Rover Ltd:** (cla). **313 Alamy Images:** Robert Steinbarth (fcra). **Giles Chapman Library:** (fcrb). **NIO Inc.:** (br). **Toyota Motor Europe:** (tr). **314 Corbis:** Suzuki Motor Corporation / Frank Rumpenhorst / epa (cl). **Giles Chapman Library:** (br, ftl). **315 Giles Chapman Library. Suzuki Motor Corporation. 316 courtesy Mahindra Reva:** (tc). **Suzuki Motor Corporation:** (clb). **317 Aixam-MEGA:** (crb). **Hyundai Motor Company:** (br). **Giles Chapman Library. Malcolm McKay:** (fcl). **318 PA Photos:** Gautam Singh / AP (ftl). **323 Aston Martin Lagonda Limited:** (crb). **Lotus Cars Plc:** (bl). **Maserati:** (bc). **325 Audi AG:** (br) **Aston Martin Lagonda Limited:** (cra). **Jaguar Land Rover Ltd:** (crb). **Courtesy Mercedes-Benz Cars, Daimler AG:** (clb). **326 Corbis:** Car Culture (cl); Schlegelmilch (fbl). **Motoring Picture Library / National Motor Museum:** (ftl). **327 Alamy Images:** Phil Talbot (ftl, fbr). **Corbis:** Staff / epa (fcl). **328 Art Tech Picture Agency:** (ftr). **329 LAT Photographic:** (tl). **Giles Chapman Library:** (fcr). **Renault:** (br). **Suzuki Motor Corporation:** (bl). **330 Aston Martin Lagonda Limited:** (cb). **331 (c) Ford Motor Company Limited:** (br). **© Fiat Chrysler Automobiles N.V:** (crb). **Giles Chapman Library:** (frca, fcla). **Jaguar Land Rover Ltd:** (bc). **332 Giles Chapman Library:** (ftl). **337 Alfa Romeo:** (cl). **Briggs Automotive Company (BAC):** (clb). **© Fiat Chrysler Automobiles N.V.:** (b). **Mazda Motor Europe GmbH:** (crb). **338 Alamy Images:** Drive Images (tc). **Corbis:** Car Culture (ca). **Ford Motor Company Limited:** (bc). **Giles Chapman Library:** (fcla, fclb). **LAT Photographic:** (cr). **Motoring Picture Library / National Motor Museum:** (fcrb). **339 Aston Martin Lagonda Limited:** (b). **© Bentley Motors:** (clb). **Maserati:** (cb). **342 BMW AG:** (bl). **Nissan:** (cl). **Peugeot Motor Company PLC:** (crb). **Porsche Cars Great Britain Ltd:** (cb). **Renault UK Ltd:** (cla). **Tesla Motors, Inc.:** (tr). **Toyota Motor Europe S.A. / N.V.:** (tc). **Vauxhall Motors Ltd:** (ca). **Volkswagen AG:** (br). **343 Citroën:** (cr). **Getty Images / iStock:** RoschetzkyIstockPhoto (tl). **Honda Motor Company:** (cb). **Jaguar Land Rover:** (tr). **Riversimple:** (cl). **Toyota Motor Europe:** (cla). **Volkswagen AG:** (bl, br). **344 Aston Martin:** (clb). **Infiniti:** (tr). **Jaguar Land Rover Ltd.** (tl). **Lexus:** (cl). **Daimler AG:** (cr). **Courtesy Mercedes-Benz Cars, Daimler AG:** (crb). **Volkswagen AG:** (bl). **344-345. Bentley Motors Ltd:** (c). **345 © Bentley Motors:** (cra). **BMW Group UK:** (clb). **© General Motors:** (b). **Maserati:** (tr). **Rolls-Royce Motor Cars Ltd:** (tl). **Volvo Car Group:** (crb). **346 Malc Edwards:** (cb). **McLaren Automotive Limited:** (tl, clb, crb, b). **347 McLaren Automotive Limited. 348 McLaren Automotive Limited:** (All images). **349 Getty Images: NurPhoto / Xavier Bonilla** (tl). **McLaren Automotive Limited:** (tr, clb, bl, br). **350 BMW Group UK:** (cb). **(c) Ford Motor Company Limited:** (crb). **© Dacia:** (ca). **© General Motors:** (clb, b). **Honda (UK):** (cr). **Peugeot Motor Company PLC:** (cla). **Toyota Motor Europe:** (tr). **Courtesy of Volkswagen:** (cl). **351 Audi AG:** (cl). **Alfa Romeo:** (cl). **© Fiat Chrysler Automobiles N.V:** (cla, cra). **Jaguar Land Rover Ltd:** (c). **Kia Motors Corporation:** (clb). **Courtesy Mercedes-Benz Cars, Daimler AG:** (bc). **© Qoros Auto Co., Ltd:** (t). **Volvo Car Group:** (br). **353 Mazda Motors UK Ltd:** (ftr). **354-355 Porsche Cars:** (All images).

Chapter Opener images:
8-9 Napier 7-passenger Touring
36-37 Bugatti T35B
72-73 Wanderer W25K
104-105 Chrysler Town and Country
134-135 Oldsmobile F-88 Concept
176-177 Ford Mustang
208-209 Citroën DS21 Convertible
240-241 Lamborghini Countach 25th Anniversary
278-279 Mitsubishi SST
308-309 Mini Cooper
All other images © Dorling Kindersley

For further information see:
www.dkimages.com

The publisher would also like to thank the following companies and individuals for their generosity in allowing Dorling Kindersley access to their vehicles and engines for photography:

Alex Pilkington
Audi UK: www.audi.co.uk
Beaulieu National Motor Museum, Brockenhurst, Hampshire: www.beaulieu.co.uk
Brands Hatch Morgans, Borough Green, Kent: www.morgan-cars.com
Chris Williams, The DeLorean Owners Club UK: www.deloreans.co.uk
Chrysler UK, Slough, Berkshire: www.chrysler.co.uk
Claremont Corvette, Snodland, Kent: www.corvette.co.uk
Colin Spong
DK Engineering, Chorleywood, Hertfordshire: www.dkeng.co.uk
Eagle E-Types, East Sussex: www.eaglegb.com
Gilbert and Anna East
Haynes International Motor Museum, Yeovil, Somerset: www.haynesmotormuseum.com
Heritage Motoring Club of India (HMCI), New Delhi, India:
Mr. HW Bhatnagar, Mr. Avinash Grehwal, Mr. SB Jatti, Mr. Ashok Kaicker, Mr. Sandeep Katari,
Mr. Ranjit Malik, Mr. Bahadur Singh, Mr. Navinder Singh, Mr. Harshpati Singhania, Mr. Diljeet Titus
www.hmci.org
Honda Institute, Slough, Berkshire: www.honda.co.uk
Jaguar Daimler Heritage Trust, Coventry, Warwickshire: www.jdht.com
John Mould
P & A Wood, Rolls Royce and Bentley Heritage Dealers, Dunmow, Essex: www.pa-wood.co.uk
Peter Harris
Philip Jones, Byron International, Tadworth, Surrey: www.allastonmartin.com
Porsche Cars (Great Britain) Ltd, Reading, Berkshire: www.porsche.com/uk/
Roger Dudding
Roger Florio
Silver Arrows Automobiles, Classic Mercedes-Benz, London: www.silverarrows.co.uk
Silver Lady Services Ltd, Rolls Royce and Bentley Car Services, Bournemouth, Dorset: www.silverladyservices.co.uk
Tata Motors, Mumbai, India: www.tatamotors.com
Tim Colbert
Timothy Dutton, Ivan Dutton Ltd, Aylesbury, Buckinghamshire: www.duttonbugatti.co.uk
Tuckett Brothers, North Marston, Buckinghamshire: www.tuckettbrothers.co.uk

옮긴이 후기

자동차 역사의 타임머신을 타라!

DK의 책을 처음 접한 것은 대학생 시절 해외 여행에서였습니다. 일본의 어느 대형 서점 수입 서적 코너에서 DK에서 발간한 다양한 백과사전 시리즈를 보면서 침을 흘리곤 했죠. 여러 분야의 다양한 주제를 다룬 백과사전 몇 권을 셀 수 없을 정도로 들었다 놨다 하다가 주머니 사정과 가방 무게를 감안해 딱 한 권을 골라들었습니다. 바로 DK에서 1995년에 발간한 『모터사이클 백과사전(*The Encyclopedia of the Motorcycle*)』이었습니다.

우리나라에는 만족할 만한 수준의 정보를 전해 주는 자동차/모터사이클 잡지가 한 권도 없던 시절이어서 그 책은 제 궁금증을 해결해 주는 사전이자 역사책 역할을 했습니다. 모터사이클의 태동과 발전을 고스란히 담은 그 책을 보면서 꿈을 키우고 간접 경험을 쌓아 갔죠. 책이 닳아서 제본이 다 떨어지도록 본 책은 아마도 처음이었던 것 같습니다. 그만큼 다양한 정보와 상식, 경험이 그 안에 숨어 있었죠. 그렇게 좋아했던 책이기 때문에 자동차 편을 함께 구입하지 못했던 것을 후회하곤 했습니다. 조금 무거워도 사올 걸, 밥을 좀 부실하게 먹더라도 사올 걸, 하면서 얼마나 아쉬워했는지 모릅니다.

그래서 (주)사이언스북스에서 『카 북』의 번역을 의뢰해 왔을 때, 좀 거창하긴 합니다만 일종의 숙명 비슷한 것을 느꼈습니다. 새로운 사진과 새로운 내용으로 편집되어 예전의 백과사전보다 한층 성숙한 내용을 담은 『카 북』은 영국의 출판 명가 DK가 오랫동안 심혈을 기울여 온 백과사전 시리즈의 완결판입니다. 모터스포츠의 고향인 영국이기 때문에, 이 책을 읽고 있으면 시종 자동차에 관한 애정 어린 시선을 느낄 수 있습니다. 우리나라 자동차 마니아들이 목말라 했던, 다양한 정보와 역사, 사진을 본고장 전문가의 친절한 해설과 함께 접하실 수 있습니다. 이 책을 함께 하시는 동안 타임머신을 타고 자동차의 여명기로 돌아가서 성장과 발전을 함께하는 느낌이 드실 거라고 확신합니다. 자동차 저널리스트 이전에 한 사람의 자동차 애호가로서 이 책이 드디어 국내 출간된 것을 기쁘게 생각하고, 이 책의 번역 작업에 참여할 수 있었던 것을 영광으로 생각합니다.

2013년 1월

옮긴이들을 대표해서

신동헌

UND
RIGHT (